Kosmos Himmelsjahr 2007

Sonne, Mond und Sterne im Jahreslauf

Herausgegeben von Hans-Ulrich Keller
unter Mitarbeit von Erich Karkoschka

Mit 295 Grafiken und Fotos
sowie 100 Tabellen

KOSMOS

Fujinon FMT-SX
Hervorragende Optik, robuste Marinequalität. SuW-Vergleichstest 5-7/93 zum 10x70: „Seine Optik besitzt die höchste Qualität, die in diesem Test gesehen wurde ...". Erhältlich als 7x50, 10x50, 10x70 und 16x70.
Fujinon Techno-Stab
Takahashi
Bild: Eckhard Slawik
Erleben Sie das Weltall von seiner schönsten Seite. Gestochen scharfe Sterne in ihrer unverfälschten Farbenpracht machen den Blick durch Takahashi Refraktoren zum ästhetischen Genuß.
Alle dargestellten Produkte und vieles mehr können Sie in unserer großen Ausstellung besichtigen.
Deneb
Miyauchi Ferngläser mit Schrägeinblick
Komfortable astronomische Beobachtungen auch im Zenit. Lieferbar mit 60, 77 und 100 mm Öffnung, alle mit Wechselokularen. Ab € 598,-*
Epsilo
ICS Nebelfilter
machen Cirrus, Helix, Rosetta & Co. ein vielfaches heller.
TheSky
Ihr Sternhimmel für jeden Zeitpunkt und jeden Standort. Kinderleichte Bedienung, professionelle Leistung, komplett deutsche Benutzeroberfläche. Der Hintergrund dieser Anzeige ist ein unveränderter Ausdruck mit TheSky. Ab € 69,90*
THESKY
Ihr Sternhimmel für jeden Zeitpunkt und jeden Standort
Pentax
Teleskope und ergonomische Okulare
M71
Pfeil
TeleVue
Apochromaten und Okulare der Spitzenklasse
M15
Mondatlas
Fü
ICS SkyDob
die azimutale Montierung für kleine Refraktoren. Kompakt, ruckfrei und ultrastabil.
Fragen?
Wir beraten Sie gerne
Computer-Teleskope
führen Sie automatisch zum Himmelsobjekt.
M2
Vixen Sphinx
Go-To Computermontierung mit kinderleichter, intuitiver Bedienung in deutscher Sprache.
Celestron
NexStar Computerteleskope mit GPS.
STAR BOOK
Vixen
Meade
GPS-Go-To Advanced Ritchey-Chretien

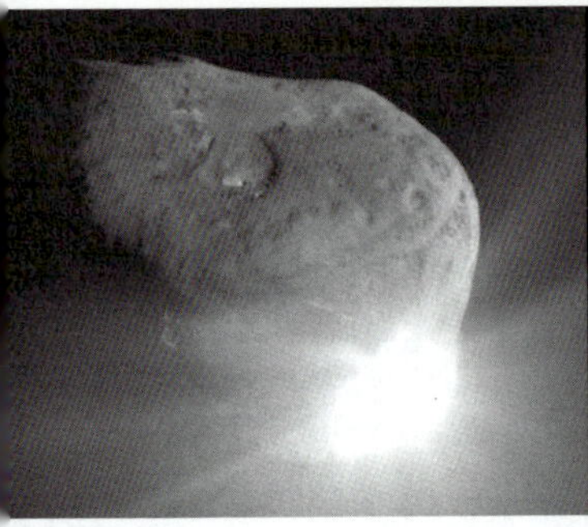

Verzeichnis wichtiger Abbildungen und Tabellen

Anhang und Service

Neue Riesenteleskope 183

› Xena – ein zehnter Planet? 222

› Sind wir allein im Universum? 254

Inhaltsverzeichnis

Himmelsgeschehen

Monatsthemen

Kurztipps zur optimalen Nutzung in der Umschlagklappe

Impressum

Umschlaggestaltung von eStudio Calamar, unter Verwendung einer Grafik von Gunther Schulz
Grundlayout: eStudio Calamar

Mit 230 vierfarbigen Zeichnungen von Gerhard Weiland nach Vorlagen der Verfasser, 49 Farbfotos und 10 Schwarzweißfotos sowie 100 Tabellen, 3 Sternkartendarstellungen (Archiv) und 12 Monatssternkarten von Wil Tirion.

Bibliografische Information der Deutschen Nationalbibliothek:
Die Deutsche Nationalbibliothek verzeichnet diese Publikation in der Deutschen Nationalbibliografie. Detaillierte bibliografische Daten sind im Internet über http://dnb.ddb.de abrufbar.

Anschrift des Herausgebers:
Prof. Dr. Hans-Ulrich Keller
Planetarium Stuttgart
Mittlerer Schlossgarten
D-70173 Stuttgart

Gedruckt auf chlorfrei gebleichtem Papier

ISSN 1438-3306
ISBN-13: 978-3-440-10700-3
ISBN-10: 3-440-10700-0
Redaktion: Sven Melchert
Produktion: Siegfried Fischer
Printed in Czech Republic / Imprimé en République Tchèque

Kosmos Himmelsjahr – ein Wegweiser durch die Welt der Sterne im Jahreslauf

Spannende Zeiten in Aussicht

In den letzten Jahren hat die Erforschung des Weltalls und seiner Gestirne einen enormen Aufschwung erlebt. Zahlreiche Riesenteleskope der 8-Meter-Klasse stehen den Astronomen heute zur Verfügung, großflächige Radioteleskope gingen in Betrieb und neue Sonden stießen zu den Körpern des Sonnensystems vor. Man beschoss Kometen, sandte Raumsonden zu Mars und Venus, wobei die Europäer gewaltig aufholten. Inzwischen ist auch eine Mission zum fernen Pluto unterwegs, dem letzten klassischen Planeten, der bisher noch keinen Besuch von irdischen Spähern erhielt. An Bord ist ein wenig Asche jenes Mannes, der im Jahre 1930 den neunten Planeten entdeckt hat. Inzwischen wurden jenseits der Plutobahn zahlreiche Planetoiden entdeckt, die die Sonne umrunden und den so genannten Kuiper-Gürtel bilden. Mindestens eines dieser „Kuiper-Belt-Objekte" übertrifft Pluto deutlich an Größe. Wie viele Planeten besitzt unsere Sonne tatsächlich?

Ein tiefer Blick in das Herz unserer Milchstraße hat ein Schwarzes Loch mit der ungeheuren Masse von drei Millionen Sonnen erkennen lassen. Die heftigsten Sternexplosionen in mehr als zehn Milliarden Lichtjahren Entfernung lehren uns, dass in dem noch jungen Universum eine ganz andere Population von Sternen existierte, als wir sie heute in unserer Milchstraße beobachten.

In Kürze soll die europäische Raumsonde Planck ins Weltall starten, um den Rest des Urknallstrahlungsblitzes, die geheimnisvolle kosmische Hintergrundstrahlung, noch viel genauer zu vermessen als bisher, woraus man dann Schlüsse ziehen kann, wie das zukünftige Schicksal des Universums verlaufen wird.

E.1 Ein Blick in die Tiefen des Alls: Das 90-cm-Spiegelteleskop der Sternwarte Welzheim. Aufnahme von Stefan Seip, Beobachtergruppe Planetarium Stuttgart.

Weitere Raumflugmissionen werden die inzwischen entdeckten und noch zu entdeckenden Planeten anderer Sonnen nach Lebensspuren abtasten. Sind wir die einzigen sich ihrer Existenz bewussten Lebewesen in den Weiten des Kosmos?

Die europäische Südsternwartenorganisation (ESO) plant, ein „überwältigend großes" Teleskop mit einem Objektivdurchmesser von hundert Metern zu bauen.

Sterne selbst beobachten

In seltsamem Gegensatz zu den Erfolgen und Plänen der modernen Astronomie steht die Tatsache, dass immer weniger Menschen das Naturerlebnis einer klaren Sternennacht beschieden ist. Menschen unter dreißig Jahren kennen kaum mehr aus eigener Erfahrung das Phänomen Milchstraße. Zunehmende Luftverschmutzung, verbunden mit stärkerer Wolkenbildung und immer störenderem Lichtsmog durch die im Überfluss schwelgende Zivilisation lassen kaum mehr die Beobachtung eines sternenübersäten Firmaments zu. Dennoch oder vielleicht deswegen ist das Interesse an der Himmelskunde ungebrochen. Der Wunsch, den Sternenhimmel zu betrachten und die Gestirne aus eigener Anschauung kennen zu lernen, lässt immer mehr Menschen einsame und dunkle Orte aufsuchen. Wer aber Planeten und Sternbilder selbst entdecken will, benötigt einen Leitfaden oder Wegweiser, um sich am gestirnten Himmel zurechtzufinden. Wo und wann ist Mars zu sehen? Wann findet die nächste Mondfinsternis statt? Was kann man mit einem Fernglas beobachten? Wie stehen die Jupitermonde heute Abend?

Das *Kosmos Himmelsjahr* möchte die geneigte Leserschaft über alle wichtigen und interessanten Himmelsereignisse im Jahre 2007 informieren. Einer jahrzehntelangen Tradition folgend, berichtet das Himmelsjahr in möglichst klarer und allgemein verständlicher Form, wann, wo und wie welche Gestirne und astronomischen Ereignisse im aktuellen Jahr zu beobachten sind.

Das Himmelsjahr kann auf eine jahrzehntelange Tradition zurückblicken. Auch für den vorliegenden 98. Jahrgang gilt: Sowohl der interessierte Laie und Naturfreund als auch der ernsthaft beobachtende Amateurastronom soll dem Himmelsjahr die nötigen Informationen über die astronomischen Ereignisse des Jahres entnehmen können.

Für Einsteiger verständlich

Jedes Jahr kommen stets neue Leserinnen und Leser hinzu, die sich erst in die astronomischen Fachbegriffe und in die spezifische Materie der Himmelskunde einarbeiten wollen. Sie schätzen eine möglichst einfache und doch vollständige Darstellungsweise auch komplizierter Sachverhalte. Für die Erstbenutzer ist das Einführungskapitel „Erläuterungen zum Gebrauch" in erster Linie gedacht. Nicht nur dem Neuling in der Himmelskunde will vorliegendes Jahrbuch dienen. Für fortgeschrittene Sternfreunde und systematisch arbeitende Amateurastronomen bringt es alle notwendigen Zahlenangaben (Ephemeriden) für eigene Beobachtungen. Um möglichst allen Benutzern – vom Einsteiger bis zum versierten Beobachter – zu dienen, wird in den Monatsübersichten eine einfache, beschreibende Darstellung aller interessanten Himmelsvorgänge gebracht, während im Tabellenteil am Schluss wichtige Beobachtungsdaten in Form von Zahlentafeln vermerkt sind.

Das Kapitel „Kurzhinweise zum Gebrauch" (zu finden im inneren Buchumschlag vorne) soll Astronomiekundigen einen raschen Überblick über die in diesem Jahrbuch verwendeten Konventionen verschaffen, ohne dass sie lange das Einführungskapitel durcharbeiten müssen.

Dem Hauptteil ist eine Zusammenfassung der im Jahre 2007 stattfindenden Sonnen- und Mondfinsternisse vorangestellt. Auf Seite 21 findet man eine kalendarische Übersicht für das Jahr 2007 mit chronologischen Daten und Angaben der Festtage.

Der Anhang enthält ein Verzeichnis von Planetarien und Sternwarten sowie eine Liste von amateurastronomischen Einrichtungen, die den Kontakt zu Gleichgesinnten erleichtern soll.

Eine ausführliche Erläuterung zu den einzelnen Fachbegriffen findet man in dem kleinen *Wörterbuch der Astronomie*, in dem alle wichtigen Begriffe verständlich erklärt werden. Das *Wörterbuch der Astronomie* ist im Kosmos-Verlag erschienen (ISBN 3-440-09661-0) und überall dort erhältlich, wo man auch das Himmelsjahr erstehen kann.

Mit professionellen Daten

Die Daten für das vorliegende Jahrbuch stammen, soweit nicht nachstehend besonders vermerkt, vom Planetarium Stuttgart. Das *Bureau des Longitudes*, Paris, lieferte die Daten für die Jupitermonderscheinungen, die Angaben für die Sternbedeckungen das *International Lunar Occultation Centre (ILOC)*, Tokio, die Sonnenfleckenrelativzahlen das *Observatoire Royal de Belgique*, Brüssel, und die Daten für die Sternschnuppenströme die *International Meteor Organization (IMO)*.

Mein besonderer Dank gilt meinem Mitarbeiter, Herrn Erich Karkoschka *(Lunar and Planetary Laboratory*, University of Arizona, Tucson), für seine Ephemeridenberechnungen und Anfertigung vieler Skizzen.

Dank schulde ich auch Herrn Gerhard Weiland, der mit großer Sorgfalt und Umsicht die Reinzeichnungen der Grafiken angefertigt hat, sowie Herrn Wil Tirion für die Herstellung der Monatssternkarten. Dankbar bin ich auch allen dienstbaren Geistern, die sorgfältig Korrektur gelesen haben.

Zu danken habe ich ferner den Mitgliedern der *Beobachtergruppe des Planetariums Stuttgart* für die hervorragenden Astroaufnahmen, die sie auf der Sternwarte Welzheim gewonnen haben. Dank gebührt auch Frau Claudia Dintner für die sorgfältige Reinschrift des Manuskripts sowie den Mitarbeiterinnen und Mitarbeitern des Verlages, Frau Justina Engelmann sowie den Herren Siegfried Fischer, Hermann-Michael Hahn und Sven Melchert, für die hervorragende Zusammenarbeit, ohne die dieses Jahrbuch nicht pünktlich erscheinen könnte.

Stuttgart, im März 2006
Hans-Ulrich Keller

Astronomie aktuell

Kein Weltuntergang am Freitag, 13. April 2029!

Regelmäßige Leser des Kosmos Himmelsjahres erinnern sich: Im Jahrgang 2006 wurde in der Rubrik „Astronomie aktuell" auf eine mögliche katastrophale Kollision mit dem die Erdbahn kreuzenden Planetoiden 2004 MN4 hingewiesen. Dabei gab es schon damals Entwarnung – es wurde darauf hingewiesen, dass nach den seinerzeit aktuellsten Bahnberechnungen der weltbedrohende Körper in 30 000 Kilometern Entfernung an der Erde vorbeiziehen wird. Freilich, dies ist eine winzige Distanz, kosmisch gesehen gerade mal zwei Erddurchmesser. Aber: Knapp daneben ist auch vorbei! Dennoch, so ganz wohl war niemandem bei der knappen Kalkulation. Inzwischen wurde Kleinplanet 2004 MN4 auf den Namen Apophis getauft und erhielt die definitive Kleinplaneten-Nummer 99 942. Mit dem gewaltigen Radioteleskop von Arecibo in Puerto Rico – mit 300 m Reflektordurchmesser ist es das größte der Erde – gelang es, Radarechos von Apophis zu erhalten und dabei seine Geschwindigkeit mittels des Doppler-Effektes genau zu messen. Auch wurde der Durchmesser zu etwas mehr als 300 Metern bestimmt. Eine Kollision mit einem solchen Brocken würde zwar nicht den Untergang der Menschheit bedeuten, aber doch eine gewaltige Katastrophe verursachen. Nach den aus den Radarbeobachtungen neuen Bahnbestimmungen ist nun eine Kollision mit der Erde im April 2029 definitiv auszuschließen. Auch im Jahr 2036 wird sich Apophis wieder recht nahe an die Erde heranpirschen. Aber selbst dann wird es nicht zu einem Zusammenprall mit unserem Planeten kommen. Wie es freilich in einigen hundert Jahren aussieht, kann heute niemand sagen. Doch dann werden wir hoffentlich über eine Technik verfügen, solche globale Bedrohungen erfolgreich abzuwehren.

Plutomond Charons Durchmesser exakt bestimmt

Der im Jahr 1978 am Marine-Observatorium in Washington D.C. neu entdeckte Plutomond Charon bedeckte am 11. Juli 2005 einen Stern 15. Größenklasse. Diese Sternbedeckung wurde von mehreren Observatorien beobachtet. Wegen der winzigen Größe von Charons Scheibchen ist eine solche Sternbedeckung ein seltenes Ereignis. An der Beob-

A.1 Der offene Sternhaufen der Plejaden (M 45) – auch unter dem Namen „Siebengestirn“ bekannt – ist nach neuesten Messungen 440 Lichtjahre entfernt.

achtung waren unter anderen beteiligt das Astrophysikalische Observatorium Pico dos Dias in Itajuba (Brasilien) mit einem 0,6-m-Reflektor, das Observatorium Cerro Armazones in Antofagasta (Chile) mit einem 0,84-m-Teleskop, das 2,5-m- und 6,5-m-Spiegelteleskop des Las Campanas Observatorium in La Serena, Chile, und der 8-m-Gemini-Süd-Reflektor auf dem Cerro Pachón in Chile. Die Bedeckung dauerte zwischen gut einer Minute und nur vierzig Sekunden. Aus der Geometrie der Okkultationen ergibt sich der Durchmesser von Charon zu 1212 Kilometern mit einer Unsicherheit von +/- 16 Kilometern. Dies stimmt recht gut mit den bisher ermittelten Werten von 1200 Kilometern überein, die Mitte der 1980er Jahre aus gegenseitigen Bedeckungen von Pluto und Charon abgeleitet wurden.

Entfernung der Plejaden neu bestimmt

Die Plejaden im Sternbild Stier (Katalogbezeichnung M 45) zählen mit den Hyaden, ebenfalls im Stier, zu den schönsten offenen Sternenhaufen, die gut mit bloßen Augen zu sehen sind. Zwischen diesen Sternhaufen zieht die scheinbare Sonnenbahn hindurch, weshalb man auch vom „Goldenen Tor der Ekliptik“ spricht. Gelegentlich werden die Plejaden auch vom Mond bedeckt.

Die direkte Entfernungsbestimmung mit Hilfe der trigonometrischen Parallaxenmessung versagt bei den Plejaden, denn der Parallaxenwinkel ist kleiner als eine hundertstel Bogensekunde. Dies liegt vor allem infolge der Luftunruhe an der Grenze der Messgenauigkeit irdischer Teleskope. Aus der Methode der Einpassung des Farben-Helligkeits-Diagramm in das Hertzsprung-Russel-Diagramm hat man einst die mittlere Distanz der Plejadensterne zu 430 Lichtjahren bestimmt mit einer Unsicherheit von +/- 20 Lichtjahren. Der die Erde umrundende Astrometrie-Satellit Hipparcos hat die Entfernung vom Zentrum der Plejaden zu nur 380 Lichtjahren ermittelt – mit einem mittleren Fehler von +/- 13 Lichtjahren.

Neue Messungen am Doppelstern Atlas, einem der helleren Plejadensterne, scheinen jedoch die älteren Werte zu bestätigen. Die Umlaufzeit vom Atlas-Sternenpärchen beträgt 291 Tage, die große Halbachse ihrer Bahn misst 0,0129 Bogensekunden. In Verbindung mit der Bestimmung der Radialgeschwindigkeit und der Masse-Leuchtkraft-Beziehung ergibt sich gemäß dem 3. Kepler-Gesetz die wahre Länge der großen Bahnachse. Aus ihrer scheinbaren Länge in Bogensekunden ergibt sich unmittelbar die Entfernung von Atlas, nämlich zu 440 Lichtjahren mit einer Unsicherheit von nur noch sieben Lichtjahren. Die älteren Entfernungsmessungen sind damit weitgehend bestätigt.

Neue Namen für bisher unbenannte Uranusmonde

Uranus besitzt wie alle Riesenplaneten (Jupiter, Saturn, Uranus und Neptun) einen großen Harem an Monden. Bisher sind 27 Satelliten bekannt, die den grünlichen Planeten auf seiner 84-jährigen Reise um die Sonne begleiten. Die letzten sechs neu entdeckten Uranustrabanten hatten bis vor kurzem nur eine provisorische Bezeichnung. Die Arbeitsgruppe zur Benennung der Körper im Sonnensystem der Internationalen Astronomischen Union (IAU Working Group for Planetary System Nomenclature) hat nun die vorgeschlagenen Bezeichnungen offiziell anerkannt und den neuen Uranustrabanten definitive Nummern verliehen (wie üblich werden diese in römischen Ziffern angegeben). Die Bezeichnungen lauten:

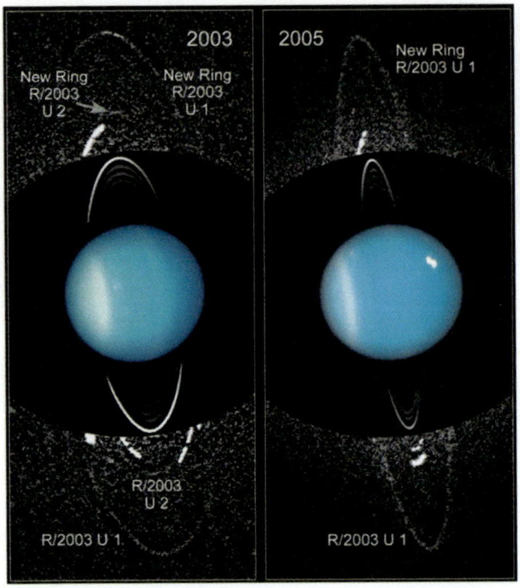

A.2 Der grünliche Gasplanet besitzt sehr lichtschwache Ringe. Zwei weitere wurden mit dem Hubble-Weltraumteleskop entdeckt.

Provisorische / Definitive Bennennung
S/2001 U3 = XXII Francisco
S/2003 U3 = XXII Margaret
S/2001 U2 = XXIV Ferdinand
S/1986 U10 = XXV Perdita
S/2003 U1 = XXVI Mab
S/2003 U2 = XXVII Cupid

Bei den neu benannten Satelliten handelt es sich durchweg um kleinere Objekte von nur wenigen Kilometern Durchmesser. (Vergleiche auch „Tabelle der Uranusmonde" im *Kosmos Himmelsjahr 2006* auf Seite 138).

Neue Uranusringe entdeckt

Bereits kurz nach Erfindung des Fernrohres wurde Mitte des 17. Jahrhunderts der inzwischen berühmte Ring des Saturns entdeckt. Lange galt Saturn als der Ringplanet schlechthin. Schon in einem kleinen Fernrohr ist ab etwa dreißigfacher Vergrößerung der Saturnring zu sehen. Raumsondenaufnahmen lassen erkennen, dass dieses faszinierende Gebilde aus Hunderten von Einzelringen besteht.

Lange war man der Auffassung, dass Saturn der einzige Planet mit einem Ring ist. Doch am 10. März 1977 wurden bei der Beobachtung einer Sternbedeckung vom Flugzeugobservatorium KAO (Kuiper Airborne Observatory) aus mit einem 90-cm-Spiegelteleskop auf indirektem Wege neun Ringe um Uranus entdeckt. Die Raumsonde Voyager 2 sandte dann erstmals Aufnahmen der Ringe zur Erde, als sie im Januar 1986 Uranus passierte. Dabei wurden zwei weitere dünne Ringe entdeckt. Auch um die großen Planeten Jupiter und Neptun hat man dünne Ringe aufgespürt. Alle vier Gasplaneten sind daher von Ringen umgeben.

Vor kurzem wurden um Uranus mit dem Hubble-Weltraumteleskop zwei weitere, schwache aber ausgedehnte Ringe aufgespürt, so dass inzwischen 13 Uranusringe bekannt sind. Die beiden neuen Ringe liegen relativ weit außerhalb der bisher entdeckten Ringe. Ring R/2003 U1 hat seine maximale Helligkeit und damit Partikeldichte in einer Distanz von 97 700 Kilometern vom Uranusmittelpunkt. In dieser Entfernung liegt auch die Bahn des Mondes Mab (XXVI). Dieser dürfte auch der Lieferant für die Ringpartikel sein, die durch Meteoriteneinschlag von seiner Oberfläche herauskatapultiert werden. Der Ring ist offensichtlich sehr breit, aber dünn besetzt. Sein innerer Rand hat einen Radius von 86 000 Kilometern, was der Bahn von Mond Puck (XV) nahe kommt. Der äußere Rand liegt bei 103 000 Kilometern vom Uranuszentrum. Da der Ring bläulich leuchtet, nimmt man an, dass er aus winzigen (um ein Zehntausendstel Millimeter) Eiskristallen besteht.

Ring R/2003 U2 befindet sich innerhalb von Ring R/2003 U1 und hat seine maximale Helligkeit und Dichte bei einem Radius von 67 300 Kilometern. In dieser Distanz ist bisher kein Uranusmond bekannt. Sein äußerer Rand kommt der Bahn von Mond Rosalind (XIII) bei 69 900 Kilometer nahe, während er sich nach innen bis zur Mondbahn von Portia (XII) bei 66 100 Kilometer ausdehnt.

Wega – ein wirbelnder Stern

Wega in der Leier ist ein Stern des weithin bekannten Sommerdreiecks. Wega und Arktur sind mit 0^m scheinbarer Helligkeit die hellsten Sterne des Nordhimmels. Während Arktur ein orangerotes

Licht aussendet (Spektraltyp K), leuchtet Wega in einem intensiven weißlich-bläulichen Licht. Sie gilt als der Prototyp der Spektralklasse A mit einer Oberflächentemperatur von 10 000 K. Damit ist Wega deutlich heißer als unsere Sonne. Mit 25 Lichtjahren Entfernung gehört sie noch zu den Nachbarsternen unserer Sonne. Aus ihrer geringen Entfernung und scheinbaren Helligkeit ergibt sich ihre wahre Leuchtkraft zu $0^{M}_{,}58$. Dies entspricht einer absoluten Helligkeit von fünfzig unserer Sonnen. Damit ergab sich für die Astronomen aber ein Problem: Sie haben Wega stets als Standardstern zur Kalibrierung ihrer Instrumente benutzt in der Annahme, sie sei ein so genannter Hauptreihenstern der Leuchtkraftklasse V. Doch dafür ist ihre absolute Helligkeit etwas zu groß. So vermutet man, dass Wega vielleicht ein enges Sternpärchen ist, das sich auch in großen Teleskopen nicht in Einzelsterne auflösen lässt. Aber auch im Wegaspektrum zeigt sich keine Verbreiterung der Linien, wie man es auf Grund des Dopplereffektes bei spektroskopischen Doppelsternen beobachtet. Wega ist definitiv ein Einzelstern wie unsere Sonne auch.

Nun haben neue Untersuchungen extrem hochaufgelöster Spektren zwar schmale Spektrallinien, aber mit ungewöhnlichen Flügelformen erkennen lassen. Daraus ist zu schließen, dass Wega ein ungewöhnlich schnell rotierender Stern ist. Normalerweise sind bei schnell rotierenden Sternen wegen des Dopplereffekts die Spektrallinien verbreitert.

A.3 Im Frühsommer des Jahres 2006 zerfiel der Kern des Kometen 73P/Schwassmann-Wachmann 3 in mehrere Teile (Foto: Stefan Seip/Sternwarte Welzheim).

Der eine Rand nähert sich der Erde, was zu einer Blauverschiebung führt, der gegenüber liegende Sternrand entfernt sich und ruft eine Rotverschiebung hervor, weshalb die Linien verbreitert erscheinen. Bei Wega sind sie es aber nicht und dies führt zu dem Schluss: Wir blicken bei Wega auf einen Rotationspol! Tatsächlich beträgt die Achsenneigung nur 5° zum Visionsradius (Sichtlinie), womit sich auch die fehlende Dopplerverbreiterung im Wegaspektrum erklärt.

Wegen der schnellen Drehung ist Wega kein kugelförmiger Stern sondern ein Rotationsellipsoid. Der Poldurchmesser ist um 23 Prozent kürzer als der Äquatordurchmesser. Die Pole leuchten heller, ihre Temperatur liegt bei 10 000 K, während in der Äquatorzone die Temperatur lediglich 8000 K erreicht. Wega rotiert an ihrer Stabilitätsgrenze. Nur eine sieben Prozent höhere Drehzahl würde genügen, und die Zentrifugalkraft würde den Gasleib der Wega zerreißen. Denn für eine Umdrehung benötigt Wega nur knapp 12,5 Stunden, während unsere Sonne in etwas mehr als 25 Tagen einmal rotiert. Während die lineare Rotationsgeschwindigkeit am Sonnenäquator zwei Kilometer pro Sekunde beträgt, rast ein Punkt am Wegaäquator mit rund 275 km/s um die Wegarotationsachse, eine hohe Geschwindigkeit, die nahe an der Stabilitätsgrenze von Wega liegt. Wega ist also ein rasch herumwirbelnder Stern, der im Laufe seiner Entwicklung noch Masse ans All abgeben wird. Mit 570 Millionen Jahren ist Wega ein noch relativ junger Stern.

Neues Spiegelteleskop für die Sternwarte Welzheim des Planetariums Stuttgart

In einer kleinen Feierstunde wurde am 6. März 2006 das bislang größte Teleskop Baden-Württembergs in der Sternwarte Welzheim offiziell in Betrieb genommen. Es handelt sich um einen 90-cm-Cassegrain-Reflektor mit einem Öffnungsverhältnis von 1:10. Bereits am 20. Januar wurde das Teleskop mit einem Schwertransport angeliefert und mit einem Kran in Einzelteilen in die Sechs-Meter-Ostkuppel der Welzheimer Sternwarte gehievt. In mehrwöchiger Arbeit wurde das Teleskop zusammengebaut, justiert, die elektronische Steuerung in Betrieb genommen und die ersten Probeaufnahmen gewonnen. Generalunternehmer war die Firma Astro Optik aus Neutraubling (siehe auch Abb. E. 1 auf Seite 8).

Nicht nur die optische Qualität sondern auch die Mechanik und die elektronische Steuerung entspricht dem neuesten Stand der Technik. Der 90 cm

A.4 Am 8. Mai 2006 zog der Komet 73P/Schwassmann-Wachmann 3 nahe am Ringnebel M 57 in der Leier vorbei (Aufnahme: Stefan Seip/Sternwarte Welzheim).

große Hauptspiegel sowie der Sekundärspiegel wurden von der Firma Lomo in St. Petersburg (Russland) hergestellt. Die Spiegeloberfläche ist höchst genau geschliffen und poliert. Das Öffnungsverhältnis beträgt 1:10, das heißt, die primäre Brennweite entspricht neun Metern. Das Teleskop wird über Servomotoren angetrieben, die Ansteuerung des Teleskops erfolgt über einen Computer und spezielle Software. Gleichzeitig steuert der Rechner auch die Kuppelöffnung und Kuppeldrehung, so dass das Teleskop stets freien Blick zum Himmel hat. Die Steuerung des Teleskops kann auch per remote control (Fernsteuerung) erfolgen. Das „Tracking" (die Nachführung) erfolgt auf Bogensekunden genau. Die Mechanik (Gittertubus, Teleskopgabel einschließlich Stundenachse und Grundpfeiler) wurde von der Firma Michael Knopf aus Baden-Baden gefertigt und geliefert. Für die Rückmeldung der Teleskopposition dienen Heidenhain-Encoder mit einer Auflösung von 0,01 Bogensekunden zur Echtzeitkorrektur.

Mit dem neuen 90-cm-Cassegrain-Reflektor werden sich sehr beeindruckende Himmelsaufnahmen gewinnen lassen, die in den öffentlichen Vorführungen des Stuttgarter Planetariums dem Publikum präsentiert werden sollen. Darüber hinaus dient es verschiedenen wissenschaftlichen Zwecken. Unter anderem wird es Parallelbeobachtungen zu den Infrarotaufnahmen gewinnen, die vom Stratosphärenobservatorium SOFIA aufgezeichnet werden. Das deutsche SOFIA-Institut wurde an der Universität Stuttgart vom Institut für Raumfahrtsysteme gegründet.

Mit dem neuen Teleskop sollen ferner die neuentdeckten Planeten und Kleinplaneten jenseits der Plutobahn beobachtet sowie Asteroiden aufgespürt werden, die der Erde gefährlich nahe kommen können. Außerdem wird nach Supernova-Detonationen gefahndet, die in fernen Milchstraßensystemen aufflammen und aus deren Beobachtung die Größe und die Expansionsgeschwindigkeit des Universums ermittelt werden kann. Auch aktuelle Himmelserscheinungen, wie das Auftauchen von Kometen, können mit diesem Teleskop in bisher nicht erreichter Qualität beobachtet und verfolgt werden.

Ein Komet zerfällt – Schwassmann-Wachmann 3 löst sich auf

Im Frühjahr 2006 hatten die Astronomen die seltene Gelegenheit, den Zerfall eines Schweifsternes in mehr als drei Dutzend Teile gewissermaßen vor unserer Haustür zu beobachten. Der Komet

73P/Schwassmann-Wachmann 3 zog am 12. Mai 2006 in nur elf Millionen Kilometern (= 0,0735 AE) Entfernung an der Erde vorbei. Manche Gazetten verbreiteten Horrormeldungen – Trümmerstücke könnten die Erde treffen. Nichts dergleichen war zu befürchten, denn alle Fragmente vom Kometen Schwassmann-Wachmann blieben selbst bei der größten Annäherung an die Erde dreißigmal weiter entfernt als der Mond.

Der Komet 73P wurde am 2. Mai 1930 an der Hamburger Sternwarte in Bergedorf von den beiden Astronomen Arnold Schwassmann (1870–1964) und Arno Arthur Wachmann (1902–1990) auf einer fotografischen Platte entdeckt, die sie nach neuen Kleinplaneten absuchten. Es war der dritte Komet, den beide aufspürten. Schwassmann fand übrigens 22 Planetoiden und auch Wachmann entdeckte etliche. Ihnen zu Ehren wurde Planetoid Nr. 989 auf den Namen Schwassmannia getauft und Planetoid Nr. 1704 heißt Wachmann.

Komet 73P/Schwassmann-Wachmann 3 ist ein extrem kurzperiodischer Schweifstern mit einer mittleren Umlaufzeit von nur knapp fünfeinhalb Jahren. Er gehört zur so genannten Jupiterfamilie, denn sein sonnenfernster Bahnpunkt (Aphel) liegt in der Jupiterbahn. Im Aphel ist er 776 Millionen Kilometer (= 5,19 AE) von der Sonne entfernt. Im Perihel trennen ihn jedoch nur 141 Millionen Kilometer (= 0,94 AE) vom Zentralgestirn, also weniger als die Distanz Erde–Sonne. Seine Bahn ist rund elf Grad zur Erdbahnebene geneigt. Der Komet 73P kreuzt somit die Erdbahn, weshalb er unserem Planeten gelegentlich recht nahe kommen kann.

Als 73P im Mai 1930 entdeckt wurde, war er kurz vor seinem Periheldurchgang und erreichte eine scheinbare Helligkeit von sechster Größenklasse. Am 31. Mai zog er in nur neun Millionen Kilometer (= 0,061 AE) Entfernung an der Erde vorbei. Einige Male ging 73P „verloren", das heißt, seine Sonnenannäherung konnte nicht verfolgt werden. Denn durch die Lage seines Aphels kommt es zu relativ nahen Begegnungen mit Jupiter wie 1953 und 1965. Durch dessen gewaltige Masse entstehen dabei erhebliche Bahnänderungen von 73P.

Als er bei seiner Wiederkehr im Jahre 1995 beobachtet wurde, fielen kurzfristig Helligkeitsausbrüche auf. Bald stellte sich heraus, dass Schwassmann-Wachmann in vier Fragmente zerbrochen war. Sie erhielten die Bezeichnungen „A", „B", „C" und „D". Zum Jahreswechsel 2000/2001 konnten nur die Fragmente B und C beobachtet werden, wegen der ungünstigen Lage der Perihelpassage.

Kometenkerne sind tiefgefrorene Überbleibsel aus der Frühzeit unseres Sonnensystems – ein Gemenge aus gefrorenen Gasen, Staub und Eisenpartikeln. Der typischerweise wenige Kilometer große Kometenkern ist ein loses, poröses und somit zerbrechliches Gebilde. Bei Annäherung an große Massen wie beispielsweise Planeten zerren die Gezeitenkräfte am Kometenkern, weshalb er zerbrechen kann. Hinzu kommen Entgasungsprozesse, die ebenfalls eine Sprengwirkung haben, denn in Sonnennähe werden die Eiskomponenten durch Erwärmung gasförmig und bilden eine gewaltige Wolke, die so genannte Koma, um den Kern, wobei sich auch Staub aus dem Kern löst. Der Druck des Sonnenwindes – ein Strom geladener Partikel wie Elektronen, Protonen, Alpha-Teilchen usw., der permanent von der Sonne aus weht – treibt die Gasmoleküle und Staubteilchen vom Kometenkopf fort, der für Kometen typische Schweif bildet sich.

Was Gezeitenkräfte ausrichten können, sah man am Kometen Shoemaker-Levy 9, der im Juli 1994 von Jupiters Schwerkraftwirkung in mehrere Dutzend Bruchstücke zerrissen wurde, die dann mit gewaltigem Getöse in die Jupiteratmosphäre eindrangen und explodierten.

Als Komet 73P/Schwassmann-Wachmann 3 im Mai 2006 wieder einmal in Erdnähe kam und günstig zu beobachten war, richteten zahlreiche Teleskope ihre Blicke auf den Vagabunden im Sonnensystem. Was man zu sehen bekam, war die Auflösung des Kerns von 73P. Der Kometenkern war in mehr als drei Dutzend Bruchstücke zerborsten. Vor den Augen der Astronomen fand seine Auflösung statt – eine einmalige Gelegenheit, das endgültige

A.5 Künstlerische Darstellung des Kleinplaneten Sylvia und dessen Monden Romulus und Remus.

Schicksal eines Kometen zu verfolgen. Je größer die Brocken, desto eher zerfallen sie. Die Trümmerstücke wurden vom Hubble-Weltraumteleskop, von den Großteleskopen der ESO in Chile und auch vom 90-cm-Reflektor der Welzheimer Sternwarte fotografiert (siehe Abb. A.3 auf Seite 16).

Am 8. Mai 2006 zog Fragment C nur wenige Bogenminuten vom Ringnebel (M 57) in der Leier vorbei (siehe Abb. A.4 auf Seite 17).

Der Auflösungsprozess von Komet 73P wird weitergehen und schließlich werden sich seine Reste entlang seiner Bahn verstreuen. Bei der nächsten erdnahen Passage im Jahre 2022 wird die Trümmerwolke noch einigermaßen kompakt sein, aber im Jahr 2049 wird sie bereits mehrere Millionen Kilometer Durchmesser aufweisen. Dann wird es möglicherweise zu einem spektakulären Meteorschauer kommen, wenn die Erde die Randpartien der Trümmerwolke von Komet 73P passiert. Den Kometen Schwassmann-Wachmann 3 wird es dann allerdings nicht mehr geben. Ihn wird das Schicksal ereilt haben, das allen Kometen bevorsteht, nämlich die totale Auflösung in meteoroidisches Material.

Sylvias Möndchen Romulus und Remus

In den letzten Jahren wurden etliche Begleiter oder Satelliten von Kleinplaneten aufgespürt. Unter anderem fotografierte die Jupitersonde Galileo, als sie auf dem Wege zum Riesenplaneten im August 1993 an (243) Ida vorbeikam, einen winzigen Trabanten dieses Planetoiden, der Dactyl getauft wurde. Dactyl hat nur 1,5 Kilometer Durchmesser.

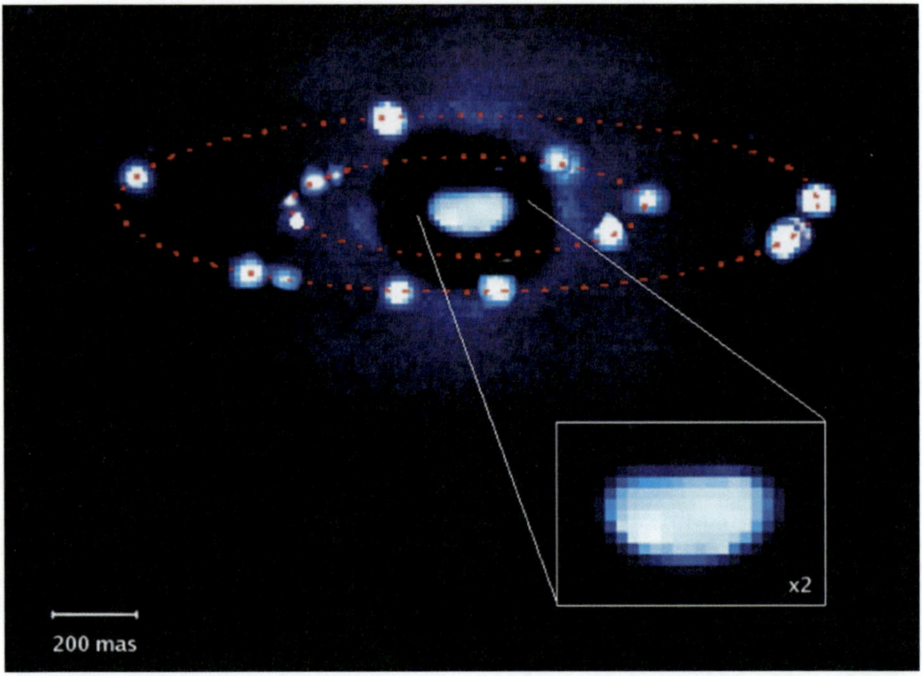

A.6 Der Kleinplanet (87) Sylvia wird von zwei Monden begleitet. Man taufte sie Romulus und Remus.

Nun wurde ein Planetoid entlarvt, der von zwei Satelliten umrundet wird. Es ist dies der erste Kleinplanet, von dem bekannt ist, dass er zwei Monde besitzt. Der Planetoid heißt Sylvia und wurde als 87. Kleinplanet im Mai 1866 von dem englischen Astronomen Norman Robert Pogson in Madras (Indien) entdeckt. Es war dies der sechste von sieben Planetoiden, die Pogson fand.

Planetoid (87) Sylvia läuft auf einer leicht elliptischen Bahn (numerische Exzentrizität e = 0,08) in einer mittleren Entfernung von 522 Millionen Kilometern (= 3,49 AE) in 6,52 Jahren um die Sonne. Im sonnennächsten Bahnpunkt, dem Perihel, kommt Sylvia bis auf 480 Millionen Kilometer (= 3,21 AE) an die Sonne heran, im Aphel (Sonnenferne) trennen sie 564 Millionen Kilometer (= 3,77 AE) vom Tagesgestirn. Sylvia ist ein unregelmäßig geformter Felsklotz mit den Ausmaßen 380 x 260 x 230 Kilometern, der sich alle fünf Stunden und elf Minuten um sich selbst dreht.

Bereits im Februar 2001 wurde mit dem 10-Meter-Keck II-Teleskop auf dem Vulkan Mauna Kea (Hawaii) ein Satellit von Sylvia gefunden. Im August 2005 entdeckte man mit dem 8,2-m-Teleskop Yepun (Venus) – eines der vier Spiegelteleskope des VLT (Very Large Telescope) der Europäischen Südsternwarte (ESO) auf Cerro Paranal (Chile) – einen weiteren Sylvia-Begleiter. Damit ist Sylvia der erste Kleinplanet, von dem man zwei Monde kennt. Sie wurden Romulus und Remus getauft nach den sagenhaften Gründern der Stadt Rom, deren Mutter Sylvia hieß. Sorgfältige Reduzierung aller Beobachtungsdaten ergaben folgende Werte für die beiden Möndchen:

Romulus (Sylvia I) wandert in einer fast kreisförmigen Bahn in einem Abstand von 1360 Kilometern in drei Tagen und 15,6 Stunden um Sylvia. Sein Durchmesser beträgt 18 Kilometer. Der nur sieben Kilometer große Remus (Sylvia II) kreist in 710 Kilometern Distanz um Sylvia, wobei er für eine Umrundung nur einen Tag und neun Stunden benötigt.

Wie lange wird es wohl dauern, bis man andere Planetoiden entlarvt, die von mehr als einem Satelliten auf ihrem Weg um die Sonne begleitet werden?

Das Jahr 2007

Das Jahr 2007 ist nach dem Gregorianischen Kalender ein Gemeinjahr mit **365** Tagen.
Beginn der Jahreszeiten:

- **Frühling** (Tagundnachtgleiche): 21. März, 1^h07^m MEZ
- **Sommer** (Sonnenwende): 21. Juni, 19^h06^m MEZ
- **Herbst** (Tagundnachtgleiche): 23. September, 10^h51^m MEZ
- **Winter** (Sonnenwende): 22. Dezember, 7^h08^m MEZ
- **Sommerzeit:** Die Mitteleuropäische Sommerzeit (MESZ) geht gegenüber der Mitteleuropäischen Zeit (MEZ) um eine Stunde vor. Sie soll vom **25. März bis 28. Oktober 2007** gelten. Kurzfristige Änderungen sind möglich.

Fest- und Feiertage 2007

Neujahrstag:	**Montag,**	1. Januar
Aschermittwoch:		21. Februar
Karfreitag:		6. April
Ostersonntag:		**8. April**
Ostermontag:		9. April
Christi Himmelfahrt:	Donnerstag,	17. Mai
Pfingstsonntag:		27. Mai
Pfingstmontag:		28. Mai
Fronleichnam:	Donnerstag,	7. Juni
Allerheiligen:	Donnerstag,	1. November
Buß- und Bettag:	Mittwoch,	21. November
1. Advent:	Sonntag,	2. Dezember
Heiliger Abend:	Montag,	24. Dezember
1. Weihnachtstag:	**Dienstag,**	25. Dezember
2. Weihnachtstag:	Mittwoch,	26. Dezember
Silvester:	**Montag,**	31. Dezember

Staatsfeiertage 2007

Tag der Deutschen Einheit:	Mittwoch,	3. Oktober
Österreich. Nationalfeiertag:	Freitag,	26. Oktober
Schweizer Bundesfeier:	Mittwoch,	1. August
Liechtenstein. Staatsfeiertag:	Mittwoch,	15. August

Kalenderären 2007

Das jüdische Jahr 5768 beginnt am 12. September mit Sonnenuntergang. Der jüdische Neujahrstag fällt daher auf den 13. September.
Das islamische Jahr 1428 beginnt am 19. Januar mit Sonnenuntergang. Der erste Tag des islamischen Jahres 1428 korrespondiert mit dem 20. Januar 2007.

Am 14. September beginnt in der byzantinischen Ära das Jahr 7516.

Am 1. Januar beginnt das japanische Jahr 2667.

Am 12. September beginnt das Jahr 1724 der Ära Diokletians.

Am 14. September beginnt das Jahr 2319 der Seleukidenära.

Am 14. Januar beginnt das Jahr 2760 der römischen Ära a.u.c.

Der 14. Januar 2007 des **Gregorianischen** Kalenders korrespondiert mit dem 1. Januar 2007 des **Julianischen** Kalenders.

Das Jahr 2007 entspricht dem Jahr 6720 der Julianischen Periode.

Der 1. Januar 2007 (0^h Weltzeit = 1^h Mitteleuropäische Zeit) hat die Julianische Tagesnummer 2 454 101,5.

Chronologie 2007

Sonnenzirkel: 28
Goldene Zahl (Mondzirkel): XIII
Sonntagsbuchstabe: G
Indiktion (Römerzinszahl): 15
Epakte: 11
Jahresregent: Saturn
(Nähere Erläuterungen zu den chronologischen Zyklen, die auch Kalenderzyklen genannt werden, siehe Seite 40).

Finsternisse 2007

Im Jahr 2007 ereignen sich vier Finsternisse. Die totale Mondfinsternis vom 3./4. März ist in ihrem gesamten Verlauf **von Mitteleuropa aus beobachtbar**. Die beiden partiellen Sonnenfinsternisse vom 19. März und 11. September bleiben von ganz Europa aus unbeobachtbar. Ebenso entgeht uns die totale Mondfinsternis vom 28. August 2007.

Nähere Erläuterungen zu den Finsternissen findet man im Kapitel „Sonnen- und Mondfinsternisse 2007“ auf Seite 41.

Planeten 2007

Merkur zeigt sich Ende Januar, Anfang Februar sowie Mitte Mai bis Anfang Juni am Abendhimmel tief im Westen nach Sonnenuntergang. Am Morgenhimmel kann der flinke Planet Ende Juli bis Anfang August und Anfang bis Mitte November knapp über dem Osthorizont in der Morgendämmerung gesehen werden.

Venus leuchtet von Jahresbeginn bis Mitte August als Abendstern. Am 12. Juli strahlt der Abendstern in größtem Glanz. Ihre größte östliche Elongation (45°) erreicht Venus am 9. Juni. Ende Juli beendet sie ihre Abendsternperiode. Am 18. August steht sie in unterer Konjunktion mit der Sonne. Ab September bis über das Jahresende 2007 kann man unseren inneren Nachbarplaneten dann als Morgenstern vor Sonnenaufgang am Osthimmel sehen. Am 23. September leuchtet sie in größtem Glanz am Morgenhimmel. In größter westlicher Elongation steht Venus mit 46° am 28. Oktober 2007.

Mars ist in der ersten Jahreshälfte am Morgenhimmel vertreten. Im Sommer kann man den roten Planeten in der zweiten Nachthälfte beobachten. Im Spätherbst wird Mars allmählich zum Planeten der gesamten Nacht. Am Heiligen Abend kommt Mars in Opposition zur Sonne, wobei ihn 88 Millionen Kilometer von uns trennen.

Jupiter kommt am 6. Juni im Sternbild Schlangenträger in Opposition zur Sonne. Zu Jahresbeginn kann der Riesenplanet am Morgenhimmel gesehen werden. Bis zur Opposition dehnt er seine Sichtbarkeitszeit auf die ganze Nacht aus.

Ende Oktober zieht Jupiter sich vom Abendhimmel zurück und wird unsichtbar. Am 23. Dezember steht er in Konjunktion mit der Sonne.

Saturn steht am 10. Februar im Sternbild Löwe in Opposition zur Sonne. Bis Anfang Juli ist der Ringplanet am Abendhimmel vertreten. Am 22. August wird er von der Sonne überholt – er steht in Konjunktion mit ihr. Im Oktober erscheint der Ringplanet wieder am Morgenhimmel. Bis Jahresende wird Saturn zum Planeten der zweiten Nachthälfte.

Uranus kommt am 9. September im Sternbild Wassermann in Opposition zur Sonne, **Neptun** bereits am 13. August im Sternbild Steinbock.

Pluto, der kleinste und sonnenfernste der neun Planeten unseres Sonnensystems, steht am 19. Juni im Sternbild Schlange (Schwanz) in Opposition zur Sonne.

Ausführliche Angaben über die Sichtbarkeit der Planeten entnehme man der Rubrik „Planetenlauf“ in den Monatsübersichten.

Erläuterungen zum Gebrauch

Wer zum ersten Mal dieses Jahrbuch in Händen hält und noch keine Erfahrungen im Beobachten des gestirnten Himmels hat, sollte nachstehende Erläuterungen aufmerksam lesen. Sie geben eine kurze aber profunde Einführung in die Grundlagen der praktischen Himmelskunde. Wer sich am Sternenhimmel schon auskennt, kann sofort die „Kurzhinweise zum Gebrauch" in der vorderen Klappe aufschlagen.

Nur noch selten bietet sich uns modernen Zivilisationsmenschen die Gelegenheit, ungestört von irdischen Lichtquellen die Pracht eines klaren, sternenübersäten Nachthimmels zu erleben. Schier endlos scheint die Zahl der flimmernden Lichtpünktchen am samtschwarzen Firmament zu sein. Schnell kommt der Wunsch auf, sich am Sternenzelt zurechtzufinden und mehr über die Wunder des Weltalls zu erfahren. Die vielen Sterne, die man in einer mondlosen Nacht zu sehen bekommt, sind fast ausnahmslos Sonnen, also heiße, selbst leuchtende Gasbälle, gewissermaßen Geschwister unserer eigenen

E.2 Die Strudelgalaxie (M 51) im Sternbild Jagdhunde – ein Milchstraßensystem in 22 Millionen Lichtjahren Entfernung. Aufgenommen auf der Sternwarte Welzheim von Steffen Brückner (Beobachtergruppe Planetarium Stuttgart).

E.3 Sternengewimmel in unserer Milchstraße. Der Ausschnitt zeigt das Milchstraßenband im Gebiet des Sternbildes Schwan – Millionen Sterne leuchten (Aufnahme von Martin Gertz, Sternwarte Welzheim/Planetarium Stuttgart).

Sonne. Sie prägen dem Himmel ein scheinbar unveränderliches Muster auf, das heißt, ihre gegenseitigen Positionen bleiben unverändert; man nennt sie daher Fixsterne. Die Fantasie der Menschen erkannte schon in alter Zeit in der zufälligen Anordnung der Sterne die Gestalten von Menschen, Tieren oder Gegenständen, eben die Sternbilder. Das Beispiel des Großen Wagens ist wohl jedem bekannt. Seine Form ändert sich nicht, jahraus, jahrein erkennen wir ihn in gleicher Gestalt.

Das Aussehen des Sternenhimmels ändert sich jedoch von Stunde zu Stunde. Da sich die Erde dreht, gehen die Sterne – ebenso wie Sonne und Mond – auf und unter. Am Morgenhimmel sind andere Sternbilder zu sehen als am Abendhimmel. Da die Sonne im Laufe eines Jahres durch die Tierkreissternbilder wandert, ist der Himmelsanblick auch jahreszeitlich immer wieder verschieden. Schließlich hängt es noch vom Beobachtungsort auf der Erde ab, welche Sterne zu sehen sind. In anderen geografischen Breiten sieht der Himmel entsprechend verschieden aus. Das berühmte Sternbild „Kreuz des Südens" beispielsweise ist bei uns in Mitteleuropa nicht zu sehen.

Im Himmelsjahr ist das Bild des abendlichen Fixsternhimmels für jeden Monat beschrieben. Eine Sternkarte erleichtert die Übersicht. Außerdem ist die Stellung des Großen Wagens und des Himmels-Ws um 22^h MEZ für jeden Monat aus einer Grafik ersichtlich. Der Große Wagen und das Himmels-W sind in jeder klaren Nacht zu beobachten, da sie bei uns zirkumpolar sind, also niemals untergehen.

Während die Fixsterne ihre Stellungen zueinander nicht ändern, sondern nur gemeinsam infolge der Erdrotation über das Firmament ziehen, gibt es Gestirne, die ihre Positionen im Laufe von Wochen und Monaten ändern. Man nennt sie Wandelsterne oder Planeten (griech.: πλανά–ωμαι = umherirren). Sie sind die Geschwister unserer Erde, die ebenfalls ein Planet ist. Mit freiem Auge sind fünf Planeten zu sehen: Merkur, Venus, Mars, Jupiter und Saturn. Nach Erfindung des Fern-

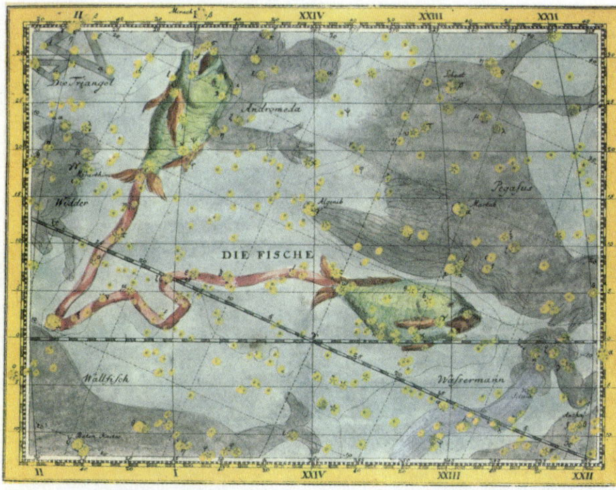

E.4 Das Sternbild Fische (Pisces) in der fantasievoll ausgeschmückten Sternkarte von Johann Elert Bode aus dem Jahre 1782.

rohres wurden noch drei weitere entdeckt: Uranus, Neptun und Pluto. Somit sind heute neun große Planeten bekannt, die die Sonne, das Zentralgestirn, umkreisen. Inzwischen wurden jenseits der Plutobahn weitere Planetoiden aufgespürt, die Pluto zum Teil an Größe übertreffen. Wer die Sternbilder kennt, dem fällt ein Planet sofort als nicht dazugehöriges, gewissermaßen fremdes Gestirn auf. Ferner flimmern Planeten im Unterschied zu den punktförmigen Fixsternen nicht oder kaum, sie glänzen ruhig im geborgten Sonnenlicht. Die Planeten laufen ziemlich genau in derselben Ebene um die Sonne, die von der Erdbahn aufgespannt wird. Die Erdbahnebene entsteht durch den Umlauf der Erde um die Sonne. Man nennt sie auch Ekliptikebene.

Von der Erde aus gesehen wandert somit die Sonne in einem Jahr durch die bekannten Sternbilder des Tierkreises. Der Wanderweg der Sonne heißt Ekliptik. Mond und Planeten bewegen sich ebenfalls in der Nähe der Ekliptik. Sie sind daher stets in den Tierkreissternbildern zu finden. Niemals kann beispielsweise die Venus im Großen Bären gesehen werden!

Ein Wort zu den Dimensionen im Weltall: Gibt man sie in Kilometern an, so erhält man die berühmten „astronomischen" Zahlen, Ungetüme mit vielen Nullen, die kaum aussprechbar sind und unter denen man sich gar nichts mehr vorstellen kann. Anschaulicher werden die Entfernungen im Kosmos, nimmt man die Reisegeschwindigkeit des Lichtes zu Hilfe: Pro Sekunde legt ein Lichtstrahl 300 000 Kilometer zurück, das ist fast die Strecke von der Erde zum Mond. Von der Sonne zur Erde sind es 8 ⅓ Lichtminuten; dies entspricht 150 Millionen Kilometern. Die mittlere Entfernung Erde – Sonne wird auch Astronomische Einheit (AE) genannt. Sie ist die Basis für astronomische Entfernungsmessungen. Bis zum fernen Pluto ist ein Lichtquant von der Sonne immerhin schon sechs Stunden unterwegs. Danach beginnt der Abgrund der Fixsternräume. Schon die nächsten Sterne, also Nachbarsonnen unserer eigenen, sind so weit weg, dass das Licht Jahre braucht, um die gewaltigen Distanzen zu überbrücken. In einem Jahr legt das Licht 9 460 000 000 000 Kilometer zurück, also fast zehn Billionen Kilometer. Sirius im Sternbild Großer Hund, ein sehr naher Stern, ist beispielsweise „nur" neun Lichtjahre entfernt. Die meisten Sterne sind aber Dutzende, Hunderte und Tausende von Lichtjahren weit weg. Alle Sterne am Himmel gehören zu einem riesigen System, der Milchstraße. Als Sternenschwarm von weit über 100 Milliarden Sonnen bildet sie einen gewaltigen Diskus mit 100 000 Lichtjahren Längsdurchmesser und 15 000 Lichtjahren Querdurchmesser. Zwischen den Sternen schweben Staub- und Gaswolken, so genannte interstellare Materie. Von den Milliarden Sternen der Milchstraße sehen wir in einer klaren Nacht aber nur etwa 3000 bis 4000 Sterne.

Doch die Milchstraße ist nicht das einzige Sternensystem im Universum. Es gibt Milliarden solcher Milchstraßen oder Galaxien, wie sie auch heißen. Schon mit bloßem Auge kann man im Sternbild Andromeda ein schwaches Lichtfleckchen erkennen: unsere Nachbarmilchstraße, den berühmten Andromeda-Nebel. Fast drei Millionen Jahre ist das Licht dieser Sterne zu uns unterwegs. Andere Galaxien oder Spiralnebel stehen viele Millionen, ja Milliarden Lichtjahre tief im Raum.

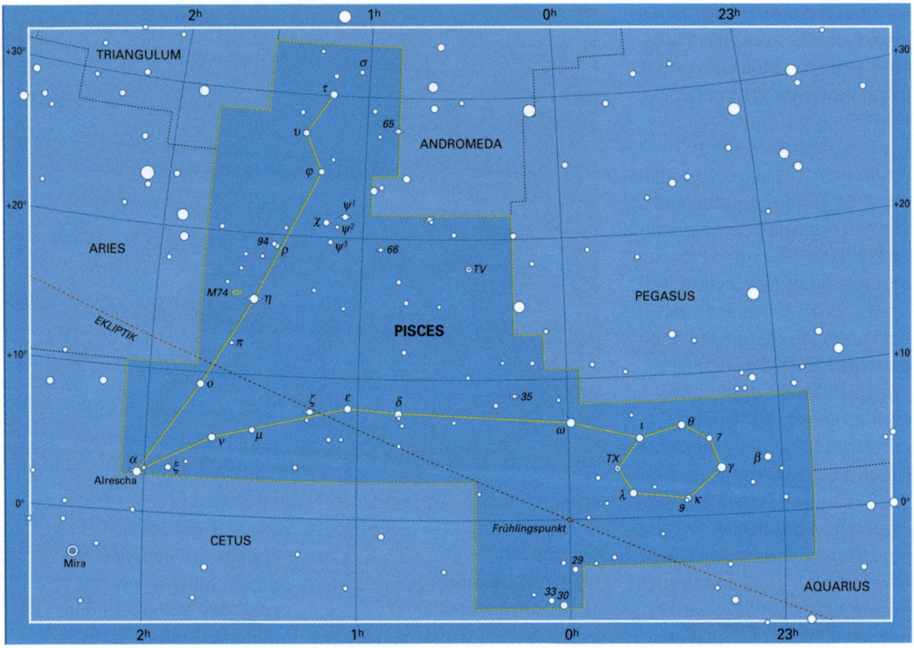

E.5 Das Sternbild Fische in moderner Darstellung aus dem *Kosmos Himmelsführer* von Ian Ridpath und Wil Tirion.

Sterne, Sternbilder und Sternkarten

Je nach Fantasie und Kultur haben die einzelnen Völker Sterne und Sternbilder unterschiedlich benannt. Die alten Chinesen kannten einen anderen Tierkreis, als wir ihn heute benutzen. Der Große Wagen wiederum heißt bei den Amerikanern „big dipper", große Schöpfkelle. Die meisten Sternbilder, die wir in den Sternkarten finden, stammen aus der griechisch-römischen Mythologie, viele haben ihre Wurzel im babylonischen Kulturkreis, einige kamen im Mittelalter hinzu. Die Sternbilder des Südhimmels wurden erst in der Neuzeit von den Entdeckern benannt. Damit keine Verwirrung aufkommt, hat die Internationale Astronomische Union (IAU) für die gesamte Himmelskugel 88 Sternbilder festgelegt, die für alle Astronomen und Sternfreunde verbindlich sind. Diese 88 Sternbilder haben lateinische Namen und jeweils eine Abkürzung von drei Buchstaben; Beispiel: der Krebs, lat.: Cancer, Abkürzung: Cnc. Waren früher die Grenzen zwischen den einzelnen Sternbildern unklar oder fließend, so sind die durch IAU-Beschluss festgelegten Sternbilder durch die rechtwinkligen, äquatorialen Himmelskoordinaten (Rektaszension und Deklination) eindeutig abgegrenzt.

In alten Himmelsatlanten findet man recht fantasiereich und hübsch ausgeschmückte Darstellungen der einzelnen Himmelsfiguren (Abb. E.4). Moderne Sternkarten zeigen nur noch Namen und Koordinatengrenzen eines Sternbildes, aber keine figürliche Darstellung mehr (Abb. E.5).

Speziell für die Benutzer des Himmelsjahres empfehlen sich zur ersten Orientierung die Sternkarten im *Atlas für Himmelsbeobachter* von Erich Karkoschka, erschienen bei Kosmos. Für Sternfreunde mit Fernrohren seien folgende Sternatlanten genannt:

Millenium Star Atlas, von Roger W. Sinnott und Michael Perryman (bis 11^{m}), *Sky Atlas 2000.0* von Wil Tirion (bis $8{,}^{m}0$), *Uranometria 2000.0* von W. Tirion/B. Rappaport/G. Lovi (bis $9{,}^{m}5$).

Neben den klassischen Sternatlanten gibt es heute auch gute Computerprogramme, die einen gewünschten Himmelsausschnitt am Monitor erscheinen lassen. Drei empfehlenswerte Programme seien an dieser Stelle genannt:

Kosmos Planetarium Bessel von Antonius Schrode, Frankfurt am Main (www.planetarium-bessel.de.ki) und *VirtualSky* von Prof. Manfred Dings, Saarbrücken (www.virtualskysoft.de) sowie *RedShift 6* von United Soft Media (www.usm.de).

Nur die hellsten oder auffällige Sterne, die beispielsweise periodisch ihre Helligkeit ändern, haben Eigennamen erhalten. Diese stammen häufig von den Arabern, die in klaren Wüstennächten eifrig den Himmel beobachteten. So heißen die beiden hellsten Sterne im Wintersternbild Orion Beteigeuze und Rigel, der berühmte veränderliche Stern im Perseus Algol.

Etwas systematischer hat Johannes Bayer im Jahre 1603 die Sterne bezeichnet, nämlich mit griechischen Buchstaben und dem Genitiv des lateinischen Sternbildnamens. So bekam der hellste Stern in der Leier die Bezeichnung α Lyrae (oder kurz α Lyr), der zweithellste β Lyrae, der dritthellste γ Lyrae usw. Die Helligkeitsfolge ist aber nicht immer streng eingehalten, manchmal hat die Mythologie Vorrang. Von den beiden hellen Zwillingssternen trägt der hellere Pollux die Bezeichnung β Geminorum, der etwas schwächere Kastor α Geminorum. Bei Doppelsternen wird gelegentlich noch ein Index an den griechischen Buchstaben angehängt. Beispiel: ε_1 und ε_2 Lyrae, der berühmte Vierfachstern in der Leier (jede Komponente ist ihrerseits ebenfalls ein Doppelstern). Die 24 griechischen Buchstaben (siehe Seite 38) pro Sternbild reichen natürlich nicht aus, um alle Sterne zu benennen. Den ersten umfangreichen Sternkatalog nach Erfindung des Fernrohrs hat John Flamsteed (1646–1719) im Jahre 1712 herausgegeben. Flamsteed war Gründer und erster Direktor der traditionsreichen Sternwarte in Greenwich bei London und damit auch der erste Astronomer Royal. In seinem Sternkatalog *Historia Coelestis Britannica*, der rund 2700 Sterne enthält, hat Flamsteed die Sterne in einem Sternbild durchnummeriert. So hat ω Aurigae beispielsweise bei Flamsteed die Bezeichnung 4 Aurigae. Viele Sterne, die keine Bayer-Bezeichnung haben, sind jedoch mit Flamsteed-Nummern gekennzeichnet. Posthum erschien im Jahre 1729 sein *Atlas Coelestis*. Bei schwächeren Sternen gibt man die Katalognum-

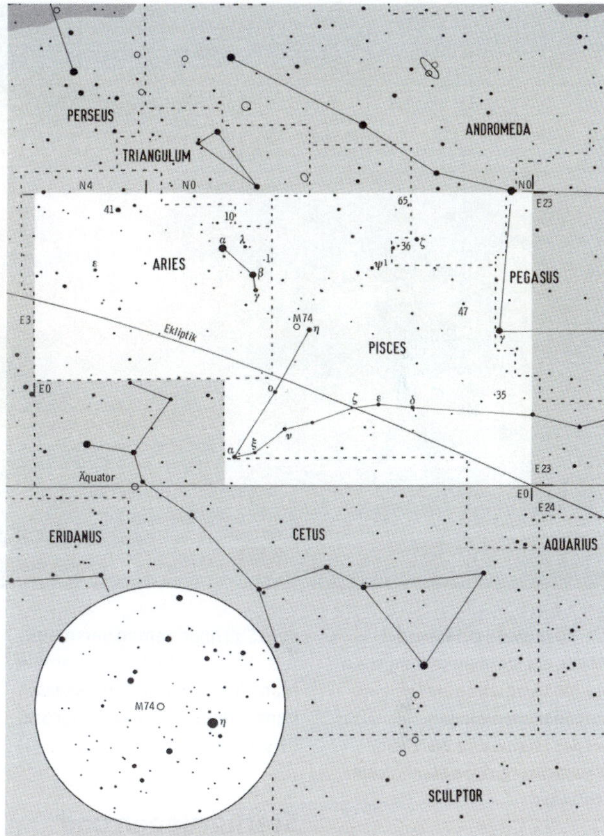

E.6 Ausschnitt aus dem *Atlas für Himmelsbeobachter* von Erich Karkoschka. Die Karte zeigt den Ausschnitt für das Sternbild Fische (lat.: Pisces). Die Übersichtskarten enthalten alle Sterne bis zur Grenzgröße 6^m, die Aufsuchkarten für Sternhaufen und Nebel bis zur Grenzgröße 9^m (Kosmos-Verlag, Stuttgart, 4., völlig neu bearbeitete Auflage 2004).

E.7 Der große Orion-Nebel (M 42), ein Sternentstehungsnest in 1700 Lichtjahren Entfernung. Aufgenommen von Jörg Nikolaizig auf der Sternwarte Welzheim (Beobachtergruppe Planetarium Stuttgart).

mer an, unter der sie verzeichnet sind, oder einfach die genauen Koordinaten. Beispiele für Katalognummern: BD +52°1312 bedeutet Stern Nummer 1312 in der Deklinationszone von +52° bis +53° der so genannten Bonner Durchmusterung. HD 128974, Stern aus dem Henry-Draper-Katalog, SAO 146912, Stern aus dem Smithsonian Astrophysical Observatory Star Catalogue, FK5: 1051 ist ein Stern aus dem 5. Fundamental-Katalog.

Sterne, deren Helligkeit variiert, werden häufig mit großen lateinischen Buchstaben und dem Sternbildnamen versehen, z. B. RR Lyrae, T Coronae Borealis. Man kann somit aus der Bezeichnung auf die Eigenart dieser Sterne schließen.

Sterngruppen und Nebel

Schon mit bloßem Auge entdeckt man im Sternbild Stier ein Grüppchen von sechs bis neun Sternen, bekannt unter dem Namen Siebengestirn oder Plejaden. Sucht man den Himmel mit Feldstecher oder Fernrohr ab, so findet man zahlreiche derartige Gruppen. Sie werden schlicht Sternhaufen genannt. Man unterscheidet offene und kugelförmige Sternhaufen: Offene Sternhaufen enthalten Dutzende bis einige hundert Sterne, die alle einzeln als Lichtpunkte erkennbar sind; Kugelhaufen haben Hunderttausende bis Millionen Mitgliedssterne und sind als verwaschene, kreisrunde Lichtfleckchen zu sehen. Nur die Randpartien sind in Einzelsterne auflösbar, im Zentrum stehen die Sterne zu dicht, um als einzelne Lichtpunkte erkannt zu werden.

Zwischen den punktförmigen Sternen zeigen sich auch nebelhafte Gebilde. Da diese „Nebel“ ihre Positionen unter den Sternen beibehalten, sind sie keine Erscheinung in der Erdatmosphäre, sondern astronomische Objekte. Bei den Nebeln gilt es, zwei Kategorien auseinander zu halten. Einmal beobachten wir tatsächlich Staub- und Gasmassen zwischen den Sternen unserer Milchstraße, wie zum Beispiel im Sternbild Orion den berühmten Orion-Nebel. Andere nebelhafte Lichtfleckchen lassen sich jedoch mit sehr großen Teleskopen in einzelne Sterne auflösen. Hier sieht man fremde, ferne Milch-

E.8 Der Kugelsternhaufen M 13 im Sternbild Herkules. Aufnahme von Stefan Seip (Beobachtergruppe Planetarium Stuttgart), gewonnen auf der Sternwarte Welzheim.

straßensysteme; das Licht von Milliarden Sternen wird von uns nur als schwacher Nebelfleck registriert, wie beispielsweise beim Andromeda-Nebel. Wegen ihrer häufig spiraligen Gestalt spricht man auch von Spiralnebeln oder Galaxien (griech.: γαλάξις = Milchstraße).

Der französische Astronom Charles Messier (1730 – 1817) hat einen Katalog mit über hundert Sternhaufen und Nebeln zusammengestellt. Sternfreunde benutzen noch heute seine Katalognummern. Der Orion-Nebel wird z. B. mit M 42, der Andromeda-Nebel mit M 31, der Kugelhaufen im Herkules mit M 13 bezeichnet. Wesentlich umfangreicher ist der Katalog von John L. E. Dreyer mit dem Namen New General Catalogue of Nebulae and Clusters of Stars, abgekürzt mit NGC. Später erschienen noch zwei Ergänzungen (Index-Catalogue I and II, kurz IC I und IC II) und schließlich der überarbeitete Revised New General Catalogue (RNGC). Daher trägt der Andromeda-Nebel M 31 auch die Bezeichnung NGC 224.

Die Helligkeit der Sterne

Von alters her teilt man die Sterne in so genannte Größenklassen ein. Man sagt zum Beispiel, der Polarstern sei ein Stern zweiter Größe. Diese Größenklassen geben nicht den Durchmesser oder die wahre Leuchtkraft der Sterne an, sondern ihre scheinbare Helligkeit am Himmel. Sterne erster Größe sind dabei heller als solche zweiter Größe. Ein schwaches Sternpünktchen sechster Größe ist eben noch mit unbewaffnetem Auge zu erkennen. Ein Stern erster Größe ist dabei hundertmal heller als ein Stern sechster Größe. Daraus folgt, dass ein Stern zweiter Größe 2,512-mal lichtschwächer ist als ein Stern erster Größe. Ein Stern dritter Größe wiederum ist 2,512-mal lichtschwächer als ein Stern zweiter Größe usw., denn $2{,}512^5 = 100$. Die Größenklassenskala der Sternhelligkeiten ist ein logarithmisches Maß.

Als Abkürzung verwendet man ein kleines hochgestelltes ^{m} für magnitudo (lat.) = Größe. Sterne, die heller als 1^m sind, bezeichnet man mit 0^m, -1^m, -2^m usw. Die Venus kann -4^m hell sein, was bedeutet, dass sie dann hundertmal heller strahlt als ein Stern erster Größe, also mit 1^m!

Mit Teleskopen lassen sich auch Sterne beobachten, die schwächer sind als 6^m. In einem guten Fernglas sind Sterne bis 10^m ohne weiteres erkennbar. In großen Teleskopen werden Sterne bis 26^m beobachtet, also Objekte, die 100 Millionen Mal lichtschwächer sind als die schwächsten, dem menschlichen Auge zugänglichen Sterne mit 6^m. Die Helligkeiten der Sterne zu schätzen, sollte man üben. Abb.

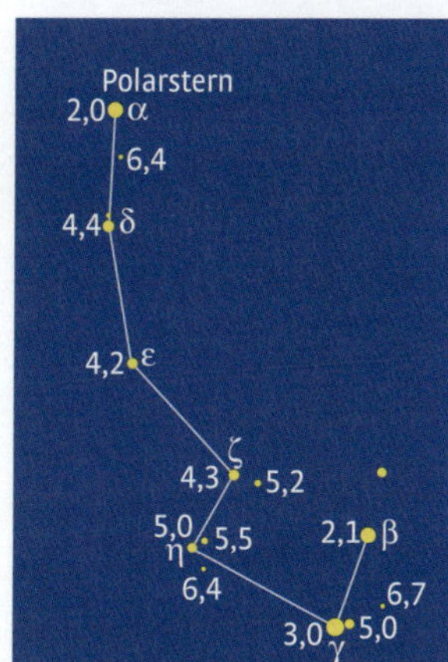

E.9 Das Sternbild Kleiner Wagen mit Helligkeitsangaben in Größenklassen für die einzelnen Sterne.

E.9 zeigt den Kleinen Wagen, wobei die Helligkeiten der einzelnen Sterne vermerkt sind. Da das Sternbild Kleiner Wagen zirkumpolar ist, kann es in jeder klaren Nacht zu jeder Uhrzeit gesehen werden.

Stünden alle Sterne gleich weit entfernt, sozusagen in einer Normentfernung, dann entspräche die beobachtete scheinbare Helligkeit auch ihrer wirklichen Leuchtkraft. Eine solche Normentfernung wurde mit 10 Parsec (knapp 33 Lichtjahre) festgelegt. Man rechnet nun die Helligkeit aus, die ein Stern in 10 Parsec Entfernung hätte, und bezeichnet diese Größe als „absolute Helligkeit" oder „wahre Leuchtkraft" eines Sterns.

Um die absolute nicht mit der scheinbaren Helligkeit zu verwechseln, wird sie mit einem großen M (Magnitudo) abgekürzt. Beispiel: Unsere Sonne hat die enorme scheinbare Helligkeit von -27^m am Firmament und eine absolute Helligkeit von $+4{,}^{M}8$. Das heißt, in 33 Lichtjahren Entfernung erschiene uns die Sonne nur noch als schwaches Sternchen 5. Größe.
Anmerkung: Da ^{m} auch für Minute steht, ist aus dem Textzusammenhang zu entnehmen, ob Helligkeiten oder Zeiten bzw. Koordinaten gemeint sind.

Entfernungsangaben

Unser Mond ist von der Erde im Mittel 384 400 Kilometer entfernt. Die Planeten unseres Sonnensystems sind viele Millionen, die Sterne viele Billionen Kilometer von uns entfernt. In der Astronomie verwendet man, um große Zahlenungetüme zu vermeiden, für die Distanzen im Sonnensystem als Längenmaß die Astronomische Einheit (AE). Eine Astronomische Einheit entspricht der mittleren Entfernung der Erde von der Sonne, das sind rund 150 Millionen Kilometer.
Es gilt: 1 AE = 149 597 870 km.
Diese Strecke legt das Licht in 8^m20^s zurück. Man spricht von der Lichtlaufzeit der Astronomischen Einheit. Jupiter ist beispielsweise 5,2 AE von der Sonne und Neptun rund 30 AE von ihr entfernt. Die Lichtlaufzeiten der Planetendistanzen betragen Minuten bis wenige Stunden. Die Sterne sind jedoch so weit entfernt, dass ihr Licht Jahre, Jahrhunderte und Jahrmillionen zur Erde unterwegs ist. Man gibt daher ihre Distanzen gerne in Lichtlaufzeiten an, wobei man ein Lichtjahr (LJ) als Einheit nimmt. In einem Jahr legt ein Lichtstrahl im Vakuum rund zehn Billionen Kilometer zurück.
Es gilt: 1 LJ = $9{,}46 \times 10^{12}$ km
= 63 240 AE.
Ein Lichtjahr ist somit keine Zeit-, sondern eine Entfernungsangabe. In der Stellarastronomie wird ferner das Parsec (Parallaxensekunde) verwendet. Ein Parsec entspricht 3,26 Lichtjahren. Die Definition des Parsecs findet man im Begleitbuch zum Himmelsjahr, dem *Astrowissen* im Abschnitt „Entfernungseinheiten in der Astronomie".

Im Himmelsjahr werden die Entfernungen im Sonnensystem in AE und die Fixsterndistanzen in Lichtjahren angegeben. Parsec werden nicht verwendet.

Sommerzeit (MESZ) in der Bundesrepublik Deutschland

	Beginn Sonntag	Ende Sonntag		Beginn Sonntag	Ende Sonntag
1980	06. April	28. September	1995	26. März	24. September
1981	29. März	27. September	1996	24. März	27. Oktober
1982	28. März	26. September	1997	30. März	26. Oktober
1983	27. März	25. September	1998	29. März	25. Oktober
1984	25. März	30. September	1999	28. März	31. Oktober
1985	31. März	29. September	2000	26. März	29. Oktober
1986	30. März	28. September	2001	25. März	28. Oktober
1987	29. März	27. September	2002	31. März	27. Oktober
1988	27. März	25. September	2003	30. März	26. Oktober
1989	26. März	24. September	2004	28. März	31. Oktober
1990	25. März	30. September	2005	27. März	30. Oktober
1991	31. März	29. September	2006	26. März	29. Oktober
1992	29. März	26. September	2007	25. März	28. Oktober
1993	28. März	26. September	2008	30. März	26. Oktober
1994	27. März	25. September	2009	29. März	25. Oktober

Zeitangaben

Alle Uhrzeiten sind grundsätzlich in **Mitteleuropäischer Zeit (MEZ)** angegeben. Die Mitteleuropäische Zeit ist die mittlere Sonnenzeit des Meridians 15° östlich von Greenwich (Nullmeridian der Erde). Sie geht gegenüber der Weltzeit (UT = Universal Time) um eine Stunde vor. Es gilt: Weltzeit plus eine Stunde = MEZ.

Wenn es in Greenwich Mitternacht (0^h) ist, dann haben wir schon 1^h (MEZ) morgens. Für ortsabhängige Angaben (z. B. Auf- und Untergänge) gelten alle Zeiten genau für einen Ort 10° östlich von Greenwich und 50° nördlicher Breite. Dieser Punkt liegt für Mitteleuropa ziemlich zentral.

Sommerzeit

Die Sommerzeit ist eine willkürliche Verschiebung der Zonenzeit um eine Stunde, um die Tageshelligkeit besser auszunutzen und (angeblich) Energie einzusparen. Sie beruht nicht auf astronomischen Grundlagen und ist außerdem von Staat zu Staat verschieden. Um die Benutzer des Himmelsjahres nicht zu verwirren und die Daten konsistent zu halten, sind alle Angaben das ganze Jahr hindurch in MEZ vermerkt. Es gilt: MEZ plus eine Stunde = MESZ (Mitteleuropäische Sommerzeit). Gilt in einem Land die Sommerzeit, so ist zu den Zeitangaben im Himmelsjahr einfach eine Stunde zu addieren. Beispiel: Der Mondaufgang am 15. April 2007 findet laut Tabelle „Mondlauf" um 4^h31^m MEZ statt und somit um 5^h31^m MESZ. **Achtung:** Fällt ein Ereignis in die letzte Stunde vor Mitternacht, so ändert sich auch das Datum um einen Tag. Beispiel: Der Mondaufgang erfolgt am 5. Mai 2007 um 23^h42^m MEZ; zählt man eine Stunde hinzu, erhält man 0^h42^m MESZ am 6. Mai.

Die **Mitteleuropäische Sommerzeit** (MESZ) beginnt am Sonntag, 25. März 2007 um 2^h MEZ und endet am Sonntag, 28. Oktober 2007 um 3^h MESZ. Während der Dauer der Sommerzeit sind alle Zeitangaben in den Tabellen in einem dunkleren Farbton unterlegt. Wer häufig beobachtet, sollte das ganze Jahr über eine Uhr in MEZ laufen lassen. Dies ist recht bequem und hilft, Irrtümer zu vermeiden.

Wichtiger Hinweis: Da Beginn und Ende der Sommerzeit von den Regierungen bestimmt werden und nicht aus astronomischen Gegebenheiten abzuleiten sind, also keine natürlichen Grundlagen haben, sind die Angaben in diesem Jahrbuch unverbindlich. Vermerkt sind die bei Drucklegung bekannt gewordenen Absichten über die Einführung der Sommerzeit. Änderungen der vermerkten Daten sind aufgrund kurzfristiger politischer Entscheidungen möglich. Der Herausgeber übernimmt dafür keine Verantwortung.

Auf- und Untergangszeiten

Alle Auf- und Untergangszeiten (MEZ) gelten exakt für 10° östlicher Länge und 50° nördlicher Breite. Für andere Orte in Mitteleuropa können diese Zeiten erheblich differieren (bis etwa eine halbe Stunde). Um schnell auch für andere Orte die Auf- und Untergänge ermitteln zu können, ist das Nomogramm auf Seite 276 gedacht. Im Nomogramm sind die wichtigsten Städte in Mitteleuropa eingetragen. Man wähle eine Stadt, die dem eigenen Standpunkt am nächsten kommt. Dann lege man ein Lineal so auf das Nomogramm, dass es mit der Deklination des Gestirns bzw. der Uhrzeit laut Tabelle „Sonnenlauf" am oberen Bogen übereinstimmt. Dabei gilt das obere Vorzeichen für den Aufgang, das untere für den Untergang. Die Verbindungslinie (Lineal) gibt dann am unteren Bogen die Korrektur für die Auf- bzw. Untergangszeit an. Positive Werte bedeuten eine Verspätung, ein negativer Wert deutet an: Der Auf- oder Untergang erfolgt entsprechend früher. Die Zahlen geben die Minuten an. Beispiel: Wann geht in Wien am 31. März die Sonne auf? Man verbinde mit einem Lineal den Punkt „Wien" mit der 6-Uhr-Marke am oberen Bogen. Denn laut Tabelle „Sonnenlauf" auf Seite 84 erfolgt der Sonnenaufgang am 31. März um 6^h00^m. Die Verbindungslinie schneidet den unteren Bogen bei -24^m. Der Sonnenaufgang erfolgt in Wien somit 24 Minuten früher, also um 5^h36^m MEZ bzw. 6^h36^m Sommerzeit.
Wem die Verwendung des Nomogramms zu kompliziert ist, der kann auch die Tabelle zur Auf- und Untergangskorrektur auf Seite 277 benutzen. Man suche die seinem Wohnort nächstliegende Stadt und lese einfach die Korrekturzeit in Minuten ab, wobei für Mond, Planeten oder Sterne noch vorher die Deklination zu ermitteln ist. Bei der Sonne beachte man das Datum.

Da durch den natürlichen Horizont (Häuser, Bäume, Berge etc.) die Auf- und Untergangszeiten ohnedies mit einem gewissen Spielraum zu versehen sind, kann man auf die Korrektur auch ganz verzichten, wenn man keine große Genauigkeit benötigt.

Sternzeit

Unser tägliches Leben richtet sich nach der Sonne, ebenso unsere bürgerliche Zeitrechnung. Auf unserer Armbanduhr lesen wir somit „Sonnenzeit" ab. Steht die Sonne im Süden, dann haben wir zwölf Uhr Mittag. Eine Stunde später ist es ein Uhr nachmittags, wieder eine Stunde später zwei Uhr nachmittags usw. Die Sonnenzeit wird also am Stundenwinkel der Sonne gemessen.

Die Sonne steht jedoch nicht fest, sondern wandert im Laufe eines Jahres durch die Tierkreissternbilder. Um aber mit dem Fernrohr ein bestimmtes Gestirn zu finden, muss man die Stellung des Beobachters auf der Erde zu einer bestimmten Uhrzeit des Tages relativ zur Fixsternwelt kennen. Man braucht also einen „ruhenden" Punkt unter den Sternen. Dafür hat man den Frühlingspunkt ausgewählt. Er ist der Schnittpunkt der aufsteigenden Sonnenbahn mit dem Himmelsäquator. Im Frühlingspunkt steht die Sonne zu Frühlingsbeginn. Er ist auch der Nullpunkt der äquatorialen Himmelskoordinaten. Nimmt man statt der Sonne den unter den Fixsternen feststehenden Frühlingspunkt, erhält man statt der Sonnen- die Sternzeit.

Steht der Frühlingspunkt im Süden (Meridian), spricht man von 0^h Sternzeit, eine Stunde später von 1^h Sternzeit usw.
Es gilt:
Sternzeit = Stundenwinkel des Frühlingspunktes.
Im Himmelsjahr ist die Sternzeit jeweils für 1^h MEZ (= 0^h Weltzeit) von zehn zu zehn Tagen für den Meridian von Greenwich (Nullmeridian) angegeben (siehe Tabelle auf Seite 270).
Die Tabelle auf Seite 274 erlaubt eine schnelle Bestimmung der Sternzeit zur abendlichen Beobachtungsstunde.

Die Tabelle „Sternzeit" gibt die Sternzeit um 20^h MEZ (= 21^h MESZ) am Ortsmeridian 10° östlicher Länge für jeden Tag des Jahres an. Wozu dient die Sternzeit? Zunächst gibt sie an, wie der Fixsternhimmel relativ zum Beobachter steht. Um 0^h Sternzeit (SZ) sind beispielsweise Pegasus und Kassiopeia im Meridian zu finden, das Sommerdreieck hingegen im Westen, um 6^h SZ sind im Süden Orion und Sirius zu sehen, um 11^h SZ kulminiert der Löwe usw. Mit Hilfe der Sternzeit kann man sein Teleskop „nach Koordinaten" einstellen. Die Deklination wird direkt an einem Teilkreis eines parallaktisch montierten Fernrohrs abgelesen. Der andere Teilkreis ist der Stundenkreis. Um den Stundenwinkel eines Gestirns zu ermitteln, bilde man die Differenz: Sternzeit minus Rektaszension des Gestirns, dann hat man den aktuellen Stundenwinkel und kann das Teleskop entsprechend einstellen.

Für die Bestimmung des Stundenwinkels eines Planeten kann man auch seine Kulminationszeit (Zeit des Meridiandurchgangs) benutzen, wenn man keine Sternzeituhr zur Verfügung hat und sich die Berechnung der Sternzeit zum Beobachtungszeitpunkt ersparen will. Die Kulminationszeiten der Planeten und Kleinplaneten sind auf den Seiten 264 bis 268 angegeben. Die Kulminationszeit gilt für 10° östlicher Länge. Zunächst ist die Korrektur für die Längendifferenz des Beobachtungsortes anzubringen (siehe Seite 275, Spalte Zeitkorrektur gegen 10° östlicher Länge). Um diese so erhaltene Zeit geht der Planet durch den Meridian des Beobachters und hat somit den Stundenwinkel Null. Man bilde nun die Zeitdifferenz zwischen der Beobachtungszeit und der Zeit des Meridiandurchgangs. Sie entspricht direkt dem Stundenwinkel (im Zeitmaß).

Geht beispielsweise der Planet Neptun am 31. Juli 2007 um 1^h21^m durch den Meridian, beobachtet man aber erst um 2^h30^m, dann beträgt der Stundenwinkel $t = 1^h09^m$. Erhält man einen negativen Wert, so bedeutet dies, dass das Objekt noch vor dem Meridiandurchgang steht, der Stundenwinkel also in Richtung Ost einzustellen ist.

Dynamische Zeit

In der Astronomie wird seit 1984 eine Dynamische Zeit verwendet, die die früher übliche Ephemeridenzeit abgelöst hat. Nähere Erläuterungen zu den Dynamischen Zeitskalen finden sich in dem Buch *Astrowissen* von H.-U. Keller, erschienen im Kosmos-Verlag, Stuttgart.

Die genaue Differenz der Dynamischen Zeit (TT) zur Weltzeit (UT = Universal Time) kann erst im Nachhinein aus Beobachtungen der Gestirnspositionen bestimmt werden. Der extrapolierte Wert für das Jahr 2007 lautet: $\Delta T = +65$ Sekunden, wobei $\Delta T = TT - UT$ gilt. Die Weltzeit (UT) hinkt somit der Dynamischen Zeit (TT) um eine Minute nach. Der beobachtende Sternfreund kann die TT unberücksichtigt lassen, wenn er nicht hohe Genauigkeitsansprüche hat. Wer jedoch die Angaben im Himmelsjahr mit anderen Jahrbüchern vergleicht, muss beachten, dass alle Zeitangaben hier in MEZ = UT + 1^h und nicht in TT vermerkt sind.

Der Sonnenlauf

Die Bewegung der Sonne durch den Tierkreis ist zu Beginn jeder Monatsübersicht aus einer kleinen Grafik zu entnehmen. Die Grenzen der Sternbilder sind eingetragen sowie die wichtigsten Bahnpunkte der Sonne.

Die Tages- und Nachtstunden sowie Dämmerungslängen werden durch eine dreiteilige Zeichnung (Uhrensymbole) veranschaulicht. Diese soll einen groben und schnellen Überblick über die Länge der Tages- und Nachtzeit geben. Für die Dämmerungszeiten wurde die nautische Dämmerung (Sonne 12° unter dem Horizont) eingesetzt.

Die Tabelle „Sonnenlauf" gibt die Auf- und Untergangszeiten, Meridiandurchgang (Kulmination), Zeitgleichung und die Mittagshöhe der Sonne an sowie die äquatorialen Koordinaten Rektaszension und Deklination für 1^h MEZ jeweils von fünf zu fünf Tagen. Die Zeiten gelten exakt für einen zentralen Ort mit 10° östlicher Länge und 50° nördlicher Breite. Für diesen Ort gelten auch die Dämmerungszeiten. Angegeben ist jeweils der Beginn und das Ende der nautischen Dämmerung (Sonne 12° unter dem Horizont).

Sonnenhöhe zu Mittag

Die mittägliche Sonnenhöhe ist in der Tabelle „Sonnenlauf" für 50° nördlicher Breite angegeben. Für andere Breiten ist sie einfach zu ermitteln: 90° minus geografische Breite des Beobachters plus Sonnendeklination.

Beispiel: Wie hoch steht die Sonne am 10. Juni zu Mittag (Kulmination) in Düsseldorf (geografische Breite: +51°)?
Die Rechnung lautet dann:
90° – 51° + 23° = 62° (Im Winterhalbjahr die negativen Deklinationen der Sonne beachten!).

In der Grafik „Sonnenlauf" jeweils zu Monatsbeginn ist die scheinbare Sonnenbahn (Ekliptik) durch die Sternbilder des Tierkreises für den jeweiligen Monat eingezeichnet. Ferner sind die Eintritte der Sonne sowohl in die einzelnen Tierkreissternbilder als auch in die Tierkreiszeichen vermerkt sowie die Äquinoktien (Tagundnachtgleichen) und Solstitien (Sommer- und Winterbeginn).

Zeitgleichung

Die Sonnenzeit wird nach einer fiktiven „mittleren Sonne" gerechnet. Die wahre Sonne läuft nämlich ungleichförmig. So geht sie einmal vor, dann wieder nach. Die Differenz kann bis zu einer Viertelstunde plus oder minus betragen. Diese Differenz wird Zeitgleichung (ZGL) genannt. Sie ist definiert zu:

ZGL = Wahre Sonnenzeit minus Mittlere Sonnenzeit

Die Zeitgleichung und die Kulmination der wahren Sonne sind tabellarisch aufgeführt. Wer den Wert der Zeitgleichung berechnen will, ziehe von 12^h20^m die Kulminationszeit (angegeben in MEZ) ab. 12^h20^m ist nämlich die wahre Sonnenzeit der Kulmination für 10° östlicher Länge, bezogen auf den Zeitmeridian 15° östlicher Länge. Beispiel: Wie groß ist die Zeitgleichung am 25. April?

Kulminationszeit der wahren Sonne am 25. April: 12^h18^m MEZ. Also $12^h20^m - 12^h18^m = +2^m$. Das heißt, die wahre Sonne geht 2^m früher durch den Meridian (Kulmination) als die mittlere. Ein negativer Wert der Zeitgleichung bedeutet, die wahre Sonne geht nach der mittleren durch den Meridian.

Der Mondlauf

Auf- und Untergangszeiten (MEZ) gelten genau für 10° östlicher Länge und 50° nördlicher Breite (siehe Zeitangaben). Ferner sind die Kulminationszeiten (Meridiandurchgänge) für 10° östliche Länge tabelliert.

Der Mond bewegt sich recht schnell durch den Tierkreis. Deshalb sind für jeden Tag des Jahres seine Koordinaten angegeben. Sie gelten jeweils für 1^h MEZ (= 0^h Weltzeit). Wem diese Zahlen nichts sagen, der findet in der Spalte „Sterne und Sternbilder" die Position des Mondes im Tierkreis vermerkt. Ein Sternchen (*) deutet auf eine Sternbedeckung hin.

Die Position des Mondes gilt wie erwähnt für 1^h MEZ. Wer also abends beobachtet, sollte die Stellung des Mondes im Tierkreis aus der Zeile des folgenden Tages entnehmen, denn der Mond läuft recht rasch. Nähere Angaben zu den Sternbedeckungen finden sich in der Tabelle „Sternbedeckungen durch den Mond" auf Seite 272. Die letzte Spalte enthält die Mondphasen sowie wichtige Punkte in der Bahn. Die Mond-

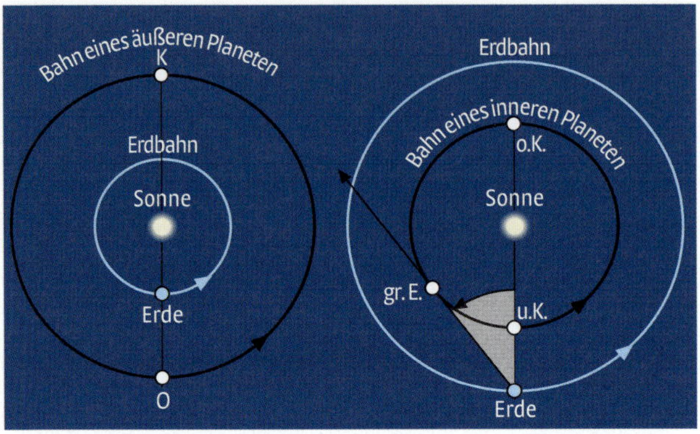

E.10 Die linke Zeichnung zeigt die Erdbahn und die Bahn eines äußeren Planeten. Bei O steht der Planet in Opposition, bei K in Konjunktion. Auf der rechten Seite der Abbildung sind die Erdbahn und die Bahn eines inneren Planeten dargestellt. Bei u.K. steht der Planet in unterer, bei o.K. in oberer Konjunktion mit der Sonne. Bei gr.E. steht er in größter Elongation (Winkel grau gerastert).

bahn ist rund 5° gegen die Ekliptik (scheinbare Sonnenbahn) geneigt. Aufsteigender Knoten bedeutet, der Mond überschreitet die Ekliptik nach Norden; absteigender Knoten, er wechselt wieder nach Süden. Größte Nordbreite: Der Mond steht am weitesten in nördlicher Richtung von der Ekliptik entfernt; analog dazu heißt größte Südbreite: Der Mond hat maximalen südlichen Abstand von der Ekliptik.

Im Tabellenteil findet man auf Seite 262/263 die Mondbahn relativ zur Ekliptik eingetragen. Wegen der Rückläufigkeit der Mondbahnknoten verläuft die Mondbahn unter den Sternen in jedem Jahr anders.

Libration: Bei größter Südbreite ist die Nordhalbkugel des Mondes uns ein wenig mehr zugekehrt, man spricht von maximaler Libration Nord; entsprechend sieht man bei größter Nordbreite mehr vom Südpolgebiet des Mondes.

Libration West: Westrand des Mondes, Libration Ost: Ostrand des Mondes ist uns zugekehrt (Astronomische Definition West - Ost, siehe auch *Astrowissen* von H.-U. Keller, erschienen im Kosmos-Verlag, sowie Abb. T.9 in diesem Himmelsjahr auf Seite 272). „Libration West" bedeutet, das Mare Crisium zeigt sich randfern, das Mare Smythii wird sichtbar. „Libration Ost" heißt, das Mare Crisium rückt an den Westrand, im Osten zeigt sich der Ringwall Grimaldi randfern und das Mare Orientale wird gut sichtbar.

Bei Erdnähe und Erdferne ist die Distanz des Mondes jeweils in tausend Kilometern vermerkt. Außerdem ist der scheinbare Monddurchmesser in Bogenminuten angegeben. Beispiel: 30. Januar 2006 – Erdnähe 358/33,4 bedeutet: Der Mond ist 358 000 Kilometer von der Erde entfernt und erscheint 33,4 Bogenminuten groß.

Der Planetenlauf

Planeten sind Geschwister der Erde. Sie laufen gemeinsam mit ihr um die Sonne. Je näher ein Planet der Sonne steht, desto schneller wandert er um sie. Wir beobachten die Planeten nicht von einem ruhenden Punkt aus, sondern vom Raumschiff Erde, das ständig in Bewegung ist. Deshalb erscheinen uns von der Erde aus (geozentrisch) die Bewegungen der Planeten vor dem Hintergrund der fernen Fixsterne – dem Muster der Sternbilder also – recht kompliziert.

Überholt die Erde einen weiter außen laufenden Planeten, so scheint er einige Wochen lang zurückzubleiben, er ist „rückläufig", wie die Astronomen sagen. Anschließend bewegt er sich dann wieder in der ursprünglichen Richtung wie die Sonne, nämlich von West nach Ost, er ist wieder „rechtläufig". Durch diesen Bewegungswechsel bildet die Bahn des Planeten eine Schleife.

Ob ein Planet am Himmel zu sehen ist, hängt von der gegenseitigen Stellung von Sonne und Planet ab. Steht ein äußerer Planet von der Erde aus gesehen hinter der Sonne, Planet – Sonne – Erde bilden also eine Linie, so ist er nicht beobachtbar (Abb. E. 10). Da er in Sonnenrichtung steht, geht er mit der Sonne auf und unter und bleibt somit nachts unter dem Horizont verborgen. Diese Konstellation heißt Konjunktion.

Steht der Planet von der Erde aus gesehen der Sonne gegenüber, also in der Reihenfolge Sonne – Erde – Planet (Abb. E.10), so spricht man von Opposition oder

E.11 Die Bahnen der inneren Planeten um die Sonne (1 AE = 1 Astronomische Einheit = 149,6 Millionen Kilometer). Der Pfeil deutet die Richtung zum Frühlingspunkt an (Symbol: ♈).

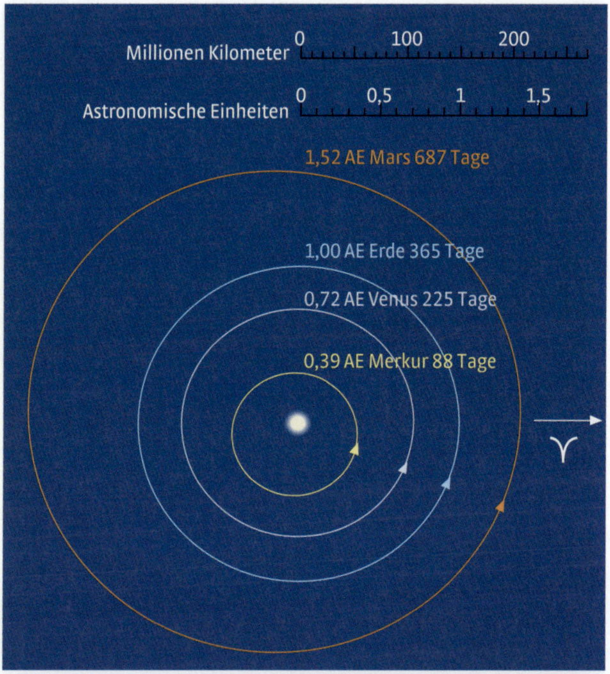

Gegenschein. Der Planet ist die ganze Nacht über zu sehen, da er mit Sonnenuntergang aufgeht und morgens mit Sonnenaufgang unter dem Westhorizont verschwindet. Bilden Sonne – Erde – Planet ein rechtwinkliges Dreieck, so spricht man von einer Quadratur.

Die inneren Planeten Merkur und Venus können, wie leicht zu sehen, niemals in Oppositionsstellung kommen. Dafür unterscheidet man bei ihnen zwischen oberer und unterer Konjunktion (Abb. E.10, Seite 34). In diesen beiden Stellungen bleibt der Planet unsichtbar. Nur wenn der Planet westlich oder östlich der Sonne „in Elongation" steht, kann er gesehen werden. Steht Venus in östlicher Elongation, so geht sie erst nach Sonnenuntergang unter, sie ist dann Abendstern. Steht sie in westlicher Elongation, so geht sie vor der Sonne auf und ist am Morgenhimmel zu sehen. Ähnliches gilt für Merkur.

Die größte Elongation (Winkelabstand von der Sonne) kann für die Venus 48° betragen, für den

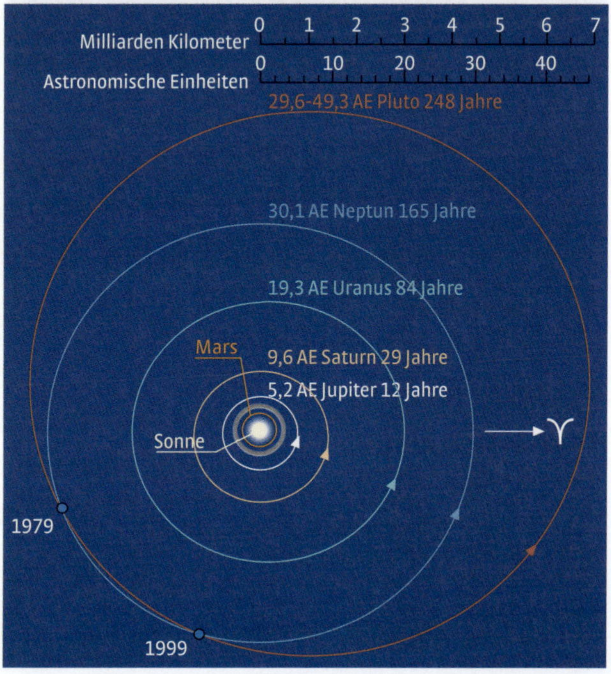

E.12 Die Bahnen der äußeren Planeten. Zwischen der Marsbahn und der Jupiterbahn laufen Abertausende Kleinplaneten (Planetoiden) um die Sonne. Wegen seiner stark exzentrischen Bahn war Pluto von 1979 bis Anfang Februar 1999 der Sonne näher als Neptun.

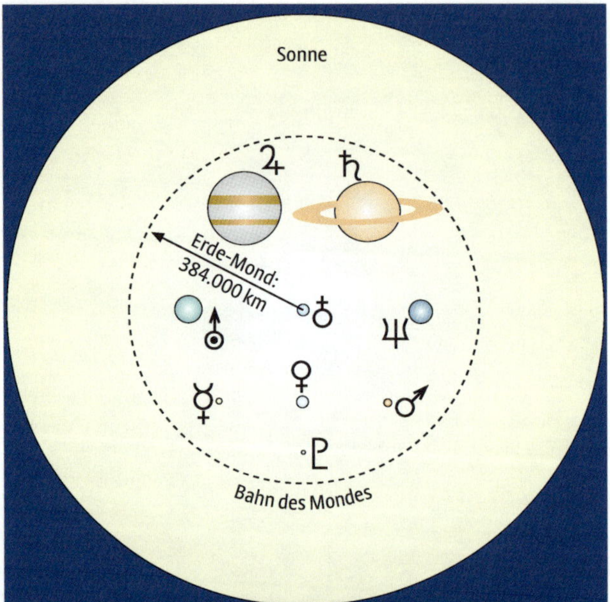

☉ Sonne	ø	1.392.000 km		♃ Jupiter	ø	142.796 km
☿ Merkur	ø	4.878 km		♄ Saturn	ø	120.536 km
♀ Venus	ø	12.104 km		⛢ Uranus	ø	51.118 km
♁ Erde	ø	12.756 km		♆ Neptun	ø	49.424 km
♂ Mars	ø	6.794 km		♇ Pluto	ø	2.300 km

E.13 Größenverhältnisse der Planeten und der Mondbahn im Vergleich zur Sonne. Darunter sind die astronomischen Symbole der Planeten vermerkt, die auch in den monatlichen Sternkarten des Himmelsjahres die Orte der betreffenden Planeten markieren.

sonnennäheren Merkur aber nur 28°. Merkur ist daher schwierig zu beobachten – entweder abends kurz nach Sonnenuntergang tief im Westen oder kurz vor Sonnenaufgang tief am Osthimmel. Die Sichtbarkeiten der Planeten hängen nicht nur von den geometrischen Verhältnissen (Stellung des Planeten und der Sonne), sondern auch von meteorologischen Gegebenheiten ab. Eine starke Dunstglocke, hohe Luftfeuchtigkeit (Nebel) oder irdisches Streulicht (Neonreklame, Lichtdom eines Stadions usw.) beeinträchtigen die Beobachtung.

Aufgrund langjähriger Erfahrungen sind die Sichtbarkeitszeiten im Himmelsjahr vermerkt. Je nach Beobachtungsort (stadtnah oder stadtfern) und Witterung sind die angegebenen Termine um wenige Tage zu verschieben. Jeder Beobachter wird hier seine eigenen, ganz persönlichen Erfahrungen machen. Eine Grafik vor der Rubrik „Planetenlauf“ ermöglicht einen schnellen Überblick, welche Planeten am Abend, die ganze Nacht über, am Morgen oder gar nicht zu sehen sind. Eine grafische Jahresübersicht der Stellung, Größe, Helligkeit und Sichtbarkeit der Planeten findet sich auf S. 260 und 261.

Die großen Planeten

Merkur: Sonnennächster Planet, zwischen $+3^{m}$ und $-1\overset{m}{,}5$ hell; schwer zu beobachten, da nur kurze Sichtbarkeitsperioden und stets horizontnahe Stellung; chromgelbes Licht.
Venus: Nach Sonne und Mond hellstes Gestirn, oft als Abend- bzw. Morgenstern bezeichnet. Helligkeiten von $-3\overset{m}{,}9$ bis $-4\overset{m}{,}7$; strahlend weißes Licht; entweder abends am Westhimmel oder morgens in der östlichen Himmelshemisphäre zu sehen.
Mars: Äußerer Nachbarplanet der Erde, auffallend seine rötliche Farbe (der rote Planet); sehr unterschiedliche Helligkeiten, nämlich von $+1\overset{m}{,}8$ bis $-2\overset{m}{,}9$.
Jupiter: Der größte aller Planeten, auffallend hell und daher kaum zu übersehen; Helligkeit von $-1\overset{m}{,}7$ bis $-2\overset{m}{,}9$, weißlich gelbes Licht.
Saturn: Der sonnenfernste mit freiem Auge noch sichtbare Planet strahlt in einem fahlen Licht zwischen $+1\overset{m}{,}3$ und 0^{m}, in Ausnahmefällen bis $-0\overset{m}{,}5$. Den berühmten Ring kann man mit einem Fernrohr ab etwa 30facher Vergrößerung erkennen.
Uranus: Ist theoretisch mit bloßem Auge gerade noch erkennbar (Oppositionshelligkeit $5\overset{m}{,}7$). Wohlgemerkt „theoretisch“, es empfiehlt sich auf alle Fälle ein gutes Fernglas, um Uranus zu finden! Farbe: grünlich. Die im März 1977 entdeckten Ringe

sind jedoch selbst in großen Fernrohren nicht zu sehen.
Neptun: Helligkeit um $7^{m}_{,}9$; zeigt im Fernrohr ein winziges, grünblaues Scheibchen.
Pluto: Der sonnenferne Planet ist leider recht lichtschwach, Helligkeit: 14^{m}. Nur gut ausgerüstete Amateurastronomen können ihn beobachten.

Die Angaben der scheinbaren Helligkeiten der Planeten sind – wie international üblich – V-Helligkeiten (nach dem UBV-System von Johnson). Die früher gebräuchlichen „visuellen" (m_{vis}) Helligkeiten sind um durchschnittlich $0^{m}_{,}2$ geringer. Bei Vergleichen beachte man, dass manche Quellen leider noch die veralteten Werte bringen.

Kleinplaneten

Außer den neun großen Planeten schwirren noch Tausende kleiner und kleinster Planeten (Planetoiden oder Asteroiden) um die Sonne. Der erste wurde in der Neujahrsnacht des Jahres 1801 von Giuseppe Piazzi in Palermo entdeckt und auf den Namen Ceres getauft.

Heute sind über hunderttausend Planetoiden katalogisiert. Die meisten bewegen sich zwischen Mars und Jupiter um die Sonne. Einige haben jedoch sehr lang gestreckte Bahnen, die die Bahnen anderer Planeten kreuzen. Sie können auch der Erde recht nahe kommen.

Einige Planetoiden, die im Jahre 2007 heller als 9^{m} werden, sind in der Rubrik „Planetenlauf" verzeichnet, und zwar: Ceres (1), Pallas (2), Vesta (4), Iris (7) Flora (8), Massalia (20) und Amphitrite (29). Im Abschnitt „Ephemeriden hellerer Kleinplaneten 2007" (Seite 268) sind ihre Koordinaten und Kulminationszeiten angegeben.

Die Monde der Planeten

Die beiden winzigen Marsmonde, die zahlreichen Uranusmonde, die Neptunmonde und der Plutomond sind so lichtschwach, dass sie nicht mit den bescheidenen Hilfsmitteln der Sternfreunde zu beobachten sind. Deshalb sind sie hier nicht aufgeführt.
Jupiter: Die vier hellsten Monde sind schon in kleinen Teleskopen leicht zu sehen: I Io, II Europa, III Ganymed, IV Kallisto. In den Monaten, in denen Jupiter zu beobachten ist, findet man eine Grafik, aus der die Positionen der Jupitermonde im umkehrenden Fernrohr ersichtlich sind. Sie soll den Benutzer die gegenseitigen Stellungen und die Bewegungsabläufe der Jupitermonde erkennen lassen. Die waagerechten Linien in der Grafik beziehen sich auf 1^{h} MEZ des jeweiligen Datums, das links angegeben ist. Die Schnittpunkte der waagerechten Linien mit den Kurven der Jupitermonde geben somit deren Positionen jeweils um 1^{h} MEZ an. Am unteren Rand jeder Grafik findet man eine Darstellung der Jupitermondbahnen relativ zum Beobachter.

Erscheinungen der Jupitermonde

Für den Fernrohrbesitzer ist es überaus reizvoll, Bedeckungen, Verfinsterungen, Durchgänge und Schattenwürfe der Monde des Riesenplaneten auf Jupiter selbst zu beobachten. Sofern diese Ereignisse von Mitteleuropa aus beobachtbar sind, findet man sie in der Rubrik „Jupitermonderscheinungen" verzeichnet. Es gelten folgende Abkürzungen:
B = Bedeckung, Mond verschwindet hinter der Jupiterscheibe
D = Durchgang, Mond geht vor der Planetenscheibe vorbei
S = Schattendurchgang, Mond wirft seinen Schatten auf Jupiter
V = Verfinsterung, Mond wird vom Jupiterschatten getroffen
A = Anfang der Erscheinung
E = Ende der Erscheinung
I: Io, II: Europa, III: Ganymed, IV: Kallisto.
Beispiel: Januar 2007:
15. 7 26 II SA bedeutet: Am 15. Januar um $7^{h}26^{m}$ MEZ beginnt der Schatten von Mond II (Europa) über den Jupiter zu wandern.
Saturn: Schon mit einem guten Fernglas ist der Riesenmond Titan zu erkennen. Mit Fernrohren sind auch die Monde Rhea, Dione und Tethys sowie Japetus in westlicher Elongation (er ist dann rund 2^{m} heller) zugänglich. Für die Monate, in denen Saturn einigermaßen gut zu beobachten ist, findet man jeweils eine Grafik, aus der die Stellungen und die Bewegungsabläufe der Saturnmonde Titan, Rhea, Dione, Tethys und Japetus zu entnehmen sind. Ihre Bahnlagen, relativ zum Beobachter, sind unter jeder Grafik abgebildet.

Sternschnuppen

Sternschnuppen, die in Strömen periodisch auftreten, sind in den Monatsübersichten angegeben. Bei den verzeichneten Daten, vor allem, was die Häufigkeit betrifft, ist mit erheblichen Abweichungen zu rechnen.

Die in vorliegendem Jahrbuch verwendeten Daten stammen von der International Meteor Organization (IMO) und werden jährlich aktualisiert.

Die Meteorrate bezieht sich auf den Idealfall, dass der Radiant im Zenit steht. Vor allem bei horizontnahen Radianten ist die pro Stunde zu beobachtende Sternschnuppenzahl erheblich geringer. Die systematische Beobachtung heller Meteore ist auch heute noch ein dankbares Aufgabengebiet für Amateurastronomen.

Konstellationen und Ereignisse

Diese Übersicht weist auf Konjunktionen (Begegnungen) zwischen den großen Planeten, mit Sonne und Mond sowie auf alle Oppositionen zur Sonne und die größten Elongationen der inneren Planeten hin. Auch Perihel- (Sonnennähe) und Aphelstellungen (Sonnenferne) der Planeten sind angegeben.

Sind Begegnungen des Mondes mit Planeten prinzipiell beobachtbar, so sind die Winkeldistanzen topozentrisch (für +50° Breite) angegeben und durch **Fettdruck** hervorgehoben.

Für die übrigen Konjunktionen sind die Abstandsangaben geozentrische Werte (Normaldruck). Denn durch die relative Erdnähe des Mondes ergibt sich eine große Parallaxe, d. h., der Winkelabstand des Mondes von einem Planeten kann bis etwa 1° differieren zwischen einem (fiktiven) Beobachter im Erdmittelpunkt (geozentrisch) und einem Beobachter auf der Erdoberfläche (topozentrisch). Ferner sind wichtige Ereignisse durch **Fettdruck** hervorgehoben.

Fixsternhimmel

Da die Sonne täglich um rund 1° unter den Sternen nach Osten vorrückt, ändert sich der Anblick des Himmels im Laufe eines Jahres. Genauer: Täglich durchschreiten die Fixsterne den Meridian vier Minuten früher als am Vortag. In 30 Tagen, also einem Monat, macht das schon zwei Stunden! Mitte Dezember steht das Sternbild Orion gegen Mitternacht im Süden. Mitte Januar schon um 22 Uhr, und Mitte Februar geht Orion um 20 Uhr durch den Meridian. Dadurch ändert sich zur gleichen Beobachtungsstunde die Himmelsszene mit dem Datum. Nach einem Monat ist der Anblick noch nicht allzu verschieden, aber nach einem Vierteljahr (sechs Stunden!) hat sich die Szenerie völlig umgestellt. Man spricht daher von einem Frühlings-, Sommer-, Herbst- und Wintersternhimmel. Gemeint ist der Anblick des Fixsternhimmels in den Abendstunden der jeweiligen Jahreszeit.

Alle drei Monate, nämlich im Januar, April, Juli und Oktober ist daher im *Kosmos Himmelsjahr* der abendliche Fixsternhimmel ausführlich beschrieben. In den dazwischen liegenden Monaten wird jeweils ein Sternbild vorgestellt beziehungsweise werden lohnende Objekte für Feldstecher und Fernrohrbeobachter empfohlen. Im Laufe der Jahre kommt auf diese Weise eine umfangreiche Beschreibung der Sternbilder in Sage und Wissenschaft zusammen.

Die Monatssternkarte dient der schnellen Orientierung. Sie zeigt den beobachtbaren Himmelsausschnitt für 50° nördlicher Breite zur Standardbeobachtungszeit (am Monatsersten um 23^h MEZ, am 15. um 22^h MEZ). Ebenfalls in die Monatssternkarten eingetragen sind die fünf hellen Planeten (Merkur bis

Das griechische Alphabet

Α	α	Alpha	a	Η	η	Eta	e	Ν	ν	Nü	n	Τ	τ	Tau	t
Β	β	Beta	b	Θ	ϑ	Theta	th	Ξ	ξ	Xi	x	Υ	υ	Ypsilon	y
Γ	γ	Gamma	g	Ι	ι	Jota	i, j	Ο	ο	Omikron	o	Φ	φ	Phi	ph
Δ	δ	Delta	d	Κ	κ	Kappa	k	Π	π	Pi	p	Χ	χ	Chi	ch
Ε	ε	Epsilon	e	Λ	λ	Lambda	l	Ρ	ρ	Rho	r	Ψ	ψ	Psi	ps
Ζ	ζ	Zeta	z	Μ	μ	Mü	m	Σ	σ	ς Sigma	s	Ω	ω	Omega	o

Saturn), sofern sie zur Monatsmitte um 22^h MEZ über dem Horizont stehen. Zum Rand zu erscheint die Sternkarte aufgehellt. Es werden damit die Extinktion und die durch künstliche Lichtquellen fast immer aufgehellten Horizonte nachempfunden.

Die monatlichen Sternkarten können auch zur Beobachtung am Morgenhimmel herangezogen werden. Unter jeder Sternkarte finden sich die entsprechenden Datums- und Uhrzeitangaben. Man beachte noch, dass für andere Monate der Planetenstand nicht aktuell ist. Man entnehme ihn der monatlichen Grafik „Planetenlauf".

Monatsthemen

Hier wird monatlich ein Kapitel aus der Himmelskunde kurz und bündig dargestellt, zum leichteren und allmählichen Eindringen in die Wissenschaft von den Sternen. Auch über neue Forschungsergebnisse aus der Astronomie wird berichtet.

Tabellen und Ephemeriden

Für den fortgeschrittenen Amateurastronomen sind im Anhang wichtige Beobachtungsgrundlagen vermerkt. Der Anfänger kann diese Angaben unberücksichtigt lassen.

Auf Seite 262/263 findet man die ekliptikalen Koordinaten des Mondes, der Sonne und der großen Planeten (Merkur bis Pluto).

Die äquatorialen Koordinaten der Planeten und Kleinplaneten sind für das Äquinoktium J2000.0 angegeben, damit man sie leichter in vorhandene Sternkarten einzeichnen kann. Die Aufsuchkärtchen gelten ebenfalls für J2000.0.

Ferner sind Kulminationszeiten sowie die Auf- bzw. Untergangszeiten, Scheibchendurchmesser in Bogensekunden und beleuchteter Teil der Planetenscheibchen vermerkt. Bei Saturn ist außerdem die Ringöffnung zur Erde und zur Sonne sowie die scheinbare Ausdehnung der großen und der kleinen Ringachse angegeben.

Für Sonne, Mars und Jupiter (System I und II) sind die Zentralmeridiane (Meridiane durch den Scheibenmittelpunkt) jeweils für 1^h MEZ vermerkt. Ferner gibt die Sonnenephemeride die Entfernung der Sonne von der Erde in AE an sowie ihren scheinbaren Durchmesser, die Achsenlage und die Sternzeit.

Sternbedeckungen durch den Mond sind für Berlin, Dresden, Hamburg, Hannover, Düsseldorf, Frankfurt (Main), Leipzig, München, Nürnberg, Stuttgart, Wien und Zürich angegeben. Aus Platzgründen ist jeweils nur ein Positionswinkel angegeben, der lediglich dem leichteren Aufsuchen des zu bedeckenden Sternes dienen soll. In den Monatsübersichten wird unter der Rubrik „Mondlauf" in der Spalte „Sterne und Sternbilder" durch ein Sternchen (*) auf Sternbedeckungen hingewiesen.

Veränderliche Sterne sind im Anschluss an die Fixsternmonatsübersichten aufgeführt. Für Algol (β Persei) und β Lyrae findet der Sternfreund jeweils die Minima-Zeiten, für δ Cephei die Lichtmaxima und für den langperiodischen Veränderlichen Mira (ο Ceti) den jeweiligen Helligkeitszustand. Die Aufsuchkärtchen findet man auf der hinteren Umschlagklappe. Bei den Minima-Angaben für Algol ist die Lichtzeitkorrektur (heliozentrisch auf geozentrisch) berücksichtigt.

Eine Sternzeittafel soll die rasche Bestimmung der Sternzeit zur abendlichen Beobachtungsstunde ermöglichen. Die Sternzeit für 1^h MEZ, bezogen auf den Meridian von Greenwich (Nullmeridian), findet man in der Tabelle „Ephemeride der Sonnenscheibe" (letzte Spalte).

Das Julianische Datum ist jeweils für den Monatsersten in der Rubrik „Sonnenlauf" angegeben. Das Julianische Datum stellt eine fortlaufende Tageszählung dar, die mit dem 1. Januar des Jahres –4712 (= 4713 v. Chr.) beginnt.

Im Serviceteil finden sich zwei Verzeichnisse astronomischer Institutionen. Im Verzeichnis „Astronomische Institute, Planetarien und Sternwarten" findet man die professionellen Einrichtungen im deutschen Sprachraum.
Das Verzeichnis „Amateurastronomische Vereinigungen, Beobachtungsstationen und Privatsternwarten" enthält astronomische Vereine, Schulsternwarten sowie ehrenamtlich betriebene Sternwarten mit Publikumsverkehr. Dieses Verzeichnis soll dem Leser den Kontakt zu Gleichgesinnten erleichtern und die eigene Beobachtungstätigkeit fördern. Das Verzeichnis erhebt keinen Anspruch auf Vollständigkeit. Weitere Adressen nimmt der Herausgeber gerne auf (Anschrift: Planetarium Stuttgart, Mittlerer Schlossgarten, 70173 Stuttgart).

Abbildungen

Die Abbildungen in diesem Buch dienen der Anschaulichkeit und dem besseren Verständnis für die Beobachtung. Viele Abbildungen sind irgendwo im Text eingestreut, werden jedoch nicht nur in einem bestimmten Monat, sondern häufiger benötigt – z. B. Sternkarten mit eingezeichnetem Planetenlauf oder Aufsuchkärtchen. Um eine gewünschte Abbildung schneller zu finden, sind die Abbildungen nicht fortlaufend durchnummeriert, sondern kapitelweise. E. steht dabei für den Einführungsteil, F. für Finsternisse, 1. für die Monatsübersicht Januar, 2. für Februar usw., T. für den Tabellenteil. Beispiele: E.3 ist die dritte Abbildung im Erläuterungsteil, 1.1 die erste im Monatskapitel Januar, 5.3 die dritte im Mai, T.5 die fünfte im Tabellenteil. Auf Seite 4 findet sich ferner ein Verzeichnis wichtiger Abbildungen und Tabellen für das schnelle Auffinden von Grafiken und Zahlenwerten.

Kalenderzyklen

Sonnenzirkel: Ordnungszahl (1 bis 28) im Zeitintervall von 28 Jahren, nach dem die Wochentage wieder auf dieselben Daten (dieselben Monatstage) fallen. Da es sieben Wochentage gibt, aber jedes 4. Jahr ein Schaltjahr ist, so fallen nach 7 × 4 = 28 Jahren die Wochentage wieder auf dieselben Monatstage. Der Sonnenzirkel gibt an, welcher Sonntagsbuchstabe im betreffenden Jahr gilt.

Sonntagsbuchstabe: Gibt im ewigen Kalender den Tag des ersten Sonntags im Jahr an. In Schaltjahren gelten zwei Sonntagsbuchstaben (der zweite ist ab dem 1. März zu benutzen).

1. Januar A	5. Januar E
2. Januar B	6. Januar F
3. Januar C	7. Januar G
4. Januar D	

Epakte: Gibt das Mondalter vermindert um 1 zu Beginn des Kalenderjahres an, also die Zahl der Tage, die am 31. Dezember des Vorjahres seit dem letzten Neumondtermin verflossen sind (1–29). Für Neumond am 31. Dezember steht meist ein * statt 0. Die Epakte spielt eine Rolle bei der Festlegung des Ostertermins.

Goldene Zahl: Lateinisch Numerus Aureus oder auch Mondzirkel genannt, ist die Ordnungszahl (I bis XIX) der Jahre im Metonschen Mondzyklus. Da 235 Lunationen (synodische Monate) ziemlich genau 19 Jahren entsprechen, fallen nach 19 Jahren die Mondphasen (nahezu) auf dieselben Tage im Sonnenjahr. Die Goldene Zahl diente im Julianischen Kalender zur Bestimmung des Ostertermins. Im Gregorianischen Kalender ist sie durch die Epakte ersetzt. Die Goldene Zahl wird in römischen Ziffern geschrieben, um eine Verwechslung mit dem Sonnenzirkel auszuschließen.

Indiktion (Römerzinszahl): Zyklus von 15 Jahren im Besteuerungssystem des Römischen Reiches, das von Kaiser Augustus eingeführt wurde. Der Start (Epoche) des Zyklus erfolgte im Jahr 3 vor Christus. Heute dient die Indiktion (von lat.: indictio = Ankündigung) nur noch als chronologische Prüfzahl für das laufende Jahr. Die Indiktion läuft von 1 bis 15.

Jahresregent: Gehört traditionsgemäß ebenfalls zu den Kalenderzyklen, hat aber keine chronologische Bedeutung mehr. Aus kulturhistorischen Gründen und da er in der Numismatik eine gewisse Rolle spielt sowie schlicht der Vollständigkeit halber, ist er in der Rubrik Kalenderzyklen mit aufgeführt. Jahresregent können sein: Sonne, Mond, Merkur, Venus, Mars, Jupiter und Saturn, also die klassischen sieben „Planeten" des Ptolemäischen Weltsystems.

Weiterführende Literatur

Erklärung astronomischer Fachbegriffe:
H.-U. Keller,
Wörterbuch der Astronomie

Einführung in die Astronomie:
H.-U. Keller,
Astrowissen, 3. Auflage

Sternkarten für eigene Beobachtungen:
E. Karkoschka,
Atlas für Himmelsbeobachter,
4. Auflage

Alle drei Bücher sind im Kosmos-Verlag, Stuttgart, erschienen.

Astronomie im Internet

Zahlreiche Links zu astronomischen Themen bieten folgende Portale:

www. kosmos-himmelsjahr.de
www.astronomie.de
www.sternwarte.de

Sonnen- und Mondfinsternisse 2007

Das Jahr 2007 verwöhnt uns Mitteleuropäer nicht gerade mit Finsternissen. Von den beiden totalen Mondfinsternissen und den beiden partiellen Sonnenfinsternissen ist lediglich die totale Mondfinsternis vom 3./4. März in ihrem gesamten Verlauf von Mitteleuropa aus beobachtbar. Sowohl die partielle Sonnenfinsternis vom 19. März als auch die vom 11. September bleiben von ganz Europa aus unbeobachtbar. Die totale Mondfinsternis vom 28. August findet in den Vormittagsstunden Mitteleuropäischer Zeit statt, wenn der Mond bei uns unter dem Horizont steht. Diese Finsternis entgeht uns Mitteleuropäern ebenfalls.

Eine ausführliche Beschreibung der totalen Mondfinsternis vom 3./4. März findet man auf Seite 95 im Monatsthema März.

Totale Mondfinsternis am 3./4. März

Diese Finsternis findet in der Nacht von Samstag, 3. auf Sonntag, 4. März, statt und ist in ihrer vollen Länge von Mitteleuropa aus beobachtbar. Zum Höhepunkt der Finsternis 21 Minuten nach Mitternacht steht der Mond das 1,24fache seines Durchmessers tief im Kernschatten der Erde. Der Mondaufgang erfolgt am 3. für 10° östlicher Länge und 50° nördlicher Breite bereits um 17^h41^m. Sichtbar wird die Finsternis erst mit dem Eintritt des Mondes in den Kernschatten der Erde, der um 22^h30^m erfolgt. Der beobachtbare Teil der Finsternis endet mit dem Austritt des Mondes aus dem Kernschatten um 2^h12^m lange vor Monduntergang, der am 4. um 7^h08^m erfolgt. Die Finsternis nimmt folgenden Verlauf:

	MEZ
Eintritt des Mondes in den Halbschatten	21^h16^m
Eintritt des Mondes in den Kernschatten	22 30
Beginn der totalen Verfinsterung	23 44
Mitte der Finsternis	0 21
Ende der totalen Verfinsterung	0 58
Austritt des Mondes aus dem Kernschatten	2 12
Austritt des Mondes aus dem Halbschatten	3 25

Der Verlauf der Finsternis ist auch aus Abb. F.1 (hier links) ersichtlich. Die Größe der Finsternis beträgt das 1,237fache des Mondscheibendurchmessers. Sie ist die 52. Finsternis im Saros-Zyklus 123.

Die Finsternis ist von ganz Europa, Afrika mit Madagaskar, Arabien, westlichem Asien und weiten Teilen Grönlands samt Island und einigen Bereichen der Antarktis in ihrem gesamten Verlauf beobachtbar, ebenso vom östlichen Atlantik, Teilen des Südlichen Eismeeres und dem westlichsten Bereich des Indischen Ozeans.

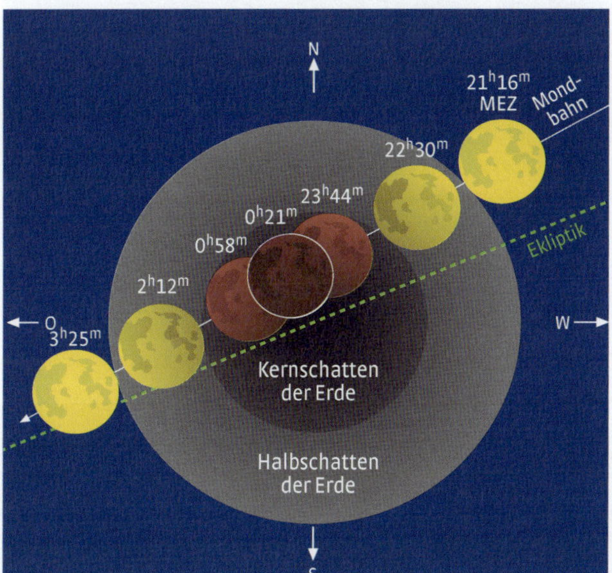

F.1 Verlauf der totalen Mondfinsternis vom 3./4. März 2007.

In Nord- und Südamerika ist lediglich der zweite Teil beziehungsweise das Ende der Finsternis beobachtbar. Der Mond geht in diesen Bereichen bereits verfinstert auf. Nur die Hälfte der Finsternis beziehungsweise der Beginn der Finsternis ist in Mittel- und Ostasien, in Indien, West- und Zentralaustralien, Japan, mittleren und in östlichen Bereichen des Indischen Ozeans beobachtbar.

Partielle Sonnenfinsternis am 19. März

Diese Sonnenfinsternis ereignet sich in den frühen Morgenstunden am Montag, 19. März, und endet noch vor Sonnenaufgang in Mitteleuropa. Sie bleibt von ganz Europa aus unbeobachtbar. Sie ist sichtbar in Asien mit Ausnahme der westlichsten Bereiche, in Sibirien, in Teilen des Nördlichen Eismeeres, in Indien und in weiten Teilen Alaskas (siehe Abb. F. 2 unten).

Die partielle Sonnenfinsternis beginnt am Ort 82°38' östlicher Länge und 15°26' nördlicher Breite um 1^h38^m MEZ am 19. März. Die maximale Phase wird um 3^h32^m MEZ am Punkt 55°24' östlicher Länge und 61°13' nördlicher Breite erreicht. Dieser Punkt liegt knapp westlich des Urals. In der maximalen Phase werden 87 % des Sonnenschei-

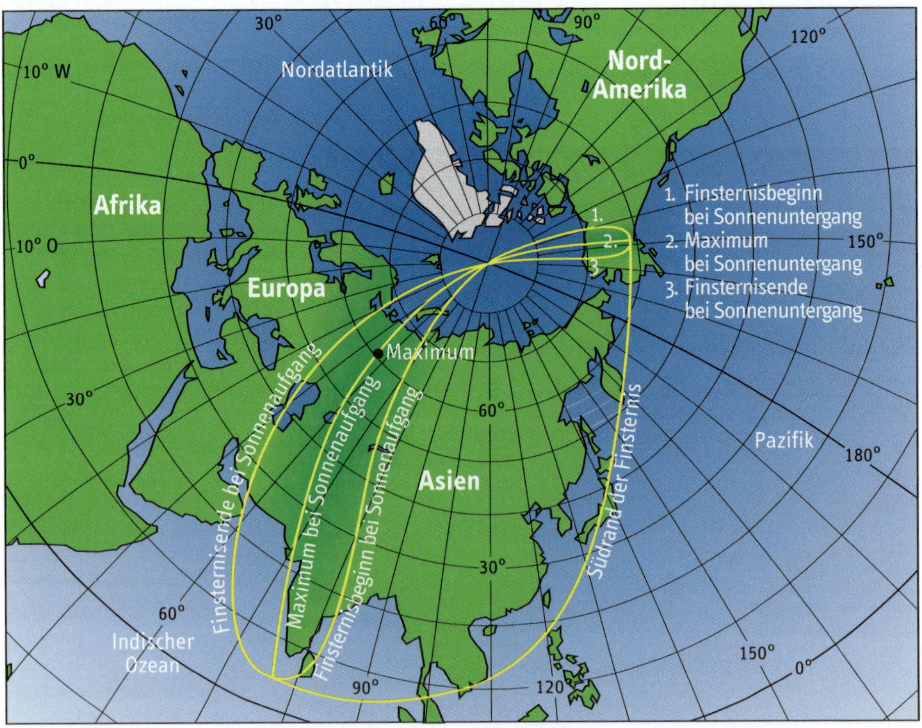

F.2 Globaler Verlauf der partiellen Sonnenfinsternis vom 19. März 2007. Die maximale Phase wird knapp westlich des Urals erreicht, wobei 87 Prozent des Sonnenscheibendurchmessers vom Mond bedeckt werden.

F.4 Aufnahme der totalen Sonnenfinsternis vom 29. März 2006 (Stefan Seip/www.astromeeting.de)

bendurchmessers vom Neumond bedeckt. Die Finsternis endet um 5^h25^m am Ort 156°41' westlicher Länge und 73°26' nördlicher Breite. Die Finsternis gehört zum Saros-Zyklus Nr. 149.

Totale Mondfinsternis am 28. August

Diese Mondfinsternis findet in den Vormittagsstunden am Dienstag, 28. August statt. Noch bevor die Finsternis beginnt, ist der Mond in Mitteleuropa untergegangen. Somit entgeht den Europäern diese Finsternis. Die Finsternis nimmt folgenden Verlauf:

	MEZ	MESZ
Eintritt des Mondes in den Halbschatten	8^h52^m	9^h52^m
Eintritt des Mondes in den Kernschatten	9 51	10 51
Beginn der totalen Verfinsterung	10 52	11 52
Mitte der Finsternis	11 37	12 37
Ende der totalen Verfinsterung	12 23	13 23
Austritt des Mondes aus dem Kernschatten	13 24	14 24
Austritt des Mondes aus dem Halbschatten	14 23	15 23

Die Größe der Finsternis beträgt das 1,481fache des Mondscheibendurchmessers. Sie ist die 40. Finsternis im Saros-Zyklus 128. Diese Mondfinsternis ist hauptsächlich vom pazifischen Raum und Alaska aus vollständig zu verfolgen. In Australien, Japan und Ostasien beginnt die Finsternis bereits vor Mondaufgang. In Nord-, Mittel- und Südamerika geht der Mond schon vor Ende der Finsternis unter.

Partielle Sonnenfinsternis am 11. September

Diese Sonnenfinsternis findet in den Mittagsstunden am Dienstag, 11. September statt und bleibt von der gesamten nördlichen Erdhälfte unbeobachtbar. Sie ist lediglich sichtbar von südlichen Teilen Südamerikas, vom südwestlichen Bereich des Atlantik, den äußersten südöstlichen Gebieten des Pazifik und Teilen der Antarktis (siehe Abb. F.3).

Diese Finsternis beginnt am Ort 65°46′ westlicher Länge und 17°30′ südlicher Breite um 11^h26^m MEZ. Die maximale Phase wird um 13^h31^m MEZ am Ort 90°16′ westl. Länge und 61°10′ südl. Breite erreicht. Dieser Punkt liegt im Pazifischen Ozean an der Grenze zum Südlichen Eismeer. In der maximalen Phase werden 75 % des Sonnenscheibendurchmessers vom Neumond bedeckt. Die Finsternis endet um 15^h37^m MEZ am Ort 33°35′ östlicher Länge und 74°18′ südl. Breite in der Antarktis. Die Finsternis trägt die Saros-Zyklus-Nr. 154.

F.3 Globaler Verlauf der partiellen Sonnenfinsternis vom 11. September 2007. Der Punkt, an dem die größte Verfinsterung erreicht wird, liegt im Südostpazifik an der Grenze zum südlichen Eismeer. Hier werden 75 Prozent des Sonnenscheibendurchmessers vom Mond bedeckt.

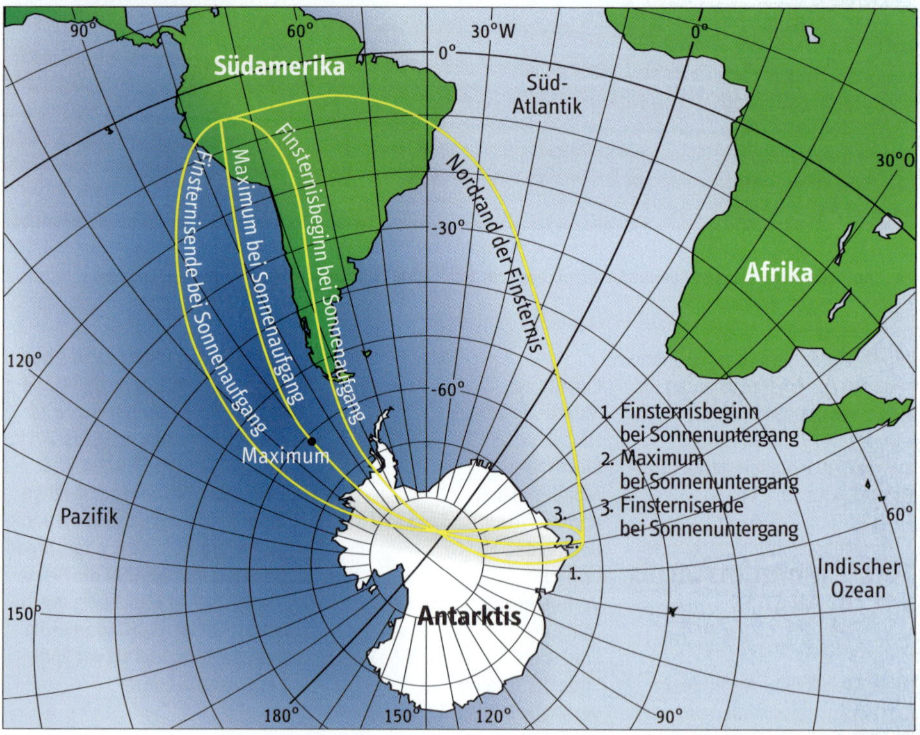

Januar 2007

Venus macht sich am Abendhimmel tief im Südwesten bemerkbar. Saturn taucht abends im Nordosten auf. Den Morgenhimmel beherrscht der helle Riesenplanet Jupiter. Die Erde erreicht am 3. mit 147 Millionen Kilometern ihren geringsten Abstand von der Sonne.

Großer Wagen und Himmels-W Anfang Januar um 22h

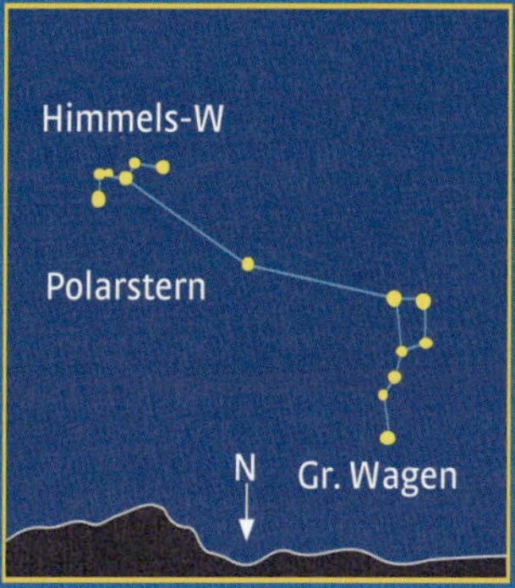

1.1 Himmelsanblick am 20. Januar gegen 18h MEZ. Knapp über dem Südwesthorizont strahlt Venus. Zu ihr gesellt sich die extrem schmale Sichel des zunehmenden Mondes.

Sonnenlauf im Januar

20.1. 7ʰ
Sonne tritt in das Sternbild Steinbock

20.1. 13ʰ
Sonne tritt in das Tierkreiszeichen Wassermann

Julianisches Datum am 1. Januar, 1ʰ MEZ: 2454101,5

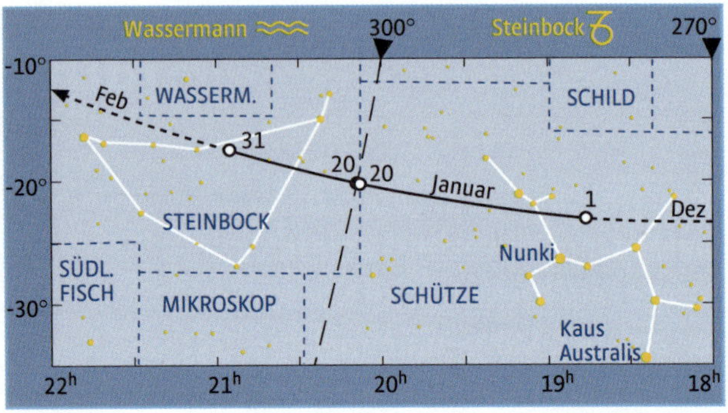

Tag	Dämmerg. Anfang	Aufgang MEZ	Kulmination	Untergang MEZ	Dämmerg. Ende	Mittagshöhe	Zeitgleichg.	Rektaszension	Deklination
	h m	h m	h m	h m	h m	°	m	h m	°
1.	6 59	8 19	12 23	16 28	17 48	17,0	– 3	18 44	–23,1
5.	6 59	8 18	12 25	16 33	17 52	17,4	– 5	19 01	–22,7
10.	6 58	8 16	12 27	16 39	17 57	18,0	– 7	19 23	–22,1
15.	6 56	8 13	12 29	16 46	18 03	18,9	– 9	19 45	–21,3
20.	6 52	8 09	12 31	16 53	18 10	19,8	–11	20 06	–20,3
25.	6 48	8 03	12 32	17 02	18 17	21,0	–12	20 27	–19,1
31.	6 42	7 56	12 33	17 12	18 26	22,6	–13	20 52	–17,6

Tages- und Nachtstunden im Januar

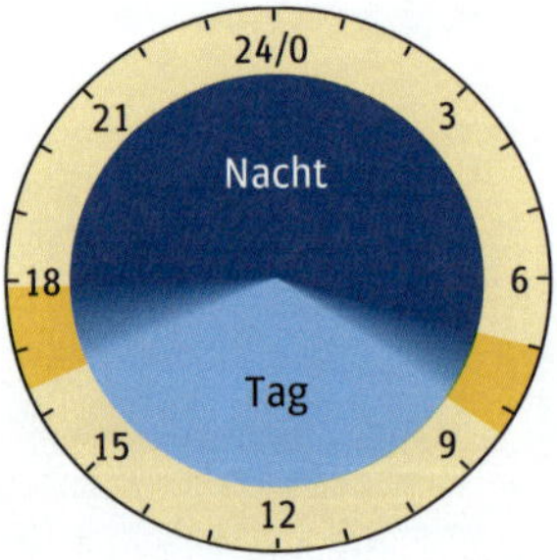

5. Januar

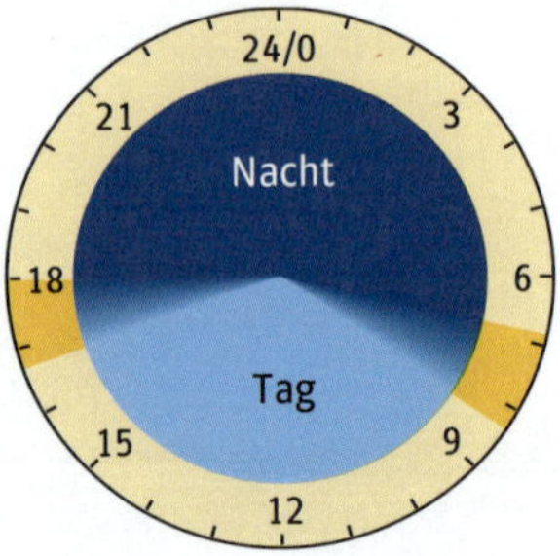

15. Januar

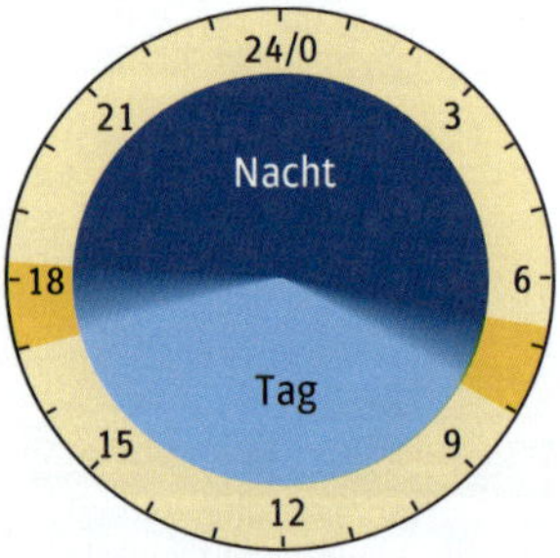

25. Januar

Mondlauf im Januar

Datum		Aufg. MEZ	Kulmination	Unterg. MEZ	Rektaszension	Deklination	Sterne und Sternbilder	Phase	MEZ
		h m	h m	h m	h m	°			
Mo	1.	13 56	22 50	6 39	4 18	+26,4	Stier, Plejaden	Größte Nordbreite	
Di	2.	14 50	23 51	7 51	5 20	+28,2	Stier, Al Nath		
Mi	3.	15 58	–	8 47	6 22	+28,2	Fuhrmann	**Vollmond**	14^h57^m
Do	4.	17 14	0 49	9 26	7 22	+26,5	Kastor, Pollux	Libration West	
Fr	5.	18 32	1 43	9 54	8 18	+23,4	Krebs, Krippe		
Sa	6.	19 48	2 33	10 14	9 10	+19,3	Krebs, Krippe		
So	7.	21 01	3 18	10 30	9 58	+14,4	Löwe, Regulus		
Mo	8.	22 11	4 00	10 42	10 43	+ 9,0	Löwe	Absteigender Knoten	
Di	9.	23 19	4 40	10 54	11 26	+ 3,4	Löwe		
Mi	10.	–	5 18	11 05	12 08	– 2,3	Jungfrau	Erdferne 404/29,′6	17^h
Do	11.	0 27	5 58	11 16	12 50	– 7,9	Jungfrau	**Letztes Viertel**	13^h45^m
Fr	12.	1 36	6 38	11 30	13 33	–13,1	Spica		
Sa	13.	2 48	7 22	11 46	14 18	–18,0	Jungfrau		
So	14.	4 02	8 09	12 08	15 07	–22,3	Waage		
Mo	15.	5 16	9 01	12 39	15 59	–25,6	Antares		
Di	16.	6 27	9 56	13 23	16 56	–27,8	Antares	Größte Südbreite Libration Ost	
Mi	17.	7 28	10 55	14 24	17 55	–28,8	Kaus Australis		
Do	18.	8 15	11 54	15 39	18 56	–27,5	Schütze, Nunki		
Fr	19.	8 49	12 52	17 04	19 56	–24,8	Schütze	**Neumond**	5^h01^m
Sa	20.	9 14	13 47	18 32	20 55	–20,6	Steinbock		
So	21.	9 33	14 39	19 59	21 50	–15,2	Steinbock		
Mo	22.	9 49	15 29	21 25	22 43	– 8,8	Wassermann	Erdnähe 367/32,′6 Aufsteigender Knoten	14^h
Di	23.	10 03	16 17	22 49	23 35	– 2,1	Fische		
Mi	24.	10 18	17 06	–	0 25	+ 4,8	Fische		
Do	25.	10 33	17 56	0 13	1 17	+11,3	Fische		
Fr	26.	10 53	18 48	1 38	2 10	+17,2	* Widder, Hamal	**Erstes Viertel**	0^h01^m
Sa	27.	11 18	19 44	3 04	3 05	+22,2	Widder		
So	28.	11 52	20 42	4 27	4 03	+25,9	Stier, Plejaden	Größte Nordbreite	
Mo	29.	12 40	21 41	5 41	5 03	+28,0	Stier, Al Nath		
Di	30.	13 42	22 39	6 41	6 04	+28,5	Fuhrmann	Libration West	
Mi	31.	14 55	23 34	7 25	7 03	+27,3	Zwillinge		

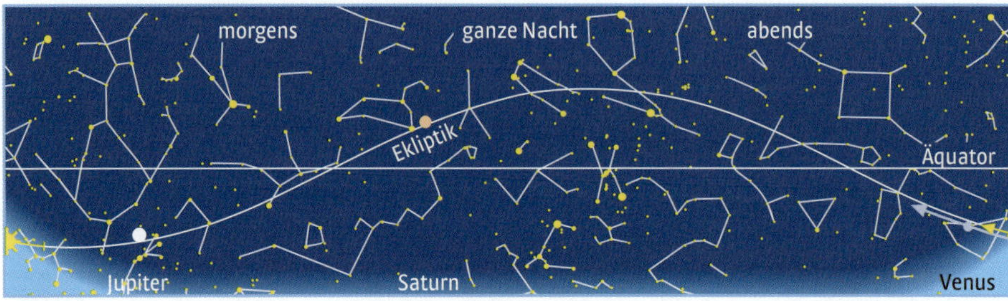

Planetenlauf im Januar

Merkur eilt der Sonne durch die Sternbilder Schütze und Steinbock rechtläufig nach. Bereits am 7. überholt er das Tagesgestirn. An diesem Tag steht er in oberer Konjunktion. Von der Erde aus betrachtet befindet sich Merkur dann hinter der Sonne. Am Tag der oberen Konjunktion ist Merkur 214 Millionen Kilometer (1,43 AE) von der Erde entfernt. Merkur hält sich somit am Taghimmel auf und bleibt nachts unbeobachtbar.

Im Laufe des Monats gewinnt Merkur allmählich einen immer größeren östlichen Winkelabstand von der Sonne, der bis Ende Januar auf 16°,2 anwächst. Zu Monatsende kann man unter günstigen Sichtbedingungen den flinken Planeten in der Abenddämmerung tief im Südwesten ausmachen. Am 28. geht der $-1^{m},0$ helle Merkur um $18^{h}19^{m}$ unter. Gegen $17^{h}40^{m}$ sollte man ihn in der zunehmenden Dunkel-

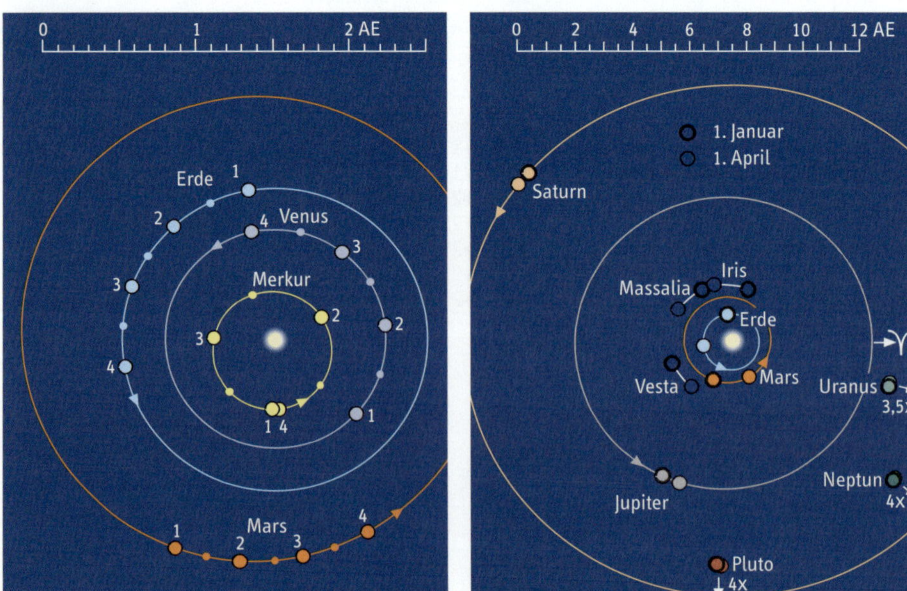

1.2 Heliozentrischer Anblick des Planetensystems im ersten Jahresviertel 2007. Eingetragen sind die Positionen der inneren Planeten für den 1. Januar (1), 1. Februar (2) sowie 1. März (3) und 1. April (4) im linken Teil. Der rechte Teil zeigt das äußere Planetensystem samt einiger Planetoiden zu Anfang und Ende des ersten Jahresviertels. Die Pfeile deuten die Richtungen zu den ferneren Planeten sowie zum Frühlingspunkt an.

heit erkennen. Gegen 18^h wird er von den dichten horizontnahen Dunstschichten verschluckt. Bis Monatsende verspäten sich die Merkuruntergänge auf 18^h37^m, die Merkurhelligkeit geht leicht auf $-0\overset{m}{,}9$ zurück (siehe auch Abb. 2.2 und 2.3 auf Seite 68).

Venus eröffnet den Jahresreigen als Abendstern. Zunächst nur kurz am frühen Abend vertreten, verlängert sie allmählich ihre Sichtbarkeitsdauer. Am 1. geht die $-3\overset{m}{,}9$ helle Venus um 17^h42^m unter. Bis Monatsende verspäten sich ihre Untergänge auf 19^h14^m, die Venushelligkeit bleibt unverändert bei $-3\overset{m}{,}9$.

Unser innerer Nachbarplanet tritt am 3. in das Sternbild Steinbock und wechselt am 25. in den Wassermann. Am 18. passiert Venus den sonnenfernen und darum lichtschwachen Neptun in 1°25′ südlichem Abstand. Die extrem schmale Sichel des zunehmenden Mondes gesellt sich am 20. abends zur Venus (ein besonders hübscher Himmelsanblick, siehe Abb. 1.1 auf Seite 45).

Im Teleskop erscheint das nur 11″ große Venusscheibchen voll beleuchtet. Zu Jahresbeginn leuchten 96 % des Planetenscheibchens im Sonnenlicht. Der Beleuchtungsgrad nimmt allmählich ab, der scheinbare Durchmesser der Venus hingegen wächst an.

Mars stand Ende Oktober des letzten Jahres in Konjunktion mit der Sonne. Bis Monatsende wächst sein westlicher Winkelabstand von der Sonne auf knapp 31° an. Dies reicht nicht, um den $1\overset{m}{,}4$ hellen, rötlichen Planeten am Morgenhimmel sichtbar werden zu lassen. Hinzu kommt seine südliche Position im Tierkreis. Der rote Planet wandert rechtläufig durch den Schlangenträger und wechselt am 11. in das Sternbild Schütze.

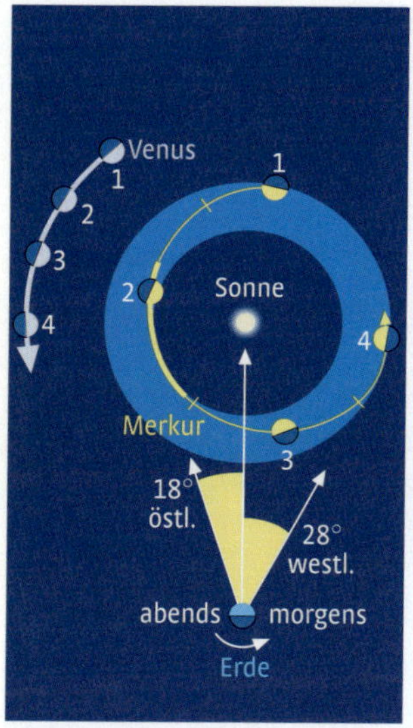

1.3 Heliozentrische Bewegungen von Merkur und Venus relativ zur Erde. In den dicker ausgezogenen Bahnteilen sind die Planeten beobachtbar. Die Zahlen markieren die Positionen jeweils zum Monatsersten. Östlicher Winkelabstand bedeutet Abendsichtbarkeit, westliche Elongation: Planet steht am Morgenhimmel.

Mars bleibt unbeobachtbar, ebenso seine Begegnung mit Pluto: Am 13. zieht der rote Planet $7\overset{\circ}{,}3$ südlich an Pluto vorbei.

Jupiter, rechtläufig im Gebiet der Sternbilder Schlangenträger und Skorpion, kann am Morgenhimmel für etwa zwei Stunden gesehen werden. Am 5. wandert er gemächlich 5° nördlich an Antares, dem Hauptstern im Skorpion vorbei (siehe auch Abb. 6.4 auf Seite 140).

Der gelbliche Riesenplanet geht am 1. um 5^h49^m auf, am 15. um 5^h08^m und am 31. erscheint er bereits um 4^h20^m über der Horizontlinie. Jeweils eine Viertelstunde nach seinem Aufgang kann man Jupiter im Südosten horizontnah erkennen. Die Helligkeit des Riesenplaneten nimmt von $-1\overset{m}{,}8$ auf $-1\overset{m}{,}9$ leicht zu.

Im Fernrohr erkennt man, dass die Jupiterkugel abgeplattet ist. Der scheinbare Äquatordurchmesser beträgt zu Jahresbeginn 32″, der Poldurchmesser hingegen nur 30″. Während des Monats wachsen sie um 2″ an, denn der Abstand Erde–Jupiter verkürzt sich immer mehr bis zur Opposition Anfang Juni.

Saturn, rückläufig im Löwen, strebt seiner Opposition zur Sonne entgegen, die er aber erst im ersten Drittel des Folgemonats erreicht. Er entfernt sich langsam von Regulus, dem Hauptstern des Löwen (siehe Abb. 2.5 auf Seite 69).

Der Ringplanet kann fast die gesamte Nacht beobachtet werden, sieht man von den frühen Abendstunden ab. Seine Aufgänge verfrühen sich um gut zwei Stunden. Am 1. geht Saturn um 20^h09^m auf, am 15. um 19^h09^m und am 31. bereits um 17^h59^m. Während des Monats nimmt die Saturnhelligkeit um $0\overset{m}{,}2$ auf $0\overset{m}{,}0$ zu.

In der Nacht vom 6. auf 7. kommt es abends zu einer Begegnung mit dem noch fast vollen Mond (siehe auch Abb. „Mondlaufgrafik" auf Seite 47).

Im Teleskop zeigt sich zu Jahresbeginn der Ring zu knapp 13° geöffnet mit einem scheinbaren

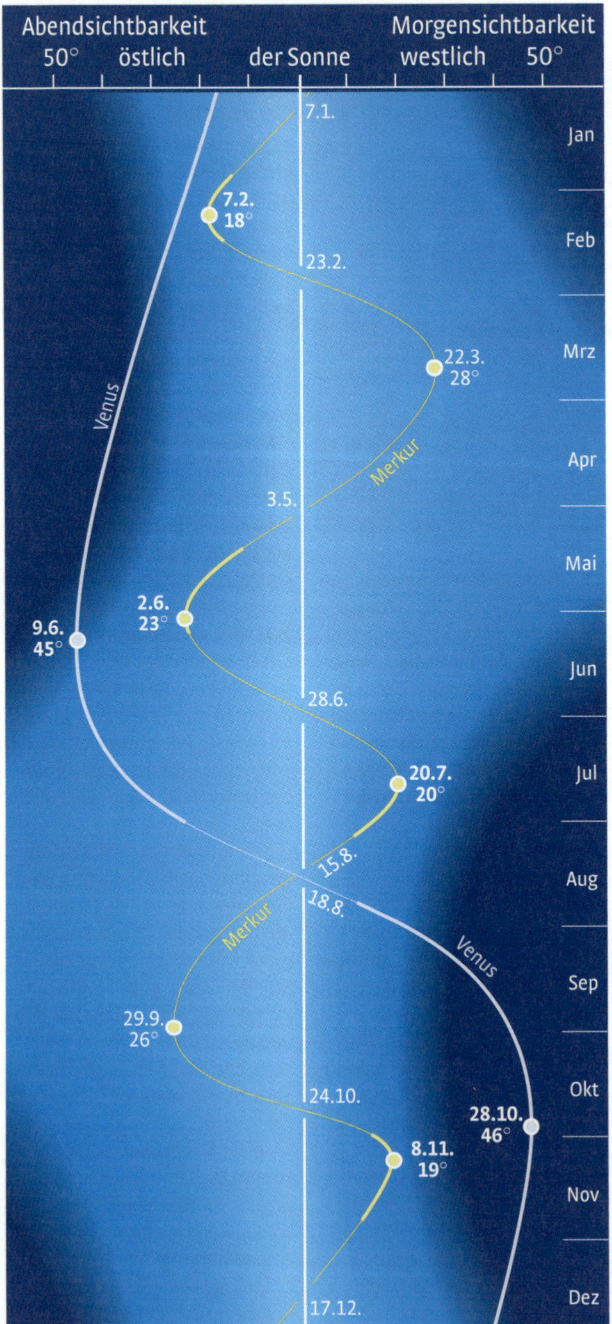

1.4 Elongationen und Konjunktionen der inneren Planeten Merkur und Venus von der Sonne im Jahre 2007. Die Datumsangaben beziehen sich jeweils auf die größten Elongationen und die Konjunktionen. Fettgedrucktes Datum bedeutet: in Mitteleuropa mit freiem Auge sichtbar. Unterbrochener Sonnenbalken weist auf eine untere Konjunktion hin, unterbrochene Planetenlinie auf eine obere Konjunktion.

Längsdurchmesser von 44,"6 und einem senkrechten Durchmesser von 9,"8. Das Saturnscheibchen weist einen Äquatordurchmesser von 19,"7 und einen Poldurchmesser von 17,"7 auf.

Am 1. beträgt die Saturnentfernung von der Erde 1264 Millionen Kilometer (= 8,45 AE). Das Saturnlicht ist somit zu uns eine Stunde und zehn Minuten unterwegs. Die Entfernung von der Sonne misst zu Jahresbeginn 1373 Millionen Kilometer (= 9,18 AE).

Uranus, rechtläufig im Wassermann, kann noch am Abendhimmel aufgesucht werden. Unter guten Sichtbedingungen kann man den nur $5^{m},9$ hellen Planeten mit lichtstarker Optik noch am Westhimmel finden. Am 1. geht der grünliche Planet um $21^{h}54^{m}$ unter. Gegen 18^{h} ist es dunkel genug, um erfolgreich nach Uranus zu suchen. Gegen $20^{h}30^{m}$ wird Uranus in den horizontnahen Dunstschichten unsichtbar. Die Untergänge erfolgen immer früher, am 15. um $21^{h}02^{m}$ und am 31. schon um $20^{h}03^{m}$. Damit wird die Sichtbarkeitszeit von Uranus erheblich eingeschränkt.

Anfang Januar wandert Uranus nur $0^{\circ},4$ südlich an λ Aquarii

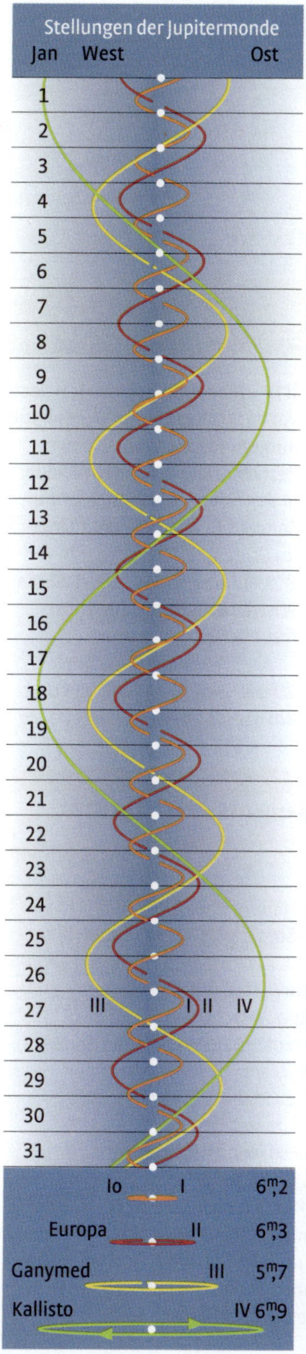

Jupitermonde

Tag	MEZ h m	Vorgang	
1.	6 28	I	DE
6.	7 48	III	VA
8.	6 17	I	DA
	7 42	I	SE
9.	5 49	I	BE
12.	7 41	II	VA
14.	6 59	II	DE
15.	7 26	I	SA
16.	7 48	I	BE
17.	7 08	III	DE
21.	5 20	II	SA
	7 11	II	DA
	7 52	II	SE
23.	6 39	I	VA
24.	5 31	III	SA
	5 58	I	SE
	6 56	I	DE
	7 29	III	SE
30.	6 49	II	BE
31.	5 42	I	SA
	6 44	I	DA
	7 51	I	SE

vorbei (siehe auch Aufsuchkärtchen Abb. 9.6 auf Seite 196).

Am 3. erreicht Uranus seine größte Südbreite in seiner nur wenig zur Erdbahnebene geneigten Bahn. Er steht dann 0°46′20″ südlich der Ekliptik.

Neptun wandert rechtläufig im Sternbild Steinbock. Die Sonne ist ihm auf den Fersen. Bis Monatsende schrumpft die östliche Elongation von Neptun auf knapp acht Grad. Die Konjunktion mit der Sonne steht unmittelbar be-

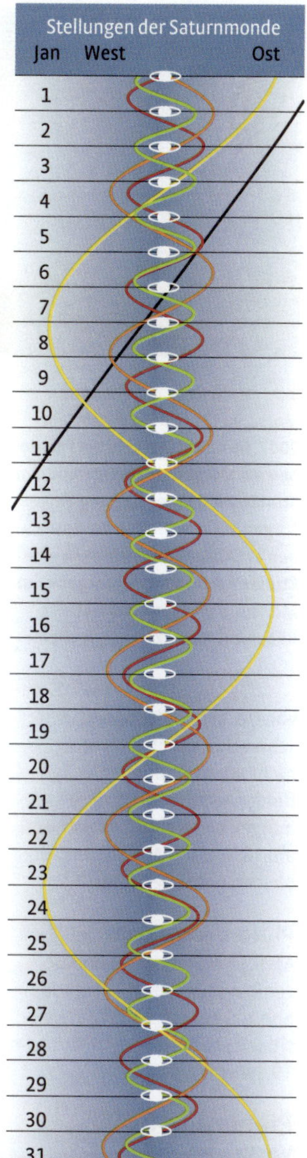

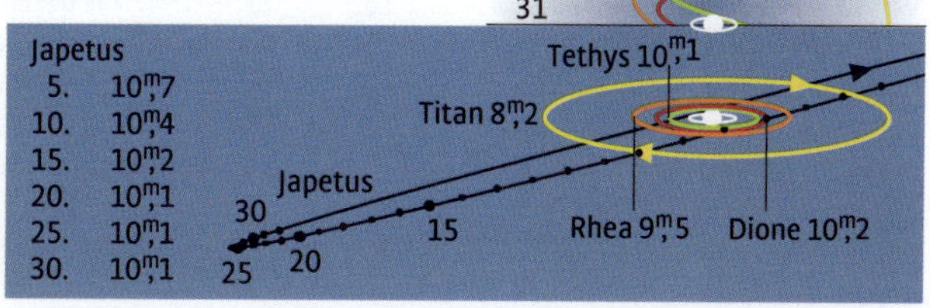

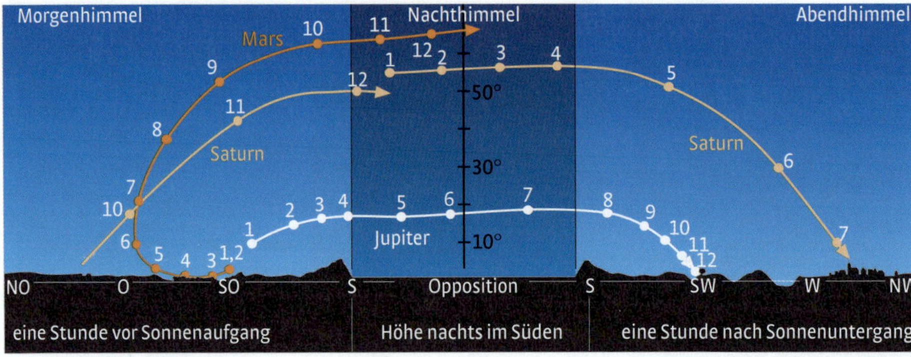

1.5 Stellungen der Planeten Mars, Jupiter und Saturn im Jahr 2007. Im linken Teil sind die Positionen am Morgenhimmel jeweils eine Stunde vor Sonnenaufgang eingetragen, im rechten Teil die Positionen am Abendhimmel jeweils eine Stunde nach Sonnenuntergang. Im Mittelteil sind die Kulminationshöhen zur Nachtzeit angegeben.

vor. Der sonnenferne und lichtschwache Planet kann nicht mehr am Abendhimmel aufgefunden werden. Auch die Begegnungen von Neptun mit Venus am 18. und mit Merkur am 26. bleiben unbeobachtbar.

Pluto: siehe „Planetenlauf" im April, Juni, September und Dezember sowie Aufsuchkärtchen Abb. 6.5 auf Seite 141). In Opposition zur Sonne kommt Pluto am 19. Juni dieses Jahres.

Planetoiden

Vesta – Planetoid Nr. 4 – eilt rechtläufig durch die Waage. Ihre Helligkeit nimmt leicht von $7\overset{m}{,}8$ auf $7\overset{m}{,}6$ während des Monats zu, was sie zu einem Beobachtungsobjekt auch für den einfacher ausgerüsteten Sternfreund macht. Um Vesta zu finden, soll das Aufsuchkärtchen Abb. 6.5 auf Seite 141 dienen. Ende Mai kommt Vesta dann in eine besonders günstige Opposition zur Sonne, was sie zu einem ausgesprochen leichten Objekt für beginnende Kleinplanetenjäger werden lässt. Am 1. geht Vesta um 3^h13^m auf und kulminiert um 8^h28^m. Bis 31. verfrühen sich diese Zeiten auf 2^h21^m für den Aufgang und auf 7^h22^m für die Kulmination.

Iris – Planetoid Nr. 7 – kann noch vor dem Goldenen Tor der Ekliptik aufgefunden werden. Sie wandert rechtläufig aus dem Widder in den Stier (siehe Abb. 11.4 auf Seite 233). Ihre Helligkeit sinkt im Laufe des Januars rapide von $8\overset{m}{,}1$ auf $8\overset{m}{,}9$ ab, was sie zu einem schwierigen Objekt für Sternfreunde werden lässt.

Am 1. kulminiert Iris um 20^h38^m, am 15. um 19^h54^m und am 31. schon um 19^h10^m. Da sie

Konstellationen und Ereignisse im Januar

Datum	MEZ	Ereignis
3.	21^h	Erde im Perihel (Sonnennähe, Abstand Erde–Sonne 147,094 Millionen Kilometer)
6.	19	**Mond bei Saturn**, Mond $0\overset{\circ}{,}9$ nördlich, **Abstand $0\overset{\circ}{,}9$ um 20^h**
7.	7	Merkur in oberer Konjunktion mit der Sonne
13.	16	Mars bei Pluto, Mars $7\overset{\circ}{,}3$ südlich
15.	18	Mond bei Jupiter, Mond $5\overset{\circ}{,}8$ südlich
17.	3	Mond bei Mars, Mond $4\overset{\circ}{,}5$ südlich
18.	19	Venus bei Neptun, Venus $1\overset{\circ}{,}4$ südlich
19.	19	Mond bei Merkur, Mond $1\overset{\circ}{,}3$ südlich
20.	14	Mond bei Neptun, Mond $2\overset{\circ}{,}4$ südlich
20.	18	**Mond bei Venus**, Mond $0\overset{\circ}{,}8$ südlich, **Abstand $1\overset{\circ}{,}6$ um 18^h**
22.	7	Mond bei Uranus, Mond $0\overset{\circ}{,}4$ nördlich
26.	8	Merkur bei Neptun, Merkur $1\overset{\circ}{,}5$ südlich

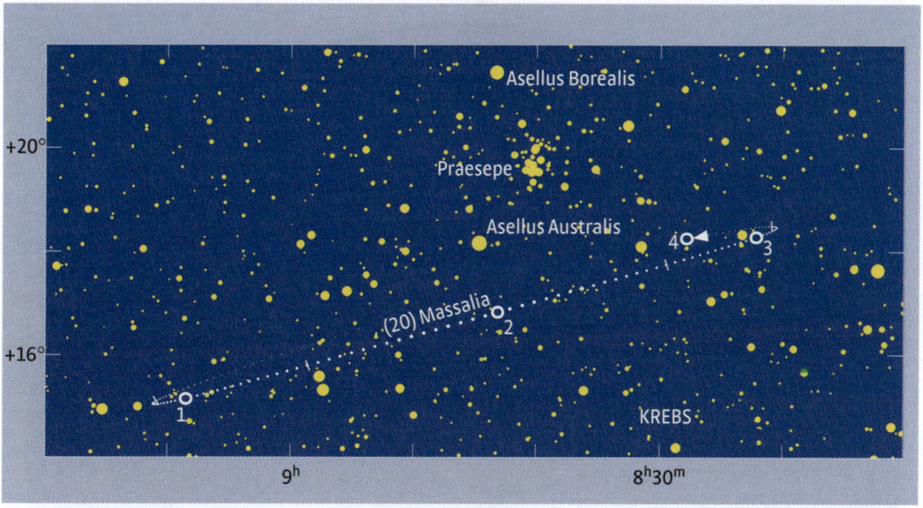

1.6 Scheinbare Bahn des Planetoiden Massalia im Sternbild Krebs von Januar bis April 2007. Die Zahlen geben die Position von Massalia zum jeweiligen Monatsbeginn an (2 = 1. Februar).

relativ hoch den Meridian passiert, sollten erfahrene Beobachter sie noch aufstöbern können.

Massalia – Planetoid Nr. 20 – sei erwähnt, da sie am 29. in **Opposition** zur Sonne kommt und mit $8^m,4$ scheinbarer Helligkeit von versierten Sternfreunden durchaus aufgefunden werden kann. Massalia eilt rasch rückläufig durch den Krebs und ist zur Opposition südlich des Sterns Asellus Australis (δ Cancri, $3^m,9$) zu finden (s. Abb. 1.6 oben).

Zu Monatsbeginn ist Massalia noch $9^m,2$ hell. Im Laufe des Monats steigert sie bis zur Opposition ihre Helligkeit deutlich um $0^m,8$. Am 1. passiert sie um 2^h48^m den Meridian, am Tag der Opposition hingegen bereits um 0^h35^m.

Zur Opposition ist Massalia 166 Millionen Kilometer (= 1,11 AE) von der Erde entfernt. Von der Sonne trennen sie zu diesem Zeitpunkt 313 Millionen Kilometer (= 2,09 AE).

Periodische Sternschnuppenströme im Januar

Vom 1. bis 6. Januar sind die **Quadrantiden** (Ausstrahlungspunkt oder Radiant im Sternbild Bootes) in der zweiten Nachthälfte zu erwarten. Für die Nacht vom 3. auf 4. Januar wird das spitze Maximum angekündigt. Bis zu hundert Objekte pro Stunde sind im Maximum zu erwarten. In manchen Jahren wurden sogar über zweihundert pro Stunde beobachtet. Helle Sternschnuppen kommen dabei nur selten vor. Ein Erzeugerkomet ist nicht bekannt. Die einzelnen Meteorite haben mittlere Geschwindigkeiten um 40 Kilometer pro Sekunde. Da der Radiant im Sternbild Bootes liegt, wird dieser Strom auch **Bootiden** genannt.

Ein wenig bekannter Strom sind die **Delta-Cancriden**. Sie tauchen zwischen dem 1. und 24. Januar auf. Das Maximum fällt auf den 17. Januar. Die Meteore entströmen dem Sternbild Krebs. Es handelt sich um langsame Sternschnuppen mit Geschwindigkeiten um 30 Kilometer pro Sekunde. Pro Stunde ist lediglich mit etwa vier Meteoren zu rechnen.

Der Fixsternhimmel im Januar

Um sich am Sternenhimmel zurechtzufinden, muss man zunächst die Himmelsrichtungen kennen. Denn die beste Sternkarte nützt wenig, wenn man nicht weiß, wo Norden, Osten, Süden und Westen ist. In vertrauter Umgebung kennt man meist die Himmelsrichtungen: Man weiß, wo die Sonne mittags steht und

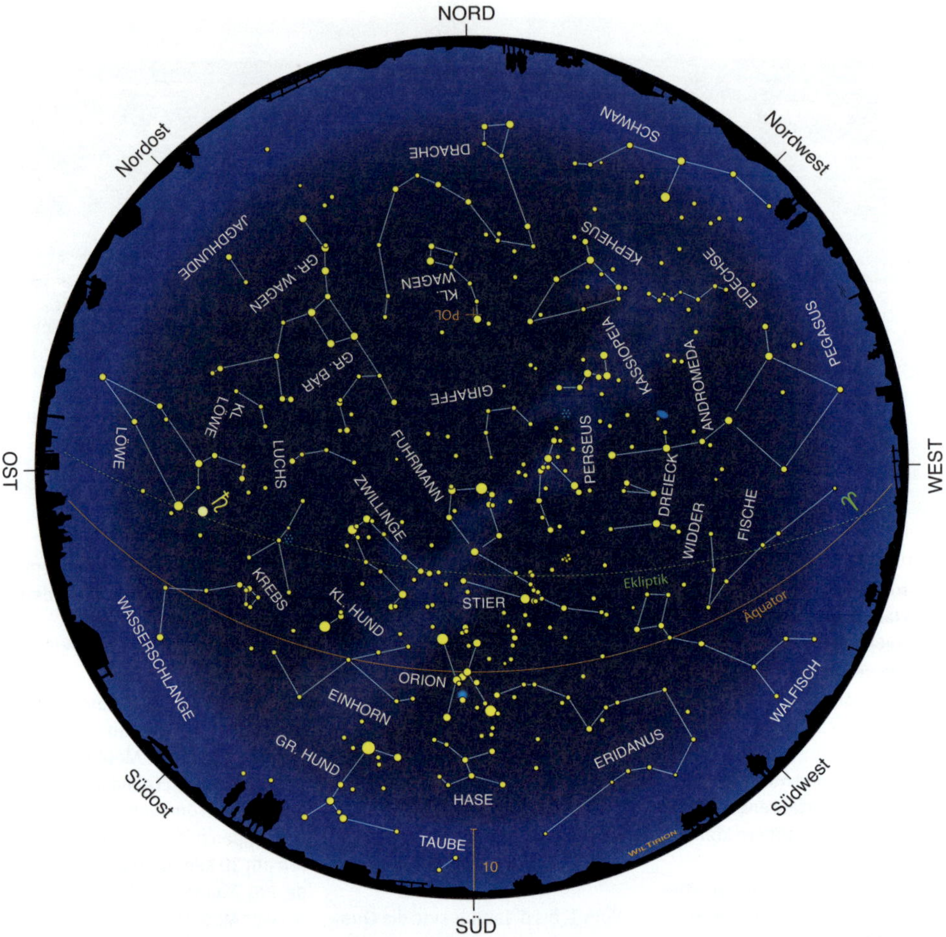

Sternenhimmel am 15. Januar um 22h MEZ

Fixsternhimmel auch gültig für:		
	MEZ	**MESZ**
1.10.	5h	6h
15.10.	4	5
1.11.	3	
15.11.	2	
1.12.	1	
15.12.	0	
1. 1.	**23**	
15. 1.	**22**	
31. 1.	**21**	
15. 2.	20	

wo sie untergeht. Am nächtlichen Sternenhimmel beginnt man daher seine Beobachtungen mit dem Aufsuchen des Polarsterns, denn er deutet uns die Nordrichtung an. Blickt man zum Polarstern, so ist rechter Hand Osten, linker Hand Westen und im Rücken hat man Süden.

Als Objekt zweiter Sterngröße ist der Polarstern nicht übermäßig auffällig. Daher dient sowohl der Große Wagen als auch das Himmels-W, das Sternbild Kassiopeia, als Polfinder. Ihre Stellungen relativ zum Nordhorizont sind jeweils für den Monatsanfang, 22 Uhr MEZ, in einer kleinen Grafik auf der Startseite zur Monatsübersicht festgehalten.

Etwas Phantasie vorausgesetzt, kann man in den sieben Sternen des Großen Wagens einen einbeinigen Riesen sehen. Die Deichsel hängt nämlich in dieser Jahreszeit am Abendhimmel nach unten. Tatsächlich wird diese Sternenfigur bei den Eskimos Hunrakan, der einbeinige Riese, genannt. Auch das Stern-

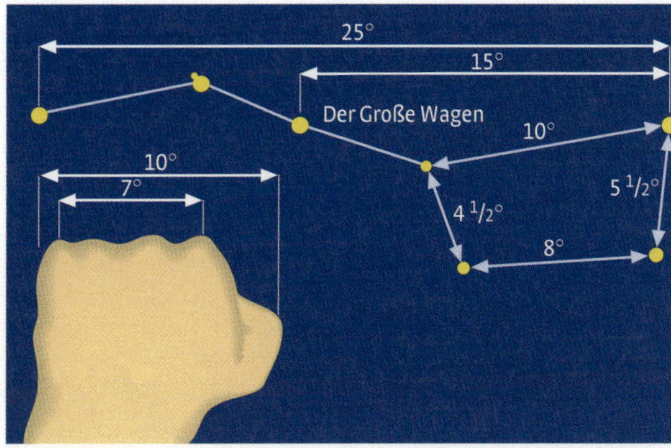

1.7 Der Große Wagen dient als universelle Himmelselle. Mit ihr lässt sich leicht das Abschätzen von Sterndistanzen am Firmament üben. Zum Vergleich ist eine ausgestreckte Durchschnittsfaust eingetragen.

bild Kassiopeia hilft uns bei der Orientierung. Seine Sterne sind in Form eines großen W angeordnet, das leicht erkannt werden kann. Man spricht deshalb auch vom Himmels-W. Wie der Große Wagen, so ist auch das Himmels-W in unseren Breiten zirkumpolar, das heißt, es geht nie unter und ist somit in jeder klaren Nacht des Jahres zu sehen. Die mittlere Spitze des Himmels-W deutet ungefähr zum Polarstern, wie die Grafik Abb. 1.8 unten erkennen lässt.

Der abendliche Winterhimmel ist besonders reich an hellen Sternen. Zu keiner anderen Jahreszeit bietet der abendliche Sternenhimmel auf der Nordhalbkugel der Erde einen so schönen Anblick. Selbst der „Lichtsmog" – die Störung der Himmelsbeobachtung durch die künstliche Aufhellung des Firmaments – lässt dennoch die Pracht des winterlichen Sternenzelts erahnen.

Auch die Milchstraße schmückt den Winterhimmel. Allerdings sieht man ihr zart schimmerndes Lichtband nur fernab irdischer Lichtquellen, die leider den Nachthimmel immer mehr aufhellen. Wer jedoch einen dunklen Beobachtungsplatz ergattert hat, bemerkt, dass das Band der Milchstraße im Südosten emporsteigt, durch den Scheitelpunkt oder Zenit geht und zum Nordwesthorizont hinabsinkt.

Die monatliche Beschreibung des abendlichen Fixsternhimmels gilt für eine Standardbeobachtungszeit, nämlich für 22^h MEZ (oder 23^h MESZ – Mitteleuropäische Sommerzeit) zur Monatsmitte (15.) und für die geografische Breite 50° Nord. Diesen Anblick zeigt auch die monatliche Übersichtskarte, die das Auffinden von Sternen und Sternbildern erleichtern soll.

Wer zu Monatsbeginn beobachtet, sollte die Sternkarte um 23^h benutzen, also um 23^h MEZ. Zu Monatsende zeigt die Sternkarte den sichtbaren Himmelsausschnitt bereits um 21^h MEZ, denn pro Stunde dreht sich der Himmel um 15° weiter (24^h = 360°!). Nach einem Monat gehen nämlich die Sterne und Sternbilder jeweils zwei Stunden früher auf, kulminieren zwei Stunden früher und gehen zwei Stunden früher unter wie am gleichen Tag des Vormonats.

Auch für andere Nachtstunden sind die Sternkarten zu verwenden. So zeigt die Januar-Sternkarte auch den Himmelsanblick, wie er dem Betrachter am 1. November um 3^h MEZ erscheint. Für welches Datum und welche Uhrzeit die jeweilige Monatssternkarte benutzt werden kann, ist in der Bildlegende links unterhalb der Sternkarte vermerkt. Zu berücksichtigen ist, dass die eingetragenen Planetenpositionen nur für den aktuellen Monat gelten, in dem die Sternkarte platziert ist. Die jeweils gültigen Planeten-

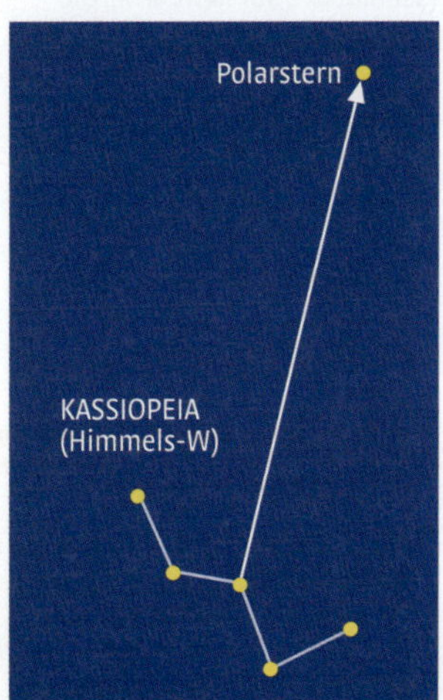

1.8 Das Sternbild Kassiopeia, auch als Himmels-W bekannt, dient als Polweiser.

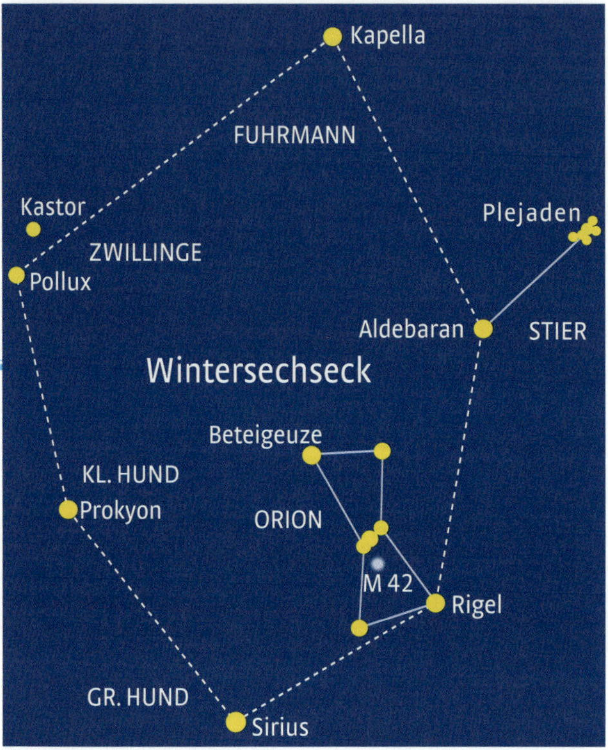

1.9 Das Wintersechseck setzt sich aus den Sternen Kapella im Fuhrmann, Aldebaran im Stier, Rigel im Orion, Sirius im Großen Hund, Prokyon im Kleinen Hund und Pollux in den Zwillingen zusammen.

positionen entnehme man der monatlichen Grafik vor der Rubrik „Planetenlauf".

In der Monatssternkarte markiert die ausgezogene rote Linie den Himmelsäquator, die gestrichelte grüne Linie die Ekliptik (scheinbare Sonnenbahn), die zum Himmelsäquator um $23{,}^{\circ}4$ geneigt ist. In der Nähe der Ekliptik sind die Planeten zu finden. Die hellen, mit freien Augen sichtbaren Planeten (Merkur, Venus, Mars, Jupiter und Saturn) sind mit ihren Symbolen in der Sternkarte eingetragen, wenn sie zur Standardbeobachtungszeit über dem Horizont stehen. Die Planetensymbole sind in der Umschlagklappe und aus Abb. E.13 auf Seite 36 zu ersehen.

So kann der angehende Sternfreund schnell erkennen, ob in einem Tierkreissternbild eventuell ein heller Planet steht. Er findet beispielsweise im Januar 2007 am Abendhimmel den Ringplaneten Saturn im Löwen. Die eingetragenen Planetenpositionen gelten exakt jeweils für die Monatsmitte.

Von allen Wintersternbildern ist wohl der Orion das prominenteste. Der Mythologie nach ist Orion ein Jäger und Krieger. Seine einprägsame Sternenfigur steht im Januar zur Standardbeobachtungszeit halbhoch im Süden. Orion passiert gerade die Mittagslinie, auch Meridian genannt. Ein heller, rötlicher Stern deutet die östliche Schulter an. Er heißt Beteigeuze (α Orionis). Der zweite helle Stern erster Größe soll den westlichen Fuß des Jägers andeuten. Er funkelt in einem bläulich-weißen Licht und heißt Rigel (β Orionis). Beteigeuze und Rigel sind arabische Namen und bedeuten „Schulter" beziehungsweise „Fuß". Zwischen Beteigeuze und Rigel stehen drei Sterne auffällig in einer Reihe, sie sollen den Gürtel des Orion darstellen. Der westliche (rechte) Gürtelstern (δ Orionis) wird Mintaka genannt und sitzt fast genau auf dem Himmelsäquator

Veränderliche Sterne im Januar

Algol-Minima	8. 6^h20^m	11. 3^h10^m	13. 23^h59^m	16. 20^h48^m	19. 17^h38^m	31. 4^h55^m
β-Lyrae-Minima	1. 11^h H	7. 22^h N	14. 9^h H	20. 20^h N	27. 8^h H	
δ-Cephei-Maxima	5. 20^h	11. 5^h	16. 14^h	21. 23^h	27. 7^h	
Mira-Helligkeit	1. 7^m	10. 6^m	20. 5^m	31. 4^m		

(rote Linie in der Monatssternkarte). Somit erleichtert Mintaka das Abschätzen, wo am Firmament der Himmelsäquator verläuft. Der Himmelsäquator geht außerdem durch den Ost- und Westpunkt am Horizont.

Ein wichtiger Hinweis für den beginnenden Himmelsbeobachter: Am natürlichen Sternenhimmel erscheinen die Sternbilder viel größer als man sie vermutet, wenn man sie zuerst in der Sternkarte gesehen hat. Besonders deutlich wird dies beim Sternbild Orion. Man vergleiche seine Darstellung in der Monatssternkarte und am Himmel!

Tief im Südosten flackert unübersehbar der blau-weiße Sirius. Er ist der Hauptstern des Sternbildes Großer Hund (α Canis Maioris). Mit –1,5 Größenklassen ist Sirius der hellste Fixstern am irdischen Himmel. Nur noch Venus und Jupiter sowie gelegentlich Mars übertreffen Sirius an Helligkeit.

Ein wenig höher als Sirius steht der gelbliche Stern Prokyon (α Canis Minoris) im Kleinen Hund. Prokyon bedeutet auf Griechisch so viel wie „Vorhund". Prokyon geht nämlich in unseren Breiten vor Sirius auf. Er kündigt mit seinem Auftauchen am Osthorizont den baldigen Aufgang des Sirius an.

Blickt man senkrecht nach oben, so sieht man einen hellen, gelblichen Stern erster Größenklasse, die Kapella (α Aurigae), Hauptstern des Fuhrmanns. Der Sage nach ist der Fuhrmann (lat.: Auriga) der Erbauer des Himmelswagens. Knapp südwestlich vom Fuhrmann ist der Stier beheimatet mit seinem orange-gelben Hauptstern Aldebaran (α Tauri) und den beiden offenen Sternhaufen Hyaden und Plejaden.

Dem Stier folgen im Tierkreis die Zwillinge, die im Wesentlichen von zwei Sternenketten dargestellt werden. An den östlichen Enden beider Ketten stehen zwei helle Sterne, nämlich Kastor (α Geminorum) und Pollux (β Geminorum).

An die Zwillinge schließt sich im Osten der unscheinbare Krebs an, in dem der bekannte offene Sternhaufen Krippe (Katalogbezeichnung M 44) zu finden ist (Fernglas!).

Die hellen Sterne Kapella, Aldebaran, Rigel, Sirius, Prokyon und Pollux bilden das so genannte Wintersechseck. Es ist gewissermaßen das Gegenstück zum Sommerdreieck (siehe Kapitel „Fixsternhimmel im Juli" auf Seite 163).

Tief am Osthimmel macht sich ein Vorbote des kommenden Frühlings bemerkbar: Der mächtige Löwe mit seinem Hauptstern Regulus ist gerade aufgegangen. Der Löwe gilt als *das* Frühlingssternbild schlechthin. Zurzeit strahlt gerade der Ringplanet Saturn im Löwen und belebt den Osthimmel.

Monatsthema

Der Schuss auf den Kometen

Am 4. Juli 2005, dem Unabhängigkeitstag der Vereinigten Staaten von Amerika, gab es exakt um $7^h44^m36^s$ Mitteleuropäischer Sommerzeit den großen Knall. Ein irdisches Projektil schlug einen tiefen Krater in den Kometen 9P/Tempel 1. Zu hören war auf der Erde nichts, denn der luftleere Weltraum überträgt keinen Schall. Aber siebeneinhalb Minuten später registrierten mehr als siebzig große irdische Teleskope einen grellen Lichtblitz, ausgelöst von der gewaltigen Explosion, die der Einschlag des waschmaschinengroßen und zu fast der Hälfte aus Kupfer bestehenden Geschosses in die Oberfläche des Kometen Tempel hervorrief. Mit einer Masse von 372 Kilogramm (Gewicht in freiem Fall: 0) raste der Impaktor mit einer Geschwindigkeit von 37 000 Kilometer pro Stunde, das sind mehr als zehn Kilometer pro Sekunde, in die staubige Landschaft des Kometenkerns von Tempel 1. Die freigesetzte kinetische Energie betrug 19 Gigajoule oder 5300 kWh. Dies entspricht einer Sprengkraft von fünf Tonnen TNT.

Der Impaktor selbst sandte vor seinem Aufschlag mit seiner eigenen Weitwinkelkamera zahlreiche Aufnahmen zur Erde – bis knapp vier Sekunden vor dem finalen Crash, wobei Einzelheiten der Kometenkernoberfläche bis herunter zu vier Metern erkennbar wurden. Losgelöst von seinem Mutterschiff, dem „*Deep Impact*" (engl., tiefer Einschlag) hatte sich der kosmische Hammer bereits einen Tag zuvor. Gestartet wurde die Raummission *Deep Impact* am 12. Januar 2005. Nach einem Flug von 431 Millionen Kilometer traf das 3,3 m lange, 1,7 m breite und 2,3 m hohe Raumfahrzeug beim Kometen Tempel 1 ein. Zu diesem Zeitpunkt betrug die Distanz Erde–Tempel 1 knapp 134 Millionen Kilometer.

Kurz nach dem Einschlag bildete sich eine riesige Wolke aus Staub, Gestein und Gas, die auf den Bildschirmen der irdischen Beobachter als heller Fleck sichtbar wurde. Wozu das Ganze? Nun, was für den Astronomen das Fernrohr, ist für den Geologen der Gesteinshammer. *Deep Impact* war ein geologisches Experiment zur Untersuchung des Kometen Tempel 1. Allerdings mit einem besonders großen Hammer von 372 Kilogramm Masse.

1.10 Ernst Wilhelm Leberecht Tempel (1821–1889), Entdecker zahlreicher Kometen und Kleinplaneten.

Einige Presseberichte brachten Panikmeldungen: „Giftwolke unterwegs durchs All", „Forscher fürchten Bakterien und rätselhafte Substanzen" oder „Komet schießt zurück".

Was ist eigentlich ein Komet?

Doch zunächst einmal: Was sind Kometen und weshalb ist ihre Erforschung für die Wissenschaft so interessant?

Laien verwechseln öfters die Begriffe Komet und Meteor. „... gestern schoss abends ein Komet über den Himmel" – so oder ähnlich lauten manche Meldungen aufgeregter Zeitgenossen. Doch sie haben keinen Kometen gesehen, sondern eine Sternschnuppe oder Meteor. Meteore sind kurzfristige Erscheinungen von wenigen Sekunden oder gar nur Sekundenbruchteilen. Sie flammen auf, wenn ein kosmisches Staubkorn mit hoher Geschwindigkeit aus dem Weltall kommend in die irdische Lufthülle eindringt und verglüht. Kometen hingegen sind Himmelskörper, die ihre Bahnen im interplanetaren Raum ziehen. Hellere Kometen, die mit bloßen Augen zu sehen sind, zeigen einen mehr oder minder langen Schweif. Sie bewegen sich unter den Sternen so langsam, dass ihre Positionsveränderung relativ zu den Fixsternen für das bloße Auge erst nach mehreren Tagen oder Wochen bemerkbar wird. Sie flitzen also nicht über den Himmel wie eine Sternschnuppe. Kometen gehen auf und unter wie Sonne, Mond und Sterne auch, sie nehmen an der täglichen Himmelsdrehung teil.

Wegen ihres seltsamen Aussehens und scheinbar völlig unvorhersehbaren Erscheinens bezeichnet man die Kometen gerne als Außenseiter am Himmelszelt. Auch wurden sie schon in grauer Vorzeit als Haar-, Schweif oder Schwertsterne bezeichnet. Im Fernen Osten sprach man einst von Besensternen. Vom Lateinischen coma = Haar leitet sich die Bezeichnung Komet ab.

Lange zählte man die Haarsterne überhaupt nicht zu den Himmelskörpern. Ihre Schweife sah man als Ausdünstungen der irdischen Lufthülle an. Man hielt Kometen somit für meteorologische Erscheinungen wie leuchtende Nachtwolken auch. Zumindest seien sie sublunare Objekte, also Körper innerhalb der Mondbahn.

Erst der dänische Astronom Tycho Brahe konnte durch präzise Parallaxenmessungen am hellen Kometen des Jahres 1577 nachweisen, dass dieser erheblich weiter als der Mond entfernt ist. Seine räumliche Bahn im Sonnensystem konnte er allerdings noch nicht bestimmen. Erst Edmond Halley kommt das Verdienst zu, gezeigt zu haben, dass Kometen Mitglieder des Sonnensystems sind, die auf lang gestreckten Ellipsenbahnen durch den interplanetaren Raum wandern. Halley beobachtete die helle Kometenerscheinung des Jahres 1682 und sammelte ferner alle Daten anderer Beobachter dieses Kometen. Aus dem Datenmaterial bestimmte er daraufhin sehr sorgfältig die Bahn dieses Kometen. Dabei fiel ihm auf, dass der von Johannes Kepler beschriebene Komet des Jahres 1607 und der von Apianus (Peter Bienewitz) beobachtete Komet von 1531 offensichtlich auf gleichen Bahnen liefen. Halley schloss daraus, dass die drei Kometenerscheinungen von 1531, 1607 und 1682 auf

1.11 Bahn der Sonde Deep Impact von der Erde zum Kometen 9P/Tempel 1.

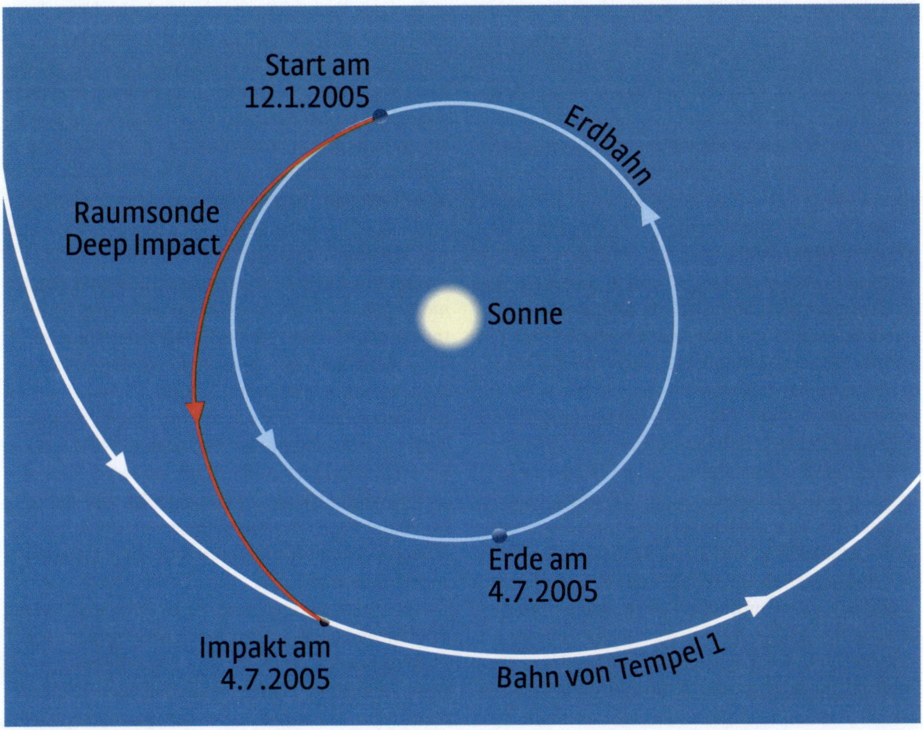

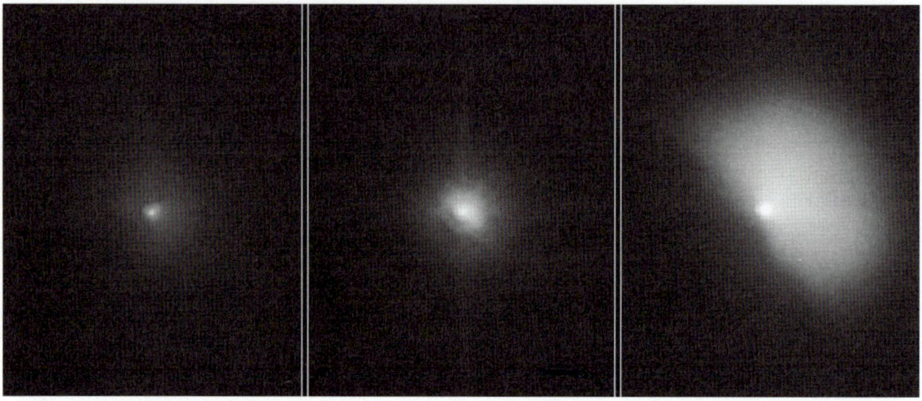

1.12 Explosionswolke nach dem Einschlag des Impaktors auf dem Kometen 9P/Tempel 1. Die Aufnahmen wurden am 4. Juli 2005 um 6^h51^m, 7^h01^m und 8^h20^m MEZ vom Hubble-Teleskop gewonnen.

ein und denselben Kometen zurückzuführen sind. Er wagte daraufhin die Vorhersage, dass dieser Komet wohl im Jahre 1758 wieder auftauchen werde. Tatsächlich erschien der von Halley prophezeite Komet im Jahre 1758 wieder. Zu Ehren und zur Erinnerung an den großen Astronomen nannte man ihn fortan den Halleyschen Kometen. Halley selber erlebte den Triumph nicht mehr, er starb bereits im Jahre 1742.

Die meisten Kometen laufen auf lang gestreckten Ellipsenbahnen um die Sonne. Gemäß dem 2. Keplerschen Gesetz laufen sie in Sonnennähe wesentlich schneller als in Sonnenferne. Komet Halley beispielsweise rast mit 55 km/s durch sein Perihel (sonnennächster Bahnpunkt), während er in Sonnenferne (Aphel) mit knapp einem Kilometer pro Sekunde dahinzieht. Sein Aphel liegt dabei noch außerhalb der Neptunbahn.

Kometen sind somit periodische Erscheinungen. Liegen ihre Umlaufszeiten unter 200 Jahren, so werden sie kurzperiodisch genannt, bei längerer Umlaufsdauer langperiodisch. Viele Kometen weisen Umlaufszeiten von tausenden Jahren auf. Wenn überhaupt, dann bekommen wir sie nur einmal zu Gesicht.

Kometen werden meist als diffuse Lichtfleckchen entdeckt, die langsam durch die Sternbilder wandern. Erst in Sonnennähe entwickeln sie einen mehr oder minder langen Schweif, der stets von der Sonne weggerichtet ist.

In größeren Teleskopen erkennt man im Zentrum des Kometenkopfes oft einen hellen, sternartigen Lichtpunkt, nämlich den Kometenkern. Er hat nur wenige Kilometer Durchmesser und setzt sich aus einer Mischung von Staub, Gesteinsbrocken und gefrorenen Gasen (Wassereis, Methanschnee, Ammoniakeis etc.) zusammen, weshalb man Kometenkerne gerne als „schmutzige Schneebälle" bezeichnet. Dieser Klumpen aus Eis, in dem Sand, Ruß und ähnliche Partikel eingeschlossen sind, erhitzt sich bei Annäherung an die Sonne. An seiner Oberfläche beginnt das Eis zu verdampfen – es sublimiert, geht also direkt vom festen Aggregatzustand in die Gasphase über. Es bildet sich eine riesige Gaswolke von typischerweise rund 100 000 Kilometern Durchmesser um den Kern, die so genannte Koma. Die Koma ist gewissermaßen die Atmosphäre des Kometen. Kern und Koma bilden den Kopf des Kometen. In Sonnennähe treibt der Sonnenwind – ein Partikelstrom vornehmlich aus Protonen, Alpha-Teilchen und Elektronen – sowie der Lichtdruck die Gasmoleküle und Staubteilchen vom Kometenkopf fort. Ein Schweif bildet sich, der viele Millionen Kilometer lang werden kann. Der längste Schweif, der je bei einem Kometen registriert wurde, erreichte 300 Millionen Kilometer, das entspricht dem Durchmesser der Erdbahn.

Das Modell vom „Schmutzigen Schneeball" wurde glänzend bestätigt, als bei der Wiederkehr des Halleyschen Kometen im Jahre 1986 die europäische Raumsonde *Giotto* im März in nur 600 Kilometern Distanz am Kern von Halley vorbeisauste –

immerhin mit einer Geschwindigkeit von 250 000 Kilometern pro Stunde! Dabei gewann Giotto nicht nur eine Menge aufschlussreicher Messdaten, sondern auch faszinierende Bilder vom dunklen Kern, der die Form einer überdimensionalen Erdnuss hat. Die Längsausdehnung misst etwa 15 Kilometer. Die Oberfläche von Halleys Kern ist pechschwarz, an einzelnen Stellen schießen Gasfontänen heraus und speisen die Koma. Vermutlich ist der eisige Kern von einer Rußschicht bedeckt. Pro Sekunde stößt der Kern in Sonnennähe etwa dreißig bis vierzig Tonnen an Gasen aus, zum Großteil Wasserdampf, Kohlendioxid, Kohlenmonoxid, Cyanverbindungen und Kohlenwasserstoffe wie Methan. Auch metallische Ionen wie Natrium und Eisen sowie organische Verbindungen wurden von der Raumsonde registriert.

Die Kometenkerne kommen aus den fernen Bezirken des Sonnensystems. Nach Jan Hendrik Oort (1900 – 1992) ist ihr Reservoir in einer gewaltigen zirkumsolaren Wolke zu suchen. Der Radius dieser Oortschen Wolke wird auf 50 000 AE (rund 7500 Milliarden Kilometer) geschätzt. Kometenkerne beinhalten somit die Urmaterie unseres Sonnensystems, das sich vor knapp fünf Milliarden Jahren aus einer interstellaren Gas- und Staubwolke gebildet hat. Deshalb interessieren sich die Astronomen für diese eisigen Boten aus den Tiefen des Planetensystems. *Giotto* flog an Halley vorbei und sandte Aufnahmen. Wie sind aber Kometen im Inneren aufgebaut? Um dem auf den Grund zu gehen, beschloss man, einen Kometenkern mit einem gewaltigen Geologenhammer zu malträtieren. Man wählte dabei nicht einen Neuankömmling aus, sondern einen alten Bekannten, nämlich Tempel 1, dessen Bahn man genau kennt. Die Mission wurde *Deep Impact* getauft und startete am 12. Januar 2005.

Der Komet 9P/Tempel 1

Der kurzperiodische Komet 9 P/Tempel 1 wurde im Jahre 1867 von Ernst Wilhelm Leberecht Tempel (geb. 1821 in Nieder-Cunersdorf an der Oberlausitz, gest. 1889 bei Florenz) entdeckt. Der sächsische Bauernsohn war zunächst Hobbyastronom, bevor er 1861 Adjunkt der Sternwarte von Marseille wurde. Tempel entdeckte insgesamt neun Kometen, fünf Kleinplaneten und den Plejadennebel. Komet Tempel 1 wurde 1873 und 1879 beobachtet, danach blieb er verschollen. Genaue Bahnberechnungen, die vor allem die starken Störungen durch Jupiter berücksichtigten, von Guntram Schrutka-Rechtenstamm von der Universitäts-Sternwarte Wien und von Joachim Schubart vom Astronomischen Rechen-Institut in Heidelberg, ermöglichten es schließlich Elisabeth Roemer vom Lunar and Planetary Laboratory, University of Arizona, Tucson, den Kometen Tempel 1 mit einem Spiegelteleskop von 1,5 Meter Öffnung bei dreißigminütiger Belichtungszeit am 8. Juni 1967 als lichtschwaches Objekt 18. Größe auf einer Fotoplatte aufzufinden. Tempel 1 war dabei vier Größenklassen lichtschwächer als man vermutet hatte. Damit ist Tempel 1 vierzigmal dunkler als ursprünglich angenommen. Kein Wunder, wenn man lange vergeblich nach ihm suchte. Tempel 1 ist ein ultrakurzperiodischer Komet, dessen Bahn 10°,5 zur Ekliptik geneigt ist. Er läuft in einer Ellipse mit einer numerischen Exzentrizität von e=0,518 um die Sonne. Ihre große Halbachse misst 3,12 AE (= 466,5 Millionen Kilometer). In nur 5,51 Jahren umrundet er somit die Sonne. Sein sonnennächster Bahnpunkt (p=1,497 AE = 224 Millionen Kilometer) liegt dabei nahe der Marsbahn. Im Aphel trennen ihn 709 Millionen Kilometer (= 4,740 AE) von der Sonne. Er kommt somit der Jupiterbahn sehr nahe, weshalb ihn der Riesenplanet durch seine gewaltige Masse in seiner Bewegung öfters kräftig ablenkt.

Seit seiner Wiederentdeckung wurde Tempel 1 häufig beobachtet, weshalb man seine Bahn inzwi-

1.13 Kern des Kometen 9P/Tempel 1 mit dem Aufschlagsort des Impaktors.

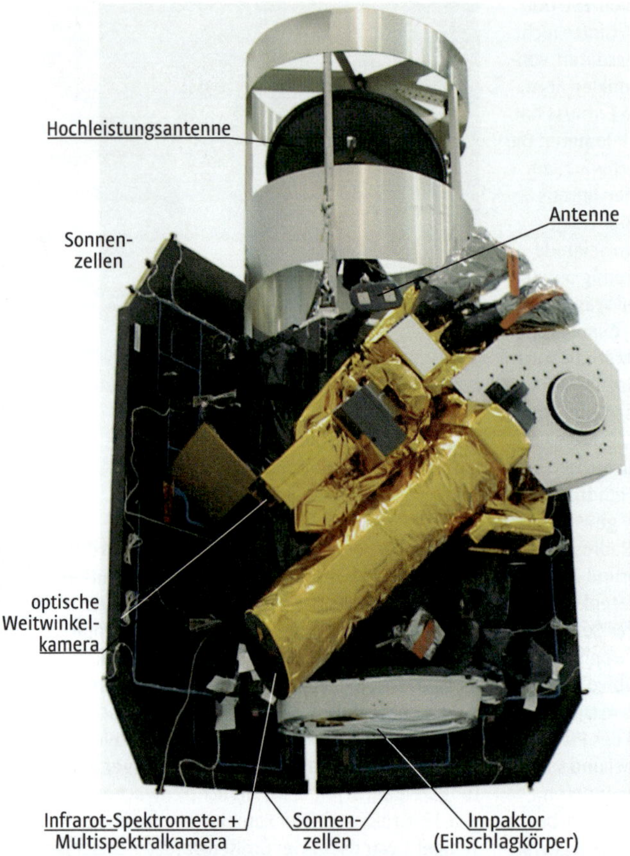

1.14 Die Kometensonde Deep Impact mit dem Impaktor (Aufschlagskörper).

schen gut kennt. Deshalb wurde er auch für das Experiment mit dem kosmischen Hammerschlag ausgewählt in der Hoffnung, mehr über Aufbau und Zusammensetzung von Kometenkernen zu erfahren. Tatsächlich erhielt man eine Menge von neuen Informationen bei der *Deep Impact*-Mission. Einige Forschungsresultate waren dabei unerwartet. So wurden an der Oberfläche des Kometenkerns keine reinen Eisformationen gefunden. Auch ist der Staubanteil wesentlich höher als bisher angenommen. Mit rund doppelter Geschwindigkeit eines modernen Verkehrsflugzeuges wurde die gewaltige Staubwolke emporgeschleudert als der Impaktor einschlug. Bei der geringen Oberflächenbeschleunigung von Tempel 1 dauerte es Stunden, bis der Staub wieder auf den Kometenkern zurückrieselte. Ein Teil erreichte die Entweichgeschwindigkeit und entfernte sich auf Nimmerwiedersehen in den interplanetaren Raum. Die Staubkörner sind recht klein und die geringe Schwerkraft bindet die pulverförmigen Staubkörnchen nur schwach an die Oberfläche. Der Kometenkern erscheint sehr zerbrechlich und ist offensichtlich eine lockere Ansammlung von Silikaten, Karbonaten und gefrorenen Gasen (seine mittlere Dichte beträgt nur 0,6 g/cm^3). Die mikroskopisch kleinen Staubpartikel bilden teils dünenartige Strukturen, die an irdische Schneewehen erinnern. Die Pulverschicht an der Oberfläche ist sehr dunkel, nur vier Prozent des einfallenden Sonnenlichtes werden von ihr reflektiert. Die Weitwinkelkamera des Impaktors (Aufschlagkörpers) sandte Aufnahmen, die eine bizarre Landschaft mit Gebirgskämmen, Hochplateaus, Flachlandgebieten, Trümmerfeldern und Einschlagkratern erkennen lassen.

Interessant ist, dass die zwischen 40 und 400 Meter im Durchmesser großen Einschlagkrater in ihrer Umgebung eine fast makellos glatte Oberfläche besitzen. Beim Einschlag wurde vermutlich Material aufgeschmolzen, das anschließend wieder gefror. Der Schuss auf den Kometen war somit nicht der einzige Treffer, den Tempel 1 abbekommen hat. Er war auch völlig harmlos: Keineswegs wurde Tempel 1 aus der Bahn geworfen, genauso wenig wie eine Mücke, die auf eine Lokomotive prallt, diese abbremst oder gar entgleisen lässt.

Der Staubmantel isoliert den Innenbereich vom Kometenkern recht gut. Er wirkt wie ein Schutzschild für das tiefgefrorene Eis, das sich seit den

ersten Tagen unseres Sonnensystems erhalten hat. Mit dem Spitzer-Weltraumteleskop wurde festgestellt, dass die Stauboberfläche sehr porös sein muss. Denn die Beobachtungen im Infraroten zeigen, dass sich die Oberfläche von Tempel 1 schnell im Sonnenlicht erwärmt und ebenso rasch wieder abkühlt.

Die Bildung von Karbonaten gibt noch Rätsel auf, denn sie setzen flüssiges Wasser voraus. Vermutlich erfolgte sie in den kurzen Phasen des Aufschmelzens nach Impakt-Ereignissen.

Der Kern von Tempel 1 ist runder als ursprünglich vermutet. Seine maximale Längsausdehnung misst sieben Kilometer, an seiner dünnsten Stelle ist er fast fünf Kilometer dick. Der Kern rotiert in etwa 41 Stunden einmal.

Tempel 1 ist sicher kein typischer Komet. Als Komet mit sehr kurzer Umlaufszeit hält er sich schon lange im Inneren des Sonnensystems auf und war somit lange einer relativ intensiven Sonnenstrahlung ausgesetzt. Daher erklärt sich auch das Fehlen von gefrorenen Gasen an seiner Oberfläche, die jedoch in tieferen Schichten zweifellos vorhanden sind – Wassereis (H_2O), Kohlenmonoxid (CO) und Kohlendioxid (CO_2) sowie andere Substanzen. Kometen, die erstmals aus der Oortschen Wolke in Sonnennähe kommen, zeigen ihre ursprüngliche Konsistenz, wie sie vor 4,7 Milliarden Jahren entstanden.

Nun rast die Muttersonde von *Deep Impact* allein durch den interplanetaren Raum. Nach einem geplanten Swing-by-Manöver an der Erde soll sie Ende 2008 am Kometen 85 P/Boethin vorbeifliegen und diesen geschweiften Boten näher in Augenschein nehmen.

Der Schuss auf den Kometen Tempel 1 war für die Astronomen äußerst aufschlussreich, für die Raumfahrttechnik ein glanzvoller Triumph – und für uns Erdenbewohner in jeder Hinsicht völlig harmlos.

Februar 2007

Der Ringplanet Saturn kommt am 10. im Sternbild Löwe in Opposition zur Sonne und ist die ganze Nacht über beobachtbar. Venus baut ihre Abendsichtbarkeit aus. Jupiter beherrscht den Morgenhimmel. Merkur lässt sich im ersten Februardrittel am Abendhimmel kurz blicken.

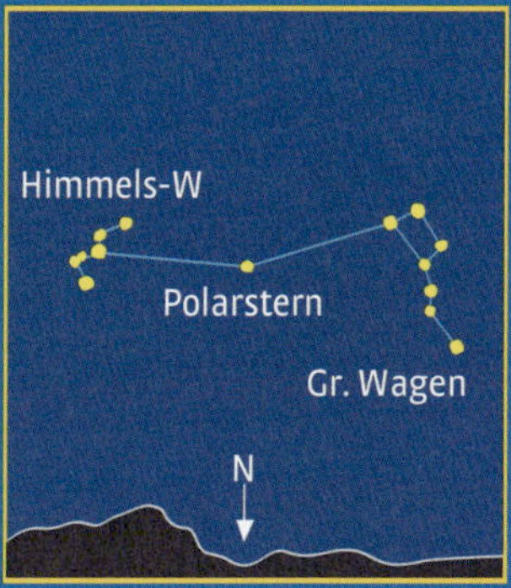

Großer Wagen und Himmels-W Anfang Februar um 22^h

2.1 Anblick des abendlichen Westhimmels am 19. Februar gegen 18^h MEZ. Neben der strahlend hellen Venus steht die schmale Sichel des zunehmenden Mondes.

Sonnenlauf im Februar

16.2. 18^h
Sonne tritt in das Sternbild Wassermann
19.2. 3^h
Sonne tritt in das Tierkreiszeichen Fische
Julianisches Datum am 1. Februar, 1^h MEZ: 2454132,5

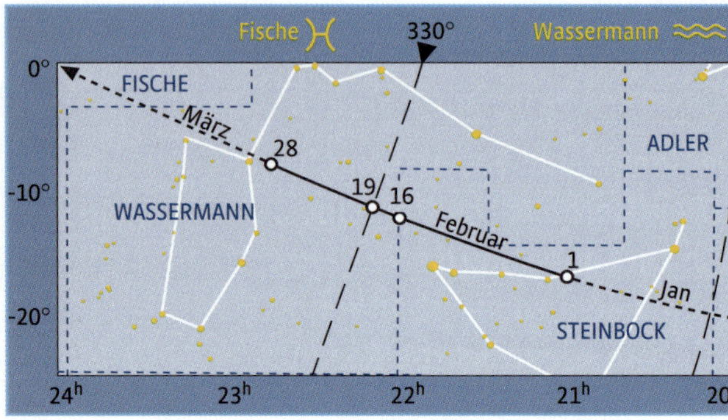

Tag	Dämmerg. Anfang	Aufgang MEZ	Kulmination	Untergang MEZ	Dämmerg. Ende	Mittagshöhe	Zeitgleichg.	Rektaszension	Deklination
	h m	h m	h m	h m	h m	o	m	h m	o
1.	6 40	7 54	12 33	17 13	18 27	22,9	–13	20 56	–17,3
5.	6 35	7 48	12 34	17 20	18 33	24,0	–14	21 12	–16,1
10.	6 28	7 40	12 34	17 29	18 41	25,6	–14	21 32	–14,6
15.	6 20	7 31	12 34	17 37	18 49	27,3	–14	21 52	–12,9
20.	6 12	7 22	12 34	17 46	18 57	29,0	–14	22 12	–11,2
25.	6 02	7 12	12 33	17 54	19 05	30,9	–13	22 31	– 9,4
28.	5 57	7 06	12 33	18 00	19 09	32,0	–13	22 42	– 8,2

Tages- und Nachtstunden im Februar

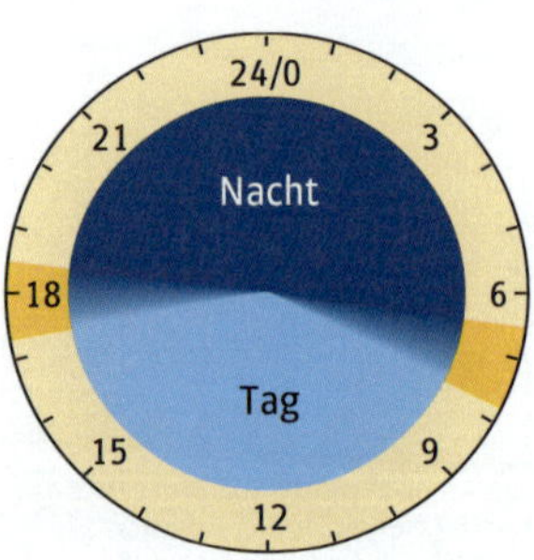

5. Februar

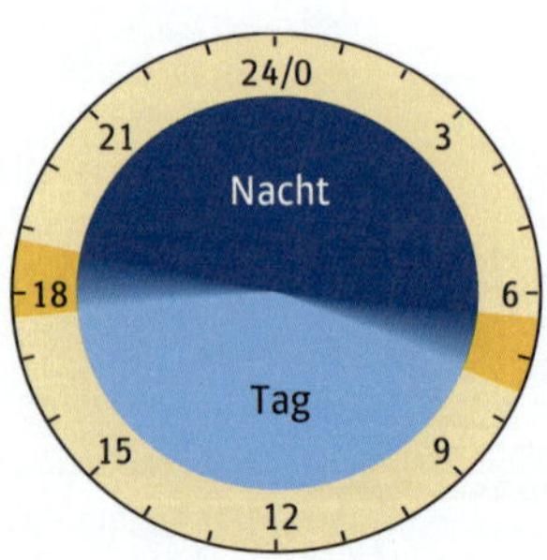

15. Februar

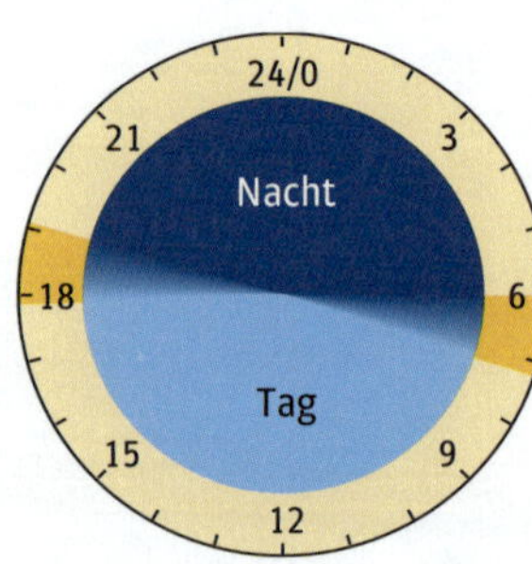

25. Februar

Mondlauf im Februar

Datum	Aufg. MEZ	Kulmination	Unterg. MEZ	Rektaszension	Deklination	Sterne und Sternbilder	Phase	MEZ
	h m	h m	h m	h m	°			
Do 1.	16 12	–	7 56	8 00	+24,6	Pollux		
Fr 2.	17 29	0 25	8 18	8 53	+20,8	Krebs, Krippe	**Vollmond**	6^h45^m
Sa 3.	18 44	1 11	8 35	9 42	+16,0	Löwe, Regulus		
So 4.	19 55	1 55	8 49	10 28	+10,8	Löwe, Regulus	Absteigender Knoten	
Mo 5.	21 04	2 35	9 00	11 11	+ 5,2	Löwe		
Di 6.	22 12	3 15	9 11	11 54	– 0,6	Jungfrau		
Mi 7.	23 21	3 54	9 22	12 36	– 6,2	Jungfrau	Erdferne 405/29′,5	14^h
Do 8.	–	4 34	9 35	13 18	–11,6	Spica		
Fr 9.	0 31	5 15	9 50	14 03	–16,6	Jungfrau		
Sa 10.	1 43	6 00	10 09	14 49	–21,0	Waage	**Letztes Viertel**	10^h51^m
So 11.	2 57	6 49	10 35	15 40	–24,7	Waage		
Mo 12.	4 08	7 42	11 12	16 33	–27,2	Antares	Größte Südbreite	
Di 13.	5 13	8 38	12 03	17 31	–28,5	Schlangenträger	Libration Ost	
Mi 14.	6 06	9 36	13 11	18 30	–28,2	Kaus Australis		
Do 15.	6 46	10 35	14 32	19 31	–26,2	Schütze		
Fr 16.	7 15	11 32	16 00	20 30	–22,6	Steinbock		
Sa 17.	7 36	12 26	17 30	21 27	–17,6	Steinbock	**Neumond**	17^h14^m
So 18.	7 54	13 18	18 59	22 23	–11,4	Wassermann	Aufsteigender Knoten	
Mo 19.	8 09	14 09	20 26	23 16	– 4,5	Wassermann	Erdnähe 361/33′,1	11^h
Di 20.	8 23	14 59	21 54	0 08	+ 2,6	* Fische		
Mi 21.	8 39	15 50	23 22	1 01	+ 9,5	Fische		
Do 22.	8 57	16 43	–	1 55	+15,8	* Widder		
Fr 23.	9 21	17 39	0 50	2 51	+21,2	* Widder		
Sa 24.	9 52	18 37	2 16	3 49	+25,3	* Stier, Plejaden	**Erstes Viertel**	8^h56^m
So 25.	10 36	19 36	3 34	4 49	+27,8	Stier	Größte Nordbreite	
Mo 26.	11 34	20 34	4 38	5 50	+28,6	* Stier, Al Nath	Libration West	
Di 27.	12 43	21 29	5 26	6 49	+27,8	Zwillinge		
Mi 28.	13 59	22 20	6 00	7 46	+25,5	Kastor, Pollux		

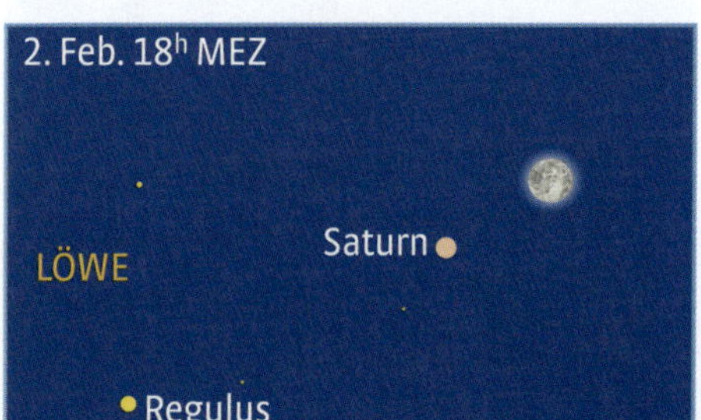

2. Feb. 18^h MEZ

3. Feb. 7^h MEZ

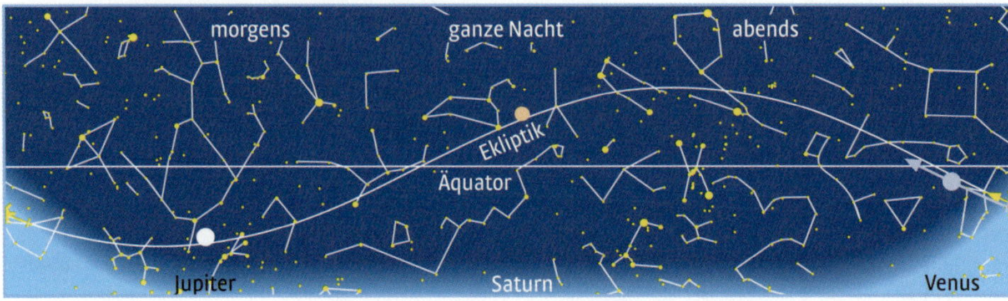

Planetenlauf im Februar

Merkur bietet im ersten Monatsdrittel eine respektable Abendsichtbarkeitschance. Der sonnennahe Planet erreicht am 7. mit 18°14′ seine größte östliche Elongation von der Sonne. Der Winkelabstand fällt diesmal bei der größten östlichen Elongation relativ klein aus, da Merkur am 9. durch das Perihel (= sonnennächster Bahnpunkt) läuft, wobei ihn 46 Millionen Kilometer (= 0,307 AE) von der Sonne trennen. Trotz des bescheidenen Elongationswinkels kann Merkur zwischen dem 3. und 9. Februar relativ leicht gefunden werden. Denn der flinke Planet wandert rund sieben Grad nördlicher im Tierkreis als die Sonne. Unter guten Sichtbedingungen kann man Merkur in der fortschreitenden Abenddämmerung schon zu Monatsbeginn knapp über dem Südwesthorizont ausmachen.

Der Untergang des $-0{,}^{m}9$ hellen Merkur erfolgt am 1. um $18^{h}42^{m}$. Kurz nach halb sechs Uhr abends ist es dunkel genug, um mit Aussicht auf Erfolg nach Merkur Ausschau zu halten. Eine Viertelstunde vor seinem Untergang wird Merkur erfahrungsgemäß unsichtbar, da sein Licht in den horizontnahen Dunstschichten absorbiert wird. Bis zum 9. verspäten sich die Merkuruntergänge auf $19^{h}09^{m}$, die Merkurhelligkeit sinkt auf $-0{,}^{m}2$ erheblich ab. Erfahrene Beobachter mögen bei exzellenten Sichtbedingungen Merkur noch bis 13. beobachten. Am 13. geht der nur

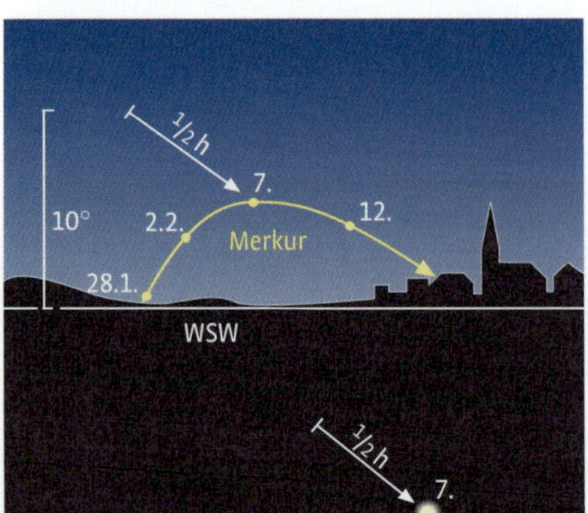

2.2 Stellung von Merkur über dem Westhorizont zu den angegebenen Daten jeweils eine Stunde nach Sonnenuntergang. Die Pfeile geben die Bewegung von Merkur und Sonne während der letzten halben Stunde an.

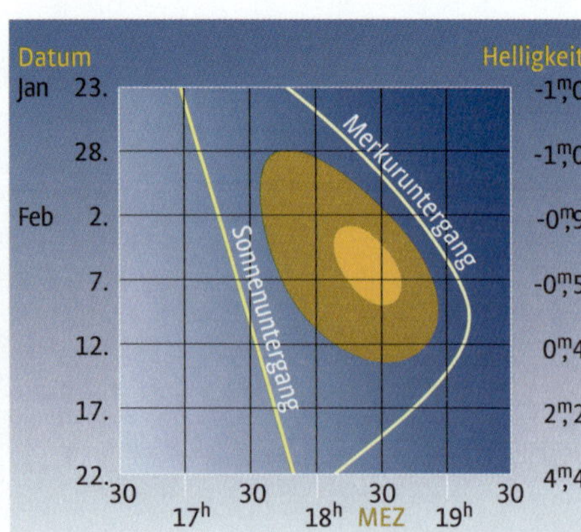

2.3 Sichtbarkeitsdiagramm für Merkur. Es gilt genau für 50° nördlicher Breite und 10° östlicher Länge. Dunkelgelbe Fläche: Unter günstigen Sichtbedingungen kann man Merkur mit bloßen Augen erkennen; hellgelbe Fläche: Merkur ist leicht zu sehen.

2.4 Scheinbare Schleifenbahn des Planeten Merkur im Gebiet der Sternbilder Wassermann und Steinbock. Die Zahlen geben die Position von Merkur jeweils zum Monatsersten an (4 = 1. April 2007).

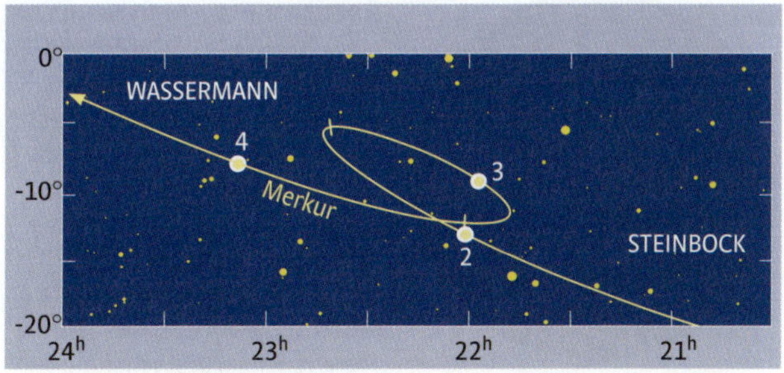

mehr $0{,}^{\mathrm{m}}7$ helle Merkur um $19^{h}06^{m}$ unter (siehe auch Abb. 2.2 und 2.3 auf Seite 68).

Am 13. wird Merkur stationär und eilt anschließend rasch rückläufig auf die Sonne zu, die ihm im Tierkreis entgegenkommt. Am 23. kommt er in untere Konjunktion, wobei er allerdings erheblich nördlich an der Sonne vorbeizieht. In unterer Konjunktion ist Merkur nur noch 96 Millionen Kilometer (= 0,642 AE) von der Erde entfernt. Seine Konjunktionsschleife zieht Merkur im Gebiet der Sternbilder Wassermann und Steinbock (siehe Abb. 2.4 oben).

Für Fernrohrbeobachter sei angemerkt, dass Merkur am 8. seine Dichotomie (Halbphase) erreicht. Im Teleskop erscheint das $7{,}''2$ große Merkurscheibchen halb beleuchtet.

Venus baut ihre Rolle als Abendstern aus. Sie strebt im Tierkreis nach Norden. Am 16. tritt sie in das Sternbild Fische, am 21. zieht sie ein Grad südlich am Frühlingspunkt vorbei und am 23. überschreitet sie den Himmelsäquator in nördlicher Richtung.

Geht Venus am 1. noch um $19^{h}17^{m}$ unter, so erfolgt der Untergang des $-4{,}^{\mathrm{m}}0$ hellen, inneren Nachbarplaneten am 20. erst um $20^{h}40^{m}$.

Am 7. kommt es zu einer Begegnung mit dem grünlichen Uranus. Venus wandert nur 0°44′ südlich am lichtschwachen Uranus vorbei, der nur mit lichtstarker Optik zu erkennen ist (siehe Abb. 2.7 auf Seite 70). Die schmale, zunehmende Mondsichel zieht am 19. an Venus vorbei, ein netter Himmelsanblick am Abendhimmel (siehe Abb. 2.1 auf Seite 65).

Im Fernrohr bemerkt man nun deutlich einen leichten Beleuchtungsdefekt. Das 12″ große Venusscheibchen weist zum Monatsende einen Beleuchtungsgrad von 87 % auf.

Mars, dessen Helligkeit leicht auf $1{,}^{\mathrm{m}}3$ zunimmt, kann sich aus den Strahlen der Sonne noch nicht befreien und bleibt weiter unsichtbar. In südlicheren Gegenden – etwa in den Alpen – mögen versierte Sternfreunde den roten Planeten eventuell aufspüren.Mars geht am 1. um $6^{h}26^{m}$ auf und am 28. bereits um $5^{h}49^{m}$.

Der rote Planet eilt durch den Schützen und wechselt am 25. in

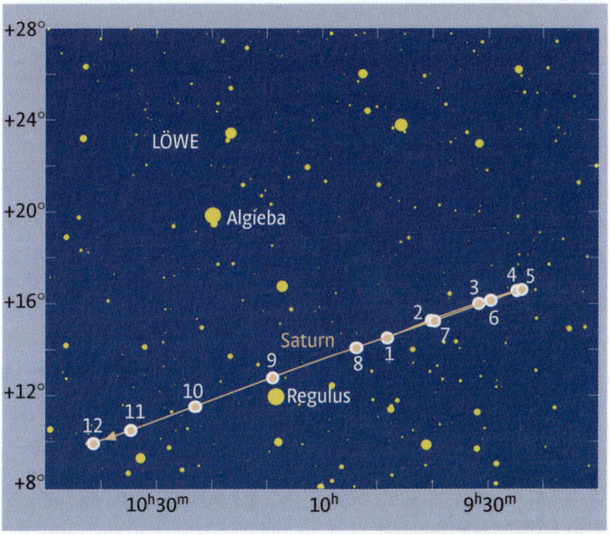

2.5 Scheinbare Bahn von Saturn im Jahre 2007 im Sternbild Löwe. Die Zahlen geben die Positionen von Saturn zum jeweiligen Monatsersten an.

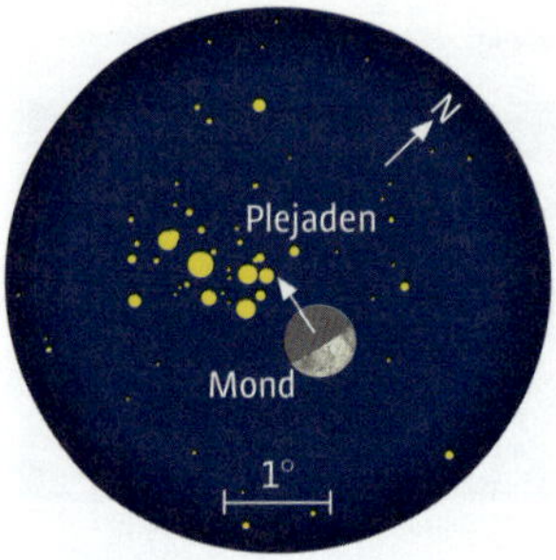

2.6 Der zunehmende Mond nahe den Plejaden im Stier kurz bevor er einige Sterne dieses offenen Haufens bedeckt. Fernglasanblick am 23. gegen Mitternacht.

das Sternbild Steinbock. Am 7. beginnt auf der Nordhalbkugel des Mars der Herbst, auf seiner Südhalbkugel zieht der Frühling ein.

Jupiter, der sich im Gebiet Schlangenträger und Skorpion aufhält, baut seine Morgensichtbarkeit aus. Am 1. geht der Riesenplanet um 4^h17^m auf und am 15. um 3^h32^m. Am Monatsletzten erfolgt der Aufgang des $-2\overset{m}{,}0$ hellen Jupiter schon um 2^h49^m. Der scheinbare Äquatordurchmesser nimmt weiter zu und beträgt am 28. knapp 37″.

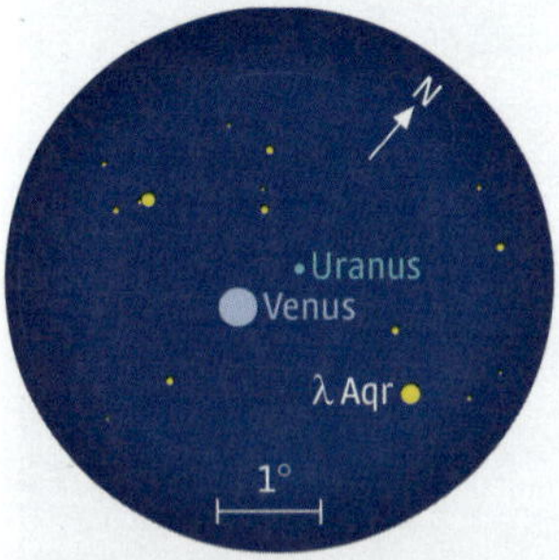

2.7 Begegnung von Venus und Uranus am 7. Februar im Sternbild Wassermann. Fernglasanblick bei 5° Gesichtsfelddurchmesser.

Saturn, rückläufig im Sternbild Löwe, kommt in der Nacht vom 10. auf 11. in **Opposition** zur Sonne. Das bedeutet: Günstigste Sichtbarkeit des ganzen Jahres. Der Ringplanet ist die gesamte Nacht am Firmament vertreten, er leuchtet mit maximaler Helligkeit und erreicht seine geringste Entfernung von uns, weshalb die Planetenkugel und sein Ring den größten scheinbaren Durchmesser aufweisen.

In der Oppositionsnacht geht der $0\overset{m}{,}0$ helle Saturn um 17^h15^m auf, passiert um 0^h35^m den Meridian und sinkt am Morgen um 7^h55^m unter die westliche Horizontlinie. Bis Monatsende verfrühen sich die Saturnuntergänge auf 6^h46^m.

Zur Opposition trennen uns 1227 Millionen Kilometer von Saturn, dies entspricht der achtfachen Entfernung Sonne–Erde (= 8,20 AE). Das Saturnlicht benötigt somit eine Stunde und acht Minuten zur Erde. Die Sonnendistanz von Saturn beträgt zur Opposition 1374 Millionen Kilometer (= 9,18 AE).

Im Teleskop erkennt man das stark abgeplattete, ovale Saturnscheibchen mit einem scheinbaren Äquatordurchmesser von $20\overset{''}{,}3$ und einem Poldurchmesser von $18\overset{''}{,}2$. Die Abplattung des Saturnglobus beträgt 1 : 9,2!

Besonders beeindruckt das gewaltige Ringsystem des Saturns. Um den Saturnring zu sehen, sollte man ein Fernrohr mit mindestens dreißigfacher Vergrößerung benutzen. Wirklich fantastisch wirkt das Ringgebilde bei mindestens 15 cm freier Objektivöffnung und 150facher Vergrößerung. Dann sieht man auch die dunkle Trennlinie, die den Ring in einen äußeren und einen inneren Teil spaltet; nach ihrem Entdecker spricht man von der Cassini-Teilung.

Gegenwärtig blickt man auf die Südseite des Rings, der zu 14° geöffnet ist. Die Längsachse des in der Projektion auf den Himmelshintergrund elliptisch erscheinenden Ringes misst $46\overset{''}{,}0$, die darauf senkrechte Querachse nur $11\overset{''}{,}1$. Die scheinbare Jahresbahn von Saturn ist in Abb. 2.5 auf Seite 69 dargestellt.

Der nahezu volle Mond zieht am 2. um Mitternacht knapp nördlich am Ringplaneten vorbei (siehe Mondlaufgrafik auf Seite 67). Im März und Mai wird der Mond dann von Mitteleuropa aus beobachtbar den Ringplaneten bedecken.

Uranus, rechtläufig im Wassermann, nähert sich seiner Konjunktion mit der Sonne, die er aber erst Anfang nächsten Monats erreicht. Als Beobachtungsobjekt ist der sonnenferne Planet zu streichen. Erfahrene Beobachter mögen den grünlichen Planeten noch in den ersten Februartagen im Teleskop erspähen. Am 1. geht Uranus um 20^h00^m unter, am 15. sinkt der nur $5\overset{m}{,}9$ helle, grünliche Planet schon um 19^h09^m unter die westliche Horizontlinie.

Am 7. zieht Venus $0\overset{\circ}{,}7$ südlich an Uranus vorbei (siehe Abb. 2.7 links).

Neptun wird am 8. im Steinbock von der Sonne eingeholt. Dabei zieht die Sonne über Neptun hinweg. Es kommt somit zu einer Neptunbedeckung durch die Sonne, da die geozentrische ekliptikale Breite von Neptun zur Konjunktion nur 13′43″ beträgt. Neptun hat von allen Planeten

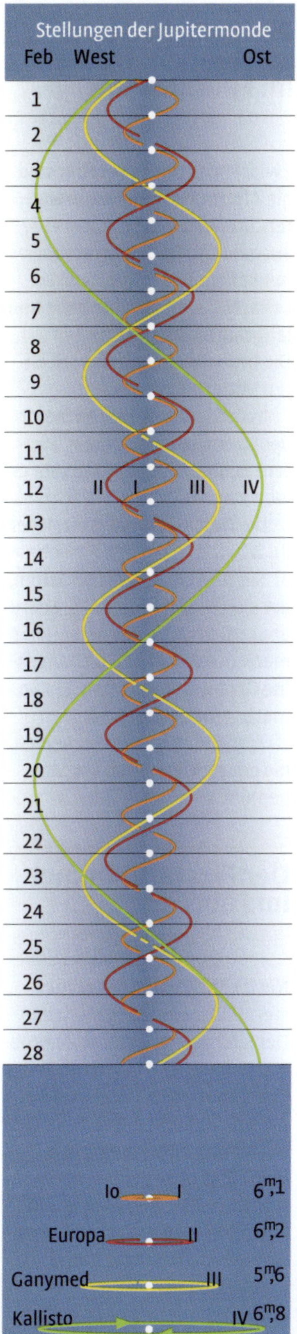

Jupitermonde

Tag	MEZ	Vorgang	
	h m		
1.	6 14	I	BE
4.	6 04	III	BE
6.	4 44	II	VA
7.	7 35	I	SA
8.	4 28	II	DE
	4 53	I	VA
9.	4 13	I	SE
	5 21	I	DE
11.	5 36	III	VE
13.	7 19	II	VA
15.	4 37	II	DA
	4 49	II	SE
	6 46	I	VA
	7 07	II	DE
16.	3 57	I	SA
	5 08	I	DA
	6 07	I	SE
	7 18	I	DE
17.	4 36	I	BE
22.	4 18	III	DE
	4 51	II	SA
	7 15	II	DA
	7 22	II	SE
23.	5 51	I	SA
	7 04	I	DA
24.	3 07	I	VA
	4 18	II	BE
	6 31	I	BE
25.	3 43	I	DE

die drittgeringste Bahnneigung (i = 1°46′).

Zur Konjunktion hält sich Neptun am Taghimmel auf und bleibt nachts unbeobachtbar.

Am Tag der Konjunktion ist Neptun 4643 Millionen Kilometer (= 31,04 AE) von der Erde entfernt.

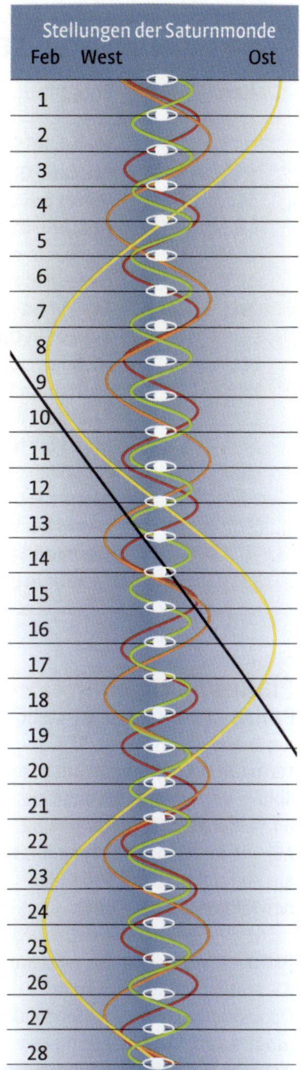

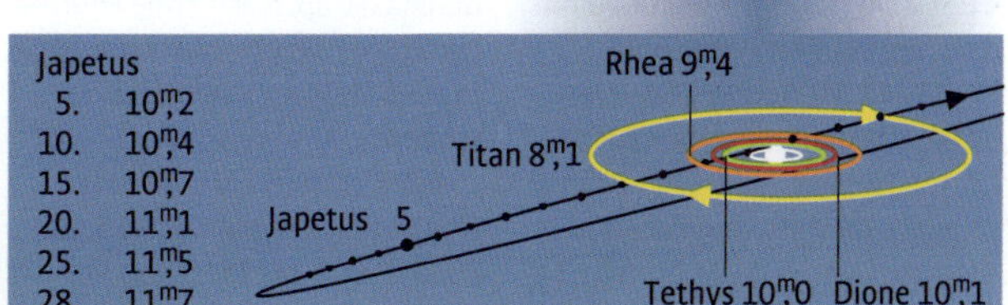

Konstellationen und Ereignisse im Februar

Datum	MEZ	Ereignis
3.	0^h	**Mond bei Saturn**, Mond 0,°9 nördlich, **Abstand 0,°4 um 0^h**
7.	14	**Venus bei Uranus**, Venus 0,°7 südlich, **Abstand 0,°7 um 19^h** (Fernrohr!)
7.	18	Merkur in größter östlicher Elongation (18°)
8.	17	Neptun in Konjunktion mit der Sonne
9.	22	Merkur im Perihel
10.	20	**Saturn in Opposition** zur Sonne
12.	11	Mond bei Jupiter, Mond 6,°0 südlich
13.	15	Merkur im Stillstand, anschließend rückläufig
15.	2	Mond bei Mars, Mond3,°6 südlich
17.	2	Mond bei Neptun, Mond 2,°3 südlich
18.	7	Mond bei Merkur, Mond 4,°4 südlich
18.	18	Mond bei Uranus, Mond 0,°6 nördlich
19.	18	**Mond bei Venus**, Mond 2,°5 nördlich, **Abstand 1,°8 um 18^h**
23.	6	Merkur in unterer Konjunktion mit der Sonne

Planetoiden

Pallas – Planetoid Nr. 2 – steht am 1. abends im Sternbild Wassermann in Konjunktion mit der Sonne. Von der Erde trennen sie 647 Millionen Kilometer (= 4,32 AE) und ihre Sonnendistanz misst am Konjunktionstag 510 Millionen Kilometer (= 3,41 AE).

Juno – Planetoid Nr. 3 – wird am 19. stationär und setzt zu ihrer Oppositionsschleife im Sternbild Jungfrau an. Mit $10^m{,}3$ Helligkeit ist sie zu lichtschwach für den Gelegenheitsbeobachter.

Vesta (4) ist relativ leicht zu finden. Sie wandert rechtläufig durch den Skorpion und steuert auf den Schlangenträger zu (siehe Abb. 6.5 auf Seite 141). Während des Monats steigert sie merkbar ihre Helligkeit um $0^m{,}3$ auf $7^m{,}3$, weshalb sie bereits im Fernglas (mit Stativ!) aufgefunden werden kann.

Die Vestakulminationen verfrühen sich von 7^h19^m am Monatsbeginn auf 6^h13^m zu Monatsende. Kleinplanet Nr. 4 ist somit Beobachtungsobjekt am Morgenhimmel.

Massalia (20) hat ihre Opposition gerade hinter sich. Sie eilt rasch rückläufig durch den Krebs und passiert den offenen Sternhaufen Krippe (M 44) südlich (siehe Abb. 1.6 auf Seite 53). Ihre Helligkeit sinkt rapide von $8^m{,}5$ auf $9^m{,}4$ um fast eine ganze Größenklasse ab. Nach Ende Februar wird es schwierig, Massalia noch in ihrer Umkehrschleife aufzuspüren.

Am 1. passiert Massalia um 0^h20^m den Meridian, am 15. um 23^h08^m und am 28. schon um 22^h10^m.

Periodische Sternschnuppenströme im Februar

Zwischen 6. und 9. Februar sind die **Alpha-Aurigiden** zu erwarten. Ihr Maximum ist nicht sehr ausgeprägt. Der Ausstrahlungspunkt liegt in der Nähe von Kapella. Nur wenige, aber helle und langsame Meteore tauchen auf. Die beste Beobachtungszeit ist um Mitternacht.

In den letzten Jahren scheint der Strom versiegt zu sein. Weitere Beobachtungen sind sehr erwünscht.

Die **Delta-Leoniden** erreichen ihr Maximum um den 24. Februar. Sie sind ein schwacher Strom, der sich zwischen dem 15. Februar und dem 10. März bemerkbar macht, wobei es sich um langsame Objekte handelt (um 25 Kilometer pro Sekunde).

Zum Monatsende erscheinen die ersten **Virginiden** am Morgenhimmel.

Der Fixsternhimmel im Februar

Noch beherrschen die Wintersternbilder eindeutig die Szene. Der Südhimmel ist bis in Zenitnähe reich an hellen Sternen. Sirius kulminiert eben. Unter „Kulminieren" versteht man „die höchste Stellung im Süden einnehmen". Das dazu gehörige Substantiv heißt „die Kulmination". Ein Gestirn kulminiert, wenn es den Meridian (Mittagslinie) durchwandert.

Der Himmelsjäger Orion hat seinen Meridiandurchgang zur

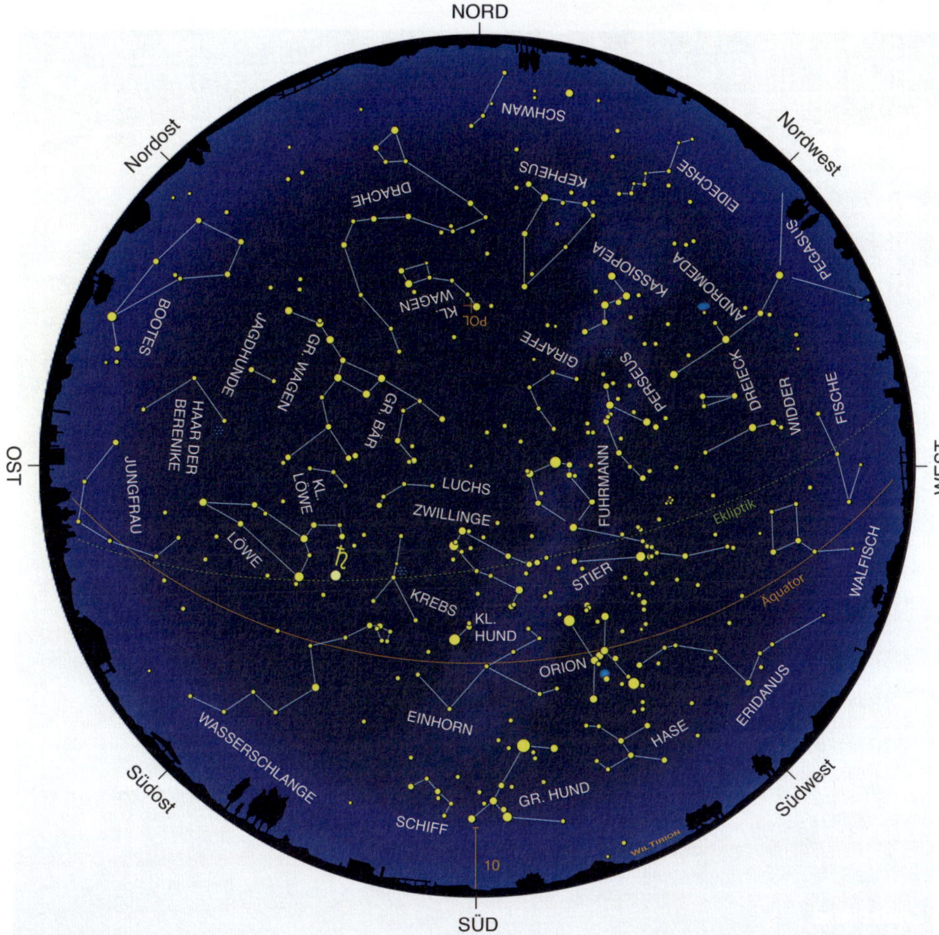

Sternenhimmel am 15. Februar um 22h MEZ

Fixsternhimmel auch gültig für:		
	MEZ	MESZ
1.11.	5h	
15.11.	4	
1.12.	3	
15.12.	2	
1. 1.	1	
15. 1.	0	
1. 2.	**23**	
15. 2.	**22**	
28. 2.	**21**	
15. 3.	20	

Standardbeobachtungszeit (22h MEZ zur Monatsmitte) schon hinter sich. Gegenüber dem Vormonat hat sich der Schwerpunkt des Wintersechsecks (siehe „Fixsternhimmel im Januar") schon ein wenig nach Westen verlagert.

Von den Herbststernbildern sind nur noch Andromeda und Perseus erwähnenswert. Die anderen Herbstbilder sind inzwischen ganz oder teilweise unter dem Horizont verschwunden. Im Nordosten schiebt sich der Große Wagen langsam höher, wobei der Wagenkasten vorangeht und die Deichsel folgt. Der Wagen wird also nicht gezogen, sondern geschoben. Die Kassiopeia, das Himmels-W, sinkt langsam zum Horizont hinab, erreicht ihn aber als Zirkumpolarbild nicht; Zirkumpolarsternbilder gehen nämlich nie unter. Welche Sterne zirkumpolar sind, bestimmt die geografische Breite φ (phi) des Beobachters. Sterne, die nicht weiter als φ vom Himmelspol entfernt sind, kreisen 24 Stunden lang um den Pol, ohne unterzu-

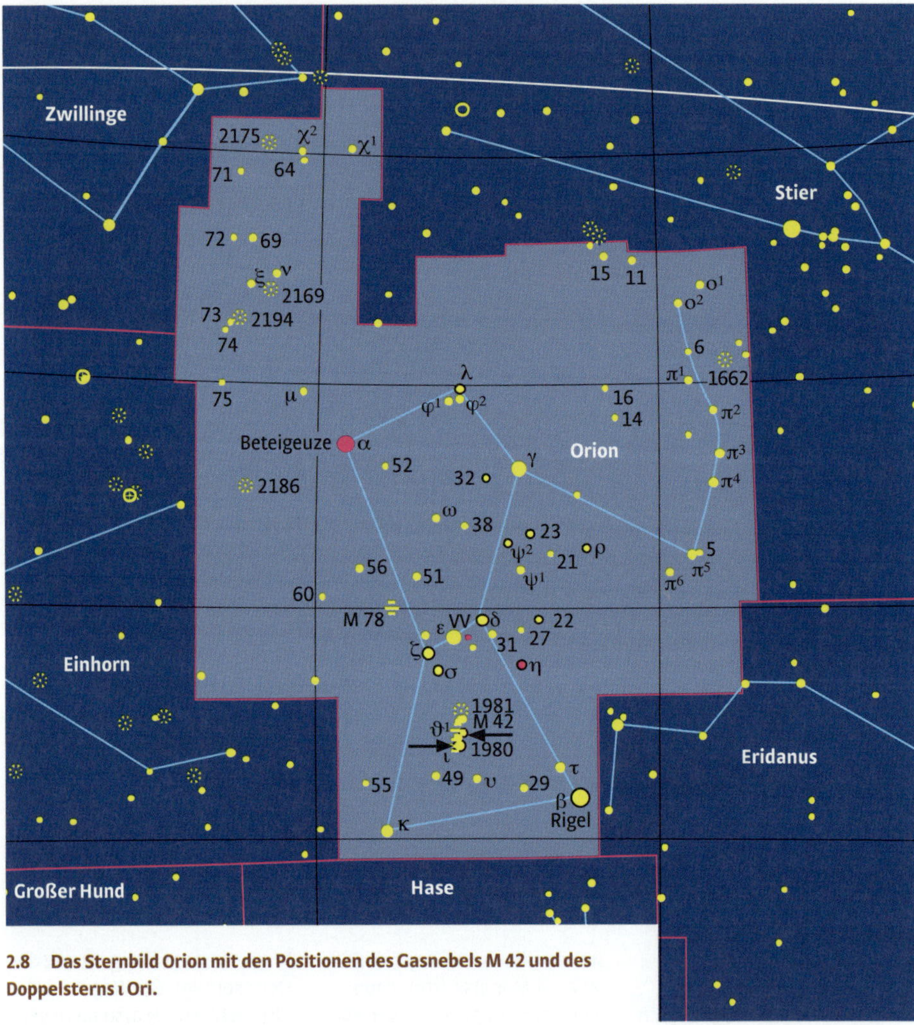

2.8 Das Sternbild Orion mit den Positionen des Gasnebels M 42 und des Doppelsterns ι Ori.

gehen. Sie sind daher in jeder klaren Nacht des Jahres zu sehen. Auf den Polen der Erde sind alle Sterne zirkumpolar, am Erdäquator gibt es keine Zirkumpolarsterne.

Im Osten ist bereits der Löwe vollständig aufgegangen. Sein Hauptstern Regulus steht als einzelner Stern erster Größenklasse einsam in dieser Region. Allerdings findet sich in diesem Jahr ein zweites, helles Gestirn in dieser Region: Der Ringplanet Saturn. Die alten Griechen sahen einst in diesem Löwen das Untier von Nemea, das vom Helden Herkules mit bloßen Händen erwürgt wurde. Es war dies die erste seiner zwölf Heldentaten. Der Löwe wird daher auch als Nemeisches Monster bezeichnet. Er war nämlich keine gewöhnliche Raubkatze. Geboren von der Mondgöttin Selene, war sein Fell unverwundbar. Weder Steine noch Eisen- oder Bronzespeere konnten es verletzen. Von göttlicher Abstammung, kehrte der Löwe nach seinem irdischen Ende wieder an den Himmel zurück, wo wir ihn noch heute bewundern können.

Zwischen dem Löwen und den Zwillingen, die hoch im Süden stehen, findet sich der Krebs. Er gehört zum Tierkreis und ist daher gut bekannt, denn in Horoskopen wird er regelmäßig erwähnt. Den Krebs aber am Himmel zu entdecken, ist nicht ganz einfach, denn dieses Bild wird nur von lichtschwachen Sternen angedeutet. Trotzdem sollte man versuchen, bei guten Sichtbedingungen einmal auch dieses unauffällige Sternbild am nächtlichen Firmament aufzuspüren. In mondloser Nacht kann man schon mit bloßen Augen im Krebs den offenen Sternhaufen Praesepe (lat., Krippe) erkennen. Die Amerikaner sehen in diesem Sternengewimmel einen Schwarm von Bienen und nennen den Haufen „beehive" (engl., Bienenkorb). Im Fernglas ist die Krippe (Katalogbezeichnung: M 44) leicht zu erkennen. Sie steht eingerahmt zwischen zwei Sternchen, die das nördliche und das südliche Eselchen genannt werden.

Hoch im Süden, ebenfalls gerade den Meridian durchschreitend, sieht man die beiden Sternenketten der Zwillinge. Die Hauptsterne der Zwillinge heißen Kastor und Pollux. Senkrecht über unseren Köpfen leuchtet ferner die gelbliche Kapella, der nördlichste Stern erster Größenklasse. Weit im Westen ist noch das kleine Sternbild Widder auszumachen.

Objekte für Feldstecher und Fernrohr

Der frischgebackene Fernglasbesitzer oder Einsteiger in die praktische Astronomie wird zunächst die klassischen Objekte des winterlichen Sternenhimmels ins Visier nehmen. Dazu zählen die beiden offenen Sternhaufen Hyaden und Plejaden im Stier, der große Orionnebel südlich der drei Gürtelsterne des Himmelsjägers und der offene Sternhaufen Krippe oder Praesepe im Sternbild Krebs. Alles Objekte, die schon mit bloßen Augen zu sehen sind, wenn man helles Mondlicht oder Stadtlicht meidet und sich in dunkler Gegend aufhält. Aber erst im Fernglas kommen diese Leckerbissen richtig zur Geltung. Sie sollten auch bei keiner abendlichen Führung auf einer Sternwarte fehlen, denn erfahrungsgemäß sind diese „Deep-Sky-Objekte" auch für Laien sehr beeindruckend. „Deep Sky" bedeutet so viel wie „tiefer Himmel". Deep-Sky-Objekte nennt man daher Himmelsobjekte außerhalb unseres Sonnensystems. Außer Mond, Planeten und hellen Kometen sind für den Fernglas- oder Fernrohrbeobachter Doppelsterne, offene und kugelförmige Sternhaufen, Gasnebel und Galaxien lohnenswerte Beobachtungsobjekte. Schon der beginnende Sternfreund oder der Gelegenheitsbeobachter findet oben erwähnte „Standardobjekte" relativ leicht am Himmel. Die Monatssternkarte dient dabei zur ersten Orientierung. In ihr findet man die Lage und Position der einzelnen Sternbilder in Abhängigkeit von Datum und Uhrzeit. Wo die einzelnen hier aufgeführten Beobachtungsobjekte in den einzelnen Sternbildern liegen, ersieht man aus dem *Atlas für Himmelsbeobachter* von Erich Karkoschka, erschienen in der vierten Auflage 2004 im Kosmos-Verlag, Stuttgart.

Der große Orion-Nebel ist schnell zu entdecken, wenn man von den drei Gürtelsternen ausgehend das Fernglas nach Süden schwenkt. Eine Ansammlung von glitzernden und funkelnden Sternen, eingebettet in leuchtende Nebel, kommt ins Blickfeld. Kaum ein Beobachter bleibt bei diesem Anblick unbeeindruckt. Bei Beobachtung mit einem Teleskop gilt: niedrige Vergrößerung, großes Gesichtsfeld wählen! Mythologisch gesehen gehört diese Partie zum Schwertgehänge des Himmelsjägers. Was man hier sieht, sind junge, heiße, bläuliche Sterne – erst wenige Millionen Jahre alt. Der Orion-Nebel ist eine riesige Ansammlung aus Gas- und Staubwolken, in denen heute noch neue Sterne geboren werden. M 42 – so die Katalogbezeichnung – ist ein wahres Sternentstehungsnest. Beeindruckend ist auch der Vierfachstern ϑ Orionis, auch als „Trapez" bekannt. Im Fernglas hat man eher den Eindruck, nur einen Stern zu sehen, im Teleskop bei entsprechender Vergrößerung sieht man die vier Sternpunkte des Trapezes aber deutlich.

Knapp südlich von M 42 stößt man auf ι Orionis, mit $2\overset{m}{,}8$ der hellste Stern in diesem Areal. In $11''$ Distanz hat er einen $6\overset{m}{,}9$ hellen Begleiter. Das Paar ist in einem Dreizöller als Doppelstern erkennbar. Wenig bekannt ist der Doppelstern Struve 747, der etwa acht Bogenminuten südwestlich von ι Ori liegt. Die Komponenten sind $4\overset{m}{,}8$ und $5\overset{m}{,}7$ hell und gerade noch in einem Fernglas 10×50 zu trennen, im Zweizöller auf alle Fälle ab 25-facher Vergrößerung.

Ein noch viel gewaltigerer Gasnebel und Sternentstehungsnest ist der Tarantel-Nebel, NGC 2070 mit der Katalogbe-

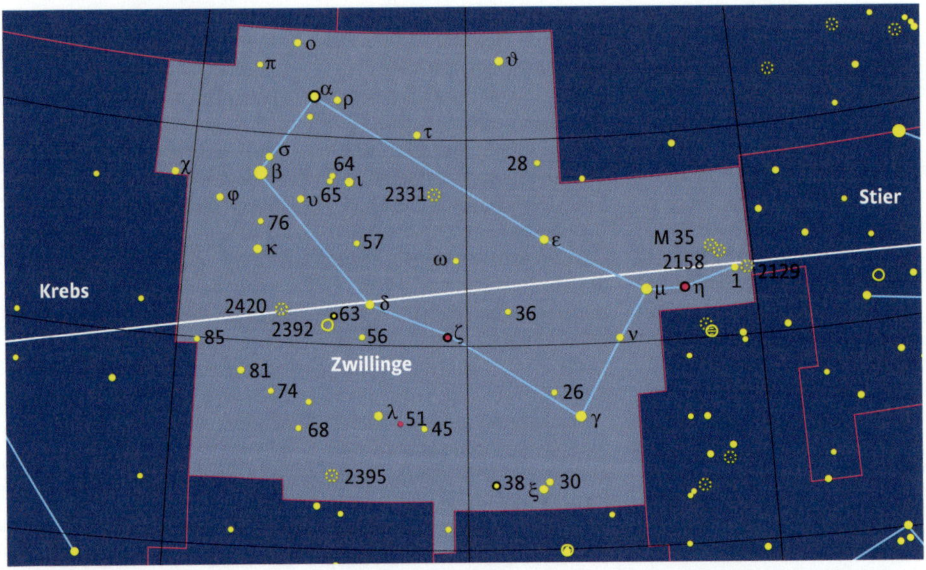

2.9 Die Lage der beiden offenen Sternhaufen M 35 und NGC 2158 im Sternbild Zwillinge.

zeichnung. Die wenigsten Sternfreunde kennen ihn aus eigener Anschauung, denn von Mitteleuropa aus ist er nicht zu sehen. Er liegt im Sternbild Dorado, weit südlich im Sterngewimmel der Großen Magellanschen Wolke, einem Begleitsternsystem unserer Milchstraße. Mit –69° Deklination sieht man ihn von der Südhalbkugel der Erde aus. Im Zeitalter des Ferntourismus hat aber so mancher Sternfreund Gelegenheit, auch den Südsternhimmel zu beobachten. Erstmals erwähnt wurde der Tarantel-Nebel im Jahre 1751 von dem Weltumsegler Nicolas-Louis de Lacaille, der auch viele Sternbilder des Südhimmels kreiert beziehungsweise benannt hat. John Herschel hat ihn als „The great Looped Nebula" bezeichnet, was so viel wie der große Schleifen-Nebel bedeutet. Tausende riesiger, heißer, junger Sterne sind in den gewaltigen Gaswolken des Tarantel-Nebels eingebettet – im Fernglas gewinnt man den Eindruck eines Bienenschwarmes, der um seinen Korb summt. In Flamsteeds Katalog trägt er die Nummer 30. 30 Doradus ist 170 000 Lichtjahre von uns entfernt und liegt somit außerhalb unserer Milchstraße im Begleitsystem Große Magellansche Wolke. Da 30 Doradus schon mit bloßen Augen gesehen werden kann, muss seine Leuchtkraft und Größe enorm sein. Tatsächlich beträgt sein linearer Durchmesser über tausend Lichtjahre! Stünde er in der Entfernung vom Orionnebel (1500 Lichtjahre), so erschiene er uns größer als das gesamte Sternbild Orion und sein Licht wäre so intensiv, dass irdische Gegenstände Schatten werfen würden.

Ein interessanter offener Sternhaufen ist ferner M 35 in den Zwillingen. In jedem Fernglas ist

Veränderliche Sterne im Februar

Algol-Minima	3. 1^h44^m	5. 22^h34^m	8. 19^h23^m	23. 3^h29^m	26. 0^h19^m	28. $21^h\ 8^m$
β-Lyrae-Minima	2. 19^h N	9. 6^h H	15. 18^h N	22. 5^h H	28. 16^h N	
δ-Cephei-Maxima	1. 16^h	7. 1^h	12. 10^h	17. 19^h	23. 3^h	28. 12^h
Mira-Helligkeit	1. 4^m	10. 3^m	20. 3^m	28. 3^m		

er leicht auszumachen. Er befindet sich etwa $2\overset{\circ}{,}5$ nordwestlich von η Geminorum, auch als Propus mit Eigenname bekannt. M 35 erscheint etwas länglich. Erst im Teleskop wird die wahre Pracht seiner rund 300 Mitgliedssterne erkennbar, die 2800 Lichtjahre von uns entfernt sind. Knapp neben M 35 stößt man auf NGC 2158, ebenfalls ein offener Sternhaufen, aber fast viermal weiter als M 35 von uns entfernt. Selbst in einem Vierzöller erscheint NGC 2158 recht schwach, allerdings auch recht sternreich.

Ein weiterer offener Sternhaufen sei genannt, nämlich M 50 im Einhorn (Monoceros). Er liegt in einer relativ sternarmen Gegend auf der Verbindungslinie Sirius – Prokyon, rund 10° nördlich von Sirius.

Mit $6\overset{\mathrm{m}}{,}3$ und etwa 15′ Durchmesser fällt er schon im bescheidenen Fernglas auf. Seine hellsten Sterne sind einzeln auszumachen. Der südlichste und hellste von ihnen ist ein roter Riese. Die Sterne wirken etwas verstreut. Die Entfernung des Sternhaufens M 50 beträgt rund 3300 Lichtjahre.

Ein bekannter und leicht zu trennender Doppelstern ist Algieba, γ Leonis, der Halsstern des Löwen. Zwei rötliche Sterne ($2\overset{\mathrm{m}}{,}3$ und $3\overset{\mathrm{m}}{,}5$) sind $4\overset{\prime\prime}{,}8$ voneinander getrennt. Algieba ist 126 Lichtjahre entfernt.

Schwieriger schon ist ζ Cancri oder Tegmeni mit Eigenname zu trennen. Die Hauptkomponente ist ein gelber Stern (G0) von $5\overset{\mathrm{m}}{,}0$, die in 6″ einen $6\overset{\mathrm{m}}{,}1$ hellen Begleiter hat. Die Hauptkomponente selbst ist ihrerseits ein Doppelstern mit nur 1″ Separation. Die Komponenten sind $5\overset{\mathrm{m}}{,}6$ und $6\overset{\mathrm{m}}{,}0$ hell.

Monatsthema

Sirius – Glanzpunkt des Fixsternhimmels

Zu den beeindruckendsten Gestirnen zählt zweifelsohne Sirius, der Hauptstern im Sternbild Großer Hund. An Winterabenden sieht man ihn am Abendhimmel in einem grellen, blauweißen Licht funkeln. Von allen Fixsternen ist Sirius der bei weitem hellste am irdischen Firmament. Nur die Planeten Venus und Jupiter sowie gelegentlich Mars übertreffen Sirius an Helligkeit. Da Sirius in unseren Breiten nie große Höhen über dem Horizont erreicht und die Luftschichten in diesen Bereichen oft unruhig sind, flackert er häufig in allen Farben des Regenbogens – ein auffälliges Schauspiel.

Schon im Altertum fand er wegen seiner Strahlkraft besondere Aufmerksamkeit. Im antiken Griechenland hieß er Σείριος, der Strahlende oder Flammende. Davon abgeleitet ist die heutige Bezeichnung Sirius. Die Araber nannten ihn Al Shira, der hell Scheinende (Stern). Die Perser sahen Sirius als Pfeilstern an und tauften ihn Tir, die Hindus wiederum sprachen von Sukra, dem Regengestirn. Von den Chaldäern ist die Bezeichnung Hundsstern überliefert. Bei den Babyloniern galt Sirius als Leitstern des Großen Hundes. Die Phönizier nannten Sirius Hannabeah, den Marktschreier – wohl weil er der auffälligste aller Sterne ist. Im alten China markierte Sirius das eine Auge des Himmelswolfes. Die Ureinwohner Australiens sahen in ihm einen Adler.

In seinem Sternatlas *Uranometria* hat Johannes Bayer im Jahre 1603 den hellsten Stern im Großen Hund mit dem kleinen griechischen Buchstaben Alpha versehen. Danach trägt Sirius die offizielle Bezeichnung α Canis Maioris oder abgekürzt α CMa. John Flamsteed (1646 – 1719), erster Astronomer Royal seiner britischen Majestät Charles II. und Direktor des Observatoriums in Greenwich bei London, gab Sirius in seinem Sternkatalog *Historia Coelestis Britannica* die Nummer 9.

2.10 Relative scheinbare Bahn von Sirius B um Sirius A.

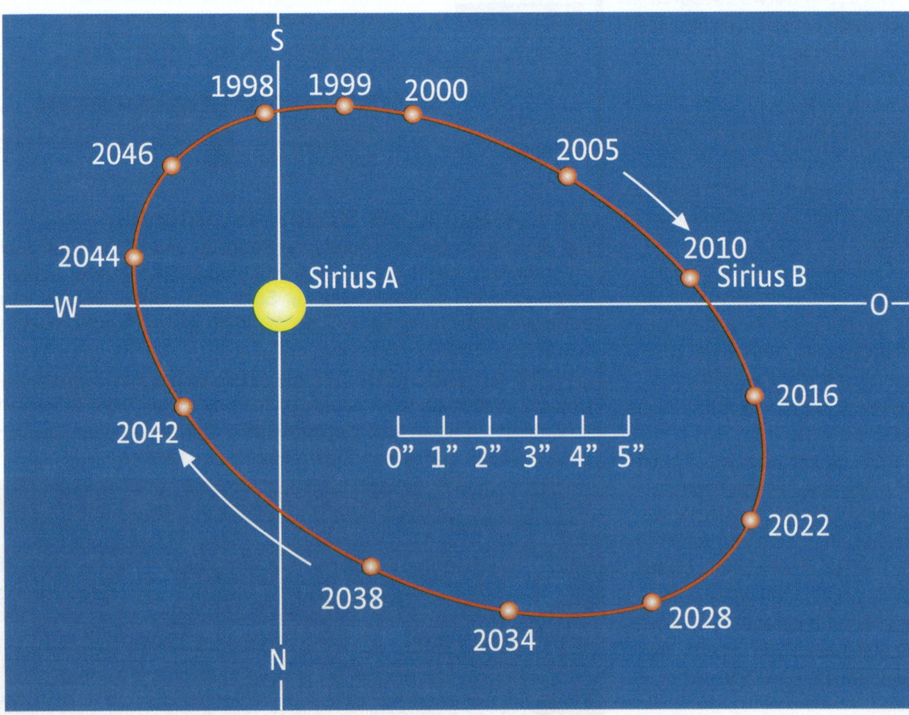

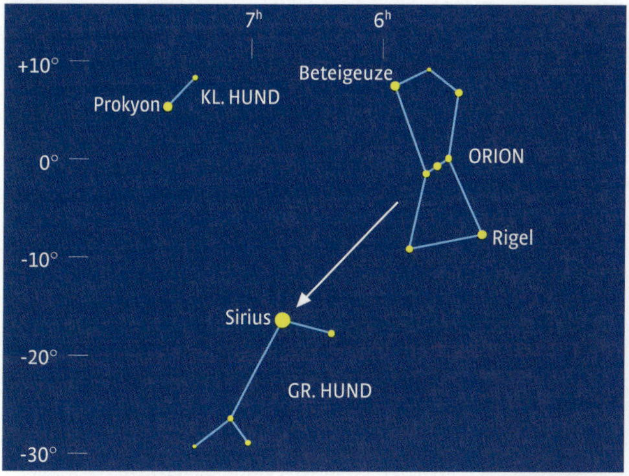

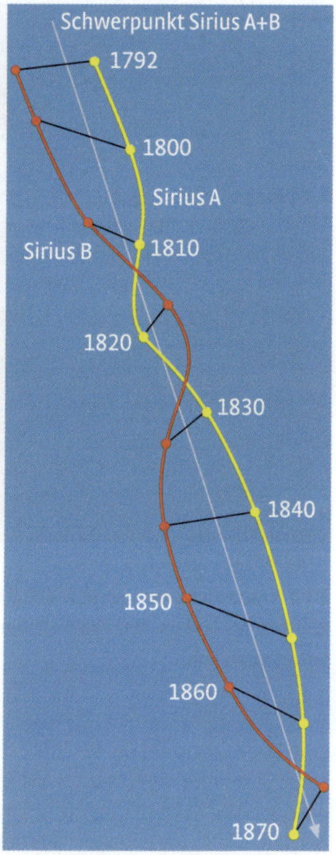

2.11 Sirius, hellster Fixstern am irdischen Himmel, steht in der Nachbarschaft des Sternbildes Orion.

2.12 Die leicht schlangenförmige Eigenbewegung von Sirius ließ schon Friedrich Wilhelm Bessel einen „dunklen" Begleiter vermuten.

Zu Silvester kulminiert Sirius um Mitternacht, er ist also in der Neujahrsnacht zum Jahreswechsel genau im Süden zu sehen. In unseren Breiten erreicht er dabei nur eine bescheidene Kulminationshöhe, denn er steht fast 17° südlich des Himmelsäquators: Für Orte auf 50° nördlicher Breite kulminiert Sirius in 23° Höhe über dem Südpunkt. Dies entspricht der Mittagshöhe der Sonne am 9. November und am 1. Februar.

In den Sommermonaten sieht man Sirius am Morgenhimmel erstmals nach der so genannten Sonnenlücke. Das ist diejenige Zeit, in der ein Stern mit der Sonne am Taghimmel steht und daher nachts unbeobachtbar bleibt. Man spricht vom *heliakischen* Aufgang, wenn ein Stern sich erstmals wieder am Morgenhimmel zeigt. Bei Sirius ist dies Ende August der Fall. Der Hundsstern wird dann kurz vor Sonnenaufgang tief am Südosthorizont sichtbar.

Täglich geht er dann vier Minuten früher auf als am Vortrag, bis er schließlich am 31. Dezember um Mitternacht den Meridian passiert. Im Frühling kann man Sirius nach Sonnenuntergang im Südwesten erkennen. Er zeigt sich als einer der ersten Sterne, die bei Einbruch der Dunkelheit sichtbar werden.

Der Kalenderstern

Eine besondere Rolle spielte Sirius im alten Ägypten. Er verkörperte die Gottheit Sothis. Etwa 3000 vor Chr. fiel der heliakische Aufgang von Sothis auf den 25. Juni. Bald nach dem Frühaufgang von Sothis setzte die Nilüberschwemmung ein, die das Land fruchtbar werden ließ. Aus der Beobachtung der heliakischen Siriusaufgänge ermittelten die alten Ägypter auch die Länge eines Sonnenjahres. Ihr Kalenderjahr hatte ursprünglich zwölf Monate zu je dreißig Tagen sowie fünf angehängte Zusatztage (Epagomenen), macht zusammen 365 Tage. Dabei fiel ihnen das immer spätere Erscheinen des Sirius am Morgenhimmel auf. Erfolgte der heliakische Siriusaufgang beispielsweise zu Jahresbeginn am 1. Toth (erster Monat im ägyptischen Kalender), so erschien vier Jahre später Sirius erst am 2. Toth, nach acht Jahren am 3. Toth usw. Nach 1461 Jahren fand der heliakische Siriusaufgang dann wieder am 1. Toth statt. Die Zeitspanne von 1461 ägyptischen Jahren = 1460 tropischen Sonnenjahren nennt man

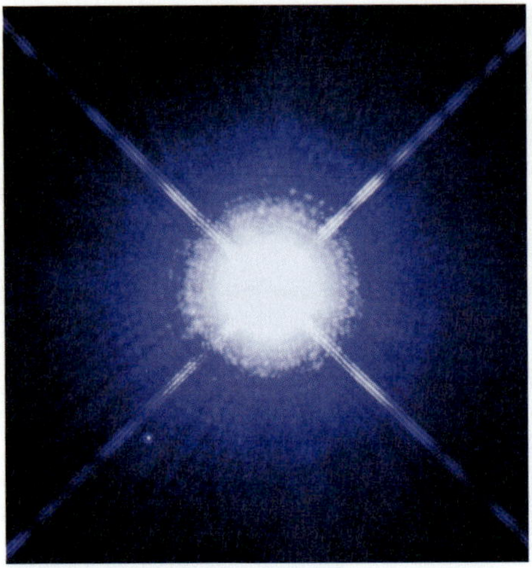

2.13 Aufnahme von Sirius A und B mit dem Hubble-Weltraumteleskop. Der Weiße Zwerg Sirius B ist links unten zu sehen.

eine Sothisperiode. Da der Jahresanfang im ägyptischen Kalender somit durch alle Jahreszeiten wandert, so spricht man auch vom ägyptischen Wanderjahr. Die Ägypter zogen aus der Verspätung des heliakischen Siriusaufgangs den richtigen Schluss, dass ein Sonnenjahr um einen Vierteltag länger ist als 365 Tage. Um diesem Umstand gerecht zu werden, ordnete König Ptolemäus III. Euergetes im Jahre 238 vor Chr. im berühmten Edikt von Kanopus an, dass alle vier Jahre ein sechster Epagomenen am Jahresende anzuhängen sei. Damit war das Schaltjahr erfunden. Die *mittlere* Jahreslänge des neuen ägyptischen Jahres betrug somit $(3 \times 365 + 366)/4 = 365{,}25$ Tage, was dem tropischen Sonnenjahr von 365,2421 schon recht nahe kommt. Allerdings setzte sich das Schaltjahr gegen den energischen Widerstand der ägyptischen Priester nicht durch. Erst der römische Feldherr Gaius Julius Caesar führte es nach seinem Besuch bei Kleopatra in Ägypten in Rom ein, als er als Pontifex maximus (oberster Priester) den in Unordnung geratenen römischen Kalender reformieren musste.

Auch die Darstellung von Sirius und den Umgebungssternen als Hundekopf geht auf die Ägypter zurück. Sie sahen in Sirius zeitweilig ihren Gott Anubis, der mit einem Schakal- oder Hundekopf abgebildet ist. Anubis ist der Herrscher über die Zeit. Er geleitet auch die Seelen der Verstorbenen ins Totenreich. Der Hundekopf wurde zum Symbol für Sirius.

Auf den Frühaufgang des „Hundssterns“ Sirius geht auch unser Begriff „Hundstage“ für die heiße Jahreszeit zurück. Schon der griechische Philosoph Geminus erwähnt, dass nach dem heliakischen Aufgang von Sirius am Morgenhimmel die jahreszeitlich bedingte Hitze am größten ist. Geminus weist aber auch darauf hin, dass Sirius nicht die Ursache der Hitze sei, sondern er rein zufällig in der heißen Jahreszeit mit der Sonne gemeinsam aufgeht.

Ein seltsames Paar

Mit einer Entfernung von nur 8,6 Lichtjahren gehört Sirius zu den sonnennahen Sternen. Nach Toliman (α Centauri) ist Sirius der nächste Stern, der mit bloßen Augen zu sehen ist. Da Toliman wegen seiner südlichen Position in unseren Breiten nie über den Horizont steigt und somit unbeobachtbar bleibt, so ist Sirius der nächste Stern, der von Mitteleuropa mit bloßen Augen gesehen werden kann. Andere sonnennähere Sterne sind nur im Fernglas oder Teleskop auszumachen.

Mit $-1\overset{\mathrm{m}}{,}5$ scheinbarer Helligkeit leuchtet Sirius so hell wie zehn Sterne erster Größenklasse zusammengenommen. Stünde Sirius in der Normentfernung von zehn Parsec = 32,6 Lichtjahre, so wäre er nur noch $1\overset{\mathrm{m}}{,}4$ hell, zählte immerhin gerade noch zu den Sternen erster Größe, während unsere Sonne in dieser Normentfernung gerade fünfte Größenklasse aufweisen würde.

Mit 9400 Kelvin (etwa 9100 °C) Oberflächentemperatur ist Sirius deutlich heißer als unsere Sonne mit fast 5800 Kelvin. Deshalb strahlt Sirius auch ein bläuliches Licht aus. Sirius leuchtet 23-mal heller als unsere Sonne, sein Durchmesser beträgt fast das Doppelte des Sonnendurchmessers. Der Siriusglobus enthält etwa das 2,4fache der Sonnenmasse. Die Zentraltemperatur liegt über 20 Millionen Kelvin, während es unsere Sonne im Zentrum „nur“ auf 15 Millionen Kelvin bringt.

Schon Edmond Halley fiel im Jahre 1718 auf, dass Sirius eine große Eigenbewegung zeigt (siehe Abb. 2.12 auf Seite 79). In rund zweitausend Jahren verschiebt sich seine Position um etwa eineinhalb Mondscheibendurchmesser, das sind 44′. Friedrich Wilhelm Bessel wieder bemerkte, als er die trigonometrische Parallaxe von Sirius bestimmen wollte,

Sirius A + B in Zahlen

Bezeichnungen:	α Canis Maioris, Sirius, Al Shira, Hundsstern	
Katalog-Nummern:	Flamsteed Nr. 9 / BD –16°1591 / HD 48915 / SAO 151881 Yale BSC 2491 / HIP 32349 / ADS 5423 / WDS 06451-1643	
Äquatoriale Koordinaten:	**α (Rektaszension)**	**δ (Deklination)**
(J2000.0)	$6^h45^m\,08^s{,}9$	–16°42′58″
(B1900.0)	$6^h40^m\,44^s{,}6$	–16°34′44″
Trigonometrische Parallaxe:	$\pi = 0{,}''379$	
Entfernung:	2,7 Parsec = 8,6 Lichtjahre	
Eigenbewegung pro Jahr:	$\mu_\alpha = -0^s{,}038$	
	$\mu_\delta = -1{,}''21$	
Radialgeschwindigkeit:	RG = –8 km/s	
Raumgeschwindigkeit:	v_R = 8,74 km/s	
Doppelstern (ADS 5423):	Begleiter in 3″–11″ Distanz	
Umlaufszeit:	18 295,4 Tage = 50,09 Jahre	
	Periastron: 1994	Apastron: 2025
	Sirius A	**Sirius B**
Scheinbare Helligkeit:	$V = -1^m{,}46$	$8^m{,}6$
Farbindices:	$B\text{-}V = 0^m{,}00 / U\text{-}B = -0^m{,}05$	–
Spektraltyp:	A1 V	A5 VII
Absolute Helligkeit:	$1^M{,}43$	$11^M{,}5$
Leuchtkraft (Sonne = 1):	23	0,0021
Masse (Sonne = 1):	2,36	0,98
Durchmesser (Sonne = 1):	1,8	0,0086
Oberflächentemperatur:	9400 K	25 000 K

dass Sirius keine geradlinige Eigenbewegung zeigt, sondern eine schlangenförmige Bahn unter den Sternen beschreibt. Aus dieser Schlangenbewegung schloss Bessel auf einen unsichtbaren Begleiter, der den hell leuchtenden Sirius in fünfzig Jahren umkreist. Man dachte dabei an einen erloschenen Stern. Erst im Jahre 1862 sah der amerikanische Linsenbauer Alvan G. Clark den bis dahin verborgenen Begleiter, als er gerade ein von ihm gefertigtes 47-cm-Objektiv für einen Refraktor prüfte. Der Siriusbegleiter hat nur $8^m{,}6$ scheinbare Helligkeit, ist also zehn Größenklassen lichtschwächer als Sirius selbst. Deshalb ist der Begleiter auch nur in großen Teleskopen zu erkennen, da er sonst vom hellen Sirius überstrahlt wird.

Sirius ist somit ein Doppelstern, wobei man die helle Komponente mit A, die lichtschwache mit B kennzeichnet (siehe auch Tabelle: „Sirius A + B in Zahlen" oben). Die Distanz zwischen A und B variiert zwischen 3″ und 11″. Das Periastron (3″) trat 1994 ein, während das Apastron (11″) im Jahre 2025 zu erwarten ist (siehe Abb. 2.10 auf Seite 78).

Sirius B ist ebenfalls ein bläulich-weißer Stern (Spektralklasse A5), allerdings leuchtet er zehntausendmal schwächer als Sirius A. Da Sirius B sogar noch ein wenig mehr Energie pro Flächeneinheit abstrahlt, muss er wegen seiner geringen Gesamtleuchtkraft sehr klein sein. In der Tat, sein wahrer Durchmesser beträgt nur 10 000 Kilometer. Damit ist Sirius B kleiner als unsere Erde, besitzt aber fast so viel Masse wie unsere Sonne, was aus seiner Bahnbewegung (3. Kepler-Gesetz) abgeleitet werden kann. Daraus ergibt sich aber eine enorm große Dichte von etwa vier Tonnen pro Kubikzentimeter! Im 19. Jahrhundert schien so etwas unmöglich und man dachte an einen Mess- oder Rechenfehler. Tat-

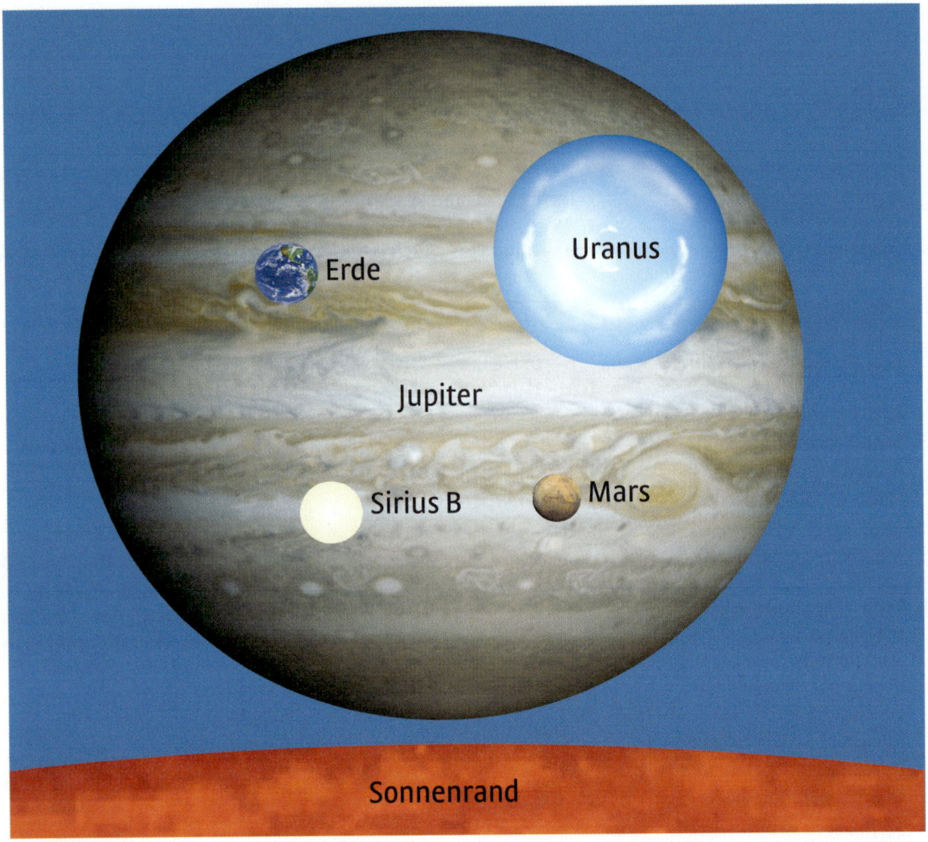

2.14 Größenvergleich von Sirius B mit unserer Sonne und einigen ihrer Planeten.

sächlich aber ist die Materie in Sirius B enorm komprimiert. Dies führt zu einer um 500 000-mal höheren Oberflächenbeschleunigung als die Erdbeschleunigung. Die Entweichgeschwindigkeit auf der Sirius-B-Oberfläche erreicht 7300 Kilometer pro Sekunde (!), während man bereits mit elf Kilometern pro Sekunde der Erde entfliehen kann.

Sirius B ist der Prototyp einer ganzen Klasse von Sternen, die man wegen ihrer Winzigkeit aber hohen Oberflächentemperatur als „Weiße Zwerge" bezeichnet. Weiße Zwerge sind nur etwa so groß wie die Erde, besitzen aber bis zu 1,4 Sonnenmassen. Sie sind ausgebrannte Sonnen, Sterne am Ende ihres Lebens. Ihr Atomfeuer ist erloschen, die Materie in ihrem Inneren ist entartet. Nur noch der Druck des Elektronengases hält sie stabil. Innendruck und Temperatur sind bei entarteter Materie voneinander weitgehend unabhängig. Das bedeutet: Je mehr Masse ein Weißer Zwerg besitzt, desto kleiner und dichter ist er. Im Laufe von Milliarden Jahren strahlen Weiße Zwerge ihre thermische Energie ins Weltall und kühlen langsam aus. Sie werden dabei immer röter, bis sie schließlich als unsichtbare Schwarze Zwerge enden, die nur noch mit Radioteleskopen im langwelligen Bereich des elektromagnetischen Spektrums zu orten sein werden.

Für den Sternfreund bleibt Sirius A das Objekt, das für eine romantische Nacht unter dem winterlichen Sternenzelt sorgen kann. Und dem Einsteiger in die Himmelskunde hilft Sirius, sich am gestirnten Firmament zurechtzufinden – denn Sirius ist kaum zu übersehen und leicht zu entdecken.

März 2007

Die Sonne überschreitet am 21. um 1^h07^m MEZ den Himmelsäquator in nördlicher Richtung, der astronomische Frühling beginnt. Venus strahlt auffällig am westlichen Abendhimmel. In der Nacht vom 3. auf 4. findet eine totale Mondfinsternis statt.

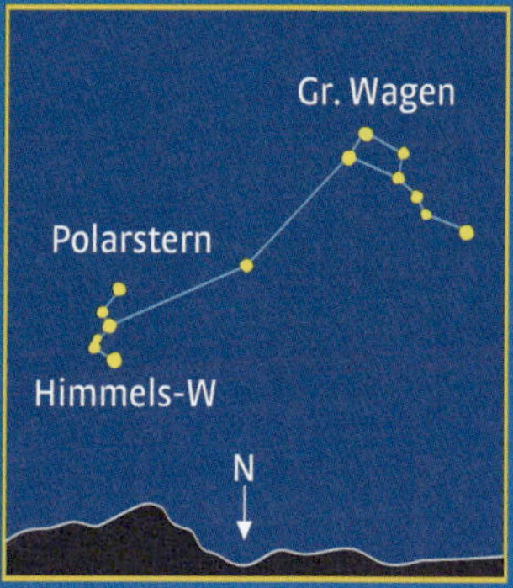

Großer Wagen und Himmels-W Anfang März um 22^h

3.1 Himmelsanblick am 21. März in westlicher Richtung gegen 19^h MEZ. Zur strahlend hellen Venus im Sternbild Widder gesellt sich die schmale Sichel des zunehmenden Mondes.

Sonnenlauf im März

12.3. 19ʰ
Sonne tritt in das Sternbild Fische
21.3. 1ʰ07ᵐ
Sonne tritt in das Tierkreiszeichen Widder
Julianisches Datum am 1. März, 1ʰ MEZ: 2454160,5

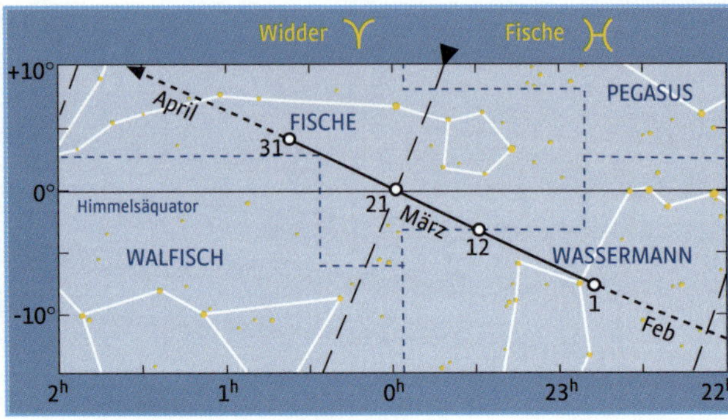

Tag	Dämmerg. Anfang	Aufgang MEZ	Kulmination	Untergang MEZ	Dämmerg. Ende	Mittagshöhe	Zeitgleichg.	Rektaszension	Deklination
	h m	h m	h m	h m	h m	°	m	h m	°
1.	5 55	7 04	12 32	18 01	19 11	32,4	−12	22 46	−7,9
5.	5 46	6 56	12 31	18 08	19 18	33,9	−11	23 01	−6,3
10.	5 36	6 46	12 30	18 16	19 26	35,8	−10	23 19	−4,4
15.	5 25	6 35	12 29	18 24	19 34	37,8	− 9	23 38	−2,4
20.	5 14	6 24	12 28	18 32	19 42	39,8	− 8	23 56	−0,4
25.	5 02	6 13	12 26	18 40	19 51	41,8	− 6	0 14	+1,5
31.	4 48	6 00	12 24	18 49	20 01	44,1	− 4	0 36	+3,9

Achtung: Ab Sonntag, 25. März, gilt die Sommerzeit. Zu allen Zeiten 1ʰ addieren!

Tages- und Nachtstunden im März

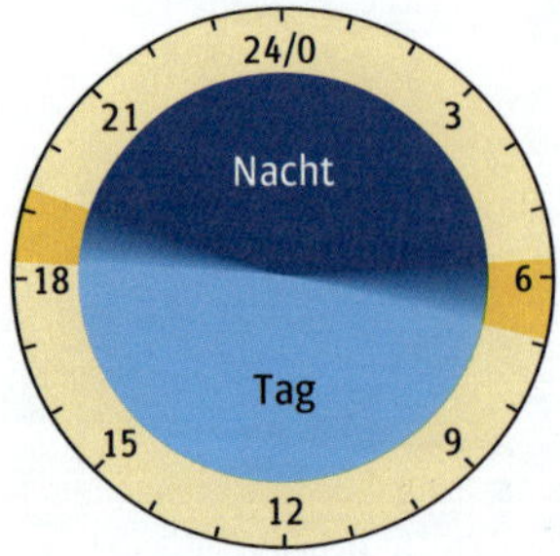

5. März

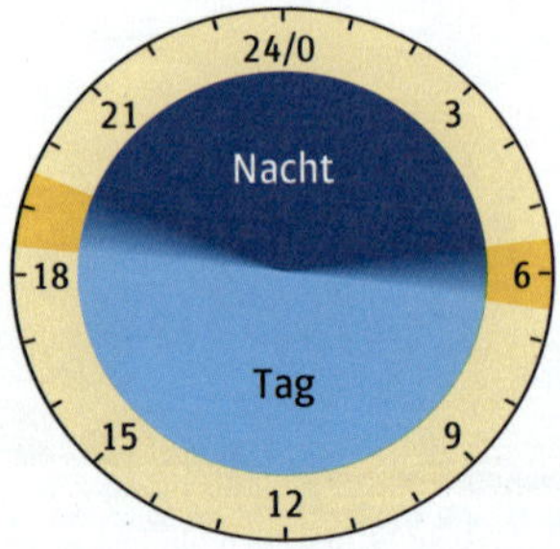

15. März

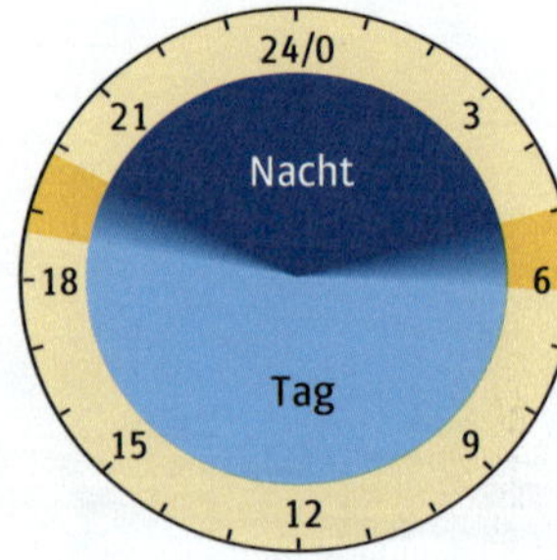

25. März

Mondlauf im März

Datum		Aufg. MEZ	Kulmination	Unterg. MEZ	Rektaszension	Deklination	Sterne und Sternbilder	Phase	MEZ
		h m	h m	h m	h m	°			
Do	1.	15 15	23 08	6 24	8 39	+21,9	Krebs, Krippe		
Fr	2.	16 29	23 52	6 42	9 28	+17,5	* Löwe		
Sa	3.	17 41	–	6 56	10 15	+12,3	Löwe, Regulus		
So	4.	18 51	0 33	7 08	10 59	+ 6,8	Löwe	**Vollmond**	0^h17^m
								Absteigender Knoten	
Mo	5.	19 59	1 12	7 19	11 41	+ 1,1	Jungfrau		
Di	6.	21 08	1 51	7 30	12 23	– 4,6	Jungfrau		
Mi	7.	22 17	2 31	7 42	13 05	–10,1	Spica	Erdferne 406/29,'4	5^h
Do	8.	23 28	3 12	7 56	13 49	–15,2	Spica		
Fr	9.	–	3 55	8 13	14 35	–19,8	Waage		
Sa	10.	0 41	4 42	8 36	15 24	–23,7	Waage		
So	11.	1 52	5 32	9 07	16 15	–26,6	Antares	Größte Südbreite	
Mo	12.	2 59	6 26	9 51	17 10	–28,3	Schlangen- träger	**Letztes Viertel**	4^h54^m
Di	13.	3 56	7 22	10 50	18 08	–28,5	Kaus Australis	Libration Ost	
Mi	14.	4 40	8 19	12 03	19 06	–27,2	Schütze, Nunki		
Do	15.	5 13	9 15	13 26	20 05	–24,4	Schütze		
Fr	16.	5 37	10 10	14 54	21 02	–20,0	Steinbock		
Sa	17.	5 57	11 02	16 23	21 58	–14,3	Steinbock		
So	18.	6 13	11 54	17 52	22 52	– 7,7	Wassermann	Aufsteigender Knoten	
Mo	19.	6 28	12 45	19 21	23 45	– 0,6	Fische	**Neumond**	3^h43^m
								Erdnähe 358/33,'4	20^h
Di	20.	6 43	13 37	20 52	0 39	+ 6,6	Fische		
Mi	21.	7 01	14 31	22 24	1 34	+13,5	Fische		
Do	22.	7 22	15 28	23 55	2 31	+19,4	Widder, Hamal		
Fr	23.	7 52	16 28	–	3 31	+24,1	Stier, Plejaden		
Sa	24.	8 32	17 28	1 19	4 32	+27,2	* Stier	Größte Nordbreite	
So	25.	9 26	18 28	2 31	5 34	+28,5	Stier, Al Nath	**Erstes Viertel**	19^h16^m
Mo	26.	10 33	19 25	3 25	6 35	+28,1	Zwillinge	Libration West	
Di	27.	11 48	20 18	4 03	7 33	+26,1	Kastor, Pollux		
Mi	28.	13 04	21 06	4 30	8 27	+22,8	Krebs, Krippe		
Do	29.	14 19	21 51	4 50	9 17	+18,6	Krebs		
Fr	30.	15 31	22 32	5 05	10 04	+13,6	* Löwe, Regulus		
Sa	31.	16 40	23 12	5 17	10 48	+ 8,2	Löwe	Absteigender Knoten	

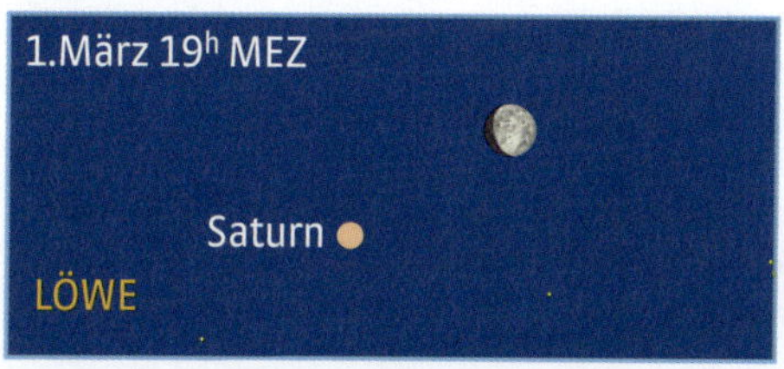

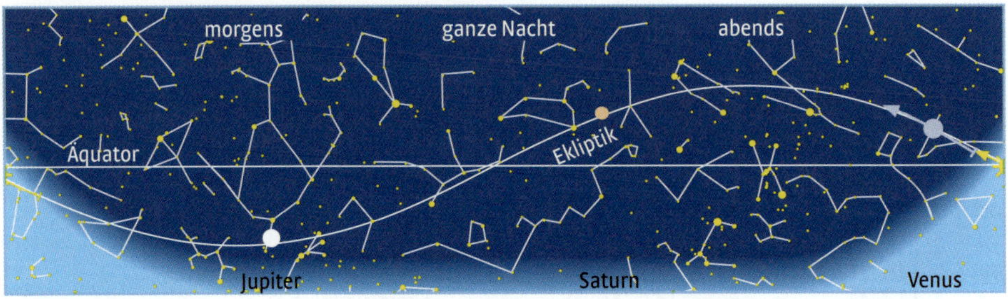

Planetenlauf im März

Merkur stand im letzten Drittel des Vormonats in unterer Konjunktion mit der Sonne. Er entfernt sich rückläufig von ihr. Am 7. kommt der sonnennahe Planet zum Stillstand und wird wieder rechtläufig. Bis 22. wächst sein westlicher Winkelabstand von der Sonne auf respektable 27°44′ an. An diesem Tag steht er in größter westlicher Elongation. Mit knapp 28° ist dies der fast maximale Elongationswinkel. Er fällt diesmal so groß aus, weil Merkur nur drei Tage später das Aphel (sonnenfernster Bahnpunkt) seiner stark elliptischen Bahn passiert. Am 25. trennen Merkur somit 70 Millionen Kilometer (= 0,468 AE) von der Sonne.

Trotz des großen Elongationswinkels lässt sich Merkur in unseren Breiten nicht am Morgenhimmel blicken. Denn der flinke Planet hat eine um 11° südlichere Deklination als die Sonne. Somit fällt sein Tagbogen entsprechend kleiner aus. Am Tag der größten Elongation geht der $0^{m}\!,2$ helle Merkur erst um $5^{h}37^{m}$ auf, die Sonne folgt bereits um $6^{h}10^{m}$. Noch bevor Merkur sich über die ärgsten Dunstschichten erhoben hat, lässt ihn die zunehmende Tageshelle nicht mehr zur Geltung kommen.

Wer über ein Teleskop verfügt, mit dem er Merkur auch am Taghimmel beobachten kann, wird das 7,″6 große Merkurscheibchen am 20. halb beleuchtet sehen – die Dichotomie tritt ein. Danach wird das Merkurscheibchen schnell kleiner und rundlicher, da die Beleuchtungsphase zunimmt.

Venus wird zu einem auffälligen Objekt am Abendhimmel. Der „Abendstern" taucht als Erstes in der Dämmerung über dem Westhorizont auf, noch lange bevor die anderen Gestirne sich in der zunehmenden Dunkelheit bemerkbar machen (siehe auch Abb. 3.2 auf Seite 87).

Ihre Untergänge verlagert die $-4^{m}\!,0$ helle Venus von $20^{h}43^{m}$ zu Monatsbeginn auf $21^{h}25^{m}$ am 15. und auf $22^{h}14^{m}$ (= $23^{h}14^{m}$ Sommerzeit) am Monatsletzten. Damit ist Venus gut drei Stunden lang am Abendhimmel vertreten.

Die zunehmende Mondsichel ist am Abend des 21. in der Nähe der Venus zu sehen (siehe Abb. 3.1 auf Seite 83).

Für Fernrohrbeobachter sei angemerkt, dass das Venusscheibchen bis Monatsende auf knapp 14″ anwächst und der Beleuchtungsgrad gerade unter 80 % sinkt.

Am 16. verlässt Venus das Sternbild Fische und wechselt in den Widder.

Mars ist nach wie vor noch kein Beobachtungsobjekt. Der rote Planet hält sich mehr als zehn Grad südlicher im Tierkreis auf als die Sonne. Entsprechend kleiner fällt sein Tagbogen aus. Er wandert rechtläufig durch das Sternbild Steinbock.

Am 25. passiert Mars in einem Grad südlichem Abstand den sonnenfernen Neptun. Diese Begegnung bleibt unbeobachtbar. Während des Monats steigt die Marshelligkeit weiter auf $1^{m}\!,1$ leicht an. Der Marsaufgang erfolgt am 1. um $5^{h}47^{m}$ und am 31. um $4^{h}46^{m}$ (= $5^{h}46^{m}$ Sommerzeit).

Jupiter im Schlangenträger kann in der zweiten Nachthälfte gesehen werden. Er bremst seine rechtläufige Bewegung deutlich ab und kommt zu Monatsende fast zum Stillstand. Die Umkehr seiner Bewegungsrichtung erfolgt aber erst zu Beginn des nächsten Monats.

Die Jupiteraufgänge verfrühen sich von $2^{h}45^{m}$ am 1. auf $1^{h}56^{m}$ am 15. und auf $0^{h}56^{m}$ (= $1^{h}56^{m}$ Sommerzeit) am Monatsletzten.

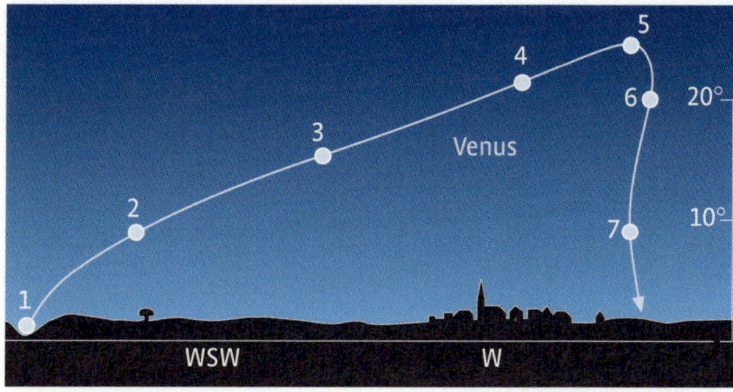

3.2 Stellung der Venus am Abendhimmel über dem Westhorizont jeweils eine Stunde nach Sonnenuntergang.

Die Jupiterhelligkeit nimmt weiter leicht um $0^{\mathrm{m}},3$ auf $-2^{\mathrm{m}},3$ zu. Der scheinbare Äquatordurchmesser des Jupiterscheibchens wächst von 36,″6 auf 40,″2 an. Die Entfernung von der Erde nimmt von 807 Millionen Kilometer (= 5,39 AE) am Monatsbeginn auf 733 Millionen Kilometer (= 4,90 AE) zu Monatsende ab.

Saturn stand im Vormonat in Opposition zur Sonne. Der Ringplanet wandert rückläufig durch den Löwen und ist fast die gesamte Nacht über am Sternenhimmel vertreten (siehe auch Abb. 2.5 auf Seite 69).

Nach Einbruch der Dunkelheit kann man Saturn schon hoch im Osten sehen. Seine Meridiandurchgänge verlagert der Ringplanet von $23^{\mathrm{h}}15^{\mathrm{m}}$ am 1. auf $22^{\mathrm{h}}16^{\mathrm{m}}$ am 15. und auf $21^{\mathrm{h}}10^{\mathrm{m}}$ (= $22^{\mathrm{h}}10^{\mathrm{m}}$ Sommerzeit) am Monatsletzten. Am 31. geht Saturn um $4^{\mathrm{h}}40^{\mathrm{m}}$ (= $5^{\mathrm{h}}40^{\mathrm{m}}$ Sommerzeit) unter.

Während des Monats sinkt die Saturnhelligkeit leicht um $0^{\mathrm{m}},2$ auf $0^{\mathrm{m}},2$ ab. Damit zählt der Ringplanet immer noch zu den hellsten Objekten am Wintersternenhimmel.

Am 2. kommt es zu einem spektakulären Himmelsereignis: Der Ringplanet wird in den frühen Morgenstunden vom Mond bedeckt. Der Eintritt erfolgt für unseren Standardbeobachtungsort (50° Nord, 10° Ost) um $3^{\mathrm{h}}35^{\mathrm{m}}$ und ist bei uns zu sehen. Um $4^{\mathrm{h}}10^{\mathrm{m}}$ erscheint Saturn wieder am westlichen Mondrand. Da die Bedeckungszeiten ortsabhängig sind, entnehme man die genauen Zeiten für einige ausgewählte Großstädte der Tabelle „Sternbedeckungen" auf Seite 272. Es ist dies die erste Saturnbedeckung in diesem Jahr, die von Mitteleuropa aus beobachtbar ist.

Am 22. Mai wird dann in den Abendstunden die zweite Saturnbedeckung von Mitteleuropa aus zu verfolgen sein.

Auf seinem monatlichen Lauf passiert der Mond am 29. zum zweiten Mal im März den Ringplaneten (siehe auch Abb. 3.3 unten).

Uranus steht am 5. im Sternbild Wassermann in Konjunktion mit der Sonne. Der grünliche Planet hält sich mit ihr am Taghimmel auf und bleibt nachts unbeobachtbar.

Am Tag der Konjunktion ist Uranus 3154 Millionen Kilometer (= 21,08 AE) von uns entfernt. Seine Sonnenentfernung beträgt 3005 Millionen Kilometer (= 20,09 AE). Dies entspricht einer Lichtlaufzeit von zwei Stunden und 50 Minuten.

3.3 Begegnung des zunehmenden Mondes mit Saturn am 29. März. Anblick im Fernglas gegen 4^{h} MEZ.

Neptun hat seine Konjunktion mit der Sonne gerade hinter sich. Der sonnenferne Planet zieht langsam rechtläufig durch den Steinbock. Noch bleibt er in den Strahlen der Sonne verborgen. Wenn die Morgendämmerung einsetzt, hat sich Neptun noch nicht hoch genug über dem Horizont erhoben, um aufgefunden zu werden.

Auch die Begegnung mit Mars, der am 25. ein Grad südlich an Neptun vorbeizieht, bleibt unbeobachtbar.

Planetoiden

Ceres – Planetoid Nr. 1 – kommt am 22. in den frühen Morgenstunden in Konjunktion mit der Sonne. Sie hält sich somit am Taghimmel auf und bleibt nachts unter dem Horizont. Von der Erde trennen Ceres zur Konjunktion

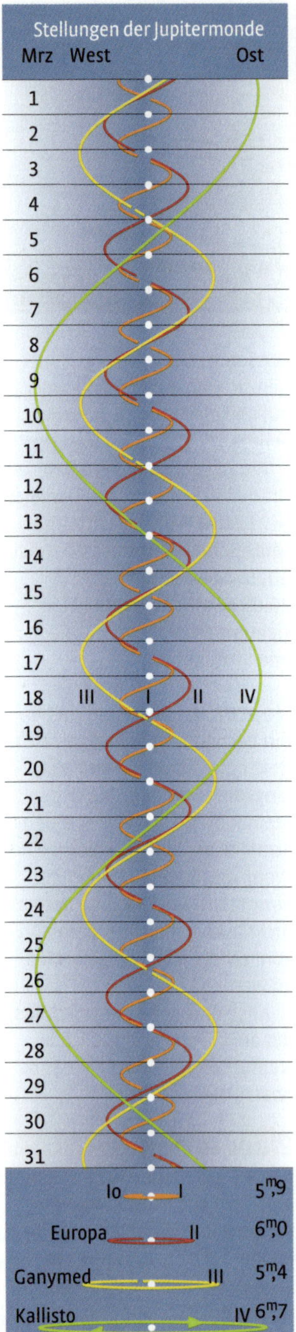

Jupitermonde

Tag	MEZ (h m)	Vorgang	
1.	3 20	III	SE
	6 22	III	DA
3.	5 00	I	VA
	6 57	II	BE
4.	3 27	I	DA
	4 23	I	SE
	5 38	I	DE
5.	2 54	I	BE
8.	5 17	III	SA
10.	4 24	II	VA
11.	4 06	I	SA
	5 21	I	DA
	6 16	I	SE
12.	2 33	III	BE
	4 12	II	DE
	4 47	I	BE
18.	6 00	I	SA
19.	1 46	II	SA
	3 14	I	VA
	4 14	II	DA
	4 17	II	SE
	4 24	III	BA
	6 27	III	BE
20.	1 42	I	DA
	2 38	I	SE
	3 53	I	DE
26.	3 17	III	VA
	4 19	II	SA
	5 07	I	VA
	5 23	III	VE
27.	2 22	I	SA
	3 34	I	DA
	4 32	I	SE
	5 44	I	DE
28.	2 58	I	BE
	3 56	II	BE

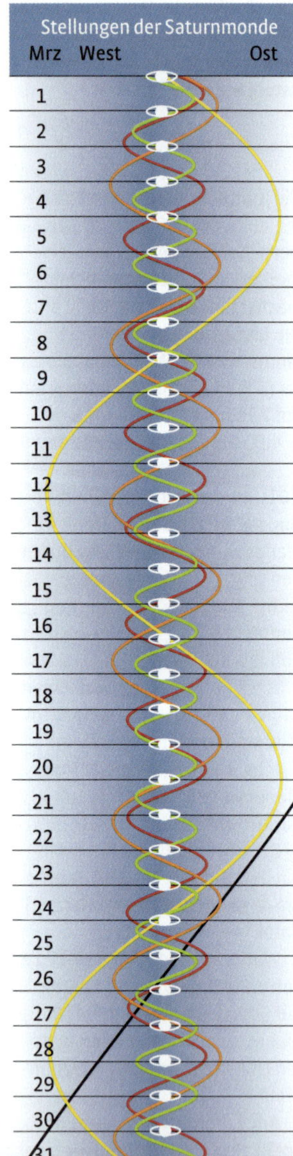

Japetus

5.	$12^{\mathrm{m}},0$
10.	$11^{\mathrm{m}},8$
15.	$11^{\mathrm{m}},4$
20.	$11^{\mathrm{m}},0$
25.	$10^{\mathrm{m}},7$
30.	$10^{\mathrm{m}}5$

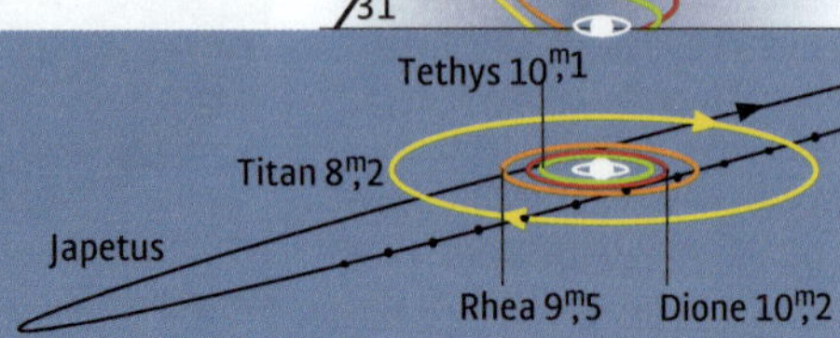

590 Millionen Kilometer (= 3,94 AE). Ihre Sonnenentfernung beträgt zu diesem Zeitpunkt 442 Millionen Kilometer (= 2,95 AE). In Opposition zur Sonne kommt Ceres in diesem Jahr am 9. November (siehe auch Abb. 11.4 auf Seite 233).

Vesta (4) wandert nördlich vom Skorpion durch den Schlangenträger und bremst ihre rechtläufige Bewegung etwas ab. Mitte nächsten Monats wird sie stationär und setzt zu ihrer Oppositionsschleife an (siehe Abb. 6.5 auf Seite 141).

Die Vestahelligkeit nimmt deutlich um mehr als eine halbe Größenklasse auf $6\overset{m}{,}7$ zu, womit der 4. Planetoid zu einem leichten Fernglasobjekt wird. Vesta ist Objekt der zweiten Nachthälfte. Am 1. kulminiert sie um 6^h10^m, nachdem sie um 1^h17^m aufgegangen ist. Am 15. passiert sie um 5^h31^m den Meridian und am 31. bereits um 4^h41^m (= 5^h41^m Sommerzeit).

Massalia (20) wird am 10. abends stationär und beendet ihre Oppositionsperiode. Anschließend wandert sie wieder rechtläufig durch den Krebs (siehe Abb. 1.6 auf Seite 53).

Ihre Helligkeit sinkt leicht um $0\overset{m}{,}2$ auf $9\overset{m}{,}6$ ab. Ihre Kulminationszeiten verlagern sich von $22^h\,05^m$ zu Monatsbeginn auf 20^h13^m (= 21^h13^m Sommerzeit) am Monatsende.

Konstellationen und Ereignisse im März

Datum	MEZ	Ereignis
2.	3^h	**Mond bei Saturn**, Mond $1\overset{\circ}{,}1$ nördlich **Abstand $0\overset{\circ}{,}2$ um 4^h (Bedeckung!** – siehe Seite 272)
4.	0	**Totale Mondfinsternis** – von Mitteleuropa aus beobachtbar (siehe Seite 41)
5.	17	Uranus in Konjunktion mit der Sonne
7.	11	Merkur im Stillstand, anschließend rechtläufig
12.	1	Mond bei Jupiter, Mond $6\overset{\circ}{,}0$ südlich
16.	2	Mond bei Mars, Mond $1\overset{\circ}{,}9$ südlich
16.	14	Mond bei Neptun, Mond $2\overset{\circ}{,}2$ südlich
17.	4	Mond bei Merkur, Mond $1\overset{\circ}{,}4$ südlich
18.	8	Mond bei Uranus, Mond $0\overset{\circ}{,}8$ nördlich
19.	4	Partielle Sonnenfinsternis – von Mitteleuropa aus unbeobachtbar (siehe Seite 42)
21.	1^h07^m	**Sonne im Frühlingspunkt, Tagundnachtgleiche**
21.	16	**Mond bei Venus**, Mond $4\overset{\circ}{,}0$ nördlich, **Abstand $4\overset{\circ}{,}3$ um 19^h**
22.	3	Merkur in größter westlicher Elongation (28°)
25.	8	Mars bei Neptun, Mars $1\overset{\circ}{,}0$ südlich
25.	21	Merkur im Aphel
29.	5	**Mond bei Saturn**, Mond $1\overset{\circ}{,}2$ nördlich, **Abstand $1\overset{\circ}{,}4$ um 4^h**

Periodische Sternschnuppenströme im März

In der Zeit um Mitternacht sind während des ganzen Monats die **Virginiden** zu beobachten. Ihr Radiant (Ausstrahlungspunkt) liegt in der Jungfrau. Die Häufigkeit ist nicht besonders groß. Das Maximum der Virginidenaktivität ist erst Anfang April zu erwarten.

Ein schwacher Strom sind die **Hydraïden**, die zwischen Mitte März und Anfang April auftauchen. Ihr Maximum ist wenig ausgeprägt – es sind nur einige wenige Sternschnuppen pro Stunde zu erwarten, die außerdem noch recht langsam sind. Der Radiant liegt im Sternbild Wasserschlange. Vermutlich sind die Hydraïden ein Zweigstrom der Virginiden. Gegen Ende des Monats tauchen die ersten Exemplare der **Sigma-Leoniden** auf, ein schwacher, breit gestreuter Strom, dessen Radiant im Löwen liegt.

Der Fixsternhimmel im März

Ein Blick zum abendlichen Sternenzelt belehrt die Sternfreundin und den Sternfreund: Der Winter geht zu Ende, der Frühling naht, selbst wenn die Witterung scheinbar das Gegenteil beweisen will. Die Wintersternbilder sind allesamt am Westhimmel zu finden. Orion und Sirius sind zum Untergang bereit, der Stier mit dem roten Aldebaran steht weit im Westen. Höher noch sind die Zwillinge mit Kastor und Pollux und der Fuhrmann mit Kapella zu finden. Der Kleine Hund mit seinem Hauptstern Prokyon steht im Südwesten.

Die Kassiopeia, das Himmels-W, ist herabgesunken, während hoch im Nordosten, fast im Zenit, der Große Wagen Anfängern hilft, den Polarstern zu finden.

Der Krebs hat den Gipfel erklommen und wandert eben durch den Meridian. Jetzt ist die günstigste Zeit, dieses lichtschwache Sternbild einmal auszumachen. Denn der Krebs ist die unscheinbarste Figur des gesamten Zodiak (Tierkreis), vielleicht ein Hinweis darauf, dass der Krebs von Herkules zerschmettert wurde, als er ihn während seines Kampfes mit der schrecklichen Hydra in die große Zehe zwickte.

Mitten im Krebs liegt der wunderschöne offene Sternhaufen Praesepe oder Krippe. In unseren von Licht überfluteten Städten ist er immer schwerer mit bloßen Augen zu erkennen. Aber im Fernglas ist er einwandfrei auszumachen. Wirklich beeindruckend ist der Sternhaufen der Krippe aber erst im Teleskop bei mäßiger Vergrößerung.

Dem Krebs folgt im Tierkreis der Löwe mit seinem Hauptstern Regulus, der die Ekliptik markiert. Leicht ist das mächtige Sternentrapez des Löwenrumpfes mit dem hellen Stern Regulus an der Spitze zu erkennen. Im Löwen hält sich zurzeit der helle Ringplanet Saturn auf.

Auch die Jungfrau ist schon im Südosten aufgegangen, wenn auch ihr Hauptstern Spica noch so horizontnah ist, dass er kaum zur Geltung kommt. Tief im Osten leuchtet ein heller, orangerötlicher Stern: Arktur im Sternbild des Rinderhirten (lat.: Bootes).

Die Wasserschlange (lat.: Hydra), deren Kopf südlich des Krebses liegt und die so ausgedehnt ist, dass sie bis zur Waage reicht, schlängelt sich eben durch den Meridian, besser: Alphard, das Herz der Wasserschlange, passiert soeben den Meridian. Das Schwanzende hingegen ist noch gar nicht aufgegangen.

Zwischen Wasserschlange und Jungfrau finden sich zwei kleine Sternbilder: Der Rabe und der Becher. Der Rabe wird durch ein kleines, aber durchaus einprägsames Sternenviereck markiert. Es ist relativ gut zu erkennen. Der Becher hingegen (lat.: Crater), ist außerordentlich lichtschwach und nur sehr schwer am Himmel zu finden.

Zwischen dem Großen und dem Kleinen Hund ist das Einhorn beheimatet. Das Einhorn gehört zu den unauffälligen und daher wenig bekannten Sternbildern. Es setzt sich nur aus Sternen vierter Größe und darunter zusammen. Der hellste Stern im Einhorn, α Monocerotis, wird Lucida genannt und ist $3^{m},6$ hell. Die übrigen Sterne des Einhorns haben keine Eigennamen erhalten. Das Einhorn liegt in einer sternreichen Gegend der winterlichen Milchstraße. Im Westen wird es vom Orion und im Osten vom Kopf der Wasserschlange begrenzt. Das Einhorn ist ein neuzeitliches Sternbild und hat keinen mythologischen Hintergrund aus der klassischen Sagenwelt der Antike.

Nordöstlich des Löwen stößt man auf das unscheinbare Bild der Jagdhunde. Es liegt zwischen den Sternbildern Großer Bär, Bootes und Löwe. Genau wie das Einhorn, so sind auch die Jagdhunde ein neuzeitliches Sternbild. Es wurde von dem Danziger Ratsherren und Amateurastronomen Johannes Hevelius (1611-

Veränderliche Sterne im März

Algol-Minima	3. 17^h57^m	20. 22^h53^m	23. 19^h42^m		
β-Lyrae-Minima	7. 4^h H	13. 15^h N	20. 2^h H	26. 13^h N	
δ-Cephei-Maxima	5. 21^h	11. 6^h	16. 14^h	21. 23^h	27. 8^h
Mira-Helligkeit	1. 3^m	10. 4^m	20. 4^m	31. 4^m	

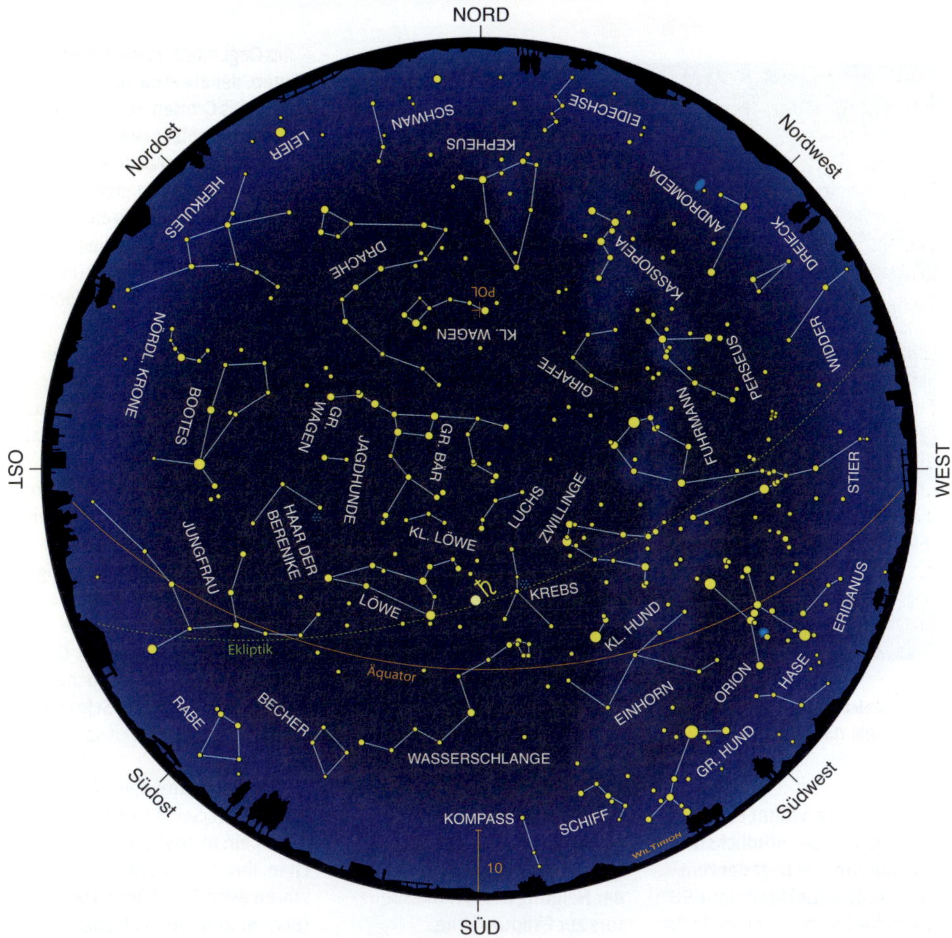

Sternenhimmel am 15. März um 22h MEZ

Fixsternhimmel auch gültig für:

	MEZ	MESZ
15.11.	6h	
1.12.	5	
15.12.	4	
1. 1.	3	
15. 1.	2	
1. 2.	1	
15. 2.	0	
1. 3.	**23**	
15. 3.	**22**	
31. 3.	**21**	**22h**

1687) eingeführt. Der Hauptstern der Jagdhunde, α Canum Venaticorum, steht südlich der Deichsel des Großen Wagens. Mit 2m,9 Helligkeit kann man ihn leicht mit bloßen Augen erkennen. Edmond Halley (1656–1742) hat ihn nach König Karl II. von England „Cor Caroli" (lat., Herz Karls) getauft.

Das Sternbild Kleiner Bär (Ursa Minor)

Das Sternbild Kleiner Bär ist bei uns besser unter der Bezeichnung „Kleiner Wagen" bekannt. Doch im Gegensatz zum Großen Wagen ist der Kleine an unserem aufgehellten Zivilisationshimmel kaum zu erkennen. Nur zwei Sterne, nämlich α und β Ursae Minoris, sind zweiter Größenklasse, γ UMi ist ein Stern dritter Größe, alle übrigen sind vierter Größe und noch lichtschwächer. So sieht man meist nur die drei hellsten Sterne des Kleinen Wagens, sollte der Nachthimmel einmal wolkenfrei sein.

Der Kleine Bär ist ein antikes Sternbild. Schon der griechische Gelehrte Thales von Milet (624–

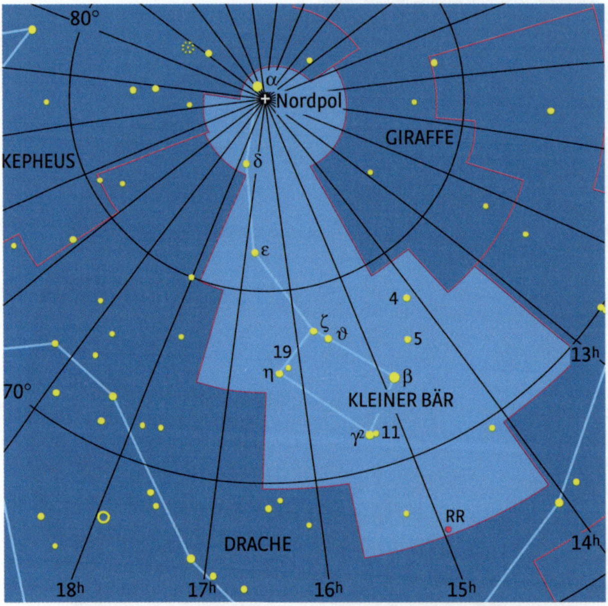

3.4 Skelettkarte des Sternbildes Kleiner Bär (lat.: Ursa Minor)

546 vor Chr.) erwähnt es. Der Kleine Bär ist das nördlichste Sternbild. In ihm liegt der Himmelsnordpol (Deklination: + 90°). Die Höhe des Himmelsnordpols über dem Nordpunkt am Horizont entspricht der geografischen Breite. In Hamburg (54° nördlicher Breite) steht der Himmelsnordpol somit 54° über dem Horizont. In unmittelbarer Nähe des Himmelsnordpols findet sich rein zufällig in unserer Zeit ein relativ heller Stern, nämlich der Polar- oder Nordstern, meist kurz Polaris genannt. Polaris markiert die Spitze des Bärenschwanzes. Er trägt auch die Bayersche Bezeichnung α Ursae Minoris und ist 2,ᵐ0 hell. Polaris war nicht immer Polarstern und wird es auch in Zukunft nicht bleiben. Infolge der Erdpräzession wandern die Himmelspole durch die Sternbilder. Sie beschreiben zwei große Kreise um die Pole der Ekliptik (Erdbahnebene) mit dem Radius von 23,°4 (Öffnungswinkel der Präzessionskegel). Dies entspricht auch der Neigung des Himmelsäquators zur Ekliptikebene.

In der Antike, als man in Griechenland die Sternbilder benannte, war Polaris, also α UMi, noch 12° (= 24 Vollmondbreiten) vom Himmelsnordpol entfernt. Damals erfüllte der Schwanzstern des Kleinen Bären noch nicht seine Funktion als Polweiser. Gegenwärtig beträgt die Distanz 42′. Die geringste Entfernung wird der Nordstern vom wahren Himmelsnordpol im Jahre 2102 mit 27,′5 erreichen. Unsere und noch einige nachfolgende Generationen werden α UMi also noch lange als Polarstern nutzen können.

Im Gegensatz zum Großen Wagen, der zwar die hellsten Sterne des Großen Bären beinhaltet, aber selbst viel kleiner ist als dieser, ist die Ausdehnung des Kleinen Wagens fast identisch mit der des Kleinen Bären. Der Kopf des Kleinen Bären liegt bei β UMi (Kochab) und γ UMi (Pherkad), Polaris hingegen markiert die Schwanzspitze. Die alten Griechen sahen nicht immer einen Bären in dieser Figur. Sie sprachen auch von κυνόσουρα (Kynosura), dem Hundeschwanz, der steil nach oben gerichtet ist. Rein zoologisch gesehen ist nämlich der Schwanz für einen Bären viel zu lang; Bären haben Stummelschwänze. Die Bezeichnung Kynosura ist später auf Polaris übergegangen (siehe Tabelle „Der Nordstern in Zahlen"). Die klassische Sage weiß jedoch zu berichteten, wieso der Schwanz der himmlischen Bären so lang ausfällt:

Einst herrschte König Lykaon in Arkadien. Seine Tochter Kallisto war ein bildhübsches Mädchen. Ihre Anmut und Schönheit waren weithin bekannt. Der Göttervater Zeus ließ sich ebenfalls von ihrer Schönheit beeindrucken. Immer öfter fand er sich heimlich im Palast König Lykaons ein, um mit Kallisto beisammen zu sein. Schließlich gebar ihm Kallisto einen strammen Sohn, der Arkas genannt wurde. Arkas wuchs rasch zu einem ansehnlichen Jüngling heran, der geschickt mit Pfeil und Bogen umzugehen wusste. Meist hielt er sich in den Bergen auf, um zu jagen.

Doch eines Tages erfuhr die Gattin des Zeus, nämlich Hera, von dessen heimlicher Buhlschaft mit Kallisto. Rasend vor Ei-

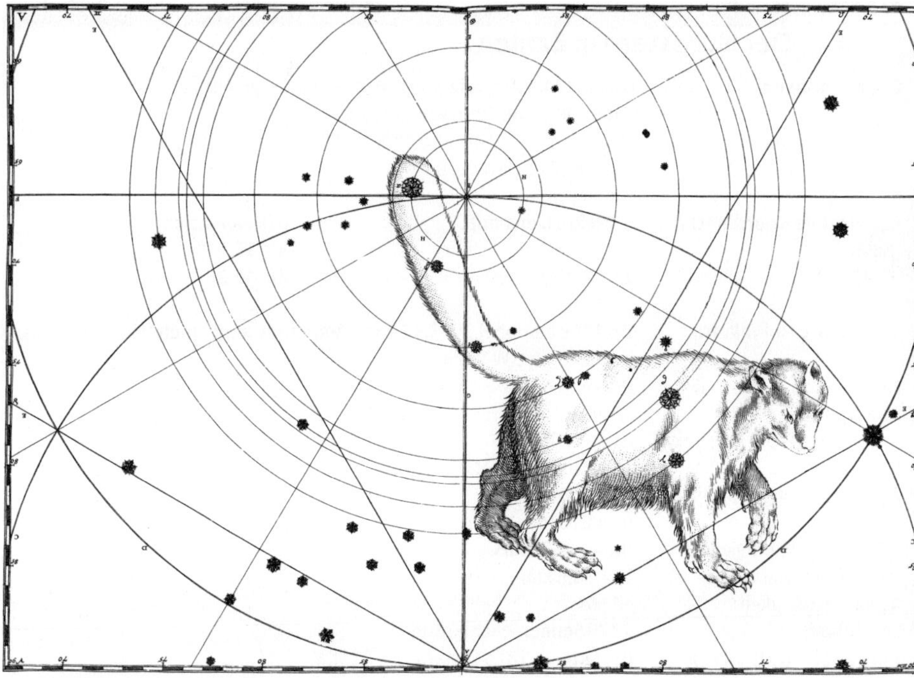

3.5 Figürliche Darstellung des Sternbildes Kleiner Bär in dem Sternatlas Uranometria von Johannes Bayer aus dem Jahre 1603.

fersucht verwandelte sie Kallisto in eine Bärin. Als Arkas von der Jagd nach Hause zurückkehrte, sah er die Bärin, spannte den Bogen und schoss einen Pfeil auf sie ab. Zeus verhinderte aber, dass Arkas zum Muttermörder wurde. Noch bevor Arkas' Pfeil die Bärin durchbohren konnte, ergriff Zeus deren Schwanz und schleuderte sie mit Schwung zu den Sternen empor, wo sie heute noch als Sternbild Großer Bär zu sehen ist. Infolge der Körperfülle der Bärin dehnte sich bei dieser Prozedur der Bärenschwanz gewaltig. Und so sehen wir heute die Bärin am Himmel mit einem langen, gekrümmten Schwanz. Ihre Zofe, die sie besonders schätzte, wurde von Zeus auf gleiche Weise unter die Sterne versetzt, so dass sie als Sternbild Kleiner Bär ebenfalls einen überdimensionalen Schwanz erkennen lässt. Arkas schließlich wurde auch in den Sternenhimmel aufgenommen und ist als Bärenhüter am Firmament verewigt. Er hält die Jagdhunde – ebenfalls ein Sternbild – fest an der Leine, damit sie sich nicht auf die Bärin stürzen.

Einer anderen Version nach ist Arkas, Sohn der Kallisto, ein Bärenjunge und als Kleiner Bär neben seiner Mutter unter die Sterne versetzt worden. Als Zirkumpolarbilder wandern Großer und Kleiner Bär in ewigem Reigen um den Pol, so dass sie in jeder Nacht von Zeus liebevoll betrachtet werden können. Die eifersüchtige Hera bestürmte Poseidon, er möge es den Bären nicht gestatten, im Ozean zu baden. So bleiben sie zirkumpolar und sinken nie unter den Horizont. Die Große Bärin allerdings berührt mit ihren Pranken bei ihrer unteren Kulmination die Meeresoberfläche.

Eine andere Sage berichtet: Großer und Kleiner Bär sind zwei Ammen, die einst Zeus großzogen. Zu Beginn der Welt herrschte das Chaos. Aus ihm wurde der Kosmos geboren, dessen Ureltern Vater Uranos, der gestirnte Himmel, und Gaia, die Mutter der Erde sind. Als nächste Göttergeneration herrschten Kronos und Rhea. Die Mutter von Kronos, Gaia, prophezeite ihrem Sohn, dass einer seiner Söhne ihn vom Herrscherthron stürzen werde. Kronos wollte dies verhindern.

Der Nordstern in Zahlen

Bezeichnungen:	α Ursae Minoris, Polarstern, Polaris, Lodestar, Alrukaba, Kynosura, Yilduz, Mismar, Stern von Arkadien	
Katalog-Nummern:	Flamsteed Nr. 1 / BD + 88°008 / HD 8890 / SAO 308 / Yale BSC 424 / ADS 1477 / Σ (Struve) 93	
Äquatoriale Koordinaten:	**α (Rektaszension)**	**δ (Deklination)**
(J2000.0)	$2^h 31^m 50^s{,}5$	89°15′51″
(B1900.0)	$1^h 22^m 33^s{,}7$	88°46′26″
Scheinbare Helligkeit:	$V = 1^m{,}98$ (variabel, P = 3,97 Tage, Amplitude abnehmend: $0^m{,}02$ / Cepheide, Typ W Virginis)	
Farbindices:	B-V = + 0,63 / U-B = + 0,38	
Spektraltyp:	F8 Ib	
Trigonometrische Parallaxe:	$\pi = 0{,}''00756$	
Entfernung:	132 Parsec = 430 Lichtjahre	
Eigenbewegung pro Jahr:	$\mu_\alpha = 0{,}''038$	
	$\mu_\alpha = 0{,}''015$	
Radialgeschwindigkeit:	RG = - 16,7 km/s	
Raumgeschwindigkeit:	$V_R = 30{,}6$ km/s	
Absolute Helligkeit:	$-3^M{,}64$	
Leuchtkraft:	2370 Sonnenleuchtkräfte	
Doppelstern (ADS 1477):	Begleiter in $18{,}''5$ Distanz, P = 218°, $V = 9^m{,}5$	

Jedes Mal, wenn Rhea ihm einen Sohn schenkte, verschlang er ihn. Rhea war tief betrübt über ihren grausamen Gatten, der alles Heranwachsende vernichtete. Als sie wieder ein Kind erwartete, fragte sie ihre Mutter Gaia und ihren Vater Uranos um Rat, wie sie ihr Kind vor dem alles verschlingenden Kronos retten könne. Die Eltern rieten ihrer bangenden Tochter, sich im abgelegenen Idagebirge auf der Insel Kreta in einer Höhle zu verbergen, um dort im Schutz der Dunkelheit ihre Niederkunft abzuwarten. Die Höhle ist heute noch auf Kreta zu besichtigen (Dikti-Höhle).

Rhea verbarg sich in besagter Höhle und gebar Zeus, den späteren Herrscher über Himmel und Erde. Rhea überließ den frisch geborenen Knaben zwei Nymphen, die ihn als Ammen pflegten und ihn mit der Milch der Ziege Amalthea nährten. Kronos war nicht verborgen geblieben, dass Rhea schwanger war. Er folgte ihr ins Idagebirge und forderte sein Kind. Rhea reichte ihm einen in Windeln gewickelten Stein, den Kronos sofort verschlang. Aber Kronos wurde eines Tages misstrauisch und suchte nach Zeus. Dieser verwandelte sich in einen Drachen und seine beiden Ammen in zwei Bärinnen. Nach dem Sieg über Kronos versetzte er die beiden Bärinnen zum Dank für ihre Hilfe unter die Sterne, wo sie noch heute bewundert werden können.

Monatsthema

Die totale Mondfinsternis vom 3./4. März 2007

Am Samstag, dem 3. März 2007, ist es wieder einmal so weit: Nach fast drei Jahren tritt der Mond wieder vollständig in den Kernschatten der Erde, es kommt zu einer totalen Mondfinsternis. Dieses kosmische Schattenspiel ist in seiner gesamten Länge von Mitteleuropa aus beobachtbar, vorausgesetzt der Wettergott spielt mit und schenkt uns einen möglichst wolkenfreien Himmel. Für junge Sternfreunde und berufstätige Amateurastronomen ist der Termin ideal, denn am Sonntagmorgen kann man ausschlafen, wenn man erst nach zwei Uhr morgens in Morpheus Arme sinkt.

Der Vollmond geht um 17^h41^m MEZ am Samstagabend in 50° nördlicher Breite und 10° östlicher Länge auf. Der Eintritt des Mondes in den Kernschatten beginnt um 22^h30^m. Um 2^h12^m verlässt der Mond wieder den Kernschatten, der sichtbare Teil der Finsternis endet hiermit. Der Monduntergang erfolgt um 7^h08^m am Sonntag, 4. März. Somit ist der Mond bei uns während des gesamten Verlaufs der Finsternis über dem Horizont.

3.6 Aufnahme der totalen Mondfinsternis vom 9. Januar 2001 von Martin Gertz (Sternwarte Welzheim/Planetarium Stuttgart).

Wie kommt es zu einer Mondfinsternis?

Zu einer Mondfinsternis kommt es, wenn unser Trabant vom Schattenkegel der Erde getroffen wird. Dies kann nur geschehen, wenn er der Sonne genau gegenübersteht – von der Erde aus betrachtet. Sonne und Mond stehen am irdischen Firmament immer dann einander gegenüber, wenn die Vollmondphase eintritt. Dann geht der Mond mit Sonnenuntergang auf, passiert um Mitternacht den Meridian und geht unter, wenn die Sonne morgens wieder aufgeht. Der Mond muss somit in Opposition zur Sonne stehen, damit er vom Erdschatten getroffen wird.

Am 4. März tritt die geozentrische Opposition (in Rektaszension) um $0^h0^m44^s$ ein. Doch nicht bei jeder Oppositionsstellung des Mondes kommt es zu einer Verfinsterung. Denn die Mondbahn verläuft nicht genau in der Erdbahnebene, sondern ist rund 5° zu ihr geneigt. Meist zieht der Vollmond deshalb nördlich oder südlich vom Kernschattenkegel der Erde vorbei. Nur wenn der Vollmond die Ekliptik kreuzt, tritt er in den Schatten der Erde. Die beiden Schnittpunkte der Mondbahn mit der Ekliptik werden Knoten oder Drachenpunkte genannt. Drachenpunkte heißen sie, weil die Chinesen einst glaubten, wenn der Mond sich verfinstert, würde ein Drache den Mond verschlingen und ihn anschließend wieder ausspeien.

3.7 Die Größe der Mondfinsternis gibt die maximale Eindringtiefe der Mondscheibe in den Kernschatten der Erde an (Strecke AB). Sie wird in Einheiten des Mondscheibendurchmessers angegeben.

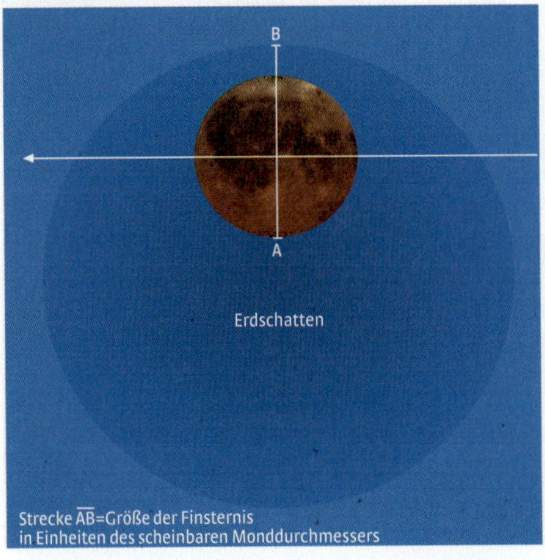

Man unterscheidet drei Typen von Mondfinsternissen: Halbschatten-, partielle und totale Mondfinsternisse. Bei einer Halbschattenfinsternis taucht der Vollmond überhaupt nicht in den Kernschatten der Erde ein, da er zu weit von der Erdbahnebene (Ekliptikebene) entfernt ist. Eine Halbschattenfinsternis ist schwierig bis gar nicht beobachtbar. Solange der Mond weniger als das 0,7fache seines Scheibendurchmessers in den Halbschatten eintaucht (man sagt, die Größe der Halbschattenfinsternis ist kleiner als 0,7) kann man am Vollmond nichts Ungewöhnliches registrieren. Erst wenn die Halbschattenfinsternis fast die Größe 1 erreicht, fällt aufmerksamen Beobachtern ein leichter Grauschleier auf, der sich zum Schattenzentrum hin verdichtet. Halbschattenfinsternisse des Mondes bleiben unauffällige Ereignisse und werden von der Bevölkerung meist gar nicht wahrgenommen. Aus Gründen der Vollständigkeit und der Statistik wegen sind auch die Halbschattenfinsternisse in den Jahrbüchern und Finsternistabellen verzeichnet.

Von einer partiellen oder teilweisen Finsternis spricht man, wenn ein Teil der Mondscheibe vom Kernschatten der Erde getroffen wird. Tritt der Mond vollständig in den Kernschatten ein, so ist die Finsternis total. Ob eine Mondfinsternis partiell oder total ausfällt, lässt sich aus der Größe der Finsternis ersehen. Unter „Größe der Mondfinsternis" versteht man die maximale Eindringtiefe der Mondscheibe in den Kernschatten der Erde. Sie wird in Einheiten des Mondscheibendurchmessers angegeben. Ist die Größe kleiner als eins ($G < 1$), so bleibt die Finsternis partiell. Ist sie größer oder mindestens gleich eins ($G \geq 1$), so handelt es sich um eine totale Mondfinsternis. Die maximale Größe einer Mondfinsternis beträgt $G = 1{,}888$. Sie wird erreicht, wenn der Mond zentral durch den Kernschattenkegel der Erde wandert. Dies ist der Fall, wenn zur Finsternismitte die Kernschattenachse den Mittelpunkt der Mondscheibe trifft. Bei einer solch zentralen Finsternis dauert die Totalität etwa 1¾ Stunden. Diesmal beträgt die Größe der Finsternis $G = 1{,}237$. Der Mond verbleibt dabei eine und eine viertel Stunde, nämlich 74 Minuten, vollständig im Kernschatten.

Die totale Phase fällt vergleichsweise kurz aus, da die Vollmondphase am 4. März um 0^h17^m eintritt, der Mond aber erst um 6^h32^m durch seinen absteigenden Knoten läuft, also die Erdbahnebene passiert und dabei von der Nord- auf die Südseite der Ekliptik wechselt. Der Vollmond steht also noch 17′24“ nördlich der Ekliptik. Mit 29′42“ scheinbarem Durchmesser ist die Mondscheibe verhältnismäßig klein, was daran liegt, dass unser Begleiter zum Vollmondtermin mit 402 200 Kilometer vergleichsweise weit weg ist. Der Durchmesser des Kernschattenkegels der Erde wiederum beträgt in Monddistanz knapp das Dreifache des scheinbaren Monddurchmessers.

Der Verlauf der Finsternis

Der Mond wandert unter den Sternen von West nach Ost, da er die Erde umkreist. Diese Bewegung ist nicht zu verwechseln mit der täglichen Himmelsdrehung, die klarerweise bei allen Gestirnen von Ost nach West erfolgt.

Somit schiebt sich der Mond von Westen her kommend in den weit in den Weltraum hineinragenden Erdschatten. Zunächst taucht er in den Halbschatten ein, der 1. Kontakt findet statt, ein Vorgang der grundsätzlich unbeobachtbar bleibt (es sei denn, man steht auf dem Mond und blickt zur Erde: Dann sieht man, wie die Sonne den Erdrand tangiert.). Der erste Kontakt erfolgt am 3. März um 21^h16^m. Zu dieser Zeit bemerkt man noch nichts von dem bevorstehenden kosmischen Schattenspiel.

Allmählich beginnt sich der Südostquadrant der Mondscheibe mit einem leichten Grauschleier zu überziehen. Um 22^h30^m schließlich findet der 2. Kontakt statt, der Eintritt des Mondes in den Kernschatten beginnt. Der Positionswinkel beträgt dabei 136°,9. Er gibt den Punkt am Mondrand an, an dem der Kernschatten erstmals den Mond berührt. Der Positionswinkel wird dabei von Nord (0°) über Ost (90°), Süd (180°) und West (270°) gezählt. „Ost“ und „West“ gelten hier nach der astronomischen Definition. Der Ostrand geht dem Mondlauf unter den Sternen (von West *nach* Ost) voran, von der Nordhalbkugel der Erde aus betrachtet also der *linke* Mondrand. Wegen der Unschärfe des Erdschattens ist die Kontaktzeit nicht so leicht zu registrieren wie bei einer Sonnenfinsternis, bei der der atmosphärelose Mondrand gestochen scharf erscheint.

Schließlich ist der Mond um 23^h44^m vollständig in den Kernschatten getaucht, die totale Phase beginnt (3. Kontakt). Zur Mitte der Finsternis um 0^h21^m am 4. März 2007 wird die maximale Phase

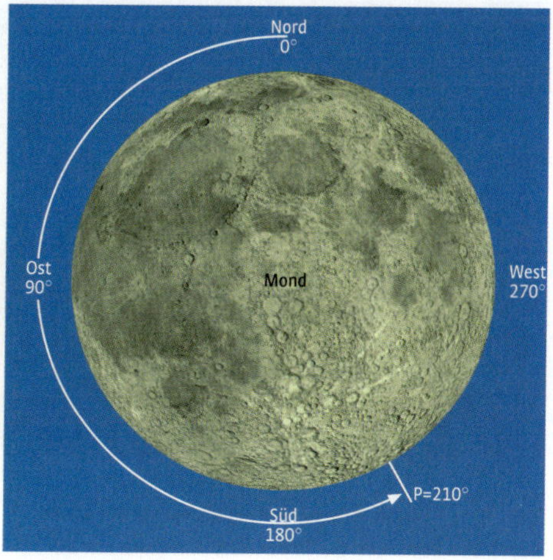

3.8 Der Positionswinkel wird gezählt von Nord (0°) über Ost (90°), Süd (180°) und West (270°).

erreicht, der Mond ist am tiefsten in den Kernschatten eingetaucht, nämlich das 1,237fache seines scheinbaren Durchmessers. Um 0^h58^m endet die Totalität, der Mond beginnt allmählich aus dem Kernschatten zu wandern (4. Kontakt). Schließlich verlässt er um 2^h12^m den Kernschatten ganz (5. Kontakt), der optisch sichtbare Teil der Mondfinsternis ist damit im Wesentlichen beendet. Der 5. Kontakt erfolgt beim Positionswinkel 279°,6. Dieser Punkt liegt am Westrand des Mondes. Er ist der letzte Berührungspunkt des Kernschattens mit dem Mondrand. Astronomisch korrekt endet die Mondfinsternis erst um 3^h25^m mit dem Austritt des Mondes aus dem Halbschatten der Erde (6. Kontakt). Er bleibt ebenso prinzipiell unbeobachtbar wie der Eintritt in den Halbschatten.

Erscheinungsbild einer Mondfinsternis

Der Kernschatten erscheint auf der Mondoberfläche nicht messerscharf wie der Neumondrand bei einer Sonnenfinsternis, sondern diffus, denn die Erde ist von einer dichten Lufthülle umgeben. Sie bewirkt auch, dass die im Kernschatten liegenden Gebiete des Mondes nicht völlig dunkel und unsichtbar sind. Selbst in der totalen Phase leuchtet der Mond in einem dunkelroten bis bläulich-roten Farbton, manchmal sogar in einem hellen Kupferrot.

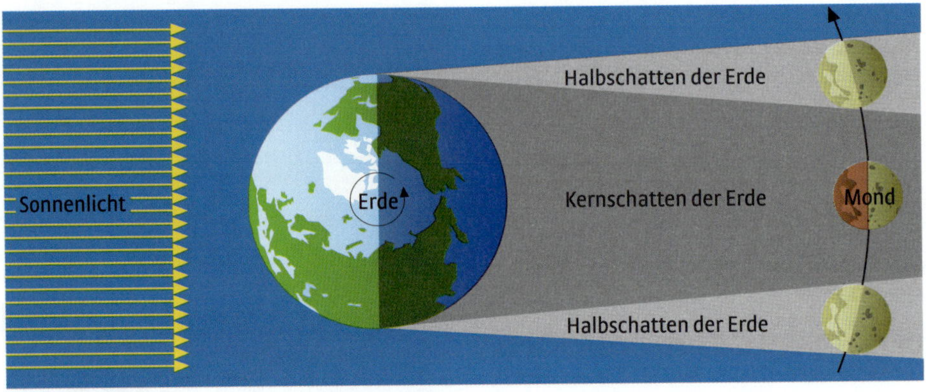

3.9 Eine Mondfinsternis entsteht, wenn der Mond durch den Schatten der Erde läuft. Sie kann nur bei Vollmond eintreten, da dann der Mond der Sonne gegenübersteht – von der Erde aus betrachtet.

Denn die Erdatmosphäre bricht die Sonnenstrahlen (atmosphärische Refraktion) und lenkt sie dadurch zum Teil in den Kernschattenbereich hinein. Vom Mond aus betrachtet erscheint bei einer Mondfinsternis die dunkle „Neuerde" von einem hellen Lichtsaum umgeben. Die Sonnenstrahlen werden durch die irdische Luft nicht nur gebrochen, sondern auch gefiltert. Die Luftmoleküle streuen das Sonnenlicht, und zwar umso stärker, je kurzwelliger es ist. Somit wird blaues Licht stärker gestreut als das langwellige rote Licht. Dies ist auch der Grund, weshalb uns an einem klaren Tag der Himmel blau erscheint. Die Sonne und der Mond erscheinen in Horizontnähe bei Auf- oder Untergang gerötet, weil das Licht zu unserem Auge einen längeren Weg zurücklegen muss, als wenn die Gestirne hoch am Himmel stehen. Deshalb erscheint auch der verfinsterte Mond in einem mehr oder weniger hellen, rötlichen Licht. Wie hell der Mond im Kernschatten noch leuchtet, hängt vom Verschmutzungsgrad der Erdatmosphäre ab. In vergangenen Jahrhunderten gab es nach großen Vulkanausbrüchen recht dunkle Mondfinsternisse. Durch die von der irdischen Zivilisation herbeigeführte Anreicherung von Ruß- und Staubpartikeln in der Lufthülle gab es in den letzten Jahren häufiger recht düstere Mondfinsternisse.

Die Helligkeit und Färbung des Mondes bei einer Finsternis klassifiziert man nach einer fünfstelligen Skala, die der französische Astronom André Danjon (1890 – 1967) vorgeschlagen hat. Die Danjonsche Kassifikation lautet:

Stufe	**Beschreibung**
0	sehr dunkle Finsternis, Mondscheibe grau schwarz, in der Mitte der Finsternis ist der Mond kaum zu sehen;
1	dunkle Finsternis, Mondscheibe grau, Oberflächendetails nur schwer erkennbar; Mond erscheint dunkelrot, Aufhellung zum Rand des Kernschattens hin;
2	Mond leuchtet ziegelrot, Kernschatten in den Randzonen gelblich aufgehellt;
3	Mond leuchtet kupferrot, helle Finsternis, mit Fernglas sind gut alle Oberflächeneinzelheiten erkennbar; oft hat dabei der Kernschatten einen bläulichen Saum.

Neben den Kontaktzeiten werden auch die Schattenein- und -austritte markanter Mondformationen registriert. Dabei notiert man drei Zeiten pro Messpunkt:

t_1 – der Eintritt in bzw. Austritt aus dem Kernschatten ist vermutlich soeben erfolgt
t_2 – der Eintritt ist höchstwahrscheinlich erfolgt
t_3 – der Eintritt ist inzwischen sicher erfolgt.

Durch Mittelung erhält man die wahrscheinlichste Eintrittszeit:
$t = (t_1 + 2 \times t_2 + t_3)/4$

Man wählt für die Bestimmung der Ein- und Austrittszeiten Mondformationen, die auch leicht bei Vollmond erkennbar sind. Es wird meist ein interna-

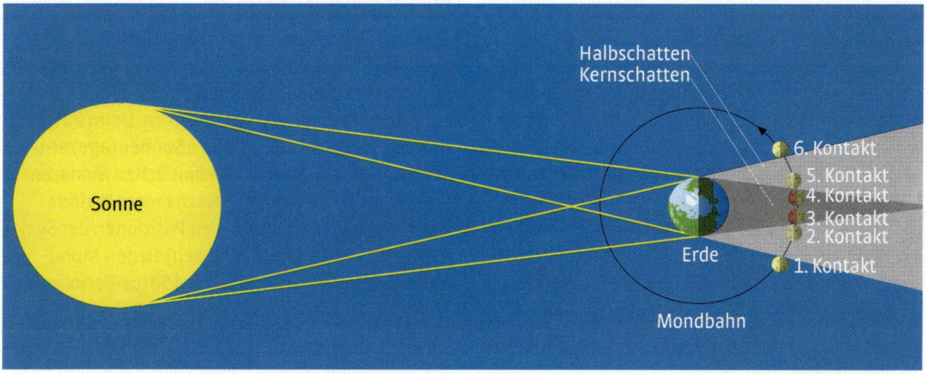

tionales Standardsystem von zwanzig Mondkratern verwendet, deren selenografische Koordinaten in der Tabelle unten angegeben sind. Diese Formationen sollte man sich rechtzeitig einprägen, um sie nicht erst bei der Finsternis suchen zu müssen. Man übe am besten bei Vollmond mehrere Monate im Voraus. Bei größeren Mondkratern sind jeweils für

3.10 Schematischer Verlauf einer totalen Mondfinsternis: 1. Kontakt: Mond tritt in den Halbschatten der Erde, 2. Kontakt: Mond tritt in den Kernschatten, 3. Kontakt: Beginn der Totalität, 4. Kontakt: Ende der Totalität, 5. Kontakt: Mond tritt aus dem Kernschatten, 6. Kontakt: Der Mond tritt aus dem Halbschatten.

Internationales System von Mondformationen zur Messung von Kernschatteneín- und -austritten

Formation	Selenografische Länge	Selenografische Breite
1. Aristarch	47,°4 W	+23,°7
2. Aristoteles	17,4 O	+50,2
3. Billy	50,1 W	−13,8
4. Campanus	27,8 W	−28,0
5. Dionysius	17,3 O	+ 2,8
6. Eudoxus	16,3 O	+44,3
7. Goclenius	45,0 O	−10,0
8. Grimaldi	68,6 W	− 5,2
9. Kepler	38,0 W	+ 8,1
10. Kopernikus	20,0 W	+ 9,7
11. Langrenus	60,9 O	− 8,9
12. Manilius	9,1 O	+14,5
13. Menelaus	16,0 O	+16,3
14. Plato	9,3 W	+51,6
15. Plinius	23,7 O	+15,4
16. Proclus	46,8 O	+16,1
17. Pytheas	20,6 W	+20,5
18. Taruntius	46,5 O	+ 5,6
19. Timocharis	13,1 W	+26,7
20. Tycho	11,2 W	−43,3

beide Kraterränder die Ein- und Austrittszeiten zu vermerken (z. B. für Plato).

Aus den Schattenein- und -austrittszeiten lässt sich die Größe des Kernschattens der Erde in Monddistanz ermitteln. Dabei zeigt sich ein interessantes Phänomen: Der Schatten fällt stets größer aus als der aus den geometrischen Verhältnissen abgeleitete theoretische Wert. Von Finsternis zu Finsternis fällt die Vergrößerung unterschiedlich aus, liegt aber fast immer zwischen einem und zwei Prozent des errechneten Wertes. Ursache der Schattenvergrößerung ist die dichte und immer mehr verschmutzte Erdatmosphäre. Sie täuscht eine Vergrößerung der Erdkugel vor.

Oftmals will man das phänomenale Schauspiel einer Mondfinsternis für längere Zeit festhalten und dokumentieren. Neben der klassischen Fotografie bietet sich heute die Möglichkeit, den Verlauf einer Mondfinsternis digital aufzunehmen und zu speichern. Dazu benötigt man neben einem Teleskop eine Digital- oder CCD-Kamera beziehungsweise eine Webcam und einen Computer. Wie man dabei vorgeht und was alles zu berücksichtigen ist, wird in dem sehr nützlichen „Praxisbuch der Astronomie mit dem PC“ beschrieben, das im Verlag Data Becker 2005 erschienen ist (ISBN 3-8158-2555-5). Autor ist Dr. Steffen Brückner, praxiserfahrener Observator der Sternwarte Welzheim des Stuttgarter Planetariums.

Der Saros-Zyklus

Schon im achten vorchristlichen Jahrhundert war den babylonischen Astronomen bekannt, dass sich Sonnen- und Mondfinsternisse nach 18 Jahren und zehn Tagen fast genau wiederholen. Denn 223 Lunationen (= 6585,322 mittlere Sonnentage) entsprechen fast genau 42 drakonitischen Monaten (= 6585,357 Sonnentage). Nach dieser Periode wiederholen sich die relativen Positionen der Syzygien (Neu- und Vollmondphasen) zu den Mondbahnknoten. Diese Periode wird Saros-Periode genannt. Allerdings bleibt eine kleine Differenz von 0,035 Tagen, das sind 50 Minuten, die beispielsweise der Vollmond zu früh gegenüber einem Knotendurchgang eintritt. Nach einigen Saros-Perioden finden dann in diesem Zyklus keine Mondfinsternisse mehr statt, neue Saros-Zyklen bilden sich, wenn der Vollmond wieder nahe genug an einen Bahnknoten heranrückt.

Die totale Mondfinsternis vom 3./4. März 2007 gehört zum Saros-Zyklus Nr. 123. Dieser Zyklus begann mit der ersten Finsternis am 16. August 1087 und wird mit der Finsternis vom 19. Oktober 2385 enden. Insgesamt umfasst diese Saros-Serie 73 Mondfinsternisse, davon 25 totale, 14 partielle und 34 Halbschattenfinsternisse. Somit dauert die Saros-Serie Nr. 123 insgesamt 1298 Jahre. Die totale Mondfinsternis vom 3./4. März 2007 ist dabei die 52. im Saros Nr. 123.

April 2007

Venus dominiert den Abendhimmel. Saturn im Sternbild Löwe zieht sich vom Morgenhimmel allmählich zurück. Jupiter im Schlangenträger ist Planet der zweiten Nachthälfte.
Zum Monatsende taucht Mars am Morgenhimmel auf.

Großer Wagen und Himmels-W Anfang März um 22h

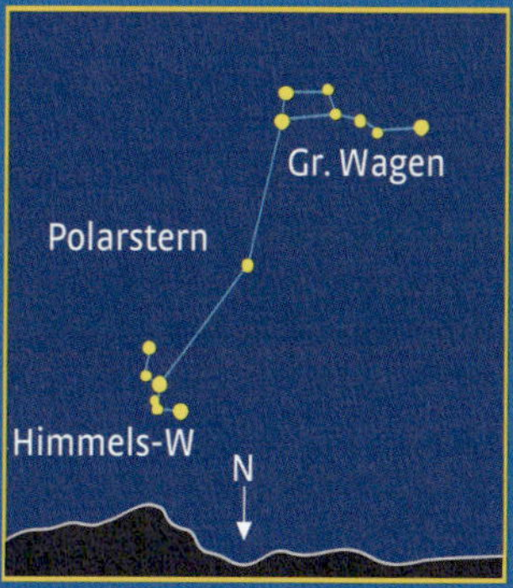

4.1 Anblick des abendlichen Sternenhimmels am 20. April gegen 19h MEZ (= 20h MESZ). Über dem Westhorizont leuchtet Venus im Sternbild Stier. Knapp über ihr ist die Sichel des zunehmenden Mondes zu sehen.

Sonnenlauf im April

19.4. 7^h^
Sonne tritt in das Sternbild Widder
20.4. 13^h^
Sonne tritt in das Tierkreiszeichen Stier
Julianisches Datum am 1. April, 1^h^ MEZ: 2 454 191,5

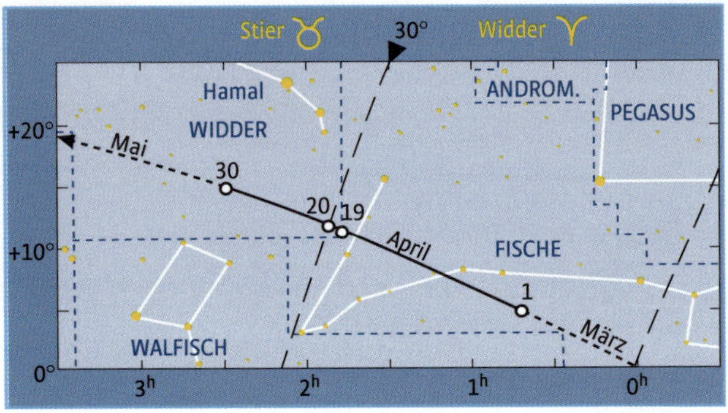

Tag	Dämmerg. Anfang	Aufgang MEZ	Kulmination	Untergang MEZ	Dämmerg. Ende	Mittagshöhe	Zeitgleichg.	Rektaszension	Deklination
	h m	h m	h m	h m	h m	°	m	h m	°
1.	4 46	5 58	12 24	18 51	20 03	44,5	–4	0 40	+ 4,3
5.	4 36	5 49	12 23	18 57	20 10	46,0	–3	0 54	+ 5,8
10.	4 24	5 39	12 21	19 05	20 20	47,9	–1	1 12	+ 7,7
15.	4 12	5 28	12 20	19 13	20 29	49,7	0	1 31	+ 9,5
20.	4 00	5 18	12 19	19 21	20 39	51,5	+1	1 49	+11,3
25.	3 48	5 08	12 18	19 29	20 49	53,1	+2	2 08	+13,0
30.	3 37	4 59	12 17	19 36	20 59	54,7	+3	2 27	+14,5

Tages- und Nachtstunden im April

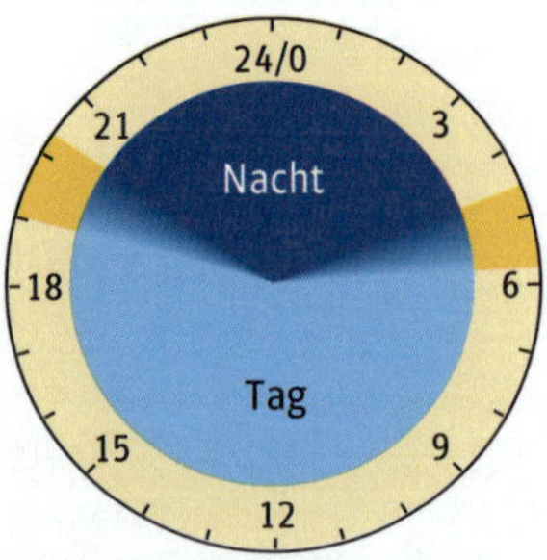

5. April

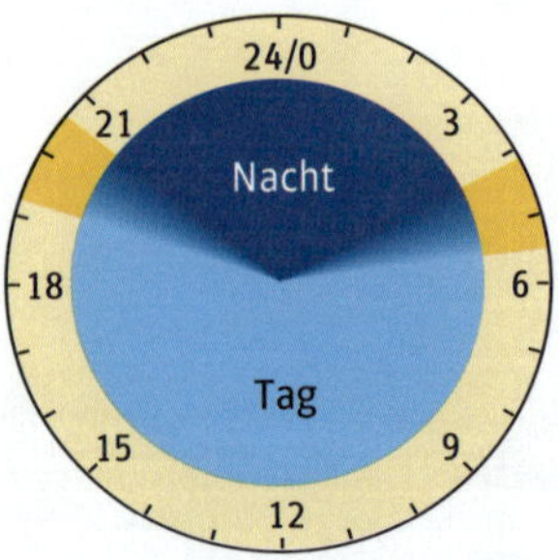

15. April

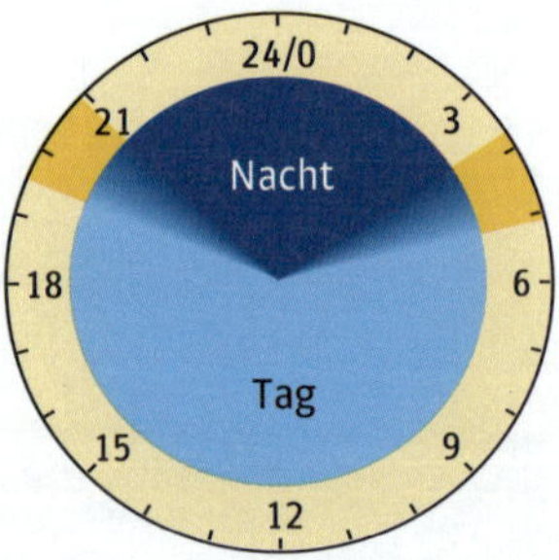

25. April

Mondlauf im April

Datum		Aufg. MEZ	Kulmination	Unterg. MEZ	Rektaszension	Deklination	Sterne und Sternbilder	Phase	MEZ
		h m	h m	h m	h m	°			
So	1.	17 49	23 51	5 28	11 30	+ 2,6	Löwe		
Mo	2.	18 57	–	5 39	12 12	– 3,1	Jungfrau	**Vollmond**	**18^h15^m**
Di	3.	20 06	0 30	5 51	12 54	– 8,6	Spica	Erdferne 406/29′,4	10^h
Mi	4.	21 16	1 10	6 04	13 37	–13,9	Spica		
Do	5.	22 29	1 53	6 20	14 23	–18,6	Waage		
Fr	6.	23 40	2 38	6 40	15 11	–22,7	Waage		
Sa	7.	–	3 27	7 08	16 01	–25,8	Antares		
So	8.	0 49	4 19	7 47	16 55	–27,8	Antares	Größte Südbreite	
Mo	9.	1 48	5 13	8 39	17 51	–28,5	Schütze		
Di	10.	2 36	6 09	9 46	18 48	–27,7	Schütze, Nunki	**Letztes Viertel**	**19^h04^m**
Mi	11.	3 12	7 03	11 03	19 45	–25,4	Schütze	Libration Ost	
Do	12.	3 39	7 57	12 26	20 41	–21,7	Steinbock		
Fr	13.	3 59	8 49	13 51	21 35	–16,7	Steinbock		
Sa	14.	4 16	9 39	15 18	22 28	–10,6	Wassermann	Aufsteigender Knoten	
So	15.	4 31	10 29	16 45	23 21	– 3,8	Wassermann		
Mo	16.	4 46	11 20	18 14	0 13	+ 3,3	Fische		
Di	17.	5 03	12 14	19 47	1 08	+10,4	Fische	**Neumond**	**12^h36^m**
								Erdnähe 357/33′,5	7^h
Mi	18.	5 23	13 10	21 21	2 05	+16,8	Widder, Hamal		
Do	19.	5 49	14 10	22 52	3 05	+22,2	Widder		
Fr	20.	6 25	15 13	–	4 08	+26,1	Stier, Plejaden	Größte Nordbreite	
Sa	21.	7 15	16 16	0 13	5 12	+28,1	Stier, Al Nath		
So	22.	8 19	17 16	1 16	6 16	+28,3	Fuhrmann		
Mo	23.	9 34	18 12	2 02	7 16	+26,7	* Kastor, Pollux	Libration West	
Di	24.	10 52	19 03	2 33	8 12	+23,7	Krebs, Krippe	**Erstes Viertel**	**7^h36^m**
Mi	25.	12 08	19 49	2 55	9 04	+19,6	Krebs, Krippe		
Do	26.	13 21	20 31	3 12	9 52	+14,8	* Löwe, Regulus		
Fr	27.	14 31	21 12	3 25	10 37	+ 9,5	* Löwe, Regulus	Absteigender Knoten	
Sa	28.	15 39	21 51	3 37	11 20	+ 3,9	Löwe		
So	29.	16 47	22 29	3 48	12 01	– 1,7	Jungfrau		
Mo	30.	17 55	23 09	3 59	12 43	– 7,3	Jungfrau	Erdferne 406/29′,4	12^h

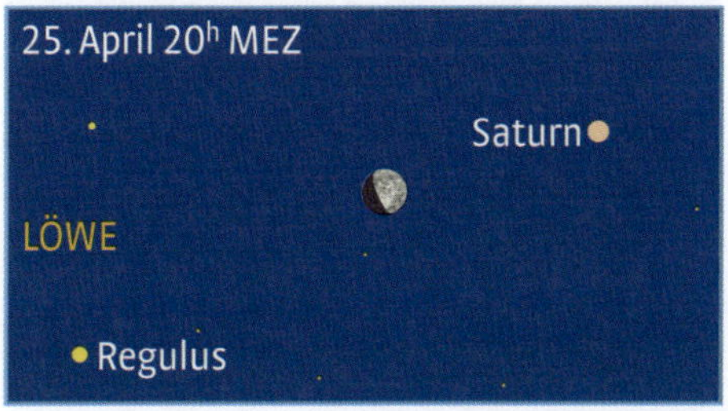

25. April 20^h MEZ

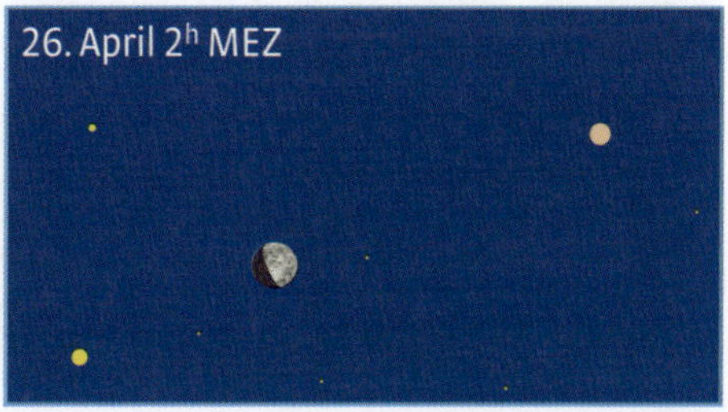
26. April 2^h MEZ

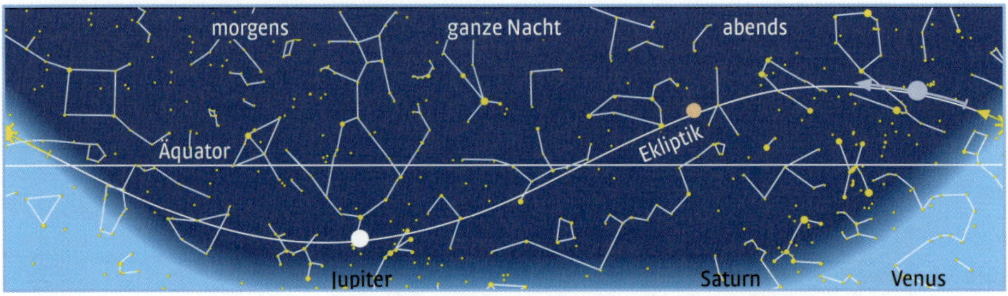

Planetenlauf im April

Merkur hat seine größte westliche Elongation gerade hinter sich. Er eilt der Sonne rechtläufig nach, kann sie aber in diesem Monat nicht mehr erreichen. Bis Monatsende schrumpft jedoch sein westlicher Winkelabstand von der Sonne auf knapp drei Grad. Anfang Mai steht der schnelle Planet dann in oberer Konjunktion mit der Sonne. Fazit: Merkur bleibt den ganzen Monat über unbeobachtbar. Auch die Begegnung mit Uranus am 1. bleibt unsichtbar.

Venus beherrscht mit ihrem Glanz den Abendhimmel. Sie wandert durch die nördlichen Gefilde des Tierkreises – entsprechend groß fällt auch ihr Tagbogen aus. Ihr östlicher Winkelvorsprung vor der Sonne erreicht bis Monatsende fast 42°. Venus verlässt am 7. das Sternbild Widder und dringt in das Sternbild Stier ein. Zur Monatsmitte passiert sie

4.2 Heliozentrischer Anblick des Planetensystems im zweiten Jahresviertel 2007. Eingetragen sind links die Positionen der inneren Planeten für den 1. April (4), 1. Mai (5), 1. Juni (6) und 1. Juli (7). Der rechte Teil zeigt das äußere Planetensystem zu Anfang und Ende des zweiten Jahresviertels. Die Pfeile deuten die Richtungen zu den ferneren Planeten sowie zum Frühlingspunkt an.

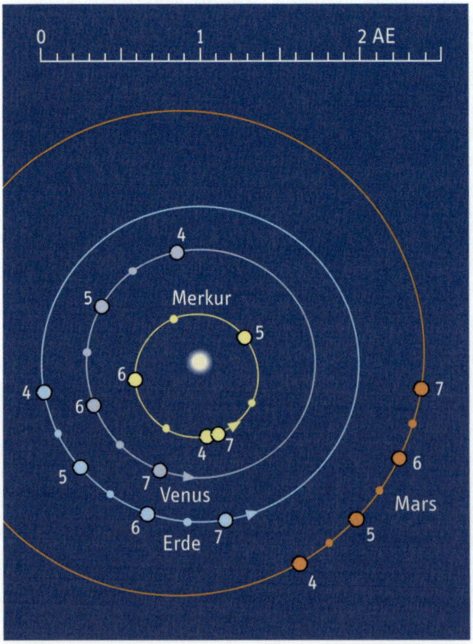

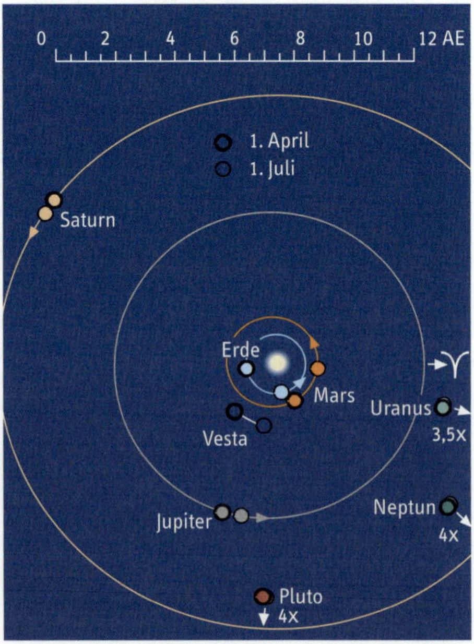

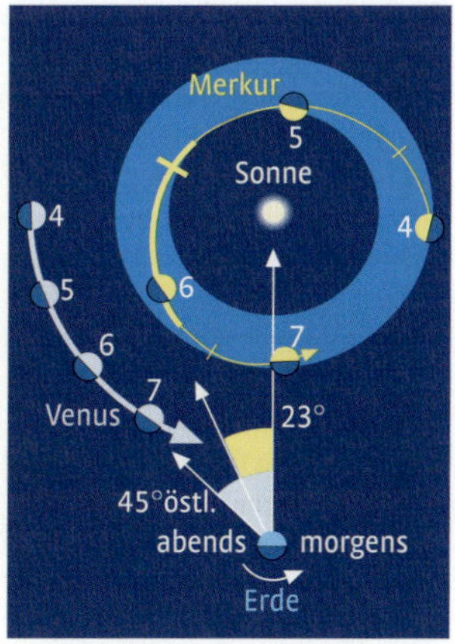

4.3 Heliozentrische Bewegungen von Merkur und Venus relativ zur Erde. In den dicker ausgezogenen Bahnteilen sind die Planeten beobachtbar. Die Zahlen markieren die Positionen jeweils zum Monatsersten. Östlicher Winkelabstand bedeutet Abendsichtbarkeit, westliche Elongation: Planet steht am Morgenhimmel.

das Goldene Tor der Ekliptik, zieht also zwischen den beiden offenen Sternhaufen Hyaden und Plejaden hindurch. Am 21. wandert Venus 7° nördlich an Aldebaran vorbei (siehe auch Abb. 4.4).

Die Untergänge unseres inneren Nachbarplaneten verspäten sich ebenfalls. Auch wenn die Sonne jetzt abends länger scheint, so ergibt sich doch ein Gewinn an Sichtbarkeitsdauer. Am 1. erfolgt der Venusuntergang um $22^{h}17^{m}$ (= $23^{h}17^{m}$ Sommerzeit) und am 15. um $22^{h}58^{m}$. Am Monatsletzten geht die $-4\overset{m}{,}1$ helle Venus erst um $23^{h}33^{m}$ unter. Berücksichtigt man die Sommerzeit, so ist dies bereits eine halbe Stunde nach Mitternacht. Damit kann Venus sogar um Mitternacht weit im Nordwesten gesehen werden.

Am 20. erfolgt der monatliche Besuch des zunehmenden Mondes, ein beeindruckender Anblick am Abendhimmel für Naturfreunde (siehe Abb. 4.1 auf Seite 101).

Am 12. zeigt sich das knapp 15″ große Venusscheibchen zu 75 % beleuchtet. Das Perihel ihrer fast kreisförmigen Bahn passiert Venus am 19., wobei ihr Sonnenabstand 107 Millionen Kilometer (= 0,715 AE) misst.

Mars wandert rechtläufig durch den Tierkreis. Am 2. April verlässt er das Sternbild Steinbock und wechselt in den Wassermann. Gegen Monatsende taucht Mars endlich am Morgenhimmel auf. Am 20. geht der $1\overset{m}{,}0$ helle Mars um $3^{h}58^{m}$ (= $4^{h}58^{m}$ Sommerzeit) auf. Bis Monatsende verfrühen sich die Marsaufgänge auf $3^{h}33^{m}$. Erst eine halbe Stunde nach seinem Aufgang macht es Sinn, nach dem roten Planeten Ausschau zu halten. Etwa eine Viertelstunde später verblasst er wieder in der zunehmenden Morgenhelle.

Erfahrene Beobachter in südlicheren Gegenden als 50° nördlicher Breite mögen die Begegnung mit dem Mond am 14. mit einem Fernglas gegen 5^{h} morgens verfolgen. Die abnehmende Mondsichel steht $1\overset{\circ}{,}7$ nordöstlich von Mars.

Am 28. wandert Mars nur 0°45′ südlich am lichtschwachen ($5\overset{m}{,}9$) Uranus vorbei.

Im Fernrohr erkennt man kaum Einzelheiten auf dem nur gut 5″ großen Planetenscheibchen.

Jupiter im Schlangenträger bleibt am 6. stehen und setzt zu seiner Oppositionsschleife an. Von da an wandert er rückläufig

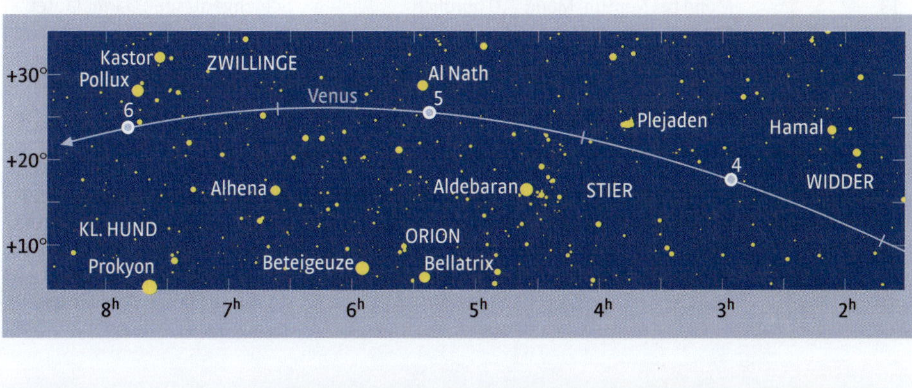

4.4 Scheinbare Bahn des Planeten Venus durch die Sternbilder Widder, Stier und Zwillinge von Mitte März bis Anfang Juni 2007. Die Zahlen geben die Venusposition zum jeweiligen Monatsersten an (4 = 1. April).

durch den Ophiuchus (lat., Schlangenträger) – siehe auch Abb. 6.4 auf Seite 140.

Der Riesenplanet steigert seine Helligkeit auf $-2\overset{m}{,}5$ und verlagert seine Aufgänge in die späten Abendstunden. Am 1. geht Jupiter um 0^h53^m (= 1^h53^m Sommerzeit) auf, am 15. um 23^h53^m und am 30. bereits um 22^h50^m. Sieht man von Mond und Venus ab, so ist Jupiter das hellste Gestirn am Nachthimmel.

Der Äquatordurchmesser des Jupiterscheibchens wächst auf knapp 44″ an, der Poldurchmesser auf 41″.

Der abnehmende Halbmond zieht am 8. knapp 6° südlich am Riesenplaneten vorbei.

Saturn bremst seine rückläufige Wanderung durch den Löwen ab und kommt am 20. vollends zum Stillstand. Damit beendet der Ringplanet seine Oppositionsperiode. Dies wird auch an der weiter leicht abnehmenden Saturnhelligkeit und an den immer früher erfolgenden Untergängen deutlich. Aus der zweiten Nachthälfte beginnt sich der Ringplanet allmählich zurückzuziehen.

Am 1. geht Saturn um 4^h36^m (= 5^h36^m Sommerzeit) unter und am 15. um 3^h40^m. Am Monatsletzten sinkt der $0\overset{m}{,}4$ helle Ringplanet bereits um 2^h41^m unter die westliche Horizontlinie. Seine Kulminationen verlegt Saturn in die frühen Abendstunden. Geht er zu Monatsbeginn noch um 21^h06^m (= 22^h06^m Sommerzeit) durch den Meridian, so erfolgt seine Passage der Mittagslinie am Monatsende schon um 19^h11^m.

Uranus stand Anfang letzten Monats in Konjunktion mit der Sonne. Der grünliche Planet wandert rechtläufig durch den Wassermann und bleibt noch in den Strahlen der Sonne verborgen.

Konstellationen und Ereignisse im April

Datum	MEZ	Ereignis
1.	1^h	Pluto im Stillstand, anschließend rückläufig
1.	8	Merkur bei Uranus, Merkur $1\overset{\circ}{,}6$ südlich
6.	3	Jupiter im Stillstand, anschließend rückläufig
8.	10	Mond bei Jupiter, Mond $5\overset{\circ}{,}9$ südlich
13.	1	Mond bei Neptun, Mond $2\overset{\circ}{,}0$ nördlich
14.	3	**Mond bei Mars**, Mond $0\overset{\circ}{,}5$ nördlich, **Abstand $1\overset{\circ}{,}7$ um 5^h** (Fernglas!)
14.	21	Mond bei Uranus, Mond $1\overset{\circ}{,}0$ nördlich
16.	12	Mond bei Merkur, Mond $4\overset{\circ}{,}9$ nördlich
19.	6	Venus im Perihel
20.	2	Saturn im Stillstand, anschließend rechtläufig
20.	9	**Mond bei Venus**, Mond $3\overset{\circ}{,}3$ nördlich, **Abstand $6\overset{\circ}{,}0$ um 19^h**
25.	11	**Mond bei Saturn**, Mond $1\overset{\circ}{,}1$ nördlich, **Abstand $5\overset{\circ}{,}2$ um 2^h und Abstand $4\overset{\circ}{,}6$ um 20^h**
28.	20	Mars bei Uranus, Mars $0\overset{\circ}{,}7$ südlich

Auch die Begegnungen mit Merkur am 1. und mit Mars am 28. bleiben unbeobachtbar.

Neptun, rechtläufig im Steinbock, kann sich am Morgenhimmel noch nicht durchsetzten und bleibt unbeobachtbar.

Pluto wird am 1. im Sternbild Schütze (lat.: Sagittarius) stationär und setzt zu seiner Oppositionsschleife an. Danach bewegt er sich rückläufig vor dem Hintergrund der fernen Fixsterne (siehe Abb. 6.6 auf Seite 141). In Opposition zur Sonne steht der sonnenferne Pluto am 19. Juni (siehe „Planetenlauf" im Juni).

Planetoiden

Juno (3) kommt am 10. im Sternbild Jungfrau in Opposition zur Sonne. Mit nur $9\overset{m}{,}7$ Oppositionshelligkeit fällt ihre Opposition recht ungünstig aus. Für Sternfreunde ist Juno diesmal kein attraktives Objekt.

Ihre Oppositionsentfernung von der Erde beträgt 320 Millionen Kilometer (= 2,14 AE), ihr Sonnenabstand 468 Millionen Kilometer (= 3,13 AE).

Vesta (4) kommt am 18. abends zum Stillstand und wandert anschließend rückläufig durch den Schlangenträger. Damit läutet Planetoid Nr. 4 seine diesjährige Oppositionsperiode ein, was auch an der kräftig zunehmenden Helligkeit erkennbar ist, die zu Monatsende $6\overset{m}{,}0$ erreicht – die theoretische Grenzgröße für die Sichtbarkeit mit bloßen Augen (siehe auch Abb. 6.5 auf Seite 141).

Am 1. kulminiert Vesta um 4^h38^m, am 15. um 3^h47^m und am 30. bereits um 2^h47^m (= 3^h47^m Sommerzeit).

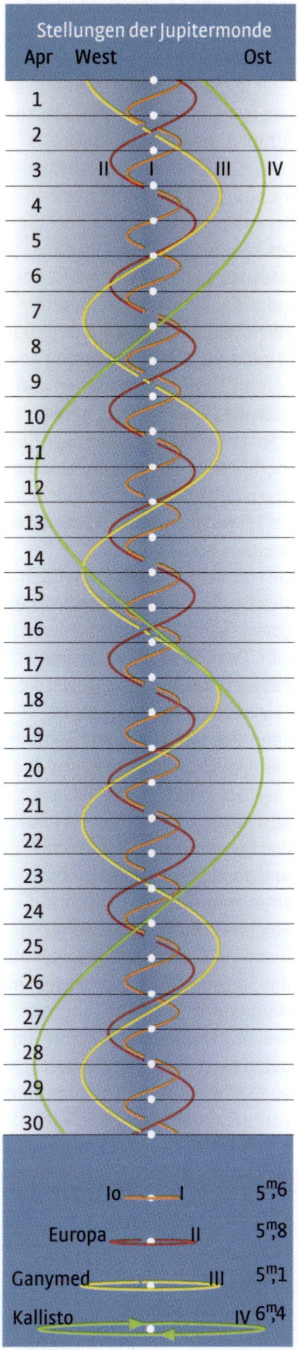

Jupitermonde

Tag	MEZ h m	Vorgang	
3.	4 15	I	SA
	5 25	I	DA
4.	1 28	I	VA
	1 29	II	VA
	4 48	I	BE
5.	0 54	I	SE
	2 03	I	DE
6.	0 53	II	DE
	1 47	III	DA
	3 47	III	DE
11.	3 21	I	VA
	4 05	II	VA
12.	0 37	I	SA
	1 42	I	DA
	2 48	I	SE
	3 52	I	DE
13.	0 47	II	DA
	1 04	III	SA
	1 04	I	BE
	1 12	II	SE
	3 10	III	SE
	3 17	II	DE
19.	2 31	I	SA
	3 30	I	DA
	4 41	I	SE
20.	1 14	II	SA
	2 52	I	BE
	3 09	II	DA
	3 46	II	SE
	5 02	III	SA
21.	0 07	I	DE
22.	0 30	II	BE
24.	0 54	III	BE
26.	4 24	I	SA
27.	1 36	I	VA
	3 47	II	SA
	4 38	I	BE
	23 44	I	DA
28.	1 04	I	SE
	1 54	I	DE
29.	2 52	II	BE
30.	23 03	III	VA

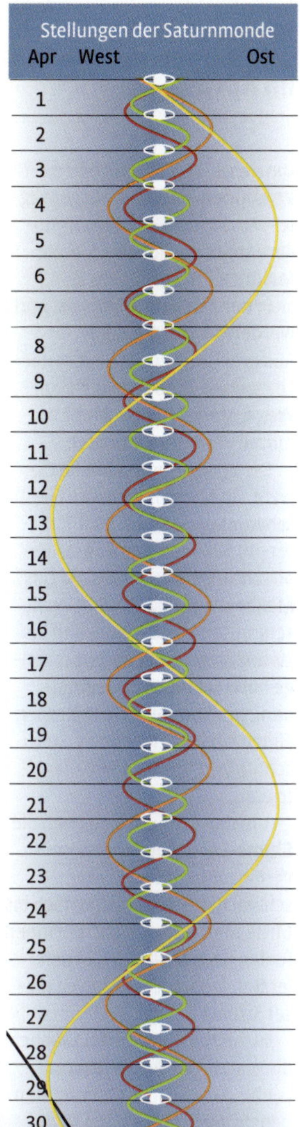

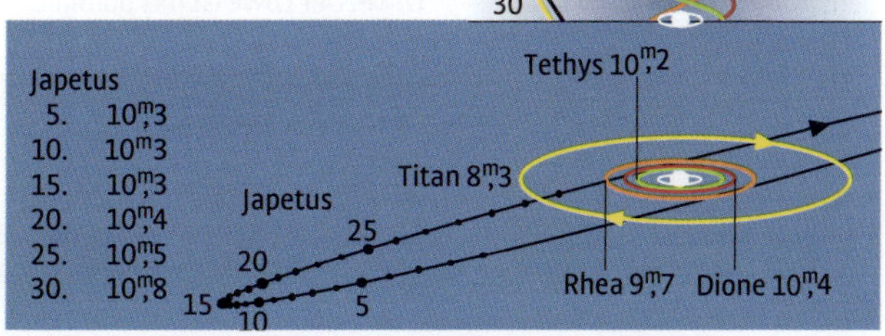

Periodische Sternschnuppenströme im April

Um den 12. April erreichen die **Virginiden** ihr wenig ausgeprägtes Maximum. Einzelne Virginiden-Meteore sind bis ins erste Maidrittel zu verfolgen.

In der Zeit vom 16. bis 25. April werden die **Lyriden** aktiv. Ihr Ausstrahlungspunkt liegt in der Leier, etwa 7° südwestlich von Wega. Manche Beobachter vermuten mehrere Radianten.

Die Lyriden sind schnelle Objekte. Im Mittel liegen ihre Geschwindigkeiten um 50 Kilometer pro Sekunde. Günstigste Beobachtungszeit: 22^h bis 4^h. Das Maximum am 22. April ist nicht sehr ausgeprägt. Rund zehn bis zwanzig Meteore, darunter einige helle Exemplare, leuchten dann pro Stunde auf. In seltenen Fällen sind bis zu neunzig Sternschnuppen pro Stunde zu registrieren.

Um den 17. April erreichen die **Sigma-Leoniden** ihr Maximum. Vereinzelte Objekte dieses schwachen Stromes sind noch bis Mitte Mai nachweisbar. Bei ihnen fehlen Beobachtungen in den letzten Jahren. Eventuell ist dieser Strom versiegt.

Im letzten Aprildrittel tauchen die ersten **Eta-Aquariden** auf (siehe „Periodische Sternschnuppenströme" im Mai).

Der Fixsternhimmel im April

Nun hat sich die Umstellung zum Frühlingsszenario vollzogen. Die Wintersternbilder haben das Feld geräumt: Orion geht gerade im Westen unter, Sirius ist bereits von der Himmelsbühne abgetreten. Tief im Südwesten erinnert noch Prokyon im Kleinen Hund an vergangene Wintertage. Ebenfalls noch im Westen zu sehen sind die Zwillinge. Die helle Kapella im Fuhrmann ist im Nordwesten zu sehen. Tief im Westen leuchtet als heller Lichtpunkt die Venus.

Der Himmelswagen steht hoch über unseren Köpfen, fast im Zenit. Für den beginnenden Sternfreund, der außer dem Wagen überhaupt noch kein Sternbild am Himmel kennt, ist die Situation jetzt besonders günstig, systematisch die anderen Bilder aufzusuchen. Wie oft erwähnt, dient der Wagen zum Auffinden des Polarsterns – die fünfmalige Verlängerung der Strecke zwischen den beiden Kaststernen des hinteren Wagenendes trifft Polaris.

Verbindet man jeweils zwei Kastensterne miteinander und verlängert diese Strecke in der dem Polarstern entgegengesetzten Richtung, so schneiden sich beide Linien etwa im Sternbild Löwe. Der Löwe ist das dominierende Frühlingssternbild schlechthin. Er passiert gerade den Meridian. Hoch im Süden ist jetzt leicht das große Sternentrapez zu erkennen, das den Löwenrumpf darstellen soll. Daran schließt sich in nordwestlicher Richtung ein kleineres Trapez, der mähnenbehangene Kopf dieses königlichen Tieres an. Der Hauptstern des Löwen heißt Regulus (lat., kleiner König), sein zweithellster Stern wird Denebola genannt. Die Bezeichnung kommt aus dem Arabischen und bedeutet soviel wie „Schwänzchen des Löwen". Der Anblick des Sternbildes Löwe mag im Moment den einen oder anderen Betrachter verwirren. Denn im Löwen ist westlich von Regulus ein heller Lichtpunkt zu sehen. Es handelt sich um den Planeten Saturn, der gerade sein Gastspiel im Löwen gibt. Der Löwe gehört zu den Tierkreissternbildern. Durch die Tierkreissternbilder zieht bekanntlich die scheinbare Sonnenbahn, auch Ekliptik genannt. Die Lage der Ekliptik lässt sich gut abschätzen, Regulus steht nämlich fast genau auf der Ekliptik und auch Saturn hält sich nur knapp nördlich der Ekliptik auf. Folgt man dieser Linie weiter in Richtung Südost, so trifft man auf das Sternbild Jungfrau mit seinem Hauptstern Spica. Die Jungfrau nimmt gerade ihren Platz im Südosten ein. Ein wenig südwestlich von Spica stößt man auf das markante Sternentrapez des Raben.

Veränderliche Sterne im April

Algol-Minima	4. 6^h59^m	12. 21^h27^m	15. 18^h16^m	27. 5^h33^m		
β-Lyrae-Minima	2. 1^hH	8. 12^hN	14. 23^hH	21. 11^hN	27. 22^hH	
δ-Cephei-Maxima	1. 17^h	7. 2^h	12. 10^h	17. 19^h	23. 4^h	28. 13^h

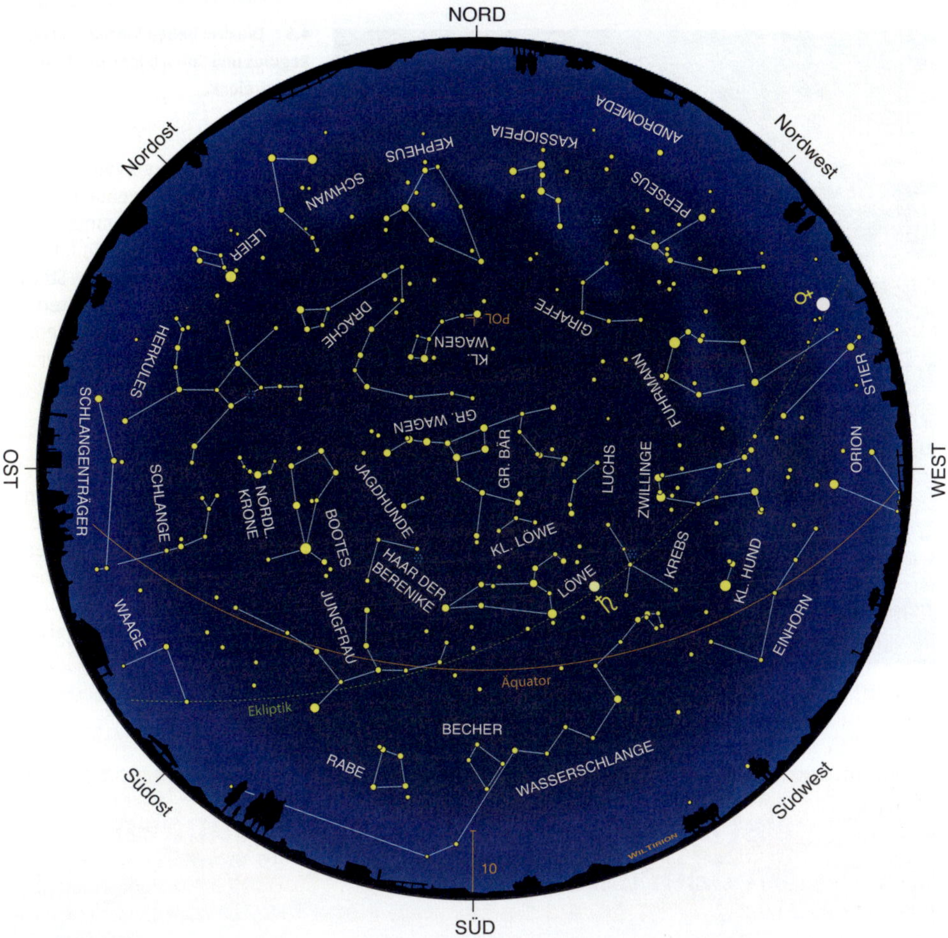

Sternenhimmel am 15. April um 22h MEZ (23h MESZ)

Fixsternhimmel auch gültig für:		
	MEZ	MESZ
15.12.	6h	
1. 1.	5	
15. 1.	4	
1. 2.	3	
15. 2.	2	
1. 3.	1	
15. 3.	0	
1. 4.	**23**	**24h**
15. 4.	**22**	**23**
30. 4.	**21**	**22**

Lassen wir den Blick zurück zum Großen Wagen wandern und folgen dem Bogenschwung der Wagendeichsel, so treffen wir auf einen hellen, orange leuchtenden Stern Namens Arktur. Mit Sirius, Kanopus, Toliman, Wega und Kapella gehört Arktur zu den hellsten Fixsternen des Himmels. Arktur ist der hellste Stern im Bild des Bootes (lat., Rinderhirt). Die drachenähnliche Figur des Bootes ist leicht zu erkennen.

Die drei hellen Sterne Regulus, Arktur und Spica, bilden das so genannte Frühlingsdreieck. Es deutet den Helligkeitsschwerpunkt des abendlichen Frühlingshimmels an.

Tief im Nordosten blinkt ein heller Stern im Horizontdunst. Es ist die Wega im Sternbild der Leier, die den kommenden Sommer erahnen lässt. Zieht man in Gedanken von der Wega zu Arktur eine Linie, so geht diese durch zwei lichtschwächere Sternbilder, nämlich durch Herkules und die Nördliche Krone. Die Krone liegt näher bei Bootes: Ein ein-

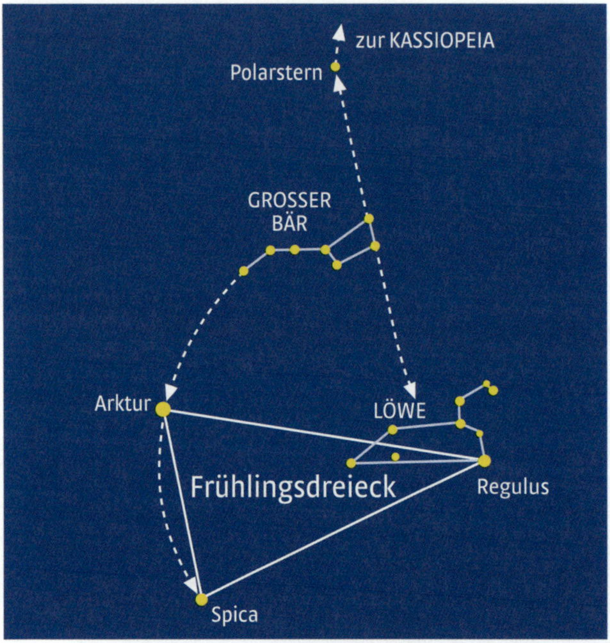

4.5 Die drei hellen Sterne Arktur, Regulus und Spica bilden das Frühlingsdreieck.

prägsamer Halbkreis von Sternen mit einem herausragenden, helleren Stern namens Gemma (lat., Edelstein). In der Krone findet sich auch der veränderliche Stern R Coronae Borealis. Dieser Stern gehört zu den eruptiv Variablen. Er gilt als „rußender" Stern, der im günstigsten Falle als Stern sechster Größe im Fernglas gut zu sehen ist. Im Lichtminimum kann er bis zu 15^m absinken.

Der Herkules wiederum ist ein sehr ausgedehntes Sternbild. Seine Gestalt zu erkennen, erfordert schon einige Übung im Aufsuchen von Sternbildern. Im Herkules findet sich auch der berühmte Kugelsternhaufen M 13.

Monatsthema

Woraus besteht das Universum?

Die Frage, woraus das Universum besteht, erscheint trivial – aus Sternen, Planeten, Monden, Gasnebel, Staub und viel, viel leerem Raum. Doch in den letzten Jahren haben die Astronomen zu ihrer eigenen Verwunderung erkannt, dass man gerade einmal vier Prozent jener Substanzen kennt, die im Weltall vorhanden sind. Mindestens 96 Prozent der Masse im Universum ist der Wissenschaft unbekannt. Man weiß nicht, woraus sie sich zusammensetzt und welche Eigenschaften sie hat. Es ist fast schon peinlich, eingestehen zu müssen: Wir wissen nicht, woraus das Universum besteht, bis auf einen kümmerlichen Rest von weniger als fünf Prozent, die man als leuchtende Materie in Form von Sternen sieht oder als Dunkelwolken, Planeten und erloschene Sterne registriert. Die uns vertraute Materie und Strahlung stellt nur einen kleinen Bruchteil dessen dar, was den Kosmos ausmacht. Seit geraumer Zeit sind die Kosmologen verunsichert, mehr als sie je befürchtet haben. Verzweifelt versuchen sie, Licht in die dunklen Rätsel zu bringen, die uns der Kosmos offenbart.

Im 16. und 17. Jahrhundert, zu Zeiten von Kopernikus, Kepler, Galilei und Newton, schien das Universum noch viel kleiner und vor allem überschaubarer zu sein. Der Kosmos schien zu jener Zeit im Wesentlichen aus der Sonne und den sie umkreisenden Planeten zu bestehen und in der Ferne die Welt der Fixsterne und sonst aus leerem Raum, dem berüchtigten Weltraumvakuum.

Doch im 20. Jahrhundert stießen Edwin P. Hubble und seine Kollegen das Tor zu den Tiefen des Universums auf. Sie erkannten, dass es Milliarden Milchstraßensysteme, die Galaxien, gibt, die in Millionen und Milliarden Lichtjahren Entfernung das Weltall bevölkern. Unsere eigene Milchstraße, die Galaxis, ist nur ein riesiges Sternensystem unter einer Vielzahl ähnlicher Welteninseln. Doch nicht nur das: Hubble entdeckte auch die Expansion des Universums. Das Weltall fliegt auseinander, es wird

4.6 Die Sonnenblumengalaxie (M 63) im Sternbild der Jagdhunde – ein Milchstraßensystem in 30 Millionen Lichtjahren Entfernung. Aufnahme von Stefan Seip, gewonnen mit dem 90-cm-Spiegelteleskop der Sternwarte Welzheim. Galaxien sind die Bausteine des Universums. Sie finden sich zu großen Haufen zusammen, die ihrerseits wieder Superhaufen bilden.

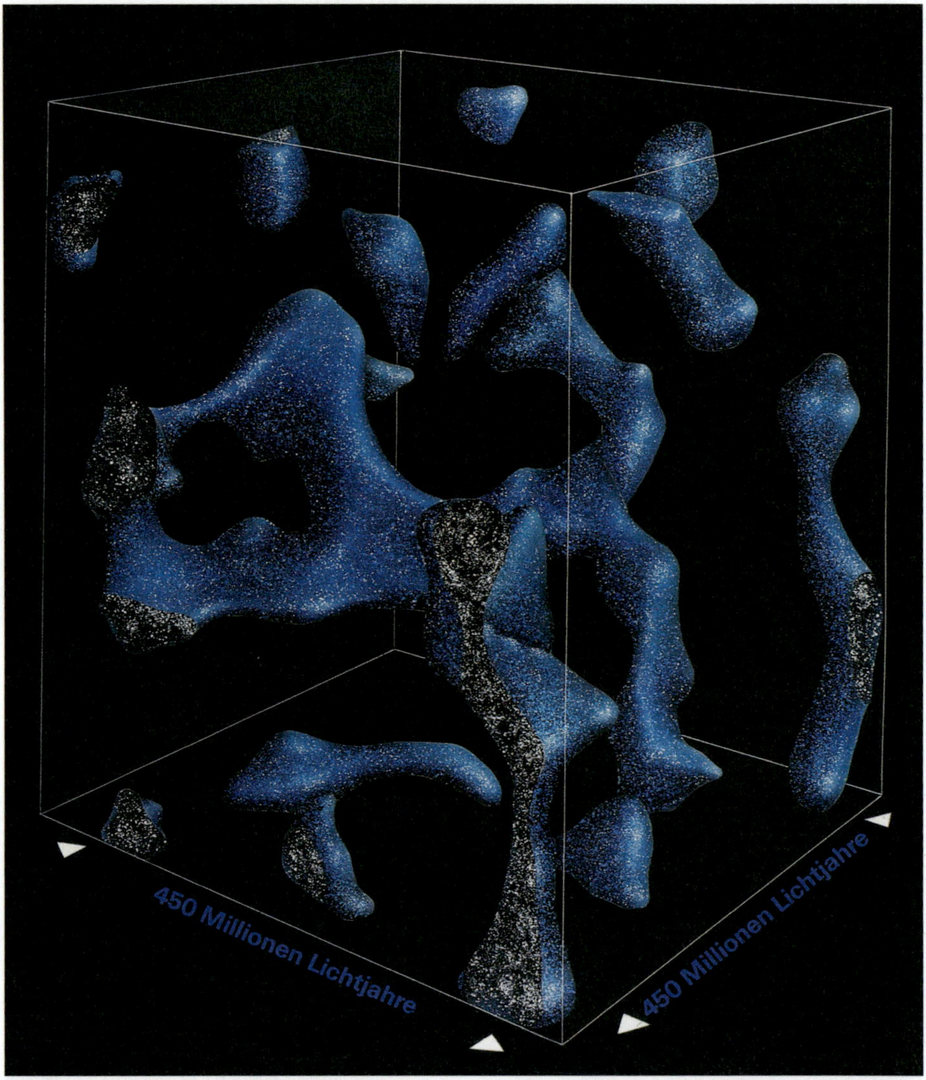

4.7 Die Galaxienhaufen und -superhaufen bilden riesige Wände, die gewaltige Leerräume („voids") umschließen. Die großräumige Struktur des Universums ähnelt dem Muster von Honigwaben.

immer größer. Die Quantenmechanik ließ erkennen, dass es den leeren Raum, das absolute Vakuum überhaupt nicht gibt. Abgesehen von den zahlreichen Photonen im Strahlungsbad des Weltalls, die in jedem Raumvolumen vorhanden sind, durchziehen die Schwerkraftfelder den Kosmos. Gemäß der Speziellen Relativitätstheorie sind Energie und Masse einander äquivalent. Auch den Gravitationsfeldern ist somit eine Masse zuzuordnen. Gemäß den Regeln der Quantenmechanik ist sie aber nicht kontinuierlich verteilt, sondern in einzelne, wenn auch sehr kleinen Portionen aufgeteilt. Energiefel-

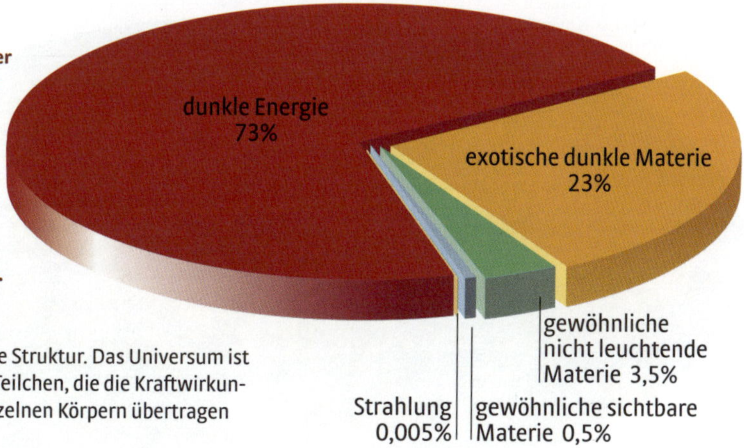

4.8 Der Anteil der Dunklen Energie und der Dunklen Materie überwiegen bei weitem den Anteil der „gewöhnlichen" Materie, aus der Sterne, Planeten und interstellare Gas- und Staubwolken bestehen.

der haben eine körnige Struktur. Das Universum ist gefüllt mit virtuellen Teilchen, die die Kraftwirkungen zwischen den einzelnen Körpern übertragen oder vermitteln.

Eine Reihe höchst merkwürdiger Beobachtungen ließ in den letzten zwei Jahrzehnten etliche neue Erkenntnisse reifen. Aus der Fluchtbewegung der Galaxien und dem Anwachsen des Weltraumvolumens schloss man auf einen Beginn des Universums in Form eines extrem heißen Feuerballs, allgemein als Big Bang oder Urknall bezeichnet.

Der heiße Beginn der Geschichte unseres Weltalls wurde durch die Entdeckung der kosmischen Hintergrundstrahlung im Jahre 1965 bestätigt. Eine genaue Analyse dieses Restleuchtens vom Big Bang mit immer besseren Detektoren (COBE 1992, WMAP 2001) ließ die wesentlichen kosmologischen Parameter mit bis dato unerreichter Genauigkeit ermitteln: Das Weltall ist knapp 14 Milliarden Jahre alt und expandiert mit einer Ausdehnungsrate, dem so genannten Hubble-Parameter, von zurzeit 71 Kilometern pro Sekunde und pro Megaparsec, also pro 3,3 Millionen Lichtjahren. War man zu Recht lange der Auffassung, die im Weltall vorhandenen Massen würden die Expansion mehr oder minder stark durch ihre gravitative Wirkung abbremsen, so ließen Beobachtungen ferner Supernovae, den hellsten Einzelobjekten im All, evident werden: Die Expansion erfolgt beschleunigt, das Universum dehnt sich immer schneller aus, das Anwachsen des Weltalls erfolgt immer rascher.

Das dunkle Geheimnis

Beobachtungen der Galaxien zeigen, dass sie eigentlich viel zu schnell rotieren, um stabil zu bleiben. Denn die Masse der Sterne und der interstellaren Materie reicht nicht aus, um durch ihre Anziehung der Fliehkraft Paroli zu bieten. Es fehlt an gravitativ wirkender Masse. Das gleiche Ergebnis zeigen die Galaxienhaufen. Die Milchstraßensysteme bewegen sich so schnell innerhalb der Haufen, dass sich Letztere schon längst aufgelöst haben müssten. Eine unbekannte Masse muss sie offensichtlich dennoch zusammenhalten. Auch die Lichtstrahlen, die uns von fernen Quasaren erreichen, sind gemäß der Relativitätstheorien stärker gekrümmt, als die in den als Gravitationslinsen wirkenden Galaxienhaufen zu beobachtenden Materiemengen verursachen können. Kurz: Alle diese Beobachtungen deuten darauf hin, dass ganz erheblich mehr Masse gravitativ, also anziehend, vorhanden ist, als sich aus anderen Beobachtungsbefunden ergibt. Dies gilt sowohl für die Menge der Sterne als auch für die interstellare Materie, sei es als leuchtenden Gaswolken oder dunklen Staubwolken. Diese mysteriöse Materie, die sich nur durch ihre Schwerkraftwirkung bemerkbar macht, wird als *Dunkle Materie* bezeichnet. Sie ist nicht-baryonischer Natur, wie man aus der primordialen Elementarsynthese schließen kann, die das Verhältnis von Wasserstoff zu Deuterium und zu Helium in engen Grenzen festlegt. Die Dunkle Materie koppelt ausschließlich über die Schwerkraft. Sie ist daher beispielsweise grundsätzlich unsichtbar – Photonen werden von ihr weder emittiert noch absorbiert. Ein Planet aus Dunkler Materie, der zwischen Sonne und Erde hindurch wandert, würde zwar die Erdbahn verändern, aber nicht als dunkler Körper die Sonne verdecken. Das Sonnenlicht ginge ungehindert hindurch. Ja, selbst mit einem Raumschiff könnten Astronauten den Mittelpunkt dieses seltsamen Planeten

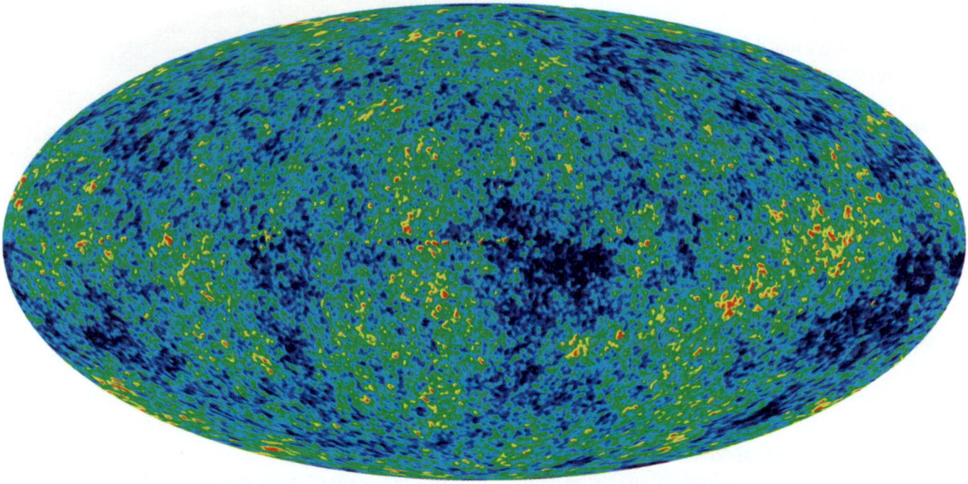

4.9 Aufnahme der kosmischen Hintergrundstrahlung mit dem Satelliten WMAP.

passieren und somit durch ihn hindurchfliegen, ohne dass das Raumschiff auch nur im Geringsten beschädigt würde. Die Besatzung würde lediglich beim Anflug eine Beschleunigung ihres Raumgleiters registrieren und nach der Passage eine gleich große Abbremsung. Die Dunkle Materie muss sich aus bisher unentdeckten, exotischen Teilchen zusammensetzen.

Wir verdanken unsere Existenz allerdings Dunkler Materie. Denn sie bewirkte in der Frühphase des Universums eine Klumpung auch der gewöhnlichen Materie, aus der sich die Galaxien und Sterne zusammensetzen. Denn die zunächst geringen, primordialen Dichtefluktuationen wurden durch die gravitativen Wirkungen der Dunklen Materie verstärkt, denn diese spürte den thermischen Druck nicht, dem die baryonische Materie unterliegt. Denn die baryonische Materie, also die uns geläufige Materie, hätte durch Erhitzung bei Kompression die Materieverdichtungen wieder weitgehend durch den thermischen Druck beseitigt. Nur der Dunklen Materie verdanken wir die in großen Skalen honigwabenartige Struktur der gewöhnlichen Materie in Form von riesigen Wänden aus Galaxienhaufen und Superhaufen, die große, fast galaxienleere Räume, Voids genannt, umschließen.

Aus der Analyse der Hintergrundstrahlung ergibt sich ein Anteil der Dunklen Materie von 23 Prozent an der Gesamtmasse des Universums. Doch die mysteriöse Dunkle Materie aus exotischen Elementarteilchen wird noch von einem viel größeren Rätsel übertroffen, der so genannten Dunklen Energie. Ende der 1990er Jahre ergab sich aus Beobachtungen der fernsten Supernovae vom Typ Ia, dass das Universum immer schneller expandiert, anstatt dass die Ausdehnung durch die vorhandenen Massen abgebremst würde. Gibt es eine abstoßende Schwerkraft, eine Antigravitation, die das Universum auseinander treibt? Offenbar deuten alle Anzeichen darauf hin, dass eine solche Antigravitation existiert. Zahlreiche Beobachtungen sowohl der kosmischen Hintergrundstrahlung, der Klumpung der Materie und Bildung von Galaxien als auch die primordiale Elementensynthese und die Gravitationslinsenphänomene lassen ein in sich konsistentes Bild eines bizarren Universums entstehen. Die gewöhnliche, baryonische Materie und die Dunkle Materie aus exotischen Elementarteilchen machen nur etwa 27 Prozent des Stoffes aus, aus dem das Universum besteht. Der überwiegende Teil jedoch geht auf das Konto der Dunklen Energie, der Antigravitation.

Eine Reihe schwierig zu beantwortender Fragen tut sich damit aber auf: Woraus setzt sich die Dunkle Materie zusammen? Wird sie von den bislang hypothetischen supersymmetrischen Partnern der gewöhnlichen Materie gebildet? Wenn ja, wieso dann das extreme Ungleichgewicht in der Menge? Noch schwieriger ist die Frage zu klären: Was ist die Dunkle Energie überhaupt, die zu 73 Prozent die

4.10 Soweit das scharfe Auge des Hubble-Weltraumteleskops auch blickt – das Universum ist gefüllt von Hunderten von Milliarden Galaxien, mehr als Sterne in unserer eigenen Milchstraße!

Substanz des Universums repräsentiert? Gemäß der weltbekannten Formel $E = mc^2$ trägt sie zur Gesamtmasse des Universums bei. Die mittlere Dichte des Kosmos entspricht damit ziemlich genau der kritischen Dichte, die entscheidend für die Frage ist, ob wir in einem geschlossenen oder offenen Universum leben. Die gegenwärtig drängendste Frage in der modernen Physik ist die Frage nach der Natur der Dunklen Energie. Noch sind die Aussichten recht trübe, dieses Problem in Kürze zu lösen. Weder ihre Zustandsgleichung, noch ihre Feldstärke oder welcher Art die Botenteilchen (engl.: messenger particles) sind, die ihre Kraftwirkungen vermitteln, sind heute bekannt – nicht einmal annäherungsweise. Doch die Theoretiker sind guter Hoffnung, dass ihre beobachtenden Kollegen eines Tages Licht in das Dunkel dieser mysteriösen Substanz bringen. In Kürze soll die Mission *Planck* von der europäischen Raumfahrtagentur (ESA) gestartet werden. Der *Planck*-Satellit wird mit noch viel höherer Winkelauflösung das Powerspektrum der kosmischen Hintergrundstrahlung beobachten. Eines Tages wird die Natur der Dunklen Energie verstanden werden. Vielleicht lässt sich dann die Antigravitation auch technisch nutzen. Für die Raumfahrt würden sich dabei völlig neue Perspektiven eröffnen.

4.11 Entwurf des europäischen Satelliten Planck zur Erforschung der kosmischen Hintergrundstrahlung.

Mai 2007

Merkur bietet ab Mitte Mai eine zweite und letzte Abendsichtbarkeit in diesem Jahr. Venus beherrscht die abendliche Himmelsszene. Jupiter im Sternbild Schlangenträger wird zum Planeten der gesamten Nacht. Saturn im Löwen ist Planet der ersten Nachthälfte.

Großer Wagen und Himmels-W Anfang Mai um 22^h

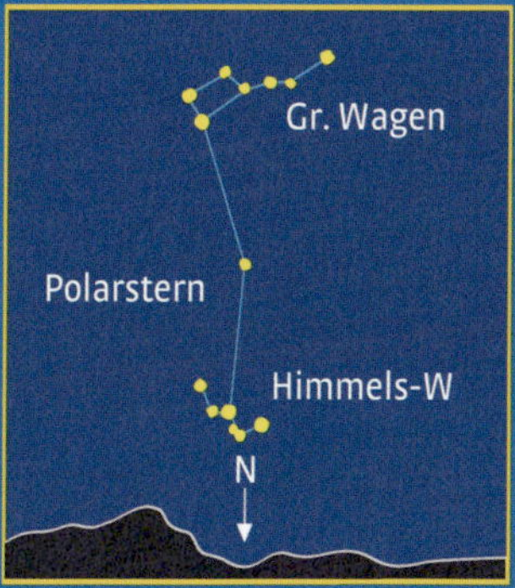

5.1 Himmelsanblick am 19. Mai gegen 23^h MEZ (= 24^h MESZ). Tief am Westhorizont stehen die Planeten Saturn und Venus, zu der sich die Sichel des zunehmenden Mondes gesellt.

Sonnenlauf im Mai

14.5. 19h
Sonne tritt in das Sternbild Stier
21.5. 12h
Sonne tritt in das Tierkreiszeichen Zwillinge
Julianisches Datum am
1. Mai, 1h MEZ: 2 454 221,5

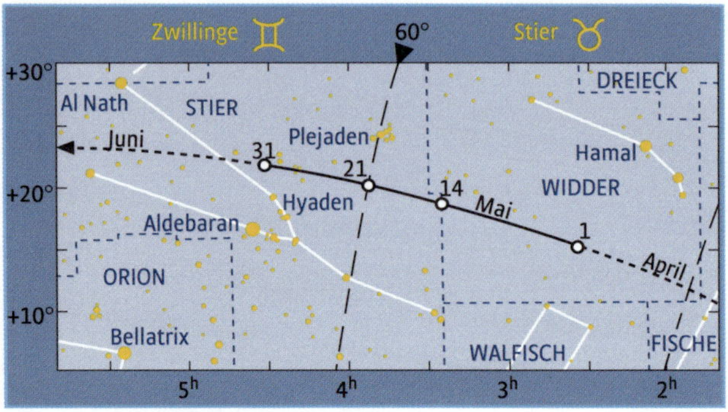

Tag	Dämmerg. Anfang	Aufgang MEZ	Kulmination	Untergang MEZ	Dämmerg. Ende	Mittagshöhe	Zeitgleichg.	Rektaszension	Deklination
	h m	h m	h m	h m	h m	°	m	h m	°
1.	3 34	4 57	12 17	19 38	21 01	55,0	+3	2 31	+14,9
5.	3 25	4 50	12 17	19 44	21 10	56,2	+3	2 46	+16,0
10.	3 14	4 42	12 16	19 51	21 20	57,6	+4	3 06	+17,4
15.	3 03	4 35	12 16	19 59	21 31	58,8	+4	3 25	+18,7
20.	2 53	4 28	12 16	20 05	21 41	59,9	+4	3 45	+19,8
25.	2 44	4 22	12 17	20 12	21 51	60,9	+3	4 05	+20,8
31.	2 35	4 17	12 18	20 19	22 02	61,9	+2	4 29	+21,8

Tages- und Nachtstunden im Mai

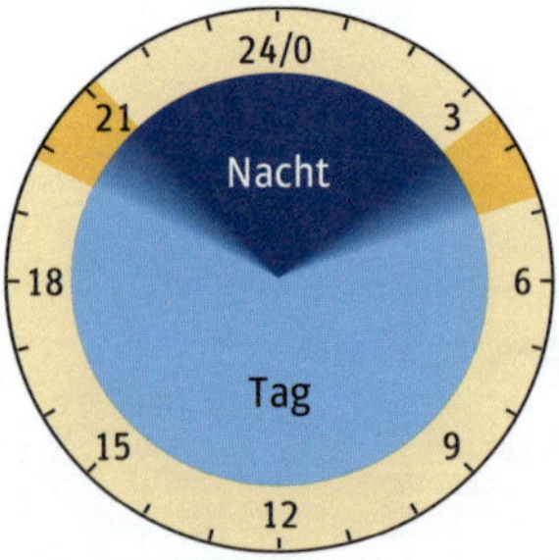

5. Mai

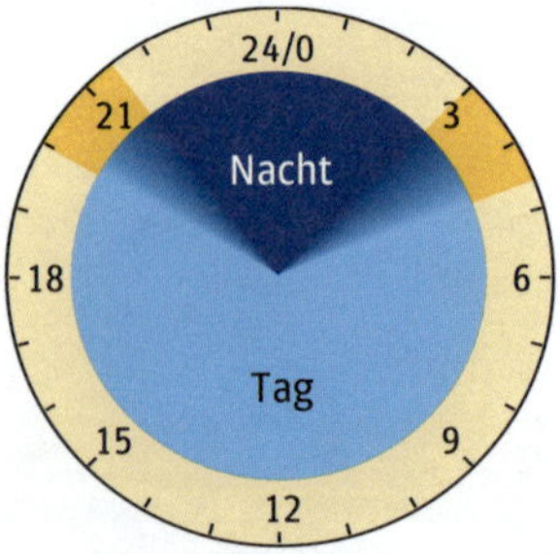

15. Mai

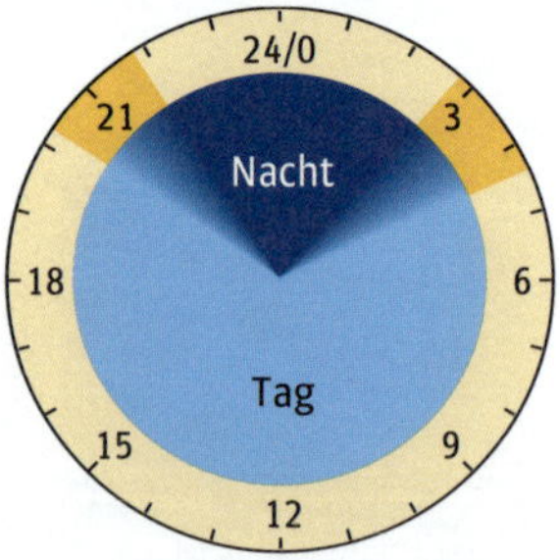

25. Mai

Mondlauf im Mai

Datum		Aufg. MEZ	Kulmination	Unterg. MEZ	Rektaszension	Deklination	Sterne und Sternbilder	Phase	MEZ
		h m	h m	h m	h m	°			
Di	1.	19 06	23 51	4 12	13 26	−12,6	Spica		
Mi	2.	20 17	–	4 27	14 11	−17,5	Jungfrau	**Vollmond**	**11^h09^m**
Do	3.	21 30	0 36	4 46	14 58	−21,7	Waage		
Fr	4.	22 39	1 24	5 12	15 49	−25,1	Skorpion		
Sa	5.	23 42	2 15	5 47	16 42	−27,3	Antares	Größte Südbreite	
So	6.	–	3 09	6 35	17 38	−28,3	Schlangenträger		
Mo	7.	0 33	4 03	7 37	18 34	−27,9	Schütze, Nunki		
Di	8.	1 12	4 58	8 50	19 30	−25,9	Schütze		
Mi	9.	1 41	5 50	10 09	20 26	−22,6	Steinbock	Libration Ost	
Do	10.	2 03	6 41	11 31	21 19	−18,1	Steinbock	**Letztes Viertel**	**5^h27^m**
Fr	11.	2 21	7 30	12 54	22 11	−12,5	Wassermann		
Sa	12.	2 36	8 19	14 18	23 01	− 6,2	Wassermann	Aufsteigender Knoten	
So	13.	2 50	9 07	15 43	23 52	+ 0,6	Fische		
Mo	14.	3 06	9 58	17 11	0 45	+ 7,5	Fische		
Di	15.	3 23	10 52	18 43	1 39	+14,1	Fische	Erdnähe 359/33′,2	16^h
Mi	16.	3 46	11 50	20 16	2 37	+20,0	Widder	**Neumond**	**20^h27^m**
Do	17.	4 17	12 52	21 44	3 39	+24,5	Stier, Plejaden		
Fr	18.	5 01	13 57	22 58	4 44	+27,4	Stier	Größte Nordbreite	
Sa	19.	6 00	15 00	23 53	5 50	+28,3	Stier, Al Nath		
So	20.	7 13	16 00	–	6 53	+27,3	* Zwillinge		
Mo	21.	8 32	16 54	0 31	7 53	+24,7	* Pollux	Libration West	
Di	22.	9 52	17 43	0 58	8 47	+20,8	* Krebs, Krippe		
Mi	23.	11 07	18 28	1 17	9 37	+16,1	* Löwe	**Erstes Viertel**	**22^h03^m**
Do	24.	12 19	19 10	1 32	10 24	+10,8	Löwe, Regulus	Absteigender Knoten	
Fr	25.	13 29	19 49	1 44	11 07	+ 5,3	Löwe		
Sa	26.	14 36	20 28	1 55	11 50	− 0,3	Jungfrau		
So	27.	15 45	21 08	2 07	12 32	− 5,9	Jungfrau	Erdferne 405/29′,5	23^h
Mo	28.	16 54	21 49	2 19	13 14	−11,3	Spica		
Di	29.	18 05	22 33	2 33	13 59	−16,3	Jungfrau		
Mi	30.	19 18	23 20	2 51	14 45	−20,7	Waage		
Do	31.	20 29	–	3 15	15 35	−24,3	Waage		

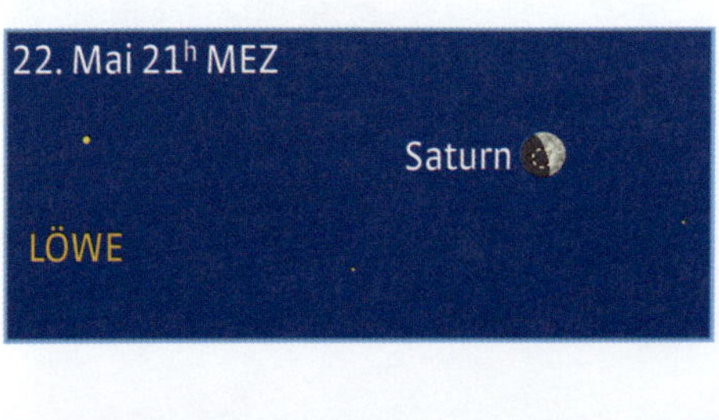

22. Mai 21^h MEZ

23. Mai 21^h MEZ

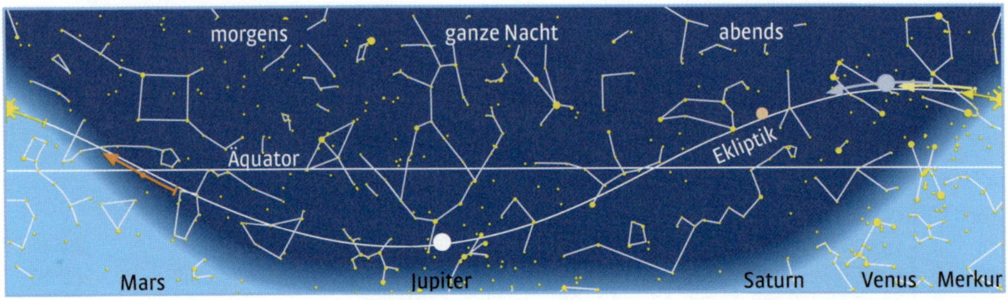

Planetenlauf im Mai

Merkur überholt am 3. die Sonne im Sternbild Widder. An diesem Tag steht er in oberer Konjunktion mit ihr. Der flinke Planet gewinnt allmählich östlichen Vorsprung vor der Sonne. Ab der Monatsmitte taucht Merkur zum zweiten Mal in diesem Jahr am Abendhimmel auf. Es ist dies aber auch seine letzte Abendsichtbarkeit in diesem Jahr.

Am 15. geht der $-1{,}^{m}0$ helle Merkur um $21^{h}25^{m}$ (= $22^{h}25^{m}$ Sommerzeit) im Nordwesten unter. Unter guten Sichtbedingungen kann man ihn gegen halb neun Uhr (= halb zehn Uhr Sommerzeit) in der Dämmerung ausmachen. Bis Monatsende verspäten sich die Merkuruntergänge auf $22^{h}20^{m}$ (= $23^{h}20^{m}$ Sommerzeit), die Merkurhelligkeit geht dramatisch um fast eineinhalb Größenklassen auf $0{,}^{m}4$ zurück (siehe Abb. 5.2 und 5.3 unten).

Am 16. zieht Merkur 7° nördlich an Aldebaran, dem Hauptstern des Stieres vorbei (Fernglas!). Die extrem schmale Sichel des jungen Mondes gesellt sich am Abend des 18. zu Merkur und kann helfen, den schwierig zu beobachtenden Planeten zu finden (siehe Abb. 5.3a auf Seite 121).

Am 27. zeigt sich das $7{,}''2$ große Merkurscheibchen halb beleuchtet, die Dichotomie (Halbphase) tritt ein. Danach nimmt der Beleuchtungsgrad des Merkurscheibchens ab, man erkennt allmählich eine Sichelgestalt – der scheinbare Durchmesser nimmt bis 5. Juni auf $8{,}''7$ etwas zu.

5.2 Stellung von Merkur über dem Nordwesthorizont zu den angegebenen Daten jeweils eine Stunde nach Sonnenuntergang. Die Pfeile geben die Bewegungen von Merkur und Sonne während der letzten halben Stunde an.

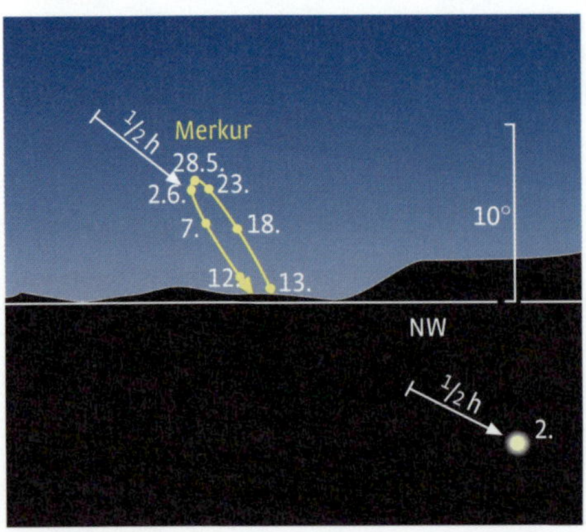

5.3 Sichtbarkeitsdiagramm für Merkur. Es gilt genau für 50° nördlicher Breite und 10° östlicher Länge. Dunkelgelbe Fläche: Unter günstigen Sichtbedingungen kann man Merkur mit bloßen Augen erkennen.

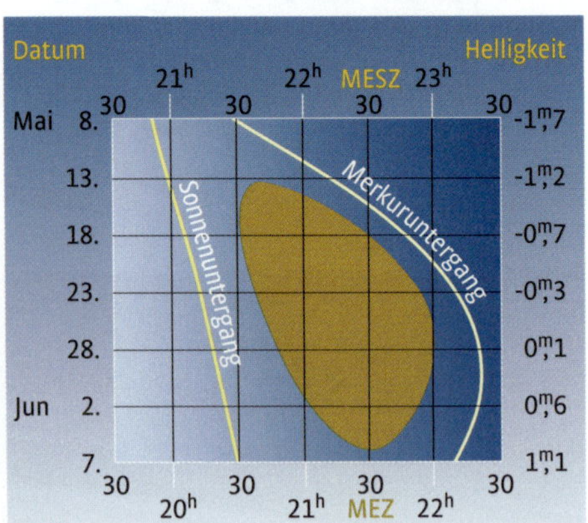

5.3a Merkur neben der schmalen Mondsichel am Abend des 18. Mai.

Am 8. eilt Merkur durch das Perihel seiner Bahn.

Venus beherrscht die abendliche Himmelsszene und ist in der ersten Nachthälfte am Sternenzelt vertreten. Gleich zu Monatsbeginn wandert sie $2^{\circ}{,}5$ südlich von Al Nath, dem nördlichen Stierhorn, vorbei. Am 8. wechselt sie in das Sternbild Zwillinge und passiert $2^{\circ}{,}5$ nördlich den Sommerpunkt. Damit hat sie auch den Gipfel ihrer scheinbaren Bahn durch den Tierkreis erreicht. Sie steht dabei 26° nördlich des Himmelsäquators. Am Monatsende findet man Venus dann 4° südlich von Pollux in den Zwillingen (siehe Abb. 4.4 auf Seite 105).

Zu Monatsbeginn geht Venus um $23^{h}34^{m}$ (= $0^{h}34^{m}$ Sommerzeit) unter. Ihr spätester Untergang erfolgt am 20., nämlich nur neun Minuten vor Mitternacht ($23^{h}51^{m}$ = $0^{h}51^{m}$ Sommerzeit am 21.). Am 31. geht die inzwischen $-4^{m}{,}3$ helle Venus dann um $23^{h}45^{m}$ unter. Der Mond passiert bei seinem monatlichen Lauf Venus am 20. in den frühen Morgenstunden. Am Vorabend (19.) kann man ihn nahe der strahlenden Venus sehen (Abb. 5.1 auf Seite 117).

Der scheinbare Durchmesser des Venusglobus wächst auf knapp 22″ an. Am Monatsende zeigt sich Venus fast halb beleuchtet. Die Dichotomie wird aber erst Anfang Juni erreicht.

Mars kann am Morgenhimmel gesehen werden. Der rote Planet wandert rechtläufig durch das Gebiet Fische und Walfisch, in das er am 9. eintritt, wenn er den Wassermann verlässt. Am 9. steht er mit $-1^{\circ}{,}85$ in maximaler heliozentrischer Südbreite. Mars hält sich somit drei Vollmonddurchmesser geozentrisch südlich der Ekliptik auf. Zur Monatsmitte zieht er $1^{\circ}{,}5$ südlich am Frühlingspunkt vorbei. Am 19. überschreitet der rote Planet den Himmelsäquator.

Der $1^{m}{,}0$ helle Mars geht am 1. um $3^{h}31^{m}$ (= $4^{h}31^{m}$ Sommerzeit) auf. Gegen $4^{h}20^{m}$ verschluckt ihn die zunehmende Morgenhelligkeit. Am Monatsletzten erfolgt der Aufgang des inzwischen $0^{m}{,}8$ hellen Mars schon um $2^{h}14^{m}$ (= $3^{h}14^{m}$ Sommerzeit).

Am Morgenhimmel des 13. sieht man die Sichel des abnehmenden Mondes etwa drei Grad nordöstlich von Mars.

Jupiter, rückläufig im Schlangenträger, nähert sich seiner Oppositionsstellung, die er aber erst Anfang Juni erreicht. Bis Ende Mai wird Jupiter aber bereits zum Planeten der ganzen Nacht. Die Jupiteraufgänge verfrühen sich von $22^{h}46^{m}$ am 1. auf $21^{h}45^{m}$ am 15. und auf $20^{h}33^{m}$ (= $21^{h}33^{m}$ Sommerzeit) am 31. Damit geht Jupiter bereits eine Viertelstunde nach Sonnenuntergang auf.

Die Jupiterhelligkeit erreicht im Laufe des Monats $-2^{m}{,}6$. Nach Venus, die nur in der ersten Nachthälfte am Himmel vertreten ist, ist Jupiter das dominierende Gestirn der Nacht. Selbst in unseren lichtüberfluteten Städten ist der Riesenplanet kaum zu übersehen.

Saturn, wieder rechtläufig im Löwen, bewegt sich zunächst noch recht langsam in Richtung Regulus (siehe Abb. 2.5 auf Seite 69). Nach Einbruch der Dunkelheit sieht man den Ringplaneten hoch im Südwesten. Aus der zweiten Nachthälfte zieht sich Saturn zurück. Der Untergang des Ringplaneten erfolgt am 1. um $2^{h}37^{m}$ (= $3^{h}37^{m}$ Sommerzeit) und am 15. um $1^{h}43^{m}$. Am 31. geht der $0^{m}{,}5$ helle Saturn schon um $0^{h}42^{m}$ unter.

Der Mond bedeckt für Mitteleuropa sichtbar am 22. abermals

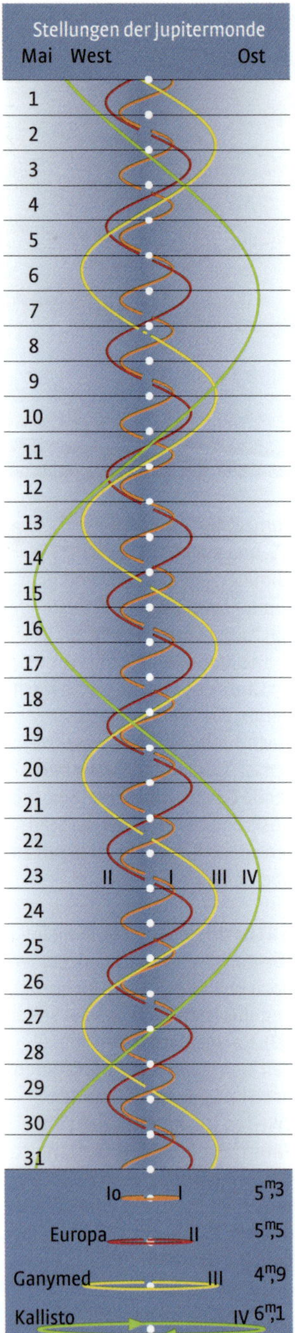

Jupitermonde

Tag	MEZ h m	Vorgang	
1.	1 14	III	VE
	2 21	III	BA
4.	3 29	I	VA
5.	0 46	I	SA
	1 30	I	DA
	2 58	I	SE
	3 41	I	DE
6.	0 50	I	BE
	1 12	II	VA
7.	23 27	II	DE
8.	3 01	III	VA
12.	2 40	I	SA
	3 15	I	DA
	23 51	I	VA
13.	2 35	I	BE
	23 20	I	SE
	23 52	I	DE
14.	23 12	II	DA
15.	0 43	II	SE
	1 43	II	DE
18.	22 43	III	DA
	23 05	III	SE
19.	0 43	III	DE
20.	1 44	I	VA
	23 03	I	SA
	23 26	I	DA
21.	1 14	I	SE
	1 37	I	DE
	22 45	I	BE
22.	0 43	II	SA
	1 27	II	DA
23.	22 55	II	BE
26.	0 51	III	SA
	2 01	III	DA
	3 04	III	SE
28.	0 57	I	SA
	1 10	I	DA
	22 06	I	VA
29.	0 29	I	BE
	21 47	I	DE
30.	22 18	II	VA
31.	1 10	II	BE

Japetus

5.	11ᵐ,1
10.	11ᵐ,5
15.	11ᵐ,9
20.	12ᵐ,3
25.	12ᵐ,3
30.	12ᵐ,0

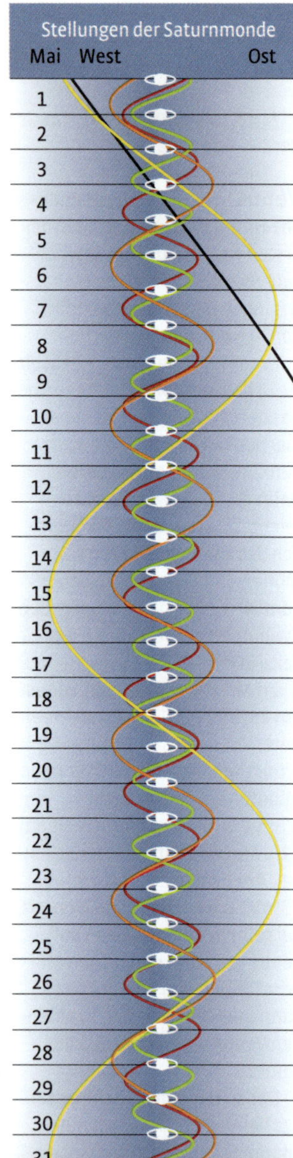

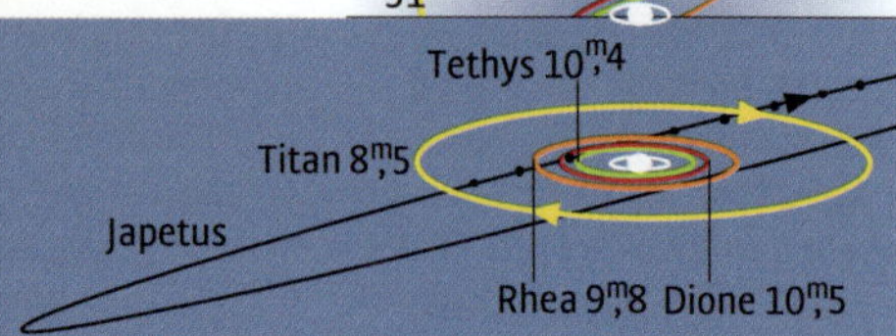

den Ringplaneten, diesmal aber in den Abendstunden und zwar von 20^h20^m (= 21^h20^m Sommerzeit) bis 21^h25^m (= 22^h25^m Sommerzeit). Für einige ausgewählte Großstädte findet man die ortsabhängigen Ein- und Austrittszeiten in der Tabelle „Sternbedeckungen" auf Seite 272. Im Fernglas lässt sich dieses kosmische Spektakel besonders gut verfolgen (siehe auch Abb. 5.1 auf Seite 117 sowie Mondlaufgrafik auf Seite 119).

Uranus, rechtläufig im Wassermann, kann unter günstigen Sichtbedingungen zum Monatsende am Morgenhimmel aufgesucht werden.

Am 31. geht der $5^m{,}9$ helle, grünliche Planet um 1^h28^m auf. Etwa eine Stunde nach seinem Aufgang kann man versuchen, den sonnenfernen Planeten mit einem guten Fernglas (Stativ!) oder besser einem Fernrohr tief am Osthimmel aufzustöbern (s. auch Abb. 9.6 auf Seite 196).

Neptun wird am 25. im Sternbild Steinbock stationär und setzt zu seiner Oppositionsschleife an. Ab diesem Tag bewegt er sich rückläufig durch den Tierkreis. Allerdings tritt er zunächst fast auf der Stelle und kommt scheinbar nicht vom Fleck.

Gegen Monatsende kann der erfahrene Planetenjäger versuchen, mit Aussicht auf Erfolg den mit $7^m{,}9$ recht lichtschwachen Planeten aufzuspüren (siehe auch Aufsuchkärtchen Abb. 8.5 auf Seite 177).

Neben einem lichtstarken Fernglas (montiert auf einem wackelfreien, stabilen Stativ) oder einem Teleskop ab 5 cm freier Öffnung gehört eine Portion Erfahrung dazu, den sonnenfernen, leicht bläulichen Neptun zu finden.

Am 31. geht Neptun um 0^h33^m (= 1^h33^m Sommerzeit) auf und kulminiert um 5^h25^m. Wenn Neptun hoch genug über den Horizont gekommen ist, um nach ihm mit Aussicht auf Erfolg zu suchen, beginnt bereits die nautische Morgendämmerung (2^h35^m = 3^h35^m Sommerzeit). Zur Kulminationszeit ist die Sonne längst aufgegangen.

Konstellationen und Ereignisse im Mai

Datum	MEZ	Ereignis
3.	5^h	Merkur in oberer Konjunktion mit der Sonne
5.	13	Mond bei Jupiter, Mond $5^\circ{,}8$ südlich
8.	21	Merkur im Perihel
10.	9	Mond bei Neptun, Mond $1^\circ{,}8$ südlich
12.	8	Mond bei Uranus, Mond $1^\circ{,}3$ nördlich
13.	2	**Mond bei Mars**, Mond $3^\circ{,}1$ nördlich, **Abstand $3^\circ{,}2$ um 4^h**
18.	1	**Mond bei Merkur**, Mond $3^\circ{,}0$ nördlich, **Abstand $3^\circ{,}4$ um 21^h am 17.**
20.	2	**Mond bei Venus**, Mond $1^\circ{,}7$ nördlich, **Abstand $2^\circ{,}5$ um 23^h am 19.**
22.	20	**Mond bei Saturn**, Mond $0^\circ{,}8$ nördlich, **Abstand $0^\circ{,}0$ um 21^h (Bedeckung! –** siehe Seite 272)
25.	7	Neptun im Stillstand, anschließend rückläufig

Planetoiden

Vesta (4) – rückläufig im Schlangenträger – steht am 30. in **Opposition** zur Sonne. Mit $5^m{,}4$ Oppositionshelligkeit ist Vesta unter guten Sichtbedingungen sogar mit bloßen Augen zu sehen – was sicher nicht für den aufgehellten Himmel über unseren Siedlungen gilt. Aber in jedem Fernglas sollte man Vesta mühelos finden (siehe Aufsuchkärtchen Abb. 6.5 auf Seite 141). Es ist dies die günstigste Opposition von Vesta in den Jahren 2000 bis 2015 (siehe Tabelle „Oppositionen von Vesta" auf Seite 124). Im Jahre 2000 war Vesta ebenfalls $5^m{,}4$ hell, stand aber 10° südlicher als diesmal.

Die Vestakulmination erfolgt am Tag der Opposition um 0^h25^m (= 1^h25^m Sommerzeit), während Vesta zu Monatsbeginn noch um 2^h42^m den Meridian durchschreitet.

Von der Erde ist Vesta zur Opposition 171 Millionen Kilometer (= 1,14 AE) entfernt. Von der Son-

Oppositionen von (4) Vesta 2000–2015

Datum	Helligkeit	Deklination
2000 Jul 16.	$5^m\!,4$	−24°
2001 Nov 27.	6,5	+14
2003 Mrz 27.	5,9	+ 9
2004 Sep 13.	6,1	14
2006 Jan 6.	6,2	+23
2007 Mai 30.	**5,4**	**−14**
2008 Okt 30.	6,4	+ 4
2010 Feb 18.	6,1	+20
2011 Aug 5.	5,6	−23
2012 Dez 9.	6,4	+18
2014 Apr 13.	5,7	+ 3
2015 Sep 29.	6,2	− 9

ne trennen sie am Oppositionstag immerhin 322 Millionen Kilometer (= 2,15 AE).

Periodische Sternschnuppenströme im Mai

Die **Eta-Aquariden**, auch **Mai-Aquariden** genannt, flammen von Monatsbeginn bis etwa Mitte Mai auf. Ihr Radiant liegt bei η Aquarii. Das ausgeprägte Maximum wird am 6. Mai erreicht. Im Durchschnitt sind etwa zwanzig Sternschnuppen pro Stunde zu registrieren, um die Zeit des Maximums sogar bis zu sechzig. Wegen des horizontnah liegenden Radianten sind die Mai-Aquariden in unseren Breiten kaum zu beobachten. Aber in südlichen Gegenden sind sie ein auffälliger Strom. Es handelt sich bei diesem Meteorstrom um schnelle Objekte (um 60 Kilometer pro Sekunde), die auffallend lange Leuchtspuren hinterlassen. Die beste Beobachtungszeit ist ab etwa 3^h am Morgenhimmel in den Tropen. Die Mai-Aquariden führen ihren Ursprung auf den Kometen 1P/Halley zurück.

Ferner sind noch die **Scorpius-Sagittarius**-Meteore zu erwarten, die von Mitternacht bis 4^h morgens günstig zu beobachten sind. Ihr Ausstrahlungspunkt liegt rund 1° nördlich von β Scorpii. Das erste Maximum dieses Stromes wird um den 20. erwartet. Es handelt sich um mittelschnelle Sternschnuppen (um 30 Kilometer pro Sekunde).

Der Fixsternhimmel im Mai

Im Wonnemonat entfaltet der Frühlingssternenhimmel seine volle Pracht. Wenn auch die Frühlingssternbilder nicht so reich an hellen Sternen sind wie die des Winters, so hat dennoch diese Jahreszeit am Himmel ihre Reize, vor allem wenn man sich auf schwächere, weniger auffallende Sternbilder konzentriert.

Der Himmelswagen steht hoch über unseren Köpfen, fast im Zenit. Er passiert gerade den Meridian. Auch die Jungfrau (lat.: Virgo) geht eben durch die Mittagslinie – sie kulminiert. Der Löwe beherrscht den Südwesten. In ihm leuchtet in diesem Jahr der Ringplanet Saturn. Er glänzt in einem fahlen Licht und ist kaum zu übersehen. Venus ist tief im Nordwesten kurz vor ihrem Untergang noch zu erkennen. Sie hält sich gerade im Sternbild der Zwillinge auf, das sich als Winterbild auf den Untergang vorbereitet.

Südlich der Jungfrau fällt ein kleines, markantes Sternenviereck auf: der Rabe. Seine Figur ist leicht einprägbar. Die östliche Hemisphäre wird nun von Bootes mit dem hellen Arktur, der Nördlichen Krone, Herkules und der noch horizontnahen Wega in der Leier beherrscht. Auch der Schwan mit Deneb ist schon im Nordosten auszumachen.

Leicht kann man nun das Frühlingsdreieck erkennen – es setzt den Schwerpunkt am Südhimmel. Bekanntlich besteht es aus den drei hellen Sternen Regulus im Löwen, Arktur im Bootes und Spica in der Jungfrau.

Der Südosthimmel macht einen recht sternarmen Eindruck. Das Sternbild Waage ist nicht besonders auffällig, man muss es schon bewusst suchen. Der Waage folgt im Tierkreis der Skorpion, der sich eben anschickt aufzugehen. Sein heller, roter Hauptstern Antares passiert gerade die Horizontlinie. In der Antike deuteten die Sterne der Waage noch die Scheren des Skorpions an. Aus dieser Zeit leiten sich auch die arabischen Namen für die beiden hellsten Sterne α und β Librae

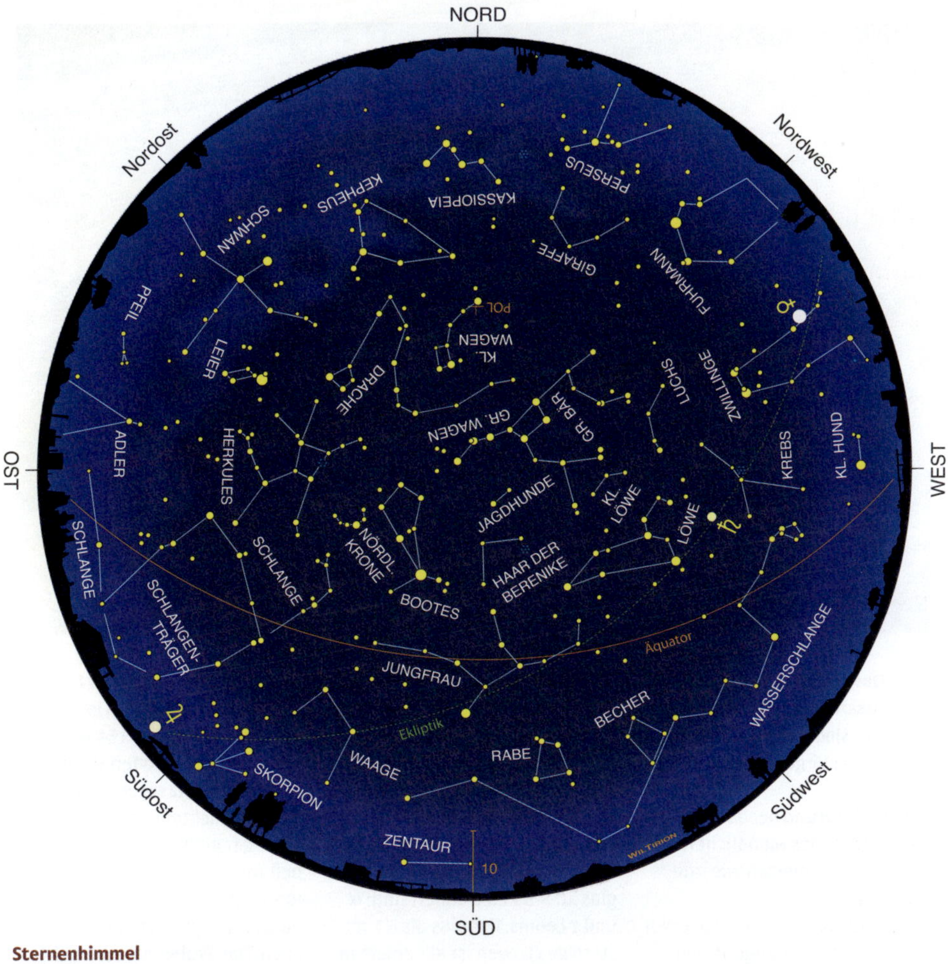

Sternenhimmel
am 15. Mai um 22h MEZ (23h MESZ)

Fixsternhimmel auch gültig für:

	MEZ	MESZ
1. 1.	7h	
15. 1.	6	
1. 2.	5	
15. 2.	4	
1. 3.	3	
15. 3.	2	
1. 4.	1	2h
15. 4.	0	1
1. 5.	**23**	**24**
15. 5.	**22**	**23**

ab, nämlich Zuben el Genubi und Zuben el Chamali, was südliche und nördliche Schere bedeutet. Auf alten Sternkarten tauchen geflügelte Wesen, vermutlich Engel auf, die eine kleine Waage halten. In den Totenbüchern der alten Ägypter, die den Verstorbenen beigelegt wurden, taucht der Waagemann als Symbol der Gerechtigkeit auf. Er soll das Gleichgewicht zwischen dem Reich der Toten und dem der Lebenden herstellen.

Zwischen der Jungfrau und dem Großen Waagen ist außer dem Sternbild Jagdhunde auch das Haar der Berenike zu finden. Dieses Sternbild ist recht lichtschwach, setzt sich aber aus zahlreichen Sternen zusammen. Es wirkt besonders gut, wenn man diese Gegend mit einem lichtstarken Fernglas absucht. Allerdings entfaltet das Sternbild Haar der Berenike im Fernglas nur dann seinen vollen Eindruck, wenn man es bei dunklem Him-

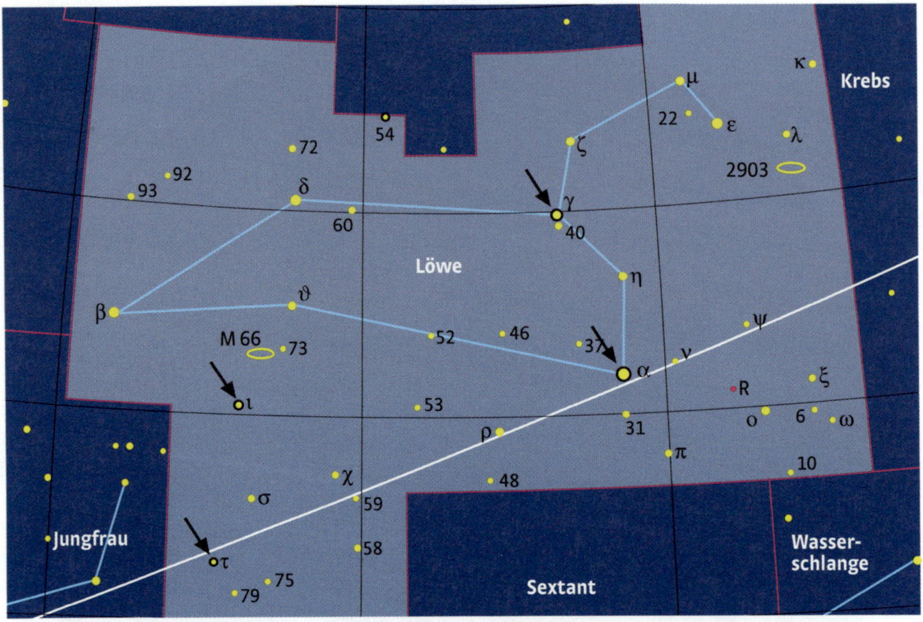

5.4 Das Sternbild Löwe mit den Doppelsternen α, γ, ι und τ Leonis. Im Löwen sind ferner zahlreiche Galaxien des Virgohaufens zu finden.

melshintergrund beobachten kann. Störendes Mondlicht ist ebenso zu vermeiden wie irdische Lichtquellen.

Im Südosten erhebt sich ferner das Sternbild Schlangenträger (lat.: Ophiuchus) mit der Schlange. Von der Schlange ist allerdings vorläufig nur der Vorderteil (lat.: Serpens Caput) zu sehen. Das Ende der Schlange (Schwanz der Schlange, lat.: Serpens Cauda) dieses ausgedehnten und durch den Schlangenträger geteilten Sternbildes ist noch nicht aufgegangen.

Objekte für Feldstecher und Fernrohr

Zunächst seien zwei Doppelsterne genannt, die schon im Fernglas 10 × 50 zu trennen sind: α und τ Leonis. Regulus als Hauptstern des Löwen ist allgemein in Sternfreundekreisen gut bekannt. Auch der prominente Doppelstern γ Leonis – Halsstern des Löwen – wird häufig ins Visier genommen. Allerdings ist ein Fernrohr nötig, um ihn zu trennen. Weniger bekannt ist, dass Regulus selbst einen Begleiter hat und ein weiter Doppelstern ist. Die bläulich-weiße, mit $1{,}^m4$ recht helle Hauptkomponente besitzt in 176″ Distanz einen schwachen Begleiter achter Größenklasse. Wäre der gelbliche Begleiter so hell wie Regulus selbst, so sähe man selbst mit bloßen Augen Regulus als doppeltes Sternpünktchen. Das Problem ist die Lichtschwäche des Regulusbegleiters. Im Fernglas ist der Reguluskompagnon jedoch ohne allzu große Mühe zu erkennen.

Im Prinzip noch etwas leichter ist τ Leonis als Doppelstern im Fernglas auszumachen. Ein $5{,}^m0$

Veränderliche Sterne im Mai

Algol-Minima	5. 20^h00^m	20. 4^h05^m				
β-Lyrae-Minima	4. 9^hN	10. 21^hH	17. 8^hN	23. 19^hH	30. 6^hN	
δ-Cephei-Maxima	3. 22^h	9. 6^h	14. 15^h	20. 0^h	25. 9^h	30. 18^h

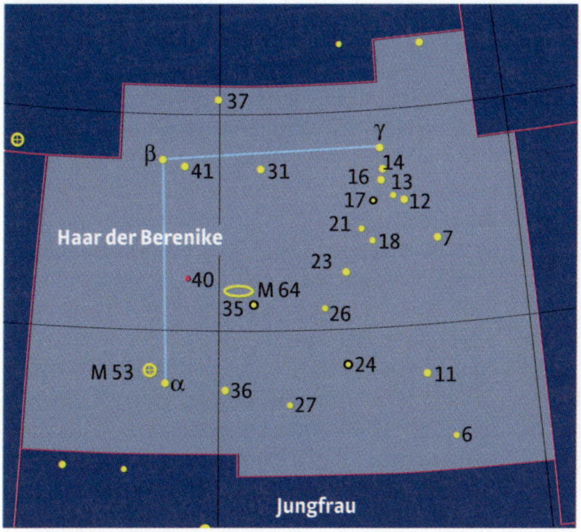

gelber Riese besitzt in 89″ Abstand einen 7^{m}5 hellen Begleiter. Hier ergibt sich eher das Problem, τ Leonis erst einmal zu finden. Man gehe dabei am besten von ϑ Leonis aus. ϑ Leonis liegt auf der Basislinie Regulus–Denebola (β Leonis), näher bei β Leo. Von hier gehe man südlich über ι Leonis und σ Leonis. Noch ein Stückchen südlicher stößt man auf τ Leonis, der in der westlichen Nachbarschaft von β Virginis (Zawijawa) liegt. In der Umgebung von τ Leonis sieht man eine ganze Gruppe von Sternen sechster und siebenter Größe.

Weil man schon bei ι Leonis vorbeikommt: Auch dieser Stern zeigt sich doppelt, allerdings erst in einem Instrument ab 15 cm Öffnung, einem Sechszöller also. Der 4^{m}1 helle, weißlich-gelbe Hauptstern hat in nur 2″0 Distanz einen 6^{m}7 hellen Begleiter gleicher Farbe.

Wer schon im Gebiet des Löwen den Nachthimmel mit lichtstarker Optik absucht, stößt auf eine ganze Gruppe interessanter Galaxien, alles ferne Milchstraßensysteme mit vielen Milliarden von Sonnen. Auf der Verbindungslinie α Leonis–β Leonis liegen die Galaxien M 65, M 66, M 95, M 96 und M 105. Zwischen β Leonis und ε Virginis stößt man auf ein ganzes Galaxiennest (M 58, M 59, M 60, M 84, M 85, M 86, M 88, M 91, M 98 und M 100). Es handelt sich um die hellsten Exemplare des Virgo-Galaxienhaufens, der mehrere tausend Milchstraßensysteme umfasst und von dessen Zentrum wir rund 60 Millionen Lichtjahre entfernt sind.

Ähnlich viele Galaxien sind im Haar der Berenike (Coma Berenices) sowie im Gebiet Nördliche Krone und Herkules anzutreffen. Allerdings sind sie erheblich lichtschwächer und nur besser ausgerüsteten Amateurastronomen zugänglich. Man spricht vom Coma-Galaxienhaufen, vom Herkules- und Corona-Borealis-Haufen. Der Coma-Galaxienhaufen ist nicht zu verwechseln mit dem Coma-Sternhaufen, der schon mit einem kleinen Fernglas oder Operngucker zu sehen ist. Dieser offene Sternhaufen umfasst rund 50 Sterne und ist 290 Lichtjahre entfernt und uns damit näher als die Plejaden im Stier, wenn auch längst nicht so auffällig. Der Coma-Sternhaufen trägt auch die Bezeichnung Melotte 111.

5.5 (links) Lage des Kugelhaufens M 53 und der Galaxie M 64 im Sternbild Coma Berenices.

5.6 (rechts) Der offene Sternhaufen Mel 111, auch als Coma-Haufen bekannt, im Sternbild Haar der Berenike. Er ist nicht mit dem Coma-Galaxienhaufen zu verwechseln.

M 53 ist ein ferner Kugelhaufen (56 000 Lichtjahre) im Haar der Berenike. Er ist im Teleskop nur als kleines, rundes, diffuses Lichtfleckchen zu erkennen – im Fernglas sieht man kaum etwas. Im Sternbild Coma Berenices findet sich die Galaxie M 64, gelegentlich auch als „Milchstraße mit dem dunklen Auge“ bezeichnet. Interstellare Staubmassen absorbieren hier das Sternenlicht. Rund 22 Millionen Lichtjahre trennen uns von M 64.

Monatsthema

Venus im Blickpunkt

Wenn Venus am Abendhimmel hell strahlt, so werden Planetarien und Sternwarten mit Anrufen und E-Mails bombardiert: „Was ist das für ein heller Lichtpunkt im Westen?“ Immer wieder gibt es zahlreiche Zeitgenossen, die beim Anblick des Abendsterns so überrascht sind, dass sie nicht ein Gestirn vermuten, sondern ein Raumschiff oder UFO zu sehen glauben. Und wenn Venus sich allmählich dem Horizont nähert und untergeht, so ist man fest überzeugt, ein Raumschiff hat sich bewegt. Dass nicht nur Sonne und Mond auf- und untergehen sondern auch die Sterne und Planeten infolge der Erdrotation, ist vielen Mitmenschen gar nicht bewusst.

Zwar spricht man vom Abend- und vom Morgenstern, wenn Venus kurz nach Sonnenuntergang im Westen aufleuchtet oder morgens im Osten vor der Sonne erscheint. Dennoch ist Venus kein Stern, keine heiße, selbst leuchtende Gaskugel wie unsere Sonne, sondern unser innerer Nachbarplanet, der die Sonne in rund siebeneinhalb Monaten umkreist und von ihr beleuchtet wird.

Nach Sonne und Mond ist Venus das hellste Gestirn am irdischen Firmament. Wenn weder Mondlicht noch irdische Beleuchtung stören, so sieht man, dass Gegenstände im Venuslicht sogar Schatten werfen. Wegen ihrer Strahlkraft hat man Venus auch als Phosphoros beziehungsweise Lucifer bezeichnet, was nichts anderes als „Lichtträger“ heißt. Diese Namen werden Venus als Morgenstern zugeordnet. Wenn sie abends nach Sonnenuntergang im Westen aufleuchtet, nennt man sie Hesperus. Auf Keilschrifttafeln aus dem frühen Babylon (um 1700 vor Chr.) findet man Hinweise, dass es sich beim Abend- und Morgenstern um ein und dasselbe Gestirn handelt. Wenn die Nacht anbrach und man das Ruhelager aufsuchte, so strahlte oft Venus vom Himmel, weshalb sie schon bei den Babyloniern als Liebesgöttin Ischtar angesehen wurde. Die Griechen nannten sie Aphrodite und die Römer eben Venus, alles Namen der Göttin der Liebe. An Wochentagen wurde der Freitag der Venus zugeordnet. Denn Freyja war die altgermanische Fruchtbarkeitsgöttin, die Glück in der Liebe garantierte.

5.7 Zur Entstehung der Venusphasen

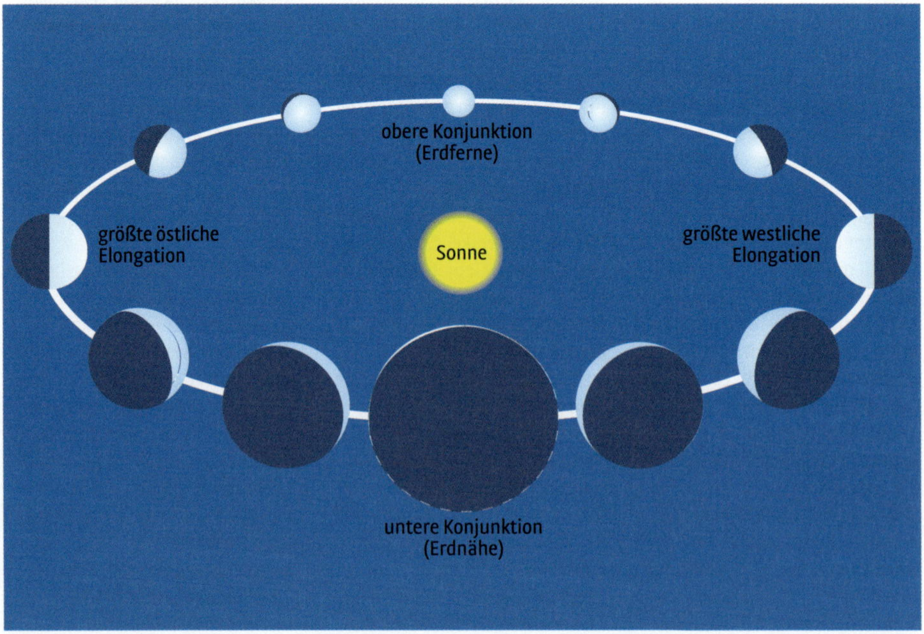

Unser Wissen über die Venus

Schon bald nach Erfindung des Fernrohres wurde Venus ins Visier genommen. Galileo Galilei und Simon Marius entdeckten unabhängig voneinander, dass Venus Lichtgestalten wie der Mond zeigt. Manchmal zeigt Venus im Teleskop eine schmale Sichel, manchmal sieht man sie halb beleuchtet wie der Halbmond (Dichotomie), dann wiederum erscheint sie kugelrund. Galilei sah in den Venusphasen einen Beweis für die Richtigkeit des heliozentrischen Weltbildes.

Im Gegensatz zu Mars, der im Fernrohr auf seiner Oberfläche zahlreiche Details erkennen lässt, leuchtet Venus in grellweißem Licht und verbirgt ihre Oberfläche unter einer dichten, geschlossenen Wolkendecke, wie sie eventuell eines mehr oder minder fernen Tages auch unseren Planeten einhüllen wird. Was man nicht sehen konnte, entzündete die Fantasie und ließ wilde Spekulationen aufkommen: Vielleicht sieht es auf Venus so aus wie bei uns vor 200 Millionen Jahren im Erdmittelalter? Möglicherweise stapfen Saurier und anderes Getier durch eine warme, feuchte und vegetationsreiche Urlandschaft? Schließlich ist Venus nur 72 Prozent so weit von der Sonne entfernt wie die Erde. Künstler malten kühnste Bilder von Riesenechsen in Schachtelhalmwäldern.

Doch schon die ersten spektroskopischen Untersuchungen von der Erde aus dämpften die Urwelterwartungen gewaltig. Denn es zeigte sich, dass die Venusatmosphäre zu weit über neunzig Prozent aus Kohlendioxid besteht, Wasserdampf aber so gut wie nicht vorhanden ist. Auch Sauerstoff kommt nur in Spuren vor. Durch die größere Sonnennähe der Venus und den extremen Treibhauseffekt, bedingt durch die kohlendioxidreiche Atmosphäre, schätzte man die Oberflächentemperatur auf über 100° Celsius. Von der großen Trockenheit abgesehen wäre eine solche Temperatur selbst den Wärme liebenden Dinos doch etwas zu hoch.

Dass die Venus überhaupt eine Atmosphäre besitzt, hat bereits der russische Universalgelehrte Michail Wassiljewitsch Lomonossow (1711–1765) festgestellt. Er beobachtete den Venustransit vom 6. Juni 1761 und bemerkte dabei, dass kurz vor Ende des Vorüberganges um die Planetenkugel ein Lichtsaum erschien. Daraus schloss er zutreffend, dass der Venusglobus von einer Atmosphäre umschlossen wird.

5.8 Die Sichelgestalt der Venus

Der Venusglobus ist mit 12 104 Kilometer fast genauso groß wie die Erde. Die Venusmasse entspricht etwa 82 % der Erdmasse, woraus folgt, dass unser innerer Nachbarplanet mit 5,3 Gramm pro Kubikzentimeter etwa die gleiche Dichte wie unser Heimatplanet aufweist. Daraus schloss man, dass Venus ähnlich der Erde einen großen Nickel-Eisenkern besitzt.

Mit einer Bahngeschwindigkeit von 35 Kilometern pro Sekunde läuft Venus in einer nahezu kreisförmigen Bahn in siebeneinhalb Monaten um die Sonne. Alle 584 Tage überholt uns Venus auf der Innenbahn und wechselt damit vom Abendhimmel auf den Morgenhimmel. Stehen Sonne–Venus–Erde in einer Linie, so spricht man von unterer Konjunktion. Da die Venusbahn aber um 3°,4 zur Erdbahnebene (Ekliptik) geneigt ist, wandert sie meist ein wenig nördlich oder südlich an der Sonne vorbei,

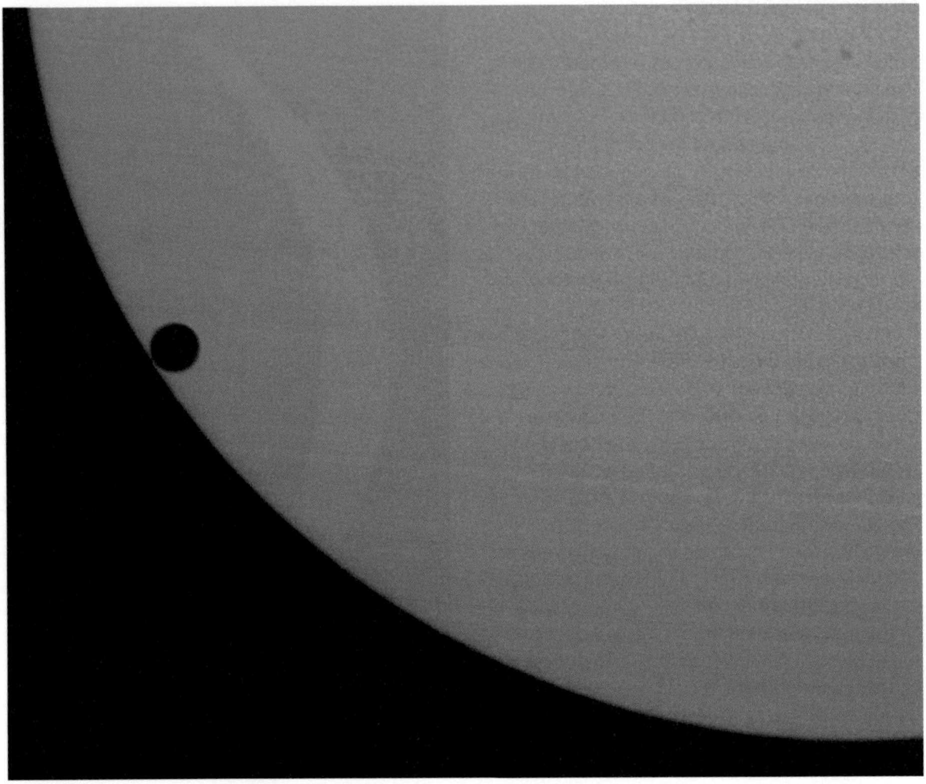

5.9 Venustransit – Am 8. Juni 2004 zog Venus als dunkler Punkt (Phase „Neuvenus") vor der Sonne vorbei. Aufnahme von Martin Gertz, Sternwarte Welzheim/Planetarium Stuttgart.

wenn sie die Erde überholt. Nur in seltenen Fällen schiebt sie sich exakt zwischen Sonne und Erde und ist als dunkler Punkt vor der Sonnenscheibe erkennbar (siehe auch *Himmelsjahr 2004*, Seite 135, Monatsthema Juni: „Venus tritt vor die Sonne"). In unterer Konjunktion erreicht Venus auch ihren geringsten Abstand von der Erde, nämlich knapp 39 Millionen Kilometer. Damit kommt Venus uns noch näher als Mars und ist nach unserem Mond der nächste natürliche Himmelskörper. Während uns Mars jedoch in Erdnähe seine voll beleuchtete Seite zukehrt, sehen wir in unterer Konjunktion die Phase „Neuvenus". Wir blicken dann auf die dunkle, unbeleuchtete Hälfte des Venusglobus. Venus ist dann gar nicht sichtbar, denn sie hält sich wie der Neumond bei der Sonne am Taghimmel auf. Nur bei einem Venustransit sieht man ihre dunkle Silhouette vor der Sonne.

Selbst in großen Teleskopen sind keine Details auf der gleißenden hellen Wolkenoberfläche zu erkennen. Deshalb gelang es auch nicht, durch optische Beobachtungen die Länge eines Venustages zu bestimmen. Alle Versuche, die Rotationsdauer durch Fernrohrbeobachtungen zu ermitteln, schlugen fehl. Manche vermuteten eine Rotationsdauer von nur 22 Stunden, andere spekulierten auf 225 Tage, was einer gebundenen Rotation entspräche. (Von einer gebundenen Rotation spricht man, wenn die Umlaufszeit um den Zentralkörper gleich der Rotationsdauer ist. Bei einer gebundenen Rotation würde Venus immer dieselbe Halbkugel der Sonne zukehren, die andere läge in ewiger Finsternis.) Als Kuriosum sei angemerkt, dass ein Amateurastronom, dessen begüterte Frau ihm eine Privatsternwarte auf einer Adria-Insel spendierte, Ende des 19. Jahrhunderts die Venusrotation auf Sekunden genau bestimmt zu haben meinte. Nach seinen Angaben rotiert Venus einmal in $23^h57^m36^s$. Zu seinen Lebzeiten hat er nie erfahren, wie vollkommen daneben er mit dieser Angabe lag.

Erst in den 60er Jahren des vorigen Jahrhunderts gelang es mit Radarechos, die Venusrotationsdauer zu ermitteln. Mit dem 300-Meter-Radioteleskop von Arecibo in Puerto Rico sandte man Radiosignale zur Venus, die von ihrer festen Oberfläche reflektiert wurden. Aus der Laufzeit der Signale konnte die Distanz der Venus sehr exakt, nämlich auf einen Kilometer genau bestimmt werden. Dies entspricht weniger als einem Millionstel des Messwertes. Da der Radarstrahl durch die Wolkendecke hindurch geht und von der festen Oberfläche der Venus reflektiert wird, konnte man ihre gebirgige Struktur registrieren. Es wurde eine gewaltige Geländeerhebung von elf Kilometern über dem mittleren Niveau erkannt. Sie ist somit um zwei Kilometer höher als der Mt. Everest, der höchste Berg der Erde. Dieses Gebiet wurde Maxwell-Region getauft nach dem englischen Physiker James Clerk Maxwell, der die mathematischen Gleichungen der Elektrodynamik formulierte.

Die Radiosignale verrieten dabei auch die Umdrehungszeit der Venus. Zur großen Überraschung aller dreht sich die Venus langsamer um die eigene Achse, als sie für einen Sonnenumlauf benötigt. Außerdem erfolgt die Rotation retrograd, also entgegengesetzt dem allgemeinen Drehsinn in unserem Sonnensystem. Eine Rotation des Venusglobus dauert 243 Tage. Ein Sterntag auf Venus ist somit länger als ein Venusjahr! Aus der Revolutionszeit von 225 Tagen und der retrograden Rotation in 243 Tagen ergibt sich die Länge eines Sonnentages auf Venus zu 117 irdischen Tagen – alle 117 Tage könnten Venusier die Sonne aufgehen sehen – wenn es sie denn gäbe und die geschlossene Wolkendecke aufrisse.

Die langsame Rotation der Venus macht auch verständlich, warum der Venusglobus nicht abgeplattet ist und auch so gut wie kein globales Magnetfeld besitzt – ein Dynamo-Effekt findet nicht statt, weshalb man einst vergeblich versucht hat, spektroskopisch mit Hilfe des Doppler-Effektes die Rotationsgeschwindigkeit zu messen. Die Rotationsachse der Venus steht fast senkrecht auf ihrer Bahnebene. Die Abweichung beträgt nur drei Grad,

5.10 Venus wird von einer dichten Wolkenhülle umschlossen. In höheren Atmosphärenschichten bläst permanent ein heftiger Sturm von rund 400 Kilometern pro Stunde.

was wegen der retrograden Drehrichtung rein rechnerisch eine Achsenneigung von 177° ergibt.

Die langsame Rotation des Venusglobus ist vermutlich die Folge eines Resonanzeffektes: Zwischen zwei unteren Konjunktionen vollführt die Venus genau fünf synodische Rotationen. Daraus folgt: In unterer Konjunktion ist uns stets dieselbe Venusseite zugekehrt. Abweichungen von der idealen Kugelgestalt (gewaltige Gebirgsmassive!) bewirkten, dass die Gezeitenkräfte der Erde die Venusrotation abbremsten.

Raumsonden erforschen Venus

Dass Venus kein lebensfreundlicher Planet für Urwelttiere sondern eine lebensfeindliche Gluthölle ist, haben uns Raumsonden wissen lassen, die teils an der Venus vorbeiflogen, teils weich auf ihrer Oberfläche landeten oder in eine Umlaufbahn einschwenkten und als künstliche Venusmonde den Nachbarplaneten nun umkreisen. Nach ihren Beobachtungen und Messergebnissen liegen die Oberflächentemperaturen zwischen 470° und 510° C. Der atmosphärische Bodendruck ist 90-mal höher als auf der Erde in Meeresniveau. Zu 96 % setzt sich die Venusatmosphäre aus Kohlendioxid (CO_2) und zu 3,4 % aus molekularem Stickstoff (N_2) zusammen. Ferner finden sich Spuren von Schwefeldioxid (SO_2), Wasserdampf (H_2O), Argon (Ar), Neon (Ne) und Salzsäure (HCl).

Eine der erfolgreichsten Venussonden wurde im Mai 1989 auf den Weg gebracht: Die 3½ Tonnen schwere Magellan-Sonde erreichte nach einem 15 Monate langen Flug im August 1990 unseren inneren Nachbarplaneten und umkreist ihn seither als künstlicher Venusmond. Der Magellan-Orbiter hat bis 1994 mit einem Radarstrahl, der durch die Wolkenschicht drang, die gesamte Venusoberfläche abgetastet und somit ihre vollständige Kartierung ermöglicht. Magellan hat die Venus gewissermaßen entschleiert. Raumfahrer würden eine düstere Landschaft voll pechschwarzer Lava vorfinden, die in ein schwaches rötliches Licht getaucht ist. Die Oberfläche zeigt sich vielgestaltig mit teilweise verwirrenden Formen. Riesige Vulkane, ausgedehnte Calderen, also kesselförmige Vulkankrater, lange, gewundene Lavakanäle, gewaltige Gebirgszüge und Einschlagkrater sowie kuppelförmige Aufwölbungen zeigten sich dem Radarauge von Magellan. Maat Mons, der größte Venusvulkan, erhebt sich acht Kilometer hoch über Normalnull (Referenzkugel mit 6052 km Radius). Während auf der Oberfläche die Windgeschwindigkeit unter zehn Kilometern pro Stunde beträgt, herrscht in 70 bis 80 Kilometer Höhe ein permanenter Jet-Stream mit Geschwindigkeiten von 360 bis 470 Kilometern pro

5.11 Maat Mons, der höchste Vulkan auf der Venus, erhebt sich acht Kilometer hoch über Normalnull.

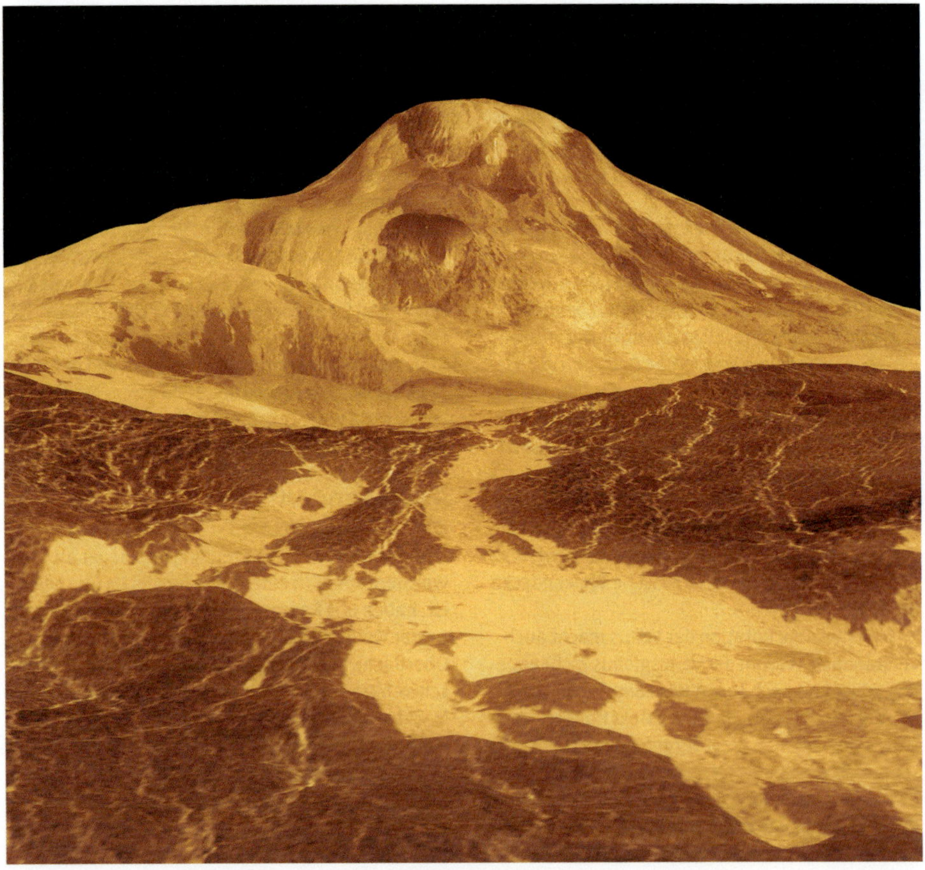

5.12 **Das Maxwell-Gebirge ist mit elf Kilometern Höhe die größte Erhebung auf der Venusoberfläche.**

Stunde, der die Venuswolken in nur vier Tagen um den Venusglobus jagt.

Planetologisch gesehen ist die Venusoberfläche recht jung. Vor 600 Millionen Jahren wurde das Venusantlitz neu geprägt. Die vergleichsweise geringe Zahl von Impaktkratern weist auf das jugendliche Stadium der Vulkanlandschaft hin. Zwar sind Venus und Erde gleich alt, nämlich vor 4,7 Milliarden Jahren gemeinsam mit der Sonne und den anderen Planeten entstanden, aber Venus hat eine ganz andere Entwicklung als die Erde durchgemacht. Auf der Venus fehlt die Plattentektonik, die Venuskruste ist eine einzige Hülle, die vor planetologisch gesehen kurzer Zeit durch heftigen, aktiven Vulkanismus der Oberfläche völlig neu gestaltet wurde. Sie ist heute heiß und knochentrocken, der Wasserdampf ist in das Weltall diffundiert beziehungsweise wurde er durch den Sonnenwind hinweggefegt. Man schätzt, dass täglich hundert Tonnen Material aus der oberen Venusatmosphäre vom Sonnenwind weggerissen werden.

Nach wie vor sind viele Fragen ungeklärt. Sie soll der jüngste Venusorbiter lösen helfen. Der ***Venus-Express*** wurde von der europäischen Raumfahrt-Agentur ESA gebaut und am 9. November 2005 auf den Weg zur Venus gesandt. Nach einer Reisedauer von 162 Tagen traf VEX, so das Akronym dieser Sonde, im April 2006 bei der Venus ein und schwenkte in einen elliptischen Orbit ein, dessen venusnächster Punkt nur 250 Kilometer über der Oberfläche liegt. In Venusferne trennen VEX mehr als 60 000 Kilometer von unserem Nachbarplaneten. An Bord der 1240 Kilogramm schweren Sonde finden sich sieben Experimente beziehungsweise Messgeräte zur Erforschung der Venus.

Die fast zwei Kilogramm schwere Venus Monitoring Camera (VMC) soll sowohl im sichtbaren Licht als auch im nahen Infrarot Aufnahmen der Venuswolken gewinnen. Die Weitwinkelkamera mit 16° Gesichtsfeld ist mit einem Satz relativ schmalbandiger Filter versehen. Mit Hilfe dieser Kamera sollen das Wettergeschehen auf der Venus untersucht und die Dynamik der Venusatmosphäre analysiert werden.

Drei Spektrometer dienen zur Analyse der chemischen Zusammensetzung der Venusluft. Sowohl den Ultravioletten als auch den Infraroten Bereich erfassen die Spektrometer. Neben der Bestimmung des Kohlendioxidgehalts der Venusluft und der Ozonkonzentration wird man nach Spuren von Wasserdampf fahnden. Ferner erlauben die Spektrometer ein dreidimensionales Temperaturprofil zu erstellen. In bestimmten Wellenlängen gibt es Atmosphären-Fenster, die einen Blick auf die Venus-

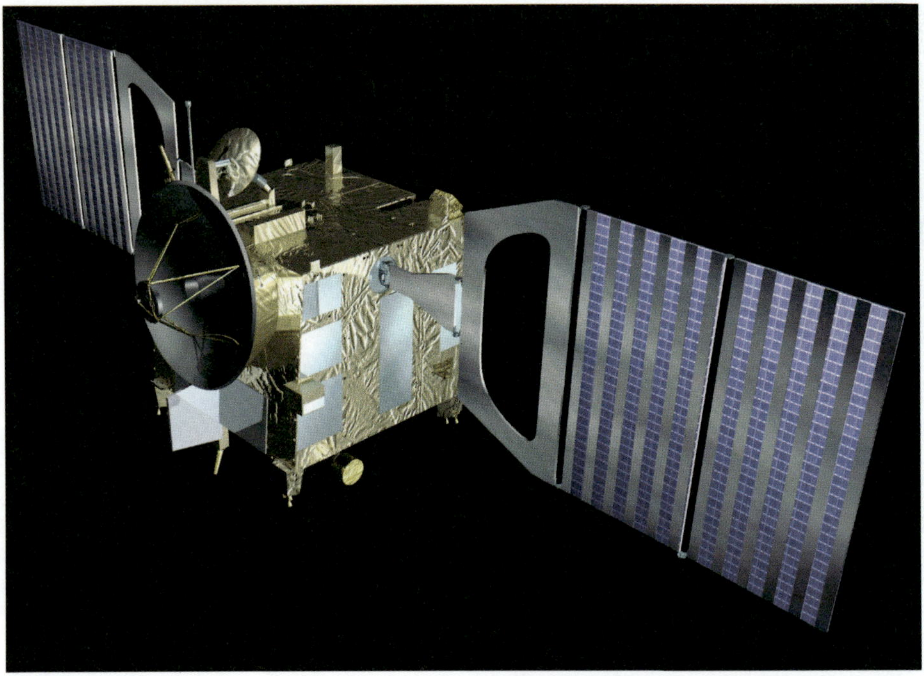

5.13 Die europäische Raumsonde *Venus-Express* traf am 11. April 2006 bei der Venus ein und wurde zu einem künstlichen Venussatelliten.

oberfläche erlauben. In diesen Spektralbereichen wird die chemisch-mineralogische Zusammensetzung der festen Venusoberfläche untersucht und zwar sowohl global als auch lokal. Man hofft auch, dabei auf noch aktive Vulkane zu stoßen.

Ein weiteres Gerät soll die Konzentration elektrisch neutraler Atome in der Venusatmosphäre analysieren und die Wechselwirkung der Hochatmosphäre mit dem Sonnenwind registrieren. Ziel ist es zu erfahren, wie viel von der Venusatmosphäre in den interplanetaren Raum diffundiert und welche Rolle dabei der Sonnenwind spielt.

Ein Magnetometer soll erkunden, inwieweit ein schwaches Magnetfeld der Venus existiert und wie dessen Feldlinien verlaufen.

Das Radio-Science-Experiment untersucht den Funkverkehr zwischen der Sonde VEX und den irdischen Bodenstationen. Unter anderem soll es Aufschluss über den Ionisationsgrad der Moleküle und Atome in der hohen Venusatmosphäre geben.

Hauptziel ist das wissenschaftliche Verständnis, wie es zu den heutigen Zuständen auf der Venus gekommen ist. Droht der Erde in einer mehr oder minder fernen Zukunft ein ähnliches Schicksal, wie es offensichtlich die Venus ereilt hat – eine glutheiße Oberfläche ohne Wasser, eine heiße, staubtrockene Kohlendioxidatmosphäre ohne Sauerstoff, aber angereichert mit Schwefelsäuretröpfchen und eine geschlossene, dichte Wolkendecke, die es nicht erlaubt, von der Venusoberfläche die Sonne oder gar die Sterne zu sehen? So schön uns Venus am irdischen Firmament als Abend- oder Morgenstern erscheint, eines ist heute schon sicher: Auf unserem Nachbarplaneten herrscht eine Gluthölle, die nichts und niemand überleben kann.

Juni 2007

Jupiter steht zu Monatsbeginn im Sternbild Schlangenträger in Opposition zur Sonne. Venus erreicht am 9. ihre größte östliche Elongation. Am 18. wird Venus vom Mond bedeckt. Die Sonne passiert am 21. um 20^{h}06^m MESZ den Gipfel ihrer Jahresbahn – der astronomische Sommer hält seinen Einzug.

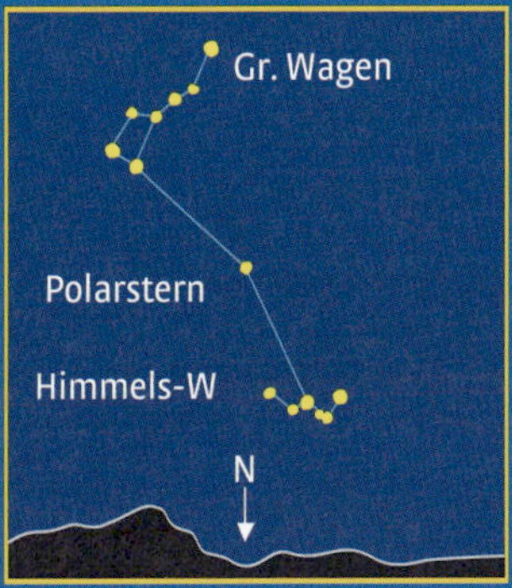

Großer Wagen und Himmels-W Anfang Juni um 22^h

6.1 Anblick des abendlichen Westhimmels am 18. Juni gegen 23^h MESZ. Knapp über dem Westhorizont stehen Venus und die zunehmende Mondsichel. Ein wenig östlich davon ist der lichtschwächere Saturn auszumachen.

Sonnenlauf im Juni

21.6. 19ʰ06ᵐ
Sonne tritt in das Tierkreiszeichen Krebs
22.6. 2ʰ
Sonne tritt in das Sternbild Zwillinge
Julianisches Datum am 1. Juni, 1ʰ MEZ: 2454252,5

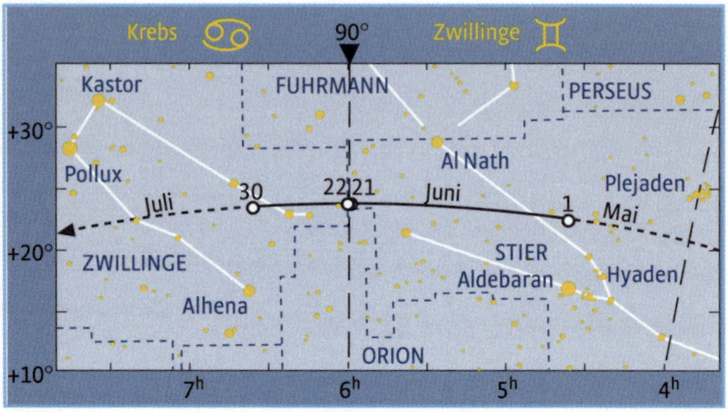

Tag	Dämmerg. Anfang	Aufgang MEZ	Kulmination	Untergang MEZ	Dämmerg. Ende	Mittagshöhe	Zeitgleichg.	Rektaszension	Deklination
	h m	h m	h m	h m	h m	°	m	h m	°
1.	2 33	4 16	12 18	20 20	22 03	62,0	+2	4 34	+22,0
5.	2 28	4 14	12 18	20 24	22 09	62,5	+2	4 50	+22,5
10.	2 24	4 11	12 19	20 28	22 16	63,0	+1	5 11	+23,0
15.	2 21	4 10	12 20	20 31	22 20	63,3	0	5 31	+23,3
20.	2 20	4 10	12 21	20 33	22 23	63,4	–1	5 52	+23,4
25.	2 21	4 12	12 22	20 33	22 23	63,4	–2	6 13	+23,4
30.	2 25	4 14	12 24	20 33	22 22	63,2	–4	6 34	+23,2

Tages- und Nachtstunden im Juni

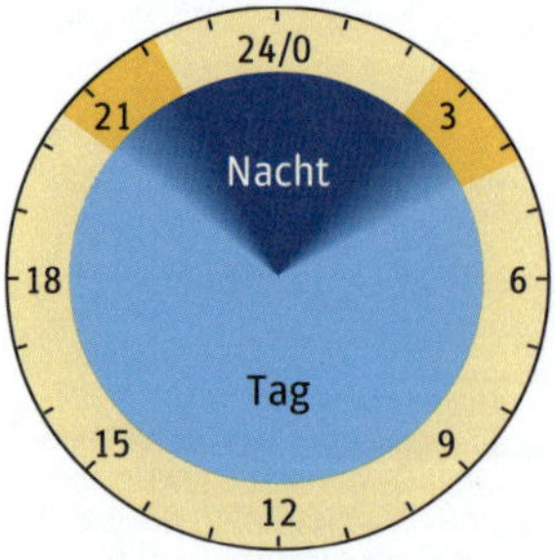

5. Juni

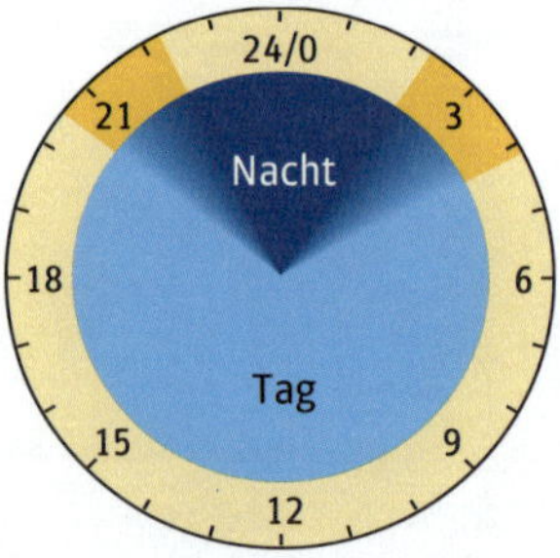

15. Juni

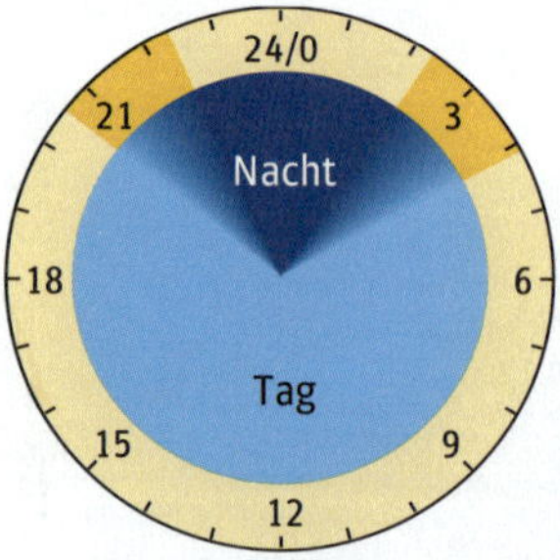

25. Juni

Mondlauf im Juni

Datum		Aufg. MEZ	Kulmination	Unterg. MEZ	Rektaszension	Deklination	Sterne und Sternbilder	Phase	MEZ
		h m	h m	h m	h m	°			
Fr	1.	21 35	0 10	3 47	16 28	−26,8	Antares	**Vollmond** Größte Südbreite	2^h04^m
Sa	2.	22 30	1 04	4 32	17 24	−28,1	Schlangenträger		
So	3.	23 12	1 59	5 30	18 21	−28,0	Kaus Australis		
Mo	4.	23 44	2 54	6 41	19 17	−26,3	Schütze, Nunki		
Di	5.	–	3 47	7 59	20 13	−23,3	Steinbock	Libration Ost	
Mi	6.	0 08	4 38	9 20	21 07	−19,0	Steinbock		
Do	7.	0 26	5 27	10 41	21 58	−13,7	Steinbock		
Fr	8.	0 42	6 14	12 02	22 48	− 7,7	Wassermann	**Letztes Viertel** Aufsteigender Knoten	12^h43^m
Sa	9.	0 56	7 01	13 24	23 37	− 1,2	Fische		
So	10.	1 10	7 49	14 48	0 28	+ 5,5	Fische		
Mo	11.	1 26	8 40	16 15	1 20	+12,1	Fische		
Di	12.	1 46	9 35	17 45	2 15	+18,0	Widder, Hamal	Erdnähe 364/32,′8	18^h
Mi	13.	2 12	10 34	19 14	3 14	+22,9	Stier, Plejaden		
Do	14.	2 49	11 37	20 35	4 17	+26,4	Stier, Plejaden	Größte Nordbreite	
Fr	15.	3 41	12 41	21 39	5 22	+28,1	Stier, Al Nath	**Neumond**	4^h13^m
Sa	16.	4 49	13 43	22 25	6 27	+27,8	Zwillinge		
So	17.	6 07	14 41	22 57	7 29	+25,8	Kastor, Pollux		
Mo	18.	7 29	15 34	23 19	8 27	+22,3	* Krebs, Krippe	Libration West	
Di	19.	8 48	16 21	23 36	9 19	+17,7	* Krebs		
Mi	20.	10 03	17 05	23 50	10 08	+12,5	Löwe, Regulus	Absteigender Knoten	
Do	21.	11 14	17 46	–	10 53	+ 6,9	Löwe		
Fr	22.	12 23	18 25	0 02	11 36	+ 1,2	Löwe	**Erstes Viertel**	14^h15^m
Sa	23.	13 32	19 05	0 13	12 18	− 4,4	Jungfrau		
So	24.	14 41	19 45	0 25	13 01	− 9,9	Spica	Erdferne 405/29,′5	15^h
Mo	25.	15 51	20 28	0 39	13 45	−15,0	* Spica		
Di	26.	17 03	21 14	0 55	14 31	−19,6	* Waage		
Mi	27.	18 15	22 03	1 16	15 20	−23,4	Waage		
Do	28.	19 24	22 56	1 45	16 12	−26,2	Antares	Größte Südbreite	
Fr	29.	20 23	23 51	2 26	17 07	−27,9	Schlangenträger		
Sa	30.	21 11	–	3 20	18 04	−28,1	Kaus Australis	**Vollmond**	14^h49^m

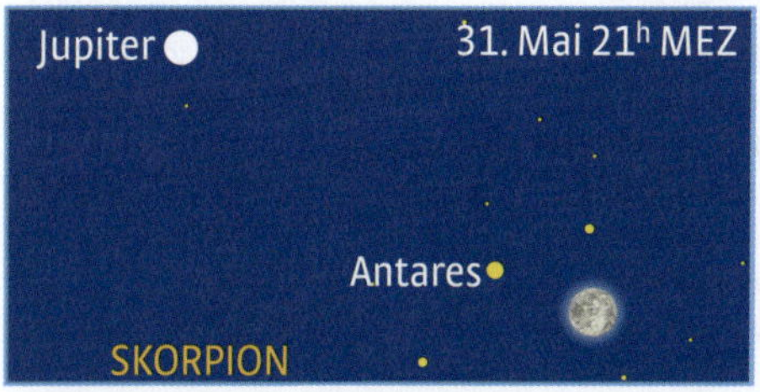

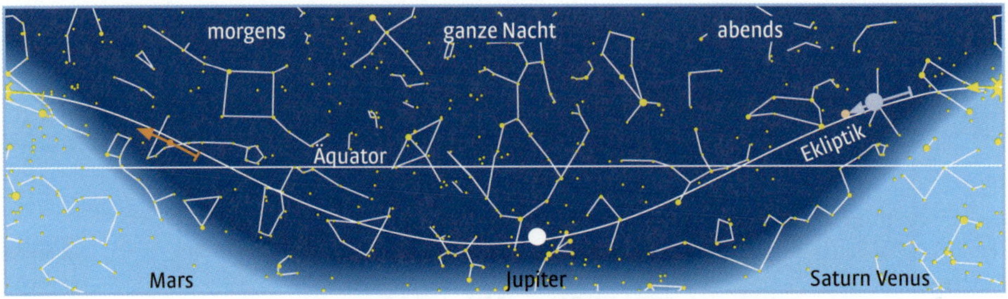

Planetenlauf im Juni

Merkur kommt am 2. in größte östliche Elongation. Sein östlicher Winkelvorsprung vor der Sonne erreicht dabei 23°22′. In den ersten Junitagen kann der flinke Planet noch am Abendhimmel tief im Nordwesten in der fortgeschrittenen Dämmerung erkannt werden.

Am 1. geht der $0^{m}\!,5$ helle Merkur um 22^h20^m (= 23^h20^m Sommerzeit) unter. Aber erst gegen 21^h (= 22^h Sommerzeit) ist es dunkel genug, um nach Merkur erfolgreich zu suchen. Etwa zwanzig Minuten vor seinem Untergang verschwindet Merkur im Horizontdunst! Bis 5. sinkt die Merkurhelligkeit auf $0^{m}\!,9$ ab, die Untergangszeit verfrüht sich leicht auf 22^h14^m (= 23^h14^m Sommerzeit). Nach dem 5. wird man vergeblich nach dem sonnennahen Planeten Ausschau halten (siehe auch Abb. 5.2 und 5.3 auf Seite 120).

Am 15. wird Merkur stationär und eilt anschließend rasch rückläufig auf die Sonne zu, die ihm rechtläufig entgegenkommt. Bereits am 28. steht Merkur in unterer Konjunktion mit der Sonne. Seine Konjunktionsschleife beschreibt Merkur im Gebiet der Zwillinge (siehe Abb. 7.6 auf Seite 160).

Sein Aphel passiert Merkur am 21., wobei ihn 70 Millionen Kilometer von der Sonne trennen, dies entspricht 0,468 Astronomischen Einheiten.

Venus erreicht am 9. mit 45°23′ Winkelabstand ihre größte östliche Elongation von der Sonne und ist damit Glanzpunkt am Abendhimmel. Sie tritt am 3. in das Sternbild Krebs, das sie am 25. wieder verlässt, um in den Löwen zu wechseln. Dabei nehmen ihre Deklinationen ab und ihre Tagbögen werden kleiner, weshalb sich ihre Untergänge um mehr als eine Stunde verfrühen.

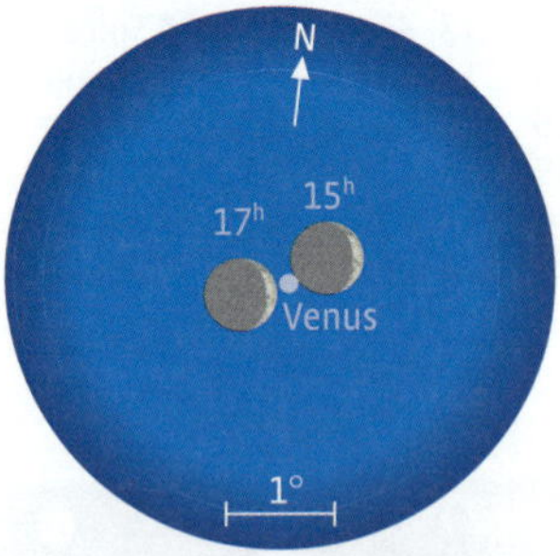

6.2 Der zunehmende Mond zieht vor der Venus am 18. Juni zwischen 15^h und 17^h MEZ (= 16^h und 18^h MESZ) vorbei. Anblick im Fernglas bei 5° Gesichtsfelddurchmesser. Nähere Daten zur Venusbedeckung siehe Text.

Geht Venus am 1. noch um 23^h44^m und am 15. um 23^h21^m unter, so sinkt sie am 30. bereits um 22^h41^m (= 23^h41^m Sommerzeit) unter die Horizontlinie. Ihre Helligkeit nimmt abermals ein wenig auf $-4^{m}\!,4$ zu.

Am **18.** kommt es zu einer **Venusbedeckung** durch den Mond, die auch von Mitteleuropa aus beobachtbar ist. Sie findet allerdings nachmittags am Taghimmel zwischen 15^h und 17^h (= 16^h bzw. 18^h Sommerzeit) statt. Bei sehr klarer Luft sollte man Venus gerade noch mit bloßen Augen kurz vor und nach der Bedeckung erspähen können. Mit einem guten Fernglas ist das Ereignis auf alle Fälle beobachtbar. Am Abend ist das Himmelsschauspiel dann vorbei und man sieht die zunehmende Mondsichel nahe der strahlend hellen Venus (siehe auch Abb. 6.1 auf Seite 135 und Abb. 6.2 links). Die genauen Zeiten für Beginn und Ende der Venusbedeckung findet man in der Tabelle „Sternbedeckungen durch den Mond“ auf Seite 272.

Venus pirscht sich an den viel langsameren Saturn im Sternbild Löwe heran, erreicht ihn aber erst zu Beginn des nächsten Monats (siehe auch Abb. 6.3 auf Seite 139).

Mars ist Planet am Morgenhimmel. Der rote Planet eilt rechtläufig durch das Sternbild Fische und wechselt am 26. in den Widder. Auch in den nördlicheren Gebieten Deutschlands ist Mars jetzt in der Morgendämmerung tief am Osthimmel auszumachen. Die Morgensichtbarkeit von Mars verbessert sich allerdings nur wenig, da die Sonne ihm im Tierkreis vorausläuft und am 21. Juni

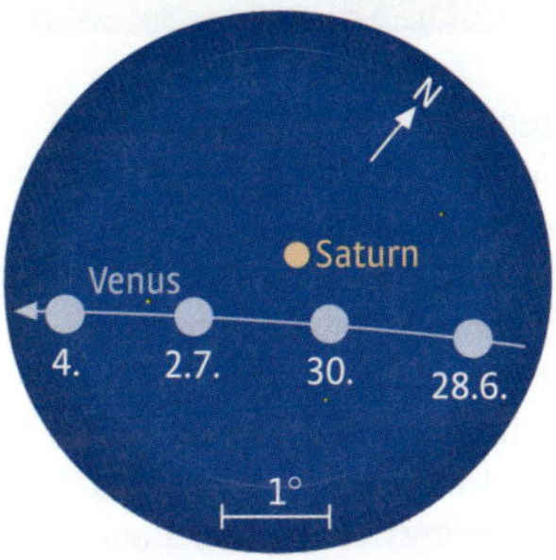

6.3 Venus wandert Ende Juni/Anfang Juli 2007 an Saturn vorbei. Abendlicher Fernglasanblick bei 5° Gesichtsfelddurchmesser.

den Gipfel der Ekliptik erreicht. Dadurch bleiben die Tagbögen des Mars kleiner als die der Sonne.

Am 1. geht der rote Planet um 2^h11^m (= 3^h11^m Sommerzeit) auf, am 15. um 1^h35^m und am 30. schon um 0^h58^m (= 1^h58^m Sommerzeit).

Die Marshelligkeit steigt weiter leicht auf $0^m\!,7$ an. Im Fernrohr zeigt sich ein winziges Planetenscheibchen von 6″ scheinbarem Durchmesser.

Am 4. passiert Mars das Perihel seiner Bahn. An diesem Tag trennen ihn 206,7 Millionen Kilometer (= 1,38 AE) von der Sonne.

Jupiter kommt in der Nacht vom 5. auf 6. in **Opposition** zur Sonne. Damit hat der Riesenplanet seine günstigste Beobachtungsposition erreicht: ganze Nacht über sichtbar, geringste Entfernung von der Erde und somit maximale Helligkeit sowie größter scheinbarer Durchmesser.

Jupitermonde

Tag	MEZ h m		Vorgang
4.	2 51	I	SA
	2 54	I	DA
5.	0 00	I	VA
	2 13	I	BE
	21 08	III	VE
	21 20	I	SA
	21 20	I	DA
	23 31	I	DE
	23 31	I	SE
7.	0 53	II	BA
8.	21 33	II	DE
	21 43	II	SE
12.	1 46	I	BA
	22 15	III	BA
	23 04	I	DA
	23 14	I	SA
13.	1 07	III	VE
	1 15	I	DE
	1 26	I	SE
	22 34	I	VE
15.	21 16	II	DA
	21 43	II	SA
	23 47	II	DE
16.	0 17	II	SE
20.	0 49	I	DA
	1 09	I	SA
	1 32	III	BA
	21 56	I	BA
21.	0 28	I	VE
	21 26	I	DE
	21 49	I	SE
22.	23 30	II	DA
23.	0 18	II	SA
24.	22 01	II	VE
27.	23 41	I	BA
28.	21 32	I	SA
	23 11	I	DE
	23 44	I	SE
29.	20 52	I	VE
30.	20 35	III	DE
	20 45	III	SA
	23 02	III	SE

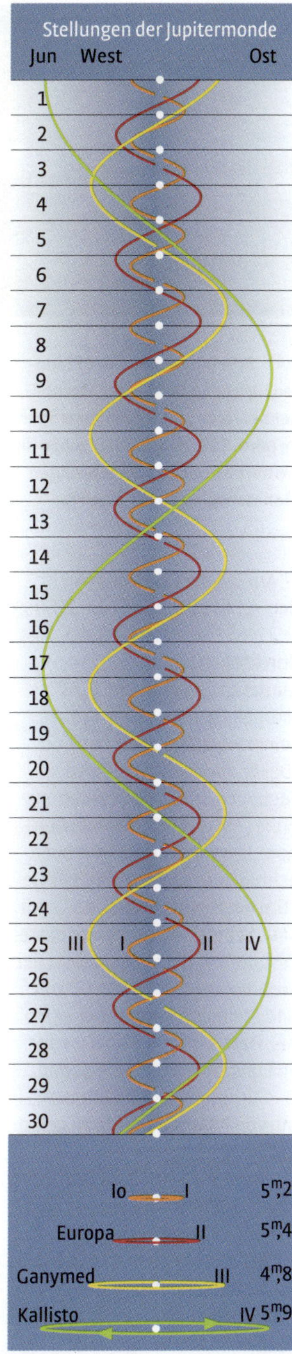

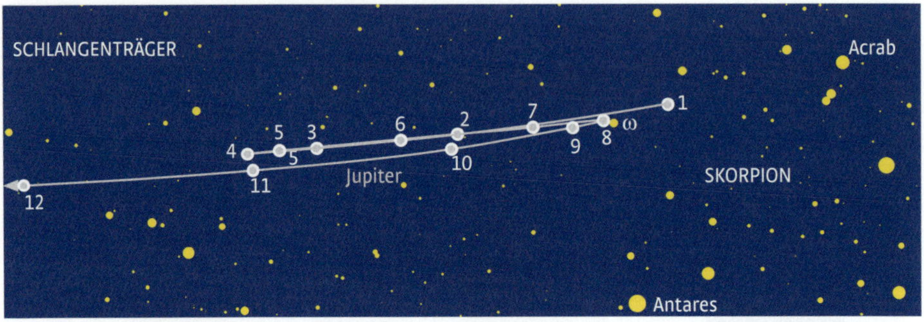

6.4 Scheinbare Bahn des Planeten Jupiter im Gebiet der Sternbilder Skorpion und Schlangenträger im Jahre 2007. Die Zahlen geben die Jupiterpositionen zum jeweiligen Monatsbeginn an (6 = 1. Juni).

Am Tag der Opposition geht der −2,ᵐ6 helle Jupiter um 20^h05^m (= 21^h05^m Sommerzeit) auf, durchschreitet um 0^h19^m den Meridian und geht um 4^h28^m morgens wieder unter. Wegen seiner weit südlichen Position (Deklination: −22°) fallen der Tagbogen und die Kulminationshöhe (18°) recht klein aus. Dennoch lässt sich Jupiter gut beobachten und ist ein auffälliges Gestirn am Nachthimmel, das man kaum übersieht. Seine geringste Distanz von der Erde erreicht der Riesenplanet am 7. um 13^h mit 644 Millionen Kilometer (= 4,30 AE). Damit ist er 4,3-mal weiter von uns entfernt als die Sonne. Das Licht benötigt 36 Minuten, um von Jupiter zur Erde zu gelangen.

Von der Sonne ist Jupiter zur Opposition 796 Millionen Kilometer (= 5,32 AE) entfernt.

Im Fernrohr sieht man ein ovales Jupiterscheibchen. Durch seine schnelle Rotation ist der Riesenplanet stark abgeplattet. Der scheinbare Äquatordurchmesser hat am Tag der Opposition 45,″8, der Poldurchmesser jedoch 42,″8. Schon in einem kleinen Fernrohr sind die vier hellen Jupitermonde sowie die Wolkenstreifen auf Jupiter gut zu erkennen.

Bis Monatsende verfrüht sich der Jupiteruntergang auf 2^h43^m (= 3^h43^m Sommerzeit), die Helligkeit geht leicht auf −2,ᵐ5 zurück.

Der Riesenplanet wandert rückläufig durch den Schlangenträger und steuert auf ω Ophiuchi zu (siehe Abb. 6.4 oben).

Saturn beschleunigt seine rechtläufige Wanderung durch den Löwen ein wenig und steuert auf Regulus (α Leonis) zu (siehe auch Abb. 2.5 auf Seite 69). Aus der zweiten Nachthälfte hat sich der Ringplanet längst zurückgezogen. Er verlagert seine Untergangszeiten in die späten Abendstunden.

Saturn geht am 1. um 0^h38^m (= 1^h38^m Sommerzeit) unter und am 15. um 23^h42^m. Am Monatsletzten sinkt der 0,ᵐ6 helle Ringplanet bereits um 22^h46^m unter den Horizont.

Die wesentlich schnellere und auch hellere Venus pirscht sich an Saturn heran, Anfang nächsten Monats kommt es zu einer engen Begegnung beider Planeten – ein reizvoller Anblick am Abendhimmel (siehe auch Abb. 6.3 auf Seite 139).

Am 18. gesellt sich die schmale Sichel des zunehmenden Mondes zu Venus und Saturn. Das Dreigestirn bildet einen hübschen Anblick am Abend in westlicher Richtung (siehe Abb. 6.1 auf Seite 135).

Uranus kommt am 24. im Sternbild Wassermann zum Stillstand und setzt zu seiner Oppositionsschleife an. In Opposition steht der grünliche Planet dann im ersten Septemberdrittel. Nach seinem Stillstand bewegt sich Uranus zunächst kaum merkbar rückläufig durch den Wassermann (siehe Abb. 9.6 auf Seite 196).

Uranus verlegt seine Aufgänge in die Zeit um Mitternacht und ist somit Beobachtungsobjekt der zweiten Nachthälfte. Am 1. erfolgt der Uranusaufgang um 1^h24^m (= 2^h24^m Sommerzeit) und am 15. um 0^h29^m. Am Monatsletzten steigt der grünliche, nur 5,ᵐ8 helle Planet schon um 23^h27^m über die östliche Horizontlinie.

Frühestens eine Stunde nach seinem Aufgang lohnt es sich, mit guter Optik nach Uranus zu suchen.

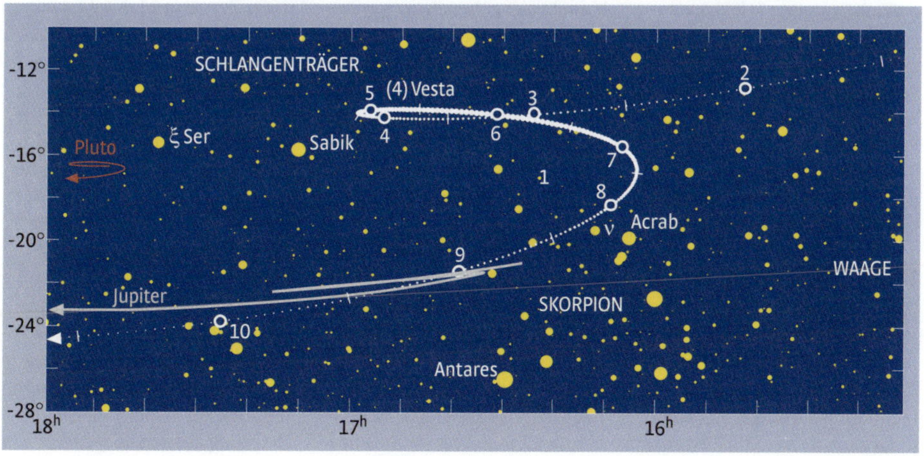

6.5 Scheinbare Bahn des Kleinplaneten (4) Vesta im Gebiet der Sternbilder Waage, Skorpion und Schlangenträger von Mitte Januar bis Mitte Oktober 2007. Eingetragen sind ferner die Lage der Oppositionsschleife des Planeten Pluto im Sternbild Schütze an der Grenze zum Sternbild Schlangenträger sowie die Lage der scheinbaren Jupiterbahn im Jahre 2007.

6.6 Scheinbare Bahn des Planeten Pluto im Gebiet der Sternbilder Schlange und Schütze im Jahre 2007. Die Zahlen geben die Plutopositionen zum jeweiligen Monatsbeginn an (6 = 1. Juni).

Neptun, rückläufig im Steinbock, verlegt seine Aufgänge in die Zeit vor Mitternacht. Am 1. geht der 7ᵐ,9 helle, leicht bläuliche Planet um 0^h29^m (= 1^h29^m Sommerzeit) auf, am 15. um 23^h30^m und am 30. bereits um 22^h30^m.

Die Meridianpassagen von Neptun verfrühen sich von 5^h21^m zu Monatsbeginn auf 3^h26^m (= 4^h26^m Sommerzeit) am Monatsende. Die beste Zeit, um Neptun zu finden, ist gegen Monatsende die Stunde zwischen ein Uhr und zwei Uhr morgens.

Zu Monatsanfang stört Mondlicht das Aufsuchen des fernen Neptun.

Pluto erreicht am 19. seine **Opposition** zur Sonne. Mit nur 13ᵐ,9 scheinbarer Oppositionshelligkeit ist dieser sonnenferne Benjamin der Planeten nur größeren Teleskopen zugänglich (siehe auch Abb. 6.5 und 6.6 auf dieser Seite).

Am Oppositionstag kulminiert Pluto um 0^h23^m (= 1^h23^m Sommerzeit). Von der Erde aus ist Pluto an diesem Tag 4532 Millionen Kilometer (= 30,29 AE) entfernt. Das Licht von Pluto ist somit vier Stunden und zwölf Minuten zur Erde unterwegs. Von der Sonne ist Pluto zur Opposition 4683 Millionen Kilometer (= 31,30 AE) entfernt.

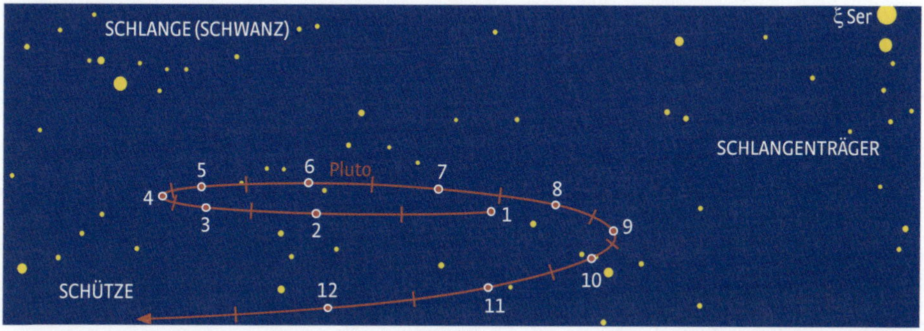

Auch in großen Teleskopen und bei hoher Vergrößerung zeigt sich Pluto nur punktförmig, da sein scheinbarer Durchmesser lediglich $0\overset{''}{,}1$ beträgt. Der große Plutomond Charon und die beiden neuentdeckten Zwergmonde des Pluto können nicht mit Amateurmitteln beobachtet werden.

Planetoiden

Juno (3) wird am 5. abermals stationär und beendet damit ihre Oppositionsperiode. Anschließend bewegt sie sich wieder rechtläufig durch das Sternbild Jungfrau.

Vesta (4) stand Ende des Vormonats im Sternbild Schlangenträger in Opposition zur Sonne. Mit $5\overset{m}{,}4$ scheinbarer Helligkeit zu Monatsanfang ist Vesta auch von Einsteigern in die Astronomie ausgesprochen leicht zu finden, selbst wenn ihre Helligkeit während des Monats auf $6\overset{m}{,}0$ absinkt. Noch wandert Vesta rückläufig durch Skorpion und Schlangenträger, wobei sie leicht nach Süden driftet (siehe auch Aufsuchkärtchen Abb. 6.5 auf Seite 141).

Die Meridianpassagen von Vesta erfolgen am 1. um 0^h16^m (= 1^h16^m Sommerzeit), am 15. um 23^h02^m und am 30. um 21^h53^m.

Periodische Sternschnuppenströme im Juni

Das zweite Maximum des **Scorpius-Sagittarius**-Stromes ist um den 14. Juni zu erwarten. Der Ausstrahlungspunkt oder Radiant liegt bei γ Sagittarii. Der Strom ist während des ganzen Monats aktiv. Wegen der geringen Höhe des Radianten sind Beobachtungen in unseren Breiten schwierig. Die beste Beobachtungszeit sind die Stunden um Mitternacht. Bei diesem Strom sind langsam fliegende Meteore (um 26 Kilometer pro Sekunde) zu registrieren.

Am 3. Juni erreichen die **Tau-Herkuliden** ihr Maximum. Dieser wenig bekannte und unauffällige Strom ist vom 19. Mai bis 14. Juni aktiv.

Am 8. und 9. Juni kann man nach den **Libriden** Ausschau halten. Der Radiant dieses Stromes liegt in der Waage.

Seit etwa fünfundzwanzig Jahren werden die **Juni-Lyriden** in der Zeit vom 11. bis 21. Juni beobachtet. Ihr Ausstrahlungspunkt liegt in der Leier. Ein Ursprungskomet ist noch nicht bekannt.

Zwischen dem 25. Juni und dem 2. Juli tauchen die **Corviden** auf, deren Radiant im Sternbild Rabe liegt. Am 27. Juni erreicht die Corvidenaktivität ihr Maximum.

Um den 28. Juni sind die **Juni-Draconiden** zu erwarten. Der Radiant liegt im Sternbild des Drachen. Die Draconiden sind ein kometarischer Strom, der seinen Ursprung auf den Kometen 7P/Pons-Winnecke zurückführt. Es ist mit lediglich rund fünf Meteoren pro Stunde zu rechnen.

Konstellationen und Ereignisse im Juni

Datum	MEZ	Ereignis
1.	13^h	Mond bei Jupiter, Mond $5\overset{\circ}{,}7$ südlich
2.	11	Merkur in größter östlicher Elongation (23°)
4.	14	Mars im Perihel
6.	0	**Jupiter in Opposition** zur Sonne
6.	15	Mond bei Neptun, Mond $1\overset{\circ}{,}5$ südlich
8.	16	Mond bei Uranus, Mond $1\overset{\circ}{,}6$ nördlich
9.	4	**Venus in größter östlicher Elongation (45°)**
10.	23	**Mond bei Mars**, Mond $5\overset{\circ}{,}2$ nördlich, **Abstand $5\overset{\circ}{,}7$ um 2^h am 11.**
15.	17	Merkur im Stillstand, anschließend rückläufig
16.	10	Mond bei Merkur, Mond $5\overset{\circ}{,}6$ nördlich
18.	16	**Mond bei Venus**, Mond $0\overset{\circ}{,}6$ nördlich, **Abstand $0\overset{\circ}{,}1$ um 16^h (Bedeckung,** siehe Seite 138)**, Abstand $1\overset{\circ}{,}7$ um 20^h**
19.	8	**Pluto in Opposition** zur Sonne
19.	9	**Mond bei Saturn**, Mond $0\overset{\circ}{,}4$ nördlich, **Abstand $5\overset{\circ}{,}7$ um 23^h am 18.**
21.	19^h06^m	**Sonne im Sommerpunkt, Sommersonnenwende**
21.	21	Merkur im Aphel
24.	0	Uranus im Stillstand, anschließend rückläufig
28.	15	Mond bei Jupiter, Mond $5\overset{\circ}{,}7$ südlich
28.	20	Merkur in unterer Konjunktion mit der Sonne

Der Fixsternhimmel im Juni

Wer jetzt Sterne beobachten will, muss sich darauf einrichten, dass es erst recht spät dunkel wird. In nördlicheren Breiten wird es überhaupt nicht vollständig finster – man erlebt die Zeit der hellen Nächte. Auch muss man die Sommerzeit berücksichtigen. Die Monatssternkarte zeigt die Situation zum Monatsbeginn um 24^{h} MESZ (= Mitteleuropäische Sommerzeit) und zur Monatsmitte um 23^{h} MESZ.

Noch hat sich die Umstellung zum Sommerhimmel nicht vollständig vollzogen. Der Bootes mit dem kräftig leuchtenden Arktur steht unübersehbar hoch im Süden. Der Ochsentreiber oder Rinderhirt beherrscht die Himmelsszene. Der Große Wagen hat den Meridian längst durchschritten und befindet sich im Abstieg. Ihm gegenüber findet man das Himmels-W (Kassiopeia) nahe dem Horizont. Kassiopeia und Großer Wagen sind bei uns zirkumpolar, das heißt, sie gehen niemals unter.

Die Westhälfte des Firmaments wird noch von den Frühlingssternbildern geprägt. Weit im Westen ist der Löwe zu sehen. Sein großes Sternentrapez steht schräg zum Horizont, so als ob sich diese Raubkatze auf eine imaginäre Beute stürzen wollte. Hell leuchtet gegenwärtig der Ringplanet Saturn im Löwen. Etwas weiter nordwestlich glänzt Venus.

Das Feld im Südwesten gehört der Jungfrau. Ihr Hauptstern Spica strahlt in einem bläulichen Licht. Mit 260 Lichtjahren Entfernung ist Spica einer der weiter entfernten Sterne erster Größe.

Arktur, Spica und Regulus im Löwen bilden das Frühlingsdreieck. Noch ist es hoch im Südwesten zu sehen.

In der östlichen Himmelshälfte hingegen kündigt sich die heiße Jahreszeit an. Das Sommerdreieck ist inzwischen vollständig aufgegangen. Es setzt sich aus folgenden drei Sternen zusammen: Wega in der Leier, Deneb im Schwan und Atair im Adler. Auf der Verbindungslinie Arktur–Wega findet man die Krone und den Herkules. Sie stehen gegenwärtig recht hoch über dem Horizont und sind daher leicht zu erkennen. Dies gilt natürlich nur, wenn der Himmelshintergrund einigermaßen dunkel ist, was leider heutzutage immer seltener der Fall ist.

Südlich des Herkules dehnt sich der Schlangenträger mit der Schlange aus, die nun inzwischen zur Gänze über dem Horizont ist. Im Schlangenträger leuchtet auffällig der Riesenplanet Jupiter. Nach Venus ist er der hellste Planet am irdischen Firmament.

Tief im Südosten schleppt sich gerade der Skorpion über die Horizontlinie. Sein tiefroter Hauptstern Antares wird gelegentlich mit dem Planeten Mars verwechselt, denn Antares steht ebenfalls nahe der Ekliptik und gleicht in der Farbe dem roten Planeten. Jedoch funkelt Antares meist infolge der Luftunruhe, während Mars in ruhigem Licht strahlt.

Wer im Gebirge bei dunklem Himmel und guter Durchsicht beobachtet, kann den noch horizontnahen sommerlichen Teil der Milchstraße erspähen. Ihr Lichtband zieht sich von Südosten durch die Sternbilder Adler–Schwan–Kassiopeia–Fuhrmann nach Nordwesten.

Das Sternbild Waage (Libra)

Die Waage ist ein wenig auffallendes Sternbild im südlichen Tierkreis zwischen Jungfrau im Westen und Skorpion im Osten. Libra ist die offizielle lateinische Bezeichnung für die Waage (Genitiv: Librae, Abkürzung: Lib). Nur vier Sterne sind so hell, dass man sie mühelos mit bloßen Augen sehen kann. Es sind dies die Sterne α ($2\overset{m}{,}6$), β ($2\overset{m}{,}6$), γ ($3\overset{m}{,}9$) und σ Librae ($3\overset{m}{,}3$). Nach dem Bonner Astronomen Friedrich Wilhelm Argelander (1799–1875) gehören 28 Sterne bis zur sechsten Größenklasse (und damit theoretisch freiäugig zu erkennen) zur Waage.

Als Mitglied des Tierkreises ziehen Sonne, Mond und Planeten durch die Waage. Daher ist

Veränderliche Sterne im Juni

Algol-Minima	9. $5^{h}47^{m}$	12. $2^{h}36^{m}$			
β-Lyrae-Minima	5. 18^{h} H	12. 5^{h} N	18. 16^{h} H	25. 4^{h} N	
δ-Cephei-Maxima	5. 2^{h}	10. 11^{h}	15. 20^{h}	21. 5^{h}	26. 14^{h}

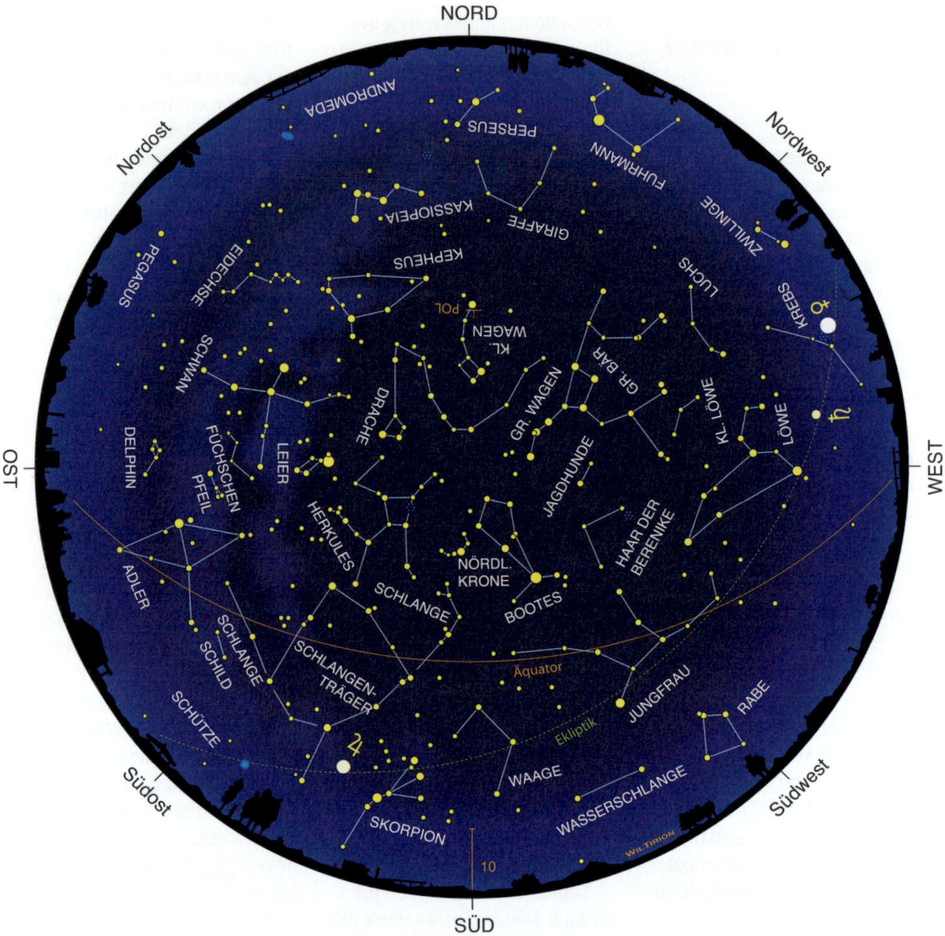

Sternenhimmel am 15. Juni um 22^h MEZ (23^h MESZ)

Fixsternhimmel auch gültig für:		
	MEZ	MESZ
15. 2.	6^h	
1. 3.	5	
15. 3.	4	
1. 4.	3	4^h
15. 4.	2	3
1. 5.	1	2
15. 5.	0	1
1. 6.	**23**	**24**
15. 6.	**22**	**23**

dieses Sternbild wohlbekannt, wenn auch nur wenige diese unscheinbare Konstellation mit eigenen Augen am Sternenhimmel wahrgenommen haben. Das Waagesymbol ♎ steht für das Herbstäquinoktium, da in der Antike der Herbstpunkt noch in der Waage lag. Heute jedoch wandert die Sonne vom 31. Oktober bis 23. November durch die Waage. Je nach Termin des letzten Schaltjahres verschieben sich diese Ein- und Austrittszeiten um einen Tag.

In der Antike deuteten die Sterne der Waage noch die Scheren des Skorpions an. Aus dieser Zeit stammen auch die arabischen Namen für die beiden hellsten Sterne, α und β Librae. α Librae heißt Zuben el Genubi (oder el Dschenubi), was „südliche Schere" bedeutet, und β Librae wird Zuben el Chamali (oder el Schemali) genannt, was entsprechend „nördliche Schere" heißt.

Auf Sternkarten aus den ersten Jahrhunderten nach Christi tauchen geflügelte Wesen auf, ver-

6.7 Das Sternbild Waage in einer figürlichen Darstellung.

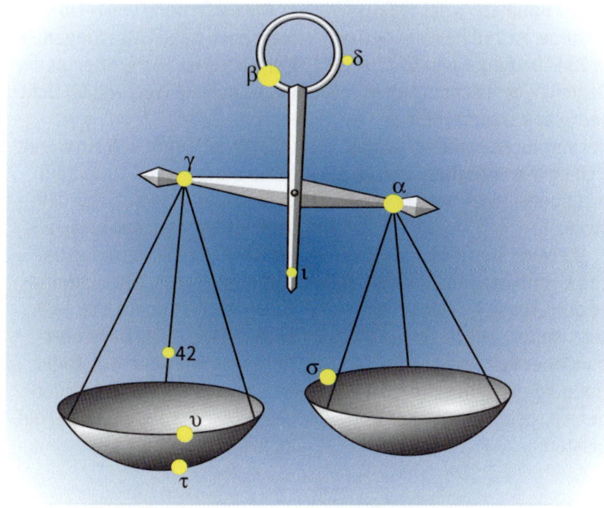

mutlich Engel, die eine kleine Waage halten. Der Ursprung geht wahrscheinlich auf die alten Ägypter zurück, wo ein schöner Jüngling die Waage hält. In ihren Totenbüchern, die den Verstorbenen beigelegt wurden, taucht der Waagemann als Symbol der Gerechtigkeit auf. Er soll das Gleichgewicht zwischen dem Reich der Toten und dem der Lebenden herstellen. Die kosmische Waage wurde vom ägyptischen Gott Anubis eingesetzt. Das Herz eines eben Verstorbenen wurde in eine Waagschale gelegt, in die andere eine Pfauenfeder, das Symbol der Wahrheitsgöttin Maat. Anubis wog das Herz. War der Verstorbene in seinem Leben ein aufrichtiger Mensch, so bestand das Herz die Prüfung und er wurde in eine höhere Lebensstufe aufgenommen.

Aus dem Mittelalter stammen verschiedene Darstellungen, nach denen Erzengel Michael die Waage in einer Hand hält, um die Seelen der Menschen zu wiegen. Diese Version soll auf eine hebräische Legende zurückgehen. Am Himmel des ausgehenden christlichen Mittelalters wurde hier der Apostel Philippus gesehen.

In den geheimen Büchern Indiens wird dieses Sternbild Tula oder Tolan genannt, was ebenfalls Waage bedeutet.

Im chinesischen Sonnentierkreis sieht man an Stelle der Waage ein Krokodil. Das Sternbild wurde Show Sing genannt, was „Stern der Langlebigkeit" bedeutet. Später findet man auch die Bezeichnung Tien Ching, was ebenfalls „Himmelswaage" heißt. Nach babylonischen Vorstellungen zeigen die Sterne der Waage eine Lampe oder ein Rauchfass an. Auch der Turm von Babel soll hier zu erkennen sein.

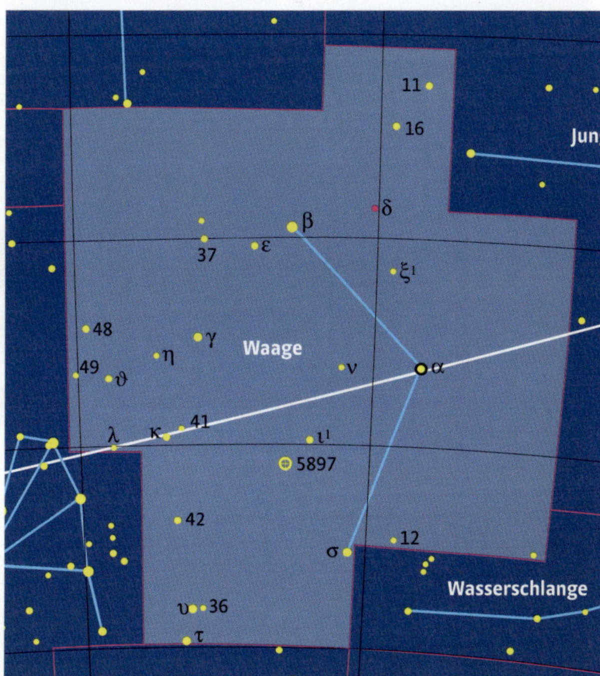

6.8 Skelettkarte des Sternbildes Waage

Der Hauptstern der Waage, α Librae, ist $2^m{,}8$ hell und besitzt in 231" Distanz einen $5^m{,}2$ hellen Begleiter, der leicht in jedem Fernglas auszumachen ist. Früher vermutete man, es handle sich um ein optisches Paar, also nicht um einen echten Doppelstern.

Da beide Sterne aber die gleiche Eigenbewegung aufweisen, so dürfte es sich zwar um ein sehr weites, jedoch gravitativ gebundenes System handeln. Die Hauptkomponente ist selbst wieder ein spektroskopischer Doppelstern.

Die Entfernung von α Lib beträgt nach neuen Messungen 78 Lichtjahre, ist also größer als der ursprüngliche Wert von 65 Lichtjahren.

β Librae ist mit $2^m{,}6$ ein wenig heller als α Lib und strahlt ein blauweißes Licht aus. Er ist ein sehr heißer Stern der Spektralklasse B8. Die Entfernungsbestimmung ergab 160 Lichtjahre. Damit ist β Lib doppelt so weit entfernt wie α Lib. Da er aber rund sechsmal leuchtkräftiger ist, so erscheint β Lib trotz doppelter Distanz uns ein wenig heller als α Lib.

Ein mit 9^m lichtschwacher Kugelhaufen, nämlich NGC 5897, ist ein wenig nordöstlich von σ Lib und nahe bei ι Lib zu finden. Er macht einen verwaschenen Eindruck und ist in Amateurteleskopen nicht leicht zu finden. Rund eine Million Sterne leuchten hier in etwa 40 000 Lichtjahren Distanz. Sein Durchmesser beträgt rund einhundert Lichtjahre. Die Mitgliedssterne sind zwölf bis dreizehn Milliarden Jahre alt. Sie gehören damit zu den ältesten Sternen, die schon bald nach Entstehung des Universums aufleuchteten.

Monatsthema

Die Entdeckung und Erforschung des Pluto

Bis zur Erfindung des Fernrohres kannte man fünf Planeten: Merkur, Venus, Mars, Jupiter und Saturn. Hinzu nahm man im Altertum und Mittelalter noch Sonne und Mond, denn auch sie wandern durch den Tierkreis. So kam man auf die klassischen sieben Planeten. Die Spuren dieser antiken Vorstellung lassen sich bis in unsere Tage verfolgen: Die Namen der Wochentage gehen auf die sieben klassischen Planeten ebenso zurück wie die Jahresregenten. Nikolaus Kopernikus entthronte die Erde aus dem Zentrum des Universums. Die Sonne machte er zum Zentrum des Planetensystems, den Mond ließ er als einzigen Himmelskörper um die Erde kreisen. Die Erde selbst wurde zum die Sonne umkreisenden Planeten. Damit war man bei der Zahl sechs für die Planeten unseres Sonnensystems angelangt. Nach Erfindung des Teleskops entdeckte im März 1781 Wilhelm Herschel den siebenten Planeten, der schließlich Uranus getauft wurde. Schon 1801 spürte Guiseppe Piazzi einen Himmelskörper auf, der die Sonne in einer Bahn zwischen der Mars- und der Jupiterbahn umrundet. Dieser zunächst als achter Planet angesehene Sonnentrabant entpuppte sich als besonders großes Exemplar einer Klasse von Himmelskörpern, die man als Kleinplaneten oder Planetoiden (auch Asteroiden) bezeichnet und die zu Tausenden hauptsächlich in zwei breiten Gürteln die Sonne umrunden.

Aufgrund von Störungen der Uranusbahn berechneten John C. Adams und Urbain J. J. Leverrier die Position eines hypothetischen Planeten, der im September 1846 von Gottfried Galle und Heinrich D'Arrest im Sternbild Wassermann aufgespürt wurde. Dieser achte Planet, der nach längerem Streit schließlich Neptun genannt wurde, läuft in knapp 165 Jahren in einer fast kreisförmigen Bahn um die Sonne. Er ist dabei dreißigmal weiter von der Sonne entfernt als die Erde.

Auf der Jagd nach Pluto

Percival Lowell, Spross einer angesehenen und begüterten Bostoner Familie, war von den Berechnungen Adams und Leverriers fasziniert und versuchte seinerseits mit der gleichen Methode, einen Planeten außerhalb der Neptunbahn zu entdecken. Lowell wurde am 13. März 1855 in Boston geboren.

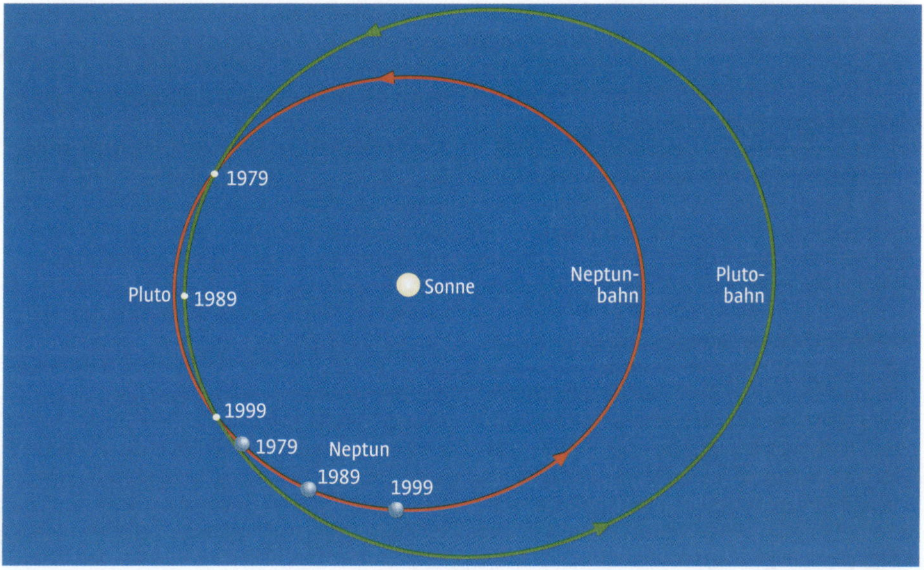

6.9 Die Bahnen der sonnenfernen Planeten Neptun und Pluto. Von 1979 bis 1999 war Pluto wegen seiner exzentrischen Bahn der Sonne näher als Neptun.

6.10 Aufnahmen von Pluto mit dem Hubble-Weltraumteleskop. Durch Bildbearbeitung lassen sich helle und dunkle Flecken auf seiner Oberfläche erkennen.

Er studierte in Harvard und schloss seine Studien 1876 ab. Anschließend bereiste er sowohl in geschäftlichem Interesse seiner Familie als auch in diplomatischer Mission Japan und Korea. Seine Erfahrungen fasste er in mehreren Büchern über Ostasien zusammen. Nach seiner Rückkehr begann er, sich intensiv mit Astronomie zu beschäftigen. Vor allem Mars hatte es ihm angetan, Lowell war von der Existenz der Marskanäle überzeugt. Da er über die nötigen Finanzmittel verfügte, gründete er 1894 das inzwischen weltberühmte und nach ihm benannte Observatorium nahe Flagstaff in Arizona. Auf dem 2100 m hohen „Marshill" wurde nach seinen Plänen die Sternwarte errichtet, deren Hauptinstrument ein 60-cm-Clark-Refraktor war. Dieses Teleskop steht heute unter Denkmalschutz. Neben seinen zahlreichen Marsbeobachtungen begann Lowell 1905 mit Störungsrechnungen, um den vermuteten transneptunischen Planeten aufzufinden. Schon 1902 wurde Lowell als externer Professor für Astronomie an das Massachusetts Institute of Technology (Cambridge, USA) berufen. Leider war seine Suche nach einem Transneptun nicht erfolgreich. Am 12. November 1916 schloss Lowell seine Augen für immer.

Doch die Suche nach Transneptun ging weiter. Noch ein Jahr vor seinem Tod verfasste Lowell eine Denkschrift mit dem Titel „Memoir on a Trans-Neptunian Planet". Nach Lowell übernahm Vesto Melvin Slipher (1875–1969) die Leitung des Observatoriums in Flagstaff. Er ließ einen Refraktor mit 13 inch (= 33 cm) freier Öffnung und großem Gesichtsfeld bauen, um damit auf fotografische Jagd nach dem vermuteten, lichtschwachen Planeten zu gehen. 1929 ging der neue Refraktor in Betrieb. Nun begann das mühevolle Suchen nach der berühmten Nadel im Heuhaufen. Man musste alle Himmelsaufnahmen absuchen, um ein lichtschwaches Sternpünktchen auszumachen, das kein Fixstern ist sondern ein Planet, ein Wanderer unter den Sternen. Dazu bediente man sich eines Blinkkomparators. In ein solches Gerät werden zwei Aufnahmen derselben Himmelsgegend eingespannt, die aber zu verschiedenen Zeiten belichtet wurden. Abwechselnd wird die linke und dann die rechte Aufnahme in den Strahlengang des Betrachters eingeblendet. Während die Fixsterne ihre Position nicht verändern, springen Objekte, die sich weiterbewegt haben, hin und her, Objekte wiederum, deren Hel-

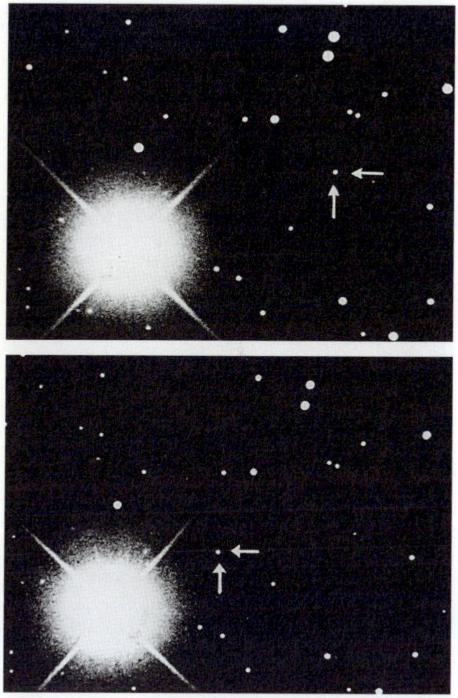

6.11 Entdeckung von Pluto als winziges Sternpünktchen im Sternengewimmel in den Zwillingen.

ligkeit sich verändert haben, scheinen zu blinken. Der Vergleich von Aufnahmen im Blinkkomparator ist eine zeitraubende, anstrengende und schnell ermüdende Tätigkeit. Heute geschieht die Auswertung von Aufnahmen elektronisch: Die Aufnahmen werden elektronisch abgetastet („gescannt"), die Daten in einen Computer eingegeben und automatisch verglichen.

Damals suchte Slipher jedoch einen willigen und fleißigen Mitarbeiter. Er fand ihn in Clyde William Tombaugh (1906–1997), einem begeisterten Amateurastronomen. Tombaugh war auf einer Farm nahe Streator im US-Bundesstaat Illinois aufgewachsen. Mit seinem kleinen Amateurteleskop hatte er Mars und Jupiter beobachtet und Zeichnungen von beiden Planeten angefertigt, die er an das Lowell-Observatorium sandte. Slipher erkannte die Begabung des jungen Mannes, vor allem aber seinen Fleiß und noch mehr seine Begeisterung für die Himmelskunde. Er bot Tombaugh einen Job als „Mädchen für alles" an: Pflanzen gießen, Schnee schippen und schließlich fotografische Aufnahmen im Blinkkomparator vergleichen. Gut ein Jahr nach seiner Ankunft am Lowell-Observatorium wurde Tombaugh fündig. Am 18. Februar 1930 fand er auf fotografischen Aufnahmen, die am 21., 23. und 29. Januar 1930 gewonnen wurden, ein winziges Sternpünktchen 15. Größenklasse (15^m) nahe dem Stern δ Geminorum, das sich weiterbewegt hatte. Aus der geringen mittleren Geschwindigkeit schloss man bald, dass es sich bei der Neuentdeckung nicht um einen Planetoiden aus dem Gürtel zwischen Mars- und Jupiterbahn handeln konnte – es war der gesuchte Planet X jenseits der Neptunbahn. Slipher hielt die Entdeckung zunächst geheim. Erst am 13. März, dem Geburtstag Lowells, wurde die Entdeckung bekannt gegeben. Der neu entdeckte Planet erhielt den Namen Pluto, der Gott der Unterwelt und Bruder des Neptun. Für die Bezeichnung Pluto sprach auch, dass die ersten beiden Buchstaben die Initialien von Percival Lowell sind. Als Planetenzeichen wurde schließlich dessen Monogramm ♇ vorgeschlagen.

Im Nachhinein stellte sich allerdings heraus, dass die Berechnungen von Lowell nicht zur Entdeckung von Pluto führten, sondern der Zufall und die Fleißarbeit von Tombaugh. Denn die Masse von Pluto entspricht nur einem Fünftel der Masse unseres Mondes. Mit dieser geringen Masse übt Pluto keinen störenden Einfluss auf den Lauf von Neptun und Uranus aus.

Nach seiner Entdeckung des Pluto erhielt Tombaugh ein Stipendium von der University of Kansas. Sein Astronomiestudium schloss er 1939 mit dem Master degree (entspricht unserem Diplom) ab. Später wurde er Professor an der New Mexico State University.

Was wir über Pluto wissen

Pluto entpuppte sich rasch als merkwürdiger Planet. Er hat eine für einen Planeten extreme Bahn. Sie ist nicht nur mit 17° am stärksten von allen Planetenbahnen zur Ekliptik geneigt, sondern sie weicht auch erheblich von der Kreisform ab. Mit 0,246 weist die Plutobahn die größte numerische Exzentrizität aller Planetenbahnen auf. Dies führt dazu, dass Pluto im Perihel bis auf 29,6 AE (= 4425 Millionen Kilometer) an die Sonne herankommt, im

Aphel aber 49,3 AE (= 7375 Millionen Kilometer) von ihr entfernt ist. Im Perihel (Sonnennähe) ist das Sonnenlicht vier Stunden und sechs Minuten zu Pluto unterwegs. Hält Pluto sich im Aphel auf, so ist ein Lichtstrahl von der Sonne zu Pluto sechs Stunden und fünfzig Minuten unterwegs. Die stark exzentrische Bahn bewirkt auch, dass Pluto der Sonne zeitweise näher ist als Neptun. So war vom 21. Januar 1979 bis zum 14. März 1999 die Plutoentfernung von der Sonne geringer als die des Neptun. Am 5. September 1989 passierte Pluto sein Perihel. Zurzeit entfernt er sich permanent von der Sonne. Sein Aphel wird Pluto schließlich im Februar 2114 erreichen.

Die Plutobahn kreuzt an zwei Stellen die Neptunbahn – aber sie schneidet sie nicht. Deshalb kann es auch nicht zu einem Zusammenstoß kommen. Durch die große Bahnneigung bedingt, wandert Pluto rund 1200 Millionen Kilometer, das sind etwa acht AE, nördlich der Plutobahn durch die Kreuzungspunkte. Noch ein weiterer Effekt verhindert, dass Pluto und Neptun einander zu nahe kommen, nämlich die 2:3 Resonanz ihrer Umlaufszeiten. Wenn Pluto zweimal um die Sonne gelaufen ist, so hat Neptun im gleichen Zeitraum drei Runden um die Sonne zurückgelegt. Somit kommen die beiden Planeten einander kaum näher. In den letzten hundert Millionen Jahren war die Entfernung zwischen Pluto und Neptun nie kleiner als 2500 Millionen Kilometer. Von der Sonne aus betrachtet stehen Neptun und Pluto immer dann in gleicher Richtung, wenn sich Pluto nahe seinem Aphel aufhält. Wenn Pluto den Kreuzungspunkt mit der Neptunbahn passiert, der ihn näher zur Sonne bringt, so sind beide Planeten weit voneinander entfernt. Damit wird auch klar, dass Pluto kein entsprungener Neptunmond sein kann.

Schon früh wurde aus Plutos periodischem Lichtwechsel mit nur $0\overset{m}{,}1$ Amplitude auf einen Rotationslichtwechsel von 6,38 Tagen geschlossen. Die Amplitude verstärkte sich in den 1970er Jahren. Am US-Naval Observatory in Washington D.C. entdeckte schließlich James W. Christy einen Mond des Pluto, der Charon getauft wurde. Von der Erde aus sind beide Körper nur max. $0\overset{\prime\prime}{,}9$ voneinander getrennt. Pluto und Charon umkreisen einander in einer Dis-

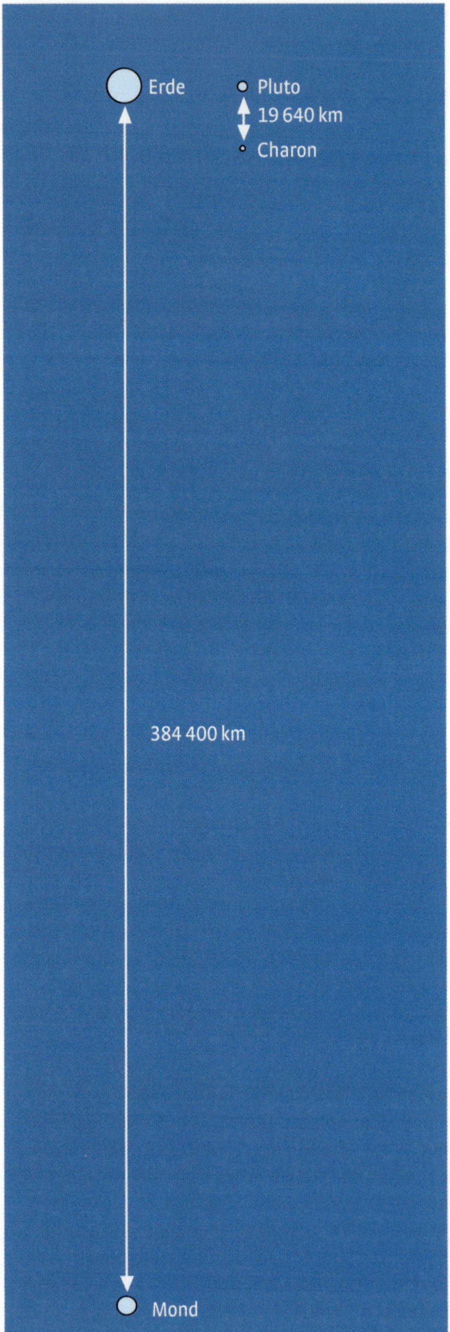

6.12 Das System Pluto–Charon im Größenvergleich zu Erde–Mond.

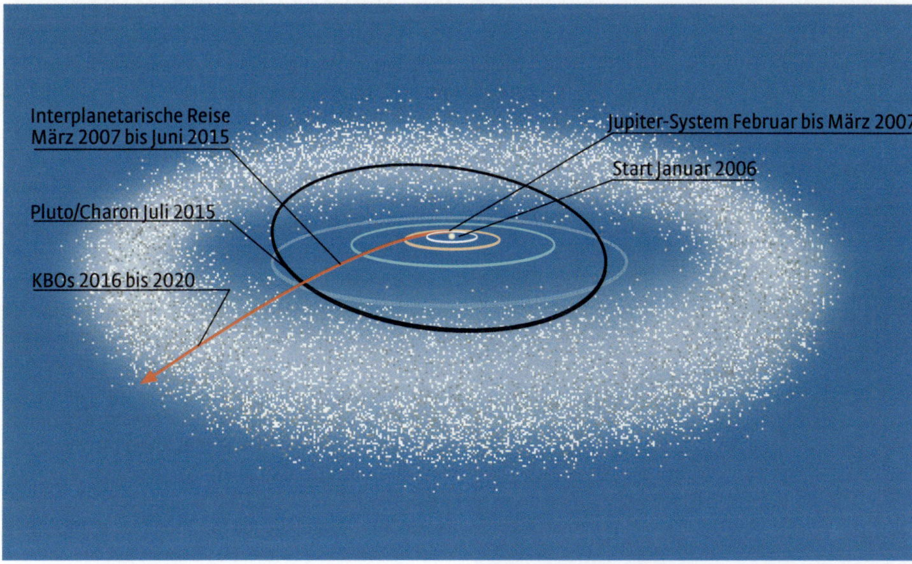

6.13 Die Raumsonde New Horizons auf dem Weg zu Pluto. Geplantes Eintreffen: 14. Juli 2015.

tanz von knapp 20 000 Kilometern in 6 Tagen, 9 Stunden und 18 Minuten. Mit Hilfe der Speckle-Interferometrie bei bodengebundenen Teleskopen und mit dem Hubble-Space-Telescope (HST), das in 500 Kilometern Höhe die Erde umkreist, konnten Pluto und Charon als zwei getrennte Lichtpünktchen erkannt werden. Das System Pluto und Charon umkreist einander in doppelt gebundener Rotation, das heißt, die Umlaufszeit ist gleich der Rotationszeit sowohl von Pluto als auch von Charon. Pluto und Charon wenden einander somit stets die gleichen Seiten zu.

Die Bahnebene von Charon ist ebenso wie die Rotationsachse von Pluto um 118° zur Plutobahnebene geneigt. Sie steht damit fast senkrecht auf seiner Umlaufbahn – vergleichbar mit den Uranusmondbahnen. Von 1985 bis 1990 war die Charonbahnebene auf die Sonne und die Erde ausgerichtet, wodurch es zu gegenseitigen Bedeckungen kam. Aus diesen Bedeckungen ließen sich genau die Durchmesser beider Körper bestimmen. Für Pluto erhielt man einen Wert von 2300 Kilometer und für Charon 1180 Kilometer. Im Verhältnis zu seinem Mutterplaneten ist Charon somit der weitaus größte Mond im Sonnensystem. Das Verhältnis von Mond zu Planet beträgt bei Charon–Pluto 1:2, beim Mond-Erde-System 1:4, beim Jupitermond Ganymed, dem absolut gesehen größten Mond im Sonnensystem, etwa 1:30. Deshalb nennt man das Pluto-Charon-System auch „Doppelplanet".

Ist Pluto ein echter Planet?

Doch Pluto ist ins Gerede gekommen, was seinen Planetenstatus betrifft. Ursprünglich schätzte man den Plutodurchmesser auf 14 000 Kilometer. Damit wäre er ein wenig größer als die Erde. Als Pluto am 28. April 1965 ganz knapp an einem Fixstern vorbeiwanderte, ergab sich eine Obergrenze von 5500 Kilometer für seinen Durchmesser. Seit den 1980er Jahren ist er abermals auf weniger als die Hälfte geschrumpft. Er ist nicht einmal halb so groß wie Merkur, er ist kleiner als der Erdmond, kleiner als die vier hellen Jupitermonde, kleiner als der Saturnmond Titan und selbst kleiner als Triton, der größte Neptunmond. Auch hat Pluto nur eine Dichte von 2,1 Gramm pro Kubikzentimeter – für einen terrestrischen Planeten extrem gering.

Inzwischen wurden im äußeren Planetoidengürtel, dem Kuiper-Belt, einige Kleinplaneten entdeckt, die an Größe Pluto recht nahe kommen. So weist Planetoid Quaoar (2002 LM60) rund 1300 Kilometer und Planetoid Sedna (2003 VB12) mindestens

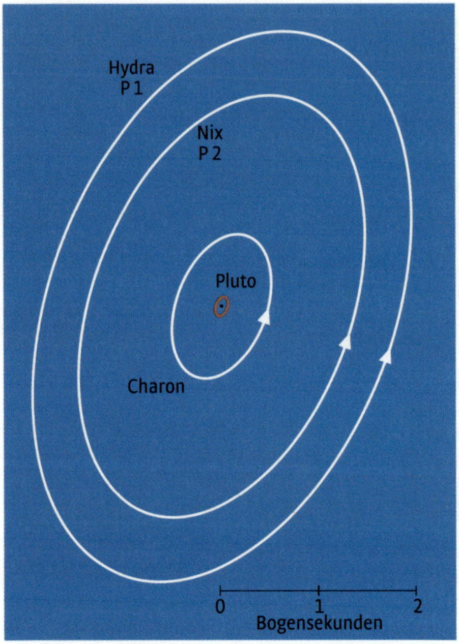

6.14 Die Bahnen der Plutomonde Charon, P1 und P2 um den gemeinsamen Schwerpunkt des Plutosystems. Auch Pluto beschreibt eine Bahn um diesen Schwerpunkt (innerster, roter Kreis).

1500 wenn nicht 1800 Kilometer Durchmesser auf. Im Juli 2005 fand man schließlich ein Objekt, das Pluto mit ziemlicher Sicherheit an Größe übertrifft. Wenn Pluto ein Planetenstatus zukommt, dann erst recht der Neuentdeckung. Damit wären zehn Planeten in unserem Sonnensystem bekannt (siehe auch Monatsthema Oktober, Seite 222: „Xena – ein zehnter Planet?"*)*. Es setzt sich allmählich die Erkenntnis durch, dass es keine scharfe Trennlinie zwischen Planeten und Planetoiden gibt, sondern dass Pluto eine Art Übergangsstadium darstellt.

Inzwischen wurden zwei weitere, winzig kleine Plutomonde gefunden, die in Abständen von 64 700 und 49 400 Kilometer, also in etwas mehr als dreifacher beziehungsweise doppelter Charon-Entfernung, Pluto umkreisen. Sie erhielten die vorläufige Bezeichnung S2005/P1 und S2005/P2. Ihre Durchmesser werden zu 35 und 70 Kilometer geschätzt. Die Umlaufszeit von P1 beträgt dabei 38,2 und 25,5 Tage von P2. Inzwischen wurden sie „Hydra" und „Nix" getauft.

Eine Raumsonde auf dem Weg zu Pluto

Pluto hat als einziger der neun klassischen Planeten noch keinen Besuch von irdischen Spähern erhalten. Deshalb plant die NASA schon seit über zehn Jahren, eine Raumsonde zu Pluto zu entsenden. Die Astronomen haben schon lange darauf hingewiesen, dass die Zeit drängt, und zwar aus mehreren Gründen. Einmal entfernt sich Pluto nach seiner Perihelpassage im September 1989 immer mehr von der Sonne. In „Sonnennähe" ist die Plutokugel von einer dünnen Stickstoff- und Methangasatmosphäre umhüllt. Nach dem Jahre 2020 wird es auf Pluto so kalt werden, dass das Stickstoff-Methan-Gemisch sich als Raureif auf der Plutooberfläche niederschlägt und Pluto damit seine Atmosphäre verliert. Zum anderen liegt es an der Ausrichtung der Rotationsachse von Pluto, die einen baldigen Besuch eines irdischen Spähers geraten erscheinen lässt. Denn zurzeit liegt der Plutoäquator ungefähr noch in Richtung Sonne. Das Gleiche gilt für Charon. Während einer vollen Rotationsperiode empfängt die gesamte Pluto- und Charonoberfläche Sonnenlicht. Eine Raumsonde kann also Aufnahmen von der gesamten Oberfläche gewinnen. Pluto und Charon wandern in ihrer Bahn weiter, bis sie in eine Position kommen, in der jeweils ein Pol der Sonne zugekehrt ist. Dann liegt immer nur eine Halbkugel im Sonnenlicht, die andere aber für Jahrzehnte in absoluter Dunkelheit. Drittens ist ein baldiges Aufbrechen zu Pluto angesagt, um den gewaltigen Jupiter für ein Swing-by-Manöver (gravity-assist) zu nutzen. Ohne diese Gravitationsschleuder würde eine Mission zu Pluto erheblich länger dauern. Ursprünglich sollte die Mission „Pluto-Express" bereits 2001 starten. Die Ankunft der Express-Sonde war für Mai 2013 kalkuliert. Leider hat die NASA erhebliche Budgetprobleme bekommen – spektakuläre Unternehmen der bemannten Raumfahrt hatten Vorrang. Doch es gelang den Wissenschaftlern, die Pluto-Mission dennoch zu retten. Unter der neuen Projektbezeichnung „*New Horizons*" (engl., Neue Horizonte) wurde die lange geplante Plutosonde im Januar 2006 endlich auf den Weg gebracht. Zu verdanken ist dies vor allem dem Planetenspezialisten Alan Stern, principal investigator (engl., Hauptuntersucher) für das NASA-Projekt *New Horizons*, der alle Hebel in Bewegung setzte und die wesentlichen Entscheidungsträger von der enormen Bedeutung einer Plutomission für

6.15 Die Plutosonde *New Horizons* bei ihrer Ankunft bei Pluto in einer künstlerischen Darstellung.

die Wissenschaft überzeugen konnte. Die US-amerikanische Nationale Akademie der Wissenschaften erklärte die Erforschung des Pluto-Charon-Systems und des Kuiper-Gürtels zu den Zielen mit der höchsten Priorität bei der Erforschung des Weltraums, insbesondere was unser Verständnis vom Sonnensystem betrifft.

Nach dem erfolgreichen Start im Januar 2006 ist die Pluto-Sonde *New Horizons* auf dem Weg zu ihrem fernen Ziel. Ende Februar, Anfang März 2007 katapultiert sie der Riesenplanet Jupiter mit seiner gewaltigen Masse auf einen schnellen Weg zu Pluto. Bereits im Juli 2015 wird die Pluto-Sonde das Pluto-Charon-System erreichen. Ohne die Schwerkrafthilfe von Jupiter käme die Raumsonde erst 2020 bei Pluto an. Bereits vier Monate vor der größten Annäherung an den Doppelplaneten beginnt die Beobachtungsphase. Vier Wochen vor diesem Zeitpunkt startet man mit den Detailuntersuchungen. Die meisten Daten werden innerhalb von 36 Stunden während der schnellen Passage, die mit 14 Kilometern pro Sekunde erfolgen wird, gewonnen. Ideal wäre es freilich, könnte die Sonde in eine Umlaufbahn um Pluto einschwenken und ihn als künstlicher Pluto-Trabant monatelang, wenn nicht jahrelang beobachten. Doch das geht leider aus energetischen Gründen nicht, denn die geringe Schwerkraft von Pluto ist nicht in der Lage, die heranrasende Sonde in einen Orbit zu zwingen. Um in eine Umlaufbahn um Pluto zu gelangen, müsste man die Sonde abbremsen – und dazu müsste man viel zu viel Treibstoff mitbringen.

Die Sonde wird daher zwischen Pluto und Charon hindurchrasen und sich dabei bis auf 11 000 Kilometer der Plutooberfläche nähern. Sieben Instrumente beziehungsweise Messgeräte befinden sich an Bord, darunter Kameras, Spektrometer und Partikel-Analysatoren. Die Kameras sollen dreidimensionale Bilder der Pluto- und Charonlandschaften aufnehmen. Erwartet werden Krater, Hügel und Gebirgsketten sowie Grabenbrüche. Die Plutooberfläche wird hauptsächlich von gefrorenem Stickstoff und Methan bedeckt sein, die bei Temperaturen von –233 °C oder nur 40° über dem absoluten Nullpunkt (= 40 Kelvin) hart wie Stein sind. An der Oberfläche sublimiert Stickstoff, Methan und Kohlenmonoxid, gehen also direkt in die Gasphase über. Der Atmosphärendruck beträgt maximal ein Zehntel Millibar (hPa), also nur ein Zehntausendstel des irdischen Luftdrucks in Meereshöhe. Hauptbestandteil dieser Restatmosphäre ist molekularer Stickstoff (N_2) gefolgt von Methan (CH_4) und Kohlenmonoxid (CO).

Besonders gespannt ist man auf das Aussehen der Oberfläche. Gibt es Polkappen? Die maximale Auflösung bei der größten Annäherung wird pro Bildpunkt 30 Meter betragen. Neben dem rein morphologischen Erscheinungsbild der Pluto- und Charon-Oberflächen möchte man auch wissen, ob sich organisches Material findet, also komplexe Kohlenwasserstoffverbindungen und nicht nur einfache Moleküle. Dies ist vor allem für die Frage von Bedeutung, ob die Grundbausteine des Lebens von Objekten (Kometenkernen, Planetoiden) aus dem Kuiper-Gürtel auf die Erde eingeschleppt wurden. Schließlich soll die Sonde auch nach weiteren kleinen Monden von Pluto Ausschau halten. Nach ihrem Vorbeiflug an Pluto-Charon wird die Sonde in den Kuiper-Gürtel vorstoßen. Im Kuiper-Gürtel wandern unzählige teils recht große Planetoiden um die Sonne (siehe auch *Himmelsjahr 2004*, Seite 169, Monatsthema „Kleinplaneten jenseits der Neptunbahn"). Man nennt sie auch Plutinos und plant, mindestens ein oder zwei Begegnungen der Pluto-Sonde mit solchen KBOs (**K**uiper **B**elt **O**bjects) zu arrangieren. Vielleicht findet die Plutosonde noch weitere KBOs, die Pluto an Größe übertreffen. Nicht umsonst wurde die Mission „New Horizons" getauft...

Das Plutosystem in Zahlen

1. Bahndaten:

PLUTO	Millionen km	A.E.	Lichtlaufzeit
Mittlere Entfernung von der Sonne	5 966	39,88	$5^{h}31^{m},4$
Kleinste Entfernung von der Sonne (Perihel)	4 425	29,58	4 05,8
Größte Entfernung von der Sonne (Aphel)	7 375	49,30	6 49,7
Kleinste Oppositionsentfernung von der Erde	4 273	28,56	3 57,4
Größte Oppositionsentfernung von der Erde	7 228	48,32	6 41,6

Bahnneigung: i = 17°09'; Numerische Exzentrizität: e = 0,246; Umlaufszeit siderisch: 247,7 Jahre, synodisch (von Opposition zu Opposition): 366,72 Tage; Bahngeschwindigkeit mittlere: 4,7 km/s, im Perihel: 6,1 km/s, im Aphel 3,6 km/s; Perihelzeit: Sept. 1989, Aphelzeit: 2107; scheinbarer Durchmesser: 0,"1

CHARON
Mittlere Entfernung von Pluto: 19 640 km; Umlaufszeit: 6,3872 Tage; Bahnneigung: i = 118°
Numerische Exzentrizität: e = 0

2. Physische Daten:

	Pluto	Charon
Durchmesser (km)	2 360	1 200
Masse (kg)	$1{,}5 \times 10^{22}$	$1{,}9 \times 10^{21}$
Erde = 1	0,0025	0,00032
Dichte (g/cm³)	2,0	1,7
Rotationsperiode (Tage/Stunden/Minuten)	$6^{d}9^{h}18^{m}$	$6^{d}9^{h}18^{m}$ (doppelt gebundene Rotation)
Entweichgeschwindigkeit (km/s)	1,27	0,6
Oberflächentemperatur (° C)	-213 bis -238	-220
Albedo (Rückstrahlungsvermögen)	55 %	35 %
Oberflächeneis	N_2, CH_4, CO	H_2O
Atmosphäre:	Spuren von N_2, CH_4, CO	keine
Entdecker, Jahr	Clyde W. Tombaugh, 1930	James W. Christy, 1978

3. Neue Plutosatelliten:	S/2005P1 (Hydra)	S/2005P2 (Nix)
Große Halbachse (km) +)	64 700	49 400
Umlaufszeit in Tagen	38,2	25,5
Scheinbare Helligkeit	$23^{m},0$	$23^{m},4$
Geschätzter Durchmesser (km)	70	35

+) gemessen vom Baryzentrum des Plutosystems

Juli 2007

Venus strahlt zur Monatsmitte im größten Glanz. Jupiter im Schlangenträger ist Planet der ersten Nachthälfte. Mars kann in der zweiten Nachthälfte am Nordosthimmel gesehen werden. Merkur taucht Ende Juli am Morgenhimmel auf. Die Erde passiert am 7. ihren sonnenfernsten Bahnpunkt. An diesem Tag trennen uns 152 Millionen Kilometer von der Sonne.

Großer Wagen und Himmels-W Anfang Juli um 22^h^

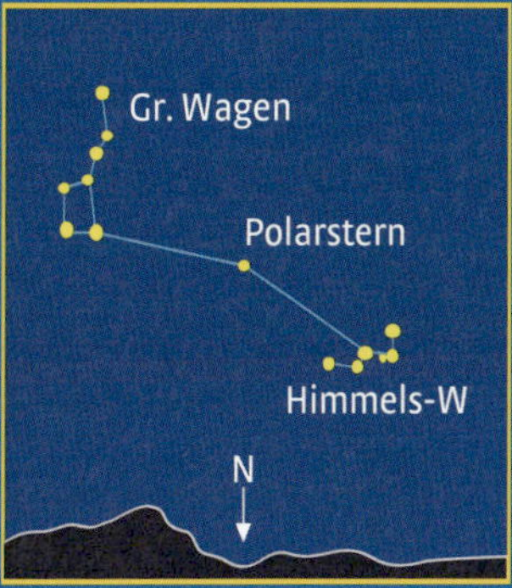

7.1 Himmelsanblick am 25. Juli gegen 22^h^ MEZ (= 23^h^ MESZ). Tief am Südhimmel leuchtet Jupiter im Gebiet Skorpion/Schlangenträger. Zum Riesenplaneten gesellt sich der zunehmende Mond im zweiten Viertel.

Sonnenlauf im Juli

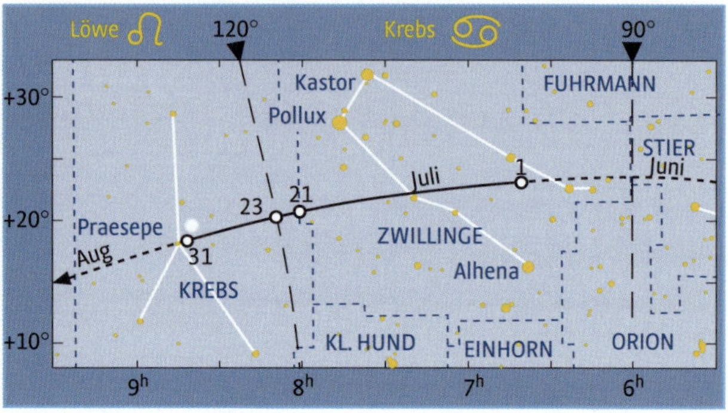

21.7. 7h
Sonne tritt in das Sternbild Krebs
23.7. 7h
Sonne tritt in das Tierkreiszeichen Löwe
Julianisches Datum am 1. Juli, 1h MEZ: 2454282,5

Tag	Dämmerg. Anfang	Aufgang MEZ	Kulmination	Untergang MEZ	Dämmerg. Ende	Mittagshöhe	Zeitgleichg.	Rektaszension	Deklination
	h m	h m	h m	h m	h m	°	m	h m	°
1.	2 26	4 15	12 24	20 33	22 21	63,1	−4	6 38	+23,2
5.	2 30	4 17	12 24	20 31	22 18	62,8	−4	6 54	+22,9
10.	2 37	4 22	12 25	20 28	22 12	62,3	−5	7 15	+22,3
15.	2 45	4 27	12 26	20 24	22 05	61,5	−6	7 35	+21,6
20.	2 55	4 33	12 26	20 19	21 56	60,7	−6	7 55	+20,8
25.	3 04	4 39	12 26	20 13	21 47	59,7	−6	8 15	+19,8
31.	3 16	4 47	12 26	20 05	21 35	58,3	−6	8 39	+18,4

Tages- und Nachtstunden im Juli

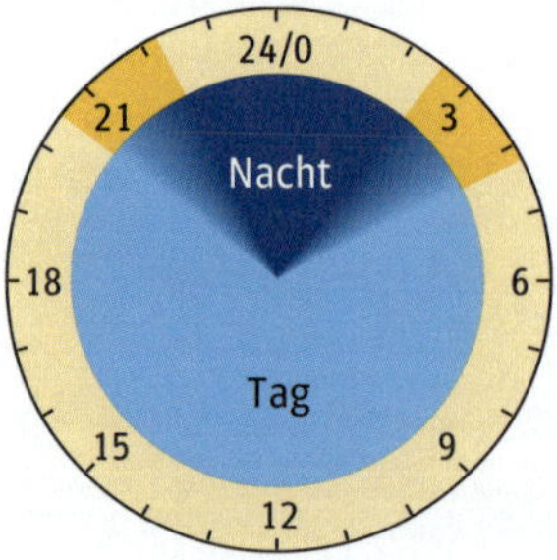

5. Juli

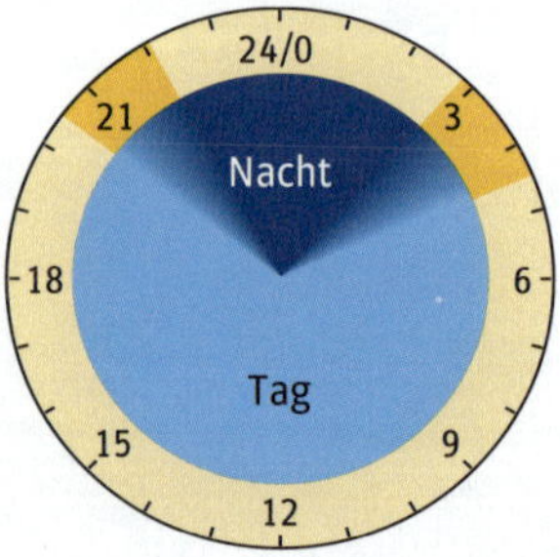

15. Juli

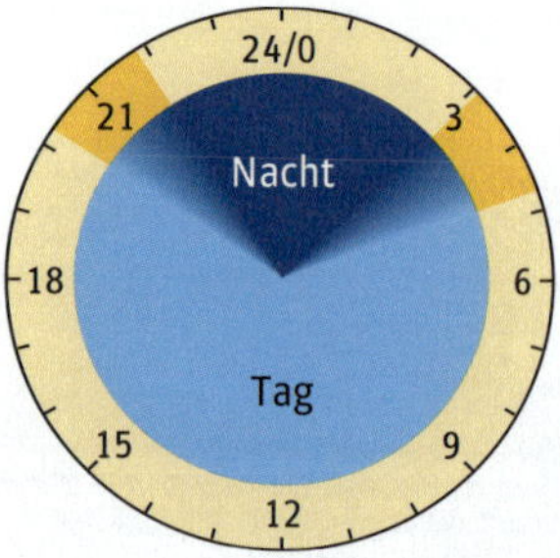

25. Juli

Mondlauf im Juli

Datum		Aufg. MEZ	Kulmination	Unterg. MEZ	Rektaszension	Deklination	Sterne und Sternbilder	Phase	MEZ
		h m	h m	h m	h m	°			
So	1.	21 46	0 47	4 28	19 02	–26,9	Schütze, Nunki	Libration Ost	
Mo	2.	22 12	1 42	5 46	19 59	–24,1	Schütze		
Di	3.	22 32	2 35	7 08	20 53	–20,0	Steinbock		
Mi	4.	22 49	3 25	8 30	21 46	–14,8	Steinbock		
Do	5.	23 03	4 13	9 51	22 36	– 8,9	Wassermann	Aufsteigender Knoten	
Fr	6.	23 17	4 59	11 12	23 26	– 2,4	Fische		
Sa	7.	23 32	5 47	12 34	0 15	+ 4,2	Fische	**Letztes Viertel**	**17^h54^m**
So	8.	23 50	6 35	13 59	1 06	+10,7	Fische		
Mo	9.	–	7 27	15 25	1 59	+16,6	Widder, Hamal	Erdnähe 369/32,′4	23^h
Di	10.	0 13	8 23	16 53	2 56	+21,7	* Widder		
Mi	11.	0 44	9 23	18 16	3 56	+25,6	Stier, Plejaden	Größte Nordbreite	
Do	12.	1 28	10 25	19 26	4 59	+27,8	Stier, Al Nath		
Fr	13.	2 28	11 27	20 18	6 03	+28,2	Zwillinge		
Sa	14.	3 42	12 27	20 55	7 06	+26,7	Zwillinge	**Neumond**	**13^h04^m**
So	15.	5 04	13 22	21 21	8 05	+23,7	Pollux		
Mo	16.	6 25	14 12	21 40	8 59	+19,4	Krebs, Krippe	Libration West	
Di	17.	7 43	14 58	21 55	9 50	+14,4	* Löwe, Regulus		
Mi	18.	8 57	15 40	22 08	10 37	+ 8,8	Löwe	Absteigender Knoten	
Do	19.	10 07	16 21	22 19	11 21	+ 3,0	Löwe		
Fr	20.	11 17	17 00	22 31	12 04	– 2,7	Jungfrau		
Sa	21.	12 26	17 41	22 44	12 46	– 8,3	Jungfrau		
So	22.	13 36	18 22	22 59	13 30	–13,6	Spica	**Erstes Viertel** Erdferne 404/29,′6	**7^h29^m** 10^h
Mo	23.	14 47	19 07	23 18	14 15	–18,3	Jungfrau		
Di	24.	15 59	19 55	23 43	15 03	–22,4	Waage		
Mi	25.	17 09	20 46	–	15 54	–25,5	* Antares	Größte Südbreite	
Do	26.	18 13	21 40	0 19	16 48	–27,6	Antares		
Fr	27.	19 05	22 36	1 07	17 44	–28,3	Schlangenträger		
Sa	28.	19 45	23 32	2 10	18 42	–27,5	Schütze, Nunki	Libration Ost	
So	29.	20 15	–	3 26	19 40	–25,2	Schütze		
Mo	30.	20 37	0 26	4 48	20 36	–21,4	Steinbock	**Vollmond**	**1^h48^m**
Di	31.	20 55	1 18	6 12	21 30	–16,4	Steinbock		

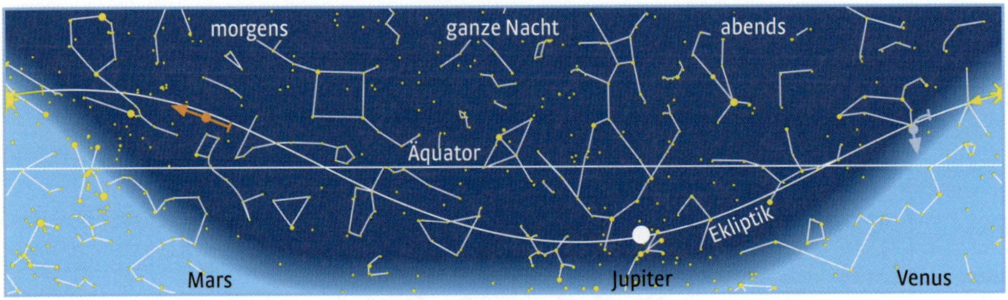

Planetenlauf im Juli

Merkur hat seine untere Konjunktion mit der Sonne gerade hinter sich. Der flinke Planet entfernt sich rasch rückläufig von der Sonne, seine westlichen Winkelabstände wachsen schnell an. Am 10. wird Merkur wieder rechtläufig. Bereits am 20. erreicht er seine größte westliche Elongation mit 20°19′ Winkelabstand von der Sonne. Dabei zeigt sich Merkur zum ersten Mal in diesem Jahr am Morgenhimmel, allerdings erst nach der größten Elongation (siehe Abb. 7.4 und 7.5 auf Seite 159).

Gute Sichtbedingungen vorausgesetzt, lässt sich Merkur erstmals am 23. knapp über dem Nordosthorizont in der Morgendämmerung ausmachen. Am 23. geht der $0^{m}\!,0$ helle Merkur um $3^{h}06^{m}$ (= $4^{h}06^{m}$ Sommerzeit) auf. Etwa eine halbe Stunde später macht er sich in der beginnenden Morgendämmerung bemerkbar. Gegen 4^{h} (= 5^{h} Sommerzeit) ver-

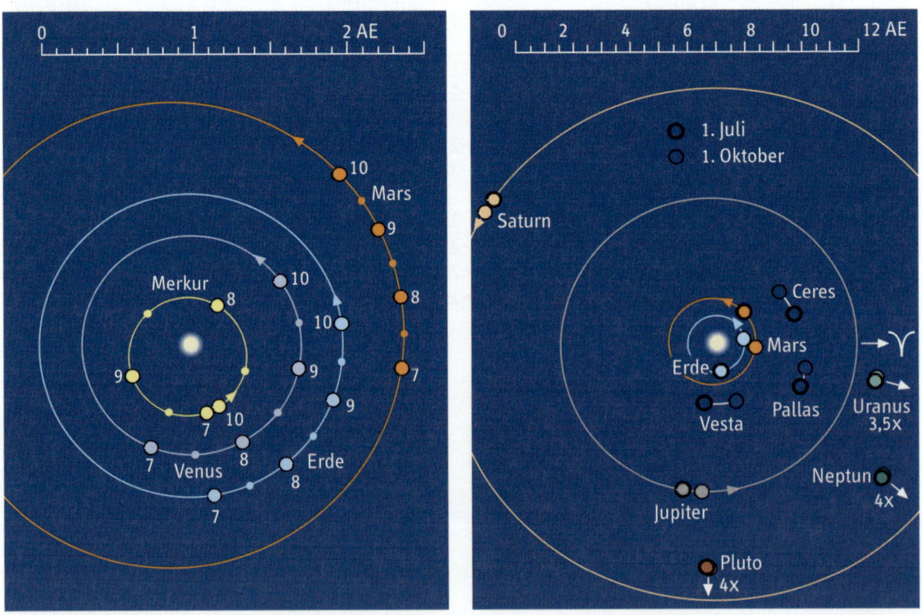

7.2 Heliozentrischer Anblick des Planetensystems im dritten Jahresviertel 2007. Eingetragen sind die Positionen der inneren Planeten für den 1. Juli (7), 1. August (8), 1. September (9) und 1. Oktober (10) im linken Teil. Der rechte Teil zeigt das äußere Planetensystem samt einiger Planetoiden zu Anfang und Ende des dritten Jahresviertels. Die Pfeile deuten die Richtungen zu den ferneren Planeten sowie zum Frühlingspunkt an.

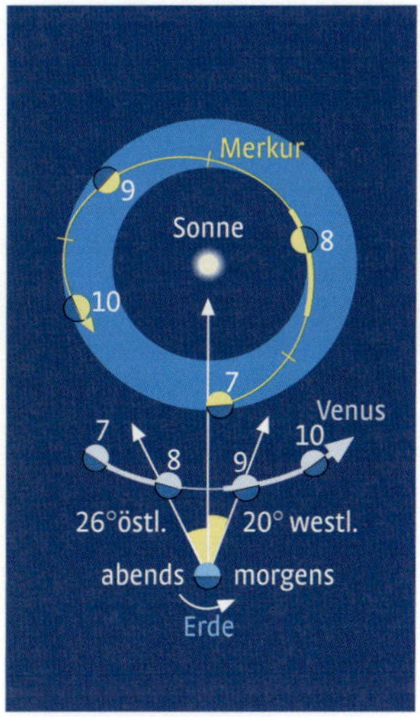

7.3 Heliozentrische Bewegungen von Merkur und Venus relativ zur Erde. In den dicker ausgezogenen Bahnteilen sind die Planeten beobachtbar. Die Zahlen geben die Positionen jeweils zum Monatsersten an. Östlicher Winkelabstand bedeutet Abendsichtbarkeit; westliche Elongation: Planet steht am Morgenhimmel.

blasst Merkur in der zunehmenden Morgenhelle. Bis Monatsende nimmt die Merkurhelligkeit kräftig auf $-0{,}^{m}9$ zu, die Merkuraufgänge verspäten sich auf $3^{h}22^{m}$ (= $4^{h}22^{m}$ Sommerzeit).

Im Fernrohr zeigt sich das 7″,0 große Merkurscheibchen am 24. halb beleuchtet, die Dichotomie ist erreicht. Danach wird das Planetenscheibchen kleiner und rundlicher. Bis 31. sind 75 % des Merkurscheibchens beleuchtet.

Venus ist bis zur Monatsmitte Glanzpunkt am Abendhimmel. Im letzten Monatsdrittel verschwindet sie schnell von der abendlichen Himmelsbühne. Am 12. strahlt sie mit $-4{,}^{m}5$ in größtem Glanz. Gleich am 2. begegnet sie dem mit $0{,}^{m}6$ erheblich lichtschwächeren Saturn, der sich ebenfalls anschickt, die abendliche Himmelsszene zu verlassen. Venus zieht nur 0°46′ südlich an Saturn vorbei, ein hübscher Anblick im Fernglas (siehe Abb. 6.3 auf Seite 139).

Im Teleskop erkennt man am 14. das gut 39″ große Venusscheibchen zu einem Viertel beleuchtet, das heißt, Venus zeigt ihre typische Sichelform. Bis zum 25. nimmt ihr scheinbarer Durchmesser auf 46″ zu, die Sichel wird immer größer und schmaler – bald ist die Phase „Neuvenus" erreicht.

Am 25. wird Venus stationär und eilt anschließend rasch rückläufig auf die Sonne zu, die ihr im Tierkreis entgegenkommt. Ihre untere Konjunktion mit der Sonne erreicht sie dann Mitte August. Ihre Konjunktionsschleife zieht sie im Gebiet der Sternbilder Löwe, Sextant und Wasserschlange, wobei sie am 16. rund 2° südlich an Regulus (α Leonis) vorbeizieht (siehe Abb. 7.8 auf Seite 161).

Ihre Sichtbarkeitszeiten verkürzen sich rapide. Gegen Monatsende zieht sie sich ganz vom Abendhimmel zurück (siehe auch

7.4 Stellung von Merkur über dem Osthorizont zu den angegebenen Daten jeweils eine Stunde vor Sonnenaufgang. Die Pfeile deuten die Bewegungen von Merkur und Sonne in der folgenden halben Stunde an.

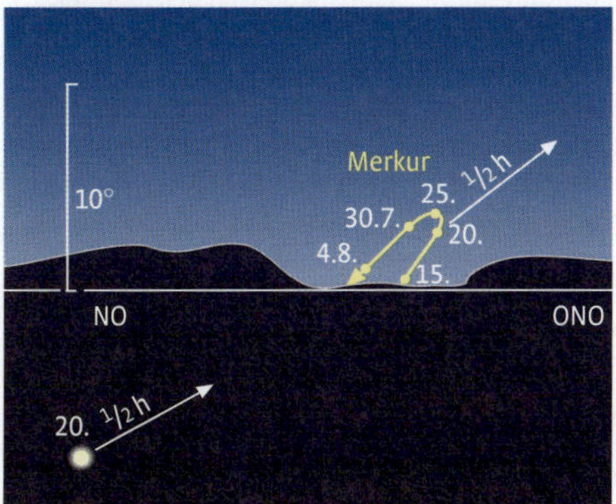

7.5 Sichtbarkeitsdiagramm für Merkur. Es gilt genau für 50° nördlicher Breite und 10° östlicher Länge. Dunkelgelbe Fläche: Unter günstigen Sichtbedingungen kann man Merkur mit bloßen Augen erkennen.

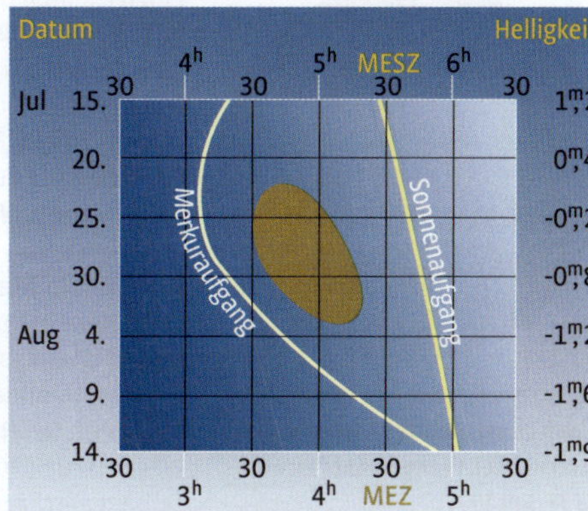

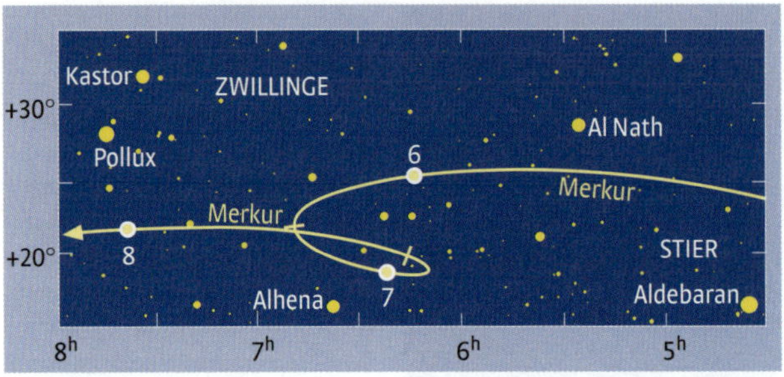

7.6 Merkurschleife im Gebiet der Sternbilder Stier und Zwillinge.

Abb. 3.2 auf Seite 87: „Venusstellungen über dem Westhorizont"). Geht Venus am 1. noch um 22^h38^m (= 23^h38^m Sommerzeit) unter, so erfolgt ihr Untergang am 20. um 21^h24^m und am 25. um 20^h59^m. Am Monatsletzten, dem 31., sinkt die $-4\overset{m}{,}4$ helle Venus bereits um 20^h27^m unter die Horizontlinie. Nach dem 25. wird man vergeblich nach dem Abendstern Ausschau halten.

Mars ist Planet der zweiten Nachthälfte. Er strebt immer höhere Gefilde im Tierkreis an. Er läuft durch das Sternbild Widder und wechselt am 28. in den Stier (siehe Abb. 9.3 auf Seite 195). Mars verlegt seine Aufgänge in die Zeit um Mitternacht. Am 1. übersteigt der rote Planet die Horizontlinie um 0^h55^m, am 15. um 0^h22^m (= 1^h22^m Sommerzeit) und am 31. bereits um 23^h43^m.

Die Marshelligkeit nimmt im Laufe des Juli weiter leicht um $0\overset{m}{,}2$ zu und erreicht zu Monatsende $0\overset{m}{,}5$. Damit ist Mars deutlich heller als Aldebaran ($0\overset{m}{,}9$) im Stier und etwa vergleichbar mit Beteigeuze im Orion. Beteigeuze ist allerdings veränderlich ($0\overset{m}{,}3$–$0\overset{m}{,}9$) und eignet sich als Helligkeitsvergleich nur bedingt.

Der scheinbare Durchmesser des Marsscheibchens wächst auf gut 7″ an, was noch kaum Details auf der Oberfläche erkennen lässt. Auch zeigt der Marsglobus einen leichten Beleuchtungsdefekt. Zu Monatsende erscheinen 86 % des Marsscheibchens beleuchtet. Deutlich erkennt man diesen Phaseneffekt im Teleskop. Am 4. beginnt auf der Marsnordhalbkugel der Winter.

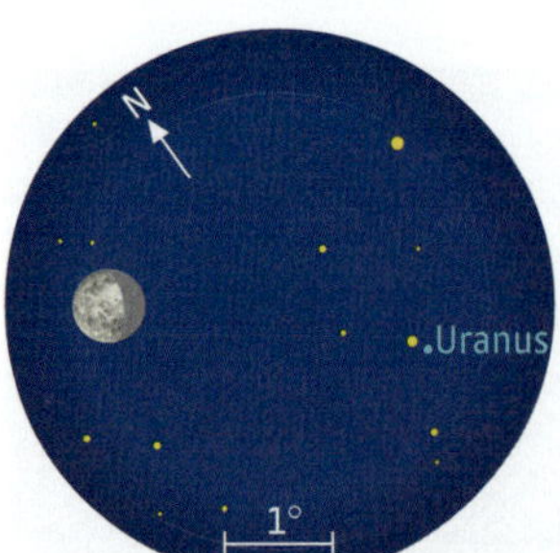

7.7 Begegnung von Uranus mit dem abnehmenden Mond im dritten Viertel. Fernglasanblick am 5./6. Juli 2007.

Jupiter stand zu Beginn des Vormonats in Opposition zur Sonne und ist ein auffälliges Gestirn am Nachthimmel, das man kaum übersieht. Der Riesenplanet wandert rückläufig durch den Schlangenträger. Dabei steuert er auf ω Ophiuchi zu, den er aber gerade nicht erreicht. Seine Bewegung bremst Jupiter stark ab. Zum Monatsende kommt er fast zum Stillstand (siehe Abb. 6.4 auf Seite 140).

Die Jupiterhelligkeit nimmt während des Monats leicht auf $-2\overset{m}{,}4$ ab. Der scheinbare Äquatordurchmesser geht ein wenig auf $42\overset{''}{,}0$ zurück.

Vom Morgenhimmel zieht sich der Riesenplanet deutlich zurück. Geht Jupiter am 1. um 2^h39^m (= 3^h39^m Sommerzeit) unter und am 15. um 1^h39^m, so erfolgt der Jupiteruntergang am 31. bereits um 0^h34^m (= 1^h34^m Sommerzeit). Somit verkürzt der Riesenplanet seine Sichtbarkeitszeit um gut zwei Stunden.

Am Abend des 25. erhält Jupiter Besuch vom zunehmenden Mond (siehe Abb. 7.1 auf Seite 155). Zu Monatsende ist Jupiter 703 Millionen Kilometer (= 4,70 AE) von der Erde entfernt.

Saturn, rechtläufig im Sternbild Löwe, steuert auf Regulus, den Löwenhauptstern, zu (siehe Abb. 2.5 auf Seite 69). Vom Abendhimmel zieht sich der Ringplanet ganz zurück und wird im zweiten Monatsdrittel unsichtbar. Die Konjunktion mit der Sonne ist nicht mehr fern.

Am 1. geht der Ringplanet um 22^h42^m (= 23^h42^m Sommerzeit) unter. Am 10. erfolgt der Untergang des $0\overset{m}{,}6$ hellen Saturn bereits um 22^h09^m. Zu dieser Zeit endet auch die nautische Dämmerung. Etwa eine halbe Stunde vor der nominellen Untergangszeit wird Saturn in den horizontnahen Dunstschichten unsichtbar. Mit einem guten Fernglas wird man den Ringplaneten noch bis 20. aufstöbern können. Am

20. geht Saturn um 21^h32^m (= 22^h32^m Sommerzeit) unter.

Schon am 2. überholt die schnellere Venus den Ringplaneten in nur knapp einem Grad südlichem Abstand (siehe Abb. 6.3 auf Seite 139).

Uranus, rückläufig im Wassermann, strebt seiner Opposition entgegen, die er aber erst am 9. September erreicht. Der grünliche Planet verlegt seine Aufgänge in die späten Abendstunden.

Am 1. geht Uranus um 23^h23^m auf, am 15. um 22^h27^m und am 31. erfolgt der Aufgang des $5\overset{m}{,}8$ hellen Planeten schon um 21^h24^m (= 22^h24^m Sommerzeit).

In der Nacht von 5. auf 6. passiert der abnehmende Mond knapp zwei Grad nördlich den grünlichen Planeten (siehe Abb. 7.7 auf Seite 160). Die Begegnung kann in einem lichtstarken Fernglas etwa eine Stunde nach Mitternacht gut verfolgt werden.

Neptun, rückläufig im Steinbock, nähert sich seiner Oppositionsstellung zur Sonne, die er Mitte August erreicht. Seine Aufgänge verlagert der bläuliche Planet in die Abendstunden. Am 1. geht Neptun um 22^h27^m (= 23^h27^m Sommerzeit) auf, am 15. um 21^h31^m und am 31. bereits um 20^h27^m. Zu Monatsanfang kulminiert Neptun um 3^h22^m. Am Monatsende steht der mit $7\overset{m}{,}8$ recht lichtschwache Planet schon um 1^h21^m im Meridian.

Um Neptun zu finden, benutze man das Aufsuchkärtchen Abb. 8.5 und das Detailkärtchen Abb. 8.6 auf Seite 177).

Planetoiden

Pallas (2) wird am 6. im Sternbild Pegasus stationär und beginnt damit ihre Oppositionsperiode. Das „stationär" bezieht sich lediglich auf ihre Bewegung in Rektaszension, die nach dem 6. abnimmt. In Deklination eilt sie rasch südwärts (siehe auch Aufsuchkärtchen Abb. 9.7 auf Seite 197).

Zwar nimmt die Pallashelligkeit von $9\overset{m}{,}9$ im Laufe des Juli auf $9\overset{m}{,}4$ zu. Dennoch ist es für den Gelegenheitsbeobachter nicht leicht, Pallas aufzustöbern, zumal die Morgendämmerung jetzt früh einsetzt.

Am 1. kulminiert Pallas um 4^h40^m, am 15. um 3^h44^m und am 30. um 2^h36^m (= 3^h36^m Sommerzeit). Die Pallasaufgänge verfrühen sich im Laufe des Monats von 21^h40^m auf 19^h43^m (= 20^h43^m Sommerzeit). Frühestens zwei Stunden nach der nominellen Aufgangszeit macht es Sinn, nach Pallas zu suchen.

Vesta (4) beendet zur Monatsmitte ihre extrem günstige Oppo-

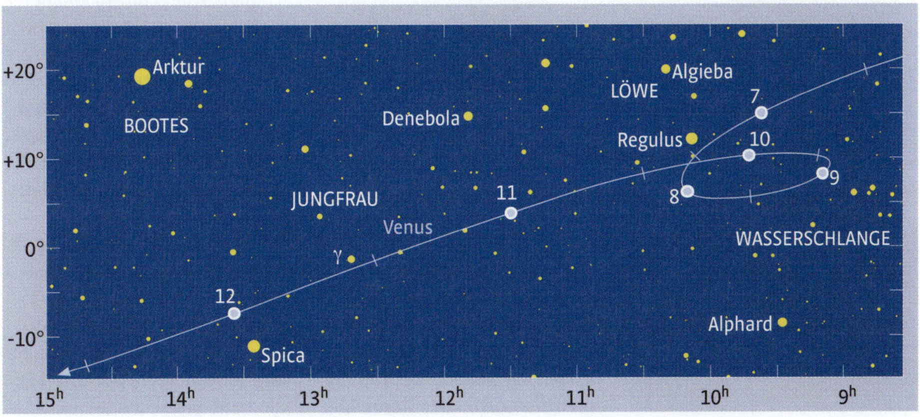

7.8 Schleifenbahn der Venus bei ihrer unteren Konjunktion im Gebiet der Sternbilder Löwe und Wasserschlange. Anschließend wandert Venus durch das Sternbild Jungfrau. Die Zahlen geben die Venusposition am jeweiligen Monatsanfang an (7 = 1. Juli).

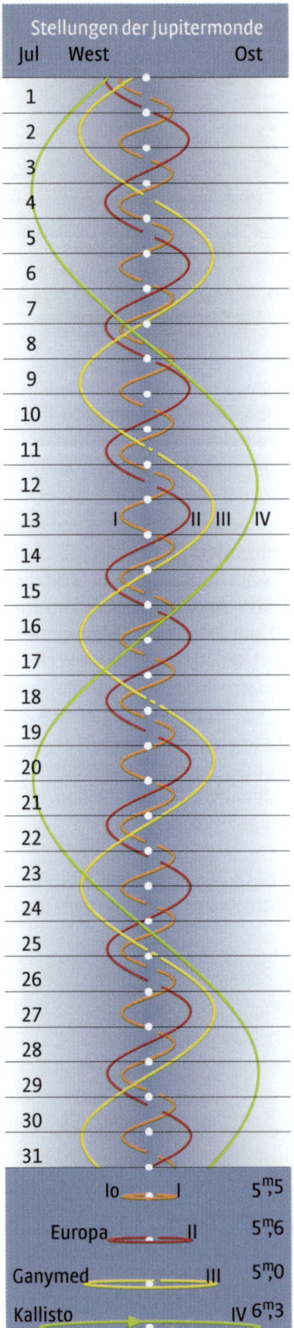

Jupitermonde

Tag	MEZ	Vorgang	
	h m		
2.	0 37	II	VE
5.	1 26	I	BA
	22 46	I	DA
	23 27	I	SA
6.	0 57	I	DE
	1 38	I	SE
	22 46	I	VE
7.	21 50	III	DA
8.	0 00	III	DE
	0 43	III	SA
	23 08	II	BA
10.	21 21	II	SE
13.	0 33	I	DA
	21 39	I	BA
14.	0 41	I	VE
	21 10	I	DE
	22 01	I	SE
15.	1 17	III	DA
17.	21 22	II	SA
	22 07	II	DE
	23 57	II	SE
18.	21 06	III	VE
20.	23 27	I	BA
21.	20 47	I	DA
	21 45	I	SA
	22 58	I	DE
	23 56	I	SE
22.	21 05	I	VE
24.	21 57	II	DA
	23 58	II	SA
25.	0 30	II	DE
	20 54	III	BE
	22 44	III	VA
26.	21 44	II	VE
28.	22 37	I	DA
	23 40	I	SA
29.	23 00	I	VE

sitionsperiode. Noch immer ist sie ein leichtes Fernglasobjekt. Am 14. wird Vesta im Sternbild Skorpion stationär und wandert anschließend wieder rechtläufig durch das Muster der Sternbilder. Das stationär bezieht sich lediglich auf ihre Bewegung in Rektaszension (siehe Abb. 6.5 auf Seite 141).

Während des Monats geht die Vestahelligkeit deutlich von $6^{m},0$ auf $6^{m},7$ zurück.

Am 1. geht Vesta um $21^{h}49^{m}$ (= $22^{h}49^{m}$ Sommerzeit) durch den Meridian, am 15. um $20^{h}51^{m}$ und am 31. schon um $19^{h}53^{m}$. Am Monatsletzten erfolgt der Vestauntergang bereits um $0^{h}28^{m}$ (= $1^{h}28^{m}$ Sommerzeit).

Periodische Sternschnuppenströme im Juli

Vom 12. Juli bis 19. August leuchten die **Delta-Aquariden** auf, die zwischen 3^{m} und 5^{m} hell sind, also nicht besonders auffällig. Sie heißen auch **Juli-Aquariden**. Ihr Radiant liegt etwa 3° westlich von δ Aquarii. Das Maximum ist nicht in jedem Jahr am selben Tag zu erwarten. In diesem Jahr dürfte es in den Stunden nach Mitternacht am 29. Juli auftreten. Die Geschwindigkeit der Sternschnuppen liegt um 40 Kilometer pro Sekunde. Im Maximum sind etwa dreißig Sternschnuppen pro Stunde zu erwarten.

Vom 3. Juli bis 15. August treten die **Alpha-Capricorniden** (Radiant im Steinbock) auf. Sie sind die ganze Nacht über beobachtbar. Der Ursprungskomet ist 45P/Honda-Mrkoš-Pajdusáková (früher 1948 XII). Um das Maximum am 29. Juli sind nur etwa zwölf Objekte pro Stunde zu erwarten. Es handelt sich um recht langsame Meteore (im Mittel 25 Kilometer pro Sekunde).

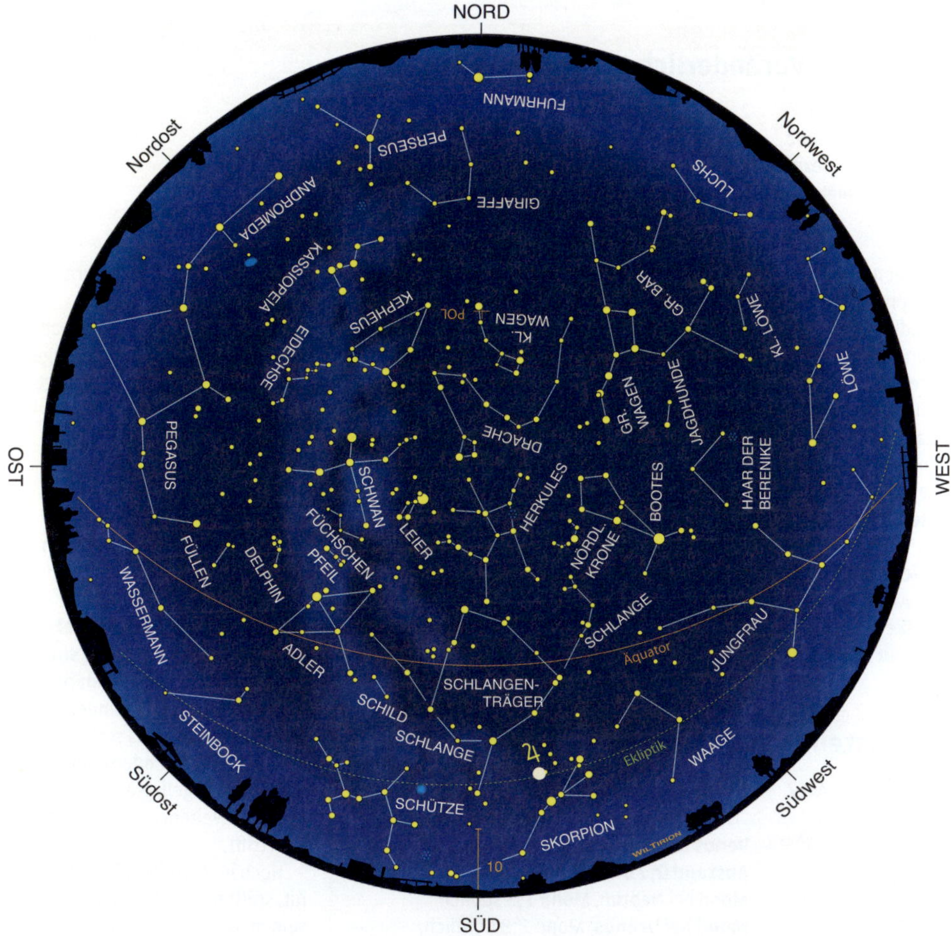

Sternenhimmel
am 15. Juli um 22h MEZ (23h MESZ)

Fixsternhimmel auch gültig für:		
	MEZ	MESZ
15. 4.	4h	5h
1. 5.	3	4
15. 5.	2	3
1. 6.	1	2
15. 6.	0	1
1. 7.	**23**	**24**
15. 7.	**22**	**23**

Der Fixsternhimmel im Juli

Der Sommerhimmel entfaltet nun seine volle Pracht. Alle Bilder des Sommers stehen bereits über dem Horizont. Zunächst ist das Sommerdreieck zu nennen, das unübersehbar den Osthimmel bestimmt. In einem Verzeichnis der Sternbilder wird man allerdings vergeblich nach einem „Sommerdreieck" suchen. Es gehört nicht zu den 88 „offiziellen" Sternbildern, die die IAU (International Astronomical Union, die Dachorganisation aller Fachastronomen) in ihren Katalog im Jahre 1925 aufgenommen hat. Aber drei helle Sterne bilden den auf-

Veränderliche Sterne im Juli

Algol-Minima	2. 4^h17^m	5. 1^h05^m	22. 5^h58^m	25. 2^h46^m	27. 23^h35^m	
β-Lyrae-Minima	1. 15^h H	8. 2^h N	14. 13^h H	21. 1^h N	27. 12^h H	
δ-Cephei-Maxima	1. 22^h	7. 7^h	12. 16^h	18. 1^h	23. 9^h	28. 18^h
Mira-Helligkeit	1. 8^m	10. 8^m	20. 9^m	31. 9^m		

fälligen Schwerpunkt des abendlichen Sommerhimmels, die man landläufig eben „Sommerdreieck" nennt. Im Juli steht das Sommerdreieck gegen Mitternacht hoch im Süden. Es ist gewissermaßen das Gegenstück zum Wintersechseck. Das Sommerdreieck setzt sich aus den jeweils hellsten Sternen dreier Sternbilder zusammen. Es sind dies Wega in der Leier, Deneb im Schwan und Atair im Adler.

Die Frühlingssternbilder Bootes mit Arktur und Jungfrau mit Spica sind die Leitbilder des westlichen Himmelsgewölbes. Sie erinnern gewissermaßen an vergangene Frühlingstage. Tief im Süden ist Antares zu sehen, der Hauptstern des Tierkreisbildes Skorpion. Der Skorpion passiert gerade den Meridian.

Antares heißt so viel wie „marsähnlicher Stern", fälschlicherweise oft als „Gegenmars" gedeutet, weil er dem roten Planeten in der Färbung ähnlich ist und seine Position nahe der Sonnenbahn liegt. Antares ist ein so genannter roter Riesenstern. Stünde die Sonne in seinem Mittelpunkt, so läge die Erdbahn noch innerhalb der Antareskugel, denn sein Durchmesser beträgt etwa 970 Millionen Kilometer. Antares ist rund 600 Lichtjahre von uns entfernt.

Vom Skorpion zieht sich die scheinbare Sonnenbahn (Ekliptik) durch den Schützen, der im Südosten aufgegangen ist. Mond und Planeten erreichen am abendlichen Sommerhimmel nur geringe Höhen, da sich die südlichen Teile der Ekliptik knapp über dem Horizont befinden. Nördlich von Antares steht diesmal nicht Mars sondern Jupiter, der weißlich-gelb glänzt und Antares bei weitem an Helligkeit übertrifft.

Hoch im Meridian, fast im Zenit, stößt man auf Herkules mit seinem berühmten Kugelsternhaufen M 13. In dieser günstigen Position sollte man sich einmal die Mühe machen, die einzelnen Mitgliedssterne des Herkules zu identifizieren, um sich das Gesamtbild einzuprägen.

Ähnliches gilt für den Schlangenträger, der ebenfalls jetzt den Meridian durchwandert und südlich von Herkules zu finden ist. Der Schlangenträger ist noch ausgedehnter als der Herkules. Außerdem hält der Schlangenträger das Ungetüm von Schlange in seinen Händen. Der Kopf der Schlange reicht bis an die Nördli-

Konstellationen und Ereignisse im Juli

Datum	MEZ	Ereignis
2.	2^h	**Venus bei Saturn**, Venus 0°,8 südlich, **Abstand 0°,7 um 22^h am 1.**
3.	20	Mond bei Neptun, Mond 1°,3 südlich
5.	22	**Mond bei Uranus**, Mond 1°,9 nördlich, **Abstand 3°,0 um 1^h am 6.** (Fernglas!)
7.	1	Erde im Aphel (Sonnenferne, Abstand Erde–Sonne 152,097 Millionen Kilometer)
9.	16	Mond bei Mars, Mond 6°,3 nördlich
10.	3	Merkur im Stillstand, anschließend rechtläufig
12.	10	**Venus in größtem Glanz**
13.	4	Mond bei Merkur, Mond 8°,7 nördlich
17.	0	**Mond bei Saturn**, Mond 0°,04 südlich, **Abstand 1°,9 um 21^h am 16.** (Fernglas!)
17.	11	**Mond bei Venus**, Mond 2°,7 nördlich, **Abstand 4°,2 um 21^h**
20.	16	Merkur in größter westlicher Elongation (20°)
25.	14	Venus im Stillstand, anschließend rückläufig
25.	19	**Mond bei Jupiter, Mond 5°,8 südlich**
31.	2	Mond bei Neptun, Mond 1°,3 südlich

7.9 Das Sommerdreieck setzt sich aus den Sternen Wega, Deneb und Atair zusammen.

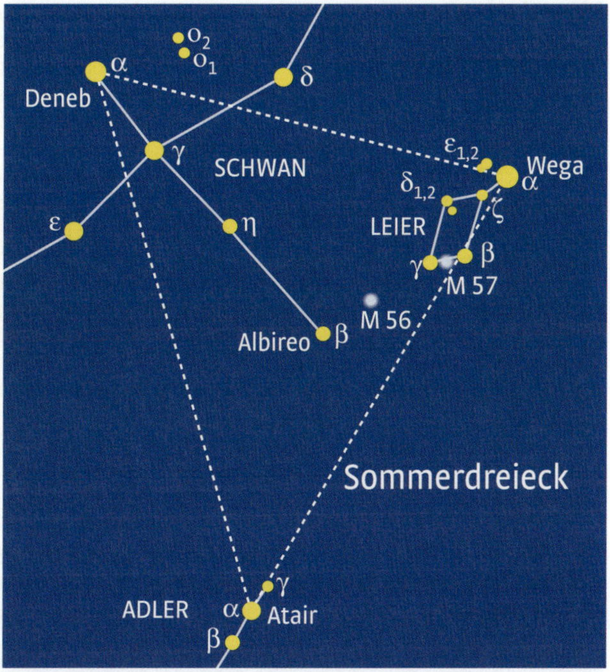

che Krone heran, die zwischen Bootes und Herkules ihren Platz hat. Im Osten wiederum erstreckt sich der Schwanz der Schlange (lat.: Serpens Cauda) bis zum Sternbild Adler. Eine Kette schwacher Sterne zielt direkt auf den hellen Atair. Zu Füßen des Schlangenträgers hält sich gerade Jupiter auf – an der Grenze zum Skorpion.

Wer nun schon einige Erfahrungen im Aufsuchen lichtschwacher Sternbilder hat, sollte sich einmal das Sternbild Drache vorknöpfen. Der Drache (lat.: Draco) ist ein Zirkumpolarsternbild, das das ganze Jahr über sichtbar ist. Sein kleiner, markanter Kopf steht nun fast genau im Zenit (Scheitelpunkt). Von hier schlängelt er sich um den Nordpol der Ekliptik zwischen Kleinem und Großem Wagen hindurch. Sein Schwanz deutet auf das wenig bekannte Sternbild Giraffe (lat.: Camelopardalis).

Die Milchstraße steigt im Süden zwischen Skorpion und Schütze in Richtung Adler empor. Anschließend geht sie durch Schwan und Kassiopeia zum Nordpunkt am Horizont, wo man auch die Kapella im Fuhrmann erspähen kann.

Der Astronomietag 2007

Am Samstag, dem 22. September 2007, findet der diesjährige **Astronomietag** statt.
Wie man es von einer „Langen Nacht der Museen" kennt, sind an diesem Tag alle Sternwarten und Planetarien in Deutschland, Österreich und der Schweiz für Besucher geöffnet.
Ein genaueres Programm können Sie ab Juni 2007 von der „Vereinigung der Sternfreunde e.V." unter folgender Adresse anfordern:

Vereinigung der Sternfreunde e.V.
Am Tonwerk 6
D-64646 Heppenheim

Ausführliche Infos gibt's natürlich auch im Internet unter **www.astronomietag.de** oder bei Ihrer Volkssternwarte vor Ort (Adressverzeichnis im Anhang des Kosmos Himmelsjahres).

Monatsthema

Die Schwarze Witwe

„Es gibt mehr Dinge zwischen Himmel und Erde, als sich eure Schulweisheit träumen lässt" ist ein geflügeltes Wort (Shakespeare, Hamlet 1,5). Dies trifft sicher auf die vielen exotischen Objekte zu, die der Kosmos beherbergt. Im Weltall finden sich Trillionen von Sternen, alles Sonnen wie unsere Sonne auch. Sie bilden riesige Sternsysteme, Milchstraßen oder Galaxien genannt. Sonnen werden von kalten, nicht selbst leuchtenden Planeten umkreist. Um Planeten wiederum laufen Monde. Zwischen den Sternen schweben riesige Gas- und Staubwolken, aus denen sich auch heute noch neue Sterne bilden. Zum Teil wird diese interstellare Materie auch gespeist von Überresten explodierter Sterne. Im Sonnensystem sind uns ferner Kometen und Meteoroide vertraut, ebenso die interplanetare Materie. Schon etwas exotischer sind die Weißen Zwerge, wie beispielsweise die Begleiter der beiden Hundssterne Sirius und Prokyon. Sie sind ausgebrannte Sterne am Ende ihres Lebensweges und haben nur noch etwa die Größe unserer Erde, aber etwa so viel Masse wie unsere Sonne. Daraus folgt eine enorme Dichte in der Größenordnung von einigen Tonnen pro Kubikzentimeter. Der berühmte, aus Indien stammende Astrophysiker und Nobelpreisträger Subramanian Chandrasekhar hat aber schon Mitte des vorigen Jahrhunderts berechnet, dass es Weiße Zwerge mit mehr als eineinhalbfacher Sonnenmasse nicht geben kann. Diese Massenobergrenze, auch als Chandra-Limit bezeichnet, wird durch die Schwerkraft bedingt. Hat ein Stern an seinem Lebensende, wenn das Atomfeuer erloschen ist, mehr als 1,5 Sonnenmassen, dann kann auch der Druck des entarteten Elektronengases der Schwerkraft nicht mehr Paroli bieten, der Stern erleidet einen Gravitationskollaps. Dabei werden die Atome völlig zerstört. Die Elektronen werden in die Atomkerne

7.10 Die Position der Schwarzen Witwe im Sternbild Pfeil (lat.: Sagitta).

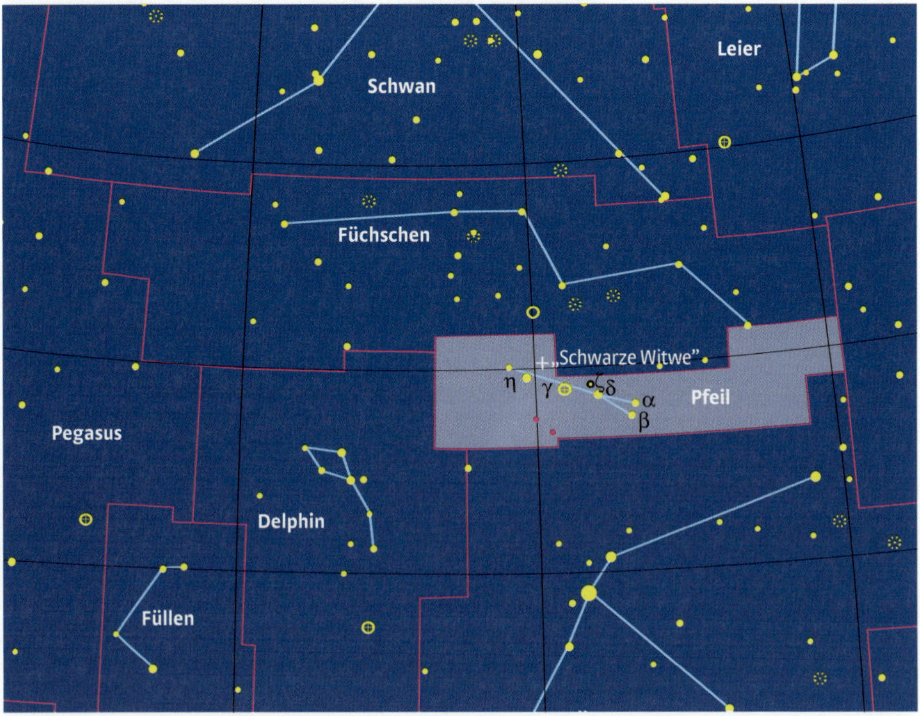

hineingepresst, die elektrischen Ladungen neutralisieren sich (Stichwort: Inverser Betaprozess), es entsteht ein Brei aus Neutronen, der ungeheuer dicht ist. Ein Kubikzentimeter Neutronenbrei wöge auf der Erde einige Millionen Tonnen. Lange hat niemand geglaubt, dass Objekte aus Neutronenbrei, so genannte Neutronensterne, in der Realität existieren oder dass man sie gar finden und beobachten könnte. Denn die Kalkulationen ließen schnell klar werden, dass ein Neutronenstern nur einen Durchmesser von etwa zwanzig Kilometern (!) haben würde, so es ihn denn gäbe.

Kosmische Leuchttürme

Doch im Jahre 1967 wurde der erste Neutronenstern im Sternbild Füchschen (lat.: Vulpecula) gefunden. Er machte sich als pulsierende Radioquelle bemerkbar. Alle 1,337 Sekunden registrierte man mit Radioteleskopen ein kurzes Signal. Zuerst dachte man schon, endlich hätte man Signale einer außerirdischen Zivilisation entdeckt. Doch schnell stellte es sich heraus, dass es keine kleinen grünen Männchen sind, die uns anpeilen, sondern die Pulse kommen von einem rasch rotierenden Neutronenstern. Die Rotationsfrequenz solcher schnell drehender Neutronensterne liegt dabei zwischen einigen Bruchteilen einer Sekunde und wenigen Sekunden. Ein Jahr später entdeckte man im Krabbennebel (M 1 im Stier), dem Überrest einer Supernovadetonation, die am 4. Juli 1054 aufflammte, einen extrem schnell rotierenden Neutronenstern. Nur 33 Millisekunden benötigt der M-1-Pulsar für eine Umdrehung.

Wenn ein massereicher Stern am Ende seines Lebens explodiert (Supernova vom Typ II), dann schleudert er seine äußeren Schichten ins Weltall. Der kompakte, ausgebrannte Eisenkern von wenigen Hundert Kilometern Durchmesser kollabiert dabei zu einem Neutronenstern von ein bis zwei Dutzend Kilometern Durchmesser. Da der Drehimpuls im Wesentlichen erhalten bleibt, schnellt beim Kollaps die Winkelgeschwindigkeit enorm hoch. Das Magnetfeld wird ebenfalls komprimiert. Da die Magnetfeldachse nicht exakt mit der Rotationsachse zusammenfällt, rührt die Magnetfeldachse wie ein Quirl im den Neutronenstern umgebenden Plas-

Die Schwarze Witwe in Zahlen

Katalogbezeichnung:	PSR B1957+20	
Position im Sternbild Sagitta (Pfeil):	**Rektaszension:** $\alpha = 19^h 59^m$ 36,7 (J2000.0)	**Deklination:** $\delta = +20°48'15{,}''1$ (J2000.0)
Typ:	Radiopulsar mit rotem Zwergstern als Begleiter / Bedeckungsveränderlicher	
Entfernung:	800 Parsec = 2600 Lichtjahre	
Umlaufszeit:	$9{,}^h2$	
Distanz der Komponenten:	$0{,}''8$	
PULSAR		
Periode:	P = 0,001607401 sec/U	
Periodenänderung:	dP/dt = 0,000	
BEGLEITER		
Scheinbare Helligkeit (V) im Maximum:	20^m	
Absolute Helligkeit:	11^M	
Leuchtkraft (Sonne = 1):	0,006	
Masse (Sonne = 1):	0,02	
Durchmesser (Sonne = 1):	0,12	
Oberflächentemperatur:	2800 K	

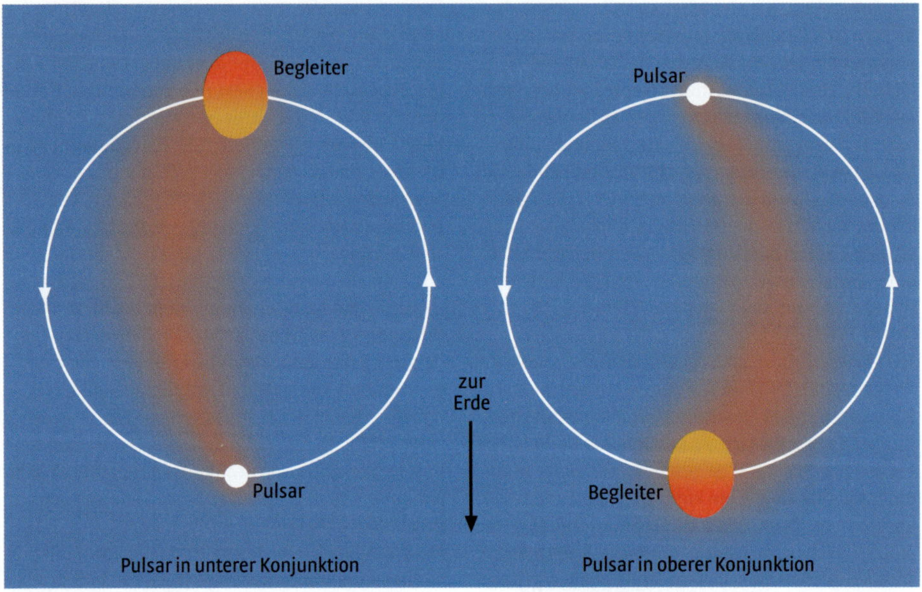

7.11 Der Pulsar PSR B1957+20 und sein Begleitstern umkreisen einander. Befindet sich der Pulsar in unterer Konjunktion, dann leuchtet der Begleitstern im Maximum und die Radioimpulse des Pulsars sind zu empfangen (links). In oberer Konjunktion hingegen (Pulsar hinter dem Begleitstern) sind keine Radioimpulse zu empfangen und der Begleiter ist im Lichtminimum unbeobachtbar (rechts).

ma mit der Folge, dass Elektronen und andere elektrisch geladene Teilchen beschleunigt werden und dabei eine elektromagnetische Strahlung aussenden, die so genannte Synchrotronstrahlung. Wie ein rotierender Scheinwerfer streicht der Strahlungskegel im Kreis herum. Und wenn die Erde von ihm getroffen wird, registrieren wir einen Impuls. Inzwischen konnten bei etlichen Neutronensternen nicht nur im Radiofrequenzbereich, sondern auch im sichtbaren Licht und im Röntgenbereich die Lichtblitze und Pulse im Takt der Rotationsfrequenz beobachtet werden. Der M-1-Pulsar im Stier ist recht jung, denn er ist gerade mal an die tausend Jahre alt – wir beobachten ihn rund tausend Jahre nach seiner Entstehung; daher seine rasche Rotation. Im Laufe der Zeit werden Pulsare langsamer, denn sie verlieren durch Abstrahlung Energie. Inzwischen sind weit über tausend Pulsare bekannt. Je langsamer sie rotieren, desto älter sind sie.

Doch im Jahr 1982 folgte die große Überraschung. Man fand einen Pulsar, der 640 Pulse pro Sekunde sendet. Der Neutronenstern dreht sich alle 0,00156 Sekunden einmal um sich, vollführt also alle eineinhalb Millisekunden eine volle Rotation. Danach müsste er extrem jung sein. Man sah aber in den letzten zweihundert Jahren keine Supernovadetonation. Bald wurden weitere Neutronensterne mit solch extrem kurzen Rotationsperioden aufgespürt. Bei allen diesen „Millisekundenpulsaren" fahndete man vergebens nach dem Restmaterial der Supernova, aus dem sie hervorgegangen sein mussten. Während man beim M-1-Pulsar im Stier den Rest als „Krabbennebel" gut sieht, herrscht bei den Millisekundenpulsaren diesbezüglich Fehlanzeige. Die Theoretiker hatten auch schnell kalkuliert, dass bei einem sphärischen Kollaps einer Eisenkugel von etwa 200 Kilometern Durchmesser beim besten Willen keine Rotationsfrequenzen im Millisekundenbereich entstehen können. Die Ratlosigkeit war zunächst groß, bis sich herausstellte, dass Millisekundenpulsare ältere und nicht extrem junge Neutronensterne sind.

Die extremen Rotationsgeschwindigkeiten werden durch einen völlig anderen Mechanismus hervorgerufen: Millisekundenpulsare werden durch einen Massentransfer beschleunigt. Die meisten Sterne sind keine Einzelkinder, sondern gehören einem Doppelsternpärchen an. Wenn die Begleitsonne eines Neutronensterns im Alter größer wird und sich zu einem roten Riesen entwickelt, dann füllt sie ein Gebiet aus, das die Astronomen Roche-Lobe nennen nach dem französischen Himmelsmechaniker Eduard Roche (siehe auch Monatsthema August „Die Rochesche Grenze" im *Himmelsjahr 1996*). Überschreitet nun die Größe des Begleitsterns die Rochegrenze, dann gewinnt die Schwerkraft des Neutronensterns die Oberhand. Materie stürzt vom Kompagnon auf den Neutronenstern. Dies geschieht nicht im direkten Fall. Infolge des gemeinsamen Bahndrehimpulses spiralisiert sich die Sternmaterie auf den Neutronenstern hinunter. Beim Auftreffen wird der Neutronenstern nun beschleunigt, er dreht sich immer schneller.

Ein seltsames Paar

Vor wenigen Jahren wurde im Sternbild Pfeil (lat.: Sagitta) ein weiterer, extrem rasch rotierender Neutronenstern entdeckt. Er dreht sich 622-mal in der Sekunde um seine Achse und hält sich in der respektablen Entfernung von 2600 Lichtjahren auf. Seine Katalogbezeichnung lautet PSR B1957+20, sein Ort an der Sphäre $\alpha = 19^h59^m36\overset{s}{.}7$, $\delta = 20°48'15\overset{\prime\prime}{.}1$ (J2000.0). Eine Änderung der Pulsfrequenz konnte bisher nicht festgestellt werden. Pünktlich alle 1,607 Millisekunden ist ein Radiopuls zu registrieren. Pulsar B1957+20 ist nur im Radiofrequenzbereich zu orten, im sichtbaren Licht bleibt er unbeobachtbar. Doch seltsamerweise bleiben die Radiopulse alle 9,2 Stunden für etwa eine Stunde aus – der Pulsar schweigt. Im sichtbaren Licht wurde schließlich ein lichtschwaches Sternchen von nur 20^m scheinbarer Helligkeit gefunden, dessen Helligkeit mit gleicher Periode für einige

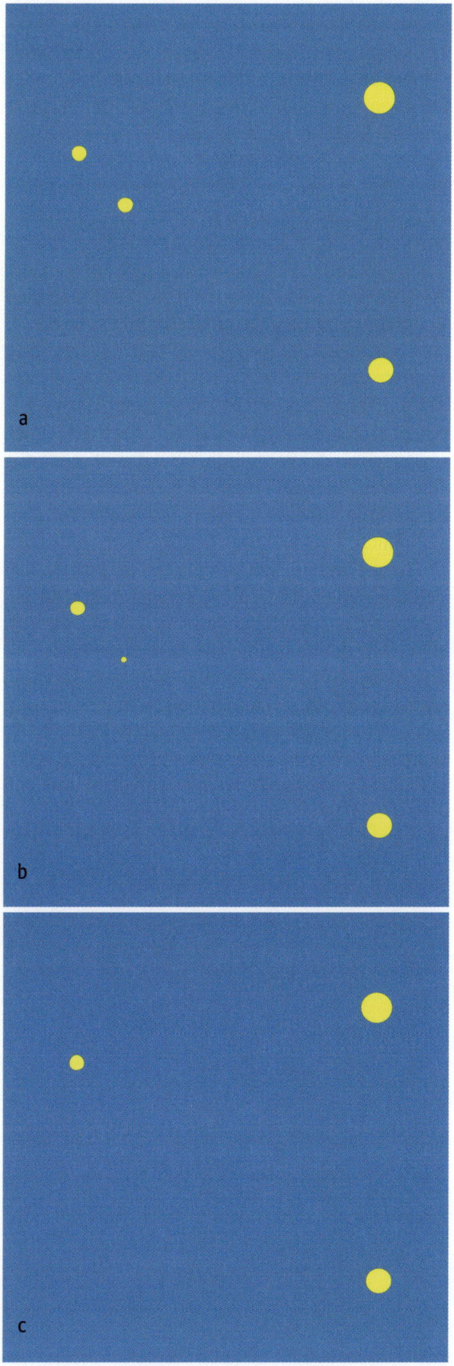

7.12 Der Begleiter des Pulsars PRS B1957+20 ist beobachtbar, wenn sich der Pulsar in unterer Konjunktion befindet (a). In (b) steht der Pulsar in Quadratur, also neben dem Begleiter (in 90° Abstand zur Sichtlinie des irdischen Beobachters). Der Begleiter ist nur noch schwach zu erkennen. In oberer Konjunktion (c) wird der Pulsar vom Begleiter bedeckt. Der Begleiter und der Pulsar sind dann nicht beobachtbar (Begleiter im Lichtminimum).

Zeit so abfällt, dass es unbeobachtbar bleibt. Das Licht stammt nicht vom Pulsar selbst, sondern von seinem Begleitstern. Beide rasen in nur 9,2 Stunden um ihren gemeinsamen Schwerpunkt. Der Pulsar und sein Begleiter laufen in einer Bahn, deren Ebene fast exakt mit dem Visionsradius (Sichtlinie) des Beobachters zusammenfällt, die Bahnneigung beträgt somit fast 0°. Und so kommt es zu gegenseitigen Bedeckungen. Immer, wenn der Pulsar hinter der Begleitsonne verschwindet, empfängt man auf der Erde keine Radiopulse mehr. Aus der Dauer der Bedeckung konnte man auf die Größe des Begleitsterns schließen. Er hat nur zwölf Prozent des Sonnendurchmessers, das sind 170 000 Kilometer. Somit ist der Begleiter ein typischer Zwergstern mit einer absoluten Helligkeit von 11^{M}. Auch der Begleiter verschwindet periodisch – und das ist seltsam. Denn wenn der Pulsar vor ihm vorbeizieht – gewissermaßen ein Transit in unterer Konjunktion, dann ist er mit seinem winzigen Durchmesser von einem Dutzend Kilometer viel zu klein, um eine merkbare Verdunkelung des Begleiters hervorzurufen. Auch verdunkelt sich der Beleitstern nicht, wenn der Pulsar *vor* ihm vorbeizieht, sondern wenn er *hinter* ihm vorbeiläuft, also wenn sich der Pulsar gewissermaßen in oberer Konjunktion befindet und wir seine Pulse infolge seines Verschwindens hinter dem Begleiter gar nicht registrieren. Fazit: In der eben beschriebenen Position von Begleiter und Pulsar sind beide nicht beobachtbar. Wenn jedoch der Pulsar vor dem Begleiter vorbeiwandert, dann leuchtet der Begleiter in maximaler Helligkeit – aber auch dann nur mit bescheidenen 20^{m}! Wie erklärt sich dieses Verhalten?

Durch die Gezeitenkräfte laufen beide in gebundener Rotation umeinander. Die eine Hälfte des Begleiters ist immer dem Pulsar zugekehrt. Durch dessen intensive Röntgenstrahlung wird diese Seite des Begleitsterns gewaltig aufgeheizt und leuchtet erheblich heller als die andere, vom Pulsar abgekehrte Hälfte. Hält sich der Pulsar zwischen Begleiter und Beobachter auf, also in unterer Konjunktion, dann ist auch die hellere Seite des Begleiters uns zugekehrt. Nach einem halben Umlauf verschwindet der Pulsar hinter dem Begleiter, der uns dann seine dunklere Seite zukehrt, die selbst für Großteleskope unbeobachtbar bleibt.

Durch die gewaltige Schwerkraftwirkung des Pulsars ist der Begleiter stark deformiert. Materie strömt zum Pulsar hinüber und füttert ihn. Über kurz oder lang wird der Pulsar seinen Begleiter völlig verschlungen haben. Für Äonen von Jahren wird der Pulsar ohne seinen Partner, der ihn seit seiner Geburt begleitet hat, vor sich her spinnen – unbeobachtbar im sichtbaren Licht. Dies hat amerikanische Astronomen dazu bewegt, ihn schon jetzt als „Black Widow", als „Schwarze Witwe" zu bezeichnen.

August 2007

Von 10. bis 14. flammen die Meteore des Perseidenstromes auf. Venus hat sich vom Abendhimmel zurückgezogen. Jupiter im Schlangenträger beherrscht die erste Nachthälfte. Mars verlegt seine Aufgänge in die späten Abendstunden. Zur Monatsmitte passiert der rote Planet das Goldene Tor der Ekliptik.

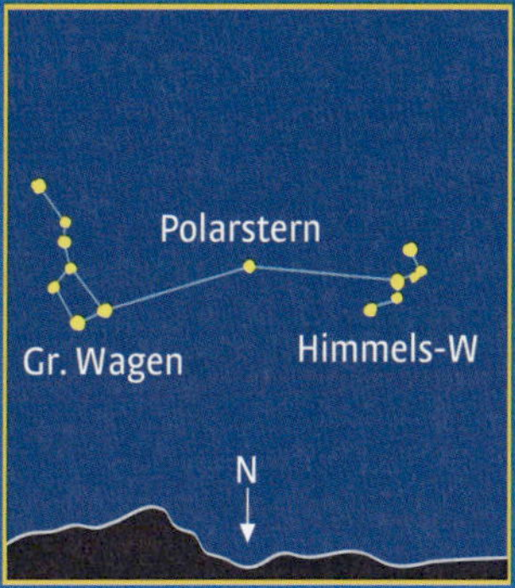

Großer Wagen und Himmels-W Anfang August um 22^h

8.1 Begegnung von Jupiter und dem zunehmenden Mond im Gebiet Skorpion und Schlangenträger knapp über dem Südwesthorizont. Himmelsanblick am 21. August gegen 21^h MEZ (= 22^h MESZ).

Sonnenlauf im August

11.8. 6ʰ
Sonne tritt in das Sternbild Löwe
23.8. 14ʰ
Sonne tritt in das Tierkreiszeichen Jungfrau
Julianisches Datum am 1. August, 1ʰ MEZ: 2454313,5

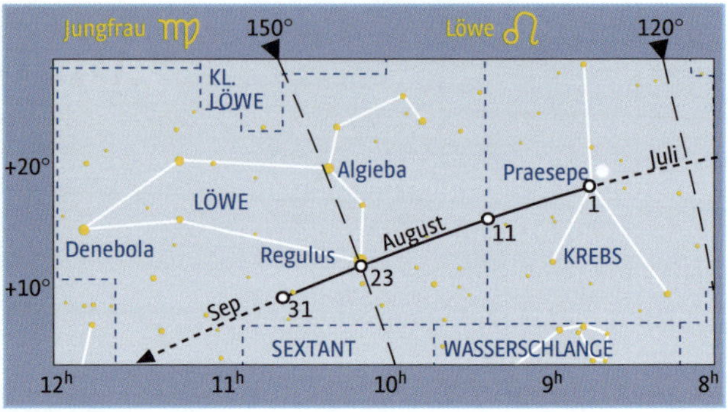

Tag	Dämmerg. Anfang	Aufgang MEZ	Kulmination	Untergang MEZ	Dämmerg. Ende	Mittagshöhe	Zeitgleichg.	Rektaszension	Deklination
	h m	h m	h m	h m	h m	°	m	h m	°
1.	3 18	4 48	12 26	20 03	21 33	58,1	–6	8 43	+18,2
5.	3 27	4 54	12 26	19 57	21 24	57,0	–6	8 58	+17,2
10.	3 37	5 01	12 25	19 48	21 12	55,6	–5	9 17	+15,8
15.	3 47	5 09	12 24	19 39	21 01	54,1	–4	9 36	+14,3
20.	3 57	5 16	12 23	19 30	20 49	52,5	–3	9 55	+12,7
25.	4 06	5 24	12 22	19 20	20 37	50,8	–2	10 13	+11,0
31.	4 17	5 33	12 20	19 07	20 22	48,7	0	10 35	+ 8,9

Tages- und Nachtstunden im August

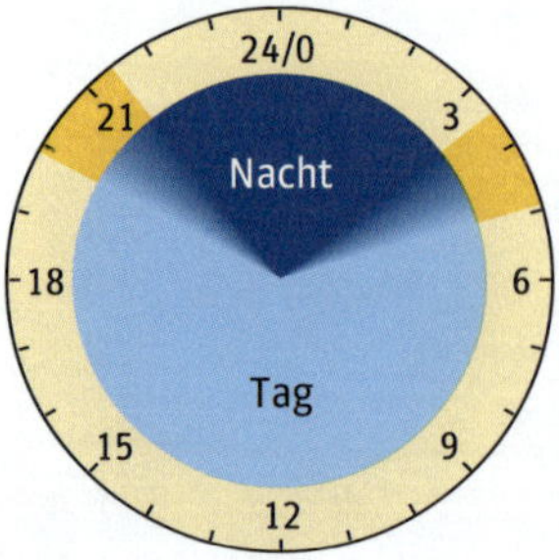

5. August

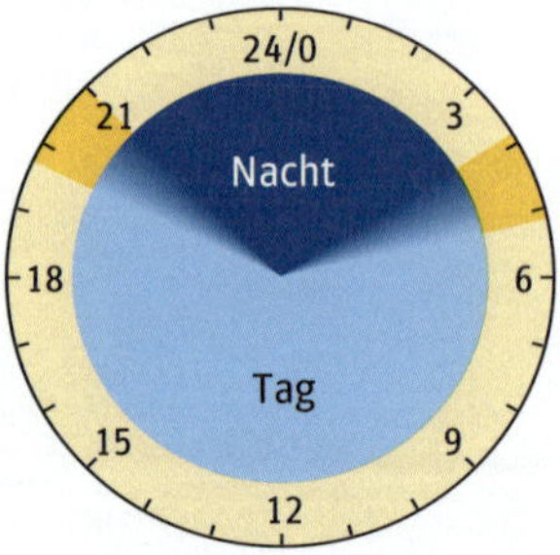

15. August

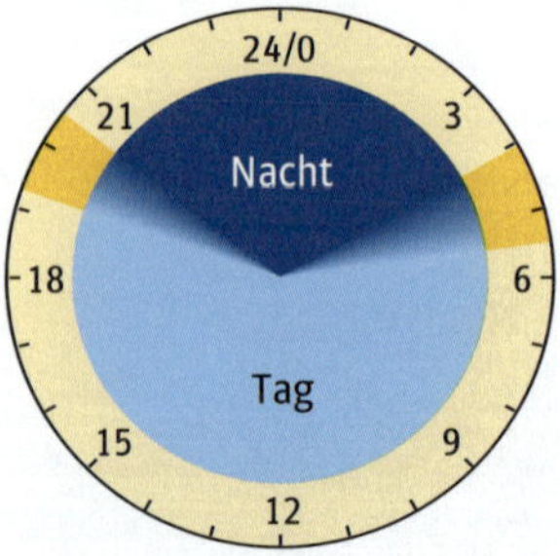

25. August

Mondlauf im August

Datum		Aufg. MEZ	Kulmination	Unterg. MEZ	Rektaszension	Deklination	Sterne und Sternbilder	Phase	MEZ
		h m	h m	h m	h m	°			
Mi	1.	21 10	2 08	7 36	22 22	−10,5	Wassermann	Aufsteigender Knoten	
Do	2.	21 24	2 56	8 59	23 13	− 4,0	Wassermann		
Fr	3.	21 39	3 44	10 22	0 03	+ 2,7	Fische		
Sa	4.	21 56	4 33	11 46	0 54	+ 9,4	Fische	Erdnähe 369/32′,4	1^h
So	5.	22 17	5 24	13 13	1 47	+15,5	Fische	**Letztes Viertel**	22^h20^m
Mo	6.	22 44	6 18	14 39	2 42	+20,8	* Widder		
Di	7.	23 23	7 15	16 03	3 41	+24,9	* Stier, Plejaden	Größte Nordbreite	
Mi	8.	–	8 16	17 16	4 42	+27,5	Stier		
Do	9.	0 16	9 17	18 13	5 45	+28,3	* Stier, Al Nath		
Fr	10.	1 25	10 17	18 55	6 47	+27,4	Zwillinge		
Sa	11.	2 43	11 12	19 24	7 46	+24,9	Pollux	Libration West	
So	12.	4 04	12 04	19 45	8 41	+21,0	Krebs, Krippe		
Mo	13.	5 22	12 51	20 01	9 33	+16,2	Löwe	**Neumond**	0^h03^m
Di	14.	6 38	13 35	20 14	10 20	+10,7	Löwe, Regulus	Absteigender Knoten	
Mi	15.	7 50	14 16	20 26	11 06	+ 5,0	Löwe		
Do	16.	9 01	14 56	20 38	11 49	− 0,9	Jungfrau		
Fr	17.	10 10	15 36	20 50	12 32	− 6,6	Jungfrau		
Sa	18.	11 20	16 17	21 04	13 15	−12,0	Spica		
So	19.	12 31	17 00	21 21	14 00	−16,9	Jungfrau	Erdferne 405/29′,5	4^h
Mo	20.	13 42	17 46	21 43	14 46	−21,2	Waage		
Di	21.	14 53	18 36	22 14	15 36	−24,7	Waage	**Erstes Viertel**	0^h54^m
								Größte Südbreite	
Mi	22.	15 59	19 28	22 55	16 28	−27,1	Antares		
Do	23.	16 56	20 23	23 52	17 23	−28,3	Schlangenträger		
Fr	24.	17 41	21 18	–	18 20	−28,0	* Kaus Australis		
Sa	25.	18 15	22 13	1 01	19 18	−26,3	Schütze, Nunki	Libration Ost	
So	26.	18 40	23 07	2 21	20 15	−23,1	* Steinbock		
Mo	27.	19 00	23 58	3 45	21 10	−18,5	Steinbock		
Di	28.	19 16	–	5 11	22 03	−12,8	Wassermann	**Vollmond**	11^h35^m
								Aufsteigender Knoten	
Mi	29.	19 31	0 48	6 36	22 55	− 6,3	Wassermann		
Do	30.	19 46	1 37	8 02	23 47	+ 0,6	Fische		
Fr	31.	20 02	2 27	9 28	0 39	+ 7,5	Fische	Erdnähe 364/32′,8	1^h

Planetenlauf im August

Merkur kann noch in den ersten drei Augusttagen bei sehr guten Sichtbedingungen am Morgenhimmel gesehen werden. Am 1. geht der mit $-1\overset{\mathrm{m}}{,}0$ recht helle Merkur um $3^{h}26^{m}$ auf. Etwa zwanzig Minuten später kann man ihn tief am Nordosthorizont erkennen. Bereits eine Viertelstunde später wird er in der zunehmenden Morgenhelle unsichtbar.

Bis 3. nimmt die Merkurhelligkeit leicht auf $-1\overset{\mathrm{m}}{,}1$ zu, der Merkuraufgang verspätet sich auf $3^{h}36^{m}$ (= $4^{h}36^{m}$ Sommerzeit). Nach dem 3. wird man den flinken Planeten mit bloßen Augen vergeblich suchen (siehe auch Abb. 7.4 und 7.5 auf Seite 159).

Am 15. holt Merkur die Sonne im Tierkreis ein. An diesem Tag steht er in oberer Konjunktion mit ihr. Die Begegnungen mit Venus am 16. und mit Saturn am 18. bleiben unbeobachtbar.

Am 4. passiert Merkur das Perihel seiner Bahn, wobei er eine maximale Geschwindigkeit von 59 Kilometer pro Sekunde, das sind 212 400 Kilometer pro Stunde, erreicht. Dies ist die maximale Bahngeschwindigkeit eines Planeten in unserem Sonnensystem. Mit dieser Geschwindigkeit würde ein Raumschiff in knapp zwei Stunden von der Erde zum Mond fliegen.

Venus hat sich von der abendlichen Himmelsbühne zurückgezogen und hat ihre Abendsternperiode beendet. Sie wandert rückläufig auf die ihr entgegenkommende Sonne zu, mit der sie am 18. zusammentrifft. Venus steht an diesem Tag in unterer Konjunktion mit der Sonne. Sie hält sich mit ihr am Taghimmel auf und bleibt nachts unsichtbar unter dem Horizont. In unterer Konjunktion erreicht sie auch ihre minimale Entfernung von der Erde, das sind diesmal 43 Millionen Kilometer (= 0,287 AE). Nach dem Mond ist Venus der uns nächste natürliche Himmelskörper. In unterer Kulmination überholt Venus die Erde auf der Innenbahn, wobei sie 8° südlich an der Sonne vorbeiwandert.

Venus wandert rückläufig durch den Tierkreis und zieht am 3. abermals an Regulus im Löwen vorbei, diesmal 6° südlich (siehe auch Abb. 7.8 auf Seite 161). Ihre Begegnung mit Merkur am 16. bleibt unbeobachtbar.

Zu Monatsende taucht Venus als auffallendes Gestirn am östlichen Morgenhimmel auf. Am 31. geht sie um $4^{h}14^{m}$ (= $5^{h}14^{m}$ Sommerzeit) auf.

Am 9. passiert Venus das Aphel (sonnenfernster Punkt) ihrer fast kreisförmigen Bahn, wobei sie 109 Millionen Kilometer (= 0,729 AE) von der Sonne entfernt ist.

Mars verlegt seine Aufgänge in die späten Abendstunden. Seine Helligkeit steigt auf $0\overset{\mathrm{m}}{,}3$ an, was ihn zu einem auffälligen Gestirn am Nachthimmel werden lässt. Der rote Planet passiert zur Monatsmitte das Goldene Tor der Ekliptik, das von den beiden offenen Sternhaufen Hyaden und Plejaden im Stier gebildet wird. Am 24. wandert Mars 5° nördlich an Aldebaran, Hauptstern im Stier, vorbei. Sehr schön lässt sich jetzt die Bewegung des Wandelsterns Mars durch die markanten Regionen des Stieres verfolgen (siehe auch Abb. 9.3 auf Seite 195).

Der Marsaufgang erfolgt am 1. um $23^{h}44^{m}$, am 15. um $23^{h}11^{m}$ und am 31. bereits um $22^{h}39^{m}$ (= $23^{h}39^{m}$ Sommerzeit).

Am 7. passiert der abnehmende Halbmond rund 6° nördlich den roten Planeten.

Jupiter kommt am 7. im Schlangenträger (lat.: Ophiuchus) kurz vor ω Ophiuchi ($4\overset{\mathrm{m}}{,}4$) zum Stillstand. Damit beendet er seine Rückläufigkeit und wird wieder rechtläufig. Seine Oppositionsperiode geht damit zu Ende. Seine

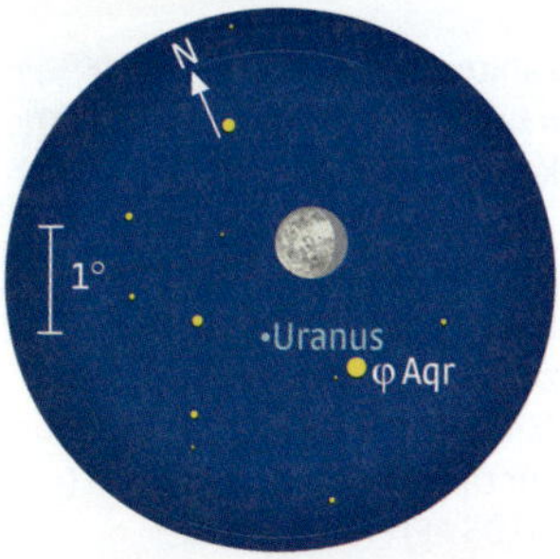

8.2 Der schon ziemlich rundliche Mond wandert in der Nacht von 1. auf 2. August 2006 etwa 1° nördlich an Uranus vorbei. Fernglasanblick gegen Mitternacht.

rechtläufige Bewegung erfolgt allerdings zunächst recht zögerlich, was man gut an ω Ophiuchi feststellen kann, dem er sich im Umkehrpunkt auf 0°,2 nähert (siehe Abb. 6.4 auf Seite 140 und Abb. 8.3 oben).

Aus der zweiten Nachthälfte hat sich Jupiter längst zurückgezogen. Der Riesenplanet verlagert seine Untergänge in die Zeit weit vor Mitternacht. Geht Jupiter am 1. noch um 0^{h}30^m (= 1^{h}30^m Sommerzeit) unter, so sinkt er am 31. schon um 22^{h}30^m unter die Horizontlinie.

Während des Monats sinkt die Helligkeit des Riesenplaneten um weitere 0^m,2 auf –2^m,2 ab. Damit ist Jupiter immer noch das hellste Objekt am Nachthimmel – vom Mond abgesehen –, nachdem sich Venus vom Abendhimmel zurückgezogen hat.

In der Nacht vom 21. auf 22. zieht der zunehmende Halbmond an Jupiter vorbei (siehe Abb. 8.1 auf Seite 171).

Saturn wird am 21. um Mitternacht von der Sonne eingeholt und steht in Konjunktion mit ihr. Der Ringplanet hält sich am Taghimmel auf und bleibt nachts unter dem Horizont. Die Begegnungen von Saturn mit Venus am 9. und mit Merkur am 18. bleiben unbeobachtbar, ebenso die Passage an Regulus zu Monatsende (siehe Abb. 2.5 auf Seite 69).

Saturn ist am Tag der Konjunktion von der Erde 1532 Millionen Kilometer (= 10,2 AE) entfernt. Von der Sonne trennen ihn zu diesem Termin 1381 Millionen Kilometer (= 9,23 AE).

Uranus beschleunigt deutlich seine rückläufige Wanderung durch den Wassermann – seine Opposition zur Sonne ist nicht mehr fern. Sie wird im ersten Septemberdrittel eintreten. Um den vergleichsweise lichtschwachen, grünlichen Planeten zu finden, soll das Aufsuchkärtchen Abb. 9.6 auf Seite 196 dienen. Ende August zieht Uranus etwa 0°,3 nördlich an φ Aquarii vorbei, der mit 4^m,2 deutlich heller ist als der grünliche Planet (5^m,7).

Am 1. erfolgt der Uranusaufgang um 21^{h}20^m (= 22^{h}20^m Sommerzeit), am 15. um 20^{h}24^m und am 31. schon um 19^{h}20^m. Da die Dunkelheit ohnehin erst etwas später einsetzt, ist Uranus damit

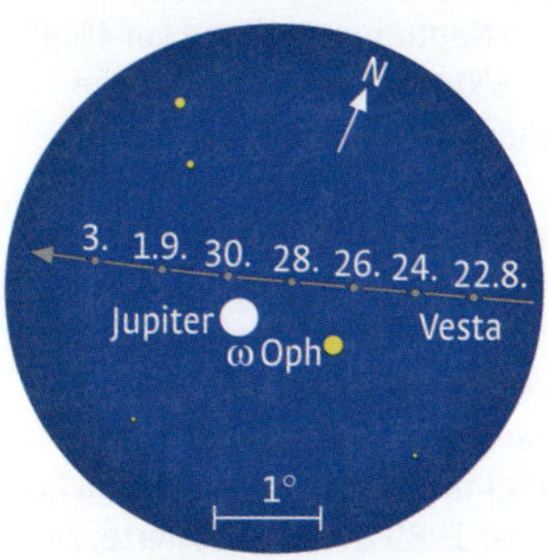

8.4 Kleinplanet (4) Vesta passiert Ende August den Riesenplaneten Jupiter. Fernglasanblick bei 5° Gesichtsfelddurchmesser.

8.3 Jupiter beendet seine rückläufige Bewegung zu Monatsbeginn kurz vor dem Stern ω Ophiuchi. Fernglasanblick bei 5° Gesichtsfelddurchmesser.

zum Planeten der gesamten Nacht geworden. Die beste Beobachtungszeit ist die Stunde um die Kulmination. Die Uranuskulmination erfolgt am 1. um 3^{h}00^m und am 31. schon um 0^{h}59^m (= 1^{h}59^m Sommerzeit).

In der Nacht vom 1. auf 2. zieht der noch fast volle Mond etwa ein Grad nördlich an Uranus vorbei (siehe Abb. 8.2 oben links). Prinzipiell ist Mondlicht zwar störend bei der Beobachtung lichtschwacher Planeten, Uranus ist in dieser Hinsicht ein Grenzfall. Einsteiger in die Himmelskunde können den grünlichen Planeten mit einem guten Fernglas gegebenenfalls leichter finden, wenn der Mond gewissermaßen als Richtungsweiser dienen kann.

Neptun steht am 13. im Sternbild Steinbock im Gegenschein zur Sonne oder, wie der Fachmann sagt, in **Opposition**.

Am Tag der Opposition geht der mit 7^m,8 recht lichtschwache Neptun um 19^{h}35^m (= 20^{h}35^m Sommerzeit) auf, kulminiert in der Oppositionsnacht um 0^{h}28^m und sinkt am nächsten Morgen

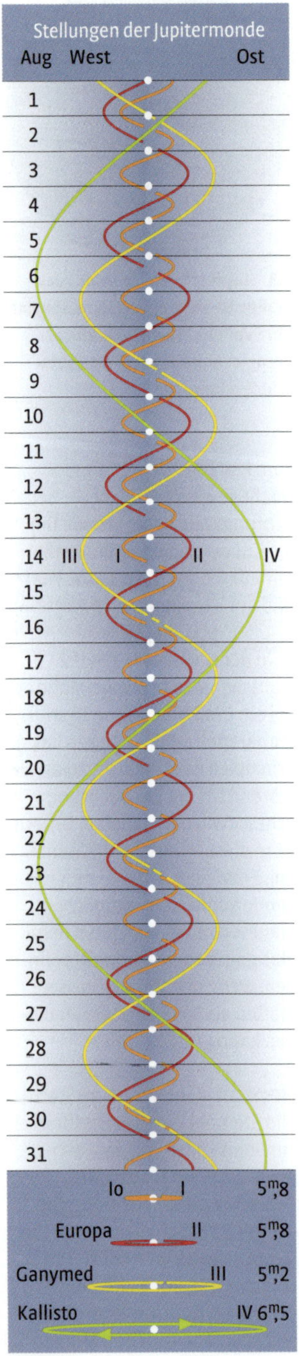

Jupitermonde

Tag	MEZ h m	Vorgang	
1.	22 14	III	BA
5.	21 33	I	BA
6.	20 03	I	SA
	21 05	I	DE
	22 15	I	SE
9.	21 57	II	BA
11.	21 04	II	SE
12.	20 40	III	SA
	23 03	III	SE
13.	20 46	I	DA
	21 58	I	SA
	22 57	I	DE
14.	21 19	I	VE
18.	21 06	II	SA
	21 10	II	DE
19.	19 34	III	DA
	21 54	III	DE
20.	22 39	I	DA
21.	19 45	I	BA
22.	20 33	I	SE
25.	21 08	II	DA
27.	21 26	II	VE
28.	21 39	I	BA
29.	20 17	I	SA
	21 12	I	DE
30.	19 38	I	VE
	21 08	III	VE

um 5^h14^m unter die Horizontlinie (siehe auch Aufsuchkärtchen Abb. 8.5 und 8.6 auf Seite 177). Bis Monatsende verfrühen sich die Neptununtergänge auf 4^h04^m (= 5^h04^m Sommerzeit) und die Kulminationen auf 23^h12^m.

Im Fernrohr erkennt man bei stärkerer Vergrößerung nur ein winziges, bläuliches Planetenscheibchen mit einem scheinbaren Durchmesser von 2,″3. Details wie auf den Bildern der Raumsonde *Voyager 2*, die im August 1989 Neptun passierte, zu sehen sind, kann man mit terrestrischen Teleskopen nicht erkennen! Der Anfänger muss froh sein, wenn er Neptun unter den zahlreichen Fixsternen überhaupt als Planeten identifizieren kann.

Am 13. trennen Neptun 4343 Mio. km (= 29,03 AE) von der Erde, dies entspricht einer Lichtlaufzeit von vier Stunden und einer Minute. Von der Sonne ist Neptun zur Opposition 4495 Mio. km (= 30,05 AE) entfernt.

Planetoiden

Ceres (1) wandert rechtläufig durch das Gebiet Walfisch und Stier. Am 23. zieht sie zwischen ξ Tauri und ο Tauri hindurch (siehe Aufsuchkärtchen Abb. 11.4 auf Seite 233). Ab der Monatsmitte macht es Sinn, nach dem zurzeit noch recht lichtschwachen Planetoiden Nr. 1 Ausschau zu halten. Während des August nimmt die Cereshelligkeit von $9^m\!,0$ auf $8^m\!,6$ merkbar zu.

Ceres passiert am 1. um 6^h51^m den Meridian, am 15. um 6^h08^m und am 31. bereits um 5^h15^m (= 6^h15^m Sommerzeit). Die Ceresaufgänge verfrühen sich von 0^h07^m (= 1^h07^m Sommerzeit) zu Monatsbeginn auf 22^h23^m am Monatsende.

Pallas (2) eilt rasch südwärts und rückläufig durch den Pegasus (siehe Abb. 9.7 auf Seite 197). Ihre Helligkeit nimmt um eine halbe Größenklasse in Laufe des Monats zu und beträgt Ende August $8^m\!,9$. Dies ist nicht viel, wenn man bedenkt, dass ihre Opposition unmittelbar, nämlich Anfang September, bevorsteht.

Pallas kulminiert am 1. um 2^h32^m (= 3^h32^m Sommerzeit), am 15. um 1^h29^m und am 31. schon um 0^h14^m.

Vesta (4), wieder rechtläufig im Skorpion, kann noch relativ leicht

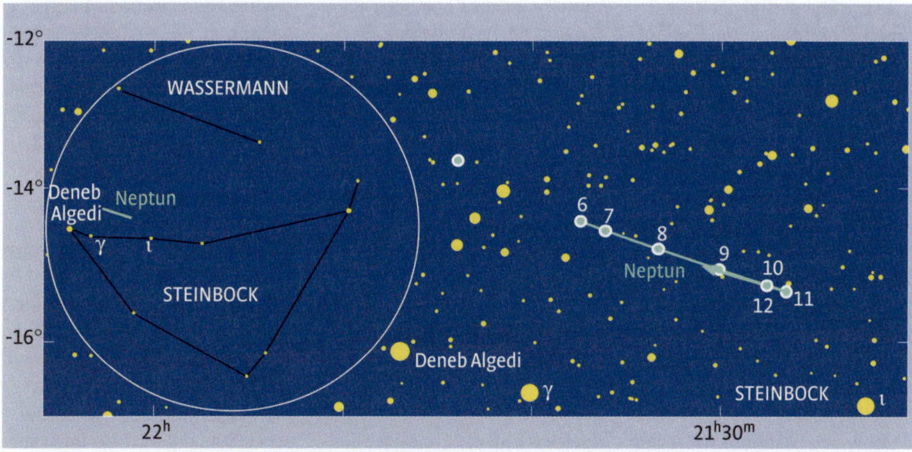

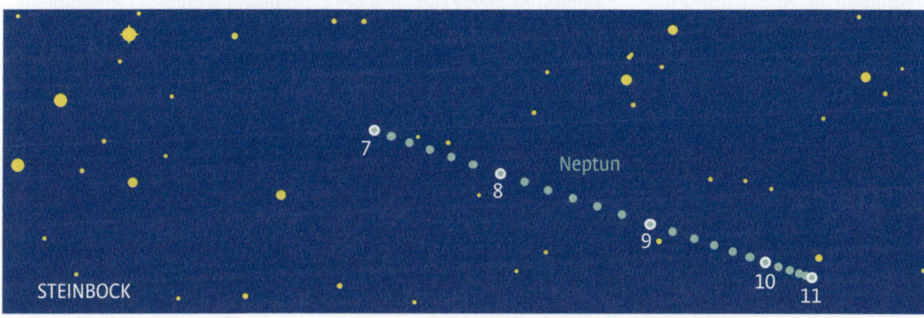

8.5 Lage der Oppositionsschleife von Neptun im Sternbild Steinbock im Jahre 2007.

8.6 Aufsuchkärtchen für Neptun. Die Ziffern geben die Neptunposition zum jeweiligen Monatsersten an.

aufgefunden werden, auch wenn ihre scheinbare Helligkeit um eine halbe Größenklasse abfällt. Am Monatsende beträgt sie immer noch $7\overset{m}{,}2$. Am 7. passiert sie den Vierfachstern ν Scorpii ($3\overset{m}{,}6$), der als Aufsuchhilfe dienen kann (siehe Aufsuchkärtchen Abb. 6.5 auf Seite 141). Am 30. zieht Vesta nur $0\overset{\circ}{,}3$ nördlich am Riesenplaneten Jupiter vorbei (siehe Abb. 8.4 auf Seite 175).

Am 1. kulminiert Vesta um 19^h50^m (= 20^h50^m Sommerzeit), am 15. um 19^h06^m und am 31. bereits um 18^h21^m. Der Vestauntergang erfolgt am 31. um 22^h33^m (= 23^h33^m Sommerzeit).

Periodische Sternschnuppenströme im August

Der wohl aktivste Sternschnuppenmonat ist der August. In seinen lauen Sommernächten sind besonders viele Sternschnuppen zu sehen. Die Ursache liegt in den **Perseïden**, deren maximale Tätigkeit zwischen dem 10. und 14. August liegt. Helle Objekte (um 0^m und heller, so genannte Feuerkugeln oder Boliden) sind keine Seltenheit. Das Maximum ist in der Nacht vom 11. auf 12. August zu erwarten. Als schönster und reichster Strom des Jahres bescheren die Perseïden bis zu 110 Sternschnuppen pro Stunde. Ihren Ursprung führen die Perseïden auf den Kometen 109P/Swift-Tuttle (früher: 1862 III) zurück. Die beste Beobachtungszeit liegt zwischen 22^h und 4^h morgens. Die Perseïden-Sternschnuppen sind mit 60 Kilometern pro Sekunde recht schnelle Objekte. Im Volksmund heißen sie auch Laurentius-Tränen nach dem Märtyrer Laurentius (gest. 258 n. Chr.).

Zu erwähnen sind noch die **Kappa-Cygniden**, deren Radiant im Sternbild Schwan liegt. Sie sind vom 3. bis 25. August aktiv, allerdings sind sie kein besonders reicher Strom. Zur Zeit des Maximums um den 18. August ist nur mit etwa fünf bis zehn Meteoren pro Stunde zu rechnen. Mit 25 Kilometern pro Sekunde mittlerer Geschwindigkeit zählen die Cygniden zu den langsamen Sternschnuppen. Die Umlaufszeit dieses Stromes beträgt sieben Jahre. Der Ursprungskomet dürfte sich aufgelöst haben.

Der wenig bekannte Strom der **Cepheïden** macht sich um den 18. August herum bemerkbar. Die Frequenz ist gering, nämlich nur zehn Objekte pro Stunde. Vermutlich sind die Cepheiden ein Zweigstrom der Cygniden.

Vom 25. August bis 5. September tauchen die **Alpha-Aurigiden** abermals auf (siehe auch „Sternschnuppenströme“ im Februar, Seite 72). Auch das Maximum am 31. August ist nicht sehr ausgeprägt. Pro Stunde ist mit etwa zehn Meteoren zu rechnen.

Der Fixsternhimmel im August

Noch hat sich der Charakter des Sommerhimmels kaum geändert, wenn auch im Vergleich zum Vormonat Arktur schon tiefer im Westen zu finden ist und im Osten das Pegasusquadrat aufgegangen ist, das – wie sein Beiname Herbstviereck erkennen lässt – die kommende Jahreszeit andeutet. Hoch im Süden nimmt das Sommerdreieck mit Wega, Deneb und Atair seine Position ein. Die Wega steht fast senkrecht über dem Betrachter.

Herkules, Nördliche Krone und der Schlangenträger mit der Schlange sind in der westlichen Hemisphäre zu sehen. Der Skorpion mit dem roten Antares neigt sich tief im Südwesten bereits dem Untergang zu. Im Areal zwischen Schlangenträger und Skorpion glänzt hell der Riesenplanet Jupiter.

Der Große Wagen verliert an Höhe und befindet sich im absteigenden Teil seiner Bahn um den Polarstern, während diametral gegenüber die Kassiopeia, das Himmel- W, emporsteigt. Tief im Norden strahlt horizontnah die gelbliche Kapella im Sternbild Fuhrmann. Der Südosthimmel sieht recht finster aus. Hier fehlen helle Sterne völlig. Nur die lichtschwachen Sterne der Tierkreisbilder Steinbock und Wassermann beherbergt dieses Areal.

Tief im Süden kulminiert eben der Schütze. Im Bereich des Schützen und des wenig bekannten Sternbildes Schild ist die sommerliche Milchstraße besonders hell. Überhaupt ist das Lichtband der Milchstraße jetzt gut zu beobachten. Es spannt sich in hohem Bogen über das Firmament. Ausgehend vom Südhorizont steigt die Milchstraße durch Schütze, Adler und Schwan empor und zieht über Kepheus und Kassiopeia zum Nordhorizont hinunter. Das Sternbild Schild (lat.: Scutum), das seinen

Konstellationen und Ereignisse im August

Datum	MEZ	Ereignis
2.	3^h	**Mond bei Uranus**, Mond 2°,0 nördlich, **Abstand 1°,0 um 1^h** (Fernglas!)
4.	20	Merkur im Perihel
7.	5	**Mond bei Mars**, Mond 6°,5 nördlich, **Abstand 5°,5 um 1^h**
7.	7	Jupiter im Stillstand, anschließend rechtläufig
9.	10	Venus bei Saturn, Venus 8°,5 südlich
9.	18	Venus im Aphel
12.	17	Mond bei Merkur, Mond 0°,2 nördlich
13.	9	Mond bei Venus, Mond 9°,1 nördlich
13.	15	Mond bei Saturn, Mond 0°,4 südlich
13.	19	**Neptun in Opposition** zur Sonne
15.	21	Merkur in oberer Konjunktion mit der Sonne
16.	0	Merkur bei Venus, Merkur 10°,1 nördlich
18.	5	Venus in unterer Konjunktion mit der Sonne
18.	12	Merkur bei Saturn, Merkur 0°,5 nördlich
22.	0	Saturn in Konjunktion mit der Sonne
22.	4	**Mond bei Jupiter, Mond 5°,8 südlich**
27.	10	Mond bei Neptun, Mond 1°,4 südlich
28.	12	Totale Mondfinsternis – von Mitteleuropa aus unbeobachtbar (siehe Seite 43)
29.	10	Mond bei Uranus, Mond 2°,0 nördlich

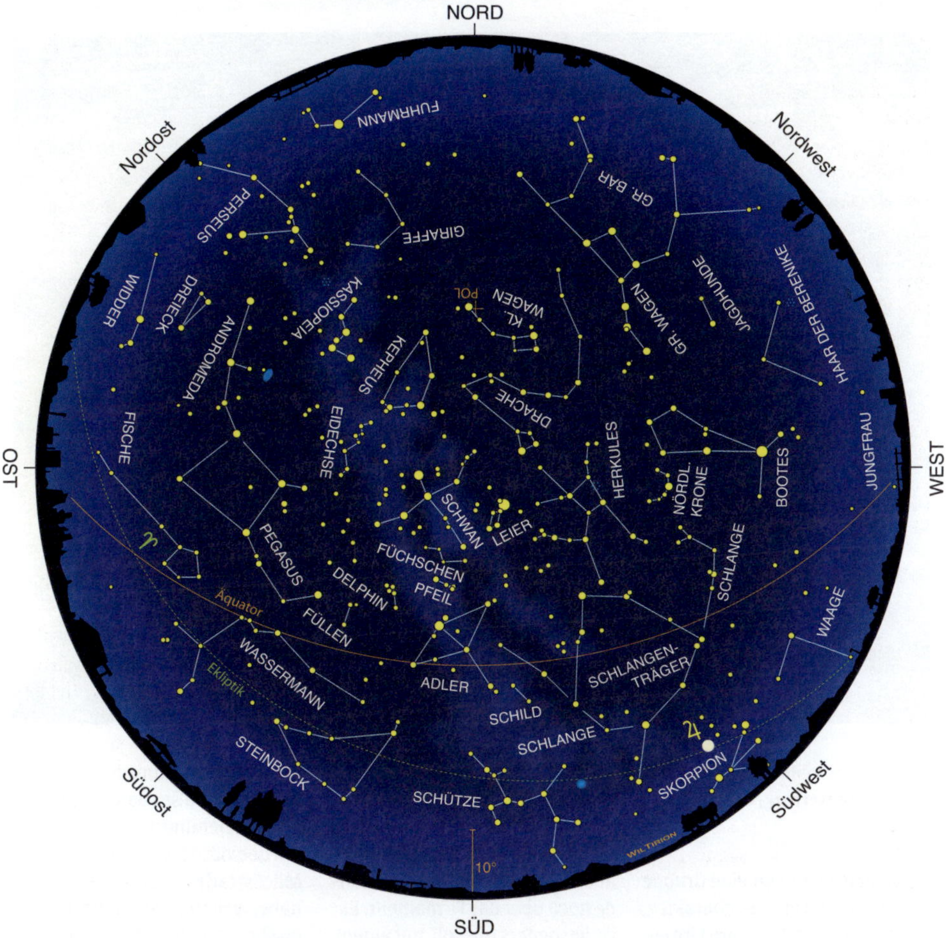

Sternenhimmel am 15. August um 22^h MEZ (23^h MESZ)

Fixsternhimmel auch gültig für:		
	MEZ	MESZ
15. 6.	2^h	3^h
1. 7.	1	2
15. 7.	0	1
1. 8.	**23**	**24**
15. 8.	**22**	**23**
31. 8.	**21**	**22**
15. 9.	20	21
30. 9.	19	20

Platz zwischen Schütze und Adler hat, ist ein neuzeitliches Sternbild. In der Antike war es unbekannt. Erst Hevelius hat es im 17. Jahrhundert zur Erinnerung an die Befreiung Wiens von der türkischen Belagerung im Jahre 1683 eingeführt. Es soll das Wappenschild des Polenkönigs Sobieski darstellen. Im Schild erscheint die Milchstraße besonders sternreich. Im Fernglas gewinnt man den Eindruck einer dichten Wolke aus Sternen, man spricht daher auch von der „Schildwolke". Am nördlichen Rand der Schildwolke stößt man auf einen schönen, relativ dichten, offenen Sternenhaufen, nämlich M 11. Dieser Sternhaufen wird gelegentlich auch als Wildenten-Haufen bezeichnet. Etwas Phantasie vorausgesetzt, kann man nämlich den Eindruck

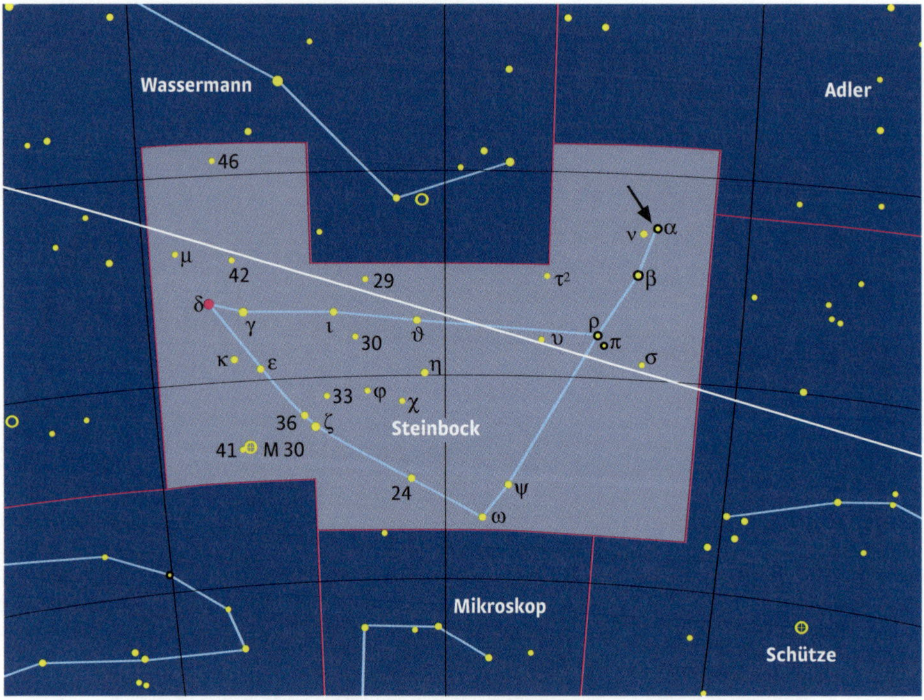

8.7 Das Sternbild Steinbock mit dem Doppelstern $\alpha_{1,2}$ Cap.

gewinnen, hier fliegt eine Gruppe von Wildenten in ihrer charakteristischen Delta-Form am Firmament entlang. Ohne Fernglas ist M 11 jedoch kaum zu erkennen. Im Schild findet sich auch der veränderliche Stern δ Scuti, der Prototyp der Delta-Scuti-Sterne, einer Klasse von variablen Sternen mit kurzen Perioden von nur wenigen Stunden und geringen Amplituden von etwa $0\overset{m}{.}1$. Wegen ihrer geringen Helligkeitsschwankungen und kurzfristigen Perioden sind Delta-Scuti-Sterne nicht leicht aufzuspüren, obwohl sie mindestens so häufig vorkommen wie die bekannteren Delta-Cephei-Sterne.

Objekte für Feldstecher und Fernrohr

Das Lichtband der sommerlichen Milchstraße spannt sich zur abendlichen Beobachtungsstunde hoch über das Firmament. Es ist besonders reizvoll, mit einem Fernglas die Milchstraße zu durchmustern. Abertausende glitzernde Sternchen ziehen durch das Gesichtsfeld. Manchmal huscht eine Sternschnuppe über die Milchstraße, gelegentlich zieht ein Satellit seine Bahn vor dem Sternengewimmel des Milchstraßenbandes. An manchen Stellen erscheint das Lichtband recht sternarm. Doch hier fehlen keine Sterne, sondern die interstellaren Staubwolken, die zur Milchstraßenhauptebene konzentriert sind, verschlucken einen Teil des Sternenlichts. So entstehen die Dunkelwolken, die das Milchstraßenband unterbrechen beziehungsweise spalten. Am beeindruckendsten ist die Milchstraße klarerweise in Zenitnähe, weil Horizontdunst und irdisches Streulicht hier am wenigsten stören. Um die Milchstraße hoch über unseren Köpfen am besten zu beobachten, bediene man sich eines Liegestuhles oder lege sich schlicht auf den Rücken (wobei man für bequemes Liegen für eine entsprechende Unterlage gesorgt hat).

Im Gebiet des Sommerdreiecks stößt man auf eine Reihe von Doppelsternen, die bereits im Feldstecher zu trennen sind. Da ist einmal der Dreifachstern ο Cygni zu nennen, der einen schönen Farbkontrast zeigt und auf der Verbindungslinie Deneb–

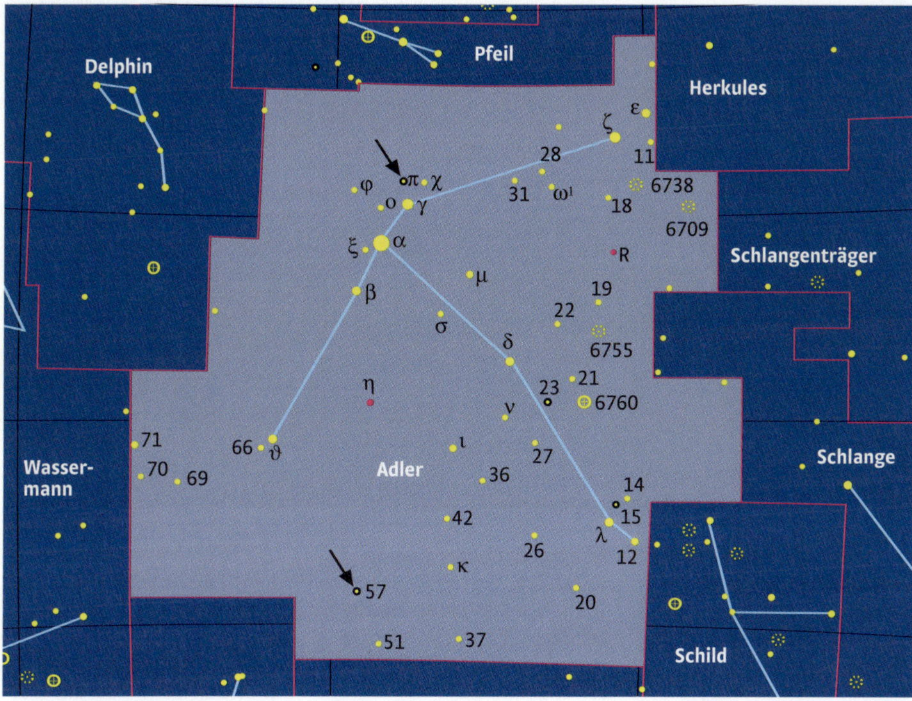

8.8 Lage der beiden Doppelsterne π Aql und 57 Aql im Sternbild Adler.

δ Cygni liegt. Im Schwerpunkt des Sommerdreiecks findet man β Cygni, Albireo mit Eigennamen. Ein $3\overset{\mathrm{m}}{,}1$ heller, orange-roter Stern hat in $34\overset{\prime\prime}{,}5$ Distanz einen $5\overset{\mathrm{m}}{,}1$ hellen, blauweißen Begleiter. Auch 61 Cygni ist im Fernglas doppelt zu sehen. Die beiden $5\overset{\mathrm{m}}{,}4$ und $6\overset{\mathrm{m}}{,}0$ hellen Komponenten sind 33″ voneinander entfernt.

Auch der berühmte Vierfachstern in der Leier ist zu erwähnen: ε_1 und ε_2 Lyrae sind fast mit bloßen Augen als zwei getrennte Lichtpunkte zu erkennen – ihr gegenseitiger Abstand beträgt 209″. Beide Sterne sind jeweils wieder doppelt zu sehen – allerdings erst in einem Teleskop ab 8 cm freier Öffnung. ε_1 hat eine Separation von $2\overset{\prime\prime}{,}5$ und ε_2 weist eine solche von $2\overset{\prime\prime}{,}4$ auf. Alle vier Sterne leuchten weiß (Spektraltyp A) und sind 160 Lichtjahre entfernt.

Zwischen β und γ Lyrae erkennt man M 57, den bekannten Ringnebel in der Leier. Im Fernglas sieht man bestenfalls ein winziges, rundliches Lichtfleckchen. Erst in größeren Teleskopen wird ein Ring erkennbar, vor allem, wenn man geeignete Nebelfilter verwendet.

Im Steinbock lassen sich zwei optische Doppelsterne ins Visier nehmen. „Optisch“ bedeutet hier, dass es sich nicht um einen echten, physischen Doppelstern handelt, bei dem beide Sonnen durch die Schwerkraft aneinander gebunden um einen gemeinsamen Schwerpunkt laufen, sondern beide Komponenten eines optischen Doppelsterns stehen rein zufällig in gleicher Richtung.

α_1 und α_2 Capricorni, zwei gelbe Riesensterne von $4\overset{\mathrm{m}}{,}3$ und $3\overset{\mathrm{m}}{,}6$ scheinbarer Helligkeit stehen in 376″ Distanz voneinander, was man schon mit bloßen Augen trennen kann. Wegen der Himmelsaufhellung durch irdischen Lichtsmog ist es aber oft schwierig, einen Stern vierter Größe überhaupt mit bloßen Augen zu sehen. Deshalb empfiehlt sich ein Fernglas.

α_1 Cap ist 700 Lichtjahre von uns entfernt, α_2 Cap jedoch nur 108 Lichtjahre. Daraus ergibt sich, dass $\alpha_{1,2}$ Cap kein physisches Paar ist, sondern beide Komponenten sind weit voneinander entfernt und stehen von

8.9 Mitte August huschen jedes Jahr zahlreiche Sternschnuppen über den Himmel. Aufnahme von Stefan Seip vom 12. August 2005.

uns aus gesehen rein zufällig in gleicher Richtung.

Im Fernglas erkennt man, dass α_1 in 44″ noch einen 9^{m} schwachen Begleiter hat, der ebenfalls lediglich optisch dazugehört.

Mindestens einen Sechszöller benötigt man, um π Aquilae aufzulösen. Ein oranger ($6\overset{m}{,}3$) und ein weißer ($6\overset{m}{,}8$) Stern sind nur $1\overset{\prime\prime}{,}4$ voneinander entfernt. Hier handelt es sich um einen echten, also physischen Doppelstern: Beide Sonnen sind gravitativ aneinander gebunden. Schon im Fernglas zu trennen ist hingegen 57 Aquilae. Zwei weiße, bläuliche Sterne von $5\overset{m}{,}7$ und $6\overset{m}{,}5$ Helligkeit sind $35\overset{\prime\prime}{,}6$ auseinander. Das Sternenpaar ist 350 Lichtjahre von uns entfernt.

Besonders lohnenswert ist es, die Gegend im und um den Schützen mit Fernglas und Teleskop abzusuchen. Hier sind nicht nur die dichtesten Sternwolken zu finden, sondern auch zahlreiche offene und kugelförmige Sternhaufen sowie Emissions- und Reflektionsnebel. Eingebettet sind in ihnen Dunkelwolken interstellaren Staubes. In Richtung des Sternbildes Schütze liegt auch das Milchstraßenzentrum. Allerdings kann man es im sichtbaren Licht nicht beobachten.

Die bekanntesten galaktischen Nebel im Schützen sind der Lagunennebel (M 8), der Trifidnebel (M 20) und der Omega-Nebel (M 17). Zwischen M 8 und M 20 zieht die Ekliptik hindurch. Als offene Sternhaufen in diesem Areal sind M 21, M 16, M 18, M 24 und M 25 zu nennen. Sie sind zum Teil nicht leicht zu erkennen, da sie sich nicht allzu stark vom dichten Sternenhintergrund der Milchstraße abheben. Die prominentesten Kugelhaufen sind M 22 und M 28. Um die genannten Deep-Sky-Objekte im Schützen auch zu finden, benutze man die Sternkarte E 20 im *Atlas für Himmelsbeobachter* von Erich Karkoschka.

Veränderliche Sterne im August

Algol-Minima	14. $4^{h}26^{m}$	17. $1^{h}15^{m}$	19. $22^{h}04^{m}$			
β-Lyrae-Minima	2. 23^{h} N	9. 11^{h} H	15. 22^{h} N	22. 9^{h} H	28. 21^{h} N	
δ-Cephei-Maxima	3. 3^{h}	8. 12^{h}	13. 21^{h}	19. 5^{h}	24. 14^{h}	29. 23^{h}
Mira-Helligkeit	1. 9^{m}	10. 9^{m}	20. 10^{m}	31. 10^{m}		

Monatsthema

Die neuen Riesenteleskope der Astronomen

Mit der Erfindung des Fernrohres Anfang des 17. Jahrhunderts hat die Astronomie einen enormen Fortschritt gemacht. Es ist ganz sicher keine Übertreibung zu sagen, dass mit diesem Forschungsgerät das Tor in die Tiefen des Universums aufgestoßen wurde. Verständlich, wenn die Himmelskundler sich immer größere, bessere und leistungsfähigere Teleskope wünschten und immer noch wünschen. Der unbedarfte Laie meint meist, es komme auf die Vergrößerung an, die man mit einem Fernrohr erreichen kann. Doch die Leistungsfähigkeit hängt weder von der Vergrößerung noch von der Länge eines Fernrohres ab, sondern von seinem Objektivdurchmesser, auch als „freie Öffnung" bezeichnet. Die Größe des Objektivs bestimmt die erreichbare Auflösung beziehungsweise Trennschärfe und den Lichtgewinn gegenüber dem bloßen Auge. Je größer die freie Öffnung, desto mehr Einzelheiten sind bei entsprechender Vergrößerung wahrnehmbar und desto lichtschwächere Gestirne kann man betrachten, die dem freien Auge verborgen bleiben. Mit wachsendem Objektivdurchmesser verbessert sich die Trennschärfe linear, die gewonnene Lichtmenge wächst sogar mit dem Quadrat des Durchmessers an. Es gilt: Doppelter Objektivdurchmesser ergibt vierfachen Lichtgewinn.

Die Leistungsfähigkeit eines Teleskops nimmt also mit dem Objektivdurchmesser zu. Deshalb ist man stets bemüht, Objektive mit möglichst großer Apertur (= freier Öffnung) für die astronomische Forschung herstellen zu lassen. Neben finanziellen Fragen sind mit wachsenden Objektivdurchmessern immer größere technische Probleme zu lösen.

Grundsätzlich kann man ein Fernrohrobjektiv aus einer (oder mehreren) Sammellinse(n) oder aus einem Hohlspiegel herstellen. Beide Systeme haben Vor- und Nachteile. Die Größe der Linsenobjektive stößt schnell an Grenzen. Daher sind die Refraktoren, wie die Linsenteleskope auch genannt werden, in ihrer freien Öffnung weitgehend beschränkt. Die große Zeit der imposanten, langbrennweitigen Refraktoren war Ende des 19. Jahrhunderts. Das größte Linsenfernrohr der Erde steht im Yerkes-Obser-

8.10 Die beiden Kuppeln der Keck-Teleskope auf dem Vulkan Mauna Kea (Hawaii).

8.11 Das japanische Subaru-Teleskop der 8-m-Klasse auf dem Vulkan Mauna Kea (Hawaii).

vatorium in Williams Bay nördlich von Chicago. Der große Yerkes-Refraktor hat einen Objektivdurchmesser von 102 cm und eine Brennweite von 18 m. Er wurde im Jahre 1897 in Betrieb genommen und ist heute noch ein imposantes Fern*rohr* im wahrsten Sinne des Wortes. Denn moderne Großteleskope sind keine „Röhren" mehr. Der Yerkes-Refraktor wird wohl für immer das größte Linsenteleskop der Erde bleiben. Bei einem Linsenteleskop geht das Licht durch das Objektiv. Der Glasblock, aus dem das Objektiv geschliffen wird, muss daher schlieren- und blasenfrei sein, was bei größeren Dimensionen immer schwieriger zu erfüllen ist. Mit wachsendem Durchmesser steigt auch die Dicke an und damit die Absorption, was den Lichtgewinn wieder reduziert. Auch kann ein Linsenobjektiv nur am Rande mechanisch gefasst werden. Bei größeren Abmessungen kommt es dann je nach Lage des Refraktors zu unterschiedlichen Durchbiegungen. Bei Linsenfernrohren wird daher schnell eine technisch bedingte Obergrenze erreicht.

Spiegelteleskope, so genannte Reflektoren, kann man hingegen mit wesentlich größeren Objektiven herstellen. Es muss nur die Spiegeloberfläche optisch wirksam werden und das einfallende Sternenlicht reflektieren. Das Licht muss den Glasblock nicht durchdringen. Alle Teleskope über einem Meter Objektivdurchmesser sind daher Reflektoren.

Fortschritt dank Spiegeln

Es sind noch keine hundert Jahre her, da wurde auf dem Mt. Wilson-Observatorium in Kalifornien der Hooker-Reflektor in Betrieb genommen. Ab 1917 war der „100-Zöller" das größte astronomische Teleskop der Erde mit einer freien Öffnung von 250 cm. Mit ihm konnten Edwin P. Hubble und seine Mitstreiter den Andromeda-Nebel in Einzelsterne auflösen, tief in das Reich der Galaxien eindringen und die Expansion des Weltalls entdecken. Mehr als drei Jahrzehnte blieb der Hooker-Reflektor das größte Fernrohr der Welt.

Am 3. Juni 1949 wurde nach jahrelanger Planungs- und Bauzeit das Hale-Teleskop des Palomar Mountain-Observatoriums feierlich in Betrieb genommen. Mit 508 cm freier Öffnung war es seinerzeit ein wahres Riesenteleskop und ist heute noch

8.12 **Die vier 8-m-Riesenteleskope der ESO auf dem Berg Paranal in der Atacama-Wüste im Norden Chiles.**

ein recht beeindruckendes Instrument, wenn man darunter steht. Bald sprach es sich herum, dass der 200-Zöller von Palomar Mountain das größte Teleskop der Erde ist, bis ihm der Rang im Jahre 1976 abgenommen wurde: Auf dem Mt. Pastukow nahe der Ortschaft Selentschukskaja im Kaukasus errichteten die Russen ein azimutal montiertes 6-m-Spiegelteleskop, genannt Bolchoi-Teleskop. Es steht in einer 50 Meter hohen Kuppel, wiegt 650 Tonnen und dient in erster Linie für spektroskopische Zwecke.

In den letzten dreißig Jahren wurden zahlreiche Großteleskope in Betrieb genommen. Zu den Großteleskopen zählt man inzwischen alle Instrumente ab drei Metern freier Öffnung. In der Klasse der 3-m- bis 4-m-Apertur gibt es rund ein Dutzend Großteleskope weltweit. Doch die echten Brummer sind die Riesenteleskope von 8 m Öffnung und mehr. Von ihnen sind in den letzten Jahren einige in Betrieb genommen worden beziehungsweise stehen kurz vor ihrer endgültigen Fertigstellung. Darüber hinaus sind extrem große Teleskope der nächsten Generation in Planung. Man denkt an Öffnungen von 30 bis 100 Meter!

Bei der Konstruktion und Fertigung von Riesenteleskopen geht man teilweise technologisch völlig neue Wege. Während man im klassischen Verfahren große Spiegelobjektive möglichst dick herstellte, damit der Spiegel möglichst starr und unverbiegbar wird, baut man heute Teleskopspiegel möglichst dünn und leicht verformbar und keinesfalls als starre Blöcke. Beim Beobachtungsbetrieb werden dann die durch unterschiedliche Lagen des Teleskopspiegels auftretenden Verformungen durch computergesteuerte Stellglieder (so genannte Aktuatoren) ausgeglichen. Ein Computerprogramm ermittelt die notwendigen Korrekturen und sorgt für die optimale Form des elastischen Spiegels. Ein derartiges Verfahren nennt man *aktive* Optik.

Einen Schritt weiter geht die *adaptive* Optik. Sie gleicht die durch atmosphärische Turbulenzen verursachten Störungen der Wellenfronten zum großen Teil wieder aus. Mit Hilfe von speziellen Sensoren (Shack-Hartmann-Sensoren) wird das Sternenlicht analysiert, um die momentanen Störungen der Wellenfronten durch die Luftunruhe zu ermitteln.

8.12 **Das Hobby-Eberly-Teleskop des McDonald-Observatoriums in Texas.**

Die Daten werden von einem Computer verarbeitet, der entsprechende Steuerbefehle an die Stellglieder (Aktuatoren) sendet. Dabei wird nicht nur die Form des Hauptspiegels ständig korrigiert, sondern auch die Oberfläche des Fangspiegels optimal geformt und dies mehrmals pro Sekunde.

Teilweise besitzen Riesenteleskope nicht einen einzelnen, monolithischen Spiegel als Objektiv, sondern eine Vielzahl von Einzelspiegeln (MMT – **M**ultiple-**M**irror-**T**elescope) bündeln das einfallende Sternenlicht. Für abbildende Optik sind sie zwar nicht so geeignet wie Objektive aus Einzelspiegeln, aber für spektroskopische Zwecke sind sie wahre Lichtkanonen. Auch werden heutzutage Riesenteleskope optisch zusammengeschaltet, so dass sich die Wirkung eines Teleskops mit noch größerer Öffnung als die der Einzelteleskope ergibt.

Für 16 Jahre war der Reflektor von Selentschukskaja im Kaukasus das größte Teleskop der Erde, bis im Jahre 1993 auf dem 4200 m hohen Schildvulkan Mauna Kea (Hawaii) das erste Keck-Teleskop in Betrieb ging. Gestiftet von der William-M.-Keck-Foundation, wurden dort zwei baugleiche Teleskope der 10-Meter-Klasse errichtet. Jedes Teleskop verfügt über ein Objektiv aus 36 hexagonalen Spiegelsegmenten von je 1,8 m Durchmesser, was eine freie Öffnung von 982 cm im Durchmesser ergibt. Die optisch wirksame Gesamtfläche beider Teleskope, deren Licht gemeinsam gebündelt werden kann, entspricht einem Einzelteleskop von knapp 14 m Apertur. Hochempfindliche Sensoren registrieren permanent die Lage der einzelnen Spiegelsegmente, wobei 108 computergesteuerte Antriebselemente und 168 Aktuatoren pro Teleskop für die optimale Ausrichtung sorgen. Durch interferometrisches Zusammenschalten erreicht man zumindest prinzipiell die Auflösung eines Fernrohrs mit 120 m freier Öffnung. Da in über 4000 m Höhe die Luft doch recht dünn ist – der Atmosphärendruck erreicht hier nur 60 % des Druckes auf Meeresniveau – ist die Verwaltung und Administration der Keck-Teleskope in Waimea (Hawaii) untergebracht. Inzwischen werden auch mittels Glasfaseroptik die Beobachtungsdaten zur Bodenstation übertragen, so dass Gastastronomen („Visiting astronomers") nicht mehr den Schildvulkan erklimmen müssen.

8.13 Das Large-Binocular-Telescope auf dem Mt. Graham in Arizona.

Während Keck I im Mai 1993 den wissenschaftlichen Beobachtungsbetrieb aufnahm, gab es für Keck II im Oktober 1996 „First Light". Keck I verfügt inzwischen auch über eine Laserkanone, um die Vorteile der adaptiven Optik zu nutzen und störendes Seeing weitgehend auszuschalten. Dabei sendet man einen Laserstrahl in den Himmel, der in etwa 90 Kilometern Höhe Natriumatome zum Leuchten anregt. Auf diese Weise wird ein künstlicher Stern erzeugt. Wellenfrontsensoren prüfen dabei ständig das vom Teleskop erzeugte Bild des künstlichen Sterns und korrigieren innerhalb von Sekundenbruchteilen die Stellung der Spiegelsegmente, um eine optimale Form zu erzeugen.

Neben mehreren bereits existierenden Großteleskopen haben im Jahre 1999 die Japaner ihr Riesenteleskop Subaru auf Mauna Kea in Betrieb genommen. Es besitzt einen monolithischen Spiegel von 8,3 Metern Durchmesser, der allerdings nur 20 cm dick ist. Mit einem solchen elastischen Spiegelkörper lässt sich ein aktives Optiksystem betreiben. Mit diesem „National Astronomy Observatory of Japan" haben sich die Söhne der aufgehenden Sonne mit an die Spitze moderner astronomischer Beobachtungstechnik katapultiert.

Nur ein Jahr später erblickte ein weiteres Riesenteleskop der 8-Meter-Klasse auf Mauna Kea erstes Sternenlicht. Das Joint Astronomy Center nahm das „Gemini Telescope North" mit einem Einzelspiegel von 8,1 Metern Öffnung in Betrieb. Mit adaptiver Optik ausgerüstet, erreicht es eine erstaunliche Auflösung von nur 0,″1 und macht damit dem 2,4-m-Hubble-Weltraumteleskop ernste Konkurrenz. Wie bei Riesenteleskop-Projekten üblich, erfolgt die Finanzierung in multinationaler Zusammenarbeit. Beim „Zwillingsteleskop Nord" haben sich die USA, Großbritannien, Kanada, Chile, Australien, Brasilien und Argentinien die Kosten geteilt. Die Südstaaten beteiligten sich deshalb, weil das Gesamtprojekt zwei baugleiche Riesenteleskope vorsah. Bereits im Jahre 2002 wurde in Chile auf dem Berg Cerro Pachon in 2700 m Höhe das „Gemini Telescope South" eingeweiht.

Was den Betrieb von Riesenteleskopen der 8-Meter-Klasse betrifft, so brauchen sich die Europäer nicht verstecken. So errichtete die ESO (**E**uropean

Southern Observatory – Europäische Südsternwarte) auf dem 2600 m hohen Cerro Paranal in der Atacama-Wüste (Chile) vier Teleskope mit je 8,2 Metern freier Öffnung. Es handelt sich dabei um monolithische Spiegelkörper von nur 18 cm Dicke und lediglich 23 Tonnen Masse. Da die vier Riesenteleskope optisch gekoppelt werden können, spricht man vom „VLT" (Very Large Telescope = „sehr großes Teleskop"), das einem Einzelinstrument von 16 Metern Öffnung entspricht. Ähnlich wie auf Mauna Kea herrschen auf dem Cerro Paranal wohl die besten atmosphärischen Bedingungen für astronomische Beobachtungen. Mit mehr als 300 klaren Nächten pro Jahr und praktisch keiner „Lichtverschmutzung" (light pollution) ist dies ein idealer Standort für Riesenteleskope. Ist schon La Silla in Chile für die Teleskope mittlerer Größe der ESO ein hervorragender Platz, so übertrifft der Berg Paranal alle Erwartungen.

Die vier Teleskope des VLT von je 430 Tonnen Gesamtmasse gingen kurz nacheinander in Betrieb: Antu 1998, Kueyen 1999, Melipal 2000 und Yepun 2001. Die Namen bedeuten in der Sprache der einheimischen Mapuche-Indianer in gleicher Reihenfolge Sonne, Mond, Südliches Kreuz und Venus.

Ein weiteres Riesenteleskop, dessen Objektiv sich wie die Keck-Fernrohre aus einzelnen Spiegelsegmenten zusammensetzt, steht auf dem 2100 m hohen Mt. Fowlkes in Texas und gehört zum McDonald-Observatorium, dessen andere mittelgroße Teleskope auf dem benachbarten Mt. Locke zu finden sind. Das Objektiv des Hobby-Eberly-Teleskops – so benannt nach seinen Sponsoren – setzt sich aus 91 hexagonalen Spiegelsegmenten von je einem Meter Durchmesser und 5 cm Dicke zusammen. Die Anordnung der Spiegelsegmente ist leicht elliptisch (zehn mal elf Meter). Die lichtsammelnde Wirkung entspricht einem konventionellen Ein-Spiegel-Teleskop von 9,2 Metern freier Öffnung. Das Hobby-Eberly-Teleskop lässt sich nur für spektroskopische Zwecke nutzen. Die Montierung hat auch nur einen Freiheitsgrad: Das Teleskop lässt sich lediglich um eine senkrechte Achse drehen, also im Azimut schwenken, während die Höhe über dem Horizont auf 55° fixiert ist. Dieses ungewöhnliche Instrument arbeitet seit zehn Jahren. Neben amerikanischen Universitäten wird es auch von der Universitäts-Sternwarte in Göttingen und der in München betrieben. Vor kurzem, nämlich im Jahre 2005, erhielt das Hobby-Eberly-Teleskop einen baugleichen Zwillingsbruder in Südafrika. Das South African Large Telescope (SALT) ist in Sutherland (Südafrika) in 1800 m Seehöhe aufgestellt.

Das bisher weltgrößte Einzelteleskop mit zwei monolithischen 8,4-Meter-Spiegeln auf einer gemeinsamen azimutalen Montierung ging vor kurzem auf dem Mt. Graham in 3200 m Seehöhe nahe Tucson (Arizona) in Betrieb. Man spricht vom Large Binocular Telescope (LBT), also vom „großen Feldstecher". Mit Sicherheit ist es das größte Fernglas, das je hergestellt wurde. Nach knapp zwanzig Jahren Planung, Konstruktion und Bau wurde das Riesenfernglas im Oktober 2005 in Betrieb genommen – zunächst einäugig. Der zweite Spiegel folgt in Jahresfrist. Den vollen Betrieb wird es um die Jahreswende 2007/2008 geben. Auch beim LBT handelt es sich um ein multinationales Projekt, an dem Deutschland zu 25 % beteiligt ist. Die beiden 8,4-Meter-Einzelspiegel wiegen je nur 16 Tonnen, während der 5-m-Spiegel vom Palomar-Observatorium stolze 40 Tonnen auf die Waage bringt. Die beiden 8,4-m-Spiegel sind so auf ihrer gemeinsamen Montierung angebracht, dass ihre Außenkanten 22,8 Meter voneinander entfernt sind. Durch interferometrische Strahlenvereinigung in einem gemeinsamen Fokus kann (in einer Richtung) eine Auflösung von 0,"01 (!) erreicht werden, was einem Einzelobjektiv von 23 Metern Apertur entspricht. Durch Bildfelddrehung während längerer Beobachtungszeit kann diese Auflösung auch rotationssymmetrisch erreicht werden. Die lichtsammelnde Fläche entspricht einem Einzelspiegel von knapp 12 Metern Apertur.

Die Zukunft

Schon planen die Astronomen noch größere Riesenfernrohre. Bereits im Bau befindet sich das Giant Magellan Telescope (Riesiges Magellan-Fernrohr), das aus sieben Einzelspiegeln von je 8,4 Metern Durchmesser auf einer gemeinsamen azimutalen Montierung bestehen wird. Ein Spiegel ist dabei im Zentrum, sechs Spiegel gruppieren sich um den Spiegel in der Mitte. Der erste Spiegel wurde bereits vom Steward Observatory in Tucson (Arizona) fertiggestellt. Das Steward Observatory lieferte auch die beiden Spiegel für das LBT. Die Spiegel sind aus Borsilikatglas gefertigt, das eine sehr geringe Wärmeausdehnung hat. Sie besitzen nur eine dünne Deckschicht, unter der eine hexagonale Wabenstruktur liegt. Die Oberflächenpolitur ist auf ein

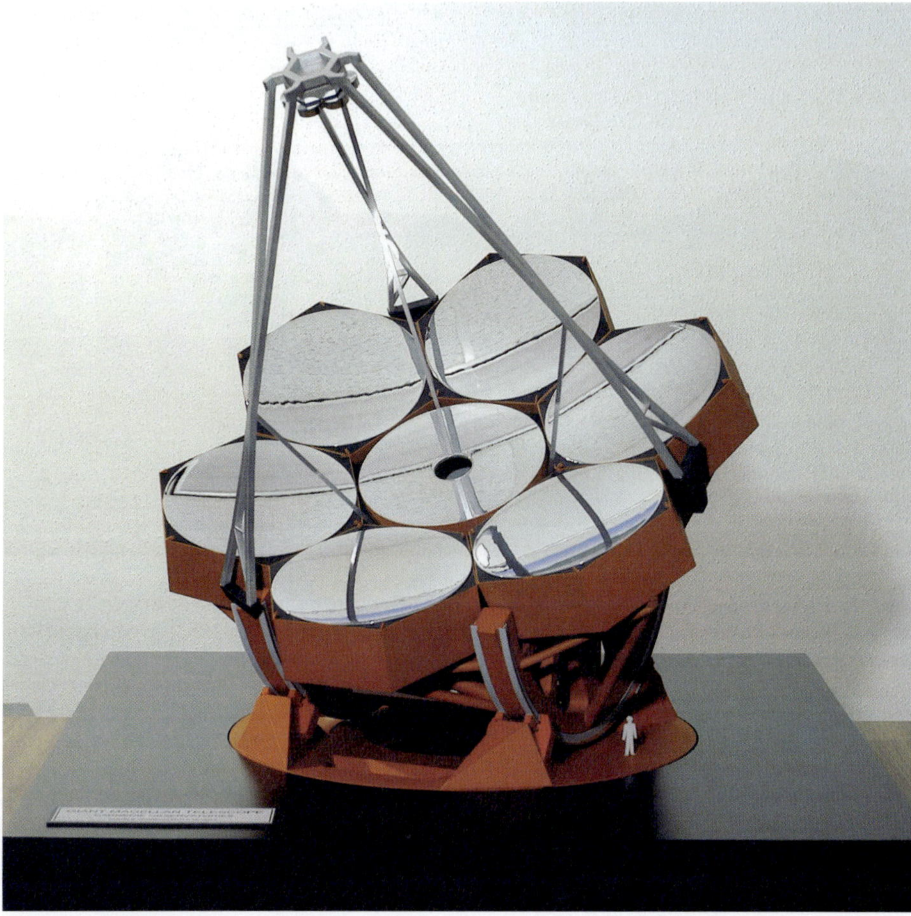

8.14 Projektstudie für das Riesenfernrohr „Giant Magellan". Man beachte die Figur rechts unten.

Zwanzigstel der Wellenlänge sichtbaren Lichtes genau – dies entspricht einer Fläche von 35 km Durchmesser, die bis auf ein Zehntel Millimeter exakt plan ist. Die lichtsammelnde Wirkung des GMT entspricht einer Apertur von 22 Metern. Das GMT wird ein Gregory-Typ mit adaptivem Sekundärspiegel zum Ausgleich des Seeings. Es soll im Norden Chiles aufgestellt werden und seinen Betrieb im Jahre 2016 aufnehmen.

Noch mehr vor hat die ESO. Neben dem Plan für ein 50-Meter-Teleskop (ELT – **E**xtremly **L**arge **T**elescope) setzt man große Hoffnung auf das Projekt Eule, englisch: owl. OWL steht für **O**ver**W**helmingly **L**arge Telescope, also „überwältigendes Großteleskop". Es soll aus einigen hundert Einzelspiegeln von etwa zwei Metern Durchmesser zusammengesetzt werden und eine Apertur von 100 Metern aufweisen. Die beweglichen Teile der azimutalen Montierung werden je nach Konstruktion um die 12 000 Tonnen wiegen bei einer Gesamthöhe von 120 Metern. Man hofft, dass das OWL-Teleskop im Jahre 2015 in Chile in Betrieb gehen kann, spätestens jedoch 2020.

Was will man mit den Riesenteleskopen erreichen? Die Astronomen haben eine Menge an Beobachtungswünschen. In unserem Sonnensystem will

8.15 Illustration des geplanten 100-m-Teleskops der Europäischen Südsternwarte (ESO), kurz als OWL (OverWhelmingly Large Telescope) bezeichnet.

man viele noch unbekannte Kuiper-Belt-Objekte finden, von unseren Nachbarsternen will man die Planeten sehen und beispielsweise spektroskopisch untersuchen, ob in Atmosphären erdähnlicher Planeten freier Sauerstoff existiert, der per Photosynthese von extraterrestrischem Leben produziert wurde. Man möchte Sterne und Galaxien aus der Frühphase des Universums detektieren, also jenseits der Zehn-Milliarden-Lichtjahre-Grenze. Denn in diesen Distanzen finden sich die jüngsten Sterne und Milchstraßen. Auch extrem ferne Supernovae gehören zum Beobachtungsziel der Sternforscher, um die Expansionsrate des Universums noch viel genauer zu ermitteln.

Hier aufgeführt sind lediglich die bodengebundenen Riesenfernrohre für Beobachtungen im Bereich des sichtbaren Lichtes. Nicht aufgezählt sind die zahlreichen Projekte der Weltraummissionen oder die Großteleskope im Bereich der Radioastronomie und die Detektoren zur Erfassung kosmischer Strahlung oder von Gravitationswellen. Beispielsweise nimmt das Pierre-Auger-Observatorium (benannt nach dem gleichnamigen französischen Astronomen, 1899–1993) im nördlichen Patagonien (Argentinien) eine Fläche von dreitausend Quadratkilometern ein – dies entspricht der Fläche des Saarlandes. In einem riesigen Raster sind 1600 Tanks mit je zwölf Tonnen hochreinen Wassers aufgestellt und am Rand des Areals hat man vier Stationen mit je sechs UV-Teleskopen postiert, um die sekundäre Höhenstrahlung („Luftschauer") zu vermessen, die die primäre, kosmische Korpuskularstrahlung in der Hochatmosphäre auslöst. Ist dies das größte „Teleskop" der Erde?

Den Astronomen stehen heute zahlreiche Riesenteleskope und hochempfindliche Detektoren sowohl am Boden als auch im Weltraum zur Verfügung. In den nächsten Jahren werden weitere Projekte realisiert, die den Astronomen hervorragende Beobachtungsmöglichkeiten bieten werden. Catherine Cesarsky, die Generaldirektorin der ESO, sagte vor einiger Zeit auf einer internationalen Tagung: „We are living now in the golden age of astronomy – Wir leben jetzt im goldenen Zeitalter der Astronomie". Im traurigen Gegensatz dazu bleibt festzustellen, dass durch zunehmenden Lichtsmog und Luftverschmutzung die breite Bevölkerung in unseren Städten und Siedlungen kaum mehr die Schönheit und Erhabenheit des gestirnten Himmels erleben kann.

September 2007

Exakt um 11h51m Sommerzeit überschreitet die Sonne am 23. den Himmelsäquator in südlicher Richtung, der astronomische Herbst beginnt. Jupiter kann am frühen Abendhimmel im Südwesten gesehen werden. Mars wird zum dominierenden Gestirn am Nachthimmel. Venus taucht am Morgenhimmel auf und leuchtet am 24. im größten Glanz.

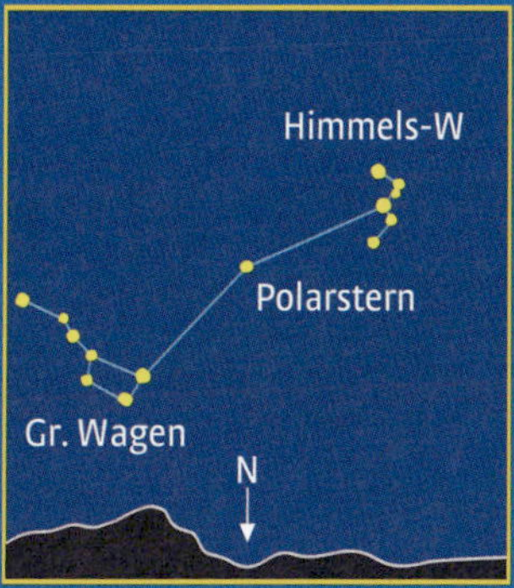

Großer Wagen und Himmels-W Anfang September um 22h

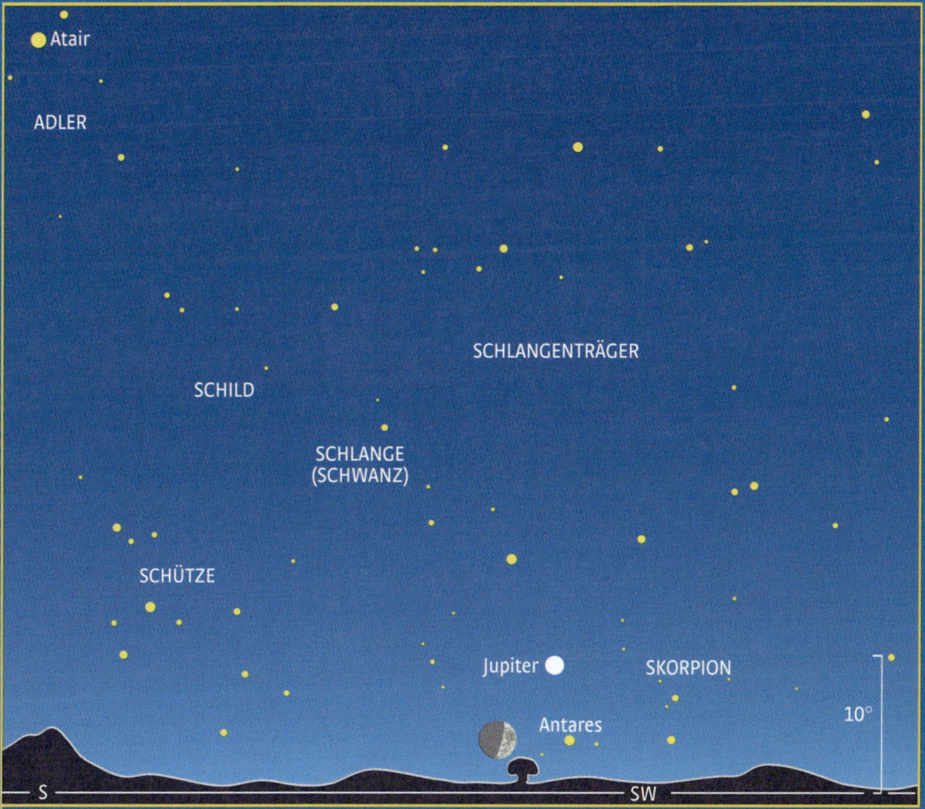

9.1 Himmelsanblick am 18. September gegen 20h MEZ (= 21h MESZ). Tief am Südwesthorizont leuchtet Jupiter. Der zunehmende Mond im ersten Viertel steht südlich von Jupiter im Sternbild Skorpion nahe Antares.

Sonnenlauf im September

17.9. 7^h
Sonne tritt in das Sternbild Jungfrau
23.9. 10^h51^m
Sonne tritt in das Tierkreiszeichen Waage
Julianisches Datum am
1. Sept., 1^h MEZ: 2 454 344,5

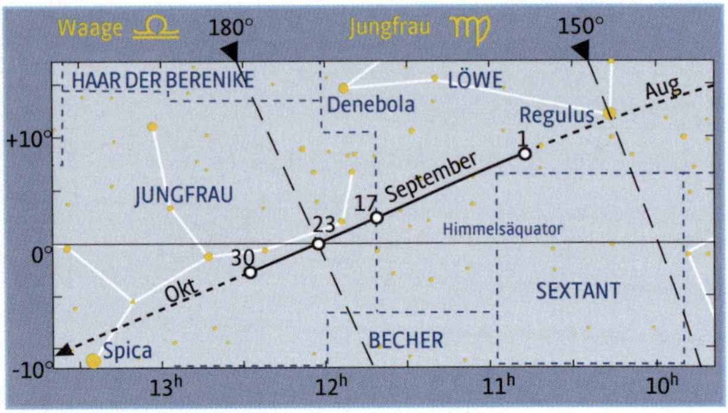

Tag	Dämmerg. Anfang	Aufgang MEZ	Kulmination	Untergang MEZ	Dämmerg. Ende	Mittagshöhe	Zeitgleichg.	Rektaszension	Deklination
	h m	h m	h m	h m	h m	°	m	h m	°
1.	4 19	5 34	12 20	19 05	20 20	48,3	0	10 39	+8,5
5.	4 26	5 40	12 19	18 56	20 10	46,9	+ 1	10 53	+7,1
10.	4 35	5 47	12 17	18 46	19 58	45,0	+ 3	11 11	+5,2
15.	4 43	5 55	12 15	18 35	19 46	43,1	+ 5	11 29	+3,3
20.	4 52	6 02	12 13	18 24	19 34	41,2	+ 7	11 47	+1,4
25.	5 00	6 10	12 12	18 13	19 23	39,2	+ 8	12 05	–0,6
30.	5 08	6 18	12 10	18 02	19 11	37,3	+10	12 23	–2,5

Tages- und Nachtstunden im September

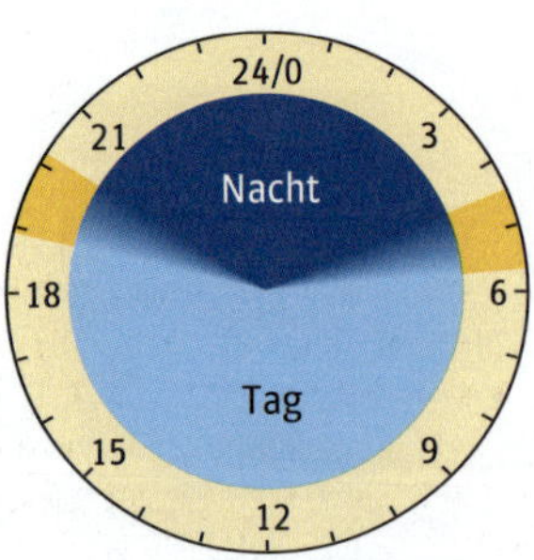

5. September

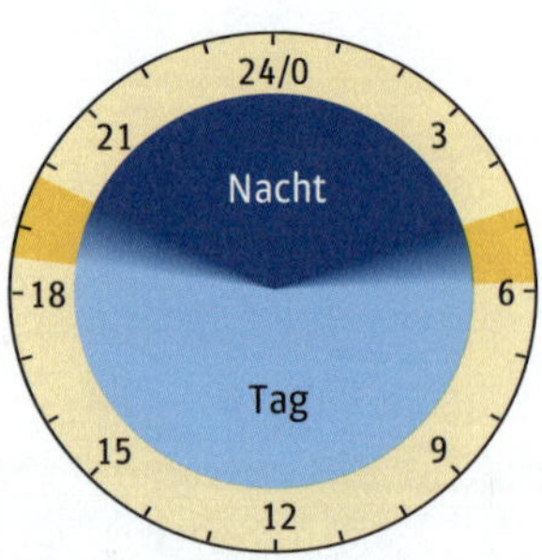

15. September

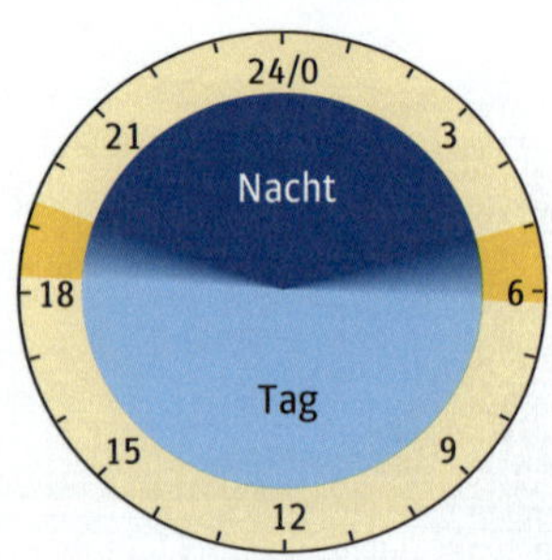

25. September

Mondlauf im September

Datum		Aufg. MEZ	Kulmination	Unterg. MEZ	Rektaszension	Deklination	Sterne und Sternbilder	Phase	MEZ
		h m	h m	h m	h m	o			
Sa	1.	20 21	3 18	10 56	1 32	+14,0	Fische		
So	2.	20 47	4 13	12 25	2 28	+19,7	Widder, Hamal		
Mo	3.	21 22	5 10	13 51	3 27	+24,1	Stier, Plejaden	Größte Nordbreite	
Di	4.	22 11	6 10	15 09	4 28	+27,1	Stier	**Letztes Viertel**	**3^h32^m**
Mi	5.	23 15	7 11	16 11	5 31	+28,3	Stier, Al Nath		
Do	6.	–	8 11	16 56	6 32	+27,8	Zwilinge		
Fr	7.	0 29	9 07	17 28	7 32	+25,7	Kastor, Pollux	Libration West	
Sa	8.	1 48	9 59	17 51	8 27	+22,2	Krebs, Krippe		
So	9.	3 07	10 47	18 08	9 19	+17,6	Krebs		
Mo	10.	4 23	11 31	18 22	10 07	+12,4	Löwe, Regulus	Absteigender Knoten	
Di	11.	5 35	12 13	18 34	10 52	+ 6,7	Löwe	**Neumond**	**13^h44^m**
Mi	12.	6 46	12 53	18 46	11 36	+ 0,9	Löwe		
Do	13.	7 56	13 33	18 58	12 19	– 4,8	Jungfrau		
Fr	14.	9 05	14 14	19 11	13 02	–10,3	Spica		
Sa	15.	10 16	14 56	19 26	13 46	–15,4	Spica	Erdferne 406/29,'5	22^h
So	16.	11 27	15 41	19 46	14 32	–19,9	Waage		
Mo	17.	12 38	16 28	20 13	15 20	–23,7	Waage		
Di	18.	13 45	17 19	20 49	16 11	–26,4	Antares	Größte Südbreite	
Mi	19.	14 45	18 12	21 38	17 04	–28,0	Schlangenträger	**Erstes Viertel**	**17^h48^m**
Do	20.	15 34	19 06	22 41	18 00	–28,3	Kaus Australis		
Fr	21.	16 12	20 00	23 55	18 56	–27,1	Schütze, Nunki		
Sa	22.	16 40	20 53	–	19 52	–24,5	Schütze	Libration Ost	
So	23.	17 02	21 44	1 16	20 47	–20,5	Steinbock		
Mo	24.	17 20	22 35	2 40	21 41	–15,3	Steinbock		
Di	25.	17 35	23 25	4 05	22 33	– 9,2	Wassermann	Aufsteigender Knoten	
Mi	26.	17 50	–	5 31	23 25	– 2,4	Fische	**Vollmond**	**20^h45^m**
Do	27.	18 06	0 15	6 58	0 18	+ 4,7	Fische		
Fr	28.	18 25	1 07	8 28	1 12	+11,5	Fische	Erdnähe 359/33,'2	3^h
Sa	29.	18 49	2 02	10 01	2 08	+17,7	* Widder, Hamal		
So	30.	19 21	3 00	11 32	3 08	+22,8	Widder		

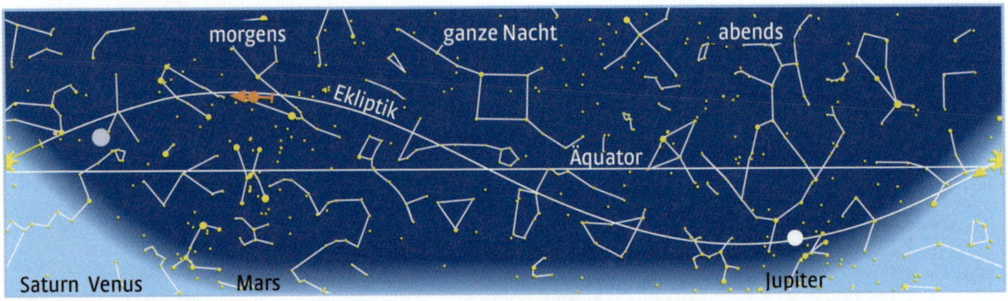

Planetenlauf im September

Merkur stand Mitte des Vormonats in oberer Konjunktion mit der Sonne. Er gewinnt immer mehr östlichen Vorsprung vor der Sonne. Bis knapp vor Monatsende ist der östliche Winkelabstand auf fast 26° angewachsen. Am 29. erreicht Merkur mit 25°59′ seine größte östliche Elongation. Sie fällt relativ groß aus, da der flinke Planet am 17. sein Aphel durchläuft und daher relativ weit von der Sonne absteht.

Trotz des großen Elongationswinkels reicht es diesmal nicht für eine Abendsichtbarkeit in unseren Breiten, denn Merkur hält sich rund 12° südlicher als die Sonne im Tierkreis auf. Entsprechend kleiner fällt sein Tagbogen aus. Am 29. geht der $0\overset{m}{,}1$ helle Merkur um 18^h33^m (= 19^h33^m Sommerzeit) unter. Das ist nur eine halbe Stunde nach Sonnenuntergang. Fazit: Merkur bleibt im September von Mitteleuropa aus unbeobachtbar. In den Tropen und auf der Südhalbkugel der Erde bietet er jedoch in der zweiten Septemberhälfte eine respektable Abendsichtbarkeit. Dabei sei erwähnt, dass Merkur am 22. nur $0\overset{\circ}{,}09$ (!) nördlich an Spica in der Jungfrau vorüberzieht.

Venus stand Mitte des Vormonats in unterer Konjunktion mit der Sonne. Sie entfernt sich rasch rückläufig vom Tagesgestirn und taucht bereits zu Monatsbeginn auf der morgendlichen Himmelsbühne auf. Am 7. beendet Venus ihre Rückläufigkeit und wird wieder rechtläufig (siehe auch Abb. 7.8 auf Seite 161).

Am 1. erfolgt der Aufgang der $-4\overset{m}{,}3$ hellen Venus um 4^h08^m (= 5^h08^m Sommerzeit). Am 15. geht Venus um 3^h05^m auf und am 30. schon um 2^h34^m (= 3^h34^m Sommerzeit).

Am 24. strahlt Venus mit $-4\overset{m}{,}6$ in größtem Glanz am Morgenhimmel. Im Teleskop zeigt Venus zu Monatsbeginn eine extrem schmale Sichel (Beleuchtungsgrad: 7 %) mit knapp 54″ scheinbarem Durchmesser. Im Laufe des Monats wird die Sichel immer kleiner und dicker. Zu Monatsende sind bereits 33 % des nur mehr 35″ großen Venusscheibchens beleuchtet.

Mars, noch rechtläufig im Stier, wird zum dominanten Gestirn des Nachthimmels. Wenn Jupiter im Südwesten versinkt, steigt der rote Planet im Nordosten empor. Nur Sirius und Venus am Morgenhimmel übertreffen Mars an Helligkeit. Die Marshelligkeit nimmt von $0\overset{m}{,}3$ am Monatsbeginn auf $-0\overset{m}{,}1$ bis Monatsende deutlich zu. Der erfahrene Sternfreund weiß dieses Zeichen zu deuten: Mars nähert sich seiner Opposition zur Sonne, die er aber erst zu Weihnachten erreichen wird. Zur Monatsmitte zieht Mars zwischen den beiden Stierhörnern hindurch, die von Al Nath (β Tauri)

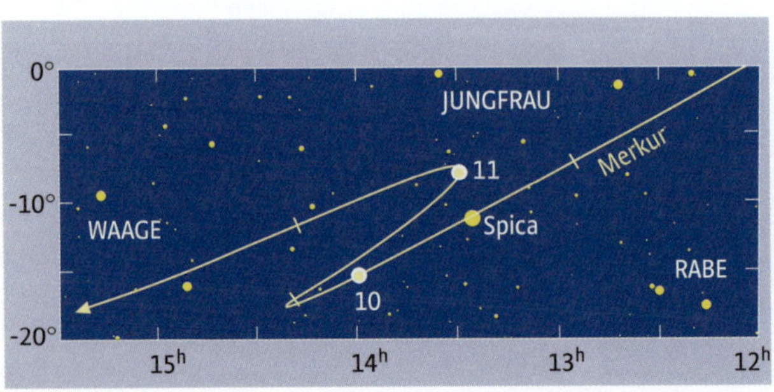

9.2 Merkurschleife im Gebiet der Sternbilder Jungfrau und Waage.

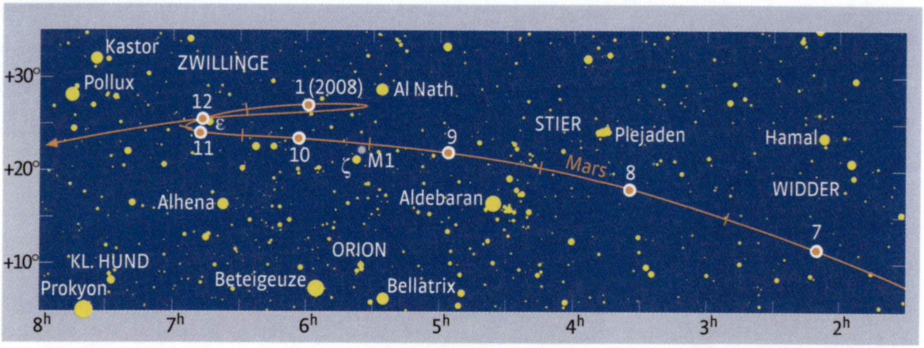

9.3 Scheinbare Bahn des Planeten Mars von Juli 2007 bis Januar 2008 im Gebiet der Sternbilder Widder, Stier und Zwillinge. Die Zahlen geben die Positionen des Mars am jeweiligen Monatsersten an (8 = 1. August).

und ζ Tauri (mit dem wenig bekannten babylonischen Namen Shur-narkabti-sha-shutu) gebildet werden. Am 17. findet man Mars $0{,}^\circ 9$ nördlich vom Krabbennebel (M 1) im Stier. Am 28. wandert er nur $0{,}^\circ 1$ nördlich am Sommerpunkt vorbei und wechselt am 29. in das Sternbild Zwillinge (siehe Abb. 9.3 oben). Die Marsaufgänge verfrühen sich von 22^h37^m (= 23^h37^m Sommerzeit) am 1. auf 22^h09^m am 15. und auf 21^h38^m am Monatsletzten.

Für Fernrohrbeobachter sei angemerkt, dass der scheinbare Durchmesser des Marsglobus auf knapp zehn Bogensekunden anwächst.

Deutlich ist der Beleuchtungsdefekt zu erkennen. Nicht die gesamte, uns zugekehrte Marskugel liegt im Sonnenlicht, sondern nur 86 %; Mars zeigt eine Phase. Erst zur Opposition wird „Vollmars" erreicht.

Jupiter, wieder rechtläufig im Schlangenträger, entfernt sich deutlich von ω Ophiuchi (siehe Abb. 6.4 auf Seite 140). Zu Monatsanfang steht er in östlicher Quadratur, das heißt, sein östlicher Winkelabstand von der Sonne beträgt 90°. Seine Sichtbarkeitsdauer verkürzt der Riesenplanet drastisch. Er wird zum Planeten des frühen Abendhimmels.

Am 1. erfolgt der Jupiteruntergang um 22^h26^m (= 23^h26^m Sommerzeit), am 15. um 21^h36^m und am 30. schon um 20^h43^m. Nur die jetzt immer früher einsetzende Dunkelheit ermöglicht noch eine Sichtbarkeitsdauer von gut zwei Stunden.

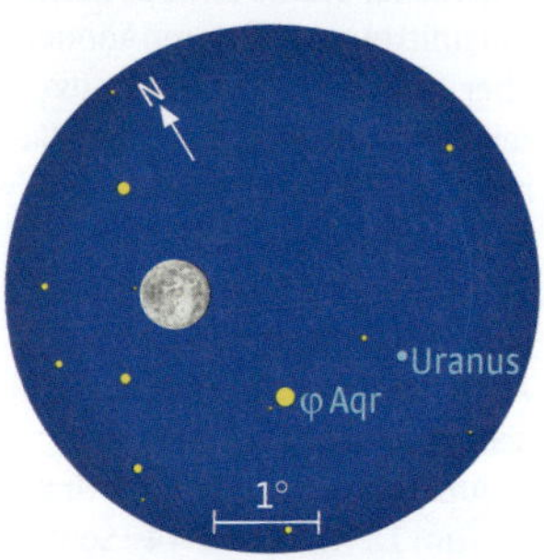

9.4 Der Vollmond bei Uranus. Fernglasanblick am 25. September gegen 20^h MEZ (= 21^h MESZ) bei 5° Gesichtsfelddurchmesser.

Die Helligkeit des Riesenplaneten sinkt weiter um $0{,}^{\mathrm{m}}2$ auf $-2{,}^{\mathrm{m}}0$ ab. Der scheinbare Äquatordurchmesser geht leicht von $38{,}''3$ auf $35{,}''3$ zurück.

Am 18. begegnet der zunehmende Mond bei seinem vierwöchigen Lauf wieder Jupiter (siehe Abb. 9.1 auf Seite 191).

Saturn hat seine Konjunktion mit der Sonne gerade hinter sich. Der Ringplanet wandert rechtläufig durch den Löwen und entfernt sich wieder von Regulus (siehe auch Abb. 9.5 unten rechts und Abb. 2.5 auf Seite 69). Zur Monatsmitte taucht Saturn am Morgenhimmel auf. Spezialisten mögen den Ringplaneten bereits

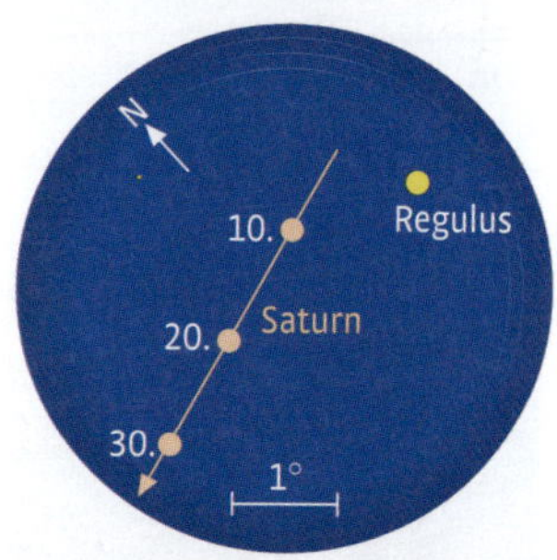

9.5 Saturnpassage an Regulus im Löwen. Fernglasanblick in der Morgendämmerung bei 5° Gesichtsfelddurchmesser.

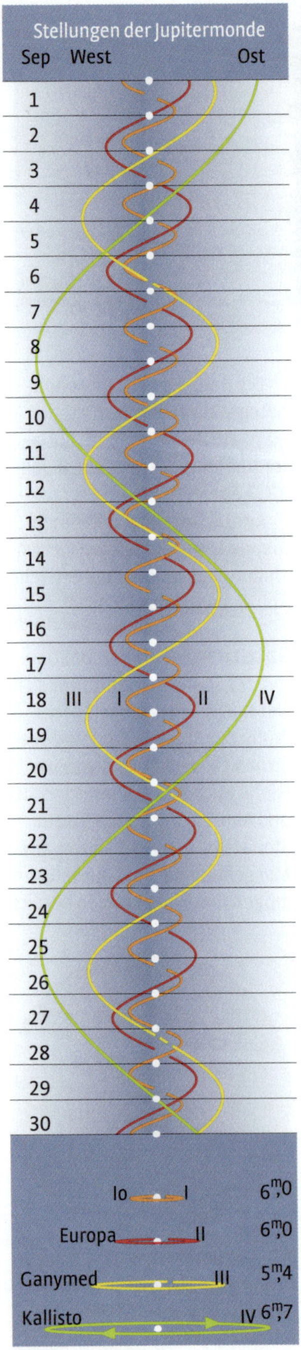

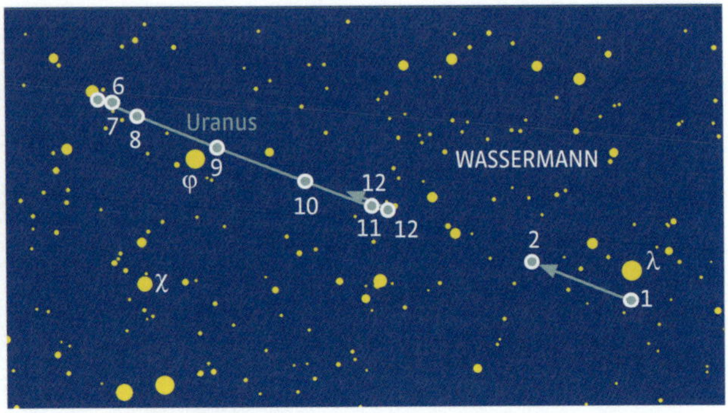

9.6 Scheinbare Bahn des Planeten Uranus im Sternbild Wassermann im Januar sowie von Juni bis Ende Dezember 2007. Die Zahlen geben die Uranusposition zum jeweiligen Monatsersten an.

am 10. im Fernglas erkennen. An diesem Tag zieht die extrem schmale Sichel des abnehmenden Mondes knapp südlich an Saturn vorbei.

Am 10. geht Saturn um 4^{h}14^{m} (= 5^{h}14^{m} Sommerzeit) auf und am 20. schon um 3^{h}42^{m}. Ab diesem Datum kann man ihn mit bloßen Augen für etwa eine Stunde tief am Osthimmel vor Sonnenaufgang erblicken. Am Monatsletzten steigt der 0^{m},7 helle Ringplanet bereits um 3^{h}09^{m} (= 4^{h}09^{m} Sommerzeit) über die östliche Horizontlinie.

Jupitermonde

Tag	MEZ h	MEZ m	Vorgang	
5.	20	56	I	DA
6.	19	53	III	BE
	21	34	I	VE
10.	21	27	II	BA
12.	20	52	II	SE
13.	19	59	I	BA
14.	19	31	I	DE
	20	47	I	SE
17.	19	04	III	SE
19.	20	54	II	SA
	20	58	II	DE
21.	19	17	I	DA
	20	30	I	SA
22.	19	53	I	VE
24.	20	35	III	SA
30.	19	05	I	SE

Uranus kommt in den Abendstunden des 9. in Opposition zur Sonne. Die Zeit um die Opposition ist am günstigsten, um den sonnenfernen, lichtschwachen grünlichen Planeten zu beobachten. Mit 5^{m},7 Oppositionshelligkeit ist Uranus theoretisch mit bloßen Augen zu sehen, aber selbst bei ausgezeichneten Sichtbedingungen wird man Uranus kaum in dem Gewimmel lichtschwacher Sterne ohne optische Hilfsmittel identifizieren können. Aber ein Fernglas ist völlig ausreichend, um den grünlichen Planeten zu erkennen (siehe auch Aufsuchkärtchen Abb. 9.6 oben).

Im Teleskop zeigt sich Uranus als winziges, voll beleuchtetes Planetenscheibchen mit nur 3″,7 scheinbarem Durchmesser.

Am Oppositionstag geht Uranus um 18^{h}44^{m} (= 19^{h}44^{m} Sommerzeit) auf, kulminiert um 0^{h}22^{m} in der Oppositionsnacht und geht am nächsten Morgen um 5^{h}56^{m} unter. Bis Monatsende

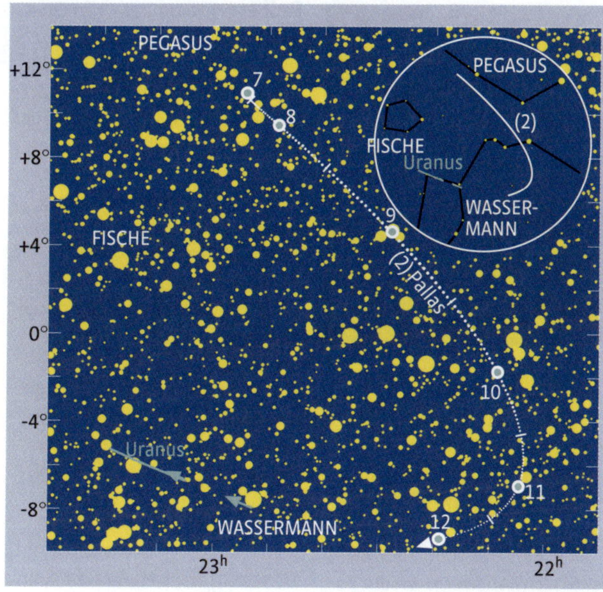

9.7 Scheinbare Bahn des Planetoiden (2) Pallas von Juli bis Dezember 2007 im Gebiet der Sternbilder Pegasus und Wassermann. Eingetragen ist ferner die Lage der Uranusbahn 2007 im Wassermann.

verfrühen sich die Uranusuntergänge auf 4^h29^m (= 5^h29^m Sommerzeit).

Die Kulminationshöhe von Uranus erreicht in diesem Jahr für die geografische Breite 50° Nord schon 34° — der grünliche Planet gewinnt immer nördlichere Positionen im Tierkreis.

Uranus ist zur Opposition 2855 Millionen Kilometer (= 19,08 AE) von der Erde entfernt. Sein Licht benötigt daher 2^h39^m, um zu uns zu gelangen. Von der Sonne trennen Uranus am Oppositionstag 3006 Millionen Kilometer (= 20,09 AE).

Neptun wandert rückläufig durch den Steinbock. Mitte des Vormonats stand er in Opposition zur Sonne.

Der bläuliche Planet kann in der ersten Nachthälfte beobachtet werden (siehe Aufsuchkärtchen Abb. 8.5 und 8.6 auf Seite 177). Seine Kulminationen verlegt Neptun in die Abendstunden. Am 1. passiert Neptun um 23^h08^m den Meridian, am 15. um 22^h11^m und am 30. schon um 21^h11^m (= 22^h11^m Sommerzeit).

Die Neptununtergänge verfrühen sich um fast zwei Stunden. Am 1. geht Neptun um 4^h00^m unter und am 15. um 3^h03^m (= 4^h03^m Sommerzeit).

Am 30. erfolgt der Untergang des mit $7\overset{m}{,}9$ recht lichtschwachen Planeten bereits um 2^h03^m. Etwa ein bis zwei Stunden vor Untergang wird Neptun unbeobachtbar.

Konstellationen und Ereignisse im September

Datum	MEZ	Ereignis
4.	15^h	Mond bei Mars, Mond $5\overset{\circ}{,}9$ nördlich
7.	15	Venus im Stillstand, anschließend rechtläufig
7.	23	Pluto im Stillstand, anschließend rechtläufig
8.	20	Mond bei Venus, Mond $9\overset{\circ}{,}4$ nördlich
9.	20	**Uranus in Opposition** zur Sonne
10.	5	**Mond bei Saturn**, Mond $0\overset{\circ}{,}8$ südlich, **Abstand $1\overset{\circ}{,}8$ um 5^h**
11.	14	Partielle Sonnenfinsternis – von Mitteleuropa aus unbeobachtbar (siehe Seite 44)
13.	15	Mond bei Merkur, Mond $2\overset{\circ}{,}5$ südlich
17.	20	Merkur im Aphel
18.	16	Mond bei Jupiter, Mond $5\overset{\circ}{,}6$ südlich
23.	10^h51^m	**Sonne im Herbstpunkt, Tagundnachtgleiche**
23.	19	Mond bei Neptun, Mond $1\overset{\circ}{,}4$ südlich
24.	0	**Venus in größtem Glanz**
25.	18	**Mond bei Uranus**, Mond $1\overset{\circ}{,}9$ nördlich, **Abstand $2\overset{\circ}{,}3$ um 20^h** (Fernglas!)
29.	17	Merkur in größter östlicher Elongation (26°)

Pluto wird am 7. im Sternbild Schütze an der Grenze zum Schlangenträger stationär und beendet damit seine Rückläufigkeit.

Anschließend nehmen seine Rektaszensionswerte wieder zu (siehe auch Aufsuchkarte Abb. 6.6 auf Seite 141).

Planetoiden

Ceres (1) wird am 21. stationär und setzt zu ihrer Oppositionsschleife an. Anschließend bewegt sie sich rückläufig durch den Stier.

Ceres strebt ihrer Opposition entgegen, die sie im ersten Novemberdrittel erreicht. Die Cereshelligkeit nimmt im Laufe des September um eine halbe Größenklasse zu und beträgt am Monatsende $8\overset{m}{.}1$. Damit ist Ceres in einem lichtstarken Fernglas bei guten Sichtbedingungen erkennbar (siehe Abb. 11.4 auf Seite 233).

Am 1. kulminiert Ceres um $5^{h}11^{m}$, am 15. um $4^{h}21^{m}$ und am 30. bereits um $3^{h}21^{m}$ (= $4^{h}21^{m}$ Sommerzeit). Die Ceresaufgänge verfrühen sich von $22^{h}19^{m}$ zu Monatsbeginn auf $20^{h}30^{m}$ (= $21^{h}30^{m}$ Sommerzeit) am Monatsende.

Pallas (2) kommt am 3. in **Opposition** zur Sonne. Sie eilt rasch südlich und rückläufig durch den Wassermann (siehe Aufsuchkärtchen Abb. 9.7 auf Seite 197). Zur Opposition erreicht sie lediglich eine scheinbare Helligkeit von $8\overset{m}{.}9$, die bis Monatsende leicht auf $9\overset{m}{.}2$ absinkt. Am Tag der Opposition kulminiert Pallas um $0^{h}00^{m}$ (= $1^{h}00^{m}$ Sommerzeit). Am 15. geht Pallas um $23^{h}00^{m}$ durch den Meridian und am 30. bereits um $21^{h}52^{m}$.

Ihre Oppositionsentfernung von der Erde beträgt 337 Millionen Kilometer (= 2,25 AE). Von der Sonne trennen sie zur Opposition 486 Millionen Kilometer (= 3,25 AE).

Vesta (4), rechtläufig im Schlangenträger, beschleunigt deutlich ihren Lauf (siehe Aufsuchkärtchen Abb. 6.5 auf Seite 141). Bis zur Monatsmitte kann man sie noch einigermaßen leicht aufstöbern. Ihre Helligkeit geht von $7\overset{m}{.}2$ zu Monatsbeginn auf $7\overset{m}{.}6$ zu Monatsende zurück.

Vesta passiert am 1. den Meridian um $18^{h}18^{m}$ (= $19^{h}18^{m}$ Sommerzeit), am 15. um $17^{h}43^{m}$ und am 30. schon um $17^{h}09^{m}$. Bis es dunkel genug ist, um nach Vesta mit lichtstarker Optik zu suchen, steht sie schon recht tief. Am 15. geht sie um $21^{h}48^{m}$ unter und am 30. bereits um $21^{h}07^{m}$ (= $22^{h}07^{m}$ Sommerzeit).

Adonis – Planetoid Nr. 2101 – sei erwähnt, da er am 24. in untere Konjunktion kommt und dabei vor der Sonnenscheibe vorbeizieht. Der Adonistransit ist mit Amateurmitteln allerdings kaum beobachtbar, da sein scheinbarer Durchmesser lediglich $0\overset{''}{.}005$ (!) beträgt.

Periodische Sternschnuppenströme im September

In den ersten Septembertagen sind noch einige Nachzügler der **Alpha-Aurigiden** zu erwarten. Es handelt sich um recht schnelle Sternschnuppen – um die 65 Kilometer pro Stunde. Der Radiant liegt nahe Kapella im Fuhrmann.

Die **Pisciden** sind im gesamten September aktiv. Ihr Ausstrahlungspunkt liegt in den Fischen. Beste Beobachtungszeit ist zwischen 22^{h} und 4^{h} morgens. Das Maximum ist um den 20. September zu erwarten, wobei nur etwa fünf bis zehn Meteore pro Stunde auftauchen. Die Geschwindigkeit der Meteorite liegt um 25 Kilometer pro Sekunde. Die Pisciden zerfallen in mehrere Teilströme, von denen einer bis Mitte Oktober tätig ist.

Die **Tauriden** tauchen vom letzten Septemberdrittel bis Ende November auf. Ihr Radiant liegt im Stier. Der Tauriden-Strom geht wahrscheinlich auf den Kometen 2P/Encke zurück. Das wenig ausgeprägte Maximum fällt auf den 12. November. Die Objekte sind um 30 Kilometer pro Sekunde schnell, haben also mittlere Geschwindigkeiten. Manchmal unterscheidet man zwischen Süd- und Nordtauriden. Die Südtauriden erreichen ihr Maximum schon am 5. November.

Ein relativ neuer Strom sind die **Delta-Aurigiden**, dessen Radiant im Fuhrmann nahe δ Aurigae zu finden ist. Es sind schnelle, aber seltene Objekte. Ihre Geschwindigkeit liegt bei 60 Kilometern pro Sekunde. Sie erscheinen vom 5. September bis etwa

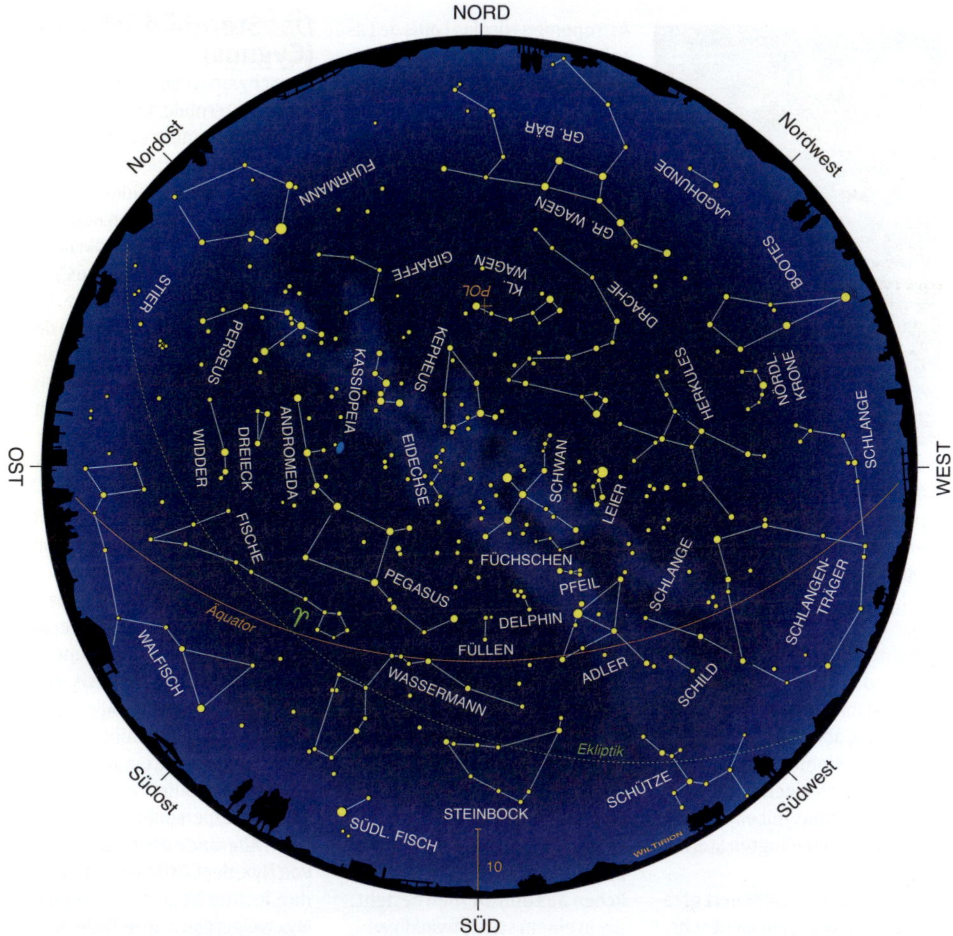

Sternenhimmel am 15. September um 22^h MEZ (23^h MESZ)

Fixsternhimmel auch gültig für:

	MEZ	MESZ
15. 7.	2^h	3^h
1. 8.	1	2
15. 8.	0	1
1. 9.	**23**	**24**
15. 9.	**22**	**23**
30. 9.	**21**	**22**
15.10.	20	21
31.10.	19	
15.11.	18	

10. Oktober, wobei das wenig ausgeprägte Maximum um den 8. September zu erwarten ist. Nur etwa sechs Meteore sind pro Stunde zu erwarten.

Der Fixsternhimmel im September

Noch vermittelt der Blick zum klaren Firmament den Eindruck des Sommers. Allerdings hat sich die Szenerie der Sommersternbilder inzwischen nach Westen verschoben. Der Skorpion mit dem hellen, roten Antares ist gar schon untergegangen, während im Osten der Aufmarsch der Herbststernbilder beginnt.

Der Himmelswagen ist nach Nordwesten herabgesunken, das Himmels-W, die Kassiopeia, dafür emporgestiegen. Den Helligkeitsschwerpunkt bestimmt nach wie vor das Sommerdreieck mit Wega, Deneb und Atair. Der Schwan mit dem schönen Sternenhintergrund der Milchstraße

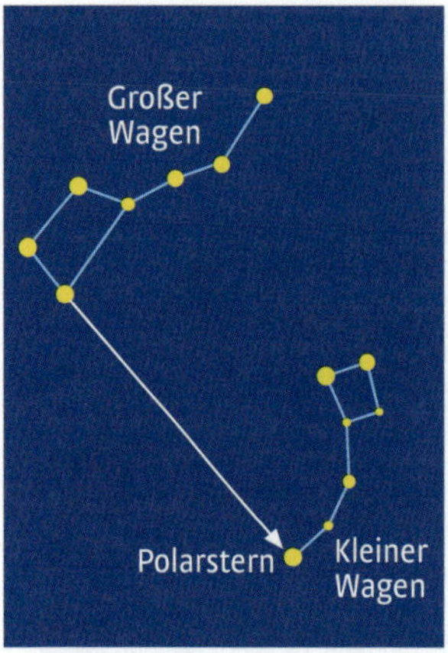

9.8 Vom Großen Wagen ausgehend findet man leicht den Polarstern. Er steht an der Deichselspitze des Kleinen Wagens.

steht nun fast genau im Scheitelpunkt oder Zenit. Neben dem Adler stößt man im Meridian auf das kleine, aber einprägsame Sternbild Delphin. Es wird in erster Linie durch einen kleinen Sternenrhombus mit einem zusätzlichen angehängten Stern gebildet.

Tief im Süden kulminiert gerade der Steinbock, ein nicht sehr auffälliges Tierkreisbild aber dennoch gut auszumachen. Flankiert wird der Steinbock von seinen ausgedehnten und lichtschwachen „Tierkreiskollegen" Schütze im Westen und Wassermann im Osten.

Günstige Beobachtungsbedingungen vorausgesetzt, kann man südlich des Steinbocks in unseren Breiten bei sehr klarer Luft sogar das Sternbild Mikroskop (lat.: Microscopium) erspähen. Das Mikroskop ist ein neuzeitliches Sternbild des Südhimmels und wurde von dem französischen Astronomen Nicolas Louis de Lacaille (1713–1762) eingeführt. Wesentlich deutlicher ist tief im Süden noch ein recht heller Stern zu erkennen, nämlich Fomalhaut im Südlichen Fisch (lat.: Piscis Austrinus). Der Name Fomalhaut stammt aus dem Arabischen und bedeutet so viel wie „Maul des Fisches".

Das Pegasusquadrat hat sich den Osthimmel erobert. Zu ihm sagt man auch „Herbstviereck". Gemäß der antiken Mythologie ist der Pegasus das geflügelte Pferd der Dichter. An die Nordostecke des Pegasusvierecks schließt sich die Sternenkette der Andromeda an. Die Andromeda ist der Sage nach die unglückliche Tochter des Königspaares Kassiopeia und Kepheus. Der Andromeda folgt halbhoch im Nordosten der Perseus, strahlender Held und Erretter der Andromeda. Im Perseus findet man Algol (β Persei), den Teufelsstern – ein bekannter Bedeckungsveränderlicher und Prototyp der Klasse der Algolvariablen.

Im Osten fällt das kleine Sternbild Widder auf, das im Wesentlichen aus drei Sternen besteht, die in einem stumpfwinkligen Dreieck angeordnet sind. Der Hauptstern, α Arietis, heißt Hamal, was arabisch so viel wie Lamm bedeutet. Davon leitet sich auch unser deutsches Wort Hammel ab.

Im Südosten ist das ausgedehnte, aber lichtschwache Tierkreissternbild Fische aufgetaucht. In ihm liegt heutzutage der Frühlingspunkt. Zu Herbstbeginn stehen die Fische der Sonne genau gegenüber. Geht die Sonne im Westen unter, so steigen die Fische über dem Osthorizont empor.

Das Sternbild Schwan (Cygnus)

Der Schwan ist ein typisches Sommersternbild. Ende August, Anfang September sieht man ihn gegen zehn Uhr abends im Meridian, also hoch im Süden, fast senkrecht über unseren Köpfen. Die international verbindliche Bezeichnung lautet „Cygnus", abgekürzt „Cyg". Das markante Sternenkreuz des Schwans in den hellen Bereichen der Milchstraße ist kaum zu übersehen. Der hellste Stern im Schwan heißt Deneb und bildet mit Wega in der Leier und Atair im Adler das bekannte Sommerdreieck. Zwei griechische Sagen aus dem klassischen Altertum berichten vom Schwan:

Der einen Version nach verwandelt sich der stets zu Liebesabenteuern aufgelegte Göttervater Zeus in einen Schwan, um die Tochter der Nacht, Nemesis, zu verfolgen. Er hatte nämlich beschlossen, eine bildhübsche Frau zu zeugen, um die einst ein Streit entbrennen sollte. Zeus begibt sich höchstpersönlich in die finsteren Abgründe des Okeanos, um von Nyx, der Göttin der Nacht, ihre Tochter Nemesis zu fordern. Nyx weigert sich, ihre Tochter herauszugeben. Die jungfräuliche Nemesis, die den lauten Disput vernommen hat, hüllt den Mantel der Nacht um sich und flieht im Schutze der Dunkelheit. Zu ihrer besseren Tarnung nimmt sie die Gestalt einer Wildgans an. Zeus entgeht dies aber nicht. Flugs verwandelt er sich in einen prächtigen Schwan mit mächtigen Schwingen und nimmt die Verfolgung auf. Bald hat er Nemesis eingeholt und das Schicksal nimmt seinen Lauf. Die dieser Verbindung entsprossene schöne Helena wird zum Anlass des Tro-

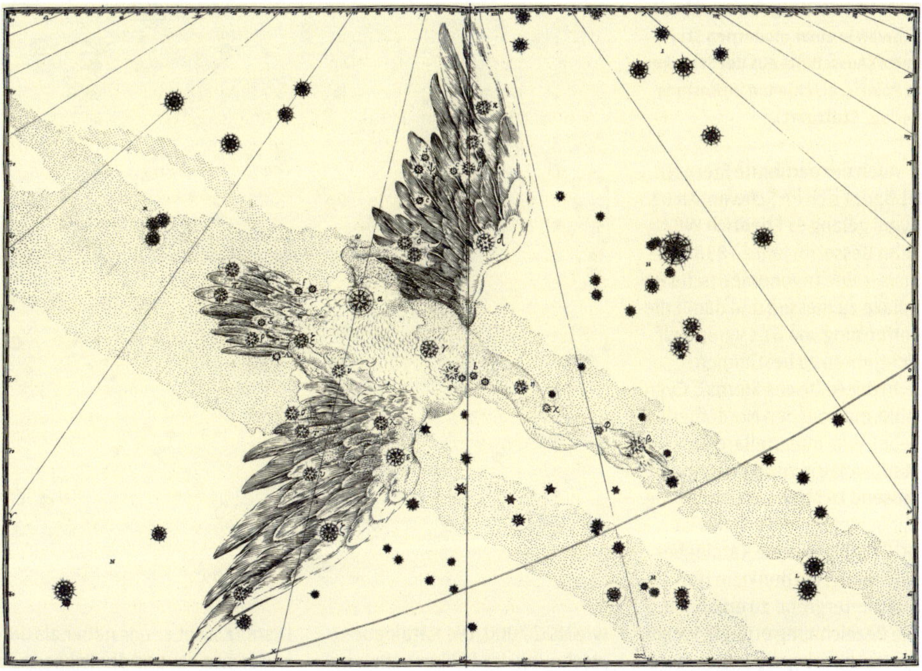

9.9 Das Sternbild Schwan als figürliche Darstellung im Sternatlas Uranometria von Johannes Bayer, erschienen im Jahr 1603 in Augsburg.

janischen Krieges, wie ihn Zeus gewünscht hatte.

Die andere Sage berichtet: Der beste Freund des tödlich verunglückten Phaiton, Sohn des Sonnengottes, der mit dem Sonnenwagen in den Fluss Eridanus (Sternbild!) gestürzt war, wurde zum Trost als Schwan an den Himmel versetzt. Dort fliegt er nun entlang der Milchstraße, die dieser Geschichte nach die Brandspur des schleudernden Sonnenwagens markieren soll, und lässt seine Klagelieder erschallen. Wegen seiner Form wird das Sternbild Schwan auch als „Kreuz des Nordens" bezeichnet. Fast alle Völker der Antike erkannten in dieser Sternenanordnung einen Vogel.

Die Araber meinten, hier ein flatterndes Huhn statt eines Schwans zu sehen. Sie nannten den Hauptstern (α Cygni) *Deneb*, was von *Danab al Dajajah* kommt und „Schwanz der Henne" bedeutet. Die alte Bezeichnung *Arided* für α Cygni ist heute nicht mehr gebräuchlich.

Deneb zählt zu den absolut leuchtkräftigsten Sternen. Er strahlt das Licht von 130 000 (!) unserer Sonnen aus. Mit rund zweitausend Lichtjahren Entfernung ist Deneb der weiteste Stern erster Größe (scheinbare Helligkeit: $1\overset{m}{,}3$). Auch der sehr erfolgreiche Astrometriesatellit *Hipparcos* konnte die Entfernung von Deneb nicht genau messen. Es bleibt eine Unsicherheit von 50 % des Messwertes. Als Stern der Spektralklasse A2 sendet Deneb ein weißes Licht aus.

Der Name des Kopfsterns, (β Cygni) *Albireo*, ist auf *ab ireo* von *Al Minhar al Dajajah*, der „Schnabel der Henne", zurückzuführen. Albireo ist ein sehr schöner Paradedoppelstern in 390 Lichtjahren Entfernung. Eine $3\overset{m}{,}1$ helle, orange Hauptkomponente (Spektralklasse K5) hat in knapp 35" Distanz einen $5\overset{m}{,}1$ hellen, bläulich-weißen Begleiter (Spektralklasse B8).

Sadr (γ Cygni) ist ein weißlich-gelber (F 8) Überriese in 1400 Lichtjahren Entfernung. Da er ein außerordentlich leuchtkräftiger Stern ist, leuchtet er am irdischen Himmel trotz seiner großen Entfernung dennoch als relativ heller Stern mit $2\overset{m}{,}2$.

9.10 Darstellung des Sternbildes Schwan in einer modernen Sternkarte (Ausschnitt aus der *Sternkarte Polaris*, erschienen im Kosmos-Verlag, Stuttgart).

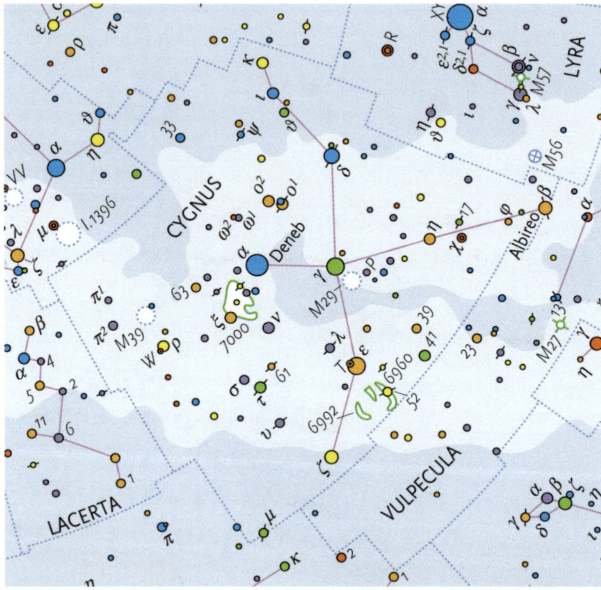

Auch der berühmte Stern Nr. 61 findet sich im Schwan. An 61 Cygni gelang es Friedrich Wilhelm Bessel im Jahre 1838 erstmals, seine trigonometrische Parallaxe zu messen und damit die Entfernung von 61 Cygni zu elf Lichtjahren zu bestimmen.

In der Nähe des Sterns ξ Cygni stößt man auf den Nordamerikanebel, eine interstellare Gas- und Staubwolke in rund zweieinhalbtausend Lichtjahren Entfernung. Mit lichtstarkem Fernglas ist NGC 7000, so seine Katalogbezeichnung, bei dunklem Himmelshintergrund zu erkennen. Die Bezeichnung erfolgte wegen seiner Umrisse, die an den Nordamerikanischen Kontinent erinnert.

In der Nachbarschaft vom Nordamerikanebel liegt der Pelikannebel, der kleiner und erheblich lichtschwächer und daher nicht einfach zu beobachten ist. Nur bei sehr dunklem Himmel und bei schwacher Vergrößerung kann man ihn gerade noch erkennen. Er ist gleich weit entfernt wie NGC 7000. Die Katalogbezeichnung des Pelikannebels lautet IC 5067. Noch bekannter ist der Zirrennebel, auch als Cirrusnebel bezeichnet, der oftmals in Büchern abgebildet wird. Er wird auch Schleiernebel genannt und zeigt fein verästelte, filamentartige Strukturen. Ohne Nebelfilter ist der Schleiernebel, der eigentlich aus zwei Teilen besteht (NGC 6960 und NGC 6992) kaum erkennbar. Mit 1500 Lichtjahren Distanz steht er uns näher als der Nordamerika- und der Pelikannebel. Der Zirrennebel ist der Rest einer Supernova, die vor etwa fünftausend Jahren aufflammte.

Auch eine Dunkelwolke, der „nördliche Kohlensack", findet sich im Schwan.

Im August 1975 leuchtete etwa 5° ostnordöstlich von Deneb eine helle Nova ($1\overset{m}{,}8$) auf, die älteren Sternfreunden sicher noch in Erinnerung ist.

Veränderliche Sterne im September

Algol-Minima	3. 6^h06^m	6. 2^h55^m	8. 23^h44^m	11. 20^h32^m	26. 4^h36^m	29. 1^h24^m
β-Lyrae-Minima	4. 8^h H	10. 19^h N	17. 6^h H	23. 18^h N	30. 5^h H	
δ-Cephei-Maxima	4. 8^h	9. 17^h	15. 1^h	20. 10^h	25. 19^h	
Mira-Helligkeit	1. 10^m	10. 10^m	20. 10^m	30. 9^m		

Monatsthema

Kreuzfahrt durch die trockenen Meere unseres Mondes

Der gute, alte Mond der Erde ist ein dankbares Beobachtungsobjekt für Liebhaber der Himmelskunde. Gerade der Einsteiger in die Astronomie, der nur über ein Fernglas oder kleines Teleskop verfügt, kann auf der Oberfläche des Erdtrabanten eine Menge interessanter Formationen ausmachen. Auch stört der inzwischen fast überall vorhandene Lichtsmog bei der Mondbeobachtung kaum. Noch kann sich der Mond gegenüber irdischen Lichtquellen durchsetzen. Auch wer mitten in der Stadt lebt, kann sich weitgehend ungestört der Mondbeobachtung widmen.

Schon mit bloßen Augen fallen dunkle Flecken auf dem sonst recht hellen Mond auf. Deutlich unterscheidet sich der zunehmende vom abnehmenden Halbmond. Der zunehmende Halbmond erscheint heller, der abnehmende zeigt einen hellen Rand, die Innenfläche hingegen ist vergleichsweise dunkel. Man vergleiche selbst einmal beide Halbmondphasen, den zunehmenden Halbmond am Abendhimmel und vierzehn Tage später den abnehmenden Halbmond am Morgenhimmel.

Bei Vollmond bilden die dunklen Regionen das berühmte „Mondgesicht“, das etwas ernst oder gar

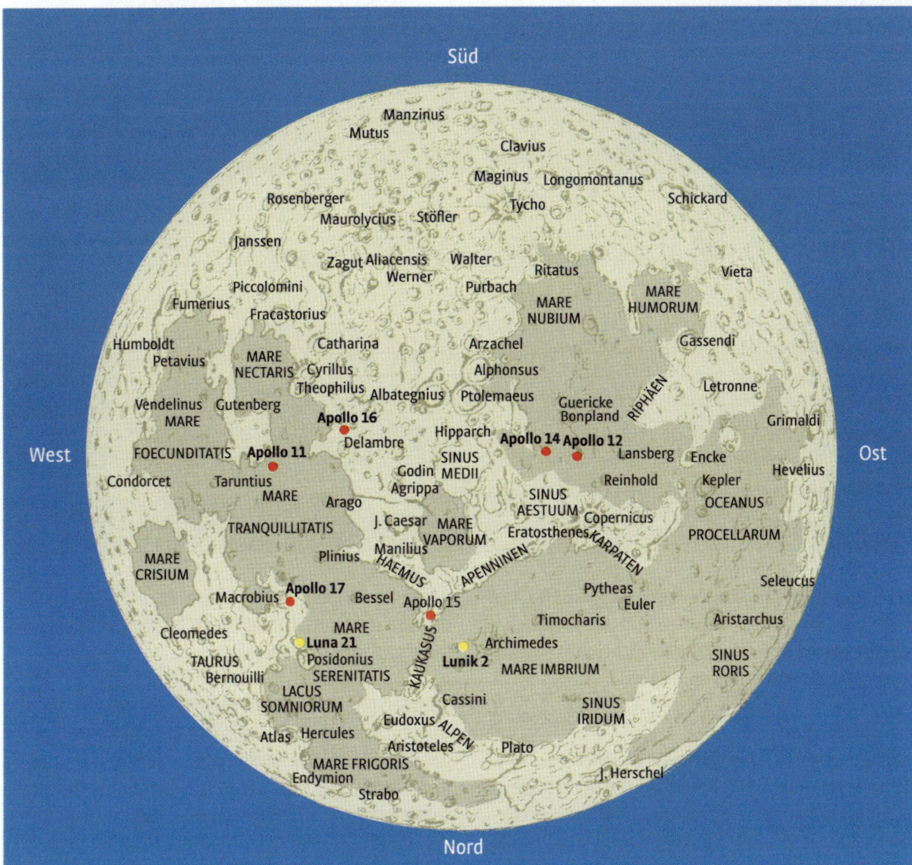

9.11 Übersichtskarte der erdzugewandten Mondhalbkugel. Anblick im umkehrenden Fernrohr.

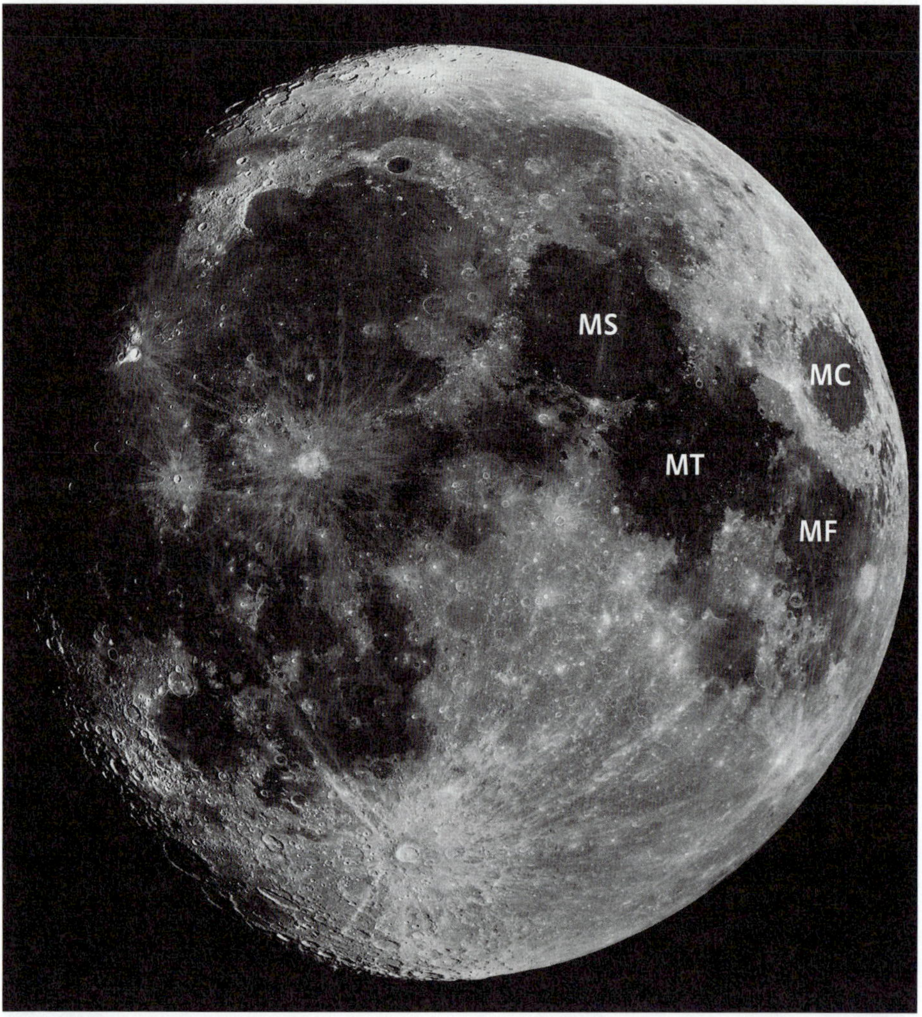

9.12 Zunehmender Mond mit den lavagefüllten Tiefebenen, die als „Mondmeere" bezeichnet werden. MC – Mare Crisium, MF – Mare Foecunditatis, MT – Mare Tranquillitatis, MS – Mare Serenitatis.

traurig dreinblickt. Der Fantasie sind hierbei keine Grenzen gesetzt. Ähnlich wie bei den Sternbildern die Einbildungskraft Figuren und Gestalten erkennen ließen, so sehen freiäugige Beobachter mal einen Mann im Mond, andere eine Frauengestalt oder einen Hasen. Wer in einem Fernglas den Vollmond betrachtet, für den verschwinden diese Fantasiegebilde augenblicklich.

Die ersten Fernrohrbeobachter meinten, in den dunklen Regionen auf dem Mond Meere zu sehen. Die Vorstellung geht unter anderem auf den Danziger Ratsherren und späteren Bürgermeister Johannes Hewelcke (1611 – 1687), besser bekannt unter seinem lateinischen Namen Hevelius, zurück. Hevelius war begeisterter Amateurastronom und aktiver Beobachter. Er besaß eine der bestausgestatte-

9.13 Abnehmender Mond mit dem Mare Imbrium (MI) und dem Oceanus Procellarum (OP).

ten Sternwarten seiner Zeit, die leider 1679 einer Feuersbrunst zum Opfer fiel. Unter anderem zeichnete er eine Mondkarte, die er 1647 unter der Bezeichnung „Selenographia" herausgab.

Die Vorstellung von den Mondmeeren übernahm auch der Jesuit und Professor für Philosophie, Theologie und Astronomie aus Bologna, Giovanni Battista Riccioli (1598 – 1671). Zusammen mit seinem Jesuitenkollegen Francesco Maria Grimaldi (1618 – 1663), ebenfalls in Bologna als Mathematiker und Physiker tätig, fertigte er eine umfangreiche Mondkarte an, die 1651 erschien. Die Nomenklatur dieser Mondkarte wird heute noch benutzt. Riccioli benannte Krater, Ringwälle, Gebirge und die dunklen Regionen, die er für Meere hielt.

Wie damals üblich, verwendete man für wissenschaftliche Bezeichnungen die lateinische Sprache (heute wiederum dominiert Englisch in der Wissenschaft). Meer heißt lateinisch „mare", im Plural „maria". Bei der Wahl der Bezeichnungen für die vermeintlichen Mondmeere ließ sich Riccioli von der damals allgemeinen Ansicht leiten, der Mond beeinflusse das Wetter und das Gemüt, den Seelenzustand der Menschen. Unser Wort „Laune" stammt vom lateinischen luna, der Mond. Das englische Wort „lunacy" wieder bedeutet „verrückt, irre, wahnsinnig". So gibt es nach Riccioli ein Mare Imbrium (Regenmeer), ein Mare Tranquillitatis (Meer der Ruhe), ein Mare Serenitatis (Meer der Heiterkeit) oder einen Oceanus Procellarum (Ozean der Stürme). Die wichtigsten Mondmeere sind in der Tabelle unten aufgeführt.

Eine Kreuzfahrt durch die Mondmeere lässt sich allerdings mit einem Schiff nicht durchführen. Denn auf dem Mond gibt es weder freie Wasserflächen noch eine Lufthülle. Stürme und Orkane sind somit keine zu erwarten. Die Mondmeere sind mit erstarrter, dunkler Lava gefüllte, riesige Tiefebenen. Unsere geplante Kreuzfahrt legen wir daher mit einem Fernglas oder Teleskop zurück. Zur ersten groben Orientierung sehen wir uns die hellglänzende Vollmondscheibe mit bloßen Augen an. Die beiden größten Mondmeere sind in der Osthälfte des Mondes („links" von der Nordhalbkugel der Erde aus betrachtet) zu erkennen, nämlich der Oceanus Procellarum und das Mare Imbrium im Nordost-Quadranten („oben links"). Mit Begriffen wie „links" und „rechts" sowie „oben" und „unten" muss man sehr vorsichtig umgehen, am besten man vermeidet sie überhaupt, denn sie sind nicht eindeutig. Von der Nordhalbkugel der Erde aus betrachtet, ist der obere Mondrand, wenn der Mond gerade kulmi-

Die trockenen Meere des Mondes

Fachbezeichnung (lateinisch)	Deutscher Name	Fläche in Tausend Quadratkilometer
Mare Anguis	Schlangenmeer	18
Mare Australe	Meer im Süden	290
Mare Cognitum	Meer der Erkenntnis	110
Mare Crisium	Meer der Gefahren	140
Mare Foecunditatis	Meer der Fruchtbarkeit	650
Mare Frigoris	Meer der Kälte	440
Mare Humboldtianum	Humboldt-Meer	60
Mare Humorum	Meer der Feuchtigkeit	120
Mare Imbrium	Regenmeer	1300
Mare Ingenii	Meer der Erfindungen	80
Mare Insularum	Inselmeer	200
Mare Marginis	Meer am Rande (der Mondscheibe)	140
Mare Nectaris	Honigmeer	90
Mare Nubium	Wolkenmeer	300
Mare Orientale	Meer im Osten	80
Oceanus Procellarum	Ozean der Stürme	2100
Mare Serenitatis	Meer der Heiterkeit	350
Mare Smythii	Smythmeer	110
Mare Spumans	Schäumendes Meer	15
Mare Tranquillitatis	Meer der Ruhe	450
Mare Undarum	Wellenmeer	45
Mare Vaporum	Meer der Dämpfe	50

Im Fettdruck hervorgehoben sind große Mondmeere – mit bloßen Augen erkennbar, auf alle Fälle mit einem Fernglas.

9.14 Die schmale Sichel des zunehmenden Mondes mit aschgrauem Mondlicht auf der Nachtseite des Mondes. Aufnahme von Martin Gertz (Sternwarte Welzheim/Planetarium Stuttgart).

niert, also in Südrichtung zu sehen ist, der Nordrand. Von der Südhalbkugel aus gesehen ist der untere Mondrand der nördliche, wenn der Mond in Meridiannähe steht. Auch im umkehrenden Fernrohr (astronomisches oder Kepler-Fernrohr) sieht man den Nordrand unten, außerdem ist links mit rechts vertauscht. Bei „Ost" und „West" muss man aufpassen. Hier gibt es zwei Definitionen: die althergebrachte, astronomische und die neuere, astronautische. Bei der klassischen, älteren Bezeichnung ist der bei der täglichen Himmelsdrehung *vorausgehende* Mondrand der Westrand, der nachfolgende der Ostrand. Danach ist das Mare Crisium am Westrand bei zunehmender Mondsichel zu sehen, der Oceanus Procellarum wieder liegt in der Osthälfte.

Nach der modernen Bezeichnung ist auf dem Mond Osten dort, wo für einen Astronauten auf dem Mond die Sonne aufgeht. Danach liegt das Mare Crisium im Osten, das Mare Imbrium und der Oceanus Procellarum hingegen im Westen. Da wir uns aber bei unserer Kreuzfahrt durch die Mondmeere nicht auf dem Mond befinden, sondern ihn mit Fernglas oder Teleskop von der Erde aus betrachten, benutzen wir im folgenden die klassische Bezeichnung für die Himmelsrichtungen auf dem Erdtrabanten.

Den Vollmond im Blick

Hat man sich grob mit bloßen Augen orientiert, nehme man ein Fernglas oder kleines Teleskop, in dem der gesamte Vollmond im Gesichtsfeld zu sehen ist – also nicht zu stark vergrößern! Dann kann man sich leicht einen Gesamtüberblick verschaffen und sich zunächst die großen Mondmeere einprägen. Ganz am Westrand fällt ein ovaler, dunkler Fleck auf, das Mare Crisium. Im Nordquadranten sieht man drei zusammenhängende Mondmeere. Aufgezählt von Südwest nach Nordost sind dies das Mare Foecunditatis (Meer der Fruchtbarkeit), das Mare Tranquillitatis (Meer der Ruhe) und das Mare Serenitatis (Meer der Heiterkeit). Ein kleines rundes Mondmeer ist das Mare Nectaris (Honigmeer), das südlich vom Meer der Ruhe liegt.

Im Nordosten breitet sich das fast kreisrunde und sehr markante Mare Imbrium (Regenmeer) aus. Es zählt zu den schönsten und mit seinen Randgebieten abwechslungsreichsten Mondmeeren. Mit einer Fläche von 1 300 000 Quadratkilometern ist es das zweitgrößte Mondmeer und wird nur noch vom Oceanus Procellarum (Ozean der Stürme) übertroffen, der den Ostteil der Vollmondscheibe einnimmt.

Im Gebiet zwischen dem Regenmeer und dem Ozean der Stürme fallen drei helle Gebilde auf: Die beiden Strahlenkrater Kopernikus und Kepler und nahe dem Nordostrand der Krater Aristarch. Während Kopernikus ein mächtiger Ringwall von fast hundert Kilometern Durchmesser ist, so ist der Krater Kepler mit gut dreißig Kilometern Durchmesser eher bescheiden. Er fällt auch nur zur Vollmondzeit auf, wenn sein ausgeprägtes Strahlensystem kaum zu übersehen ist. Aristarch wiederum ist ein besonders auffallender Strahlenkrater. Er markiert die hellste Stelle des Mondes überhaupt. Selbst im aschgrauen Mondlicht (siehe auch Monatsthema „Das aschgraue Licht des Mondes" im *Himmelsjahr 1989*, Seite 123) ist Aristarch im Fernglas gut zu erkennen. Sein Ringwall erhebt sich rund 3000 Meter über das Regenmeer und hat einen Durchmesser von vierzig Kilometern.

Am Nordrand des Mondes zieht sich ein lang gestrecktes Mondmeer entlang, das Mare Frigoris (Kältemeer). Zwischen dem Kältemeer und dem Regenmeer bemerkt man schon in einem relativ bescheidenen Fernrohr oder stärker vergrößernden Fernglas die Regenbogenbucht (Sinus Iridum) und den gut hundert Kilometer großen Ringwall Plato, der sich als kleiner, dunkler, ovaler Fleck im Gebirgszug der Mondalpen bemerkbar macht.

Unübersehbar nimmt der Oceanus Procellarum eine riesige Fläche im mittleren Ostteil der uns zugewandten Mondseite ein. Er ist der größte Lavasee auf dem Mond. Mit 2,1 Millionen Quadratkilometern ist er nur wenig kleiner als das irdische Mittelmeer, das Europa von Afrika trennt.

Während die westliche und nördliche Grenze des Oceanus Procellarum gut ausgeprägt sind, sind die Süd- und Ostgrenze kaum zu erkennen. Im Gegensatz zu den anderen Mondmeeren ist der Ozean der Stürme nicht durch einen einzigen Einschlag eines planetoidengroßen Körpers entstanden. Dieses langgestreckte, stark strukturierte Gebilde ist das Resultat mehrerer Impakte. Ein einzelner Einschlag dieser Größenordnung hätte wohl unseren guten Mond in Stücke zerschlagen. Der Oceanus Procellarum gehört zu den ältesten Mondformationen. Er entstand vor rund 4,2 Milliarden Jahren.

Im Süden und Südwesten des Ozeans der Stürme finden sich die beiden kleineren Lavaebenen des Mare Humorum (Meer der Feuchtigkeit) und des Mare Nubium (Wolkenmeer).

Ganz am Ostrand nahe dem Mondäquator, nur durch eine schmale, helle Zone vom Oceanus Procellarum getrennt, stößt man auf den kleinen, ovalen Fleck des Ringwalls Grimaldi, dessen lavagefüllte Innenfläche 220 Kilometer Durchmesser aufweist. Damit gehört Grimaldi zu den größten Ringwällen auf dem Mond, der auch bei Vollmond leicht zu entdecken ist.

Südlich des Mare Nubium fällt insbesondere bei Vollmond der Strahlenkrater Tycho auf. Sein Strahlensystem zieht sich über weite Bereiche der Mondoberfläche und ist das größte und beeindruckendste auf unserem Erdtrabanten.

Wer regelmäßig die Formationen Mare Crisium, Mare Frigoris, Plato, Aristarch, Grimaldi und Tycho beobachtet, gewinnt den Eindruck, dass sie mal recht nahe dem jeweiligen Mondrand stehen, ein andermal aber vergleichsweise randfern erscheinen. Dies ist keine optische Täuschung, sondern eine durch die Libration des Mondes bewirkte reale Erscheinung.

Der schwankende Mond

Der Ausdruck „Libration" stammt vom Lateinischen „librare", was „schwanken" heißt. Der Mond weist eine gebundene Rotation auf, das heißt, eine Eigenrotation entspricht der Länge seines Umlaufs um die Erde. Somit ist uns immer die gleiche Mondhälfte zugekehrt. Die Mondrückseite kennen wir nur von Bildern, die uns Raumsonden übermittelt haben. Dennoch sehen wir mehr als fünfzig Prozent der Mondoberfläche: Infolge der Libration sind 59 Prozent von der Erde aus sichtbar. Mal sehen wir ein wenig mehr vom westlichen, dann wieder vom östlichen Rand, das Mondgesicht lässt mal mehr vom linken, dann wieder vom rechten Ohr erkennen. Ursache ist die Libration in Länge. Die Mondrotation erfolgt gleichmäßig, nicht jedoch der Umlauf des Mondes um die Erde. Gemäß dem 2. Kepler-Gesetz läuft der Mond in Erdnähe (Perigäum) schneller als in Erdferne (Apogäum). Deshalb ist mal der westliche, dann wieder der östliche Mondrand der Erde mehr zugekehrt. Die maximale Libration ist in jedem Monat in der Tabelle „Mondlauf" vermerkt.

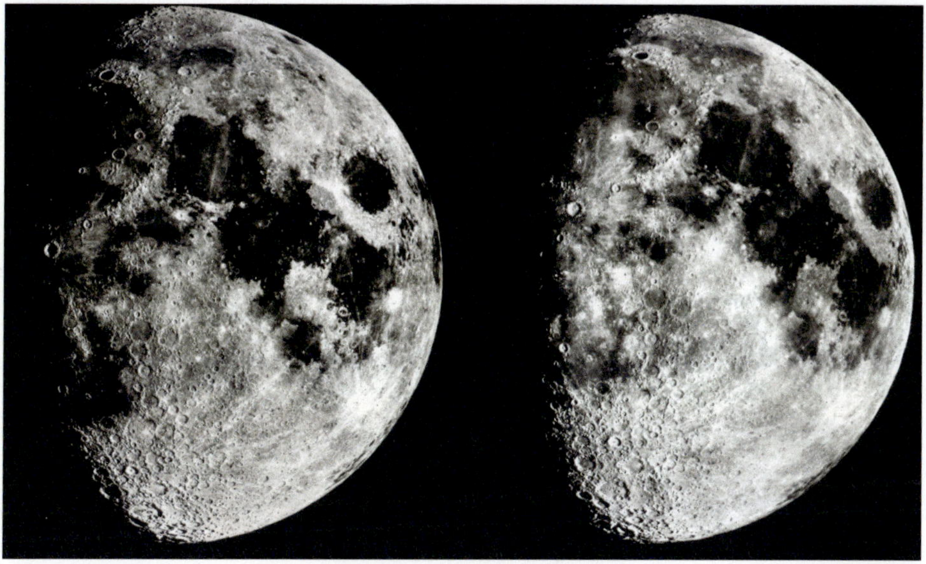

9.15 Der Mond in zwei extremen Librationsstellungen. Links sieht man Mare Crisium und Mare Frigoris randfern, rechts hingegen randnah.

„Libration West" bedeutet, die westliche Mondhälfte ist der Erde mehr zugekehrt, das Mare Crisium zeigt sich randfern. „Libration Ost" wiederum heißt, die Osthälfte ist etwas mehr auf den irdischen Beobachter zugekehrt, der Ringwall Grimaldi ist randfern und das Mare Orientale wird gut sichtbar. Bei „Libration in Länge" schüttelt der Mond gewissermaßen sein Gesicht, als ob er „nein-nein" sagen wollte. Bei Libration in Breite nickt er, er sagt gewissermaßen „ja-ja". Die Libration in Breite wird durch die Neigung der Mondbahn von 5° zur Erdbahnebene hervorgerufen sowie in geringem Maße auch durch die Schrägstellung der Mondrotationsachse. Steht der Mond südlich der Erdbahnebene (Ekliptik), so sieht man etwas mehr von der Nordkalotte, das Mare Frigoris erscheint randfern. Befindet sich der Mond nördlich der Ekliptik, so sieht man dem Mondgesicht etwas unter das Kinn, der Strahlenkrater Tycho erscheint randfern. Die Extrema der Libration in Breite sind ebenfalls der Tabelle „Mondlauf" zu entnehmen. „Größte Südbreite" bedeutet, man sieht über den Mondnordpol hinaus, das Mare Frigoris erscheint randfern. „Größte Nordbreite" wiederum heißt, man erblickt etwas mehr von der südlichen Mondhemisphäre, das Mare Frigoris rückt zum Nordrand, während Tycho vom Südrand zurückweicht. Fernglasbeobachter sollten sich durch regelmäßige Mondbeobachtungen die Librationserscheinungen näher zu Gemüte führen.

An der Grenze zwischen Hell und Dunkel

Hat man sich einmal die wichtigsten Mondmeere um die Vollmondzeiten eingeprägt, beginnen die besonders reizvollen Detailbeobachtungen. Diese nimmt man nicht bei Vollmond vor, sondern wenn die Lichtgrenze (Terminator) nach und nach über die Mondmeere zieht. Denn in der Nähe des Terminators wirken alle Erhebungen und Geländedetails richtig plastisch. Bei tief stehender Sonne werfen nämlich alle Berge lange, scharf begrenzte Schatten. Am Terminator treten selbst kleine Bodenwellen deutlich hervor. Besonders reizvoll ist es, einen Ringwall oder Zentralberg beim Auftauchen aus der Schwärze der Mondnacht zu verfolgen.

Bei der schmalen Sichel des zunehmenden Mondes wird zuerst das Mare Crisium und bald darauf das Mare Foecunditatis sichtbar. Es folgen in der aufgehenden Sonne das Meer der Ruhe und das Meer der Heiterkeit. Im Norden werden immer größere Teile des Mare Frigoris beleuchtet. Zu Halbmond wird der Westrand – vom Mondkaukasus begrenzt – des Mare Imbrium vom Sonnenlicht erhellt. Im zweiten Viertel taucht allmählich das gesamte Regenmeer, das Wolkenmeer und schließlich der Ozean der Stürme und das Feuchtigkeitsmeer auf. Nach Vollmond verschwinden die einzelnen Meere in der Schwärze der Mondnacht in gleicher Reihenfolge. Zuerst geht die Sonne über dem Mare Crisium unter, dann über dem Mare Foecunditatis. Es ist interessant und spannend, die jeweils gleichen Formationen einmal nahe des Aufgangsterminators (Lichtgrenze) und einmal nahe des Untergangsterminators zu beobachten.

Um die zahlreichen Krater, Ringwälle, Gebirgszüge, Rillen und Ebenen zu identifizieren, sei der ausgezeichnete Mondatlas von Antonin Rükl empfohlen, der im Verlag Werner Dausien, Hanau, erschienen ist und in mehrere Sprachen übersetzt weltweit Verbreitung gefunden hat.

Oktober 2007

Venus strahlt als heller Morgenstern und erreicht am 28. ihre größte westliche Elongation. Mars in den Zwillingen nimmt deutlich an Helligkeit zu und ist fast die ganze Nacht über mit Ausnahme der ersten Abendstunden zu sehen. Jupiter kann noch am Abendhimmel tief im Südwesten erspäht werden. Saturn wird zur Monatsmitte von Venus überholt.

Großer Wagen und Himmels-W Anfang Oktober um 22^h

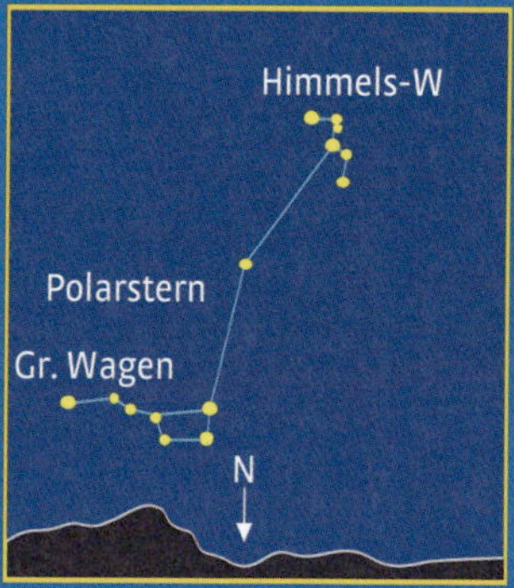

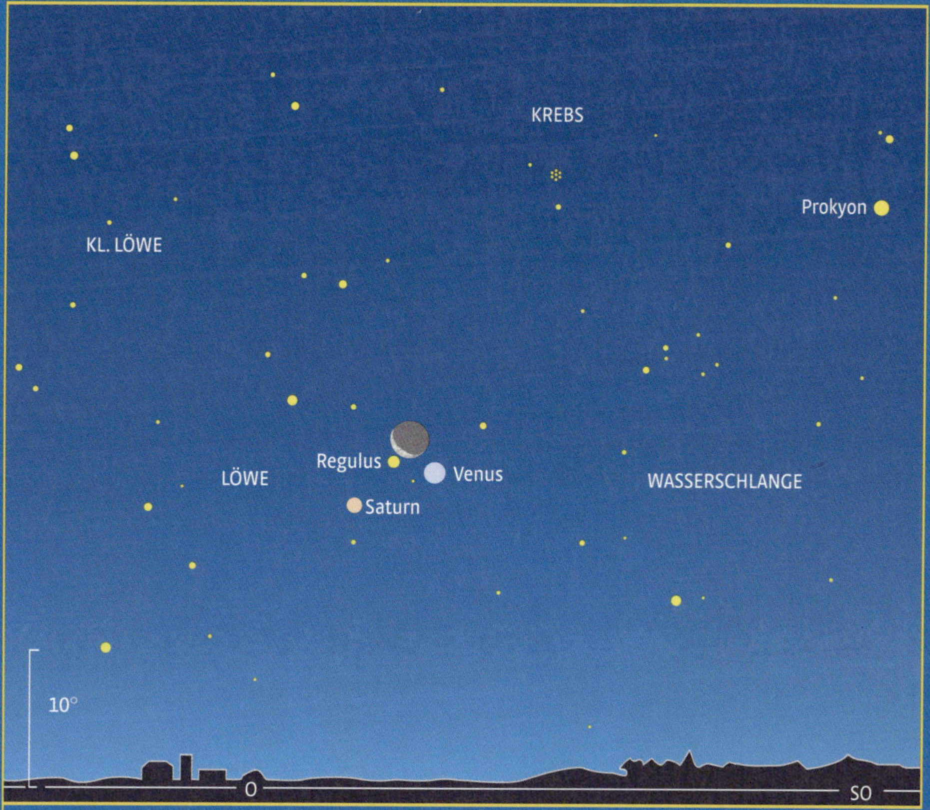

10.1 Morgendlicher Osthimmel am 7. Oktober gegen 5^h MEZ (= 6^h MESZ). Im Löwen treffen sich nahe Regulus die Planeten Venus und Saturn sowie die abnehmende Mondsichel. Regulus wird später vom Mond bedeckt.

Sonnenlauf im Oktober

23.10. 21h
Sonne tritt in das Tierkreiszeichen Skorpion
31.10. 19h
Sonne tritt in das Sternbild Waage
Julianisches Datum am
1. Oktober, 1h MEZ: 2 454 374,5

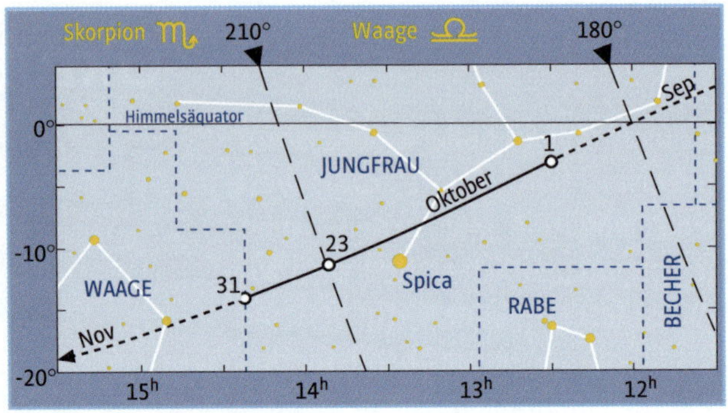

Tag	Dämmerg. Anfang	Aufgang MEZ	Kulmination	Untergang MEZ	Dämmerg. Ende	Mittagshöhe	Zeitgleichg.	Rektaszension	Deklination
	h m	h m	h m	h m	h m	°	m	h m	°
1.	5 09	6 19	12 10	17 59	19 09	36,9	+10	12 27	− 2,9
5.	5 15	6 25	12 08	17 51	19 00	35,3	+12	12 41	− 4,4
10.	5 23	6 33	12 07	17 40	18 50	33,4	+13	13 00	− 6,4
15.	5 31	6 41	12 06	17 30	18 40	31,5	+14	13 18	− 8,2
20.	5 38	6 49	12 05	17 20	18 30	29,7	+15	13 37	−10,1
25.	5 46	6 57	12 04	17 10	18 21	28,0	+16	13 56	−11,8
31.	5 55	7 07	12 04	16 59	18 11	26,0	+16	14 19	−13,9

Sonntag, 28. Oktober: Ende der Sommerzeit!

Tages- und Nachtstunden im Oktober

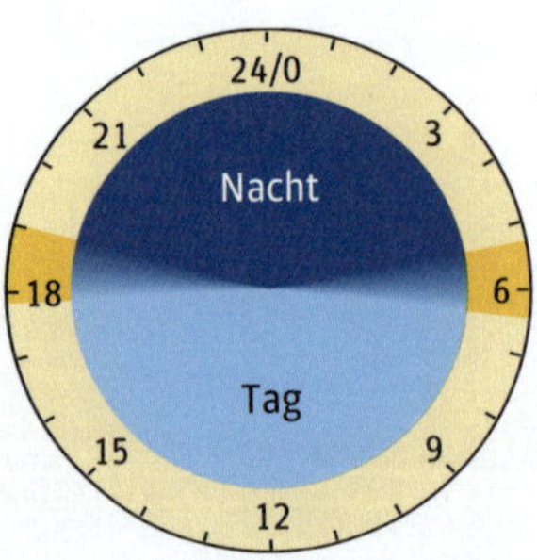

5. Oktober

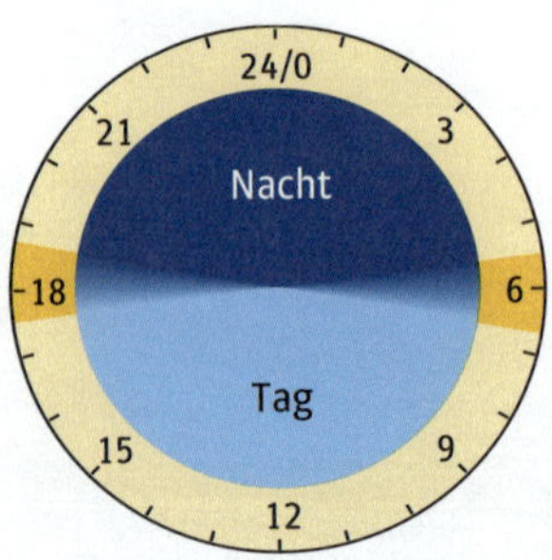

15. Oktober

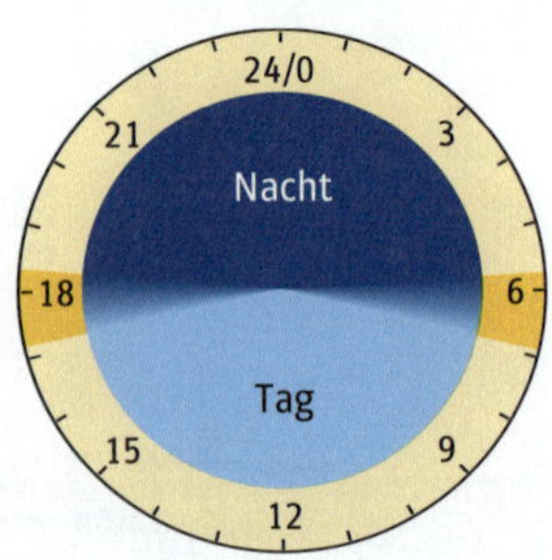

25. Oktober

Mondlauf im Oktober

Datum		Aufg. MEZ	Kulmination	Unterg. MEZ	Rektaszension	Deklination	Sterne und Sternbilder	Phase	MEZ
		h m	h m	h m	h m	°			
Mo	1.	20 06	4 01	12 56	4 11	+26,4	Stier, Plejaden	Größte Nordbreite	
Di	2.	21 06	5 04	14 04	5 15	+28,1	Stier, Al Nath		
Mi	3.	22 19	6 05	14 56	6 18	+28,0	Zwillinge	**Letztes Viertel**	11^h06^m
Do	4.	23 37	7 03	15 31	7 18	+26,2	Kastor, Pollux	Libration West	
Fr	5.	–	7 56	15 57	8 15	+23,0	Krebs, Krippe		
Sa	6.	0 56	8 45	16 15	9 07	+18,7	Krebs, Krippe		
So	7.	2 12	9 30	16 30	9 55	+13,7	* Löwe, Regulus	Absteigender Knoten	
Mo	8.	3 24	10 11	16 43	10 41	+ 8,2	Löwe		
Di	9.	4 35	10 52	16 54	11 24	+ 2,5	Löwe		
Mi	10.	5 44	11 32	17 06	12 07	– 3,3	Jungfrau		
Do	11.	6 53	12 12	17 19	12 50	– 8,8	Jungfrau	**Neumond**	6^h01^m
Fr	12.	8 03	12 54	17 34	13 34	–14,0	Spica		
Sa	13.	9 14	13 37	17 52	14 19	–18,7	Jungfrau	Erdferne 406/29′,4	11^h
So	14.	10 25	14 24	18 16	15 07	–22,6	Waage		
Mo	15.	11 33	15 13	18 49	15 57	–25,6	Antares	Größte Südbreite	
Di	16.	12 36	16 05	19 32	16 49	–27,6	Antares		
Mi	17.	13 28	16 57	20 29	17 43	–28,2	Schlangenträger		
Do	18.	14 09	17 50	21 37	18 38	–27,5	Schütze, Nunki		
Fr	19.	14 40	18 42	22 53	19 33	–25,4	Schütze	**Erstes Viertel**	9^h33^m
Sa	20.	15 04	19 33	–	20 27	–22,0	Steinbock	Libration Ost	
So	21.	15 23	20 22	0 13	21 19	–17,4	Steinbock		
Mo	22.	15 39	21 10	1 35	22 11	–11,8	* Wassermann	Aufsteigender Knoten	
Di	23.	15 54	21 59	2 58	23 02	– 5,4	Wassermann		
Mi	24.	16 09	22 50	4 23	23 53	+ 1,5	Fische		
Do	25.	16 26	23 44	5 52	0 46	+ 8,4	Fische		
Fr	26.	16 48	–	7 24	1 42	+15,0	Fische	**Vollmond** Erdnähe 357/33′,5	5^h52^m 13^h
Sa	27.	17 17	0 42	8 58	2 42	+20,7	Widder		
So	28.	17 57	1 44	10 29	3 46	+25,0	Stier, Plejaden	Größte Nordbreite	
Mo	29.	18 54	2 49	11 48	4 51	+27,5	* Stier, Al Nath		
Di	30.	20 04	3 53	12 49	5 57	+28,1	Stier, Al Nath		
Mi	31.	21 24	4 55	13 31	7 01	+26,7	Zwillinge		

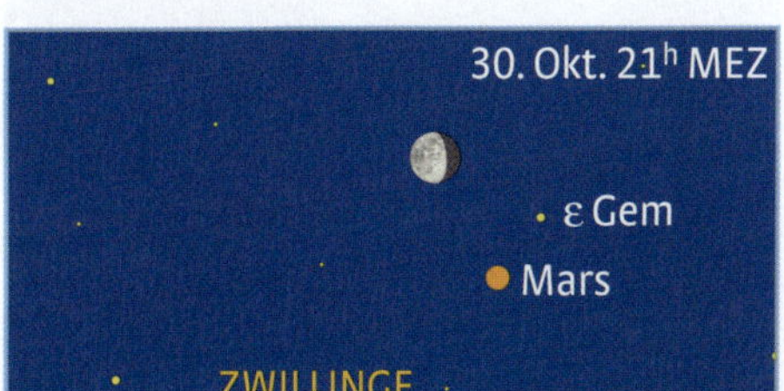

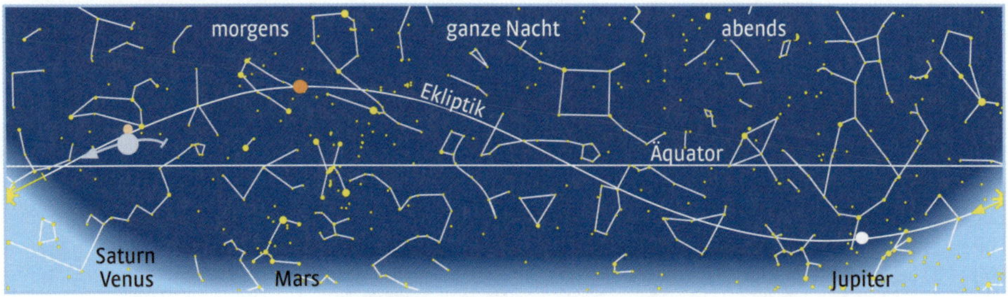

Planetenlauf im Oktober

Merkur hat seine größte östliche Elongation gerade hinter sich gebracht. Wegen seiner südlichen Position im Tierkreis kam es nicht zu einer Abendsichtbarkeit in unseren Breiten. Der Vollständigkeit halber sei erwähnt, dass am 4. die Dichotomie (Halbphase) erreicht ist. Am 12. kehrt der flinke Merkur seine Bewegungsrichtung um und wird rückläufig. Sonne und Merkur kommen einander entgegen. Bereits am 24. steht Merkur in unterer Konjunktion mit ihr. Merkur bleibt somit den gesamten Monat über unbeobachtbar.

Am 31. rast der sonnennahe Planet durch sein Perihel. An diesem Tag trennen ihn 46 Millionen Kilometer (= 0,307 AE) vom Zentralgestirn.

Venus ist strahlender Morgenstern und vor Sonnenaufgang

10.2 Heliozentrischer Anblick des Planetensystems im letzten Jahresviertel 2007. Eingetragen sind im linken Teil die Positionen der inneren Planeten für den 1. Oktober (10), den 1. November (11), den 1. Dezember (12) und den 1. Januar 2008 (1). Der rechte Teil zeigt das äußere Planetensystem samt einiger Planetoiden zu Anfang und Ende des letzten Jahresviertels. Die Pfeile deuten die Richtungen zu den ferneren Planeten sowie zum Frühlingspunkt an.

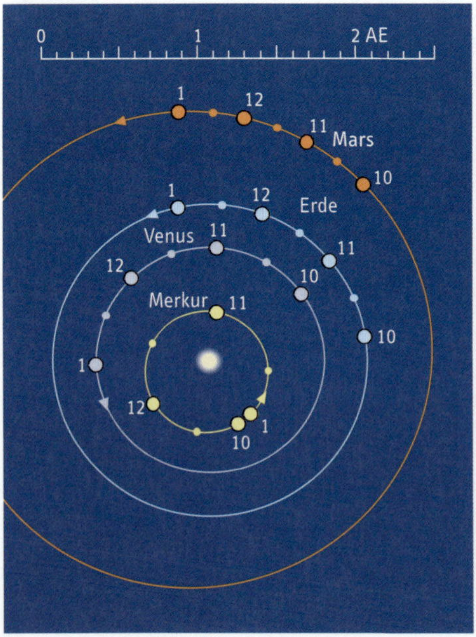

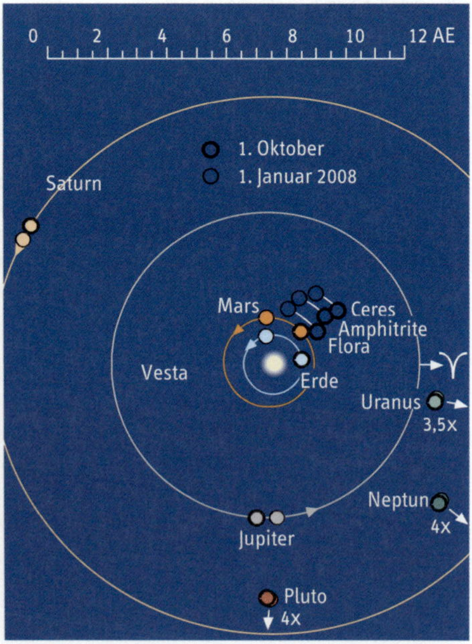

über dem Osthorizont zu sehen (siehe Abb. 10.5 auf Seite 217). Unser innerer Nachbarplanet wandert rechtläufig durch das Sternbild Löwe und passiert den Löwenhauptstern Regulus am 9. rund 2°8 südlich (siehe Abb. 7.8 auf Seite 161 und Abb. 10.6 auf Seite 218).

Zur Monatsmitte kommt es zu einer Begegnung mit dem Ringplaneten: Am 15. zieht Venus 2°55′ südlich an Saturn vorbei (siehe Abb. 10.7 auf Seite 218).

Ihre größte westliche Elongation mit 46°28′ Winkelabstand von der Sonne erreicht Venus am 28. Oktober.

Die Aufgänge der $-4^{\mathrm{m}}5$ hellen Venus verspäten sich im Laufe des Monats nur unwesentlich von $2^{\mathrm{h}}33^{\mathrm{m}}$ (= $3^{\mathrm{h}}33^{\mathrm{m}}$ Sommerzeit) auf $2^{\mathrm{h}}48^{\mathrm{m}}$. Die Venushelligkeit sinkt kaum merkbar auf $-4^{\mathrm{m}}4$ etwas ab.

Im Fernrohr zeigt sich das $24''5$ große Venusscheibchen am 27. halb beleuchtet – die Dichotomie tritt ein. Danach erscheint Venus immer kleiner und rundlicher, denn Venus entfernt sich immer mehr von der Erde. Am Tag der größten westlichen Elongation ist Venus 104 Millionen Kilometer (= 0,695 AE) von uns entfernt.

Ein besonders netter Himmelsanblick ergibt sich in den Morgenstunden am 7. gegen 5^{h} (= 6^{h} Sommerzeit): Zum Dreigestirn Venus, Saturn und Regulus gesellt sich die Sichel des abnehmenden Mondes (siehe Abb. 10.1 auf Seite 211).

Mars bremst seine rechtläufige Bewegung in den Zwillingen merkbar ab. Zu Monatsende bleibt er fast ganz stehen. Rückläufig wird der rote Planet aber

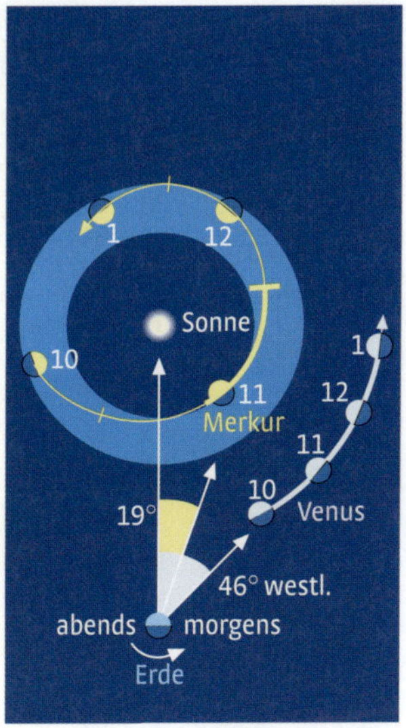

10.3 Heliozentrische Bewegungen von Merkur und Venus relativ zur Erde. In den dicker ausgezogenen Bahnteilen sind die Planeten beobachtbar. Die Zahlen geben die Positionen jeweils zum Monatsersten an. Östlicher Winkelabstand bedeutet Abendsichtbarkeit; westliche Elongation: Planet steht am Morgenhimmel.

erst Mitte nächsten Monats. Die Oppositionsstellung rückt immer näher, was sich auch an seiner kräftigen Helligkeitssteigerung um eine halbe Größenklasse und seinen immer früher erfolgenden Aufgängen bemerkbar macht.

Am 3. steht Mars 0°9 südlich des offenen Sternhaufens M 35 in den Zwillingen. Den Stern Mebsuta (ε Geminorum) passiert der rote Planet am 27. in 1°3 südlichem Abstand (siehe Abb. 9.3 auf Seite 195).

Mars geht am 1. um $21^{\mathrm{h}}36^{\mathrm{m}}$ (= $22^{\mathrm{h}}36^{\mathrm{m}}$ Sommerzeit) auf und am 15. um $21^{\mathrm{h}}03^{\mathrm{m}}$. Am 31. überschreitet der inzwischen $-0^{\mathrm{m}}6$ helle Mars bereits um $20^{\mathrm{h}}17^{\mathrm{m}}$ die nordöstliche Horizontlinie.

Der scheinbare Durchmesser des Marsscheibchens nimmt auf gut 12″ zu.

Zweimal, nämlich am 2. und am 30., zieht der abnehmende Mond nördlich an Mars vorbei (siehe auch Abb. 10.4 auf Seite 217).

Jupiter, rechtläufig im Schlangenträger, kann noch am Abendhimmel gesehen werden. Nach Einbruch der Dunkelheit steht der Riesenplanet bereits weit im Südwesten. Jupiter, dessen Helligkeit auf $-1^{\mathrm{m}}9$ zurückgeht, ist kein spektakuläres Objekt mehr.

Die Untergänge des Riesenplaneten verfrühen sich von $20^{\mathrm{h}}40^{\mathrm{m}}$ (= $21^{\mathrm{h}}40^{\mathrm{m}}$ Sommerzeit) am 1. auf $19^{\mathrm{h}}00^{\mathrm{m}}$ am Monatsende. Da Jupiter erst gegen $17^{\mathrm{h}}15^{\mathrm{m}}$ in der Abenddämmerung erkannt werden kann, bleiben nur noch rund eineinhalb Stunden Sichtbarkeitszeit.

Am 31. trennen uns 893 Millionen Kilometer vom Riesenplaneten, dies sind 5,97 AE oder knapp 50 Minuten Lichtlaufzeit.

Saturn kann am Morgenhimmel gesehen werden. Er wandert rechtläufig durch den Löwen und geht immer früher auf. Am 1. erfolgt der Aufgang des Ringplaneten um $3^{\mathrm{h}}06^{\mathrm{m}}$ (= $4^{\mathrm{h}}06^{\mathrm{m}}$ Sommerzeit) und am 15. um $2^{\mathrm{h}}19^{\mathrm{m}}$. Zu Monatsende geht der $0^{\mathrm{m}}8$ helle Saturn bereits um $1^{\mathrm{h}}24^{\mathrm{m}}$ auf.

Am 7. kommt es morgens gegen 5^{h} (= 6^{h} Sommerzeit) zu einem netten Himmelsanblick. Saturn, Venus und die Sichel des abnehmenden Mondes stehen nahe beieinander. Das Dreigestirn plus Regulus ist tief am Osthimmel

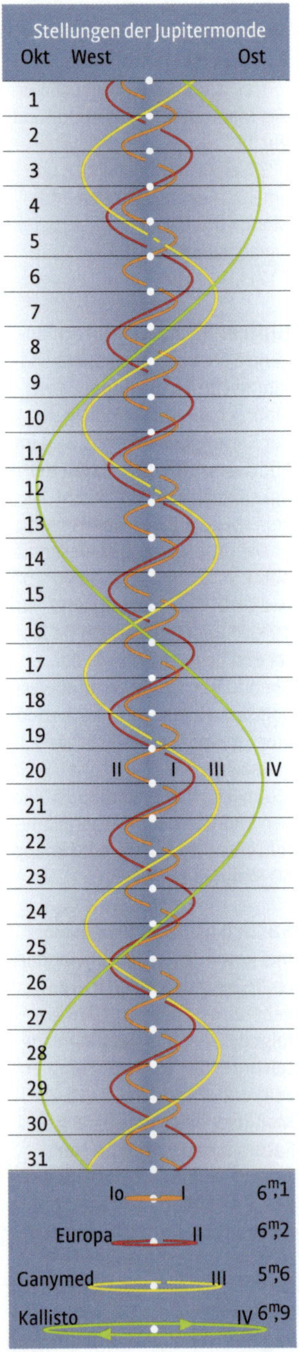

Jupitermonde

Tag	MEZ	Vorgang	
	h m		
1.	19 50	III	DA
5.	18 48	II	BA
7.	17 42	I	DA
	18 05	II	SE
	18 49	I	SA
	19 54	I	DE
8.	18 13	I	VE
12.	18 37	III	VA
14.	18 06	II	SA
	18 35	II	DE
	19 41	I	DA
19.	18 34	III	BA
21.	18 44	II	DA
22.	18 52	I	BA
23.	17 07	I	SA
	18 08	II	VE
	18 22	I	DE
	19 19	I	SE
30.	18 10	I	DA
31.	18 28	I	VE

auszumachen (siehe Abb. 10.1 auf Seite 211). Gegen 6^h30^m wird dann Regulus vom Mond bedeckt (siehe Tabelle „Sternbedeckungen“ auf Seite 272).

Am 15. zieht die strahlende Venus dann knapp 3° südlich am Ringplaneten vorbei (siehe auch Abb. 10.7 auf Seite 218).

Uranus, rückläufig im Wassermann, stand im Vormonat in Opposition zur Sonne. Wenn die Dunkelheit so weit hereingebrochen ist, dass man auch lichtschwache Objekte erkennen kann, steht Uranus schon hoch

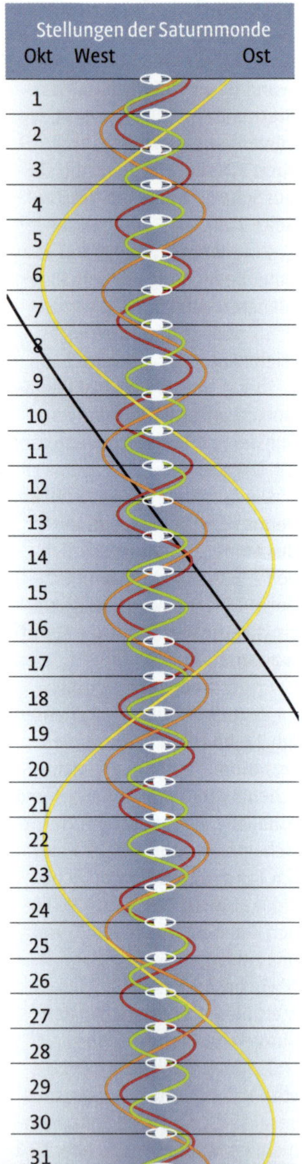

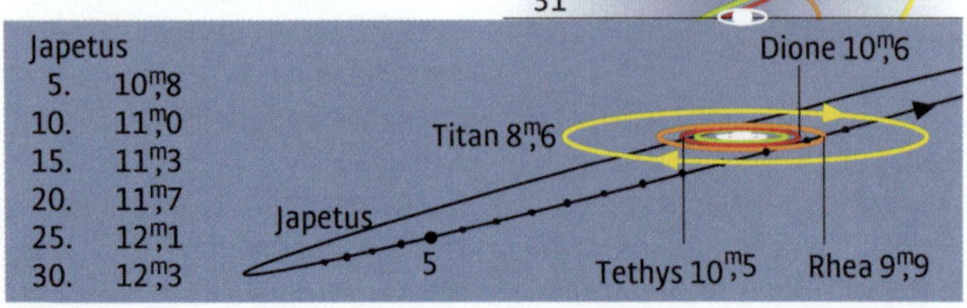

10.4 Der abnehmende Halbmond begegnet Mars am 2. Oktober. Himmelsanblick in nordöstlicher Richtung gegen 22h MEZ (= 23h MESZ).

genug im Südosten, um mit lichtstarker Optik erkannt zu werden. Vom Morgenhimmel zieht sich Uranus zurück. Um den grünlichen Planeten zu finden, benütze man das Aufsuchkärtchen Abb. 9.6 auf Seite 196.

Der Uranusaufgang erfolgt am 1. um 17^h16^m (= 18^h16^m Sommerzeit), die Kulmination von Uranus um 22^h48^m und sein Untergang um 4^h25^m (= 5^h25^m MESZ). Am Monatsende kulminiert der $5^m\!,8$ helle, grünliche Planet um 20^h47^m und geht um 2^h22^m unter.

In der Nacht vom 22. auf 23. Oktober begegnet der zunehmende Mond knapp zwei Grad nördlich dem lichtschwachen Planeten (siehe Abb. 10.8 auf Seite 218).

Neptun bremst seine ohnehin recht zögerliche, rückläufige Bewegung durch den Steinbock immer mehr ab und kommt am Monatsletzten zum Stillstand. Damit endet auch seine Oppositionsperiode. Anschließend wandert er wieder rechtläufig durch den Steinbock (siehe auch Abb. 8.5 auf Seite 177).

Da die Dunkelheit im Herbst immer früher einsetzt, so kann man den nur $7^m\!,8$ hellen, bläulichen Planeten noch mit lichtstarker Optik am Abendhimmel aufsuchen.

Zu Monatsbeginn kulminiert Neptun um 21^h07^m (= 22^h07^m Sommerzeit) und geht um 1^h59^m unter. Ende Oktober passiert Neptun schon um 19^h08^m den Meridian und versinkt um 23^h55^m unter der Horizontlinie.

Planetoiden

Ceres (1) wandert rückläufig durch das Sternbild Stier und

10.5 Stellung der Venus über dem Osthorizont jeweils eine Stunde vor Sonnenaufgang von September 2007 bis Februar 2008. Die Zahlen geben die Venusposition zum jeweiligen Monatsersten an (9 = 1. September).

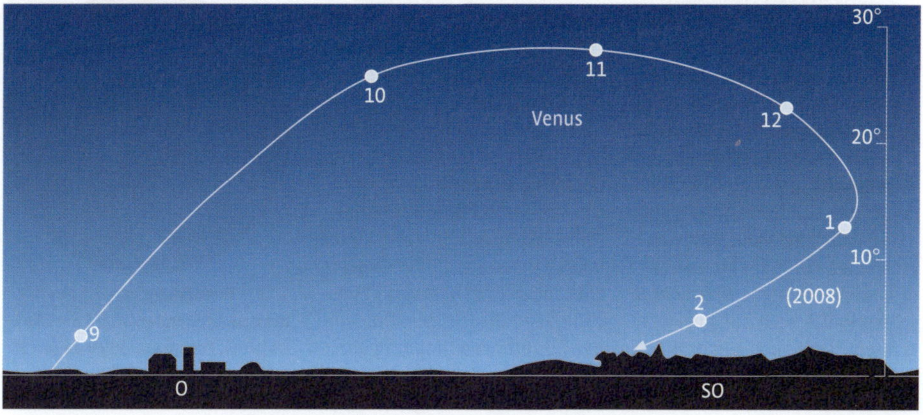

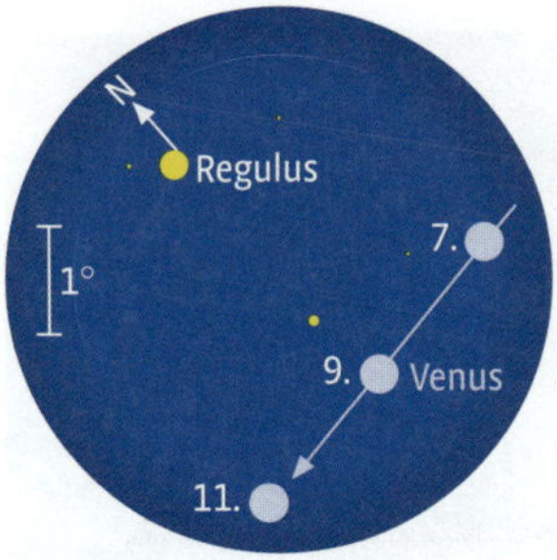

10.6 Venus passiert Regulus im Löwen am 9. Oktober. Fernglasanblick am Morgenhimmel bei 5° Gesichtsfelddurchmesser.

steuert auf ihre Opposition zu, die sie im ersten Novemberdrittel erreicht (siehe Aufsuchkärtchen Abb. 11.4 auf Seite 233). Am 20. passiert sie abermals o Tauri ($3\overset{\mathrm{m}}{,}6$) in $0\overset{\circ}{,}4$ südlichem Abstand. Ihre scheinbare Helligkeit steigt deutlich von $8\overset{\mathrm{m}}{,}1$ am 1. auf $7\overset{\mathrm{m}}{,}4$ am 31. an. Ihre relativ nördliche Position erleichtert es, Ceres in unseren Breiten nun mit einem guten Fernglas – montiert auf einem stabilen Stativ – aufzufinden. Dabei nutze man die Stunden um die Kulmination. Ceres geht am 1. um $3^{h}17^{m}$ durch die Mittagslinie, am 15. um $2^{h}16^{m}$ (= $3^{h}16^{m}$ Sommerzeit) und am 31. schon um $1^{h}01^{m}$.

Pallas (2) stand Anfang des Vormonats in Opposition zur Sonne. Am 22. wird sie in Rektaszension stationär und wandert anschließend wieder rechtläufig durch den Wassermann.

Die Pallashelligkeit geht weiter leicht auf $9\overset{\mathrm{m}}{,}5$ bis Monatsende zurück. Erfahrene Beobachter sollten Pallas noch aufspüren können (siehe auch Aufsuchkärtchen Abb. 9.7 auf Seite 197). Ihre Kulminationen verfrühen sich von $21^{h}48^{m}$ (= $22^{h}48^{m}$ Sommerzeit) am Monatsbeginn auf $20^{h}21^{m}$ Ende Oktober.

Flora – Planetoid Nr. 8 – wird am 12. im Sternbild Stier südwestlich der Hyaden stationär und setzt zu ihrer Oppositionsschleife an (siehe Abb. 11.4 auf Seite 233). Die Florahelligkeit nimmt während des Oktober von $9\overset{\mathrm{m}}{,}0$ auf $8\overset{\mathrm{m}}{,}3$ deutlich zu und lässt Flora zu einem Beobachtungsobjekt für Sternfreunde werden.

Am 1. kulminiert Flora um $3^{h}50^{m}$ (= $4^{h}50^{m}$ Sommerzeit), am 15. um $2^{h}57^{m}$ und am 31. bereits um $1^{h}48^{m}$.

Amphitrite – Planetoid Nr. 29 – wird am 2. ebenfalls im Stier stationär und setzt zu ihrer Oppositionsschleife an. Sie hält sich nördlich der Plejaden auf (siehe Aufsuchkärtchen 11.4 auf Seite 233). Noch ist sie nicht leicht aufzuspüren, auch wenn ihre Helligkeit von $9\overset{\mathrm{m}}{,}8$ auf $9\overset{\mathrm{m}}{,}1$ während des Oktober kräftig zunimmt. Ihre Kulminationen verlagert Amphitrite von $3^{h}34^{m}$ (= $4^{h}34^{m}$ Sommerzeit) am 1. auf $2^{h}36^{m}$ am 15. und auf $1^{h}23^{m}$am Monatsletzten.

Periodische Sternschnuppenströme im Oktober

Die **Delta-Draconiden**, auch **Oktober-Draconiden** genannt, sind ein temporärer Strom, deren Radiant im Sternbild des Drachen, etwa 3° östlich von γ Draconis liegt. Die Oktober-Draconiden führen ihren Ursprung auf den Kometen 21P/Giacobini-Zinner (alte Bezeichnung: 1900 III) zurück, weshalb dieser Meteorstrom auch **Giacobiniden** heißt. Vom 6. bis 10. Oktober passiert die Erde relativ nahe den absteigenden Knoten der Bahn des Kometen 21P. Seine Umlaufszeit beträgt 6,5 Jahre. Da die Trümmerwolke schon recht lang gezogen ist und die Meteoroide sich entlang der Bahn verteilt haben, ist mit Überraschungen zu rechnen. Die Meteorhäufigkeit schwankt von Jahr zu Jahr erheblich.

Von Anfang Oktober bis in die erste Novemberwoche sind die

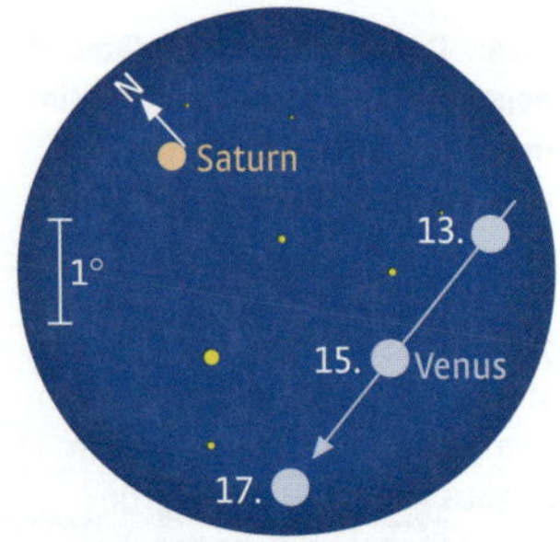

10.7 Venus passiert am 15. Oktober Saturn. Fernglasanblick am Morgenhimmel bei 5° Gesichtsfelddurchmesser.

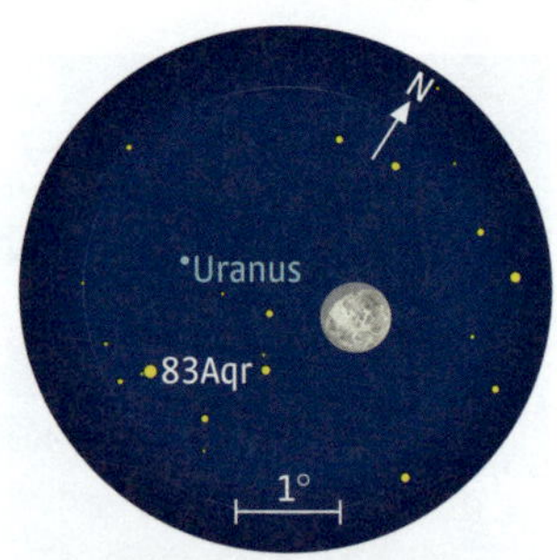

10.8 Begegnung von Uranus mit dem zunehmenden Mond am 23. Oktober. Fernglasanblick gegen 3^{h} MEZ (= 4^{h} MESZ) bei 5° Gesichtsfelddurchmesser.

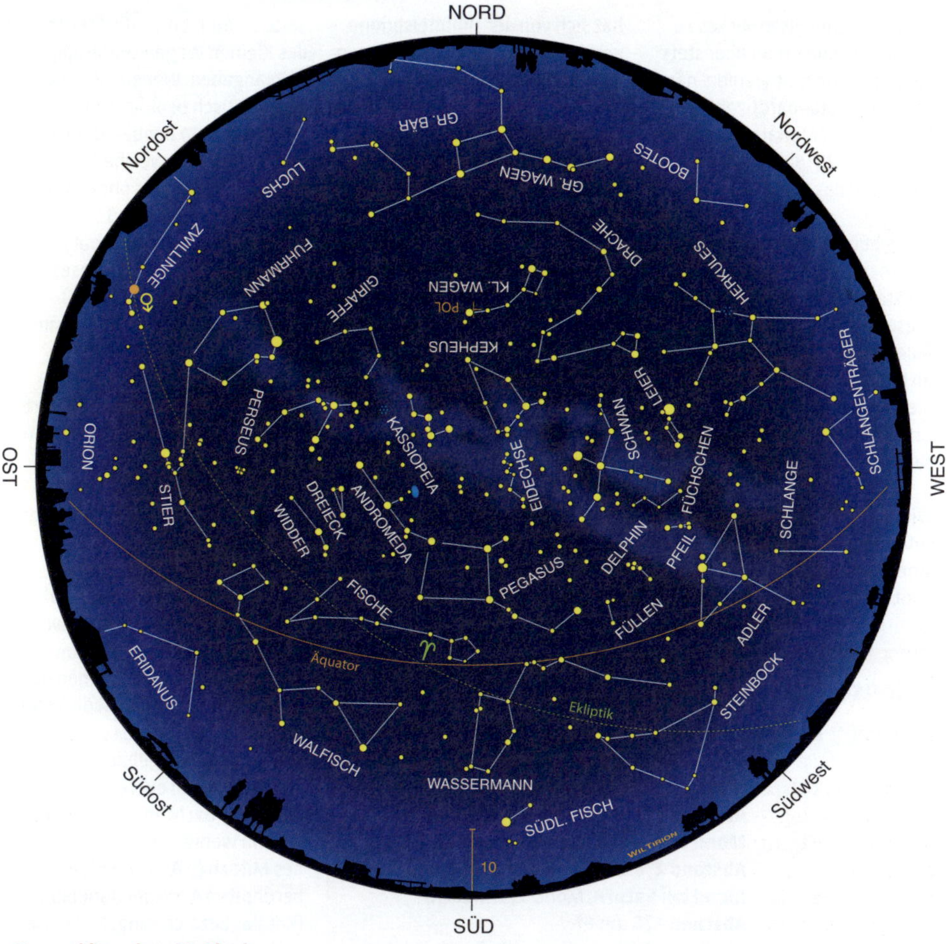

Sternenhimmel am 15. Oktober um 22ʰ MEZ (23ʰ MESZ)

Fixsternhimmel auch gültig für:		
	MEZ	MESZ
1. 8.	3ʰ	4ʰ
15. 8.	2	3
1. 9.	1	2
15. 9.	0	1
1.10.	**23**	**24**
15.10.	**22**	**23**
31.10.	**21**	
15.11.	20	
30.11.	19	
15.12.	18	

Orioniden aktiv, deren Ursprung auf den Halleyschen Komet deutet. Mit dem Maximum ist am 21. Oktober zu rechnen, wobei etwa zwanzig bis dreißig Meteore pro Stunde zu erwarten sind. Die Frequenz ist von Jahr zu Jahr verschieden. Die beste Beobachtungszeit: Mitternacht bis 5ʰ morgens. Der Radiant liegt etwa 10° nordöstlich von Beteigeuze. Es handelt sich bei den Orioniden um sehr schnelle Objekte (um 65 Kilometer pro Sekunde).

Der Fixsternhimmel

Blickt man in der nun schon früher einsetzenden Dunkelheit zum Sternenhimmel, so gewinnt man den Eindruck, dass die Sommersternbilder nicht weichen wollen. Dies liegt zum einen daran, dass durch die jetzt früher einsetzende Dämmerung der Sternfreund auch eher zu beobachten beginnt. Um die Ände-

rung des Himmelsanblickes zu bemerken, muss man aber stets die gleiche Uhrzeit wählen, nämlich unsere Standardbeobachtungszeit zur Monatsmitte um 22^h MEZ (= 23^h Sommerzeit) oder zu Beginn des Monats um 23^h MEZ.
Noch steht hoch im Westen das Sommerdreieck mit den drei hellen Sternen Wega–Deneb–Atair. Diese drei Sterne erster Größe fallen besonders auf, vor allem im Kontrast zu den Herbstbildern, die sich nur aus Sternen zweiter Größenklasse und schwächer zusammensetzen.

Typische Sommersternbilder wie der Skorpion mit dem hellen, roten Antares und der Schütze sind aber bereits unter dem Horizont verschwunden. Auch Arktur hat sich von der Himmelsbühne verabschiedet. Der Große Wagen ist tief im Norden, nahe dem Horizont zu entdecken. Dafür springt das Himmels-W, die Kassiopeia, hoch im Nordosten dem Betrachter förmlich ins Auge. Die mittlere Spitze des Sternen-Ws deutet bekanntlich auf den Polarstern, der das Deichselende des Kleinen Wagens markiert. Der Kleine Wagen ist viel schwerer zu erkennen als der Große, nicht, weil er etwa kleiner ist, sondern weil seine Sterne weit weniger hell sind als die des Großen Wagens. Wer prüfen will, wie gut die Durchsicht des Himmels ist und wie stark irdisches Streulicht stört, sollte systematisch versuchen, die Sterne des Kleinen Wagens zu erkennen. In Abb. E.9 auf Seite 29 findet man die Sterne des Kleinen Wagens mit Helligkeitsangaben. Wer ein bisschen systematisch beobachten will, kann an jedem Beobachtungsabend notieren, welche Sterne des Kleinen Wagens ohne Mühe freiäugig zu sehen sind.

Das Pegasusquadrat hat fast den Meridian erreicht. Dieses markante Sternenviereck ist kaum zu übersehen. Man nennt es auch Herbstviereck analog zum Sommerdreieck oder Wintersechseck. Der Pegasus gehört zu den leicht erkennbaren Sternbildern, die man auf Anhieb findet. Der Sage nach ist der Pegasus ein geflügeltes Pferd, das den Poeten ihre Gedankenflüge ermöglicht. Die vier Sterne des Herbstvierecks heißen Markab, Scheat, Algenib und Sirrah, wobei Sirrah selbst nicht mehr zum Pegasus gehört, sondern schon der erste Stern der Andromeda (α Andromedae) ist, die aus einer Kette von vier Sternen gebildet wird. In der Andromeda entdeckt man bei guten Beobachtungsbedingungen ein wenig nördlich des Sternes Mirach (β Andromedae) den berühmten Andromedanebel (Katalogbezeichnung: M 31). Der Andromedanebel ist unsere Nachbarmilchstraße. Das Licht der Sterne des Andromedanebels ist rund drei Millionen Jahre unterwegs, bis es die Erde erreicht. Es ist praktisch das fernste Himmelsobjekt, das man mit bloßem Auge sehen kann.

Südlich der Andromeda steht das Tierkreisbild Widder. Zwischen Widder und Andromeda hat das kleine Sternbild Dreieck (lat.: Triangulum) seinen Platz. Östlich der Andromeda ist ihr Retter zu finden, der strahlende

Konstellationen und Ereignisse im Oktober

Datum	MEZ	Ereignis
2.	21^h	**Mond bei Mars**, Mond 4,°7 nördlich,
		Abstand 4,°1 um 22^h
7.	4	**Mond bei Venus**, Mond 3,°5 nördlich,
		Abstand 2,°8 um 5^h
7.	17	**Mond bei Saturn**, Mond 1,°3 südlich,
		Abstand 4,°6 um 6^h
12.	8	Merkur im Stillstand, anschließend rückläufig
13.	2	Mond bei Merkur, Mond 1,°3 südlich
15.	15	**Venus bei Saturn**, Venus 2,°9 südlich,
		Abstand 2,°9 um 5^h
16.	7	Mond bei Jupiter, Mond 5,°4 südlich
21.	4	Mond bei Neptun, Mond 1,°3 südlich
23.	3	**Mond bei Uranus**, Mond 1,°8 nördlich,
		Abstand 1,°7 um 1^h (Fernglas!)
24.	1	Merkur in unterer Konjunktion mit der Sonne
28.	16	**Venus in größter westlicher Elongation (46°)**
30.	20	**Mond bei Mars**, Mond 3,°2 nördlich,
		Abstand 2,°7 um 21^h
31.	20	Merkur im Perihel
31.	21	Neptun im Stillstand, anschließend rechtläufig

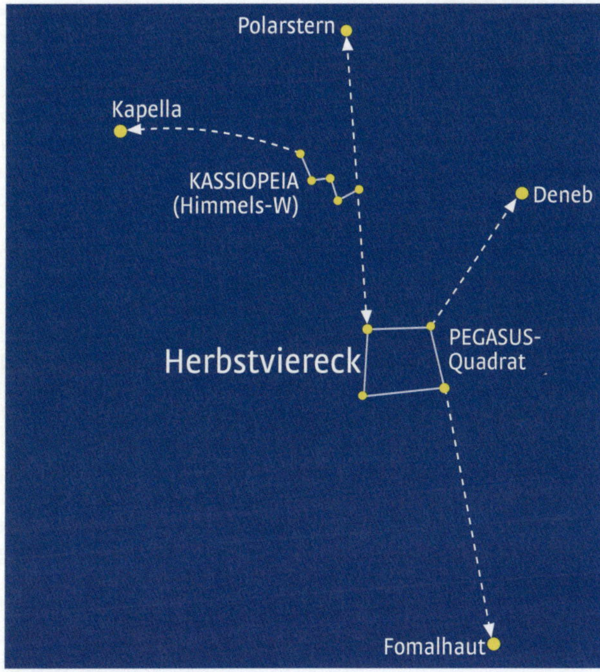

10.9 Vom Herbstviereck (Pegasusquadrat) ausgehend findet man schnell die Kassiopeia, den Polarstern, Deneb und Fomalhaut, Hauptstern des Sternbildes Südlicher Fisch.

Held Perseus. Im Perseus steht der Bedeckungsveränderliche Algol, ein ideales Übungsobjekt für diejenigen Sternfreunde, die sich der Beobachtung veränderlicher Sterne widmen wollen. Die Lichtminima von Algol sind jeweils in der Rubrik „Veränderliche Sterne" vermerkt.

Da wir schon bei den Veränderlichen sind: Den Südosten nimmt der ausgedehnte Walfisch (lat.: Cetus) ein, mit dem berühmten veränderlichen Mira Ceti. Seine Helligkeit schwankt in rund 330 Tagen zwischen dritter und neunter Sterngröße. Das heißt, zeitweise ist Mira überhaupt nicht zu sehen. Entdeckt wurde Mira im Jahre 1596 von dem ostfriesischen Landpfarrer David Fabricius. Er nannte diesen Stern Mira Stella, was seltsamer oder verwunderlicher Stern heißt.

Hoch im Osten hat sich der Fuhrmann (lat.: Auriga) mit der hellen Kapella breit gemacht. Kapella gehört mit $0{,}^m1$ zu den hellsten Sternen des Himmels und hat ungefähr die gleiche Oberflächentemperatur wie unsere Sonne. Allerdings besteht Kapella aus zwei einzelnen Riesensonnen, die einander umkreisen. Die Entfernung von Kapella misst 42 Lichtjahre.

Tief im Osten ist bereits der Stier mit dem hellen, rötlichen Aldebaran und dem Siebengestirn, den Plejaden, aufgegangen. Der Stier ist ein erster Vorbote des kommenden Winters. Als kulminierendes Tierkreisbild ist der Wassermann (lat.: Aquarius) zu nennen. Ebenfalls durch den Meridian wandert tief im Süden der Südliche Fisch. Von seinen Sternen ist nur Fomalhaut gut zu sehen, während die übrigen meist vom Horizontdunst verschluckt werden.

Für Spezialisten sei ein lichtschwaches Sternbild genannt, das gerade den Meridian passiert und zenitnah steht: Die Eidechse (lat.: Lacerta). Um die Eidechse zu identifizieren, sollte man ein lichtstarkes Fernglas mit geringer Vergrößerung benutzen.

Veränderliche Sterne im Oktober

Algol-Minima	1. 22^h12^m	4. 19^h02^m	16. 6^h17^m	19. 3^h06^m	21. 23^h54^m	24. 20^h43^m
β-Lyrae-Minima	6. 16^h N	13. 4^h H	19. 15^h N	26. 2^h H		
δ-Cephei-Maxima	1. 4^h	6. 13^h	11. 21^h	17. 6^h	22. 15^h	27. 24^h
Mira-Helligkeit	1. 9^m	10. 9^m	20. 9^m	31. 9^m		

Monatsthema

Xena – ein zehnter Planet?

Schon bald nach der Entdeckung von Pluto Anfang 1930 begann die Suche nach einem zehnten Planeten außerhalb der Plutobahn. Zunächst hatte man deshalb den Verdacht, ein weiterer, massereicher Planet müsse jenseits der Neptunbahn existieren, da die restlichen Störungen der Uranus- und Neptunbahn nicht von Pluto verursacht werden konnten, denn dieser besitzt eine viel zu geringe Masse. Die restlichen Bahnabweichungen der großen Planeten Uranus und Neptun wurden inzwischen anderweitig geklärt. Doch die Suche nach einem Transpluto, nach dem Planeten X, wurde fortgesetzt. Das X steht sowohl für „unbekannter Planet“ als auch für „10.“ Planet (römisches Zahlenzeichen X bedeutet 10). Wie so oft in der Himmelskunde, folgten in den 90er Jahren des letzten Jahrhunderts einige Überraschungen. Nach der Entdeckung von Pluto dachte man, er ziehe in knapp einem Vierteljahrhundert einsam in den fernen Bezirken des Sonnensystems gewissermaßen als Grenzwächter seine Bahn um die Sonne. Doch statt eines Planeten X fand man in den letzten Jahren Dutzende Kleinplaneten, die jenseits der Neptunbahn ihre Bahnen um die Sonne ziehen. Ganz so groß war die Überraschung nicht, dass in dem fernen Bereich weit außerhalb der Neptunbahn kosmischer Kleinschrott die Sonne umrundet. Vermutet wurde dies schon fast ein halbes Jahrhundert. Aber erst mit moderner Beobachtungstechnik gelang es, Planetoiden noch außerhalb der Neptunbahn aufzuspüren. Schon 1951 stellte der aus den Niederlanden stammende Astronom Gerard Peter Kuiper (1905–1973) die Hypothese auf, dass das Sonnensystem nicht abrupt bei den Bahnen von Neptun und Pluto ende. Vielmehr gäbe es jenseits der Neptunbahn einen Gürtel von Materie, in dem sowohl Planetoiden als auch Kometenkerne die Sonne umkreisen. Kuipers Vermutung fand zunächst kaum Beachtung, vor allem weil die instrumentellen Voraussetzungen zur Beobachtung dieser extrem lichtschwachen Objekte Mitte des Zwanzigsten Jahrhunderts noch nicht gegeben waren. Aber der Begriff Kuiper-Gürtel (engl.: Kuiper-belt) setzte sich bald in der Fachwelt durch.

10.10 Die heliozentrischen Bahnen von Pluto, Santa, Easterbunny und Xena.

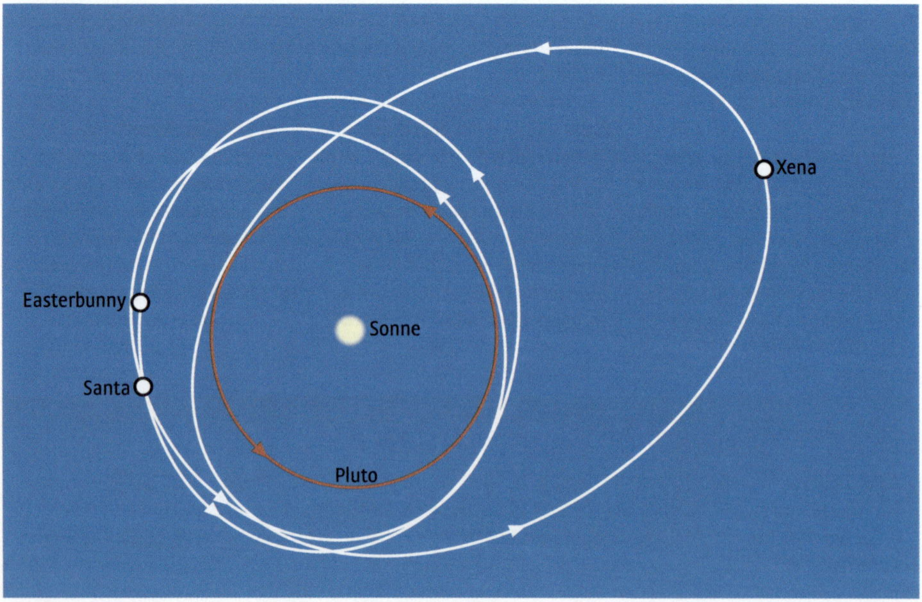

Pluto und seine Konkurrenten – die größten Kuiper-Belt-Objekte

Name	Pluto	Xena	Santa	Easterbunny	Sedna	Quaoar
Bezeichnung	Pluto	2003 UB313	2003 EL61	2005 FY9	2003 VB12	2002 LM60
Große Halbachse a [AE]	39,8	68	43	46	509	43
Perihel [AE]	29,6	37,8	35,2	39	76	41,6
Aphel [AE]	49,3	97,5	52	53	950	44,7
Umlaufszeit [Jahre]	248	557	285	307	11 500	284
Durchmesser [km]	2 300	3 000	1700	1500	1500/1800	1300
Num. Exzentrizität e	0,246	0,442	0,189	0,152	0,86	0,0357
Bahnneigung i	17°	44°	28°	29°	11,°9	8°
Scheinbare Helligk. [m]	13,7	18,8	17,7	17,4	20,5	19
Monde	3	1	1	–	1	–
Entdeckung	Feb. 1930	Okt. 2003	Mai 2004	März 2005	Nov. 2003	Juni 2002

Kleine Planeten im Kuiper-Gürtel

Im August 1992 wurde schließlich erstmals ein Kleinplanet gefunden (1992 QB1), dessen Bahn außerhalb der Neptunbahn liegt. Diese Entdeckung blieb nicht lange eine Sensation. Bald spürte man einige Dutzend TNOs (**T**rans-**N**eptunian-**O**bjects) auf, also Objekte jenseits der Neptunbahn. Sie laufen auf Bahnen, deren große Halbachsen zwischen 35 und 50 AE aufweisen. Die Bahnneigungen liegen meist unter 5° zur Ekliptikebene. Ihre Durchmesser schwanken zwischen hundert und vierhundert Kilometern. Sie sind Mitglieder des Kuiper-Gürtels und werden deshalb auch als KBOs (**K**uiper-**B**elt-**O**bjects) bezeichnet. Manche laufen dabei in Bahnen, deren Umlaufszeiten zur Neptunumlaufszeit im Verhältnis 3:2 oder auch 4:3 liegen. Man spricht auch von Resonanzbahnen. In einem solchen Resonanzverhältnis finden sich auch Neptun und Pluto. Wenn Neptun die Sonne dreimal umrundet hat, so ist Pluto zweimal um die Sonne gelaufen. KBOs, die in einem solchen Resonanzverhältnis zu Neptun stehen, werden auch Plutinos genannt, was so viel wie „kleine Plutos" bedeutet. Und das ist der springende Punkt: Sie sind alle kleiner als Pluto und niemand würde sie als 10., 11. usw. Planeten ansehen – sie zählen zu den Kleinplaneten oder Planetoiden, auch als Asteroiden bezeichnet nach dem englischen Wort „asteroids".

Pluto hatte schon in den letzten Jahren Mühe, seinen Planetenstatus zu verteidigen. Mit 2300 Kilometern Durchmesser ist er der bei weitem kleinste aller neun Planeten. Seine Bahn weicht am stärksten von der Kreisform ab und die Bahnneigung ist mit 17° die größte aller Planeten. Sie kreuzt sogar die Neptunbahn. Darüber hinaus hat er mit einer Dichte von nur zwei Gramm pro Kubikzentimeter eine viel geringere Dichte als die terrestrischen Planeten, deren Dichten zwischen 3,9 (Mars) und 5,4 (Merkur) Gramm pro Kubikzentimeter liegen. Man hielt aber vor allem aus historischen Gründen am Planetenstatus von Pluto fest.

Doch in den letzten Jahren hat Pluto Konkurrenz im Kuiper-Gürtel bekommen. Immer größere TNOs wurden aufgespürt. Im Juni 2002 wurde ein Kuiper-Belt-Objekt entdeckt, das etwas mehr als den halben Plutodurchmesser aufweist. Mit 1300 Kilometern Durchmesser ist 2002 LM60 – so die vorläufige Bezeichnung – zunächst der größte Planetoid ge-

10.11 Die neuentdeckten großen Kuiper-Belt-Objekte im Vergleich zu Pluto, Erdmond und Erde.

wesen, der selbst die Ceres, den erstentdeckten Planetoiden, mit knapp tausend Kilometern Durchmesser deutlich übertrifft. Der neu gefundene Riesenplanetoid wurde Quaoar getauft nach dem Schöpfergott des Indianerstammes der Tongva. Doch schon bald verlor Quaoar den Rang, größter Planetoid zu sein. Am 14. November 2003 wurde mit dem Samuel-Oschin-Teleskop (mit 1,2 m freier Öffnung ein vergleichsweise eher bescheidenes Teleskop) auf dem Palomar-Observatorium das KBO mit der Bezeichnung 2003 VB12 aufgespürt, das den Namen Sedna erhielt. Sedna ist die Meeresgöttin der Inuit-Indianer. Sedna war bei ihrer Entdeckung immerhin 90 AE, das ist die dreifache Neptundistanz, von der Sonne entfernt. Damit ist Sedna der Rekordhalter, was die Sonnenentfernung betrifft. Noch nie wurde ein Kleinplanet gefunden, der so weit außerhalb der Neptunbahn die Sonne umrundet. Sednas Bahn ist auch ungewöhnlich groß und extrem lang gestreckt. Die große Halbachse misst 509 AE (= 76,1 Milliarden Kilometer), was einer Umlaufszeit von 11 500 Jahren (!) entspricht. Im Aphel trennen Sedna 950 AE oder 142 Milliarden Kilometer von der Sonne. Aber selbst in Sonnennähe ist Sedna noch 76 AE (= 11 400 Millionen Kilometer) von der Sonne entfernt – das ist etwa die doppelte Plutodistanz. Doch die größte Überraschung ist die Größe von Sedna: Mit 1500 bis 1800 Kilometern ist Sedna noch erheblich größer als Quaoar und kommt somit an Pluto heran. Bald meldeten einige: „Ein zehnter Planet unseres Sonnensystems ist entdeckt." Hatte man schon bei Pluto in neuerer Zeit Bedenken, ihn als Planeten anzusehen, so wollte man Sedna nicht einfach einen Planetenstatus verleihen.

Ein zehnter Planet?

Und das war gut so. Denn im Sommer 2005 stellte sich heraus, dass das bereits am 31. Oktober 2003 entdeckte KBO mit der provisorischen Bezeichnung 2003 UB313 mit Sicherheit *größer als Pluto* ist! Man schätzte den Durchmesser von 2003 UB313 auf 2700 bis 3500 Kilometer. Die Durchmesserbestimmung bei KBOs ist nicht so einfach. Was gemessen wird, ist die scheinbare Helligkeit und die Position. Aus der Veränderung der Position im Laufe der Zeit lässt sich die Bahn bestimmen. Die scheinbare Helligkeit wiederum hängt von drei Größen ab: Entfernung, Durchmesser und Albedo des Planetoiden. Die Entfernung kann aus der Bahn ermittelt werden. Der scheinbare Durchmesser kann bei so fernen und relativ kleinen Körpern nicht direkt gemessen werden – zumindest beim gegenwärtigen Stand der Beobachtungstechnik. Auch in großen Teleskopen erscheinen KBOs punktförmig. Hat ein KBO eine stark reflektierende Oberfläche, also eine große Albedo (Rückstrahlungsvermögen), so ist er bei gleicher scheinbarer Helligkeit kleiner als ein Körper mit niedriger Albedo, der wenig Licht pro Flächeneinheit reflektiert. Nimmt man an, dass 2003 UB313 glänzend weiß ist (Albedo: 95 %), so ergibt sich ein Durchmesser von 2300 Kilometern. Eine Albedo von 95 % ist aber rein hypothetisch. Geht man realistischerweise von der gleichen Albedo aus, die Pluto aufweist – wegen seiner Methaneisoberfläche etwa 60 % – so ergibt sich für 2003 UB313 ein Durchmesser von 2700 Kilometern. Ist er aber gar so dunkel wie Plutomond Charon (35 % Albedo), so hat dieses KBO sogar 3500 Kilometer Durchmesser, was ziemlich genau der Größe des Erdmondes entspricht. Inzwischen hat man 2003 UB313 auf den vorläufigen Namen Xena getauft. Auf alle Fälle ist Xena größer als Pluto selbst. Damit muss man sie eigentlich als Planeten ansehen.

Inzwischen ist es gelungen, mit dem 30-Meter-Submillimeter-Radioteleskop auf dem Pico Veleta (Spanien) von IRAM (Institut de Radio Astronomie Millimétrique) im Mikrowellenbereich Xena zu beobachten, das heißt in diesem Wellenlängenbereich des elektromagnetischen Spektrums ebenfalls die Strahlungsintensität zu messen. Im Vergleich mit der scheinbaren Helligkeit im visuellen Bereich konnte man auf die Albedo schließen und damit auf den wahren linearen Durchmesser von Xena, der sich damit zu ziemlich genau 3000 Kilometer ergibt.

Bereits im Oktober 2003 wurde Xena mit dem Samuel-Oschin-Teleskop (Öffnung: 1,2 Meter) auf Palomar Mountain aufgenommen. Wegen ihrer extrem langsamen Bewegung hatte man sie zunächst beim vollautomatischen Suchprogramm nach KBOs gar nicht registriert. Erst im Januar 2005, als man die Daten erneut auswertete, wurde man auf Xena aufmerksam. Sie war das fernste Objekt, das man je in unserem Sonnensystem aufstöberte. Bei ihrer Entdeckung betrug die Sonnendistanz von Xena

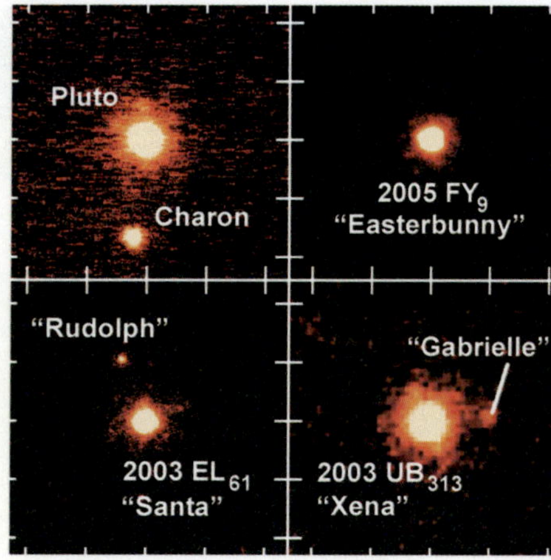

10.12 Aufnahmen mit dem Keck-Teleskop auf Hawaii von Pluto und Charon, Easterbunny, Santa mit Rudolph und Xena mit Gabrielle.

97 AE, das sind rund 14,5 Milliarden Kilometer! Xena hatte man nahe ihres Aphels aufgespürt – daher die langsame Bewegung. Die Xena-Bahn ist außerordentlich lang gestreckt. Im Perihel kommt sie bis auf 37,8 AE (= 5,7 Milliarden Kilometer) an die Sonne heran, dies ist etwa die mittlere Entfernung des Pluto von der Sonne. Eine lang gestreckte Bahn bei einem KBO ist nicht ganz überraschend. Noch extremer fällt die Bahn von Sedna aus, die fast gleichzeitig mit Xena entdeckt wurde. Ungewöhnlich ist jedoch die große Neigung von 44° der Xena-Bahn. Nur ganz wenige KBOs haben derart große Bahnneigungen. Im September 2005 gab es eine neue Überraschung. Mit einem der beiden Keck-Teleskope (freie Öffnung: 10 Meter) auf dem Hawaii-Vulkan Manua Kea fand man einen Mond von Xena. Er umrundet Xena in vierzehn Tagen in einer mittleren Entfernung von 30 000 Kilometern. Um die etwas sperrige „amtliche" Bezeichnung „S/2005 (2003 UB313) 1" zu vermeiden, hat man den Xena-Trabanten vorläufig auf „Gabrielle" getauft. Der Durchmesser von Gabrielle wird auf 250 Kilometer geschätzt.

Xena läuft in 557 Jahren um die Sonne. Zurzeit hält sie sich im Sternbild Walfisch auf. Ihre scheinbare Helligkeit misst $18\overset{m}{.}7$ im visuellen Spektralbereich.

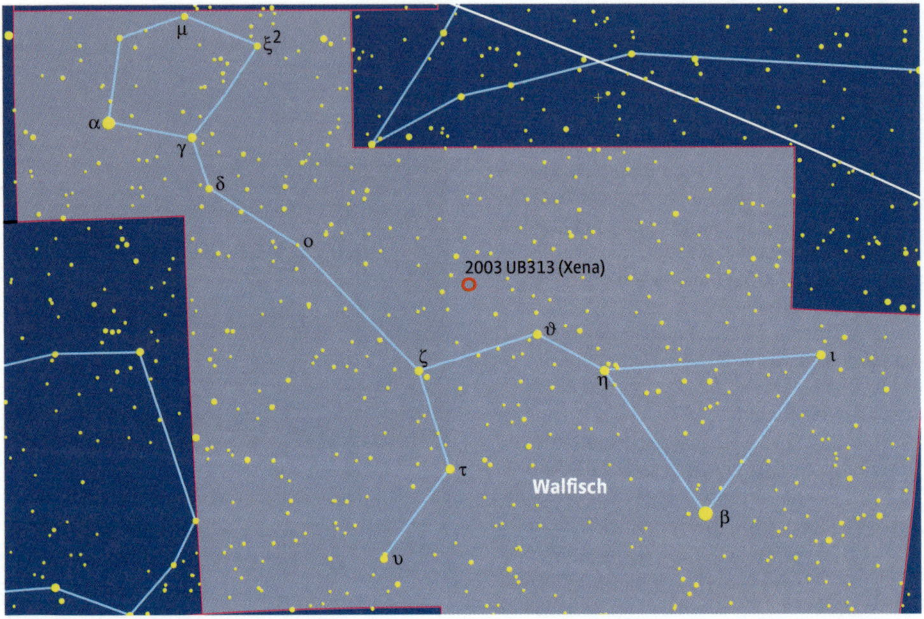

10.14 Die Position von Xena (2003 UB313) im Sternbild Walfisch (lat.: Cetus) am 5. September 2005.

Wie erwähnt, ist Xena eigentlich der zehnte Planet. Wieso *eigentlich* und warum steht in der Überschrift zu diesem Monatsthema ein Fragezeichen? Nun, im Kuiper-Gürtel kurven noch mehr KBOs dieses Kalibers um die Sonne. So wurden jüngst Santa (2003 EL61) und Easterbunny (2005 F49) aufgespürt, deren Durchmesser 1700 beziehungsweise 1500 Kilometer betragen. Zugegeben, diese beiden KBOs sind eindeutig kleiner als Pluto. Aber wie viele KBOs sind noch unentdeckt, die Pluto an Größe gleichkommen oder ihn sogar übertreffen? Wann ist ein Körper, der die Sonne umkreist ein Planet, wann ein Planetoid oder Asteroid? Noch gibt es keine eindeutige Definition, was genau ein Planet ist, wann ein Objekt Planetenstatus hat. Unter den Astronomen ist eine heftige Diskussion ausgebrochen. Manche möchten das Sonnensystem auf acht Planeten (von Merkur bis Neptun) beschränkt sehen und rechnen Pluto zu den Asteroiden. Andere möchten aus historischen Gründen nicht am Planetenstatus von Pluto rühren. Dann muss man aber Xena ebenfalls als Planeten ansehen. Letztendlich ist der Streit aber müßig. Jeder Körper im Sonnensystem hat eine ausgeprägte Individualität und spezielle Eigenschaften. Eine scharfe Grenze gibt es nicht zwischen Planeten und Planetoiden. Offensichtlich ist der Übergang fließend. Pluto und Xena sind die kleinsten Planeten, die wir kennen, aber auch die größten Asteroiden.

Viel wichtiger als die Frage „Planet oder nicht" ist die Erforschung des Kuiper-Gürtels und seiner Mitglieder, vor allem auch im Hinblick auf heute noch unentdeckte KBOs, die eines Tages das Leben auf der Erde auslöschen könnten. Denn kosmische Kollisionen sind verglichen mit der Lebensdauer von Menschen sehr selten, im Vergleich zur fünf Milliarden Jahre alten Geschichte unseres Sonnensystems aber gewissermaßen an der Tagesordnung. Man sehe sich nur einmal die Mondoberfläche mit einem Teleskop an. Sie ist übersät mit Narben aus einem Milliarden Jahre währenden kosmischen Bombardement. Unzählige Krater und Ringwälle sieht man – wohin das Teleskop auch blickt. Aber auch die anderen atmosphärelosen Himmelskörper tragen zahlreiche Spuren kosmischer Kollisionen. Schon der berühmte Kieler Astronom Albrecht Unsöld (1905 –1995) sagte einst: „Unser Sonnensystem ist eine riesige Kugelmühle."

November 2007

Merkur bietet zwischen 5. und 16. die günstigste Morgensichtbarkeit des ganzen Jahres. Venus hält ihre Stellung am Morgenhimmel. Mars setzt zur Monatsmitte in den Zwillingen zu seiner Oppositionsschleife an. Saturn ist Planet der zweiten Nachthälfte. Jupiter verabschiedet sich vom Abendhimmel.

Großer Wagen und Himmels-W Anfang November um 22^h

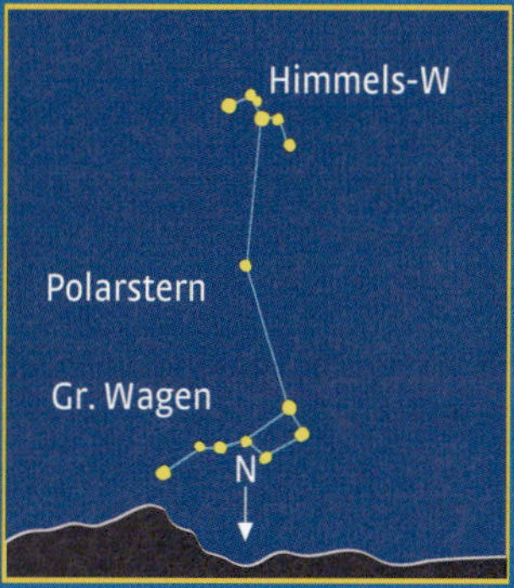

11.1 Planetenparade am Morgenhimmel: Über dem Osthorizont sind gegen 6^h MEZ die Wandelgestirne Merkur, Venus und Saturn zu sehen. Am 5. November gesellt sich die Sichel des abnehmenden Mondes zur Venus.

Sonnenlauf im November

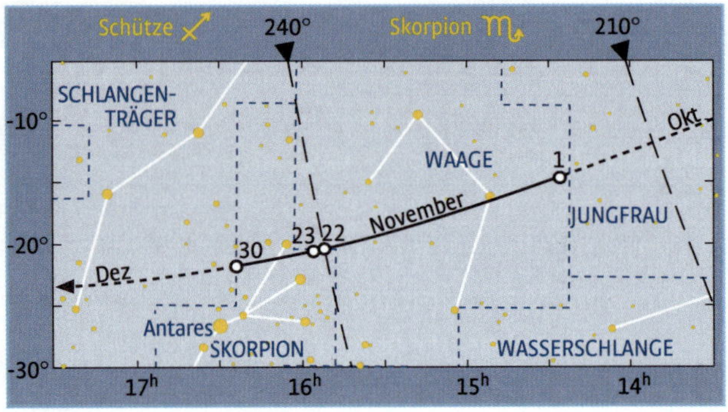

22.11. 19h
Sonne tritt in das Tierkreiszeichen Schütze
23.11. 22h
Sonne tritt in das Sternbild Skorpion
30.11. 10h
Sonne tritt in das Sternbild Schlangenträger
Julianisches Datum am 1. Nov., 1h MEZ: 2454405,5

Tag	Dämmerg. Anfang	Aufgang MEZ	Kulmination	Untergang MEZ	Dämmerg. Ende	Mittagshöhe	Zeitgleichg.	Rektaszension	Deklination
	h m	h m	h m	h m	h m	o	m	h m	o
1.	5 57	7 09	12 04	16 58	18 10	25,6	+16	14 23	–14,2
5.	6 03	7 15	12 03	16 51	18 04	24,4	+17	14 38	–15,5
10.	6 10	7 24	12 04	16 43	17 57	22,9	+16	14 58	–16,9
15.	6 17	7 32	12 04	16 36	17 51	21,6	+16	15 19	–18,3
20.	6 24	7 40	12 05	16 31	17 46	20,4	+15	15 39	–19,5
25.	6 31	7 47	12 07	16 26	17 43	19,3	+13	16 00	–20,6
30.	6 37	7 55	12 08	16 22	17 40	18,4	+12	16 22	–21,5

Tages- und Nachtstunden im November

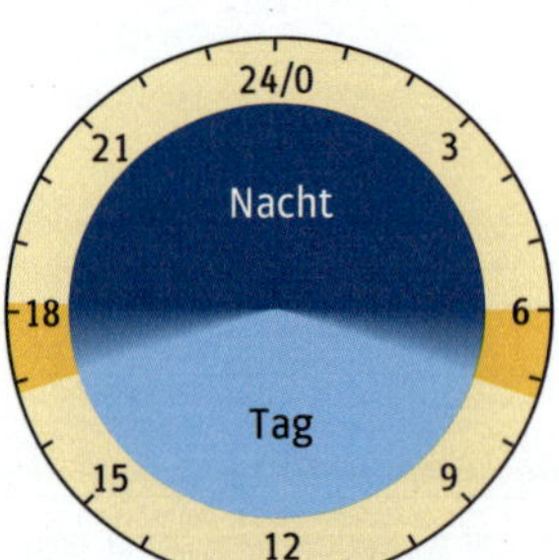

5. November

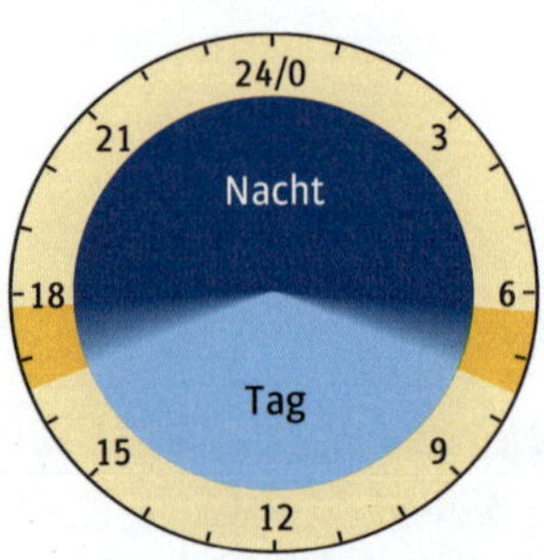

15. November

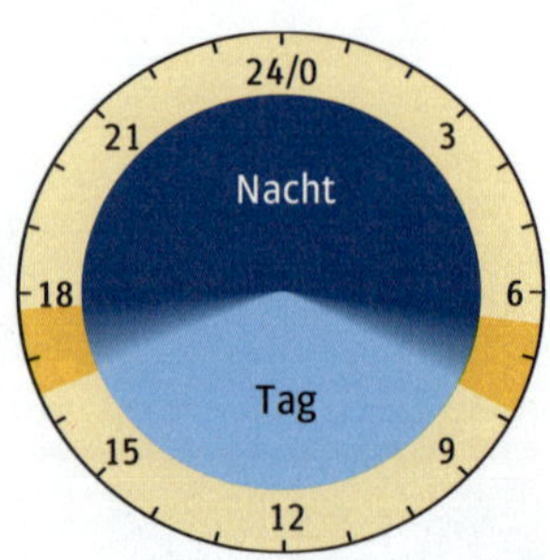

25. November

Mondlauf im November

Datum	Aufg. MEZ	Kulmination	Unterg. MEZ	Rektaszension	Deklination	Sterne und Sternbilder	Phase	MEZ
	h m	h m	h m	h m	°			
Do 1.	22 44	5 51	14 00	8 00	+23,8	Pollux	**Letztes Viertel**	**22^h18^m**
							Libration West	
Fr 2.	–	6 42	14 21	8 54	+19,7	Krebs, Krippe		
Sa 3.	0 01	7 28	14 37	9 44	+14,7	Löwe, Regulus	Absteigender Knoten	
So 4.	1 15	8 11	14 51	10 30	+ 9,3	Löwe, Regulus		
Mo 5.	2 26	8 52	15 03	11 14	+ 3,7	Löwe		
Di 6.	3 35	9 31	15 14	11 57	– 2,0	Jungfrau		
Mi 7.	4 43	10 11	15 27	12 39	– 7,5	Jungfrau		
Do 8.	5 53	10 52	15 41	13 22	–12,8	Spica		
Fr 9.	7 03	11 35	15 58	14 07	–17,6	Jungfrau	Erdferne 407/29,'4 14^h	
Sa 10.	8 14	12 21	16 21	14 54	–21,7	Waage	**Neumond**	**0^h03^m**
So 11.	9 23	13 10	16 51	15 44	–24,9	Waage	Größte Südbreite	
Mo 12.	10 28	14 00	17 31	16 36	–27,0	Antares		
Di 13.	11 23	14 53	18 24	17 30	–28,0	Schlangenträger		
Mi 14.	12 07	15 45	19 27	18 25	–27,6	Kaus Australis		
Do 15.	12 41	16 37	20 40	19 19	–25,8	Schütze, Nunki		
Fr 16.	13 06	17 26	21 56	20 12	–22,8	Steinbock		
Sa 17.	13 26	18 14	23 15	21 03	–18,6	Steinbock	**Erstes Viertel**	**23^h33^m**
							Libration Ost	
So 18.	13 43	19 01	–	21 53	–13,5	Steinbock	Aufsteigender Knoten	
Mo 19.	13 57	19 48	0 34	22 43	– 7,6	Wassermann		
Di 20.	14 12	20 36	1 55	23 32	– 1,1	Fische		
Mi 21.	14 28	21 27	3 18	0 23	+ 5,6	Fische		
Do 22.	14 47	22 21	4 46	1 16	+12,2	Fische		
Fr 23.	15 12	23 21	6 18	2 13	+18,2	Widder, Hamal		
Sa 24.	15 46	–	7 52	3 15	+23,2	Stier, Plejaden	**Vollmond**	**15^h30^m**
							Erdnähe 357/33,'5	1^h
							Größte Nordbreite	
So 25.	16 35	0 25	9 19	4 21	+26,5	Stier, Plejaden		
Mo 26.	17 41	1 32	10 31	5 28	+27,9	Stier, Al Nath		
Di 27.	19 00	2 37	11 23	6 35	+27,3	Zwillinge		
Mi 28.	20 24	3 38	11 59	7 38	+24,8	Kastor, Pollux		
Do 29.	21 45	4 34	12 24	8 36	+20,9	Krebs, Krippe	Libration West	
Fr 30.	23 02	5 23	12 42	9 28	+16,1	Löwe		

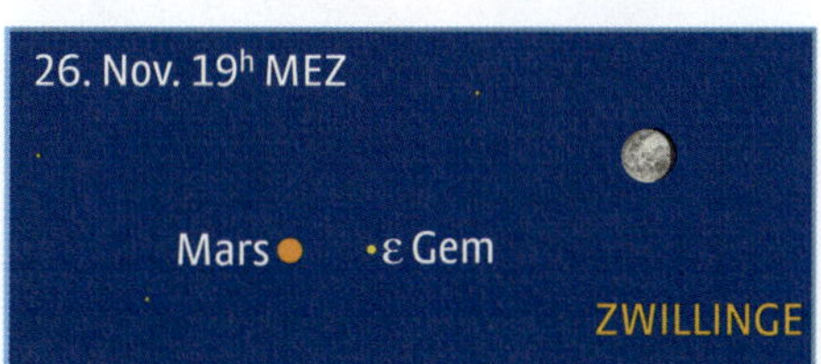

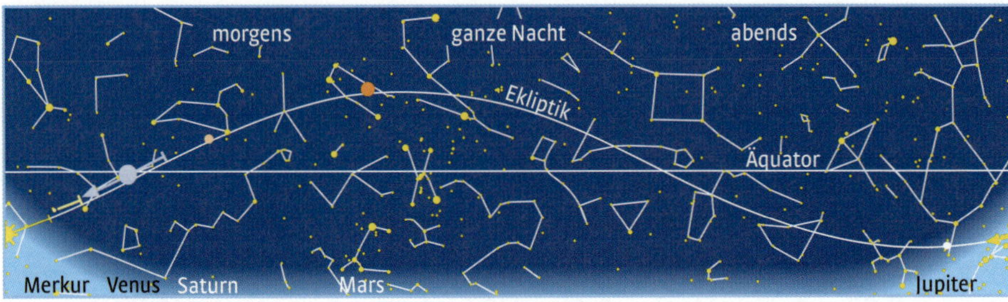

Planetenlauf im November

Merkur bietet in diesem Monat die günstigste Morgensichtbarkeit des Jahres. Auch wer noch keine große Beobachtungserfahrung hat oder gar Merkur noch nie mit eigenen Augen am Firmament gesehen hat, der hat zwischen 5. und 16. eine gute Chance, Merkur eine Stunde vor Sonnenaufgang knapp über dem Osthorizont als fahlen, leicht gelblichen Lichtpunkt zu sehen. Bei guten Sichtbedingungen kann man den flinken Planeten bereits am 2. tief im Osten ausmachen. Am 2. geht der $0{,}^m5$ helle Merkur um 5^h37^m auf. Etwa 20^m später setzt er sich im Horizontdunst durch und wird sichtbar. Gegen 6^h30^m verblasst Merkur in der zunehmenden Morgenhelle. Bis 8. steigt die Merkurhelligkeit um eine ganze Größenklasse auf $-0{,}^m5$ an, die Merkuraufgänge verfrühen sich auf 5^h29^m. Danach verspäten sich die Aufgänge des sonnennahen Planeten auf 5^h54^m am 16. und auf 6^h27^m am 23., wobei seine Helligkeit nochmals ein wenig auf $-0{,}^m7$ zunimmt. Nach dem 23. wird man morgens vergeblich nach Merkur Ausschau halten (siehe auch Abb. 11.2 und 11.3 unten).

Bereits am 1. beendet Merkur seine Rückläufigkeit und wird wieder rechtläufig. Am 8. erreicht er mit 18°59′ seine größte westliche Elongation. Im Fernrohr zeigt sich das 7,″2 große Merkurscheibchen am 7. halb beleuchtet, die Phase Dichotomie tritt ein. Danach wird Merkur kleiner und rundlicher. Bis 23. sind 90 % des 5,″2 großen Planetenscheibchens beleuchtet.

Merkur hält sich am 5. etwa vier Grad nördlich von Spica auf (siehe Abb. 11.1 auf Seite 227).

11.2 Stellung von Merkur über dem Osthorizont zu den angegebenen Daten jeweils eine Stunde vor Sonnenaufgang. Die Pfeile deuten die Bewegungen von Merkur und Sonne in der folgenden halben Stunde an.

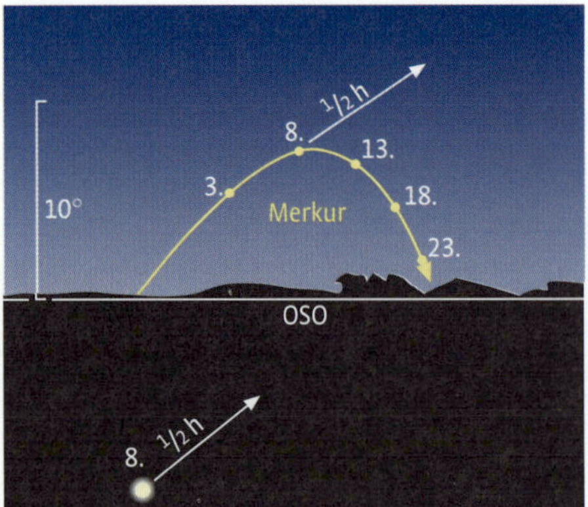

11.3 Sichtbarkeitsdiagramm für Merkur (Erläuterungen siehe Abb. 2.3 auf Seite 68).

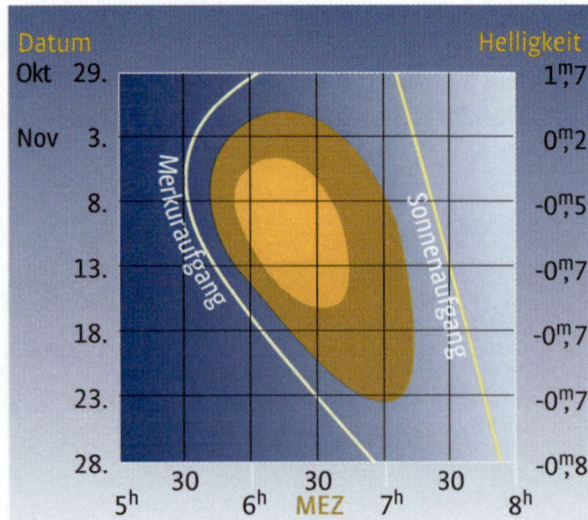

Venus hält ihre Stellung am Morgenhimmel. Allerdings verspäten sich die Aufgänge des Morgensterns im Laufe des Monats um fast eine Stunde. Geht Venus am 1. um 2^h50^m und am 15. um 3^h15^m auf, so erfolgt der Aufgang des $-4^m,2$ hellen Nachbarplaneten am 30. erst um 3^h47^m.

Venus wechselt am 2. aus dem Löwen in die Jungfrau. Am 8. zieht sie $1^\circ,1$ nördlich am Herbstpunkt vorbei, am 11. überschreitet sie den Himmelsäquator in südlicher Richtung, am 18. wandert sie $1^\circ,1$ südlich an Porrima (γ Virginis) vorbei und steuert auf Spica, den Jungfrauhauptstern zu. Kurz vor Monatsende, nämlich am 29., hält sie sich $4^\circ,4$ nördlich von Spica auf (siehe Abb. 7.8 auf Seite 161).

Am 5. steht die schlanke Sichel des abnehmenden Mondes nahe Venus – ein netter Himmelsanblick gegen 6^h morgens (siehe Abb. 11.1 auf Seite 227).

Im Teleskop erscheint Venus immer kleiner und rundlicher. Ihr scheinbarer Durchmesser schrumpft von $23'',4$ auf $17'',9$ im Laufe des November, der Beleuchtungsgrad nimmt von 52 auf 66 Prozent zu.

Am Monatsletzten passiert Venus das Perihel ihrer fast kreisförmigen Bahn. An diesem Tag trennen sie 107 Millionen Kilometer (= 0,715 AE) von der Sonne.

Mars kommt am 15. mitten in den Zwillingen zum Stillstand und setzt zu seiner Oppositionsschleife an. Anschließend bewegt er sich rückläufig durch die Zwillinge, wobei er aber in diesem Monat kaum von der Stelle kommt (siehe auch Abb. 9.3 auf Seite 195).

Die bevorstehende Opposition zur Sonne macht sich auch durch eine kräftige Helligkeitssteigerung bemerkbar. Am Monatsbeginn noch $-0^m,6$ hell, nimmt die Helligkeit des roten Planeten bis Monatsende auf $-1^m,3$ zu. Damit wird Mars zum hellsten Planeten der Nacht, bis in den frühen Morgenstunden Venus am Osthimmel erscheint und ihn bei weitem übertrumpft.

Mars wird zum Planeten der gesamten Nacht, sieht man von den frühen Abendstunden ab. Der rote Planet geht am 1. um 20^h14^m auf, am 15. um 19^h21^m und am 30. schon um 18^h09^m.

Am 27. kann man morgens gegen 7^h den abnehmenden Mond rund ein Grad nördlich von Mars sehen.

Der scheinbare Durchmesser des Marsscheibchens wächst auf gut $15''$ an, was ihn für Fernrohrbeobachter attraktiv macht.

Jupiter, rechtläufig im Schlangenträger, verabschiedet sich allmählich vom Abendhimmel und wird zum Monatsende unbeobachtbar.

Am 1. erfolgt der Untergang des Riesenplaneten um 18^h57^m. Am 20. geht Jupiter bereits eine Stunde früher unter, nämlich um 17^h58^m. Am 30. schließlich sinkt der $-1^m,8$ helle Jupiter um 17^h27^m unter die Horizontlinie. Irgendwann zwischen 20. und 30. wird man den Riesenplaneten letztmals mit bloßen Augen am Abendhimmel tief im Südwesten entdecken können.

Saturn ist Planet der zweiten Nachthälfte. Der Ringplanet verlagert seine Aufgänge in die Zeit kurz vor Mitternacht. Am 1. geht Saturn um 1^h21^m auf und am 15.

um 0^h31^m. Am 31. erfolgt der Aufgang des $0^m,7$ hellen Saturn bereits um 23^h33^m.

Saturn bremst seine rechtläufige Bewegung im Löwen deutlich ab. Zum Stillstand kommt er aber erst im nächsten Monat (siehe auch Abb. 2.5 auf Seite 69). Zu Monatsbeginn ergibt sich eine hübsche Planetenparade am Morgenhimmel. Gegen 6^h morgens sind um den 5. herum Merkur, Venus und Saturn zu sehen. Der abnehmende Mond zieht nacheinander an Saturn (4.), an Venus (5.) und Merkur (8.) vorbei.

Uranus bremst seine rückläufige Bewegung im Wassermann stark ab und kommt am 24. ganz zum Stillstand.

Damit endet die Oppositionsperiode von Uranus. Anschließend wandert er wieder rechtläufig durch den Tierkreis – anfänglich jedoch nur sehr zögerlich (siehe auch Abb. 9.6 auf Seite 196).

Aus der zweiten Nachthälfte zieht sich Uranus völlig zurück. Seine Untergänge verfrühen sich von 2^h28^m am 1. auf 1^h22^m am 15. und auf 0^h23^m am Monatsletzten.

Zu Monatsbeginn kulminiert der $5^m,8$ helle Uranus um 20^h43^m,

Oppositionen von (8) Flora 2000–2015

Datum	Hell.	Dekl.
2000 Jul 31.	$8^{m}{,}6$	−31°
2002 Feb 24.	9,2	+16
2003 Jun 20.	9,2	−20
2005 Jan 14.	8,4	+22
2006 Mai 19.	9,6	−12
2007 Nov 19.	**8,0**	**+ 9**
2009 Apr 19.	9,8	− 2
2010 Sep 11.	8,2	−14
2012 Mrz 20.	9,6	+ 8
2013 Jul 20.	8,7	−22
2015 Feb 15.	9,0	+18

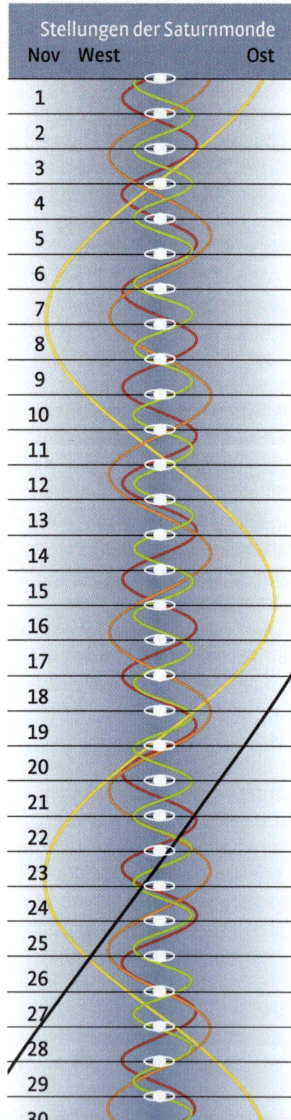

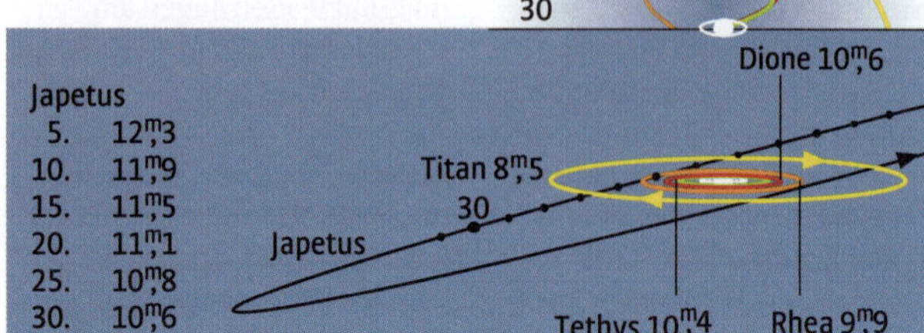

am 15. um 19^h47^m und am 30. schon um 18^h48^m.

Neptun, wieder rechtläufig im Steinbock, hält sich noch am Abendhimmel. Die jetzt abends bald einsetzende Dunkelheit bietet noch die Chance, den mit $7^{m}{,}9$ recht lichtschwachen Planeten aufzuspüren. Wer ihn finden will, nehme das Aufsuchkärtchen Abb. 8.5 auf Seite 177 zur Hilfe.

Zu Monatsanfang kulminiert Neptun um 19^h04^m und geht um 23^h51^m unter. Bis Monatsende verfrühen sich die Meridianpassagen des bläulichen Planeten auf 17^h11^m und die Untergänge auf 21^h59^m. Erst gegen 18^h ist die Dunkelheit so weit fortgeschritten, dass man mit Aussicht auf Erfolg nach Neptun Ausschau halten kann – mit einem guten Fernglas oder Teleskop. Nach 20^h hat man kaum mehr eine Chance, Neptun zu finden.

Planetoiden

Ceres (1) steht am 9. um 16^h im Sternbild Walfisch an der Grenze zum Stier in **Opposition** zur Sonne. Mit einer Oppositionshelligkeit von $7^{m}{,}3$ ist Planetoid Nr. 1 bereits im Fernglas auszumachen. Bis Monatsende geht die Cereshelligkeit auf $7^{m}{,}6$ zurück. Um Ceres aufzufinden, soll das Aufsuchkärtchen Abb. 11.4 auf Seite 233 dienlich sein.

Zur Opposition kulminiert Ceres um 0^h18^m. Bis Monatsende verfrüht sich ihre Kulminationszeit auf 22^h31^m.

Von der Erde trennen Ceres am Oppositionstag 274 Millionen Kilometer (= 1,83 AE), von der Sonne ist sie dabei 421 Millionen Kilometer (= 2,81 AE) entfernt.

Flora (8) erreicht zehn Tage nach Ceres ihre **Oppositionsstellung** zur Sonne im Sternbild Stier, durch das sie rückläufig

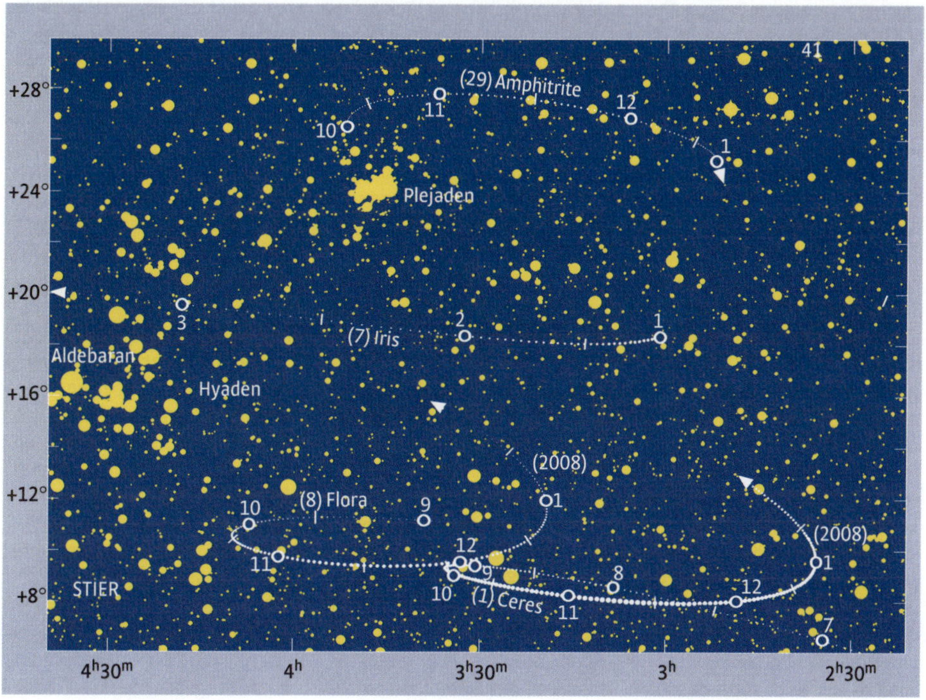

11.4 Scheinbare Bahnen der Kleinplaneten (1) Ceres, (7) Iris, (8) Flora und (29) Amphitrite im Sternbild Stier nahe dem Goldenen Tor der Ekliptik, das von den beiden offenen Sternhaufen Hyaden und Plejaden gebildet wird. Die Zahlen geben die Positionen der Planetoiden zum jeweiligen Monatsbeginn an (10 = 1. Oktober).

Am 1. passiert Flora um 1^h43^m den Meridian, am 19. zur Opposition um 0^h15^m und am 30. bereits um 23^h16^m. Der Florauntergang erfolgt am Monatsletzten um 6^h10^m. Die Oppositionsentfernung von Flora beträgt 133 Millionen Kilometer (= 0,89 AE). Von der Sonne trennen Flora am 19. zur Opposition 280 Millionen Kilometer (= 1,87 AE).

Am 1. kulminiert sie um 1^h18^m, am 17. zur Opposition um 23^h53^m und am 30. bereits um 22^h49^m.

Von der Erde ist Amphitrite zur Opposition 208 Millionen Kilometer (= 1,39 AE) entfernt. Ihre Sonnendistanz beträgt an diesem Tag 354 Millionen Kilometer (= 2,37 AE).

wandert (siehe Abb. 11.4 oben). Am Tag der Opposition, dem 19., weist Flora eine scheinbare Helligkeit von $8{,}^m0$ auf, während sie zu Monatsanfang $8{,}^m3$ hell ist und die Florahelligkeit am Monatsende $8{,}^m2$ beträgt. Es ist dies die günstigste Opposition von Flora in diesem Jahrzehnt (siehe Tabelle „Oppositionen von Flora 2000–2015“ auf Seite 232).

Amphitrite (29), rückläufig im Gebiet Stier/Widder, kommt als dritte im Bunde in diesem Monat, und zwar am 17., in **Opposition** zur Sonne. Mit $8{,}^m8$ Oppositionshelligkeit kann man sie durchaus auffinden (siehe auch Aufsuchkärtchen Abb. 11.4 oben). Zu Monatsanfang ist Amphitrite $9{,}^m1$ hell, zu Monatsende wiederum $9{,}^m0$.

Periodische Sternschnuppenströme im November

Die **Leoniden** treten Mitte November am Morgenhimmel in Aktion. Ihr Radiant liegt im Löwen rund 10° nordöstlich von Regulus. Das spitze Maximum ist in der Nacht vom 18. auf 19. November zu erwarten (gegen 3^h MEZ). Die Sternschnuppen sind außerordentlich schnell (um 70 Kilometer pro Sekunde). Das Erscheinen der Leoniden geht auf den Kometen 55P/Tempel-Tuttle (alte Bezeichnung: 1866 I) zurück. In den letzten Jahren waren die Leoniden besonders aktiv. Es war ein regelrechter „Leoniden-Sturm" zu beobachten mit tausenden Sternschnuppen pro Stunde. Nur alle 33 Jahre kollidiert die Erde mit dem Zentrum der Leoniden-Trümmerwolke. In diesem Jahr ist mit einer eher bescheidenen Leoniden-Aktivität zu rechnen. Immerhin sind etwa fünfzig Sternschnuppen pro Stunde am Morgenhimmel zu erwarten.

Auf die **Tauriden**, deren Maximum auf den 12. November fällt, wurde schon im September hingewiesen. Zwischen 20^h und 4^h morgens ist mit etwa fünf bis zehn Meteoren pro Stunde zu rechnen. In den letzten Jahren hat sich gezeigt, dass die **Tauriden** eigentlich in zwei Teilströme zerfallen. Die **N-Tauriden** haben ihr Maximum am 12. November, die **S-Tauriden** sind etwas früher dran, ihr Höhepunkt fällt auf den 5. November.

Der Fixsternhimmel im November

Das Himmels-W hat nun seine höchste Position erreicht und steht zwischen Zenit und Polarstern. Eigentlich macht es jetzt nicht den Eindruck eines großen lateinischen W, es sieht eher wie ein M aus. Die Amerikaner bezeichnen die Kassiopeia daher auch als Himmels-M.

Der Große Wagen kreuzt zwischen Polarstern und Nordpunkt am Horizont den Meridian. Er befindet sich somit in unterer Kulmination. Bei Zirkumpolarsternbildern wie beispielsweise Großer Wagen oder Kassiopeia findet sowohl die obere als auch die untere Kulmination über dem Horizont – und somit beobachtbar – statt.

Weit im Westen ist immer noch das Sommerdreieck zu sehen. Relativ hoch steht Deneb, der Schwanzstern des Schwans. Auch die helle Wega ist gut im Nordwesten zu erkennen, während Atair im Adler nahe dem Westhorizont steht und kaum mehr auszumachen ist.

Hoch im Süden erspäht man die Sternbildergruppe Pegasus–Andromeda–Widder–Perseus. Es sind dies die typischen Herbstbilder, die nach wie vor den Abendhimmel zur Standardbeobachtungszeit dominieren.

Die beiden Fische ziehen gerade durch den Meridian. Sie sind schwer zu beobachten, denn sie sind recht lichtschwach. Dennoch sind sie allgemein bekannt, da sie Mitglieder des Tierkreises sind. Jetzt ist die Zeit günstig, einmal dieses Sternbild aufzusuchen. Dazu ein Tipp: Man beginne mit der einen Sternengruppe südlich des leicht erkennbaren Pegasusquadrats, die eine kleine Ellipse bildet. Von da ab lasse man den Blick nach Osten schweifen und wieder hoch zur Andromedasternenkette. Zwischen dem Sternbild Dreieck und dem Pegasusquadrat findet sich die zweite Fischellipse, die allerdings nicht so ausgeprägt ist.

Den Südwestquadranten beherrscht der Wassermann. Auch er gehört wie die Fische zu den lichtschwachen Tierkreisbildern. Tief im Südwesten kann man Fomalhaut im Südlichen Fisch aufblitzen sehen.

Der Südostquadrant ist auch nicht sehr eindrucksvoll. Walfisch (lat.: Cetus) und der Fluss Erida-

Konstellationen und Ereignisse im November

Datum	MEZ	Ereignis
1.	14^h	Merkur im Stillstand, anschließend rechtläufig
4.	4	**Mond bei Saturn**, Mond 1°,8 südlich, **Abstand 2°,0 um 2^h**
5.	21	**Mond bei Venus**, Mond 3°,1 südlich, **Abstand 5°,3 um 7^h**
8.	12	Mond bei Merkur, Mond 6°,8 südlich
8.	22	Merkur in größter westlicher Elongation (19°)
12.	23	Mond bei Jupiter, Mond 5°,0 südlich
15.	17	Mars im Stillstand, anschließend rückläufig
17.	12	Mond bei Neptun, Mond 1°,0 südlich
19.	12	Mond bei Uranus, Mond 2°,0 nördlich
24.	19	Uranus im Stillstand, anschließend rechtläufig
27.	7	**Mond bei Mars**, Mond 1°,7 nördlich, **Abstand 1°,2 um 7^h**
30.	6	Venus im Perihel

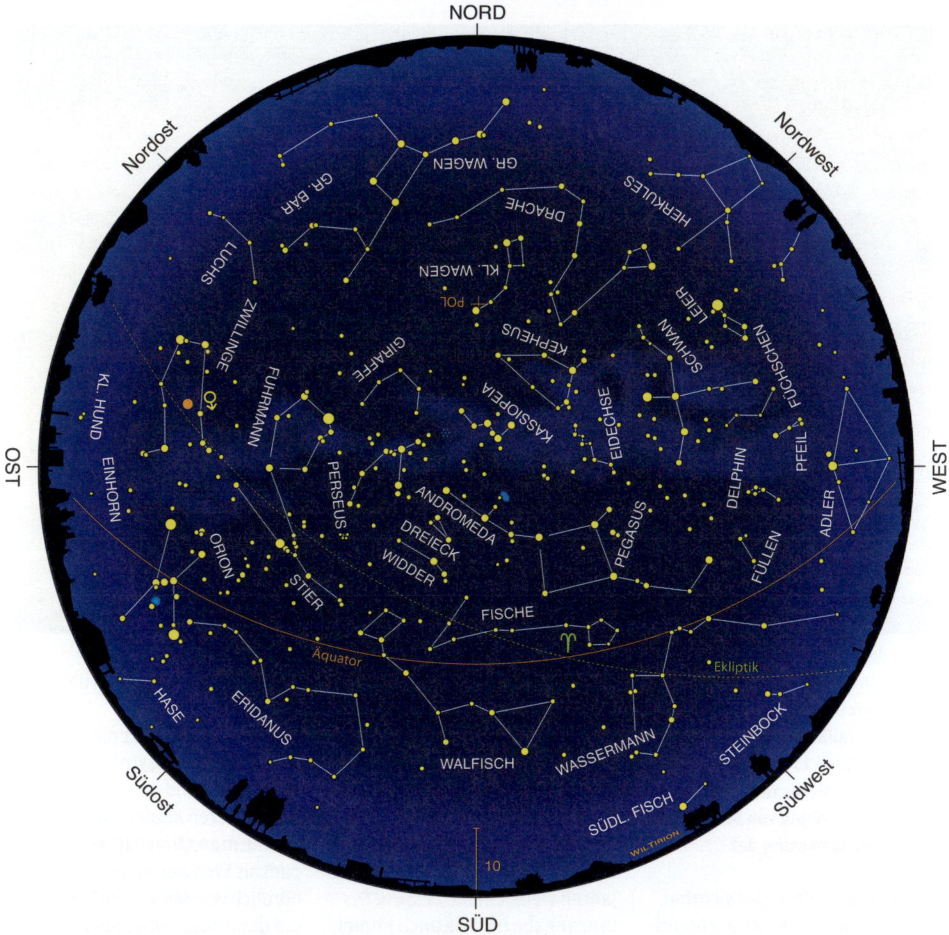

Sternenhimmel am 15. November um 22^h MEZ (23^h MESZ)

Fixsternhimmel auch gültig für:		
	MEZ	MESZ
1. 9.	3^h	4^h
15. 9.	2	3
1.10.	1	2
15.10.	0	1
1.11.	**23**	
15.11.	**22**	
30.11.	**21**	
15.12.	20	
31.12.	19	
15. 1.	18	

nus füllen ihn aus. Dafür wird es im Osten lebendig, die Wintersternbilder drängen auf die Himmelsbühne: Fuhrmann, Stier, Orion und Zwillinge sorgen für helle Sterne am Osthimmel. Vom Wintersechseck fehlen nur noch Sirius im Großen Hund und Prokyon im Kleinen Hund. Nur noch wenige Wochen trennen uns von der Wintersonnenwende!

Die Zwillinge machen einen etwas seltsamen Eindruck: Außer den beiden hellen Sternen Kastor und Pollux tief am Nordosthorizont sieht man noch ein drittes helles Gestirn. Aus den Zwillingen sind allerdings keine Drillinge geworden. Aber zurzeit hält sich der rötliche Planet Mars im Sternbild der Zwillinge auf und verfremdet so dessen Aussehen.

Objekte für Feldstecher und Fernrohr

Durch die leider immer schlechter werdenden Sichtbedingungen werden so manche Objekte, die früher für das unbewaffnete Auge leicht zu erkennen waren,

11.5 Unsere Nachbarmilchstraße, die große Andromedagalaxie, in rund drei Millionen Lichtjahren Entfernung. Rund 150 Milliarden Sonnen enthält dieses riesige Sternensystem. Aufnahme von Stefan Seip (www.astromeeting.de).

heute erst im Fernglas sichtbar. Zumindest für die sichere Identifizierung leistet ein Feldstecher gute Dienste.

Zu diesen Himmelsobjekten zählt auch der berühmte Andromedanebel (M 31), unsere Nachbarmilchstraße. Die Andromedagalaxie ist das fernste Himmelsobjekt, das man mit bloßen Augen in klarer und sehr dunkler Nacht sehen kann. Von diesem Sternensystem mit mehr als 200 Milliarden Sonnen trennen uns knapp drei Millionen Lichtjahre. Manche Messungen in jüngster Zeit lassen vermuten, dass der ältere Wert von 2,5 Millionen Lichtjahren vielleicht die bessere Distanzangabe ist. Wie auch immer, es ist schon faszinierend, dieses spindelförmige Gebilde im Fernglas mit großem Gesichtsfeld anzusehen in dem Bewusstsein, hier hundert Milliarden Sterne als schwachen Schein zu sehen, deren Licht, das wir jetzt sehen, ausgesandt wurde, als die Menschheit gerade ihr frühestes Stadium erlebte.

Im Herbst ist M 31 nicht schwer zu finden, steht er doch zur Abendstunde fast senkrecht über unseren Köpfen. Am besten nehme man Mirach (β Andromedae) als Wegweiser. Ein wenig nördlich von Mirach stößt man auf den Andromedanebel. Ihn in einzelne Lichtpunkte aufzulösen, gelingt nur sehr großen Teleskopen (ab zwei Metern Öffnung).

Eine weitere Galaxie in der Nachbarschaft von M 31 ist die Triangulumgalaxie M 33 im Sternbild Dreieck. Sie ist etwa gleich weit entfernt wie der An-

Veränderliche Sterne im November

Algol-Minima	5. 7^h59^m	8. 4^h47^m	11. 1^h36^m	13. 22^h25^m	16. 19^h14^m	28. 6^h30^m
β-Lyrae-Minima	1. 14^h N	8. 1^h H	14. 12^h N	20. 23^h H	27. 11^h N	
δ-Cephei-Maxima	2. 9^h	7. 17^h	13. 2^h	18. 11^h	23. 20^h	29. 5^h
Mira-Helligkeit	1. 9^m	10. 8^m	20. 8^m	30. 7^m		

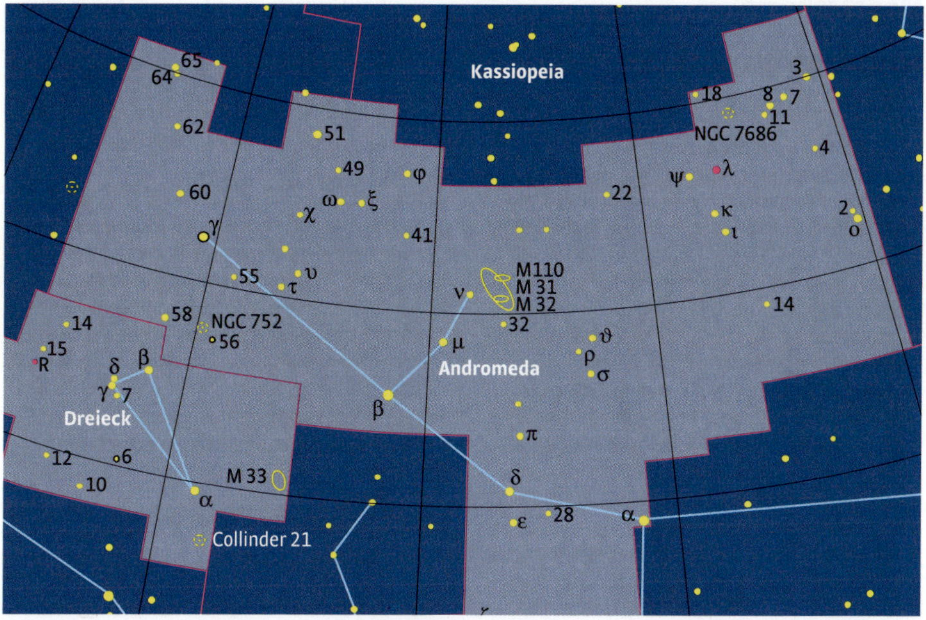

11.6 Lage der Galaxien M 31 und M 32 sowie des offenen Sternhaufens NGC 752 im Gebiet der Sternbilder Andromeda und Dreieck.

dromedanebel, aber deutlich kleiner. Unter sehr guten Bedingungen ist sie aber ebenfalls bereits in einem Fernglas auszumachen.

Unbedingt ins nächtliche Beobachtungsprogramm für die Feldstecherdurchmusterung sind die beiden benachbarten Sternhaufen h und χ im Perseus aufzunehmen. Im Feldstecher zeigen sie sich nur als matte Lichtfleckchen. Ihre wahre Pracht kommt erst im Teleskop voll zur Geltung. Wie in allen Farben funkelnde Edelsteine auf samtschwarzem Hintergrund glitzern die Sterne der beiden Haufen h und χ im Gesichtfeld einer lichtstarken Optik. Diesen Eindruck gewinnt man nur bei persönlicher Betrachtung im Teleskop bei sehr niedriger Vergrößerung. Fotografische Aufnahmen sind nicht in der Lage, diesen Eindruck zu vermitteln. Erst die eigene Anschauung ermöglicht ein tief befriedigendes Erlebnis.

Weniger bekannt als h und χ Per, aber durchaus lohnenswert, ist der Blick auf den offenen Sternhaufen NGC 752 mit etwa 70 Sternen. Er liegt zwischen γ Andromedae und β Trianguli. Im Fernglas macht NGC 752 einen guten Eindruck, alle Sterne sind einzeln zu erkennen. Die Entfernung dieses Haufens liegt bei 1500 Lichtjahren. Wer mit dem Teleskop NGC 752 betrachtet, sollte nicht zu stark vergrößern, denn der Haufen ist etwas verstreut.

Als Kugelhaufen sei M 15 beim Kopf des Pegasus empfohlen. M 15 ist leicht mit einem Fernglas aufzustöbern. Er erscheint als nebelhaftes Gebilde von rund 4′ Durchmesser. Seine Entfernung beträgt 35 000 Lichtjahre.

M 15 liegt an der Grenze zum winzigen Sternbild Equuleus, zu deutsch das Füllen (siehe Karte E 23 im *Atlas für Himmelsbeobachter* von Erich Karkoschka). Der Stern ε Equ (Flamsteed Nr. 1) ist ein Dreifachsystem in 200 Lichtjahren Entfernung. Die beiden gelblichen Komponenten sind $5\overset{m}{,}4$ und $7\overset{m}{,}2$ hell und sind knapp 11″ voneinander getrennt. Dies schafft spielend jeder Zweizöller. Die hellere Komponente ist ihrerseits ein enger Doppelstern mit nur $0\overset{\prime\prime}{,}5$ Separation, wobei die Sterne fast gleich hell sind ($6\overset{m}{,}0$ bzw. $6\overset{m}{,}3$). Dieses System optisch zu trennen, ist nicht einfach. Ruhige Luft ist Voraussetzung, um die hellere Komponente von ε Equ als Doppelstern zu erkennen – und natürlich ein Instrument mit mindestens 25 cm freier Öffnung (ein Zehnzöller also).

Monatsthema

Das unsichtbare Netz

Mit modernen Riesenteleskopen und dem um die Erde kreisenden Weltraumteleskop Hubble blicken die heutigen Astronomen tief ins Universum. Sie beobachten Milchstraßensysteme in Entfernungen von über zehn Milliarden Lichtjahren. Es sind dies Sternsysteme, die kurz nach der Geburt des Universums entstanden sind. Das Nachleuchten des Geburtsaktes selbst lässt sich ebenfalls mit speziellen Satelliten beobachten. Es ist die geheimnisvolle Hintergrundstrahlung, die aus allen Richtungen gleichmäßig einfällt und vom heißen Beginn des Kosmos kündet. Denn die Geburt des Weltalls, so wie man es heute beobachtet, erfolgte in Form eines gigantischen Feuerballs unvorstellbarer Dichte und Hitze. In winzigen Bruchteilen einer Sekunde blähte sich dieser Feuerball zu einer riesigen Größe auf, noch bevor die Materie gebildet wurde, die wir heute kennen. Nach knapp 400 000 Jahren hatte sich das Universum so weit abgekühlt, dass es durchsichtig wurde. Zwar war niemand da, der in die Tiefen des Raumes hätte blicken können, aber die Photonen, die Lichtteilchen, konnten sich von da an ziemlich ungehindert ausbreiten.

Zweihundert Millionen Jahre nach dem fundamentalen Akt der Natur, dem Big Bang oder Urknall, flammten die ersten Sterne auf und begannen, das Weltall spärlich zu erleuchten.

Bald formten sie die ersten Milchstraßensysteme, die auch unter der Bezeichnung Galaxien bekannt sind. Noch vor hundert Jahren war man sich nicht sicher, ob nicht unsere Milchstraße, die Galaxis, das einzige Sternensystem im Weltall ist. Erst als es in den zwanziger Jahren des vorigen Jahrhunderts gelang, die Randpartien des Andromedanebels in Einzelsterne aufzulösen – mit dem damals größten Teleskop der Welt, dem 2,5-m-Hooker-Reflektor auf dem Mt. Wilson in Kalifornien – wurde klar, dass das schwach leuchtende Nebelfleckchen im Sternbild Andromeda ein riesiges Sternensystem, eine Galaxie ist, die sich aus mehreren hundert Milliarden Sonnen zusammensetzt.

Die Struktur des Universums

Unsere Milchstraße und die Andromedagalaxie sind nicht die einzigen Galaxien im All. Im überschaubaren Kosmos zählen wir einige hundert Milliarden Galaxien. Sie sind nicht völlig regellos verstreut, sondern bilden große Haufen und noch größere Superhaufen. So gehören unsere Milchstraße, die Andromedagalaxie, die Triangulumgalaxie im Sternbild Dreieck, Maffei 1 und rund drei Dutzend Zwerggalaxien zu einem Milchstraßenhaufen, den man „Lokale Gruppe" nennt. In Richtung des Sternbildes Jungfrau (lat.: Virgo) findet sich in etwa sechzig Millionen Lichtjahren Entfernung ein riesiger Milchstraßenhaufen von rund zehntausend Galaxien, der so genannte Virgohaufen. Unsere lokale Gruppe, der Virgohaufen und einige Dutzend weitere größere und kleinere Galaxienhaufen bilden zusammen den Virgo*super*haufen mit einem Durchmesser von rund 150 Millionen Lichtjahren.

Geht die Haufenbildung noch weiter? Gibt es Haufen von Superhaufen? Dies ist nicht der Fall. Allerdings gibt es noch größere Strukturen im Universum. Denn auch die Superhaufen füllen das Weltall nicht völlig gleichförmig verteilt. Vielmehr

11.7 Die europäische Raumsonde Planck soll mit noch viel höherer Auflösung als bisher die kosmische Hintergrundstrahlung analysieren. Ihr Start ist für 2007 vorgesehen.

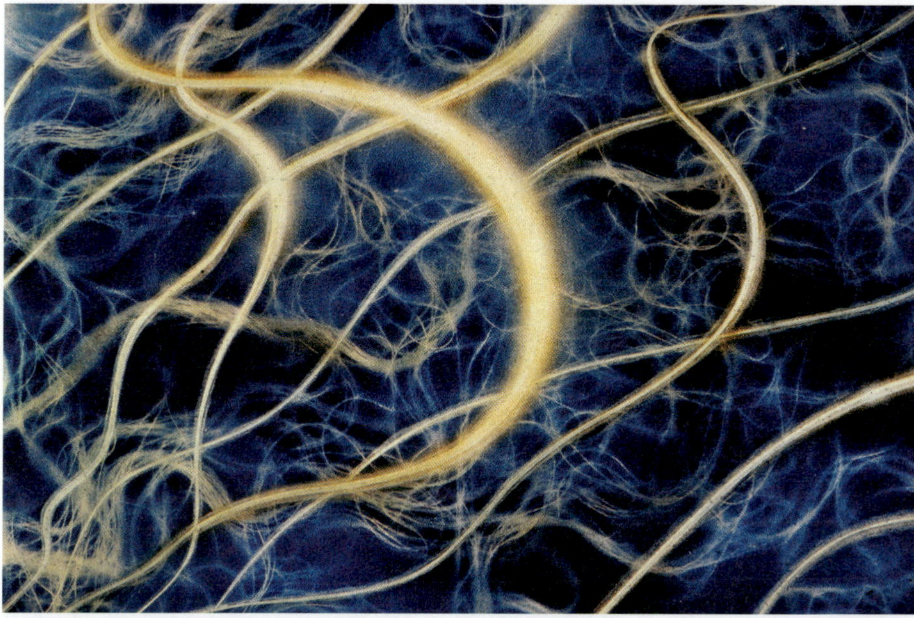

11.8 Kosmische Strings aus Dunkler Materie bewirken durch ihre Schwerkraft die großräumige, honigwabenartige Struktur der sichtbaren Materie (Galaxienhaufen und Superhaufen).

bilden die Superhaufen riesige Mauern oder Wände, die große Leerräume, so genannte Voids, umschließen. Auf großen Skalenlängen von einigen hundert Millionen Lichtjahren zeigt das Universum eine honigwabenartige Struktur – riesige Zellen, deren Wände gewaltige Superhaufen von Galaxien sind. Dieses netzartige Muster haben zwei neue, großräumige Durchmusterungen des Weltalls bestätigt, nämlich der **S**loan **D**igital **S**ky **S**urvey (SDSS) und der **2-d**egree **F**ield Galaxy Redshift Survey (2dF), die zusammen die räumliche Verteilung von fast 270 000 Milchstraßensystemen untersucht haben. Elegante, zarte Banden von Galaxienhaufen und Superhaufen durchziehen den Kosmos wie Spinnweben einen lange verlassenen Raum. Diese großräumigen Strukturen sind ganz offensichtlich kein Zufall. Diese langskaligen Muster sind eine Prägung aus der sehr frühen Phase des Universums. Sie müssen ihren Ursprung in dem noch sehr jungen und winzigen Kosmos haben, als Energie und Materie noch untrennbar in einer brodelnden, dichten Brühe kochten. Die netzartige Struktur der Galaxienverteilung ist gewissermaßen die Signatur der ersten Momente unseres Universums.

Geheimnis Dunkle Materie

Doch es stellt sich die Frage: Wie und wann entstand dieses gigantische Netzwerk aus Wänden voller Galaxien und leeren Zellen? Wieso haben sich überhaupt Sterne und Galaxien gebildet? Weshalb ist die Materie nach der Urexplosion nicht in alle Richtungen zerstoben, ohne sich zu Sternen und Milchstraßen zusammenzuballen? Was hat die Materie veranlasst zu klumpen?

Die Ursache dürfte ein Gerüst aus „dunkler Materie“ sein. Die Galaxien und Galaxienhaufen bildeten sich entlang der netzförmigen Struktur der dunklen Materie. Man spricht von „dunkler Materie“, weil sie nicht sichtbar ist, sondern sich lediglich über ihre Gravitationswirkungen bemerkbar macht. Physikalisch gesprochen koppelt sie lediglich über die Schwerkraft. Weder Kernkraft noch elektromagnetische Wechselwirkung noch schwache Wechselwirkung (Radioaktivität) koppeln mit der dunklen Materie. So betrachtet handelt es sich offensichtlich um eine exotische Substanz. Ein Pla-

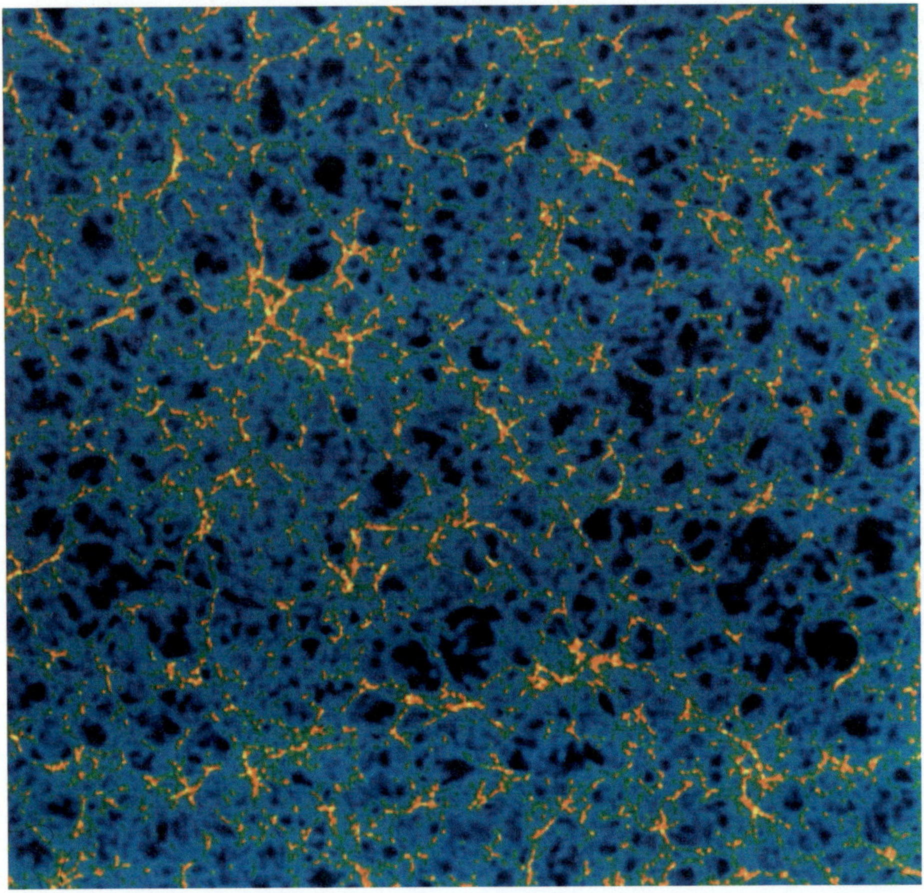

11.9 Die honigwabenartige Struktur der Materie im Universum entstand in einer sehr frühen Phase des Weltalls kurz nach dem Big Bang.

net aus dunkler Materie könnte zwischen Sonne und Erde treten und es käme dennoch nicht zu einer Sonnenfinsternis. Hingegen könnte die Erde infolge der Schwerkraftwirkung dieses exotischen Planeten aus der Bahn geworfen werden. Da die Photonen des Sonnenlichtes von ihm weder absorbiert noch reflektiert werden, so wäre er auch nicht zu sehen, die Sonne könnte ihn nicht beleuchten. Allerdings würden genaue Positionsmessungen ferner Fixsterne kleine Abweichungen erkennen lassen, wenn deren Licht nahe an einem solchen Planeten vorüberzieht. Denn gemäß der Allgemeinen Relativitäts-Theorie (ART) erführe das Licht eine mehr oder minder große Ablenkung, je nach Masse und Radius des Exoten.

Entdeckt wurde die offensichtliche Existenz der dunklen Materie durch das „Missing-Mass-Problem". Dem holländischen Astronomen Jan Hendrik Oort fiel bei der Untersuchung der Milchstraßenrotation auf, dass die äußersten Sterne am Rande unserer Galaxis viel zu schnell laufen. Auf Grund ihrer Geschwindigkeit müssten sie eigentlich unser Milchstraßensystem, die Galaxis, verlassen. Danach hätte sich die Galaxis schon längst auflösen müssen. Geht man davon aus, dass die Sterne auf nahezu kreisförmigen Bahnen um das Milchstraßenzentrum wandern, dann lässt sich gemäß dem dritten Kepler-Gesetz auf die innerhalb der Kreis-

11.10 Der Galaxien-Superhaufen Abell 1689.

bahn liegende Masse schließen. Dabei fand Oort, dass unsere Milchstraße erheblich mehr Materie beinhalten muss, als man in Form von Sternen und interstellaren Gas- und Staubwolken tatsächlich beobachtet.

Andere Forscher haben darauf hingewiesen, dass sich die Galaxienhaufen auf Grund der beobachteten Pekuliargeschwindigkeiten der einzelnen Mitgliedsgalaxien schon längst aufgelöst haben müssten, es sei denn, sie besitzen erheblich mehr Masse, als sich in Form leuchtender Materie beobachten lässt.

Dieser Befund wird durch den Gravitationslinseneffekt noch bestätigt. Läuft das Licht ferner Objekte an Galaxienhaufen vorbei, so wird es gemäß der ART abgelenkt. Ferne Galaxien, deren Licht massereiche Milchstraßenhaufen passiert, erscheinen ähnlich verzerrt wie Menschen sich in einem Spiegelkabinett seltsam verzerrt sehen. Punktförmige Lichtquellen wie Quasare erscheinen doppelt oder vierfach; die von Einstein vorhergesagten Ringe und Kreuze tauchen tatsächlich auf. Der Gravitationslinseneffekt lässt somit die Masse eines Galaxienhaufens abschätzen. Und die ist in allen bisher bekannten Fällen erheblich größer als die Masse der optisch detektierbaren Materie. „Erheblich größer" bedeutet dabei mehr als zehnmal so viel! An der Existenz der dunklen Materie besteht heute kein Zweifel mehr, woraus sie aber besteht, ist Ziel wilder Spekulationen.

11.11 Ein massereicher Galaxienhaufen verzerrt durch seine Schwerkraft das Bild ferner Galaxien und eines Quasars, er wirkt als Gravitationslinse.

Dem Netz auf der Spur

In der Frühphase des Kosmos spielt sie aber eine ganz entscheidende Rolle. Ohne die dunkle Materie wäre es nie zu einer Galaxienbildung gekommen, gäbe es keine Sterne und Planeten – und uns auch nicht.

In der sehr frühen Phase des Weltalls, in winzigen Bruchteilen einer Sekunde, wurden kleine Fluktuationen der Dichte – eine Folge von Quanteneffekten – bei der inflationären Expansion des Raumes auf kosmische Skalen vergrößert, das kosmische Netz wurde aufgespannt. Allerdings leuchteten noch keine Sterne – das Netz war daher unsichtbar. Der thermische Druck sollte jedoch der Komprimierung dichterer Regionen durch die Schwerkraft Widerstand leisten und für Ausgleich der Dichteschwankung sorgen. Doch die dunkle Materie verhinderte dies, da sie den thermischen Druck überhaupt nicht spürt. Nur über die Schwerkraft wirkt sie auf die uns vertraute „normale" (besser: baryonische) Materie. Die Folge war, dass die baryonische Materie entlang des unsichtbaren Netzes der dunklen Materie so lange komprimiert wurde, bis der thermische Druck sie zurückprallen ließ. Unter dem Einfluss von Schwerkraft und thermischem Druck begann die baryonische Materie zu schwingen. Schwingungen senden Wellen aus, ähnlich wie die Schwingungen einer Glocke. Druckwellen sind aber nichts anderes als akustische Wellen. Die Länge der akustischen Wellen bestimmen aber die Größe des netzartigen Musters. Dieses Muster vergrößert sich mit der Expansion des Universums. Die aus der Theorie folgenden Skalengrößen der akustischen Schwingungen stimmen erstaunlich gut mit der heutigen Größe der Honigwabenstruktur überein, deren Zellengröße zwischen 400 und 500 Millionen Lichtjahre beträgt, wie die vorhin erwähnten großräumigen Galaxiendurchmusterungen ergeben. Andererseits lässt sich die Signatur der primordialen Dichteschwankungen in der kosmischen Hintergrundstrahlung (Cosmic Microwave Background Radiation) ausmachen – in Form von winzigen Abweichungen von nur wenigen Mikrokelvin der sonst völlig isotropen Strahlung. Dies haben uns die Beobachtungsergebnisse des Satelliten **W**ilkinson **M**icrowave **A**nisotropic **P**robe (WMAP) gezeigt. Im Nachglühen des Urknalls lassen sich somit die Spuren des unsichtbaren Netzes der dunklen Materie, der wir letztendlich unsere Existenz verdanken, erkennen.

Um diese Reststrahlung mit noch viel höherer Winkelauflösung zu beobachten und wesentlich mehr über die Frühphase des Universums zu erfahren, will die europäische Raumfahrtagentur ESA im Jahre 2007 endlich den schon lange geplanten Raumflugkörper *Planck* ins Weltall transportieren. *Planck* soll seinen Beobachtungsplatz weit außerhalb der Erde im Lagrange-Punkt L2 (siehe *Himmelsjahr 2006*, Seite 224, Monatsthema November: „Die Punkte des Herrn Lagrange") einnehmen, oder genauer: Lissajous-Bahnen um L2 ziehen mit maximaler Abweichung bis zu 280 000 Kilometer. Der Punkt L2 ist rund 1,5 Millionen Kilometer vom Baryzentrum Erde–Mond entfernt in Opposition zur Sonne. Die Empfänger und Analysatoren von Planck werden so empfindlich sein, dass Abweichungen von der Isotropie der kosmischen Hintergrundstrahlung von nur einem Millionstel Grad bei einer Winkelauflösung von 10′ zu registrieren sein werden. Die Winkelauflösung ist dabei natürlich wellenlängenabhängig: Während sie im Zentimeterbereich nur 30′ erreicht, kommt man im fernen Infrarot bis auf 5′ herunter.

Nach Auswertung der von *Planck* erhofften Datenfülle werden wir noch genauer erfahren, was sich in der Frühphase des Universums abgespielt hat, wann und wie die ersten Sterne und Galaxien entstanden und welches Schicksal dem Kosmos in der Zukunft schließlich beschieden sein wird.

Dezember 2007

Die Sonne erreicht am 22. um 7^h08^m MEZ den tiefsten Punkt ihrer Jahresbahn: Der astronomische Winter hält seinen Einzug. Mars kommt am 24. im Sternbild Zwillinge in Opposition zur Sonne. Der rote Planet dominiert als auffälliges Gestirn den Nachthimmel. Venus bleibt strahlender Morgenstern.

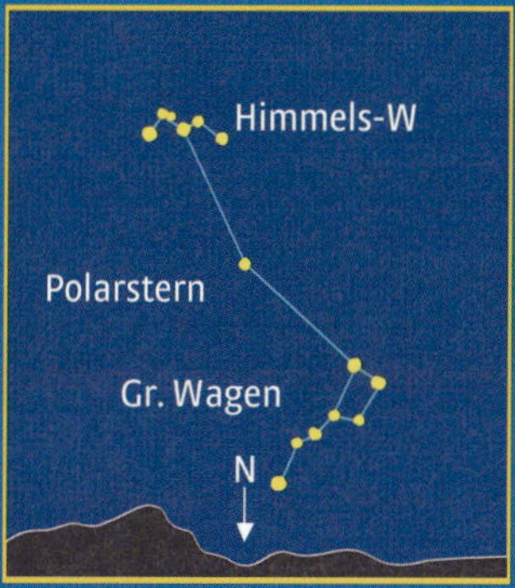

Großer Wagen und Himmels-W Anfang Dezember um 22^h

12.1 Himmelsanblick am 28. Dezember gegen 23^h MEZ. Über dem Osthorizont sind gerade Saturn und der abnehmende Mond im dritten Viertel aufgegangen. Beide stehen im Sternbild Löwe.

Sonnenlauf im Dezember

18.12. 18^h^
Sonne tritt in das Sternbild Schütze
22.12. 7^h^08^m^
Sonne tritt in das Tierkreiszeichen Steinbock
Julianisches Datum am 1. Dezember, 1^h^ MEZ: 2454435,5

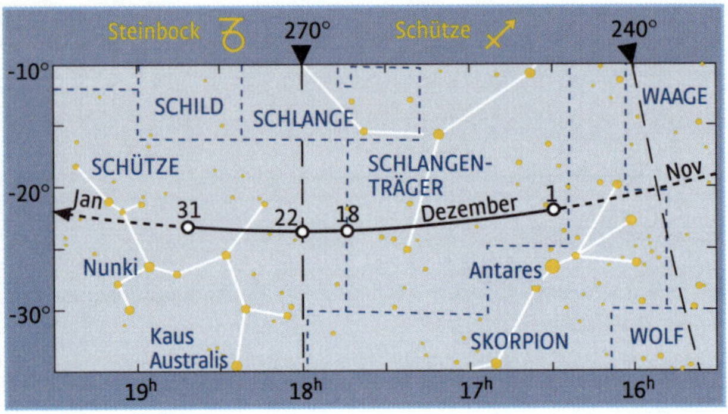

Tag	Dämmerg. Anfang	Aufgang MEZ	Kulmination	Untergang MEZ	Dämmerg. Ende	Mittagshöhe	Zeitgleichg.	Rektaszension	Deklination
	h m	h m	h m	h m	h m	°	m	h m	°
1.	6 38	7 56	12 09	16 21	17 39	18,2	+11	16 26	−21,7
5.	6 42	8 01	12 10	16 19	17 38	17,7	+10	16 43	−22,3
10.	6 47	8 07	12 12	16 18	17 37	17,1	+ 8	17 05	−22,8
15.	6 52	8 11	12 15	16 18	17 38	16,7	+ 5	17 27	−23,2
20.	6 55	8 15	12 17	16 20	17 40	16,6	+ 3	17 49	−23,4
25.	6 57	8 17	12 20	16 22	17 42	16,6	0	18 12	−23,4
31.	6 59	8 18	12 23	16 27	17 47	16,9	− 3	18 38	−23,2

Tages- und Nachtstunden im Dezember

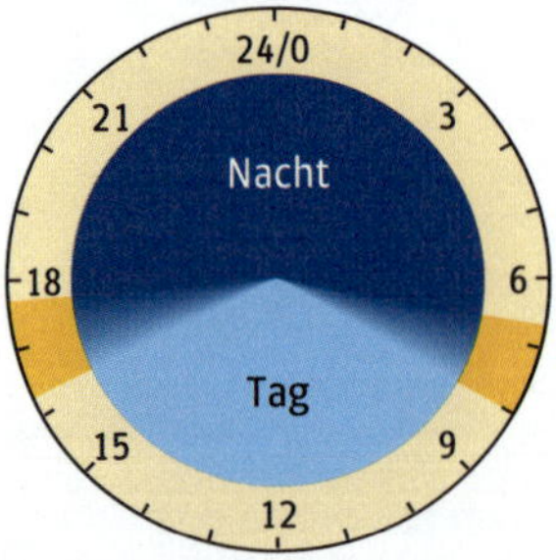

5. Dezember

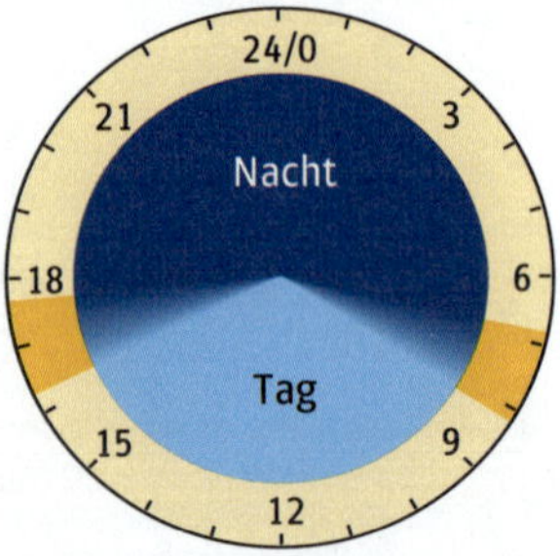

15. Dezember

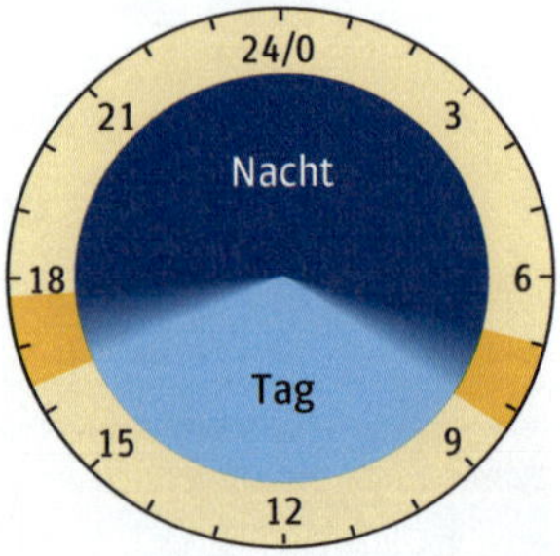

25. Dezember

Mondlauf im Dezember

Datum	Aufg. MEZ	Kulmination	Unterg. MEZ	Rektaszension	Deklination	Sterne und Sternbilder	Phase	MEZ
	h m	h m	h m	h m	°			
Sa 1.	–	6 08	12 57	10 16	+10,7	Löwe, Regulus	**Letztes Viertel**	**13^h44^m**
							Absteigender Knoten	
So 2.	0 15	6 50	13 10	11 02	+ 5,0	Löwe		
Mo 3.	1 25	7 30	13 22	11 45	– 0,7	Jungfrau		
Di 4.	2 34	8 10	13 34	12 28	– 6,3	Jungfrau		
Mi 5.	3 43	8 51	13 48	13 11	–11,6	Spica		
Do 6.	4 52	9 33	14 04	13 55	–16,5	Jungfrau	Erdferne 406/29',4	18^h
Fr 7.	6 03	10 18	14 25	14 42	–20,7	Waage		
Sa 8.	7 13	11 06	14 52	15 31	–24,2	Waage	Größte Südbreite	
So 9.	8 20	11 56	15 30	16 23	–26,6	Antares	**Neumond**	**18^h40^m**
Mo 10.	9 19	12 49	16 19	17 16	–27,8	Schlangenträger		
Di 11.	10 06	13 41	17 20	18 11	–27,7	Kaus Australis		
Mi 12.	10 43	14 33	18 31	19 06	–26,2	Schütze, Nunki		
Do 13.	11 10	15 24	19 46	20 00	–23,4	Schütze		
Fr 14.	11 31	16 12	21 04	20 51	–19,4	Steinbock		
Sa 15.	11 48	16 58	22 21	21 41	–14,5	Steinbock	Aufsteigender Knoten	
							Libration Ost	
So 16.	12 03	17 44	23 39	22 29	– 8,9	Wassermann		
Mo 17.	12 17	18 29	–	23 17	– 2,8	Fische	**Erstes Viertel**	**11^h18^m**
Di 18.	12 32	19 17	0 58	0 06	+ 3,7	Fische		
Mi 19.	12 48	20 07	2 21	0 57	+10,1	Fische		
Do 20.	13 09	21 03	3 47	1 50	+16,1	Widder		
Fr 21.	13 38	22 03	5 17	2 48	+21,4	* Widder	Größte Nordbreite	
Sa 22.	14 18	23 08	6 46	3 51	+25,3	Stier, Plejaden	Erdnähe 361/33',1	11^h
So 23.	15 15	–	8 06	4 57	+27,5	Stier, Al Nath		
Mo 24.	16 29	0 14	9 08	6 04	+27,8	* Zwillinge	**Vollmond**	**2^h16^m**
Di 25.	17 53	1 18	9 52	7 10	+26,0	Zwillinge		
Mi 26.	19 19	2 18	10 23	8 11	+22,6	Krebs, Krippe		
Do 27.	20 40	3 11	10 45	9 07	+17,9	Krebs, Krippe		
Fr 28.	21 57	4 00	11 01	9 58	+12,6	Löwe, Regulus	Absteigender Knoten	
							Libration West	
Sa 29.	23 10	4 44	11 15	10 46	+ 6,8	Löwe		
So 30.	–	5 26	11 27	11 31	+ 0,9	* Löwe		
Mo 31.	0 21	6 07	11 40	12 14	– 4,8	Jungfrau	**Letztes Viertel**	**8^h51^m**

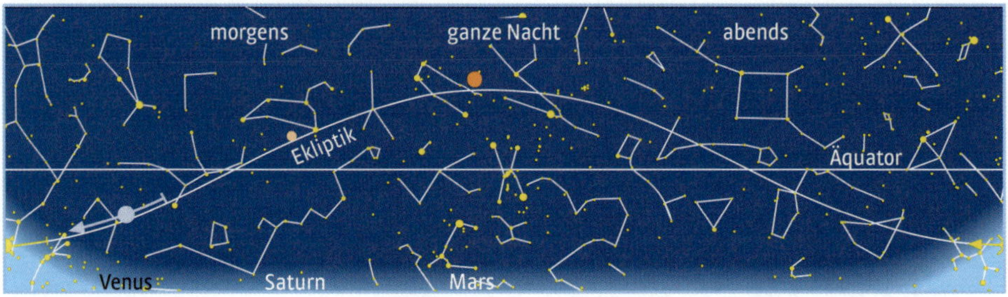

Planetenlauf im Dezember

Merkur hat seine günstige Morgensichtbarkeit vom Vormonat längst beendet. Er eilt der Sonne hinterher und holt sie zur Monatsmitte ein. Am 17. steht er in oberer Konjunktion mit ihr. Der flinke Planet bleibt den ganzen Monat über unsichtbar. Auch die Begegnung mit Jupiter am 20. entgeht uns.

Am 14. passiert Merkur das Aphel seiner Bahn. An diesem Tag ist er 70 Millionen Kilometer (= 0,468 AE) von der Sonne entfernt.

Venus lässt das Jahr als Morgenstern ausklingen. Ihre Aufgänge verspäten sich abermals erheblich und verkürzen ihre Sichtbarkeitsdauer. Die Venushelligkeit geht weiter leicht auf $-4{,}^{m}1$ zurück.

Der Venusaufgang erfolgt am 1. um $3^{h}50^{m}$ und am 15. um $4^{h}25^{m}$. Am letzten Tag des Jahres steigt unser innerer Nachbarplanet erst um $5^{h}07^{m}$ über die Horizontlinie. Immerhin bleiben dann noch gut drei Stunden Sichtbarkeitsdauer für den Morgenstern.

Venus verlässt am 11. das Sternbild Jungfrau und tritt in die Waage. Am 18. passiert sie $2{,}^{\circ}0$ nördlich den Waagestern Zubenelgenubi (= α Librae). Das Venusscheibchen schrumpft bis Silvester auf bescheidene $14{,}''6$, der Beleuchtungsgrad erreicht 76 Prozent. Am Jahresende ist Venus weiter als die Sonne von uns entfernt, nämlich 172 Millionen Kilometer (= 1,15 AE).

Mars steht am 24. in **Opposition** zur Sonne. Er wandert rückläufig durch die Zwillinge und steuert auf Al Nath im Stier zu, den er allerdings nicht erreicht. Am 3. zieht er nur eine Vollmondbreite nördlich an Mebsuta (ε Geminorum) vorbei (siehe auch Abb. 9.3 auf Seite 195).

Die Marshelligkeit nimmt von Monatsbeginn bis zum Tag der Opposition nochmals deutlich um $0{,}^{m}3$ auf $-1{,}^{m}6$ zu. Damit ist Mars das dominierende Gestirn am Nachthimmel.

Die Marsaufgänge verfrühen sich von $18^{h}03^{m}$ am Monatsanfang auf $15^{h}49^{m}$ am Tag der Opposition. In der Oppositionsnacht (24. auf 25.) kulminiert der rote Planet um $0^{h}25^{m}$ und geht um $8^{h}56^{m}$ unter. Bis Jahresende verschiebt sich die Untergangszeit von Mars auf $8^{h}18^{m}$.

Wegen seiner extrem nördlichen Position (Deklination fast +27°!) ist die Marsopposition für die Beobachter in unseren Breiten recht günstig, wenn auch die geringste Marsdistanz diesmal nur 88,2 Millionen Kilometer (= 0,589 AE) beträgt. Wegen der stark elliptischen Marsbahn wird sie bereits in der Nacht vom 18. auf 19. erreicht. Zur Opposition ist die Marsentfernung schon wieder um rund eine Million Kilometer angewachsen. Das Licht benötigt knapp fünf Minuten, um von Mars zur Erde zu gelangen. Würde man sich mit einem Raumfahrer auf Mars unterhalten wollen, so müsste man auf jede Antwort mindestens zehn Minuten warten.

Am Tag der Opposition gesellt sich auch der Vollmond zum roten Planeten. In den Morgenstunden kommt es zu einer **Bedeckung** des Mars durch den Mond (siehe Tabelle „Sternbedeckungen" auf Seite 272).

Im Fernrohr zeigt Mars ein voll beleuchtetes Scheibchen von $15{,}''9$ scheinbarem Durchmesser. Dies ist bescheiden, wenn man mit der Größe des Marsscheibchens zu einer Perihelopposition vergleicht, nämlich 25″. Dennoch kann man bei etwa 200facher Vergrößerung außer Polkappen noch etliche Details auf Mars erkennen.

Am 9. beginnt auf der Marsnordhalbkugel der Frühling.

Jupiter hat sich vom Abendhimmel verabschiedet. Am 23. kommt er in Konjunktion mit der

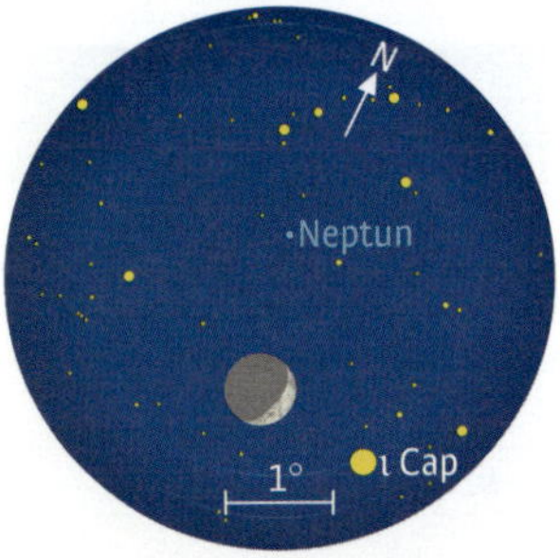

12.2 Begegnung von Neptun mit der zunehmenden Mondsichel am 14. Dezember. Fernglasanblick bei 5° Gesichtsfelddurchmesser gegen 19ʰ MEZ.

Sonne. Er hält sich dann am Taghimmel auf und bleibt nachts unter dem Horizont. Auch die Begegnung mit Merkur am 20. bleibt unbeobachtbar. Bereits am 2. verlässt der Riesenplanet den Schlangenträger und wechselt in den Schützen. Am 18. passiert Jupiter 0,°2 nördlich den Winterpunkt. Zur Konjunktion erreicht er seine südlichste Position im Tierkreis (Deklination am 22.: –23°15′15″). Erst im Juli 2010 wird der Riesenplanet den Himmelsäquator wieder in nördlicher Richtung überschreiten.

Von der Erde aus gesehen bedeckt die Sonne den Riesenplaneten, da er sich nahe der Ekliptik aufhält (Ekliptikale Breite von Jupiter am 23.: $\beta = 10'59''$). Am 17. April 2008 wird Jupiter durch seinen absteigenden Bahnknoten gehen und auf die Südseite der Erdbahnebene wechseln.

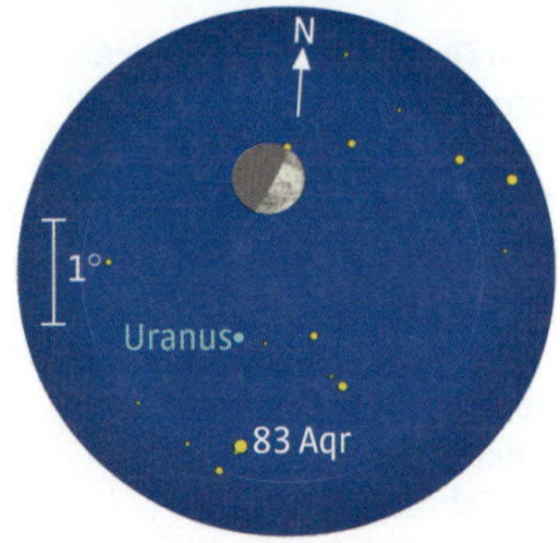

12.3 Am 16. Dezember wandert der zunehmende Mond an Uranus vorbei. Anblick im Fernglas bei 5° Gesichtsfelddurchmesser gegen 18ʰ MEZ.

Zur Konjunktion trennen uns 933 Millionen Kilometer (= 6,24 AE) vom Riesenplaneten. Seine Sonnendistanz beträgt zu diesem Zeitpunkt 786 Millionen Kilometer (= 5,25 AE).

Saturn kommt am 20. im Sternbild Löwe zum Stillstand und wird rückläufig. Damit läutet der Ringplanet seine Oppositionsperiode ein. In Opposition zur Sonne kommt er aber erst am 24. Februar 2008.

Seine Aufgänge verlagert Saturn in die späten Abendstunden. Erfolgt der Saturnaufgang am 1. um 23^h29^m und am 20., dem Tag des Stillstandes, um 22^h15^m, so überschreitet der Ringplanet die östliche Horizontlinie am 31. schon um 21^h31^m. Bis Jahresende nimmt die Saturnhelligkeit leicht auf $0^m{,}6$ zu.

Zweimal begegnet der Mond im Dezember dem Ringplaneten: Am 1. zieht der abnehmende Mond $2^\circ{,}4$ südlich an Saturn vorbei und am 28. passiert er fast drei Grad südlich den Ringplaneten (siehe Abb. 12.1 auf Seite 243).

Am letzten Tag des Jahres trennen uns 1304 Millionen Kilometer (= 8,72 AE) vom Ringplaneten. Seine Sonnenentfernung misst am Silvestertag 1386 Millionen Kilometer (= 9,26 AE). Dies entspricht einer Lichtlaufzeit von einer Stunde und 17 Minuten.

Uranus, wieder rechtläufig im Wassermann, kann noch am Abendhimmel aufgefunden werden (siehe auch Aufsuchkärtchen Abb. 9.6 auf Seite 196). Allerdings verkürzt der lichtschwache Planet seine Sichtbarkeitszeiten drastisch.

Am 11. passiert Uranus um 18^h44^m den Meridian und geht um 0^h19^m unter. Bis Jahresende verfrüht sich seine Kulminationszeit auf 16^h48^m. Am 31. geht der $5^m{,}9$ helle Uranus bereits um 22^h20^m unter. Bedenkt man die nun früh einsetzende Dunkelheit, so ergibt sich eine Sichtbarkeitsdauer von rund vier Stunden, um zu Jahresende Uranus am Abendhimmel zu beobachten.

Am 31. trennen uns 3064 Millionen Kilometer (= 20,48 AE) von Uranus.

Neptun, rechtläufig im Steinbock, nimmt seinen Abschied vom Abendhimmel und wird um die Monatsmitte unbeobachtbar. Erfahrene Beobachter können den bläulichen Planeten, dessen Helligkeit bis Jahresende leicht auf $8^m{,}0$ absinkt, noch in der ersten Dezemberhälfte am Abendhimmel aufstöbern (siehe auch Abb. 8.5 auf Seite 177).

Am 14. zieht die schmale Sichel des abnehmenden Mondes etwa ein Grad südlich an Neptun vorbei und kann vielleicht als Aufsuchhilfe nützlich sein (siehe auch Abb. 12.2 auf Seite 247).

Am 1. kulminiert Neptun um 17^h08^m und geht um 21^h55^m unter. Am 15. passiert er um 16^h14^m den Meridian und sinkt um 21^h01^m unter die Horizontlinie. Bis 31. verfrüht sich dann der Neptununtergang auf 20^h01^m.

Am letzten Tag des Jahres trennen uns 4605 Millionen Kilometer (= 30,78 AE) von Neptun.

Pluto kommt am 21. in Konjunktion mit der Sonne und ist daher nicht beobachtbar. Seine Entfer-

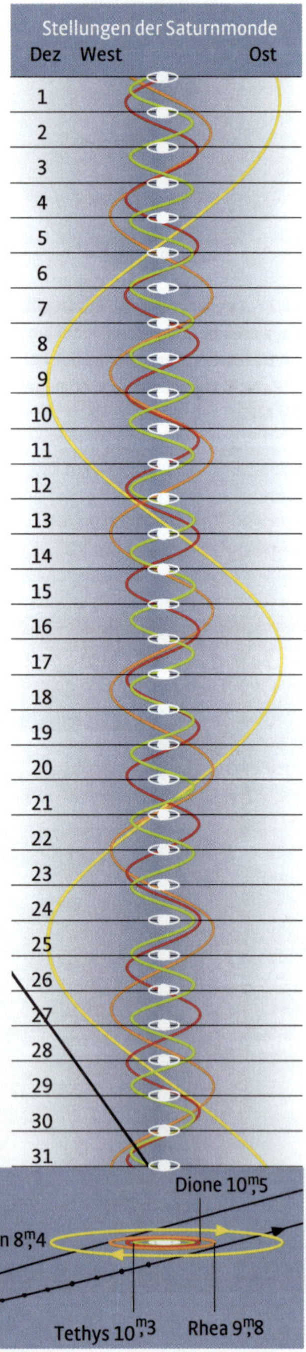

nung von der Erde beträgt an diesem Tag 4842 Millionen Kilometer (= 32,37 AE)

Planetoiden

Ceres (1) stand im ersten Novemberdrittel in Opposition zur Sonne. Sie wandert rückläufig durch den Walfisch, wobei sie leicht nach Norden schwenkt und zum Jahresende in Rektaszension fast zum Stillstand kommt (siehe Abb. 11.4 auf Seite 233).

Die Cereshelligkeit sinkt im Laufe des Monats von $7^{m}{,}6$ deutlich auf $8^{m}{,}2$ ab. Am 1. geht Ceres um $22^{h}27^{m}$ durch den Meridian, am 15. um $21^{h}23^{m}$ und am 31. schon um $20^{h}17^{m}$.

Flora (8) hat ebenfalls die Opposition hinter sich und wird am 28. im Widder an der Grenze zum Stier stationär (siehe Abb. 11.4 auf Seite 233). Anschließend steuert sie rechtläufig auf das Goldene Tor der Ekliptik zu.

Bis Jahresende geht die Florahelligkeit von $8^{m}{,}2$ auf $9^{m}{,}0$ merkbar zurück, weshalb man den Planetoiden Nr. 8 zu Jahresende von der Beobachtungsliste streichen kann.

Die Florakulminationen erfolgen am 1. um $23^{h}11^{m}$, am 15. um $22^{h}06^{m}$ und am 31. schon um $21^{h}00^{m}$.

Periodische Sternschnuppenströme im Dezember

Vom 7. bis 17. Dezember macht sich der ekliptikale Strom der **Geminiden** bemerkbar. Ihr Ausstrahlungspunkt liegt in den Zwillingen, rund 1° südwestlich von Kastor. Das Maximum tritt in den Morgenstunden des 13. Dezember ein, wo stündlich bis 120 Meteore, mitunter auch sehr helle Objekte, über den Himmel huschen. Die Geschwindigkeiten liegen um 35 Kilometer pro Sekunde. Die günstigste Beobachtungszeit liegt zwischen 21^{h} und 6^{h} morgens.

Vom 17. bis 26. Dezember tauchen die **Ursiden** auf, deren Radiant im Sternbild Kleiner Bär zu finden ist. Ihr scharfes Maximum erreichen die Ursiden-Meteore in der Nacht vom 22. auf 23. Dezember gegen Mitternacht. Da der Radiant zirkumpolar ist, können die Ursiden die ganze Nacht beobachtet werden. Der Ursprung der Ursiden wird auf den Kometen 8P/Tuttle (früher 1858 I) zurückgeführt. Die Sternschnuppen haben mittlere Geschwindigkeiten von 35 Kilometern pro Sekunde. In den letzten Jahren wurden rund zehn bis zwanzig, manchmal auch mehr Objekte pro Stunde im Maximum registriert.

Wenig ergiebig ist der Strom mit dem Namen **Coma Bereniciden**, dessen Radiant im Haar der Berenike liegt und die um die Jahreswende auftreten – etwa von Mitte Dezember bis Mitte Januar. Es handelt sich um sehr schnelle Objekte (um 65 Kilometer pro Sekunde).

Das Maximum liegt um den 20. Dezember, wobei lediglich fünf bis zehn Meteore pro Stunde zu erwarten sind.

Konstellationen und Ereignisse im Dezember

Datum	MEZ	Ereignis
1.	14^{h}	**Mond bei Saturn**, Mond $2^{\circ}{,}4$ südlich,
		Abstand $3^{\circ}{,}7$ um 7^{h}
6.	2	Mond bei Venus, Mond $7^{\circ}{,}1$ südlich
9.	10	Mond bei Merkur, Mond $4^{\circ}{,}4$ südlich
10.	16	Mond bei Jupiter, Mond $4^{\circ}{,}6$ südlich
14.	19	**Mond bei Neptun**, Mond $0^{\circ}{,}7$ südlich,
		Abstand $1^{\circ}{,}5$ um 19^{h} (Fernglas!)
14.	19	Merkur im Aphel
16.	19	**Mond bei Uranus**, Mond $2^{\circ}{,}3$ nördlich,
		Abstand $1^{\circ}{,}4$ um 18^{h} (Fernglas!)
17.	16	Merkur in oberer Konjunktion mit der Sonne
19.	1	**Mars in Erdnähe** (88 Millionen Kilometer)
20.	13	Saturn im Stillstand, anschließend rückläufig
20.	23	Merkur bei Jupiter, Merkur $1^{\circ}{,}8$ südlich
21.	1	Pluto in Konjunktion mit der Sonne
22.	$7^{h}08^{m}$	**Sonne im Winterpunkt, Wintersonnenwende**
23.	7	Jupiter in Konjunktion mit der Sonne
24.	4	**Mond bei Mars**, Mond $0^{\circ}{,}9$ nördlich,
		Abstand $0^{\circ}{,}3$ um 5^{h} (Bedeckung, s. Seite 272)
24.	21	**Mars in Opposition** zur Sonne
28.	23	**Mond bei Saturn**, Mond $2^{\circ}{,}8$ südlich,
		Abstand $3^{\circ}{,}2$ um 22^{h}

Der Fixsternhimmel im Dezember

Die Herbstbilder bereiten nun ihren Abschied vor. Sie sind alle schon in die westliche Himmelshälfte gewechselt. Nur Perseus steht im Meridian, und zwar fast genau im Zenit. Jetzt ist die Gelegenheit günstig, dieses nicht allzu auffällige Sternbild einmal genau zu studieren. Auch der veränderliche Stern Algol im Perseus kann jetzt leicht gefunden werden.

Tief im Nordwesten leuchtet die bei uns fast zirkumpolare Wega. Der Schwan mit Deneb ist ebenfalls noch im Westen zu finden. Der dritte Stern des Sommerdreiecks, Atair, ist allerdings schon untergegangen; das Sommerdreieck hat sich somit aufgelöst. Im Südwesten und im Süden finden sich ausgedehnte, aber lichtschwache Sternbilder. Von Westen her gesehen sind es Wassermann, Fische, Walfisch und Fluss Eridanus. Fomalhaut im Südlichen Fisch ist jedoch schon untergegangen.

Hoch im Süden hat der Widder mit seinem Hauptstern Hamal (α Arietis) die Mittagslinie passiert. Der Widder gehört zu den Tierkreisbildern. Vor über zweitausend Jahren lag der Frühlingspunkt noch im Sternbild Widder.

Die gesamte östliche Himmelshälfte ist nun reich an hellen Sternen. Während im Westen das Pegasusquadrat und die Sternenkette der Andromeda noch als Herbstbilder zu sehen sind, hat am Osthimmel der Aufmarsch der Wintersternbilder begonnen. Das Wintersechseck ist komplett erschienen. Es setzt sich aus den hellsten Sternen der sechs bekanntesten Wintersternbilder zusammen: Hoch im Osten, fast im Zenit, steht die helle Kapella und bildet die Spitze des Wintersechsecks. Es folgen Aldebaran im Stier, Rigel im Orion, Sirius im Großen und Prokyon im Kleinen Hund sowie Pollux in den Zwillingen. Zusätzlich zu den hellen Wintersternen leuchtet in den Zwillingen noch ein weiteres, helles Gestirn: Es handelt sich um den roten Planeten, nämlich Mars.

Obwohl Sirius noch tief im Südosten steht, funkelt er dennoch auffällig in einem bläulichweißen Licht. Sirius ist nämlich der hellste Fixstern des Firmaments überhaupt. Seine scheinbare Helligkeit beträgt –1,5 Größenklassen. Mit knapp neun Lichtjahren Entfernung ist Sirius der nächste der zwanzig hellsten Fixsterne des irdischen Firmaments, sieht man einmal von Toliman ab, der nur 4,4 Lichtjahre entfernt ist, aber von Mitteleuropa wegen seiner südlichen Stellung nicht zu beobachten ist.

Ein wenig westlich von Orion scheint eine sternleere Gegend zu sein. Hier schlängelt sich der Fluss Eridanus entlang. An unserem, durch grelle künstliche irdische Lichter aufgehellten Himmel, ist der Fluss Eridanus fast nicht zu erkennen. Nur unter guten Sichtbedingungen an dunklen Orten ohne störende irdische Lichtquellen sieht man die Sterne des Eridanus. Von Mitteleuropa ist auch nur der nördliche Teil des Fluss Eridanus zu sehen. Und dieser ist recht unscheinbar. Der Hauptstern Achernar (α Eridani) gehört mit $0^{m}\!\!.5$ zu den zehn hellsten Sternen des irdischen Firmaments. Mit –57° Deklination steht er aber so weit südlich, dass er in unseren Breiten nie aufgeht und daher bei uns unsichtbar bleibt. Achernar ist mit 143 Lichtjahren von uns relativ weit entfernt.

Der Eridanus ist keine Sagengestalt, also keine Person, sondern ein Fluss. Der Fluss Eridanus entspringt bei Rigel im Orion. Er schlängelt sich zunächst westwärts in Richtung Cetus (Walfisch), windet sich dann in zwei großen Bögen südwärts und verschwindet anschließend bei uns unter dem Horizont. Die bei uns sichtbaren Sterne sind dritter und vierter Größe, so dass der Eridanus den Mitteleuropäern nicht besonders auffällt. Die alten Ägypter sahen in dem Eridanus den Totenfluss, über den die Verstorbenen von einem Fährmann ins Jenseits gebracht wurden.

Das Sternbild Perseus (Perseus)

Im Dezember steht der Perseus zur Standardbeobachtungszeit um 22^{h} hoch über unseren Köpfen direkt im Zenit. Jetzt ist die Zeit gekommen, wo man diese Sternenfigur leicht erkennen kann. Deutsche und internationale Bezeichnungen lauten gleich: Perseus, abgekürzt: Per, Genitiv: Perseï (sprich: Perse-i). Wegen seiner nördlichen Position zählt der Perseus in unseren Breiten noch zu den Zirkumpolarbildern.

Während im Allgemeinen die einzelnen Sternbilder ziemlich zusammenhanglos am Himmel angeordnet sind, gehört der Perseus zu einer Gruppe von fünf beieinander stehenden Bildern, die einen gemeinsamen mythologischen Ursprung besitzen. Zu ihnen zählen Kassiopeia, Kepheus, Andromeda, Perseus und Walfisch.

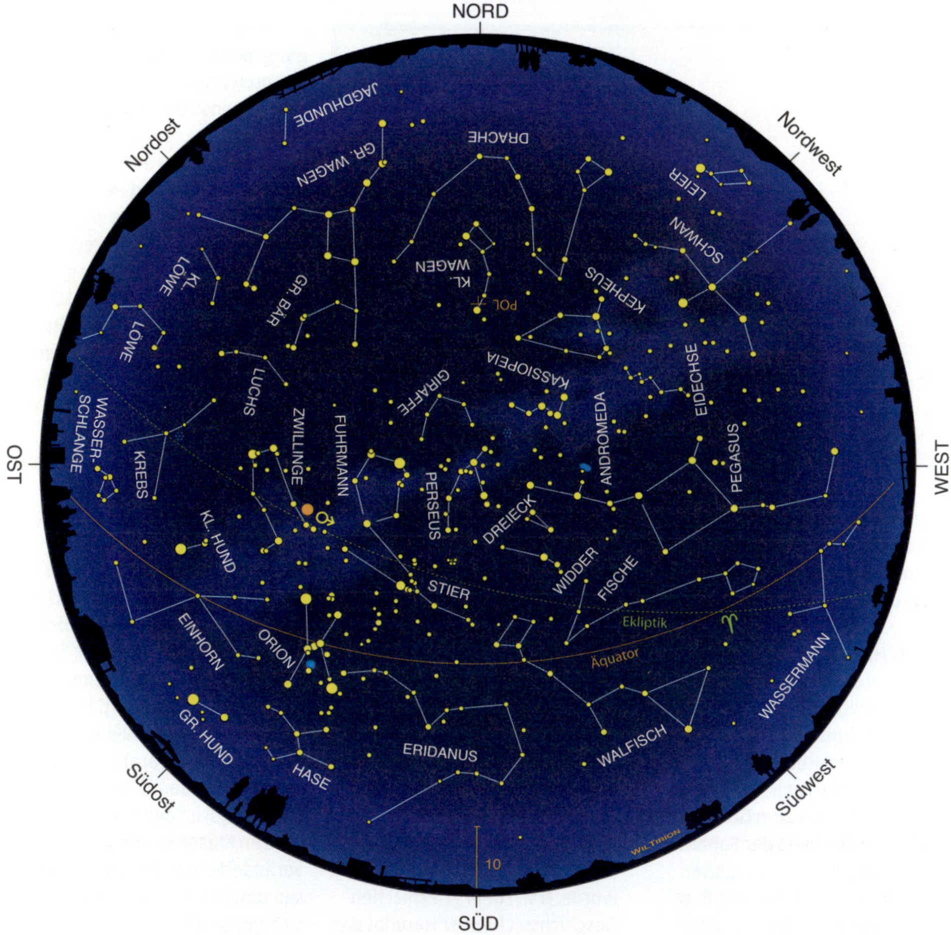

Sternenhimmel am 15. Dezember um 22h MEZ (23h MESZ)

Fixsternhimmel auch gültig für:		
	MEZ	MESZ
15. 9.	4^h	5^h
1.10.	3	4
15.10.	2	3
1.11.	1	
15.11.	0	
1.12.	**23**	
15.12.	**22**	
31.12.	**21**	
15. 1.	20	
31. 1.	19	

Der klassischen Sage nach wurde Perseus als Sohn des Götterbosses Zeus und der Danaë, der Urmutter der Hellenen, geboren. Einer uralten Weissagung nach sollte sein Großvater Akrisios von Argos von seinem Enkel getötet werden. Akrisios setzte daher Perseus mit seiner Mutter auf dem Meer aus. Die Umhertreibenden strandeten schließlich auf der Insel Seriphos, deren Herrscher Polydektes beide gastlich aufnahm und Perseus großzog.

König Polydektes begehrte Danaë zur Frau und schickte Perseus deshalb weg, damit er im Kampf gegen die grauenvollen Gorgonen, drei Schwestern aus dem Geschlecht der Urweltdämonen, unsterblichen Ruhm erlange. Der Anblick der Gorgonen war nämlich so entsetzlich, dass jeder, der ihm ausgesetzt war, augenblicklich zu Stein erstarrte.

Von den guten Wünschen der Götter begleitet, besiegte Perseus die Gorgonen. Dabei schlug er der Medusa den Kopf ab, den

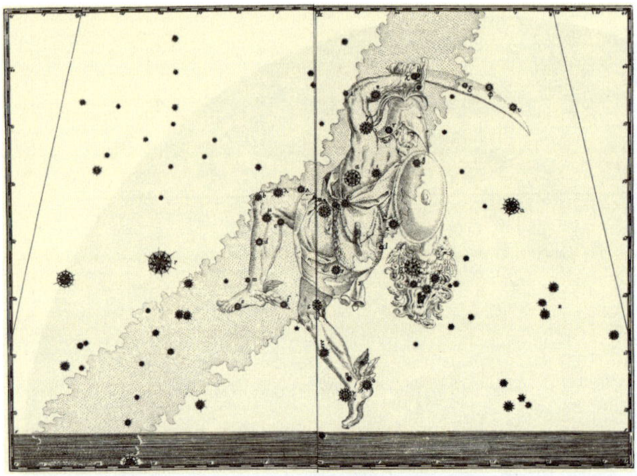

12.4 Figürliche Darstellung des Sternbildes Perseus im Sternatlas *Uranometria* von Johannes Bayer aus dem Jahr 1603.

statt Haaren giftige Schlangen bedeckten. Auf dem Heimweg, den Perseus mit Hilfe von geflügelten Schuhen zurücklegte, die ihm der Götterbote Hermes (röm.: Merkur) geliehen hatte, tropfte Blut aus dem Gorgonenhaupt in den Sand der Sahara. Augenblicklich verwandelten sich die Blutstropfen in giftige Sandvipern. Nach mancherlei Abenteuern gelangte Perseus schließlich nach Äthiopien, wo er die an einen Felsen vor den Gestaden Äthiopiens angeschmiedete Andromeda in letzter Sekunde rettete. Andromeda sollte einem Meeresungeheuer, nämlich dem Cetus (lat., Walfisch) geopfert werden, um Äthiopien vor einer Sintflut zu bewahren. Die drohte der Meeresgott Poseidon den Äthiopiern an, da die eitle Kassiopeia seine Töchter, die Nereïden beleidigte, indem sie behauptete, schöner als diese zu sein. Perseus eilt auf seinen Schuhen herbei und stößt das Schwert tief in den Leib des Cetus. Doch dieser bäumt sich auf und droht, Perseus zu verschlingen. Da holt Perseus das Gorgonenhaupt hervor und zeigt es dem Cetus, der vor Schreck augenblicklich zu Stein erstarrt. Der Cetus ist somit kein Wal im Sinne der Zoologie, sondern ein Ungeheuer mit Klauen und scharfen Zähnen.

Perseus zeugte mit Andromeda einen Sohn, der Perses getauft wurde. Nach dem griechischen Geschichtsschreiber Herodot gab der Sprössling dem Land Persien seinen Namen.

Im biblischen Sternbilderhimmel stellt dieses Himmelsareal David mit dem Kopf von Goliath dar. Nach Julius Schillers christlichem Sternbilderhimmel sieht man hier den Apostel Paulus mit einem Schwert und einem Buch.

In China hieß diese Sternenkonstellation Tien Yuen, das paradiesische Grundstück.

Nach Friedrich Wilhelm Argelander gehören 81 mit bloßen Augen sichtbare Sterne zum Perseus.

Im Perseus liegt auch der Ausgangspunkt des nach ihm benannten ergiebigsten Sternschnuppenstrom des Jahres, der Perseïden. Sie tauchen im zweiten Augustdrittel auf. Ihr Radiant befindet sich nahe η Perseï. Die Meteore der Perseïden werden im Volksmund auch Laurentius-Tränen genannt, nach dem gleichnamigen Märtyrer, der am 10. August 258 nach Chr. auf glühendem Rost zu Tode gefoltert wurde.

Der Hauptstern α Perseï ($1\overset{m}{,}8$) wird Mirfak genannt und ist ein gelblicher Überriese in knapp sechshundert Lichtjahren Entfernung. Mirfak kommt aus dem Arabischen und bedeutet „Ellbogen". Ein weiterer Name für α Per ist Algenib, was ebenfalls eine arabische Bezeichnung ist und Seite oder Flanke heißt. Doch hier ist Vorsicht geboten: Auch der Stern γ Pegasi wird Algenib genannt.

Berühmter als α ist β Perseï, besser bekannt als Algol. Der Name stammt vom arabischen Rasal-ghul, was Haupt des Teufels heißt. Algol ist der Prototyp einer ganzen Klasse von Bedeckungsveränderlichen. Zwei Sterne kreisen umeinander und bedecken sich gegenseitig.

Alle zwei Tage und 21 Stunden sinkt die Algol-Helligkeit innerhalb von fünf Stunden von $2\overset{m}{,}1$ auf $3\overset{m}{,}4$ ab, was mit bloßen Augen leicht zu verfolgen ist. In weiteren fünf Stunden steigt die Algol-Helligkeit wieder auf den ursprünglichen Wert an. Die bei uns beobachtbaren Algol-Minima sind in der Rubrik „Veränderliche Sterne" verzeichnet. Algol ist 93 Lichtjahre von uns entfernt.

ξ Perseï ($4\overset{m}{,}0$) ist ein extrem leuchtkräftiger, blauer Überriesenstern in 1500 Lichtjahren Ent-

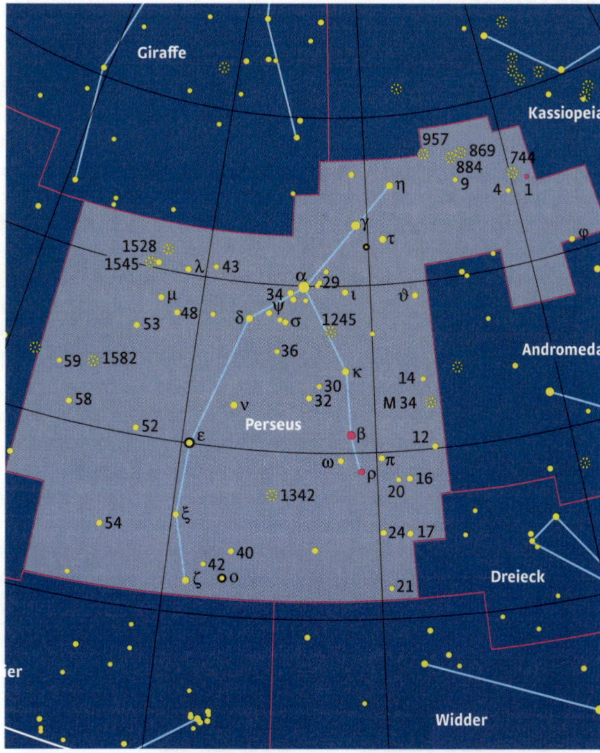

12.5 Skelettkarte des Sternbildes Perseus

fernung. Sein Name Menkib kommt ebenfalls aus dem Arabischen und bedeutet Schulter.

Der Name Atik wurde ursprünglich o Perseï ($3^{m}{,}8$) zugeordnet und heißt so viel wie Schlüsselbein. Manchmal wird damit auch der benachbarte Stern ζ Perseï ($2^{m}{,}9$) bezeichnet, der rund tausend Lichtjahre von uns entfernt ist. Die Bezeichnung „Schlüsselbein" bezieht sich wohl auf beide Sterne, die diesen Körperteil des Perseus darstellen sollen.

Der Perseus liegt mitten in der sternreichen Gegend der nördlichen Milchstraße. Der galaktische Äquator zieht durch den nordöstlichen Teil des Perseus. So findet man zahlreiche offene Sternhaufen und galaktische Nebel im Perseus. Prominent sind die beiden offenen Sternhaufen h und χ Perseï, die schon mit bloßen Augen als schwache Lichtfleckchen zu erspähen sind, auf alle Fälle aber mit dem Fernglas. Aber erst im Teleskop bei schwacher Vergrößerung und weitem Gesichtsfeld sind die beiden nebeneinander stehenden Sternhaufen sehr beeindruckend. (Die Rede ist manchmal von „Doppelsternhaufen". Dies ist irreführend und man sollte die Bezeichnung vermeiden, denn es handelt sich nicht um einen Haufen von Doppelsternen sondern um zwei eng benachbarte offene Sternhaufen.) h und χ Perseï sind rund 7200 Lichtjahre entfernt.

Ein schöner offener Sternhaufen für das Fernglas ist auch M 34 im Perseus. Er zeigt eine deutliche Konzentration zur Mitte hin. Die Sterne von M 34 sind etwa 1500 Lichtjahre von uns entfernt.

M 76 im Grenzgebiet zu Andromeda und Kassiopeia ist ein planetarischer Nebel in 3500 Lichtjahren Entfernung. Er wird auch als „Kleiner Hantelnebel" bezeichnet und ist recht lichtschwach. Um ihn zu sehen, sollte man eine Optik nicht unter 10 cm Öffnung benutzen.

Der California-Nebel (NGC 1499) ist eine interstellare Gas- und Staubwolke im Perseus, nördlich von ξ Per gelegen, die aber nur fotografisch nachweisbar ist.

Veränderliche Sterne im Dezember

Algol-Minima	1. 3^h19^m	4. 0^h08^m	6. 20^h57^m	24. 1^h52^m	26. 22^h41^m	29. 19^h30^m
β-Lyrae-Minima	3. 22^h H	10. 9^h N	16. 21^h H	23. 8^h N	29. 19^h H	
δ-Cephei-Maxima	4. 13^h	9. 22^h	15. 7^h	20. 16^h	26. 0^h	31. 9^h
Mira-Helligkeit	1. 7^m	10. 6^m	20. 4^m	31. 4^m		

Monatsthema

Sind wir allein im Universum?

Seit jeher interessiert ein breites Publikum, ob das Leben auf unseren kleinen Planeten Erde beschränkt ist oder ob in den Weiten des Weltalls nicht noch anderswo Leben vorkommt, vielleicht sogar höher entwickelte Zivilisationen, die sogar Raumfahrt betreiben. In der umfangreichen Science-Fiction-Literatur wimmelt es nur so von hochtechnisierten Rassen, die auf ihren Supergleitern das Weltall durchkreuzen und gigantische Schlachten austragen. Wie könnte es auch anders sein? Die Autoren solcher Science-Fiction-Romane und deren Leserschaft projizieren ihre eigenen Denkstrukturen, Fantasien und Vorstellungen auf die Romanhelden und ihre Widersacher. Doch es gibt auch gütige, ethisch hoch stehende Zivilisationen, die uns Menschen mit ihrer überlegenen Technik retten wollen oder sollen. Auch hier werden religiöse Wunschvorstellungen und Erlösungsszenarien zu mehr oder minder spannenden Zukunftsromanen verarbeitet. Mit der Realität haben sie aber nichts zu tun.

Lange haben daher die Astronomen die Frage nach Leben im All den Schriftstellern überlassen. Doch die Forschungsergebnisse der letzten Jahrzehnte haben die Himmelskundler veranlasst, sich mit dem Problem extraterrestrischen Lebens intensiv auseinander zu setzen. Die „Bioastronomie“ ist heute eine ernst zu nehmende und an Bedeutung zunehmende Disziplin der Astronomie. Schon 1982 wurde auf der Generalversammlung der Internationalen Astronomischen Union, die damals in Patras (Griechenland) stattfand, die Kommission 51 gegründet, die sich mit den Fragen nach extraterrestrischem Leben beschäftigt. Der Herausgeber dieses Jahrbuches war damals Gründungsmitglied. Die Kommission 51 hieß ursprünglich „Search for Extraterrestrial Life“ (Suche nach außerirdischem Leben). Inzwischen hat sie sich umbenannt in „Bioastronomy“.

Mehrere Forschungsergebnisse führen zu der berechtigten Annahme, dass die Erde nicht der einzige Ort in den Weiten des Universums ist, der Leben beherbergt. Seit über zehn Jahren weiß man, dass nicht nur unsere Sonne, sondern auch andere Sonnen, also Sterne, von Planeten umrundet werden. Lange war ungewiss, ob unser Planetensystem ein außerordentlich seltenes Gebilde ist. Inzwischen kennt man weit über hundert Sterne, die Planetensysteme besitzen.

Weiter haben die Radioastronomen in interstellaren Gas- und Staubwolken komplizierte Molekülverbindungen entdeckt. Man fand Kohlenwasserstoffe und weitere organische Molekülkomplexe, die Grundbausteine für Organismen. Die Materie hat offensichtlich im gesamten Universum die Eigenschaft, bei entsprechend niedrigen Temperaturen komplexe Strukturen und damit Lebensformen zu bilden. Die Tendenz der Bildung langer Molekülketten und Ringverbindungen ist nicht nur auf die Erde beschränkt. Im Gegenteil, man vermutet sogar, dass die organischen Substanzen auf der Erde gewissermaßen aus dem Weltall eingeschleppt wurden (Panspermie-Hypothese).

In Meteoriten entdeckte man ferner Aminosäuren, die definitiv extraterrestrischen Ursprungs

12.6 In der Fantasie von Romanschriftstellern wimmelt es von Extraterresten.

12.7 Hat ein Komet das Leben auf der Erde eingeschleppt? (Aufnahme des Kometen Hale-Bopp im März 1997 von Martin Gertz/Sternwarte Welzheim).

sind. Aus Aminosäuren setzen sich die langen Kettenmoleküle der Proteine (Eiweißkörper) zusammen, aus denen alle Lebensformen, Bakterien, Pflanzen, Tiere und Menschen bestehen. Die irdischen Aminosäuren haben alle die optische Eigenschaft, die Polarisationsebene hindurchgehenden Lichtes nach links zu drehen. In Meteoriten wurden aber auch Aminosäuren entdeckt, die rechtsdrehend sind und somit außerirdischen Ursprungs sein müssen.

Natürlich sind Aminosäuren noch keine Lebensformen. Aber aus den bisherigen Erkenntnissen kann man schließen, dass die biologische Evolution nicht zwangsläufig nur auf der Erde stattgefunden hat. Wäre man dieser Meinung, so führte man die anthropozentrische Vorstellung wieder ein, die Menschheit sei die Krone der Schöpfung und Sonne, Mond und Sterne seien allein zu unserer Erbauung geschaffen worden. Die Meinung, dass das Leben auf der Erde einmalig ist, ist wohl etwas anmaßend.

Wie nach Signalen gefahndet wird

Doch wie lässt sich prüfen, ob wir allein sind? Wie fahndet man nach außerirdischem Leben? Wenn ein Planet einer fremden Sonne nur Einzeller beherbergt, dann reichen unsere heutigen Beobachtungsmethoden sicher nicht aus, diese einfachen Lebensformen zu detektieren. Möglicherweise hat aber die Evolution woanders schon früher begonnen und hat Wesen hervorgebracht, die sich ihrer Existenz selbst bewusst und uns in ihrer technischen Entwicklung weit voraus sind. Nach ihnen kann man suchen, indem man ins All lauscht. Möglicherweise empfangen wir die Signale einer uns haushoch überlegenen Superzivilisation. Dabei sind zunächst die Radioastronomen gefragt. Bereits 1960 hat Frank Drake, ein prominenter amerikanischer Radioastronom, mit einem 26-Meter-Radioteleskop des Nationalen Radioastronomischen Observatoriums in Green Bank, West-Virginia, unter der Bezeichnung Project OZMA die beiden sonnenähnlichen Nachbarsterne τ Ceti und ε Eridani angepeilt, in der Hoffnung, Radiosignale einer extraterrestrischen Population zu empfangen. Serendip (**S**earch for **E**xtraterrestrial **R**adio **E**missions **N**earby **D**eveloped **I**ntelligent **P**opulations = Suche

12.8 In Meteoriten eingeschlossen entdeckte man Aminosäuren, die Grundbausteine aller Lebewesen.

nach außerirdischen Radiosendungen benachbarter, entwickelter, intelligenter Populationen) wurde oftmals wiederholt, jedes Mal mit weit verbesserter Technik. Berühmt geworden ist das Project Phoenix des SETI-Instituts in Mountain View (Kalifornien). Zehn Jahre lang (1992–2002) suchte man bei rund tausend Sternen in 28 Millionen Kanälen simultan nach den Signalen außerirdischer Zivilisationen. Darüber hinaus wurde der gesamte Himmel nach solchen Signalen abgetastet. Am 12. Oktober 1992, dem Jahrestag der 500. Wiederkehr von Kolumbus' Entdeckung der Neuen Welt, wurde das Suchprogramm von der NASA gestartet, damals noch unter dem Namen MOP (**M**icrowave **O**bserving **P**roject). Es war das raffinierteste und ausgeklügeltste Suchprojekt, das je unternommen wurde. Für das MOP wurden keine neuen Radioteleskope gebaut, sondern die bereits bestehenden von Arecibo in Puerto Rico (300-Meter-Radioreflektor – größter der Welt), von Green Bank (43-Meter-Reflektor) und der 64-Meter-Reflektor von Parkes in Australien wurden zur Suche eingesetzt. Zum großen Teil wurden auch die Radio-Daten untersucht, die für ganz andere Forschungszwecke gesammelt wurden.

Aber bald hatte die NASA kalte Füße bekommen und das Budget für die Suche nach unseren Nachbarn im All gestrichen. Doch die sehr engagierte amerikanische Astronomin Jill Tarter, eine Schülerin von Frank Drake, hat mit Hilfe privater Sponsoren das Projekt gerettet – wie Phönix aus der Asche, daher der neue Name.

Doch der Lauschangriff auf die Wesen aus dem All blieb bisher ohne Ergebnis. Das Weltall schweigt. Allerdings muss man bedenken: Das Aufspüren außerirdischer Zivilisationen gleicht der Suche nach einer Nadel im galaktisch großen Heuhaufen. Dennoch sind die SETI-Forscher optimistisch. Mit wachsender Leistungsfähigkeit der Computer wird es möglich, immer größere Datenmengen nach Signalen Außerirdischer zu durchforsten. Das SETI-Institut plant, 350 schüsselförmige Antennen von je 6 Metern Durchmesser in einem ein Quardratkilometer großen Areal aufzustellen und mit diesem virtuell riesigen Radioteleskop einige Zigmillionen Sterne in fünfzehn Jahren nach Funksignalen hochtechnisierter Zivilisationen abzusuchen. Wie schon vorher stellt sich auch hier die schwierige Frage nach der Finanzierung. Etliche

Abgeordnete des US-amerikanischen Kongresses sehen wenig Sinn, mit viel Geld nach „kleinen grünen Männchen mit unförmigen Köpfen" zu suchen, und wollen der NASA für derartige Projekte keine Mittel bewilligen. Für die erste Ausbaustufe sind rund 35 Millionen US-Dollar erforderlich, ein Kleckerbetrag angesichts der Kosten für die bemannte Raumstation.

Wo sind die Außerirdischen?

Optimisten schätzen ohnehin, dass es rund zehntausend Zivilisationen in unserer Galaxis geben müsse. Teils sind sie uns technologisch haushoch überlegen und betreiben wohl Raumfahrt. Doch wo sind sie alle, die hochtechnisierten Bewohner unserer Milchstraße, fragte einst der berühmte Physiker und Nobelpreisträger Enrico Fermi (1901–1954). Man hatte ihm nämlich berichtet, dass eine einzige Superzivilisation innerhalb von rund dreihundert Millionen Jahren die gesamte Galaxis kolonisieren könne. Doch weder O'Neill-Kolonien noch Von-Neumannsche-Maschinen sind bisher aufgetaucht. Seither spricht man vom *Fermi-Paradoxon*. Doch wenn sich die Extraterresten nicht bemerkbar machen, so ist das kein sicherer Beweis für ihre Nichtexistenz. Betrachten wir unsere Spezies: Erst seit kosmisch gesehen extrem kurzer Zeit wird die Erde von Wesen bewohnt, die sich ihrer selbst bewusst sind. Noch kürzer ist die Zeitspanne in der Milliarden Jahre währenden Geschichte des Universums, in dem wir über eine Technik verfügen, die es uns ermöglicht, Funksignale zu senden und zu empfangen. Wir wissen nichts über die Entwicklung fremder, intelligenter Spezies. Wir haben somit keinerlei Vergleichsmöglichkeiten. Es ist eine anthropozentrische Auffassung, andere Zivilisationen müssten sich wie wir verhalten. Eine weit fortgeschrittene Rasse betreibt vielleicht keine Raumfahrt, weil sie ein solches Unterfangen schlicht für überflüssig hält. Ihre Individuen verharren möglicherweise in einem Zustand geistiger Selbstzufriedenheit und wünschen auch keinen Kontakt mit anderen Rassen beziehungsweise Zivilisationen (*Kontemplativ-Hypothese*).

Andererseits: Wie lange existiert eine technische Zivilisation? Vielleicht kommen sie gar nicht dazu, in großem Stil Raumfahrt zu betreiben. Denn infolge sich zu langsam anpassender archaischer Denkstrukturen zerstören sich Zivilisationen sehr bald selbst, sobald sie einen höheren technischen Entwicklungsstand erreicht haben. Solche hochtechnisierten Rassen mögen sich gewissermaßen selbst aus der Evolution katapultieren.

12.9 Das große Radioteleskop des National-Radio-Astronomy-Observatory (NRAO) in Green Bank, West Virginia (USA).

Der amerikanische Astronom John A. Ball von der Harvard-Universität wieder hat eine ganz andere Vermutung geäußert, warum wir noch keinen Kontakt zu Außerirdischen haben. Ball meint, die Außerirdischen haben uns längst entdeckt, vermeiden es aber, mit uns in Kontakt zu treten. Sie verbergen sich vor uns und studieren lediglich unsere Verhaltensweisen, ähnlich wie wir Tiere im Zoo betrachten. Die Erde und ihre Bewohner sind sozusagen für die Extraterresten ein galaktisches Wildreservat. Diese Vorstellung ist als *Zoohypothese* in die Literatur eingegangen.

Eine Variante der Zoohypothese geht davon aus, dass uns weit überlegene galaktische Zivilisationen das Problem der Aggressivität gelöst haben. Sie sind uns auch in diesem Punkt weit überlegen. Es muss sich um friedfertige, geistig und ethisch weitentwickelte Wesen handeln, die die gesamte Gala-

12.10 Das größte Radioteleskop der Erde mit 300 m Schüsseldurchmesser steht in einem Tal in Arecibo, Puerto Rico.

xis kontrollieren. Entstehen neue Rassen, werden sie zunächst beobachtet, wobei man einen Kontakt mit ihnen vermeidet. Legen die Neuankömmlinge ihre aggressiven Verhaltensweisen nicht ab, so zerstören sie sich nach Erreichen eines bestimmten technischen Standards selbst, lange noch bevor sie interstellare Raumfahrt betreiben. Neue Zivilisationen, denen es jedoch gelingt, ihre Aggressivität abzulegen, werden hingegen in den *galaktischen Klub* der Superzivilisationen aufgenommen. Diese so genannte *Embargohypothese* klingt freilich arg nach Science-Fiction. Die Lösung des scheinbaren Rätsels, weshalb wir noch keinen Kontakt zu Wesen im All haben, ist wohl viel simpler.

Selbst wenn es hochentwickelte, technische Zivilisationen in unserem Milchstraßensystem gibt, so sind wir nicht nur durch räumliche Distanzen getrennt, sondern auch durch schier unüberwindliche Zeitschluchten. Andere Zivilisationen mögen vor etlichen Millionen Jahren Tausende von Jahren ins Weltall gefunkt haben, bis sie wie viele andere Spezies auch eines Tages ausstarben. Wieder andere Rassen mögen erst in Tausenden Jahren – also in wenigen Augenblicken im Zeitmaßstab des Kosmos – in ihrer technischen Entwicklung so weit sein, dass sie elektromagnetische Wellen zur Nachrichtenübertragung benutzen. Wir verpassen also unsere Nachbarn im All auch in zeitlicher Hinsicht. Andere Zivilisationen mögen einen so hohen technischen Standard erreicht haben, dass wir sie mit unserer Funktechnik gar nicht aufspüren können. Möglicherweise übertragen sie ihre Nachrichten per Laserstrahlen, die scharf gebündelt sind. Mit unseren heutigen Suchstrategien haben wir dann keine Chance, solche Signale zu entdecken.

Allzu optimistisch sollte man nicht sein, was die Zahl hochentwickelter Zivilisationen betrifft. Denn die Voraussetzungen, die zur Entwicklung des Lebens auf der Erde geführt haben, sind so zahlreich und die Randbedingungen so speziell, dass die Wahrscheinlichkeit außerordentlich gering ist, anderenorts auf Leben zu stoßen. Eine ähnliche Evolution wie auf der Erde mag nur extrem selten im Universum auftreten.

Vermutlich ist die Erde der einzige bewohnte Planet in unserer Milchstraße. Das heißt aber nicht, dass wir allein im Universum leben. Wenn in nur jeder tausendsten der viele Milliarden Sonnen beherbergenden Galaxien Leben entstanden ist, so ist es millionenfach im All vorhanden. Eine Kontaktaufnahme bleibt uns dann aber verwehrt. Von den Extraterresten bleiben wir in einem solchen Fall für immer durch Raum und Zeit voneinander getrennt.

T.1 Die Größe der Planetenscheibchen im Jahr 2007. Man beachte den eingetragenen Maßstab in Bogensekunden. Anblick im umkehrenden Fernrohr (Norden unten, Osten rechts).

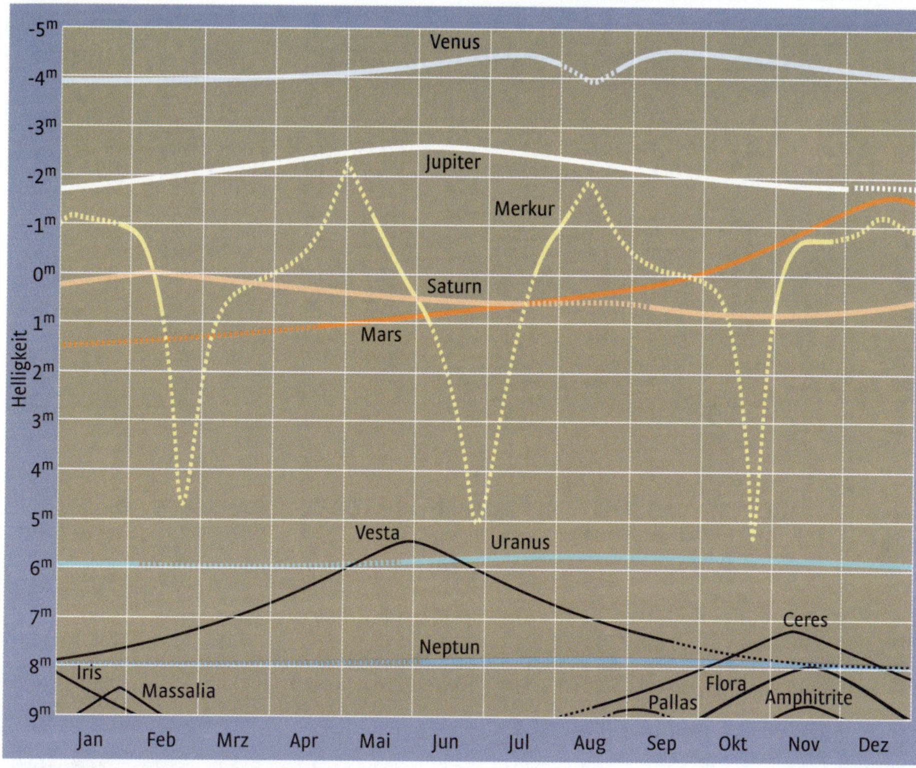

T.2 Die Helligkeiten der Planeten 2007.

T.3 Die Sichtbarkeiten der Planeten im Jahr 2007.

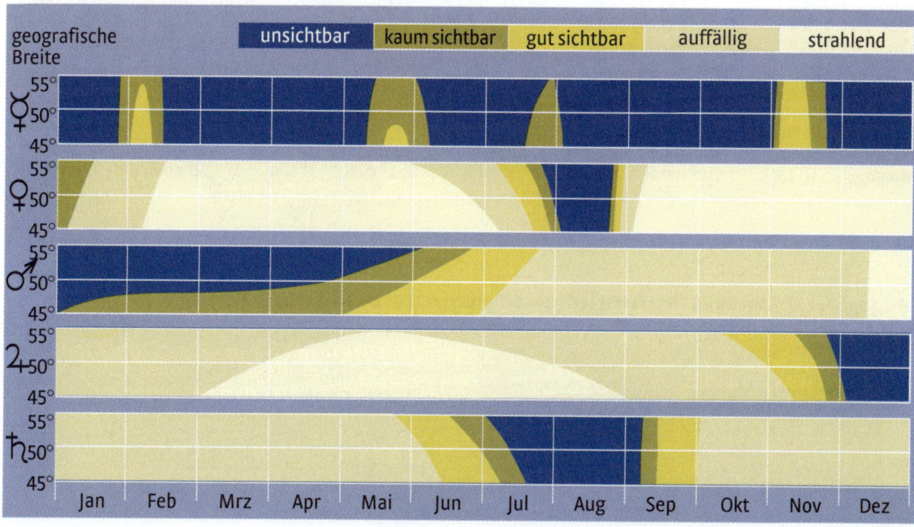

Ekliptikale Koordinaten des Mondes 2007

	JANUAR		FEBRUAR		MÄRZ		APRIL		MAI		JUNI	
Tag	Länge °	Breite °	Länge °	Breite °	Länge °	Breite °	Länge °	Breite °	Länge °	Breite °	Länge °	Breite °
2.	81,2	+5,0	129,9	+3,1	138,9	+2,4	184,0	−1,6	216,5	−4,0	262,0	−4,9
4.	108,3	+4,4	154,7	+1,0	163,2	+0,3	207,6	−3,5	240,5	−4,9	287,3	−4,0
6.	134,2	+2,8	178,8	−1,1	187,1	−1,9	231,4	−4,7	265,0	−5,0	313,5	−2,3
8.	158,9	+0,8	202,4	−3,1	210,7	−3,7	255,6	−5,2	290,3	−4,1	340,5	0,0
10.	182,7	−1,3	226,2	−4,5	234,6	−4, 9	280,7	−4,7	316,5	−2,3	8,5	+2,3
12.	206,4	−3,2	250,8	−5,2	259,0	−5,3	306,9	−3,3	344,1	0,0	37,5	+4,2
14.	230,5	−4,6	276,7	−4,9	284,8	−4,7	334,9	−1,0	13,2	+2,5	67,0	+5,0
16.	255,7	−5,1	304,3	−3,5	312,2	−3,0	4,4	+1,7	43,2	+4,4	96,0	+4,5
18.	282,4	−4,6	333,3	−1,2	341,3	−0,4	34,8	+3,9	73,2	+5,0	123,6	+3,0
20.	310,3	−3,1	2,9	+1,5	11,5	+2,3	64,9	+5,1	101,8	+4,4	149,5	+0,9
22.	339,0	−0,7	32,3	+3,8	41,6	+4,4	93,4	+4,9	128,6	+2,8	174,0	−1,3
24.	7,7	+1,8	60,6	+5,1	70,5	+5,3	120,1	+3,6	153,8	+0,8	197,8	−3,1
26.	36,1	+3,9	87,8	+5,2	97,8	+4,9	145,1	+1,7	177,8	−1,3	221,6	−4,5
28.	63,8	+5,0	113,8	+4,2	123,5	+3,6	169,2	−0,4	201,4	−3,2	245,8	−5,0
30.	90,8	+5,0	–	–	148,2	+1,6	192,8	−2,4	225,2	−4,5	270,9	−4,7

	JULI		AUGUST		SEPTEMBER		OKTOBER		NOVEMBER		DEZEMBER	
Tag	Länge °	Breite °	Länge °	Breite °	Länge °	Breite °	Länge °	Breite °	Länge °	Breite °	Länge °	Breite °
2.	296,9	−3,4	347,7	+1,0	41,0	+4,8	80,0	+5,1	130,4	+2,1	164,6	−1,1
4.	323,7	−1,3	16,1	+3,3	69,6	+5,3	107,5	+3,9	155,7	−0,1	188,9	−3,0
6.	351,2	+1,1	44,5	+4,8	97,2	+4,6	133,6	+2,0	180,0	−2,2	212,6	−4,4
8.	19,3	+3,4	72,7	+5,2	123,7	+2,9	158,6	−0,2	203,8	−3,8	236,3	−5,0
10.	47,8	+4,8	100,4	+4,4	149,3	+0,7	182,9	−2,3	227,5	−4,8	260,3	−4,7
12.	76,5	+5,1	127,2	+2,6	174,0	−1,6	206,8	−4,0	251,3	−5,0	284,8	−3,6
14.	104,7	+4,1	153,0	+0,4	198,2	−3,5	230,5	−4,9	275,4	−4,2	309,9	−1,7
16.	131,7	+2,3	177,8	−1,9	221,9	−4,8	254,3	−5,1	300,1	−2,7	335,8	+0,5
18.	157,4	0,0	201,9	−3,7	245,7	−5,3	278,5	−4,3	325,9	−0,6	2,8	+2,8
20.	182,0	−2,1	225,6	−4,9	270,0	−4,8	303,7	−2,7	353,1	+1,7	31,3	+4,5
22.	205,8	−3,9	249,6	−5,3	295,3	−3,5	330,4	−0,5	22,2	+3,8	61,0	+5,1
24.	229,6	−4,9	274,5	−4,7	322,3	−1,3	359,0	+2,0	52,6	+4,9	90,9	+4,3
26.	254,0	−5,2	300,7	−3,1	351,0	+1,3	29,2	+4,1	83,0	+4,7	120,0	+2,5
28.	279,4	−4,4	328,4	−0,8	20,9	+3,6	59,8	+5,0	112,1	+3,2	147,3	+0,1
30.	306,0	−2,7	357,2	+1,8	50,9	+5,0	89,4	+4,6	139,3	+1,1	172,9	−2,1

Koordinaten gelten für 1^h MEZ und sind geozentrische Werte.
Von Mitteleuropa aus steht der Mond etwa 0,°7 südlicher.
Abstand der Mondbahn relativ zu helleren Sternen 2007:

Stern:	Hamal	Aldebaran	Al Nath	Pollux	Regulus	Spica	Antares	Nunki
Mond:	6° südl.	10° nördl.	1° südl.	3° südl.	0–1° südl.	3° südl.	1° südl.	2° südl.

T.4 Lage der Mondbahn im Tierkreis relativ zur Ekliptik von 180° bis 360° ekliptikaler Länge.

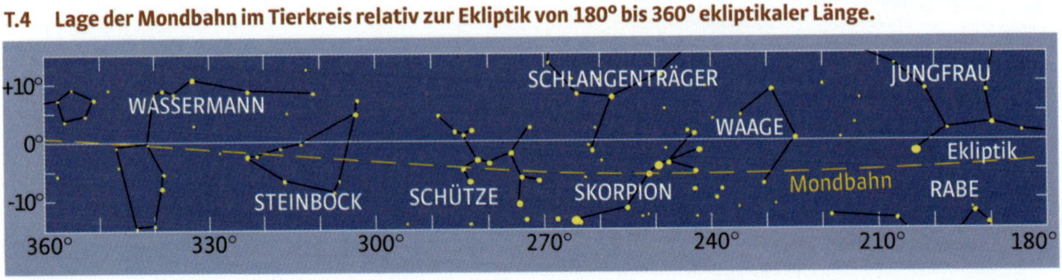

Ekliptikale Koordinaten der Sonne und der großen Planeten 2007

Datum		SONNE Länge °	MERKUR Länge °	MERKUR Breite °	VENUS Länge °	VENUS Breite °	MARS Länge °	MARS Breite °	JUPITER Länge °	JUPITER Breite °	SATURN Länge °	SATURN Breite °
Jan	1.	280,0	276,4	−1,5	296,0	−1,3	258,3	−0,3	248,1	+0,7	144,4	+1,2
	10.	289,2	290,9	−2,0	307,2	−1,5	264,9	−0,4	249,9	+0,7	143,9	+1,2
	20.	299,4	307,7	−2,0	319,7	−1,6	272,2	−0,5	251,8	+0,7	143,2	+1,3
	31.	310,6	326,2	−1,0	333,5	−1,5	280,3	−0,6	253,7	+0,7	142,4	+1,3
Feb	10.	320,7	338,6	+1,2	345,9	−1,4	287,8	−0,7	255,3	+0,7	141,6	+1,3
	20.	330,8	337,3	+3,5	358,2	−1,1	295,3	−0,8	256,7	+0,7	140,8	+1,3
	28.	338,9	329,0	+3,3	8,1	−0,8	301,4	−0,9	257,6	+0,7	140,2	+1,3
Mrz	10.	348,9	325,4	+1,2	20,3	−0,3	309,0	−1,0	258,6	+0,7	139,5	+1,3
	20.	358,9	331,2	−0,8	32,4	+0,2	316,6	−1,1	259,2	+0,7	138,9	+1,3
	31.	9,8	343,7	−2,1	45,6	+0,8	325,0	−1,2	259,6	+0,7	138,4	+1,3
Apr	10.	19,6	358,3	−2,5	57,4	+1,3	332,7	−1,3	259,7	+0,7	138,1	+1,3
	20.	29,4	15,6	−2,0	69,1	+1,8	340,4	−1,4	259,4	+0,7	138,1	+1,3
	30.	39,2	35,5	−0,7	80,6	+2,3	348,0	−1,4	258,8	+0,7	138,1	+1,3
Mai	10.	48,9	57,0	+1,0	91,8	+2,6	355,7	−1,5	258,0	+0,7	138,4	+1,3
	20.	58,5	76,5	+2,2	102,6	+2,7	3,2	−1,5	256,9	+0,7	138,9	+1,3
	31.	69,1	92,2	+2,0	114,1	+2,6	11,5	−1,5	255,6	+0,7	139,5	+1,3
Jun	10.	78,6	100,1	+0,3	124,0	+2,3	19,0	−1,5	254,3	+0,7	140,3	+1,3
	20.	88,2	100,9	−2,3	133,1	+1,7	26,3	−1,5	253,1	+0,7	141,1	+1,3
	30.	97,7	95,8	−4,5	141,1	+0,8	33,6	−1,5	251,9	+0,6	142,1	+1,3
Jul	10.	107,3	92,3	−4,5	147,5	−0,6	40,7	−1,4	251,0	+0,6	143,2	+1,3
	20.	116,8	96,7	−2,6	151,6	−2,3	47,7	−1,3	250,3	+0,6	144,3	+1,3
	31.	127,3	111,2	0,0	152,5	−4,7	55,1	−1,2	249,9	+0,5	145,7	+1,3
Aug	10.	136,9	130,5	+1,5	149,3	−6,8	61,7	−1,1	249,8	+0,5	146,9	+1,3
	20.	146,5	150,8	+1,7	143,4	−8,1	68,0	−0,9	250,1	+0,5	148,2	+1,3
	31.	157,1	170,8	+0,9	137,8	−8,0	74,6	−0,8	250,7	+0,4	149,6	+1,3
Sep	10.	166,8	186,8	−0,3	136,4	−6,7	80,3	−0,6	251,5	+0,4	150,8	+1,3
	20.	176,5	200,8	−1,7	138,7	−5,1	85,6	−0,3	252,6	+0,4	152,0	+1,3
	30.	186,3	212,2	−2,9	143,9	−3,5	90,4	−0,1	254,0	+0,3	153,2	+1,3
Okt	10.	196,2	218,7	−3,4	151,2	−2,1	94,6	+0,2	255,5	+0,3	154,3	+1,4
	20.	206,1	214,8	−2,3	159,9	−0,8	98,0	+0,5	257,2	+0,3	155,3	+1,4
	31.	217,0	203,6	+1,2	170,6	+0,4	100,8	+0,9	259,3	+0,3	156,3	+1,4
Nov	10.	227,1	208,3	+2,3	181,1	+1,2	102,2	+1,4	261,3	+0,3	157,1	+1,5
	20.	237,1	222,0	+1,6	192,1	+1,8	102,2	+1,8	263,4	+0,2	157,7	+1,5
	30.	247,2	237,5	+0,5	203,4	+2,1	100,9	+2,3	265,6	+0,2	158,1	+1,6
Dez	10.	257,4	253,2	−0,6	215,1	+2,3	98,1	+2,8	267,9	+0,2	158,4	+1,6
	20.	267,6	268,9	−1,5	226,9	+2,3	94,5	+3,2	270,2	+0,2	158,5	+1,6
	31.	278,8	286,5	−2,1	240,2	+2,1	90,2	+3,5	272,7	+0,2	158,3	+1,7

Länge	Jan 1.	Mrz 1.	Mai 1.	Jul 1.	Sep 1.	Nov 1.	Dez 31.	Breite
URANUS	341°,4	344°,3	347°,5	348°,6	347°,0	344°,9	345°,2	−0°,8 bis −0°,7
NEPTUN	318,0	320,2	321,8	321,6	320,0	319,1	320,1	−0,3 bis −0,2
PLUTO	266,9	268,6	268,6	267,2	266,2	266,9	269,0	+6,3 bis +7,1

T.4 Lage der Mondbahn im Tierkreis relativ zur Ekliptik von 0° bis 180° ekliptikaler Länge.

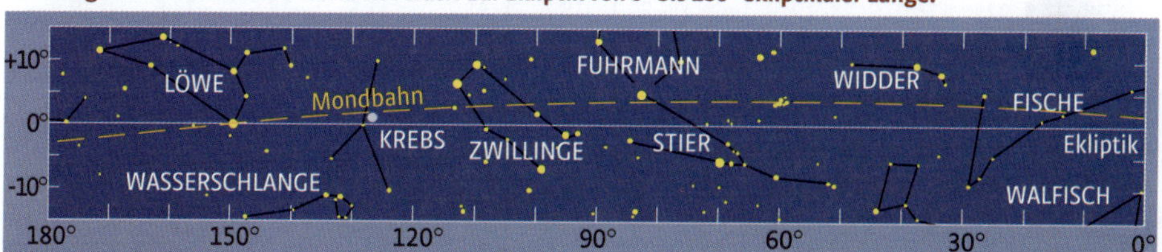

Ephemeriden der großen Planeten Januar – Juni 2007

Datum	Merkur						Venus					
	Rektas. h m	Deklin. °	Kulmin. h m	Unterg. h m	Du. ″	bel. %	Rektas. h m	Deklin. °	Kulmin. h m	Unterg. h m	Du. ″	bel. %
Jan 1.	18 28	−24,7	12 09	16 01	4,7	99	19 53	−22,3	13 33	17 42	10,4	96
5.	18 56	−24,6	12 21	16 14	4,7	100	20 14	−21,3	13 38	17 53	10,4	96
10.	19 32	−23,8	12 37	16 37	4,7	100	20 40	−19,9	13 45	18 08	10,5	95
15.	20 07	−22,4	12 53	17 02	4,8	99	21 06	−18,3	13 50	18 24	10,6	95
20.	20 43	−20,3	13 09	17 31	5,0	96	21 31	−16,4	13 56	18 39	10,8	94
25.	21 17	−17,6	13 23	18 01	5,3	92	21 55	−14,3	14 00	18 55	10,9	93
31.	21 55	−13,7	13 37	18 37	5,8	80	22 24	−11,7	14 05	19 14	11,0	92
Feb 5.	22 22	−10,3	13 43	19 00	6,5	64	22 47	− 9,3	14 09	19 30	11,2	92
10.	22 39	− 7,2	13 40	19 10	7,6	42	23 10	− 6,8	14 12	19 45	11,3	91
15.	22 42	− 5,4	13 22	18 59	8,9	19	23 33	− 4,3	14 15	20 00	11,5	90
20.	22 31	− 5,6	12 49	18 24	10,1	4	23 55	− 1,7	14 18	20 16	11,7	89
25.	22 11	− 7,3	12 10		10,6	2	0 18	+ 0,9	14 20	20 31	11,9	88
28.	22 00	− 8,7	11 47	Aufg.	10,6	6	0 31	+ 2,5	14 22	20 40	12,0	87
Mrz 5.	21 49	−10,7	11 18	6 08	10,0	17	0 53	+ 5,1	14 24	20 55	12,2	86
10.	21 49	−11,9	10 59	5 54	9,1	30	1 15	+ 7,6	14 27	21 10	12,5	85
15.	21 58	−12,3	10 49	5 46	8,3	41	1 38	+10,1	14 30	21 25	12,7	84
20.	22 14	−11,8	10 46	5 40	7,6	50	2 01	+12,5	14 33	21 40	13,0	82
25.	22 35	−10,6	10 47	5 34	7,1	58	2 24	+14,7	14 36	21 56	13,3	81
31.	23 03	− 8,4	10 52	5 28	6,5	65	2 52	+17,3	14 40	22 14	13,7	79
Apr 5.	23 30	− 5,9	10 59	5 23	6,1	71	3 15	+19,2	14 45	22 29	14,1	78
10.	23 58	− 2,9	11 08	5 17	5,8	77	3 39	+20,9	14 49	22 44	14,5	76
15.	0 28	+ 0,5	11 18	5 11	5,5	83	4 04	+22,4	14 54	22 58	14,9	74
20.	1 01	+ 4,3	11 31	5 06	5,3	89	4 28	+23,6	14 59	23 11	15,4	72
25.	1 36	+ 8,4	11 47		5,1	95	4 53	+24,6	15 04	23 22	15,9	71
30.	2 14	+12,7	12 06	Unterg.	5,1	99	5 18	+25,4	15 09	23 33	16,4	69
Mai 5.	2 55	+16,8	12 27	20 01	5,1	100	5 43	+25,8	15 14	23 41	17,1	67
10.	3 38	+20,5	12 51	20 46	5,3	94	6 08	+26,0	15 19	23 47	17,7	65
15.	4 20	+23,2	13 14	21 25	5,6	83	6 32	+25,9	15 24	23 50	18,5	62
20.	5 00	+24,9	13 33	21 55	6,1	70	6 56	+25,5	15 28	23 51	19,3	60
25.	5 35	+25,6	13 48	22 14	6,8	57	7 19	+24,9	15 31	23 50	20,3	58
31.	6 10	+25,4	13 58	22 20	7,7	42	7 46	+23,9	15 34	23 45	21,5	55
Jun 5.	6 31	+24,6	13 59	22 14	8,7	32	8 07	+22,8	15 36	23 39	22,7	52
10.	6 44	+23,4	13 52	21 58	9,7	22	8 28	+21,5	15 36	23 31	24,0	49
15.	6 49	+22,1	13 36	21 33	10,7	13	8 47	+20,1	15 35	23 21	25,5	46
20.	6 46	+20,7	13 13	21 01	11,5	6	9 04	+18,5	15 33	23 09	27,1	43
25.	6 37	+19,6	12 43		12,0	2	9 20	+16,9	15 29	22 56	29,0	40
30.	6 25	+18,8	12 11		11,9	1	9 35	+15,2	15 24	22 41	31,1	36

Datum	Saturn						Ring				
	Rektas. h m	Deklin. °	Kulmin. h m	Aufg. h m	Äqu. ″	Pol ″	gr.A. ″	kl.A. ″	Öffn. °	hel.Ö. °	Leucht.
Jan 1.	9 48	+14,5	3 27	20 09	19,7	17,7	44,6	9,8	−12,6	−14,4	0,72
15.	9 45	+14,8	2 29	19 09	20,0	18,0	45,4	10,2	−13,0	−14,2	0,75
31.	9 41	+15,3	1 22	17 59	20,2	18,2	45,9	10,7	−13,5	−14,0	0,80
Feb 15.	9 36	+15,7	0 18		20,3	18,2	46,0	11,2	−14,1	−13,7	0,86
28.	9 32	+16,0	23 19	Unterg.	20,1	18,1	45,7	11,5	−14,5	−13,6	0,79
Mrz 15.	9 28	+16,3	22 16	5 44	19,9	17,9	45,1	11,6	−15,0	−13,3	0,77
31.	9 25	+16,6	21 10	4 40	19,5	17,5	44,2	11,6	−15,3	−13,1	0,75
Apr 15.	9 24	+16,7	20 10	3 40	19,0	17,1	43,1	11,4	−15,4	−12,9	0,74
30.	9 24	+16,6	19 11	2 41	18,5	16,6	41,9	11,1	−15,4	−12,7	0,72
Mai 15.	9 26	+16,5	18 14	1 43	18,0	16,2	40,8	10,7	−15,2	−12,5	0,71
31.	9 29	+16,2	17 15	0 42	17,5	15,7	39,7	10,1	−14,8	−12,2	0,70
Jun 15.	9 34	+15,8	16 20	23 42	17,1	15,4	38,8	9,6	−14,3	−12,0	0,69
30.	9 40	+15,3	15 27	22 46	16,8	15,0	38,0	9,0	−13,6	−11,8	0,68

Mars Rektas. h m	Deklin. °	Kulmin. h m	Aufg. h m	Du. ″	bel. %	Jupiter Rektas. h m	Deklin. °	Kulmin. h m	Aufg. h m	Äqu. ″	Pol ″	Datum
17 09	−23,2	10 48	6 47	3,9	99	16 26	−21,0	10 04	5 49	31,9	29,9	1. Jan
17 22	−23,5	10 45	6 46	4,0	98	16 29	−21,1	9 52	5 38	32,1	30,0	5.
17 38	−23,7	10 41	6 43	4,0	98	16 33	−21,2	9 36	5 23	32,4	30,3	10.
17 54	−23,9	10 37	6 41	4,0	98	16 38	−21,4	9 21	5 08	32,7	30,6	15.
18 10	−23,9	10 34	6 37	4,1	98	16 42	−21,5	9 05	4 53	33,0	30,9	20.
18 26	−23,9	10 30	6 33	4,1	97	16 45	−21,6	8 49	4 38	33,4	31,2	25.
18 45	−23,7	10 26	6 27	4,2	97	16 50	−21,8	8 30	4 20	33,8	31,6	31.
19 01	−23,4	10 23	6 22	4,2	97	16 53	−21,9	8 14	4 04	34,2	32,0	5. Feb
19 18	−23,0	10 19	6 16	4,3	97	16 57	−21,9	7 57	3 48	34,7	32,4	10.
19 34	−22,5	10 15	6 09	4,3	96	17 00	−22,0	7 41	3 32	35,1	32,8	15.
19 50	−21,9	10 12	6 02	4,4	96	17 02	−22,1	7 24	3 16	35,6	33,3	20.
20 06	−21,2	10 08	5 54	4,4	96	17 05	−22,1	7 07	2 59	36,1	33,8	25.
20 15	−20,8	10 06	5 49	4,5	95	17 06	−22,2	6 56	2 49	36,4	34,1	28.
20 31	−19,9	10 02	5 40	4,5	95	17 09	−22,2	6 39	2 32	37,0	34,6	5. Mrz
20 47	−19,0	9 58	5 30	4,6	95	17 11	−22,2	6 21	2 14	37,6	35,1	10.
21 02	−18,0	9 53	5 20	4,7	94	17 12	−22,3	6 03	1 56	38,2	35,7	15.
21 18	−16,9	9 49	5 10	4,7	94	17 13	−22,3	5 45	1 38	38,8	36,3	20.
21 33	−15,8	9 45	4 59	4,8	94	17 14	−22,3	5 26	1 19	39,4	36,8	25.
21 51	−14,3	9 39	4 46	4,9	93	17 15	−22,3	5 03	0 56	40,1	37,5	31.
22 06	−13,1	9 34	4 34	4,9	93	17 15	−22,3	4 44	0 37	40,8	38,1	5. Apr
22 21	−11,7	9 29	4 23	5,0	93	17 15	−22,3	4 24	0 17	41,4	38,7	10.
22 35	−10,4	9 24	4 11	5,1	92	17 15	−22,3	4 04	23 53	42,0	39,3	15.
22 50	− 9,0	9 19	3 58	5,1	92	17 14	−22,3	3 43	23 32	42,6	39,8	20.
23 04	− 7,5	9 13	3 46	5,2	92	17 13	−22,3	3 22	23 11	43,1	40,3	25.
23 18	− 6,1	9 08	3 33	5,3	91	17 12	−22,2	3 01	22 50	43,7	40,8	30.
23 32	− 4,6	9 02	3 21	5,3	91	17 10	−22,2	2 40	22 29	44,1	41,3	5. Mai
23 46	− 3,1	8 57	3 08	5,4	91	17 08	−22,2	2 19	22 07	44,6	41,7	10.
0 00	− 1,6	8 51	2 55	5,5	90	17 06	−22,1	1 57	21 45	45,0	42,0	15.
0 14	− 0,1	8 45	2 42	5,6	90	17 03	−22,1	1 35	21 22	45,3	42,3	20.
0 28	+ 1,4	8 39	2 29	5,7	90	17 01	−22,0	1 12	21 00	45,5	42,6	25.
0 45	+ 3,2	8 32	2 14	5,8	89	16 58	−22,0	0 46	20 33	45,7	42,8	31.
0 59	+ 4,6	8 26	2 01	5,8	89	16 55	−21,9	0 23		45,8	42,8	5. Juni
1 12	+ 6,0	8 21	1 48	5,9	89	16 52	−21,8	0 01	Unterg.	45,8	42,8	10.
1 26	+ 7,4	8 15	1 35	6,0	88	16 50	−21,8	23 34	3 48	45,7	42,8	15.
1 40	+ 8,8	8 09	1 23	6,1	88	16 47	−21,7	23 12	3 27	45,6	42,6	20.
1 54	+10,1	8 03	1 10	6,2	88	16 44	−21,6	22 50	3 05	45,3	42,4	25.
2 07	+11,3	7 57	0 58	6,3	88	16 42	−21,6	22 28	2 43	45,0	42,1	30

Uranus Rektas. h m	Deklin. °	Kulmin. h m	Unterg. h m	Du. ″	Neptun Rektas. h m	Deklin. °	Kulmin. h m	Unterg. h m	Du. ″	Pluto Rektas. h m	Deklin. °	Datum
22 53	− 8,0	16 30	21 54	3,4	21 22	−15,7	14 59	19 45	2,2	17 47	−16,5	1. Jan
22 55	− 7,8	15 36	21 02	3,4	21 24	−15,5	14 06	18 52	2,2	17 49	−16,5	15.
22 57	− 7,5	14 36	20 03	3,4	21 26	−15,4	13 05	17 53	2,2	17 51	−16,5	31.
23 00	− 7,2	13 40	19 09	3,4	21 28	−15,2	12 09		2,2	17 53	−16,5	15. Feb
23 03	− 6,9	12 52	18 22	3,3	21 30	−15,0	11 19	Aufg.	2,2	17 54	−16,5	28.
23 06	− 6,5	11 56		3,3	21 32	−14,9	10 23	5 33	2,2	17 55	−16,5	15. Mrz
23 10	− 6,2	10 56	Aufg.	3,4	21 34	−14,7	9 22	4 31	2,2	17 55	−16,5	31.
23 12	− 5,9	10 00	4 26	3,4	21 35	−14,6	8 24	3 33	2,2	17 55	−16,4	15. Apr
23 15	− 5,7	9 04	3 28	3,4	21 36	−14,5	7 26	2 35	2,3	17 54	−16,4	30.
23 17	− 5,5	8 07	2 30	3,4	21 37	−14,5	6 28	1 36	2,3	17 53	−16,4	15. Mai
23 18	− 5,3	7 05	1 28	3,5	21 37	−14,5	5 25	0 33	2,3	17 51	−16,4	31.
23 19	− 5,2	6 07	0 29	3,5	21 37	−14,5	4 25	23 30	2,3	17 50	−16,4	15. Jun
23 19	− 5,2	5 08	23 27	3,6	21 36	−14,6	3 26	22 30	2,3	17 48	−16,4	30.

Ephemeriden der großen Planeten Juli – Dezember 2007

	Merkur						Venus					
Datum	Rektas. h m	Deklin. °	Kulmin. h m	Aufg. h m	Du. ″	bel. %	Rektas. h m	Deklin. °	Kulmin. h m	Unterg. h m	Du. ″	bel. %
Jul 5.	6 14	+18,6	11 42	4 05	11,3	4	9 47	+13,5	15 16	22 24	33,5	33
10.	6 10	+19,0	11 19	3 39	10,2	12	9 58	+11,8	15 07	22 06	36,2	29
15.	6 14	+19,7	11 04	3 19	9,1	22	10 06	+10,2	14 55	21 46	39,1	24
20.	6 28	+20,7	10 59	3 08	7,9	36	10 11	+ 8,7	14 40	21 24	42,4	20
25.	6 52	+21,5	11 04	3 07	7,0	52	10 13	+ 7,4	14 22	20 59	46,0	15
31.	7 32	+21,7	11 21	3 22	6,0	72	10 11	+ 6,2	13 56	20 27	50,3	10
Aug 5.	8 11	+20,9	11 41	3 47	5,5	87	10 05	+ 5,6	13 30	19 58	53,7	6
10.	8 54	+19,0	12 04	4 22	5,2	97	9 56	+ 5,3	13 01		56,4	3
15.	9 35	+16,2	12 25		5,0	100	9 44	+ 5,5	12 30	Aufg.	58,1	1
20.	10 14	+12,8	12 44	Unterg.	4,9	99	9 32	+ 6,0	11 58	5 27	58,3	1
25.	10 49	+ 9,1	12 59	19 44	5,0	96	9 21	+ 6,8	11 27	4 53	57,1	3
31.	11 28	+ 4,4	13 14	19 36	5,1	91	9 11	+ 7,9	10 54	4 14	54,1	6
Sep 5.	11 57	+ 0,6	13 23	19 28	5,2	87	9 07	+ 8,8	10 31	3 46	50,9	11
10.	12 25	− 3,0	13 31	19 18	5,4	83	9 07	+ 9,5	10 12	3 23	47,4	15
15.	12 50	− 6,5	13 37	19 07	5,6	78	9 11	+10,0	9 56	3 05	43,9	20
20.	13 14	− 9,7	13 41	18 56	6,0	73	9 18	+10,3	9 44	2 51	40,6	24
25.	13 36	−12,5	13 43	18 43	6,3	67	9 28	+10,4	9 34	2 41	37,6	28
30.	13 56	−14,9	13 43	18 31	6,9	59	9 40	+10,2	9 27	2 34	34,9	32
Okt 5.	14 11	−16,7	13 38	18 16	7,5	49	9 54	+ 9,8	9 21	2 31	32,5	36
10.	14 21	−17,7	13 26	18 00	8,3	36	10 10	+ 9,1	9 17	2 30	30,4	39
15.	14 20	−17,3	13 05		9,2	20	10 27	+ 8,2	9 14	2 32	28,5	43
20.	14 07	−15,3	12 31	Aufg.	10,0	5	10 45	+ 7,1	9 13	2 35	26,8	46
25.	13 46	−11,7	11 51	6 45	10,0	0	11 03	+ 5,8	9 11	2 40	25,3	49
31.	13 29	− 8,1	11 12	5 48	8,8	17	11 26	+ 4,1	9 11	2 48	23,7	52
Nov 5.	13 32	− 7,4	10 56	5 29	7,6	41	11 46	+ 2,4	9 11	2 56	22,5	54
10.	13 48	− 8,7	10 54	5 33	6,6	63	12 06	+ 0,7	9 11	3 05	21,4	57
15.	14 12	−11,1	10 59	5 49	5,9	78	12 26	− 1,2	9 12	3 15	20,4	59
20.	14 40	−13,9	11 07	6 12	5,4	87	12 47	− 3,1	9 13	3 25	19,6	61
25.	15 10	−16,6	11 17	6 37	5,1	93	13 08	− 5,1	9 15	3 36	18,8	63
30.	15 41	−19,1	11 29	7 03	4,9	96	13 30	− 7,1	9 17	3 47	18,0	65
Dez 5.	16 14	−21,3	11 42	7 28	4,8	98	13 52	− 9,1	9 19	4 00	17,4	67
10.	16 47	−23,0	11 55	7 52	4,7	99	14 14	−11,1	9 22	4 12	16,8	69
15.	17 21	−24,2	12 09		4,6	100	14 37	−12,9	9 25	4 25	16,2	71
20.	17 55	−25,0	12 24	Unterg.	4,7	100	15 01	−14,7	9 29	4 38	15,7	73
25.	18 30	−25,1	12 40	16 29	4,7	99	15 25	−16,4	9 33	4 51	15,2	74
31.	19 13	−24,5	12 59	16 53	4,9	97	15 54	−18,2	9 39	5 07	14,7	76

	Saturn						Ring				
Datum	Rektas. h m	Deklin. °	Kulmin. h m	Unterg. h m	Äqu. ″	Pol ″	gr.A. ″	kl.A. ″	Öffn. °	hel.Ö. °	Leucht.
Jul 15.	9 46	+14,8	14 35	21 50	16,5	14,8	37,4	8,4	−12,9	−11,6	0,67
31.	9 53	+14,2	13 39	20 51	16,3	14,6	37,0	7,8	−12,1	−11,3	0,66
Aug 15.	10 01	+13,5	12 47		16,2	14,6	36,8	7,2	−11,3	−11,1	0,69
31.	10 09	+12,8	11 52	Aufg.	16,2	14,5	36,9	6,6	−10,4	−10,9	0,63
Sep 15.	10 16	+12,2	11 00	3 58	16,3	14,6	37,1	6,2	− 9,6	−10,7	0,57
30.	10 23	+11,6	10 08	3 09	16,5	14,8	37,5	5,7	− 8,8	−10,4	0,52
Okt 15.	10 29	+11,0	9 15	2 19	16,8	15,0	38,1	5,4	− 8,1	−10,2	0,48
31.	10 34	+10,5	8 18	1 24	17,1	15,3	38,9	5,0	− 7,5	−10,0	0,45
Nov 15.	10 39	+10,2	7 23	0 31	17,6	15,7	39,8	4,9	− 7,0	− 9,8	0,43
30.	10 41	+10,0	6 27	23 33	18,0	16,1	40,9	4,8	− 6,7	− 9,5	0,42
Dez 15.	10 43	+ 9,9	5 29	22 35	18,5	16,5	42,0	4,8	− 6,6	− 9,3	0,41
31.	10 42	+10,0	4 26	21 31	19,0	17,0	43,2	5,1	− 6,7	− 9,1	0,41

Mars						Jupiter						
Rektas. h m	Deklin. o	Kulmin. h m	Aufg. h m	Du. ″	bel. %	Rektas. h m	Deklin. o	Kulmin. h m	Unterg. h m	Äqu. ″	Pol ″	Datum
2 21	+12,6	7 51	0 46	6,4	87	16 40	−21,5	22 06	2 22	44,7	41,8	5. Jul
2 35	+13,7	7 45	0 34	6,5	87	16 38	−21,5	21 45	2 00	44,3	41,4	10.
2 49	+14,8	7 39	0 22	6,6	87	16 37	−21,5	21 24	1 39	43,8	41,0	15.
3 02	+15,8	7 33	0 10	6,8	87	16 35	−21,4	21 03	1 19	43,3	40,5	20.
3 16	+16,8	7 27	23 56	6,9	86	16 34	−21,4	20 42	0 58	42,8	40,0	25.
3 32	+17,9	7 19	23 43	7,1	86	16 33	−21,4	20 18	0 34	42,1	39,4	31.
3 46	+18,7	7 13	23 32	7,2	86	16 33	−21,4	19 58	0 14	41,5	38,8	5. Aug
3 59	+19,4	7 07	23 22	7,4	86	16 33	−21,4	19 38	23 50	40,9	38,3	10.
4 12	+20,1	7 01	23 11	7,5	86	16 33	−21,5	19 19	23 31	40,3	37,7	15.
4 26	+20,7	6 54	23 01	7,7	86	16 34	−21,5	19 00	23 11	39,7	37,1	20.
4 38	+21,3	6 47	22 51	7,9	86	16 35	−21,5	18 41	22 52	39,1	36,6	25.
4 54	+21,8	6 39	22 39	8,1	86	16 37	−21,6	18 19	22 30	38,4	35,9	31.
5 06	+22,2	6 31	22 29	8,3	86	16 38	−21,7	18 01	22 12	37,9	35,4	5. Sep
5 18	+22,5	6 23	22 19	8,5	86	16 40	−21,8	17 44	21 54	37,3	34,9	10.
5 30	+22,8	6 15	22 09	8,8	86	16 42	−21,8	17 26	21 36	36,8	34,4	15.
5 41	+23,0	6 07	21 59	9,1	86	16 45	−21,9	17 09	21 18	36,3	33,9	20.
5 51	+23,2	5 58	21 49	9,3	86	16 48	−22,0	16 52	21 00	35,8	33,5	25.
6 02	+23,3	5 48	21 38	9,6	87	16 51	−22,1	16 36	20 43	35,3	33,0	30.
6 11	+23,5	5 38	21 27	10,0	87	16 54	−22,2	16 19	20 26	34,9	32,6	5. Okt
6 20	+23,6	5 27	21 16	10,3	88	16 57	−22,3	16 03	20 09	34,5	32,3	10.
6 28	+23,6	5 15	21 03	10,7	88	17 01	−22,4	15 47	19 53	34,1	31,9	15.
6 35	+23,7	5 03	20 50	11,1	89	17 05	−22,5	15 31	19 36	33,8	31,6	20.
6 41	+23,8	4 49	20 36	11,5	89	17 09	−22,6	15 15	19 20	33,4	31,3	25.
6 47	+23,9	4 32	20 17	12,1	90	17 14	−22,7	14 57	19 00	33,1	30,9	31.
6 51	+24,1	4 16	20 00	12,6	91	17 18	−22,8	14 41	18 45	32,8	30,7	5. Nov
6 54	+24,2	3 58	19 42	13,1	92	17 22	−22,9	14 26	18 29	32,6	30,5	10.
6 54	+24,4	3 40	19 21	13,6	93	17 27	−23,0	14 11	18 13	32,3	30,3	15.
6 54	+24,7	3 20	18 59	14,1	94	17 31	−23,0	13 56	17 58	32,2	30,1	20.
6 52	+25,0	2 58	18 35	14,6	96	17 36	−23,1	13 41	17 42	32,0	29,9	25.
6 48	+25,3	2 34	18 09	15,0	97	17 41	−23,1	13 26	17 27	31,9	29,8	30.
6 43	+25,7	2 09	17 41	15,4	98	17 46	−23,2	13 11	17 12	31,8	29,7	5. Dez
6 36	+26,0	1 43	17 12	15,7	99	17 51	−23,2	12 56	16 57	31,7	29,6	10.
6 29	+26,3	1 16	16 43	15,9	99	17 56	−23,2	12 42	16 42	31,6	29,6	15.
6 20	+26,6	0 48	16 13	15,9	100	18 01	−23,3	12 27	16 28	31,6	29,6	20.
6 11	+26,8	0 19	15 43	15,8	100	18 06	−23,3	12 12	16 13	31,6	29,6	25.
6 01	+26,9	23 40	15 08	15,5	100	18 12	−23,2	11 55	15 55	31,7	29,6	31.

Uranus					Neptun					Pluto		
Rektas. h m	Deklin. o	Kulmin. h m	Aufg. h m	Du. ″	Rektas. h m	Deklin. o	Kulmin. h m	Aufg. h m	Du. ″	Rektas. h m	Deklin. o	Datum
23 19	− 5,3	4 09	22 27	3,6	21 35	−14,7	2 25	21 31	2,3	17 47	−16,4	15. Jul
23 17	− 5,5	3 04	21 24	3,6	21 33	−14,8	1 21	20 27	2,3	17 45	−16,5	31.
23 16	− 5,6	2 04	20 24	3,7	21 32	−15,0	0 20		2,4	17 44	−16,5	15. Aug
23 13	− 5,9	0 59		3,7	21 30	−15,1	23 12	Unterg.	2,3	17 44	−16,6	31.
23 11	− 6,1	23 53	Unterg.	3,7	21 28	−15,2	22 11	3 03	2,3	17 44	−16,7	15. Sep
23 09	− 6,3	22 52	4 29	3,7	21 27	−15,3	21 11	2 03	2,3	17 44	−16,8	30.
23 07	− 6,5	21 51	3 27	3,7	21 27	−15,4	20 12	1 03	2,3	17 45	−16,9	15. Okt
23 06	− 6,7	20 47	2 22	3,6	21 26	−15,4	19 08	23 55	2,3	17 47	−16,9	31.
23 05	− 6,7	19 47	1 22	3,6	21 26	−15,4	18 10	22 57	2,3	17 49	−17,0	15. Nov
23 05	− 6,8	18 48	0 23	3,5	21 27	−15,3	17 11	21 59	2,3	17 51	−17,1	30.
23 05	− 6,7	17 50	23 21	3,5	21 28	−15,2	16 14	21 01	2,2	17 53	−17,1	15. Dez
23 07	− 6,5	16 48	22 20	3,4	21 30	−15,1	15 12	20 01	2,2	17 55	−17,1	31.

Ephemeriden hellerer Kleinplaneten 2007

Ceres (1)

Datum		Rektas. h m	Deklin. o	Kulmin. h m
Aug	15.	3 20	+ 9,1	6 08
	20.	3 23	+ 9,2	5 52
	25.	3 27	+ 9,3	5 35
	31.	3 30	+ 9,4	5 15
Sep	5.	3 32	+ 9,4	4 57
	10.	3 34	+ 9,4	4 39
	15.	3 35	+ 9,4	4 21
	20.	3 35	+ 9,3	4 01
	25.	3 35	+ 9,3	3 42
	30.	3 34	+ 9,2	3 21
Okt	5.	3 33	+ 9,0	3 00
	10.	3 31	+ 8,9	2 38
	15.	3 28	+ 8,7	2 16
	20.	3 25	+ 8,6	1 53
	25.	3 21	+ 8,4	1 30
	31.	3 16	+ 8,3	1 01
Nov	5.	3 11	+ 8,1	0 37
	10.	3 07	+ 8,1	0 13
	15.	3 02	+ 8,0	23 43
	20.	2 57	+ 8,0	23 19
	25.	2 53	+ 8,0	22 55
	30.	2 49	+ 8,0	22 31
Dez	5.	2 45	+ 8,1	22 08
	10.	2 42	+ 8,3	21 46
	15.	2 39	+ 8,5	21 23
	20.	2 37	+ 8,8	21 02
	25.	2 36	+ 9,1	20 41
	31.	2 35	+ 9,5	20 17

Pallas (2)

Datum		Rektas. h m	Deklin. o	Kulmin. h m
Aug	15.	22 40	+ 7,6	1 29
	20.	22 37	+ 6,8	1 06
	25.	22 33	+ 5,9	0 43
	31.	22 29	+ 4,8	0 14
Sep	5.	22 25	+ 3,8	23 46
	10.	22 21	+ 2,7	23 23
	15.	22 18	+ 1,6	23 00

Iris (7)

Datum		Rektas. h m	Deklin. o	Kulmin. h m
Jan	1.	3 01	+18,3	20 38
	5.	3 03	+18,2	20 25
	10.	3 07	+18,1	20 09
	15.	3 12	+18,1	19 54

Vesta (4)

Datum		Rektas. h m	Deklin. o	Kulmin. h m
Jan	1.	14 49	− 9,9	8 28
	5.	14 56	−10,4	8 19
	10.	15 05	−10,9	8 09
	15.	15 14	−11,4	7 58
	20.	15 23	−11,9	7 47
	25.	15 31	−12,3	7 35
	31.	15 41	−12,7	7 22
Feb	5.	15 49	−13,0	7 10
	10.	15 57	−13,3	6 58
	15.	16 04	−13,6	6 46
	20.	16 12	−13,8	6 34
	25.	16 18	−13,9	6 21
	28.	16 22	−14,0	6 13
Mrz	5.	16 29	−14,1	5 59
	10.	16 34	−14,2	5 46
	15.	16 40	−14,3	5 31
	20.	16 44	−14,3	5 16
	25.	16 49	−14,3	5 01
	31.	16 53	−14,2	4 41
Apr	5.	16 55	−14,2	4 24
	10.	16 57	−14,1	4 06
	15.	16 58	−14,1	3 47
	20.	16 58	−14,0	3 28
	25.	16 58	−13,9	3 08
	30.	16 56	−13,9	2 47
Mai	5.	16 54	−13,8	2 25
	10.	16 51	−13,8	2 02
	15.	16 47	−13,8	1 38
	20.	16 43	−13,9	1 15
	25.	16 38	−13,9	0 50
	31.	16 32	−14,0	0 21
Jun	5.	16 27	−14,2	23 51
	10.	16 22	−14,4	23 26
	15.	16 17	−14,6	23 02
	20.	16 13	−14,8	22 39
	25.	16 10	−15,1	22 16
	30.	16 07	−15,5	21 53
Jul	5.	16 05	−15,8	21 32
	10.	16 04	−16,2	21 11
	15.	16 04	−16,7	20 51
	20.	16 04	−17,1	20 32
	25.	16 05	−17,6	20 14
	31.	16 08	−18,2	19 53
Aug	5.	16 11	−18,7	19 37
	10.	16 15	−19,2	19 21
	15.	16 19	−19,7	19 06
	20.	16 24	−20,2	18 51
	25.	16 30	−20,7	18 37
	31.	16 37	−21,3	18 21
Sep	5.	16 44	−21,7	18 08
	10.	16 51	−22,2	17 55
	15.	16 58	−22,6	17 43

Flora (8)

Datum		Rektas. h m	Deklin. o	Kulmin. h m
Okt	1.	4 07	+11,0	3 50
	5.	4 08	+10,9	3 35
	10.	4 09	+10,7	3 17
	15.	4 09	+10,5	2 57
	20.	4 08	+10,3	2 37
	25.	4 06	+10,1	2 15
	31.	4 03	+ 9,8	1 48
Nov	5.	3 59	+ 9,6	1 24
	10.	3 54	+ 9,5	1 00
	15.	3 49	+ 9,4	0 35
	20.	3 44	+ 9,4	0 10
	25.	3 39	+ 9,4	23 40
	30.	3 34	+ 9,5	23 16
Dez	5.	3 29	+ 9,7	22 52
	10.	3 25	+10,0	22 29
	15.	3 22	+10,3	22 06
	20.	3 20	+10,7	21 44
	25.	3 19	+11,2	21 24
	31.	3 19	+11,8	21 00

Massalia (20)

Datum		Rektas. h m	Deklin. o	Kulmin. h m
Jan	1.	9 08	+15,2	2 48
	5.	9 06	+15,3	2 30
	10.	9 03	+15,5	2 07
	15.	8 59	+15,8	1 43
	20.	8 55	+16,1	1 19
	25.	8 50	+16,4	0 55
	31.	8 44	+16,8	0 25
Feb	5.	8 39	+17,1	0 01
	10.	8 34	+17,4	23 32
	15.	8 30	+17,7	23 08
	20.	8 26	+18,0	22 45
	25.	8 24	+18,2	22 23
	28.	8 22	+18,3	22 10

Amphitrite (29)

Datum		Rektas. h m	Deklin. o	Kulmin. h m
Okt	25.	3 42	+27,7	1 51
	31.	3 37	+27,8	1 23
Nov	5.	3 33	+27,8	0 58
	10.	3 27	+27,7	0 33
	15.	3 22	+27,6	0 08
	20.	3 17	+27,4	23 38
	25.	3 12	+27,2	23 14
	30.	3 07	+26,9	22 49

In den **halbfett** gedruckten Tagesintervallen sind die Kleinplaneten einfacher aufzufinden. Spaltenüberschriften: Rektaszension und Deklination für 1^h MEZ. Kulmination = Meridiandurchgang: MEZ für 10° östliche Länge. Aufgang oder Untergang: MEZ für 10° östliche Länge und 50° nördliche Breite. Scheinbarer Durchmesser für 1^h MEZ, Äqu.: Äquatordurchmesser, Pol: Poldurchmesser. Beleuchteter Teil des Planetenscheibchens für 1^h MEZ. Saturnring: große und kleine Ringachse, Öffnung, heliozentrische Öffnung, Leuchtkraft relativ zur Leuchtkraft der Saturnkugel.

Zentralmeridiane Mars und Jupiter 2007 (1^h MEZ = 2^h MESZ)

Dat.	Mars Jul	Mars Aug	Mars Sep	Mars Okt	Mars Nov	Mars Dez
1.	86°	143°	203°	276°	344°	71°
2.	76	133	193	266	335	62
3.	66	123	184	257	326	53
4.	56	114	174	247	317	44
5.	46	104	165	238	307	36
6.	37	94	155	228	298	27
7.	27	85	145	219	289	18
8.	17	75	136	209	280	9
9.	7	65	126	200	270	0
10.	357	56	117	191	261	351
11.	348	46	107	181	252	343
12.	338	36	97	172	243	334
13.	328	26	88	162	234	325
14.	318	17	78	153	225	316
15.	309	7	69	143	215	307
16.	299	357	59	134	206	298
17.	289	348	49	125	197	290
18.	279	338	40	115	188	281
19.	270	328	30	106	179	272
20.	260	319	21	96	170	263
21.	250	309	11	87	161	255
22.	240	299	2	78	152	246
23.	230	290	352	68	143	237
24.	221	280	343	59	134	228
25.	211	270	333	49	125	220
26.	201	261	323	40	116	211
27.	192	251	314	31	107	202
28.	182	242	304	21	98	193
29.	172	232	295	12	89	184
30.	162	222	285	3	80	176
31.	153	213		354		167
D	−15	− 7	1	6	7	3

Dat.	Jupiter System I Feb	Mrz	Apr	Mai	Jun	Jul	Aug	Sep
1.	289°	28°	244°	304°	163°	223°	78°	290°
2.	87	186	42	102	321	21	236	88
3.	244	344	200	260	119	179	34	246
4.	42	142	358	58	277	337	192	43
5.	200	300	156	216	75	135	350	201
6.	358	98	314	14	233	293	148	359
7.	156	256	112	172	31	91	305	157
8.	313	53	270	330	189	249	103	314
9.	111	211	68	128	347	47	261	112
10.	269	9	226	286	145	205	59	270
11.	67	167	24	84	303	3	217	67
12.	225	325	182	242	101	161	15	225
13.	23	123	340	40	259	318	172	23
14.	180	281	138	198	57	116	330	181
15.	338	79	296	356	215	274	128	338
16.	136	237	93	154	13	72	286	136
17.	294	35	251	312	171	230	84	294
18.	92	193	50	110	329	28	241	91
19.	250	351	208	268	127	186	39	249
20.	48	148	6	66	285	344	197	47
21.	205	306	164	224	83	142	355	205
22.	3	104	322	22	241	300	152	2
23.	161	262	120	181	39	98	310	160
24.	319	60	278	339	197	255	108	318
25.	117	218	76	137	355	53	266	115
26.	275	16	234	295	153	211	64	273
27.	73	174	32	93	311	9	221	71
28.	230	332	190	251	109	167	19	228
29.		130	348	49	267	325	177	26
30.		288	146	207	65	123	335	184
31.		86		5		281	132	
D	− 3	(Neigung der Planetenachse zur Erde)						

Dat.	Jupiter System II Feb	Mrz	Apr	Mai	Jun	Jul	Aug	Sep
1.	323°	208°	187°	18°	1°	192°	171°	146°
2.	113	359	338	169	151	343	321	296
3.	263	149	128	319	302	133	112	87
4.	53	299	278	110	92	283	262	237
5.	203	89	69	260	243	74	52	27
6.	354	240	219	50	33	224	202	177
7.	144	30	9	201	183	14	352	327
8.	294	180	160	351	334	165	143	117
9.	84	331	310	142	124	315	293	267
10.	234	121	101	292	275	105	83	57
11.	24	271	251	82	65	256	233	207
12.	175	61	41	233	215	46	23	358
13.	325	212	192	23	6	196	174	148
14.	115	2	342	174	156	347	324	298
15.	265	152	132	324	307	137	114	88
16.	56	302	283	114	97	287	264	238
17.	206	93	73	265	247	77	54	28
18.	356	243	223	55	38	228	204	178
19.	146	33	14	206	188	18	355	328
20.	296	184	164	356	338	168	145	118
21.	87	334	315	147	129	318	295	268
22.	237	124	105	297	279	109	85	58
23.	27	275	255	87	70	259	235	208
24.	177	65	46	238	220	49	25	358
25.	328	215	196	28	10	199	175	149
26.	118	5	346	179	161	350	326	299
27.	268	156	137	329	311	140	116	89
28.	58	306	287	119	101	290	266	239
29.		96	78	270	252	80	56	29
30.		247	228	60	42	231	206	179
31.		37		211		21	356	

Korrektur für MEZ	0^h	1^h	2^h	3^h	4^h	5^h	6^h	7^h	17^h	18^h	19^h	20^h	21^h	22^h	23^h	24^h	Änderung
Mars	−15°	0°	+15°	+29°	+ 44°	+ 58°	+ 73°	+ 88°	−126°	−111°	−97°	−82°	−68°	−53°	−38°	− 24°	+14,6°/Stunde
Jupiter System I	−37	0	+37	+73	+110	+146	+183	+219	−135	− 98	−62	−25	+12	+48	+85	+121	+36,6/Stunde
Jupiter System II	−36	0	+36	+73	+109	+145	+181	+218	−140	−104	−67	−31	+ 5	+41	+78	+114	+36,3/Stunde

T.5 Lage des Zentralmeridians und des Äquators der Sonne im Verlauf des Jahres relativ zum Beobachter auf der Erde.

Ephemeride der Sonnenscheibe 2007 (1^h MEZ)

Datum		Entferng. AE	Du. ′	Z. M. °	B_0 °	P °	Sternzeit h m
Jan	1.	0,983	32,5	98,7	–3,0	+ 2,3	6 41
	10.	0,983	32,5	340,2	–4,0	– 2,0	7 17
	20.	0,984	32,5	208,5	–5,0	– 6,7	7 56
	31.	0,985	32,5	63,7	–5,9	–11,5	8 39
Feb	10.	0,987	32,4	292,0	–6,6	–15,5	9 19
	20.	0,989	32,4	160,3	–7,0	–18,8	9 58
	28.	0,990	32,3	55,0	–7,2	–21,1	10 30
Mrz	10.	0,993	32,2	283,2	–7,2	–23,4	11 09
	20.	0,996	32,1	151,4	–7,0	–25,1	11 49
	31.	0,999	32,0	6,4	–6,6	–26,1	12 32
Apr	10.	1,002	31,9	234,4	–6,0	–26,3	13 11
	20.	1,004	31,8	102,4	–5,2	–25,7	13 51
	30.	1,007	31,8	330,3	–4,3	–24,4	14 30
Mai	10.	1,010	31,7	198,1	–3,3	–22,4	15 10
	20.	1,012	31,6	65,8	–2,1	–19,7	15 49
	31.	1,014	31,6	280,3	–0,8	–16,0	16 32
Jun	10.	1,015	31,5	148,0	+0,4	–12,1	17 12
	20.	1,016	31,5	15,6	+1,5	– 7,9	17 51
	30.	1,017	31,5	243,2	+2,7	– 3,4	18 31
Jul	10.	1,017	31,5	110,9	+3,8	+ 1,1	19 10
	20.	1,016	31,5	338,5	+4,7	+ 5,6	19 50
	31.	1,015	31,5	193,0	+5,7	+10,2	20 33
Aug	10.	1,014	31,6	60,8	+6,3	+14,0	21 12
	20.	1,012	31,6	288,6	+6,8	+17,5	21 52
	31.	1,010	31,7	143,2	+7,2	+20,7	22 35
Sep	10.	1,007	31,8	11,2	+7,2	+23,0	23 15
	20.	1,005	31,8	239,1	+7,1	+24,8	23 54
	30.	1,002	31,9	107,2	+6,8	+25,9	0 33
Okt	10.	0,999	32,0	335,2	+6,2	+26,3	1 13
	20.	0,996	32,1	203,3	+5,5	+26,0	1 52
	31.	0,993	32,2	58,2	+4,5	+24,8	2 36
Nov	10.	0,990	32,3	286,4	+3,5	+22,8	3 15
	20.	0,988	32,4	154,5	+2,3	+20,1	3 55
	30.	0,986	32,4	22,7	+1,1	+16,7	4 34
Dez	10.	0,985	32,5	251,0	–0,2	+12,7	5 13
	20.	0,984	32,5	119,2	–1,5	+ 8,2	5 53
	31.	0,983	32,5	334,3	–2,8	+ 2,9	6 36

Z.M. Zentralmeridian (Abnahme 13,°2/Tag), B_0 Neigung der Sonnenachse zur Erde, P Positionswinkel des Sonnen-Nordpols, Sternzeit Greenwich

Beginn der synodischen Sonnenrotation nach Carrington 2007

Rot. Nr.	Datum	MEZ h m	Rot. Nr.	Datum	MEZ h m
2052	Jan 8.	12 53	2059	Jul 18.	10 04
2053	Feb 4.	21 04	2060	Aug 14.	15 20
2054	Mrz 4.	5 09	2061	Sep 10.	21 17
2055	Mrz 31.	12 35	2062	Okt 8.	3 54
2056	Apr 27.	19 00	2063	Nov 4.	10 58
2057	Mai 25.	0 26	2064	Dez 1.	18 25
2058	Jun 21.	5 15	2065	Dez 29.	2 12

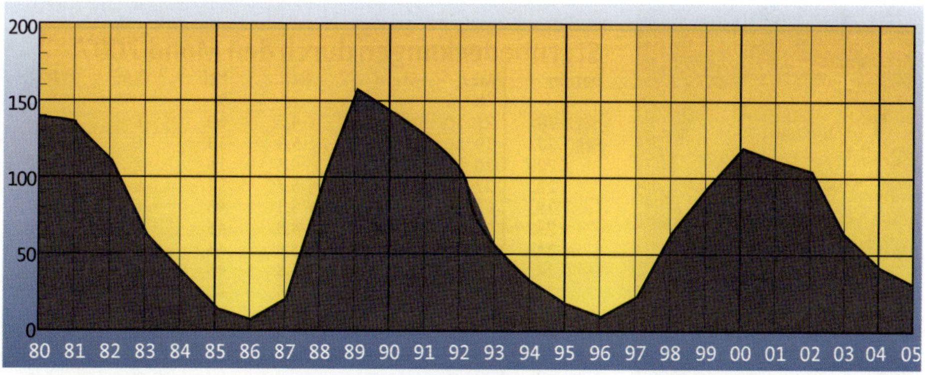

T.6 Jahresmittel der Sonnenfleckenrelativzahlen von 1980 bis 2005.

T.7 Monatsmittel der Sonnenfleckenrelativzahlen von Januar 2000 bis März 2006.

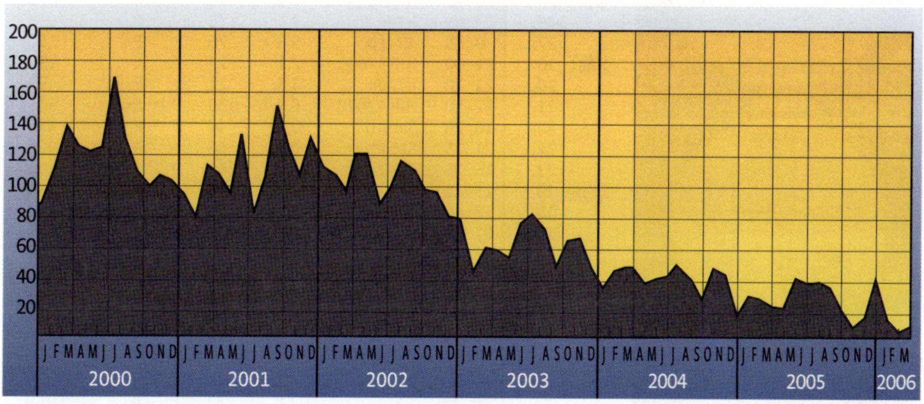

T.8 Stellung und relative Lage der zunehmenden Mondsichel zum Westhorizont jeweils am ersten Sichtbarkeitsabend nach Neumond eine halbe Stunde nach Sonnenuntergang im Jahr 2007.

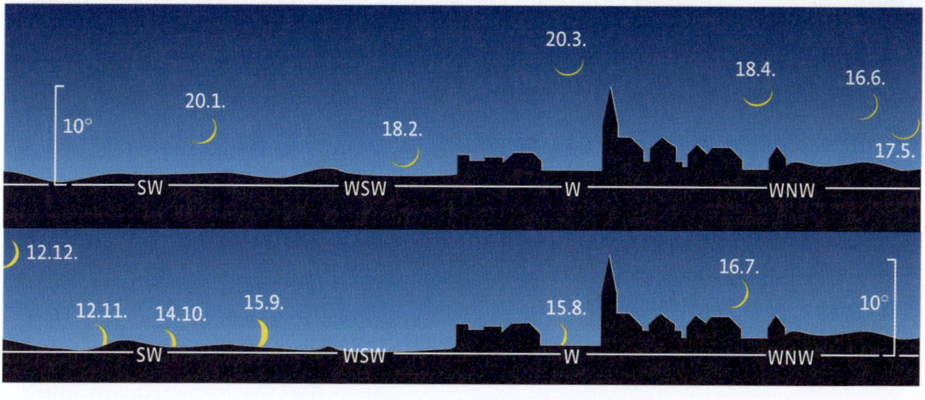

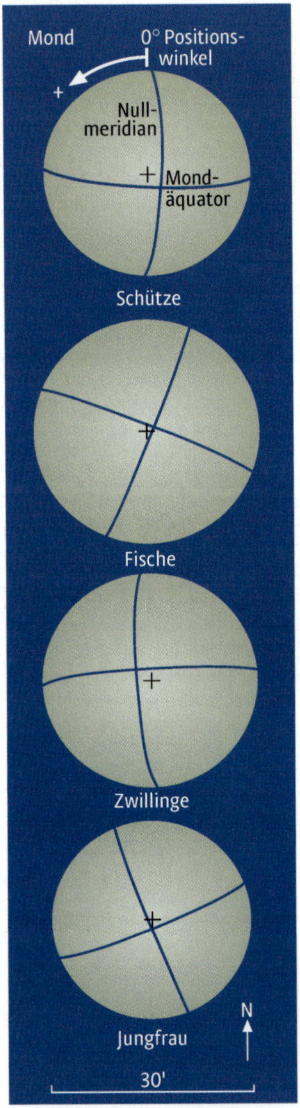

T.9 Lage des Nullmeridians und des Mondäquators relativ zum Beobachter auf der Erde in Abhängigkeit von der Position des Mondes im Tierkreis (siehe auch monatliche Rubrik „Mondlauf").

Sternbedeckungen durch den Mond 2007

Datum		MEZ h	m	Stern	Hell. m	bel. %	E/A	P °
Jan	26.	23	10	ε Ari	4,7:	60	E	70
Feb	20.	19	50	62 Psc	5,9	13	E	95
	20.	**20**	**10**	δ Psc	4,4	13	E	50
	22.	22	00	μ Ari	5,7:	34	E	75
	23.	23	50	16 Tau	5,5	46	E	120
	23.	**24**	**00**	Taygeta	4,3:	46	E	80
	24.	**0**	**15**	Maia	3,8	46	E	110
	24.	0	15	Asterope	5,8	46	E	70
	24.	0	20	22 Tau	6,4	46	E	75
	26.	2	00	HR 2013	5,6:	68	E	80
	26.	**3**	**10**	136 Tau	4,6:	69	E	155
	26.	18	30	49 Aur	5,3	75	E	20
Mrz	**2.**	**3**	**35**	Saturn	0,0	97	E	175
	2.	**4**	**10**	Saturn	0,0	97	A	245
	24.	20	00	HIP 24984	6,4	40	E	95
	30.	**4**	**25**	Regulus	1,4	89	E	145
Apr	23.	20	35	HIP 39194	6,4:	46	E	175
	26.	**23**	**05**	ρ Leo	3,9:	75	E	95
	27.	0	55	49 Leo	5,6:	76	E	150
Mai	20.	22	00	HIP 37691	7,1	21	E	130
	20.	**22**	**10**	κ Gem	3,6:	21	E	90
	21.	22	50	HIP 42628	6,8	30	E	105
	22.	**20**	**20**	Saturn	0,5	40	E	130
	22.	**21**	**25**	Saturn	0,5	40	A	295
	23.	**16**	**15**	Regulus	1,4	47	E	185
Jun	**18.**	**15**	**20**	Venus	–4,4	15	E	130
	18.	**16**	**40**	Venus	–4,4	15	A	290
	19.	**21**	**10**	ν Leo	5,3	24	E	165
	25.	22	25	HIP 70518	6,6:	79	E	100
	26.	21	55	HIP 74490	6,5	87	E	145
Jul	**10.**	**1**	**25**	ε Ari	4,7:	24	E	345
	10.	**1**	**35**	ε Ari	4,7:	24	A	320
	17.	**8**	**35**	Regulus	1,4	9	E	80
	17.	9	25	Regulus	1,4	9	A	325
	25.	19	00	τ Sco	2,8	81	E	125
	25.	20	15	τ Sco	2,8	81	A	260
Aug	6.	0	25	μ Ari	5,7:	49	A	270
	7.	**1**	**35**	Electra	3,7:	37	A	195
	7.	1	55	16 Tau	5,5	37	A	240
	7.	2	05	Taygeta	4,3:	37	A	270
	7.	**2**	**20**	Maia	3,8	37	A	235
	9.	3	35	136 Tau	4,6:	17	A	250
	24.	**19**	**35**	τ Sgr	3,3	84	E	75
	26.	21	55	η Cap	4,8:	97	E	50
Sep	29.	20	50	ε Ari	4,7:	87	A	275
Okt	7.	6	30	Regulus	1,4	14	E	60
	7.	**7**	**00**	Regulus	1,4	14	A	5
	22.	**19**	**50**	λ Aqr	3,7	84	E	80
	29.	22	55	136 Tau	4,6:	81	A	290
Dez	21.	22	40	Taygeta	4,3:	93	E	105
	21.	23	10	Maia	3,8	93	E	140
	24.	**4**	**45**	Mars	–1,6	00	E	165
	24.	**5**	**10**	Mars	–1,6	00	A	215
	30.	4	50	υ Leo	4,3	61	A	250

Hell. = Helligkeit („:" = Doppelstern), E/A = Eintritt/Austritt, bel. = beleuchteter Teil der Mondscheibe, P = Positionswinkel, halbfett: Ereignis bereits im Fernglas sichtbar

Datum	MEZ Stunde	Hamburg	Hannover	Berlin	Dresden	Leipzig	Düsseldorf	Frankfurt	Nürnberg	Stuttgart	München	Zürich	Wien
Jan 26.	23	05,0	05,6	08,0	09,3	08,2	04,2	06,6	09,0	08,3	10,6	09,3	13,5
Feb 20.	19	47,0	48,6	49,8	52,3	51,3	48,9	51,8	54,1	54,6	57,0	57,4	58,4
20.	20	10,7	10,7	11,7	12,1	11,7	09,9	10,8	11,8	11,5	12,6	11,9	13,8
22.	21/22	58,0	59,0	00,2	01,7	01,0	58,9	00,9	02,5	02,6	04,2	04,2	05,3
23.	23/24	46,1	48,6	47,5	50,2	50,0	51,7	53,8	54,4	56,7	57,2	00,6	54,8
23.	23/24	55,0	56,4	56,5	58,1	57,8	57,6	59,1	00,0	00,9	01,6	02,8	01,2
24.	0	09,4	11,4	10,4	12,6	12,5	14,1	15,7	16,1	18,0	18,3	21,0	16,3
24.	0	14,4	15,4	15,6	16,8	16,5	16,1	17,4	18,1	18,7	19,3	20,1	19,1
24.	0	16,3	17,5	17,4	18,8	18,5	18,6	19,8	20,5	21,3	21,8	22,9	21,2
26.	1/2	56,8	58,3	58,3	00,0	59,7	59,6	01,1	02,0	02,9	03,6	04,7	03,2
26.	3	02,4	05,0	01,6	04,0	04,7	10,5	11,0	09,8	13,5	12,1	17,9	–
26.	18	–	–	–	–	–	–	–	34,7	26,9	23,4	–	28,0
Mrz 2.	3	28,8	31,8	30,2	33,6	33,4	36,3	38,3	38,8	41,6	41,9	46,2	39,5
2.	4	07,2	08,7	10,7	13,0	11,8	07,7	10,8	13,5	12,8	15,5	13,6	18,0
24.	19/20	55,6	56,4	00,4	02,3	00,5	54,1	57,6	01,3	00,0	03,7	01,3	08,7
30.	4	23,7	25,9	–	–	–	28,9	–	–	–	–	–	–
Apr 23.	20	27,2	32,0	30,2	35,4	34,9	36,5	40,2	45,3	–	–	–	45,0
26.	22/23	57,4	58,7	03,5	06,0	03,8	56,1	00,3	04,7	03,0	07,3	04,2	13,7
27.	0/1	47,9	50,3	50,7	53,8	53,0	52,3	55,1	56,9	58,1	59,9	01,2	00,2
Mai 20.	21/22	57,6	59,7	58,6	01,1	00,9	02,5	04,1	04,6	06,4	06,8	09,2	05,0
20.	22	04,5	06,1	06,1	08,1	07,7	07,6	09,3	10,3	11,2	12,1	13,2	11,7
21.	22	45,5	47,4	47,1	49,5	49,1	49,3	51,1	52,2	53,3	54,2	55,6	53,5
22.	20	13,8	15,9	18,3	21,3	19,8	16,1	19,6	22,7	22,8	25,7	25,4	28,7
22.	21	21,9	24,0	25,5	28,5	27,3	24,2	27,5	30,2	30,3	32,9	32,4	35,0
23.	16	03,5	06,8	07,9	12,7	11,3	11,7	19,8	23,1	–	–	–	26,6
Jun 18.	15	13,9	14,9	19,7	22,0	19,8	12,4	16,4	20,7	19,3	23,6	21,1	29,9
18.	16	35,2	36,5	41,0	43,7	41,5	33,6	37,7	42,3	40,1	44,8	40,5	51,7
19.	21	03,1	05,7	05,0	08,1	07,7	08,8	11,0	12,2	14,1	15,0	17,6	13,9
25.	22	21,8	22,8	27,8	30,1	27,8	19,5	23,6	28,1	26,0	30,5	26,5	37,6
26.	21/22	50,2	50,9	55,2	57,1	55,1	48,3	51,4	55,2	53,4	57,3	54,1	03,9
Jul 10.	1	–	–	–	–	–	–	26,4	–	–	–	–	–
10.	1	–	–	38,4	38,2	37,2	–	33,1	35,7	34,2	35,5	33,7	37,8
17.	8	42,0	39,2	39,1	36,0	36,7	–	34,8	33,3	32,4	31,1	–	31,2
17.	9	24,0	24,7	26,1	26,8	26,2	24,1	25,0	26,1	25,4	26,3	25,1	28,4
25.	18/19	–	59,2	03,1	03,0	01,5	56,0	57,2	59,5	57,4	59,7	56,4	05,5
25.	20	14,0	13,2	19,4	19,7	17,4	07,6	10,4	14,6	10,8	15,1	08,8	24,3
Aug 6.	0	28,8	27,0	27,8	25,6	25,9	25,1	23,6	22,9	21,8	21,1	19,8	21,8
7.	1	46,7	44,2	42,7	38,9	40,4	43,1	39,7	36,6	36,2	33,0	33,4	28,6
7.	1	59,6	57,5	57,9	55,3	55,7	55,5	53,5	52,3	51,2	50,0	48,8	50,0
7.	2	12,6	10,8	12,4	10,4	10,3	08,1	07,1	07,0	05,4	05,3	03,2	07,1
7.	2	25,6	23,4	24,2	21,5	21,8	21,0	19,2	18,2	16,8	15,7	14,2	16,2
9.	3	40,3	38,3	38,8	36,1	36,6	36,4	34,6	33,3	32,2	31,0	29,9	30,8
24.	19	34,8	33,4	38,8	38,1	36,3	27,9	29,6	32,7	29,2	32,3	26,7	40,1
26.	21/22	58,8	57,4	01,8	01,0	59,6	52,8	53,8	56,2	53,1	55,6	50,7	02,1
Sep 29.	20	53,1	51,4	52,0	49,9	50,2	49,7	48,3	47,5	46,6	45,8	44,8	46,2
Okt 7.	6	–	–	–	42,2	40,8	27,9	25,8	27,1	21,9	23,6	17,1	32,3
7.	6/7	–	–	–	55,4	54,1	56,6	01,6	04,9	06,3	09,4	09,4	11,0
22.	19	52,7	51,3	56,6	56,1	54,2	46,1	47,6	50,7	47,1	50,5	44,8	59,1
29.	22/23	00,6	59,5	02,2	01,1	00,5	56,6	56,9	57,8	56,0	56,9	54,3	00,1
Dez 21.	22	36,6	36,9	42,1	44,1	41,7	33,0	36,8	41,7	39,3	44,6	40,2	52,7
21.	23	03,5	07,0	12,4	21,4	16,8	06,6	–	–	–	–	–	–
24.	4	40,6	45,2	42,0	46,5	46,7	–	–	–	–	–	–	54,2
24.	5	06,7	05,9	10,5	10,9	09,2	–	–	–	–	–	–	13,1
30.	4/5	52,2	50,6	58,8	58,9	56,0	40,7	44,0	50,3	42,2	49,6	–	04,0

Unter jeder Stadt sind die Minuten und Zehntelminuten der Sternbedeckungszeit angegeben.

Sternzeit um 20^h MEZ = 21^h MESZ auf 10° östlicher Länge

Tag	Jan	Feb	Mrz	Apr	Mai	Jun	Jul	Aug	Sep	Okt	Nov	Dez
	h m	h m	h m	h m	h m	h m	h m	h m	h m	h m	h m	h m
1.	2 24	4 26	6 17	8 19	10 17	12 20	14 18	16 20	18 22	20 21	22 23	0 21
2.	2 28	4 30	6 21	8 23	10 21	12 23	14 22	16 24	18 26	20 24	22 27	0 25
3.	2 32	4 34	6 25	8 27	10 25	12 27	14 26	16 28	18 30	20 28	22 31	0 29
4.	2 36	4 38	6 29	8 31	10 29	12 31	14 30	16 32	18 34	20 32	22 35	0 33
5.	2 40	4 42	6 33	8 35	10 33	12 35	14 34	16 36	18 38	20 36	22 39	0 37
6.	2 44	4 46	6 37	8 39	10 37	12 39	14 38	16 40	18 42	20 40	22 42	0 41
7.	2 48	4 50	6 40	8 43	10 41	12 43	14 41	16 44	18 46	20 44	22 46	0 45
8.	2 52	4 54	6 44	8 47	10 45	12 47	14 45	16 48	18 50	20 48	22 50	0 49
9.	2 56	4 58	6 48	8 51	10 49	12 51	14 49	16 52	18 54	20 52	22 54	0 53
10.	3 00	5 02	6 52	8 55	10 53	12 55	14 53	16 56	18 58	20 56	22 58	0 57
11.	3 04	5 06	6 56	8 58	10 57	12 59	14 57	16 59	19 02	21 00	23 02	1 00
12.	3 08	5 10	7 00	9 02	11 01	13 03	15 01	17 03	19 06	21 04	23 06	1 04
13.	3 12	5 14	7 04	9 06	11 05	13 07	15 05	17 07	19 10	21 08	23 10	1 08
14.	3 15	5 18	7 08	9 10	11 09	13 11	15 09	17 11	19 13	21 12	23 14	1 12
15.	3 19	5 22	7 12	9 14	11 13	13 15	15 13	17 15	19 17	21 16	23 18	1 16
16.	3 23	5 26	7 16	9 18	11 16	13 19	15 17	17 19	19 21	21 20	23 22	1 20
17.	3 27	5 29	7 20	9 22	11 20	13 23	15 21	17 23	19 25	21 24	23 26	1 24
18.	3 31	5 33	7 24	9 26	11 24	13 27	15 25	17 27	19 29	21 28	23 30	1 28
19.	3 35	5 37	7 28	9 30	11 28	13 30	15 29	17 31	19 33	21 31	23 34	1 32
20.	3 39	5 41	7 32	9 34	11 32	13 34	15 33	17 35	19 37	21 35	23 38	1 36
21.	3 43	5 45	7 36	9 38	11 36	13 38	15 37	17 39	19 41	21 39	23 42	1 40
22.	3 47	5 49	7 40	9 42	11 40	13 42	15 41	17 43	19 45	21 43	23 46	1 44
23.	3 51	5 53	7 44	9 46	11 44	13 46	15 45	17 47	19 49	21 47	23 49	1 48
24.	3 55	5 57	7 47	9 50	11 48	13 50	15 48	17 51	19 53	21 51	23 53	1 52
25.	3 59	6 01	7 51	9 54	11 52	13 54	15 52	17 55	19 57	21 55	23 57	1 56
26.	4 03	6 05	7 55	9 58	11 56	13 58	15 56	17 59	20 01	21 59	0 01	2 00
27.	4 07	6 09	7 59	10 02	12 00	14 02	16 00	18 03	20 05	22 03	0 05	2 04
28.	4 11	6 13	8 03	10 05	12 04	14 06	16 04	18 06	20 09	22 07	0 09	2 07
29.	4 15	–	8 07	10 09	12 08	14 10	16 08	18 10	20 13	22 11	0 13	2 11
30.	4 19	–	8 11	10 13	12 12	14 14	16 12	18 14	20 17	22 15	0 17	2 15
31.	4 22	–	8 15	–	12 16	–	16 16	18 18	–	22 19	–	2 19

Korrektur für andere östliche geografische Längen

Länge	4°	5°	6°	7°	8°	9°	11°	12°	13°	14°	15°	16°
Korr.	-24^m	-20^m	-16^m	-12^m	-8^m	-4^m	$+4^m$	$+8^m$	$+12^m$	$+16^m$	$+20^m$	$+24^m$

Korrektur für andere Uhrzeiten derselben Nacht (Datumswechsel um Mitternacht)

MEZ	18^h	19^h	21^h	22^h	23^h	0^h	1^h	2^h	3^h	4^h	5^h	6^h
MESZ	19^h	20^h	22^h	23^h	0^h	1^h	2^h	3^h	4^h	5^h	6^h	7^h
Korr.	-2^h00^m	-1^h00^m	$+1^h00^m$	$+2^h00^m$	$+3^h00^m$	$+4^h01^m$	$+5^h01^m$	$+6^h01^m$	$+7^h01^m$	$+8^h01^m$	$+9^h01^m$	$+10^h02^m$

Erläuterungen siehe auch Seite 32 unter „Sternzeit".

Die obige Tabelle gibt für jeden Tag des Jahres die Sternzeit um 20^h MEZ (= 21^h Sommerzeit) am Meridian 10° östlicher Länge an. Für den Ortsmeridian des Beobachters ist eine Korrektur entsprechend der geografischen Längendifferenz zu 10° östlicher Länge anzubringen. Pro Längengrad beträgt diese Korrektur vier Minuten. Für Orte *westlich* des Meridians ist die Korrektur *abzuziehen*, für Orte *östlich* hingegen zu *addieren*. Auf der rechten Seite findet man in der Tabelle „Geografische Koordinaten größerer Städte" in der letzten Spalte die Zeitkorrektur vermerkt. Wer zu einer anderen Zeit als 20^h beobachtet, muss noch die Zeitkorrektur gemäß der obigen Tabelle anbringen. Beispiel: Wieviel Uhr Sternzeit ist es am 25. März um 23^h in München? Aus der Tabelle entnimmt man: Sternzeit am 25. März um 20^h = 7^{h}51^m. Dies gilt für 10° östlicher Länge. Die Zeitkorrektur für München beträgt laut Tabelle rechts sechs Minuten. Da München östlich vom 10°-Meridian liegt, sind diese sechs Minuten zu addieren, und man erhält 7^{h}57^m (**Achtung:** Das Vorzeichen in der Spalte Zeitkorrektur der rechten Tabelle gilt für die Korrektur der Kulminationszeiten! Für die Sternzeitberechnung kehren sich die Vorzeichen um!). Am 25. März ist es also um 20^h MEZ 7^{h}57^m Sternzeit. Für 23^h MEZ ist gemäß obiger Tabelle die Korrektur von 3^{h}00^m anzubringen; um 23^h MEZ ist es also am 25. März in München 10^{h}57^m Sternzeit.

Geografische Koordinaten größerer Städte mit Zeitkorrektur

Stadt	östl. Länge	nördl. Breite	Zeitkorrektur gegen 10° östl. Länge	Stadt	östl. Länge	nördl. Breite	Zeitkorrektur gegen 10° östl. Länge
Aachen	6°,1	50°,8	+16ᵐ	Kiel	10°,1	54°,3	− 1ᵐ
Amsterdam	4,9	52,4	+20	Klagenfurt	14,3	46,6	−17
Antwerpen	4,4	51,2	+22	Koblenz	7,6	50,4	+10
Augsburg	10,9	48,4	− 4	Köln	7,0	50,9	+12
Baden-Baden	8,2	48,8	+ 7	Konstanz	9,2	47,7	+ 3
Basel	7,6	47,6	+ 9	Krefeld	6,6	51,3	+14
Berlin	13,4	52,5	−14	Leipzig	12,4	51,3	−10
Bern	7,4	46,9	+10	Linz (Donau)	14,3	48,3	−17
Bielefeld	8,5	52,0	+ 6	Ludwigshafen (Rh.)	8,4	49,5	+ 6
Bochum	7,2	51,5	+11	Lübeck	10,7	53,9	− 3
Bonn	7,1	50,7	+12	Lüttich	5,5	50,6	+18
Bozen	11,3	46,5	− 5	Luxemburg	6,1	49,6	+15
Braunschweig	10,5	52,3	− 2	Magdeburg	11,6	52,1	− 7
Bregenz	9,8	47,5	+ 1	Mailand	9,2	45,5	+ 3
Bremen	8,8	53,1	+ 5	Mainz	8,3	50,0	+ 7
Brünn	16,6	49,2	−26	Mannheim	8,5	49,5	+ 6
Brüssel	4,3	50,8	+23	Mönchengladbach	6,4	51,2	+14
Chemnitz	12,9	50,8	−12	München	11,6	48,1	− 6
Coburg	11,0	50,3	− 4	Münster	7,6	52,0	+10
Darmstadt	8,7	49,9	+ 5	Nürnberg	11,1	49,5	− 4
Dortmund	7,5	51,5	+10	Osnabrück	8,0	52,3	+ 8
Dresden	13,7	51,1	−15	Potsdam	13,1	52,4	−12
Düsseldorf	6,8	51,2	+13	Prag	14,4	50,1	−18
Duisburg	6,8	51,4	+13	Regensburg	12,1	49,0	− 8
Eisenach	10,3	51,0	− 1	Reutlingen	9,2	48,5	+ 3
Emden	7,2	53,4	+11	Rostock	12,1	54,1	− 8
Erfurt	11,0	51,0	− 4	Rotterdam	4,5	51,9	+22
Essen	7,0	51,5	+12	Saarbrücken	7,0	49,2	+12
Frankfurt (Main)	8,7	50,1	+ 5	Salzburg	13,1	47,8	−12
Frankfurt (Oder)	14,6	52,3	−18	Schwerin	11,4	53,6	− 6
Freiburg (Breisgau)	7,9	48,0	+ 9	Stralsund	13,1	54,3	−12
Genf	6,2	46,2	+15	Straßburg	7,7	48,6	+ 9
Görlitz	15,0	51,2	−20	Stuttgart	9,2	48,8	+ 3
Graz	15,5	47,1	−22	Trier	6,6	49,8	+13
Halle	12,0	51,5	− 8	Tübingen	9,1	48,5	+ 4
Hamburg	10,0	53,6	0	Ulm	10,0	48,4	0
Hannover	9,7	52,4	+ 1	Wien	16,4	48,2	−25
Heidelberg	8,7	49,4	+ 5	Wiesbaden	8,2	50,1	+ 7
Heilbronn	9,2	49,1	+ 3	Wilhelmshaven	8,1	53,5	+ 8
Innsbruck	11,4	47,3	− 6	Worms	8,4	49,6	+ 7
Kaiserslautern	7,8	49,4	+ 9	Würzburg	9,9	49,8	0
Karlsruhe	8,4	49,0	+ 6	Wuppertal	7,1	51,3	+11
Kassel	9,5	51,3	+ 2	Zürich	8,6	47,4	+ 6

Erläuterungen siehe auch Seite 31

Die Tabelle enthält die geografischen Koordinaten einiger größerer Städte in Mitteleuropa. In der vierten Spalte ist der Zeitunterschied der Ortszeit zum Meridian 10° östlicher Länge in Minuten angegeben. Um diesen Betrag kulminieren die Gestirne in der jeweiligen Stadt früher (negativer Wert) oder später (positiver Wert). Beispiel: Für Stuttgart findet man $+3^m$, für München -6^m. In Stuttgart gehen die Gestirne jeweils drei Minuten später durch den Meridian als im Himmelsjahr angegeben, in München dagegen um sechs Minuten früher.

Die Auf- und Untergangszeiten sind außer von der geografischen Länge auch noch von der geografischen Breite abhängig. Um sie für einen bestimmten Ort zu korrigieren, benutze man das Nomogramm auf Seite 276.

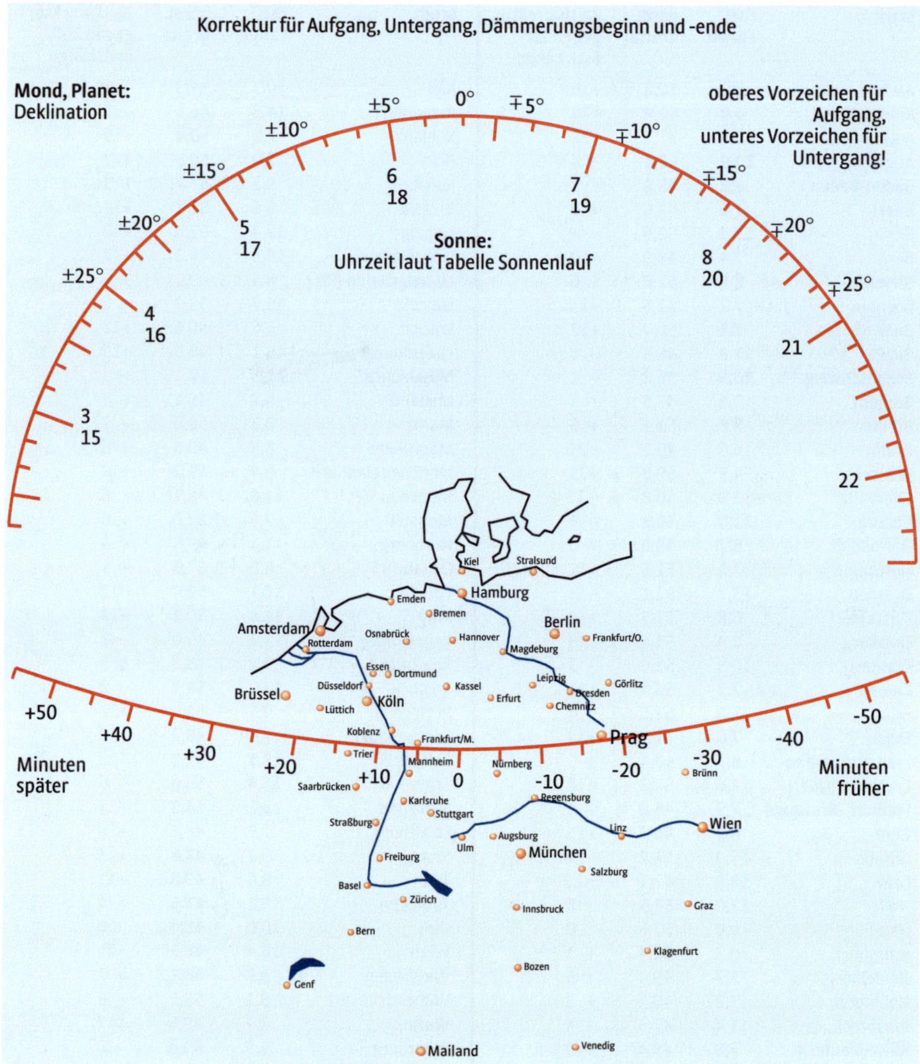

T.10 Nomogramm zur Bestimmung der Auf- und Untergangszeiten (Erläuterungen siehe Seite 31).

Korrektur für Auf- und Untergangszeiten

Sonne:			Jan.	Febr.	Febr.	März	März	April	April	Mai	Mai	Juni
Datum:			21.	8.	23.	8.	20.	2.	16.	1.	20.	21.
		Dez.	Nov.	Nov.	Okt.	Okt.	Sept.	Sept.	Aug.	Aug.	Juli	
		22.	22.	3.	19.	6.	23.	10.	27.	12.	24.	
Mond, Planet:												
Deklination		−25°	−20°	−15°	−10°	− 5°	0°	+ 5°	+10°	+15°	+20°	+25°
Hamburg	Aufgang	$+21^{m}$	$+15^{m}$	$+10^{m}$	$+6^{m}$	$+3^{m}$	$+1^{m}$	-4^{m}	-7^{m}	-11^{m}	-16^{m}	-22^{m}
	Unterg.	−21	−15	−10	− 6	− 3	+ 1	+ 4	+ 7	+11	+16	+22
Hannover	Aufgang	+14	+11	+ 8	+ 5	+ 3	+ 1	− 1	− 4	− 6	− 9	−13
	Unterg.	−12	− 9	− 6	− 3	− 1	+ 1	+ 3	+ 6	+ 8	+11	+15
Berlin	Aufgang	+ 1	− 3	− 6	− 9	−12	−14	−16	−19	−21	−25	−29
	Unterg.	−28	−24	−21	−18	−16	−14	−11	− 9	− 6	− 3	+ 1
Dresden	Aufgang	− 9	−11	−12	−13	−14	−15	−16	−17	−18	−19	−21
	Unterg.	−20	−19	−18	−17	−16	−15	−14	−13	−12	−11	− 9
Leipzig	Aufgang	− 2	− 4	− 6	− 7	− 8	−10	−11	−12	−13	−15	−17
	Unterg.	−17	−15	−13	−12	−11	−10	− 8	− 7	− 6	− 4	− 2
Düsseldorf	Aufgang	+19	+18	+16	+15	+14	+13	+12	+11	+10	+ 8	+ 6
	Unterg.	+ 7	+ 8	+10	+11	+12	+13	+14	+15	+16	+18	+20
Frankfurt	Aufgang	+ 6	+ 6	+ 6	+ 5	+ 5	+ 5	+ 5	+ 5	+ 5	+ 5	+ 4
	Unterg.	+ 4	+ 5	+ 5	+ 5	+ 5	+ 5	+ 5	+ 5	+ 6	+ 6	+ 6
Nürnberg	Aufgang	− 6	− 6	− 5	− 5	− 4	− 4	− 3	− 3	− 2	− 2	− 1
	Unterg.	− 1	− 2	− 2	− 3	− 3	− 4	− 4	− 5	− 5	− 6	− 6
Stuttgart	Aufgang	− 3	− 1	0	+ 1	+ 2	+ 3	+ 4	+ 5	+ 6	+ 7	+ 9
	Unterg.	+ 9	+ 7	+ 6	+ 5	+ 4	+ 3	+ 2	+ 1	0	− 1	− 3
München	Aufgang	−15	−13	−11	− 9	− 8	− 6	− 5	− 3	− 1	+ 1	+ 3
	Unterg.	+ 3	0	− 2	− 3	− 5	− 6	− 8	− 9	−11	−13	−16
Zürich	Aufgang	− 7	− 3	0	+ 2	+ 4	+ 6	+ 8	+11	+13	+16	+20
	Unterg.	+19	+15	+12	+10	+ 8	+ 6	+ 4	+ 1	− 1	−4	− 8
Wien	Aufgang	−34	−32	−30	−28	−27	−25	−24	−22	−21	−19	−16
	Unterg.	−17	−19	−21	−22	−24	−25	−27	−28	−30	−32	−35
Halber Tagbogen												
53° nördl. Breite		$3^{h}32^{m}$	$4^{h}09^{m}$	$4^{h}41^{m}$	$5^{h}10^{m}$	$5^{h}37^{m}$	$6^{h}04$	$6^{h}31^{m}$	$6^{h}58^{m}$	$7^{h}28^{m}$	$8^{h}00^{m}$	$8^{h}38^{m}$
50° nördl. Breite		3 50	4 21	4 50	5 15	5 40	6 04	6 28	6 52	7 19	7 47	8 20
47° nördl. Breite		4 04	4 32	4 57	5 20	5 42	6 03	6 25	6 47	7 11	7 36	8 04

\+ positiv: Korrektur addieren, Auf- oder Untergang findet später statt
− negativ: Korrektur subtrahieren, Auf- oder Untergang findet früher statt

Beispiel: Auf- und Untergang der Sonne am 20. März in Stuttgart.
Laut Tabelle „Sonnenlauf“ auf Seite 84 lauten die Werte $6^{h}24^{m}$ und $18^{h}32^{m}$ für 50° Nord und 10° Ost.
Korrektur +3 und +3. Also geht die Sonne in Stuttgart um $6^{h}27^{m}$ auf und um $18^{h}35^{m}$ unter.
Für Daten und Deklinationen, die nicht in obiger Tabelle aufgeführt sind, nimmt man den nächstliegenden Wert, ohne einen großen Fehler zu begehen.

2007

	Januar	Februar	März	April
Mo	1 8 15 22 29	5 12 19 26	5 12☾ 19● 26	2○ **9** 16 23 30
Di	2 9 16 23 30	6 13 20 27	6 13 20 27	3 10☾ 17● 24☽
Mi	3○ 10 17 24 31	7 14 21 28	7 14 21 28	4 11 18 25
Do	4 11☾ 18 25	1 8 15 22	1 8 15 22 29	5 12 19 26
Fr	5 12 19● 26☽	2○ 9 16 23	2 9 16 23 30	6 13 20 27
Sa	6 13 20 27	3 10☾ 17● 24☽	3 10 17 24 31	7 14 21 28
So	7 14 21 28	4 11 18 25	4○ 11 18 25☽	1 8 15 22 29

	Mai	Juni	Juli	August
Mo	7 14 **21** **28**	4 11 18 25	2 9 16 23 30○	6 13● 20 27
Di	1 8 15 22 29	5 12 19 26	3 10 17 24 31	7 14 21☽ 28○
Mi	2○ 9 16● 23☽ 30	6 13 20 27	4 11 18 25	1 8 15 22 29
Do	3 10☾ **17** 24 31	**7** 14 21 28	5 12 19 26	2 9 16 23 30
Fr	4 11 18 **25**	1○ 8☾ 15● 22☽ 29	6 13 20 27	3 10 17 24 31
Sa	5 12 19 26	2 9 16 23 30○	7☾ 14● 21 28	4 11 18 25
So	6 13 20 27	3 10 17 24	1 8 15 22☽ 29	5☾ 12 19 26

	September	Oktober	November	Dezember
Mo	3 10 17 **24**	1 8 15 22 29	5 12 19 26	3 10 17☽ 24○ 31☾
Di	4☾ 11● 18 25	2 9 16 23 30	6 13 20 27	4 11 18 **25**
Mi	5 12 19☽ 26○	**3**☾ 10 17 24 31	7 14 21 28	5 12 19 **26**
Do	6 13 20 27	4 11● 18 25	1☾ 8 15 22 29	6 13 20 27
Fr	7 14 21 28	5 12 19☽ 26○	2 9 16 23 30	7 14 21 28
Sa	1 8 15 22 29	6 13 20 27	3 10● 17☽ 24○	1☾ 8 15 22 29
So	2 9 16 23 30	7 14 21 28	4 11 18 25	2 9● 16 23 30

Feiertage:

Aschermittwoch:	21. Februar	Pfingstsonntag:	27. Mai	Totensonntag:	25. Nov.
Ostersonntag:	8. April	Fronleichnam:	7. Juni	1. Advent:	2. Dez.
Chr. Himmelfahrt:	17. Mai	Buß- und Bettag:	21. Nov.		

Das Jahr 2007 ist ein Gemeinjahr zu 365 Tagen.

Beginn der Jahreszeiten:

Frühling: 21. März 1^h07^m	Herbst: 23. Sept. 10^h51^m	Erde in Sonnennähe: 3. Jan. 21^h
Sommer: 21. Juni 19^h06^m	Winter: 22. Dez. 7^h08^m	Erde in Sonnenferne: 7. Juli 1^h

Finsternisse:

19. März: Partielle Sonnenfinsternis — **3./4. März:** Totale Mondfinsternis
11. Sept.: Partielle Sonnenfinsternis — 28. Aug.: Totale Mondfinsternis

Planeten:

Innere Planeten

Merkur:	Größte östliche Elongation:	**7. Feb.** (18°)	*2. Juni* (23°)	29. Sept. (26°)
	Größte westliche Elongation:	22. März (28°)	*20. Juli* (20°)	**8. Nov.** (19°)
Venus:	Größte östliche Elongation:	9. Juni (45°)	Untere Konjunktion: 18. Aug.	
	Größte westliche Elongation:	28. Okt. (46°)		

Äußere Planeten	Opposition	(Mio. km)	im Sternbild	Konjunktion
Mars:	24. Dezember	88	Zwillinge	–
Jupiter:	5. Juni	644	Schlangenträger	23. Dezember
Saturn:	10. Februar	1227	Löwe	21. August
Uranus:	9. September	2855	Wassermann	5. März
Neptun:	13. August	4343	Steinbock	8. Februar
Pluto:	19. Juni	4532	Schütze	21. Dezember

2008

	Januar	Februar	März	April
Mo	7 14 21 28	4 11 18 25	3 10 17 **24** 31	7 14 21 28☾
Di	1 8● 15☽ 22☺ 29	5 12 19 26	4 11 18 25	1 8 15 22 29
Mi	2 9 16 23 30☾	6 13 20 27	5 12 19 26	2 9 16 23 30
Do	3 10 17 24 31	7● 14☽ 21☺ 28	6 13 20 27	3 10 17 24
Fr	4 11 18 25	1 8 15 22 29☾	7● 14☽ 21☺ 28	4 11 18 25
Sa	5 12 19 26	2 9 16 23	1 8 15 22 29☾	5 12☽ 19 26
So	6 13 20 27	3 10 17 24	2 9 16 23 30	6● 13 20☺ 27

	Mai	Juni	Juli	August
Mo	5● 12☽ 19 26	2 9 16 23 30	7 14 21 28	4 11 18 25
Di	6 13 20☺ 27	3● 10☽ 17 24	1 8 15 22 29	5 12 19 26
Mi	7 14 21 28☾	4 11 18☺ 25	2 9 16 23 **30**	6 13 20 27
Do	**1** 8 15 22 29	5 12 19 26☾	3● 10☽ 17 24 31	7 14 21 28
Fr	2 9 16 23 30	6 13 20 27	4 11 18☺ 25☾	1● 8☽ 15 22 29
Sa	3 10 17 24 31	7 14 21 28	5 12 19 26	2 9 16☺ 23☾ 30●
So	4 11 18 25	1 8 15 22 29	6 13 20 27	3 10 17 24 31

	September	Oktober	November	Dezember
Mo	1 8 15☺ 22☾ 29●	6 13 20 27	3 10 17 24	1 8 15 22 29
Di	2 9 16 23 30	7☽ 14☺ 21☾ 28	4 11 18 25	2 9 16 23 30
Mi	3 10 17 **24**	1 8 15 22 29●	5 12 19☾ 26	3 10 17 24 31
Do	4 11 18 25	2 9 16 23 30	6☽ 13☺ 20 27●	4 11 18 **25**
Fr	5 12 19 26	**3** 10 17 24 31	7 14 21 28	5☽ 12☺ 19☾ **26**
Sa	6 13 20 27	4 11 18 25	**1** 8 15 22 29	6 13 20 27●
So	7☽ 14 21 28	5 12 19 26	2 9 16 23 30	7 14 21 28

Feiertage:

Aschermittwoch:	6. Februar	Pfingstsonntag:	11. Mai	Totensonntag:	23. Nov.
Ostersonntag:	23. März	Fronleichnam:	22. Mai	1. Advent:	30. Nov.
Chr. Himmelfahrt:	1. Mai	Buß- und Bettag:	19. Nov.		

Das Jahr 2008 ist ein **Schaltjahr** zu 366 Tagen.

Beginn der Jahreszeiten:

Frühling: 20. März 6^h48^m — Herbst: 22. Sept. 16^h44^m — Erde in Sonnennähe: 3. Jan. 1^h

Sommer: 21. Juni 0^h59^m — Winter: 21. Dez. 13^h03^m — Erde in Sonnenferne: 4. Juli 9^h

Finsternisse:

7. Februar: Ringförmige Sonnenfinsternis — **21. Februar:** Totale Mondfinsternis

1. August: Totale Sonnenfinsternis — **16. August:** Partielle Mondfinsternis

Planeten:

Innere Planeten

Merkur:	Größte östliche Elongation:	*22. Jan.* (19°)	**14. Mai** (22°)	11. Sept. (27°)
	Größte westliche Elongation:	3. März (27°)	*1. Juli* (22°)	**22. Okt.** (18°)

Venus: Obere Konjunktion: 9. Juni

Äußere Planeten	Opposition	(Mio. km)	im Sternbild	Konjunktion
Mars:	–	–	Schütze	5. Dezember
Jupiter:	9. Juli	622	Schütze	–
Saturn:	24. Februar	1240	Löwe	4. September
Uranus:	13. September	2856	Wassermann	8. März
Neptun:	15. August	4342	Steinbock	11. Februar
Pluto:	20. Juni	4558	Schütze	22. Dezember

2009

	Januar	Februar	März	April
Mo	5 12 19 26●	2 9○ 16☾ 23	2 9 16 23 30	6 13 20 27
Di	6 13 20 27	3☽ 10 17 24	3 10 17 24 31	7 14 21 28
Mi	7 14 21 28	4 11 18 25●	4☽ 11○ 18☾ 25	1 8 15 22 29
Do	1 8 15 22 29	5 12 19 26	5 12 19 26●	2☽ 9○ 16 23 30
Fr	2 9 16 23 30	6 13 20 27	6 13 20 27	3 10 17☾ 24
Sa	3 10 17 24 31	7 14 21 28	7 14 21 28	4 11 18 25●
So	4☽ 11○ 18☾ 25	1 8 15 22	1 8 15 22 29	5 12 19 26

	Mai	Juni	Juli	August
Mo	4 11 18 25	1 8 15☾ 22● 29☽	6 13 20 27	4 11 18 25
Di	5 12 19 26	2 9 16 23 30	7○ 14 21 28☽	5 12 19 26
Mi	6 13 20 27	3 10 17 24	1 8 15☾ 22● 29	6○ 13☾ 20● 27☽
Do	7 14 21 28	4 11 18 25	2 9 16 23 30	7 14 21 28
Fr	1☽ 8 15 22 29	5 12 19 26	3 10 17 24 31	1 8 15 22 29
Sa	2 9○ 16 23 30	6 13 20 27	4 11 18 25	2 9 16 23 30
So	3 10 17☾ 24● 31☽	7○ 14 21 28	5 12 19 26	3 10 17 24 31

	September	Oktober	November	Dezember
Mo	7 14 21 28	5 12 19 26☽	2○ 9☾ 16● 23 30	7 14 21 28
Di	1 8 15 22 29	6 13 20 27	3 10 17 24☽	1 8 15 22 29
Mi	2 9 16 23 30	7 14 21 28	4 11 18 25	2○ 9☾ 16● 23 30
Do	3 10 17 24	1 8 15 22 29	5 12 19 26	3 10 17 24☽ 31○
Fr	4○ 11 18● 25	2 9 16 23 30	6 13 20 27	4 11 18 25
Sa	5 12☾ 19 26☽	3 10 17 24 31	7 14 21 28	5 12 19 26
So	6 13 20 27	4○ 11☾ 18● 25	1 8 15 22 29	6 13 20 27

Feiertage:

Aschermittwoch:	25. Februar	Pfingstsonntag:	31. Mai	Totensonntag:	22. Nov.
Ostersonntag:	12. April	Fronleichnam:	11. Juni	1. Advent:	29. Nov.
Chr. Himmelfahrt:	21. Mai	Buß- und Bettag:	18. Nov.		

Das Jahr 2009 ist ein **Gemeinjahr** zu 365 Tagen.

Beginn der Jahreszeiten:

Frühling: 20. März 12^h43^m	Herbst: 22. Sept. 22^h18^m	Erde in Sonnennähe: 4. Jan. 16^h
Sommer: 21. Juni 6^h45^m	Winter: 21. Dez. 18^h47^m	Erde in Sonnenferne: 4. Juli 3^h

Finsternisse:

26. Januar: Ringförmige Sonnenfinsternis, 22. Juli: Totale Sonnenfinsternis, **31. Dezember:** Partielle Mondfinsternis

Planeten:

Innere Planeten

Merkur:	Größte östliche Elongation:	*4. Jan.* (19°)	**26. April** (20°)	18. Dez. (20°)
	Größte westliche Elongation:	13. Feb. (26°)	*13. Juli* (23°)	**6. Okt.** (18°)

Venus:	Untere Konjunktion: 27. März	Größte östl. Elongation: 14. Jan. (47°)
		Größte westl. Elongation: 5. Juni (46°)

Äußere Planeten	Opposition	(Mio. km)	im Sternbild	Konjunktion
Mars:	–	–	–	–
Jupiter:	14. August	603	Steinbock	24. Januar
Saturn:	8. März	1256	Löwe	17. September
Uranus:	17. September	2856	Fische	13. März
Neptun:	17. August	4341	Steinbock	13. Februar
Pluto:	23. Juni	4586	Schütze	24. Dezember

2010

	Januar	Februar	März	April
Mo	4 11 18 25	1 8 15 22☽	1 8 15● 22 29	5 12 19 26
Di	5 12 19 26	2 9 16 23	2 9 16 23☽ 30☺	6☾ 13 20 27
Mi	6 13 20 27	3 10 17 24	3 10 17 24 31	7 14● 21☽ 28☺
Do	7☾ 14 21 28	4 11 18 25	4 11 18 25	1 8 15 22 29
Fr	1 8 15● 22 29	5 12 19 26	5 12 19 26	2 9 16 23 30
Sa	2 9 16 23☽ 30☺	6☾ 13 20 27	6 13 20 27	3 10 17 24
So	3 10 17 24 31	7 14● 21 28☺	7☾ 14 21 28	4 11 18 25

	Mai	Juni	Juli	August
Mo	3 10 17 24 31	7 14 21 28	5 12 19 26☺	2 9 16☽ 23 30
Di	4 11 18 25	1 8 15 22 29	6 13 20 27	3☾ 10● 17 24☺ 31
Mi	5 12 19 26	2 9 16 23 30	7 14 21 28	4 11 18 25
Do	6☾ 13 20 27	3 10 17 24	1 8 15 22 29	5 12 19 26
Fr	7 14● 21☽ 28☺	4☾ 11 18 25	2 9 16 23 30	6 13 20 27
Sa	1 8 15 22 29	5 12● 19☽ 26☺	3 10 17 24 31	7 14 21 28
So	2 9 16 23 30	6 13 20 27	4☾ 11● 18☽ 25	1 8 15 22 29

	September	Oktober	November	Dezember
Mo	6 13 20 27	4 11 18 25	1 8 15 22 29	6 13☽ 20 27
Di	7 14 21 28	5 12 19 26	2 9 16 23 30	7 14 21☺ 28☾
Mi	1☾ 8● 15☽ 22 29	6 13 20 27	3 10 17 24	1 8 15 22 29
Do	2 9 16 23☺ 30	7● 14☽ 21 28	4 11 18 25	2 9 16 23 30
Fr	3 10 17 24	1☾ 8 15 22 29	5 12 19 26	3 10 17 24 31
Sa	4 11 18 25	2 9 16 23☺ 30☾	6● 13☽ 20 27	4 11 18 25
So	5 12 19 26	3 10 17 24 31	7 14 21☺ 28☾	5● 12 19 26

Feiertage:

Aschermittwoch:	17. Februar	Pfingstsonntag:	23. Mai	Totensonntag:	21. Nov.
Ostersonntag:	4. April	Fronleichnam:	3. Juni	1. Advent:	28. Nov.
Chr. Himmelfahrt:	13. Mai	Buß- und Bettag	17. Nov.		

Das Jahr 2010 ist ein Gemeinjahr zu 365 Tagen.

Beginn der Jahreszeiten:

Frühling: 20. März 18^h32^m — Herbst: 23. Sept. 4^h09^m — Erde in Sonnennähe: 3. Jan. 1^h

Sommer: 21. Juni 12^h28^m — Winter: 22. Dez. 0^h38^m — Erde in Sonnenferne: 6. Juli 12^h

Finsternisse:

15. Januar: Ringförmige Sonnenfinsternis — 26. Juni: Partielle Mondfinsternis

11. Juli: Totale Sonnenfinsternis — 21. Dezember: Totale Mondfinsternis

Planeten:

Innere Planeten

Merkur:	Größte östliche Elongation:	**8. April** (19°)	7. Aug. (27°)	1. Dez. (21°)
	Größte westliche Elongation:	*27. Jan.* (25°)	26. Mai (25°)	**19. Sept.** (18°)
Venus:	Obere Konjunktion:	11. Jan.	Untere Konjunktion: 29. Okt.	
	Größte östliche Elongation:	20. Aug. (46°)		

Äußere Planeten	Opposition	(Mio. km)	im Sternbild	Konjunktion
Mars:	29. Januar	99,3	Krebs	–
Jupiter:	21. September	591	Fische	28. Februar
Saturn:	22. März	1272	Jungfrau	1. Oktober
Uranus:	21. September	2856	Fische	17. März
Neptun:	20. August	4339	Steinbock	14. Februar
Pluto:	25. Juni	4614	Schütze	27. Dezember

Astronomische Institute, Planetarien und Sternwarten

Aschersleben
Planetarium Aschersleben
Im Tierpark
Auf der Alten Burg 40
06449 Aschersleben
Tel.: (03473) 2592
www.sternfreunde-aschersleben.de
e-Mail: tierpark@aschersleben.de

Augsburg
ṡ-Planetarium
Im Thäle 3
86152 Augsburg
Tel.: (08 21) 3 24 67 62

Bamberg
Dr.-Remeis-Sternwarte Bamberg
Astronomisches Institut der Universität Erlangen-Nürnberg
Sternwartstraße 7
96049 Bamberg
Tel.: (09 51) 9 52 22-0
Fax: (09 51) 9 52 22-22
e-Mail: postmaster @sternwarte.uni-erlangen.de

Basel
Astronomisches Institut der Universität Basel
Venusstraße 7
CH-4102 Binningen
Tel.: (0 61) 20 55-4 54
Fax: (0 61) 20 55-4 55
http://www.astro.unibas.ch/

Berlin
Zentrum für Astronomie und Astrophysik
Technische Universität Berlin
Hardenbergstraße 36
10623 Berlin
Tel.: (0 30) 31 42 37 34
http://www-astro.physik.TU-Berlin.DE
e-Mail: kontakt@astro.physik.TU-Berlin.DE

Archenhold-Sternwarte
Alt-Treptow 1
12435 Berlin-Treptow
Tel.: (0 30) 5 34 80 80

Wilhelm-Foerster-Sternwarte und Planetarium
Munsterdamm 90
12169 Berlin
Tel.: (0 30) 7 90 09 30
www.wfs-be-schule.de
e-Mail: buero@wfs.be.schule.de

Bern
Astrodrom
Universität Bern
Muesmattstr. 29
CH-3012 Bern
Tel.: (00 41) 3 16 31 86 52
Fax: (00 41) 3 16 31 42 10
e-Mail: schweng@ sis.unibe.ch

Bochum
Astronomisches Institut der Ruhr-Universität
Universitätsstr. 150/NA7
44780 Bochum
Tel.: (02 34) 32-2 34 54
Fax: (02 34) 32-1 41 69
e-Mail: chini@astro.ruhr-uni-bochum.de
http://www.astro.ruhr-uni-bochum.de/

Planetarium und Sternwarte
Castroper Straße 67
44777 Bochum
Tel.: (02 34) 5 16 06-0
Fax: (02 34) 5 16 06-51
e-Mail: planetarium@bochum.de

Bonn
Astronomische Institute der Universität Bonn
Sternwarte mit Observatorium Hoher List
Institut für Astrophysik und Extraterrestrische Forschung
Auf dem Hügel 71
53121 Bonn
Tel. Sternwarte:
(02 28) 73 36 55, 56
Tel. Radioastronomie:
(02 28) 73 36 57, 58
Tel. Astrophysik:
(02 28) 73 36 71, 76
Gemeinsames Fax:
(02 28) 73-36 72
e-Mail: user@astro.uni-bonn.de

Radioobservatorium Effelsberg
53902 Bad Münstereifel
Tel.: (0 22 57) 30 11 01
Fax: (0 22 57) 30 11 05

Observatorium Hoher List
54550 Daun/Eifel
Tel.: (0 65 92) 21 50
Fax: (0 65 92) 98 51 40

Max-Planck-Institut für Radioastronomie
Auf dem Hügel 69
53121 Bonn
Tel.: (02 28) 52 51
Fax: (02 28) 52 52 29
e-Mail: username@mpifr-bonn.mpg.de
http://www.mpifr-bonn.mpg.de/

Bremen
Sternwarte der Olbers-Gesellschaft
Olbers-Planetarium der Hochschule Bremen, FB Nautik
Werderstr. 73
28199 Bremen
Tel.: (04 21) 70 68 82
e-Mail: Dieter.Vornholz@t-online.de

Cottbus
Raumflugplanetarium Juri Gagarin
Lindenplatz 21
03044 Cottbus
Tel.: (03 55) 71 31 09
Fax: (03 55) 7 29 58 22
e-Mail: info@planetarium-cottbus.de

Dresden
Technische Universität Dresden
Lohrmann-Observatorium und Professur für Astronomie im Institut für Planetare Geodäsie
Mommsenstraße 13
01069 Dresden
Tel.: (03 51) 4 63-3 40 97
Fax: (03 51) 4 63-3 70 19
e-Mail: lohrmobs@rcs.urz.tu-dresden.de
http://astro.geo.tu-dresden.de

Frankfurt
Institut für Theoretische Physik (Astrophysik)
Robert-Mayer-Straße 10
60054 Frankfurt/Main
Tel.: (0 69) 7 98-28 238
Fax: (0 69) 7 98-28 283
e-Mail: stoecker@astro.uni-frankfurt.de
http://www.astro.uni-frankfurt.de

Freiburg im Breisgau
Kiepenheuer-Institut für Sonnenphysik
Schöneckstraße 6
79104 Freiburg
Tel.: (07 61) 31 98-0
Fax: (07 61) 3 19 81 11
e-Mail: secr@kis.uni-freiburg.de
http://www.kis.uni-freiburg.de

Planetarium Freiburg
Bismarckallee 7g
79098 Freiburg
Tel.: (07 61) 3 89 06 30
Fax: (07 61) 3 89 06 590
e-Mail: zschetzsche@planetarium-freiburg.de

Göttingen
Universitäts-Sternwarte
Geismarlandstraße 11
37083 Göttingen
Tel.: (05 51) 39 50 42/39 50 53
Fax: (05 51) 39 50 43
e-Mail: sekr@astro.physik.uni-goettingen.de
http://www.astro.physik.uni-goettingen.de

Außenstelle am Observatorio del Teide/Teneriffa
Tel.: (00 34) 9 22 32 91 41/42/43
Fax: (00 34) 9 22 32 91 40

Graz
Sektion Astrophysik des Instituts für Geophysik, Astrophysik und Meteorologie der Universität Graz
Universitätsplatz 5
A-8010 Graz
Tel.: ++316 380-52 70
Fax: ++316 380-9825
e-Mail: arnold.hanslmeier@uni-graz.at
http://www.kfunigraz.ac.at/igam

Observatorium Lustbühel Graz
Lustbühelstraße 46
A-8042 Graz
Tel.: ++316 46 73 67
Fax: ++316 46 73 65

Sonnenobservatorium Kanzelhöhe
A-9521 Treffen/Kärnten
Tel.: ++4248 27 17-0
Fax: ++4248 27 17-15

Halle
Raumflugplanetarium
Peißnitzinsel 4 a
06108 Halle
Tel.: (03 45) 8 06 03 17

Hamburg
Hamburger Sternwarte
Gojenbergsweg 112
21029 Hamburg
Tel.: (0 40) 4 28 91-41 12
Fax: (0 40) 4 28 91-41 98
e-Mail: jschmitt@hs.uni-hamburg.de

Planetarium
Hindenburgstraße 1b
22303 Hamburg
Tel.: (0 40) 51 49 85-0

Hannover
Astronomische Station am Institut für Erdmessung der Universität
Schneiderberg 50
30167 Hannover
Tel.: (05 11) 7 62 24 75

Heidelberg
Astronomisches Rechen-institut
Mönchhofstraße 12–14
69120 Heidelberg
Tel.: (0 62 21) 40 50
Fax: (0 62 21) 40 52 97
http://www.ari.uni-heidelberg.de

Institut für Theoretische Astrophysik
Albert-Überle-Str. 2
69120 Heidelberg
Tel.: (0 62 21) 54 48 37
Fax: (0 62 21) 54 42 21
e-Mail: ita@ita.uni-heidelberg.de
http://www.ita.uni-heidelberg.de/

Max-Planck-Institut für Astronomie
Königstuhl 17
69117 Heidelberg
Tel.: (0 62 21) 52 80
Fax: (0 62 21) 52 82 46
e-Mail: sekretariat@mpia.de
http://www.mpia.de

Außenstelle Deutsch-Spanisches Astronomisches Zentrum
Calar Alto/Almeria
Apartados Correos 511
Almeria/Spanien
Tel.: ++34/9 50-23 09 88, ++34/9 50-63 25 00
Fax: ++34/9 50-63 25 04
e-Mail: >name<@caha.es

Landessternwarte
Königstuhl 12
69117 Heidelberg
Tel.: (0 62 21) 50 90
Fax: (0 62 21) 5 09-2 02
e-Mail: Postmaster@lsw.uni-heidelberg.de
http://www.lsw.uni-heidelberg.de

Innsbruck
Institut für Astronomie der Universität Innsbruck
Technikerstraße 25
A-6020 Innsbruck
Tel.: (05 12) 5 07 60 31
Fax: (05 12) 5 07 29 23
e-Mail: Astro@uibk.ac.at

Jena
Universitäts-Sternwarte
Schillergäßchen 2
07745 Jena
Tel.: (0 36 41) 94 75-01
Fax: (0 36 41) 94 75-02

Astronomische Institute, Planetarien und Sternwarten

e-Mail: moni@astro.
uni.jena.de
http://www.astro.uni-jena.de

Planetarium
Am Planetarium 5
07743 Jena
Tel.: (0 36 41) 88 54 88
Fax: (0 36 41) 88 54 20

Kassel
Planetarium im Museum für
Astronomie und Technik-
geschichte
Orangerie
An der Karlsaue 20 c
34121 Kassel

Kiel
Institut für Theoretische
Physik und Astrophysik
Leibnizstr. 15
24118 Kiel
Tel.: (04 31) 8 80-41 10
Fax: (04 31) 8 80-41 00
e-Mail: postmaster@
astrophysik.uni-kiel.de
http://www.astrophysik.
uni-kiel.de

Kieler Planetarium e. V.
Fachhochschule Kiel
Sokratesplatz 6
24149 Kiel
Tel.: (04 31) 2 10-17 41
Fax: (04 31) 2 10-17 51
e-Mail: service@
Kieler-planetarium.de

Klagenfurt
Raumflugplanetarium
Villacher Straße 239
A-9020 Klagenfurt
Sternwarte Kreuzbergl
Tel.: (04 63) 2 17 00

Köln
Physikalisches Institut der
Universität zu Köln
Zülpicher Straße 77
50937 Köln
Tel.: (02 21) 4 70-35 67
Fax: (02 21) 4 70-51 62
e-Mail: ...@ph1.uni-koeln.de
http://www.phi.uni-koeln.de

Laupheim
Volkssternwarte
und Planetarium
Parkweg 44
88471 Laupheim
Tel.: (0 73 92) 9 10 59
Fax: (0 73 92) 9 10 58
e-Mail: contact@planeta-
rium-laupheim.de
http://www.planetarium-
laupheim.de

Locarno
Istituto Ricerche Solari
Locarno (IRSOL)
via Patocchi
CH-6605 Locarno-Monti
Tel.: 00 41 9 17 43 42 26
Fax: 00 41 9 17 30 13 20
e-Mail: mbianda@irsol.ch
http://www.irsol.ch

Luzern
Planetarium im Verkehrshaus
der Schweiz
Lidostraße 5
CH-6006 Luzern
Tel. (0 41) 3 70 44 44

Mannheim
Planetarium
W.-Varnholt-Allee 1
68165 Mannheim
Tel.: (06 21) 41 56 92
Fax: (06 21) 41 24 11

München
Europäische Südsternwarte
(ESO)
Karl-Schwarzschild-Straße 2
85748 Garching
Tel.: (0 89) 32 00 62 76
Fax: (0 89) 3 20 23 62

Institut für Astronomie und
Astrophysik der Universität
München
Universitäts-Sternwarte
Scheinerstraße 1
81679 München
Tel.: (0 89) 21 80-60 01
Fax: (0 89) 21 80-60 03
e-Mail: adis@usm.
uni-muenchen.de
http://www.usm.
uni-muenchen.de

Max-Planck-Institut für
Astrophysik
Karl-Schwarzschild-Str. 1
85741 Garching
Tel.: (0 89) 3 00 00-0
Fax: (0 89) 3 00 00-22 35
e-Mail: userid@
mpa-garching.mpg.de

Max-Planck-Institut für
extraterrestrische Physik
Giessenbachstraße 1
85748 Garching
Tel.: +49 89 3 00 00-0
Fax: +49 89 3 00 00-35 69
e-Mail: hrs@mpe.mpg.de
http://www.mpe.mpg.de

Planetarium und Bayerische
Volkssternwarte
Rosenheimer Str. 145h
81671 München
Tel.: (0 89) 40 62 39
Fax: (0 89) 49 49 87
e-Mail:
volkssternwarte@lrz.tum.de

Münster
Planetarium im Naturkunde-
museum
Sentruper Straße 285
48161 Münster
Tel.: (02 51) 8 94 23

Nürnberg
Nicolaus-Copernicus-
Planetarium
Am Plärrer 41
90317 Nürnberg
Tel.: (09 11) 26 54 67

Osnabrück
Museum am Schölerberg/
Planetarium
Am Schölerberg 8
49082 Osnabrück
Tel.: (05 41) 56 00 30

Potsdam
Astrophysikalisches Institut
Potsdam
Sternwarte Babelsberg
An der Sternwarte 16
14482 Potsdam
Tel.: (03 31) 7 49 90
Fax: (03 31) 7 49 92 67

e-Mail: director@aip.de
http://www.aip.de

Astrophysikalisches
Observatorium Potsdam
mit Sonnenobservatorium
Einsteinturm
Telegrafenberg
14473 Potsdam
Tel.: (03 31) 2 88 23 31
Fax: (03 31) 2 88 23 10

Observatorium für
Solare Radioastronomie
Tremsdorf
14552 Tremsdorf
Tel.: (03 31) 7 49 92 92
Fax: (03 31) 7 49 93 52

Recklinghausen
Westf. Volkssternwarte/
Planetarium
Stadtgarten 6
45657 Recklinghausen
Tel.: (0 23 61) 2 31 34
e-Mail: info@sternwarte-recklinghausen.de
www.sternwarte-reckling
hausen.de

Schneeberg
Sternwarte und Planetarium
Heinrich-Heine-Straße
08289 Schneeberg
Tel.: (0 37 72) 2 24 39

Schwaz
Zeiss-Planetarium Schwaz
Alte Landstr. 15
A-6130 Schwaz/Tirol
Tel.: +43 ((0) 52 42) 7 21 29
Fax: +43 ((0) 52 42) 7 21 29-4
e-Mail: info@planetarium-schwaz.at

Siegen
Sternwarte der Universität
Adolf-Reichwein-Straße
57068 Siegen
Tel.: (02 71) 7 40-46 13
Fax: (02 71) 7 40-23 30

Sonneberg
Sternwarte Sonneberg
Sternwartestraße 32
96515 Sonneberg
Tel.: (0 36 75) 8 12 10
Fax: (0 36 75) 8 12 19
e-Mail: office@stw.
tu-ilmenau.de
http://www.stw.
tu-ilmenau.de

Stuttgart
Carl-Zeiss-Planetarium mit
Sternwarte Welzheim
Mittlerer Schlossgarten
70173 Stuttgart
Tel.: (07 11) 1 62 92 15
Fax: (07 11) 216 39 12
e-Mail: info@planetarium-stuttgart.de
www.planetarium-stuttgart.de
www.sternwarte-welzheim.de

Sternwarte Welzheim
Tel.: (0 71 82) 42 84
http://www.sternwarte-welzheim.de

Tautenburg
Thüringer Landessternwarte
Tautenburg
Karl-Schwarzschild-Observatorium
Sternwarte 5
07778 Tautenburg
Tel.: (03 64 27) 86 30
Fax: (03 64 27) 8 63 29
e-Mail: [username]@tls-tautenburg.de
http://www.tls-tautenburg.de

Tübingen
Institut für Astronomie und
Astrophysik
Abteilung Astronomie
Sand 1
72076 Tübingen
Tel.: (0 70 71) 29-7 24 86
Fax: (0 70 71) 29-34 58
www.astro.uni-tuebingen.de

Abt. Theoretische Astrophysik
Auf der Morgenstelle 10
72076 Tübingen
Tel.: (0 70 71) 29-7 40 07
Fax: (0 70 71) 29-50 94
www.tat.physik.uni-tuebin-gen.de

Welzheim
Siehe Planetarium **Stuttgart**

Wernigerode
Harzplanetarium
Sekundarschule
„Maxim Gorki"
Walther-Rathenau-Straße 11
38855 Wernigerode
Tel.: (0 39 43) 3 22 77

Wien
Astronomisches Büro
Hasenwartgasse 32
A-1238 Wien
Tel./Fax: 00 43-1-889 35 41
e-Mail: astbuero@astrono
misches-buero-wien.or.at
http://members.ping.at/
astbuero
Sterngarten Georgenberg
Freiluftplanetarium

Institut für Astronomie der
Universität Wien,
Universitäts-Sternwarte
Türkenschanzstraße 17
A-1180 Wien
Tel.: (00 43 1) 4 27 75 18 01
Fax: (00 43 1) 4 27 79 5 18
e-Mail: user@astro.
univie.ac.at
http://www.astro.univie.ac.at

Kuffner-Sternwarte
Johann-Staud-Straße 10
A-1160 Wien
Tel.: (02 22) 9 14 81 30
Fax: (02 22) 9 14 81 30-31
e-Mail: admin@kuffner.ac.at

URANIA-Sternwarte
Uraniastraße 1
A-1010 Wien
Tel.: (02 22) 7 12 61 91

Amateurastronomische Vereinigungen,

Planetarium
Oswald-Thomas-Platz 1
A-1020 Wien
Tel.: +43 (0) 1 729 54 94
Fax: +43 (0) 1 729 54 94-77
admin@planetarium-wien.at
www.planetarium-wien.at

Wolfsburg
Planetarium
Uhlandweg 2
38440 Wolfsburg
Tel.: (0 53 61) 2 19 39

Würzburg
Lehrstuhl für Astronomie
Institut für Theoretische Physik und Astrophysik
Am Hubland
97074 Würzburg
Tel.: (09 31) 8 88-50 31
Fax: (09 31) 8 88-46 03
e-Mail: mannheim@astro.uni-wuerzburg.de

Zürich
Institut für Astronomie
ETH-Zentrum
CH-8092 Zürich
Tel.: +41-44-6 32 38 13
Fax: +41-1-6 32 12 05
e-Mail: username@astro.phys.ethz.ch
http://www.astro.phys.ethz.ch

URANIA-Sternwarte
Uraniastraße 9
CH-8000 Zürich
Tel.: (01) 211 65 23
e-Mail: urania@astronomie.ch
http://urania.astronomie.ch

Das Verzeichnis erhebt keinen Anspruch auf Vollständigkeit. Weitere Institute, Planetarien und Sternwarten nimmt der Herausgeber gerne auf. Entsprechende Hinweise sende man bitte an:

PLANETARIUM STUTTGART
Mittlerer Schlossgarten
70173 Stuttgart

Aachen
Sternwarte am Hangeweiher
VHS Aachen
Peterstr. 21–25
52062 Aachen
www.sternwarte-aachen.de
e-Mail: juergen.balk@mail.aachen.de

Aalen
Astronomische Arbeitsgemeinschaft Aalen e. V.
Mohlstr. 23
73431 Aalen
e-Mail: ulrich.goerze@cyberfun.de

Albstadt
Sternwarte und Planetarium
Hartmannstraße 140
72458 Albstadt-Ebingen

Amberg
Volkssternwarte Amberg
Kirchensteig 19 b
92224 Amberg

Arnstadt-Espenfeld
Privatsternwarte Arnstadt-Espenfeld
Espenfeld Nr. 39 a
99338 Arnstadt-Espenfeld

Augsburg
siehe **Diedorf**

Bad Driburg
Sternwarte der F.-W.-Weber-Realschule
Elsterweg 13
33014 Bad Driburg
e-Mail: sternwarte-bad-driburg@gmx.de

Bad Dürkheim
Astronomischer Arbeitskreis
Pfalzmuseum für Naturkunde
Hermann-Schäfer-Str. 17
67098 Bad Dürkheim

Bad Homburg
Astronomische Gesellschaft Orion e. V.
Valkenierstr. 10
61350 Bad Homburg
www.agorion.de
e-Mail: Oliver.Debus@agorion.de

Bad Mergentheim
Astronomische Vereinigung Weikersheim e. V.
Bregenzer Str. 9
97980 Bad Mergentheim

Bad Salzuflen
Schulsternwarte im Zentrum Lohfeld
Wasserfuhr 25 e
32108 Bad Salzuflen

Bad Salzschlirf
Sternwarte – Freundeskreis der Himmelskunde
Dr.-Martiny-Straße 1
36364 Bad Salzschlirf

Bad Sauerbrunn
Burgenländische Amateurastronomen
Postgasse 2
A-7202 Bad Sauerbrunn

Bad Zwesten
Sternwarte der Hardtwaldklinik I
Hardtstr. 31
34596 Bad Zwesten

Baindt
s. **Waldburg-Weingarten**

Basel
Astronomischer Verein
Venusstraße 7
CH-4102 Binningen

Bautzen
Sternwarte Bautzen
Schulsternwarte und Planetarium
Czornebohstraße 82
(Naturpark)
02625 Bautzen

Beobachtungsstationen und Privatsternwarten

Bentheim
Astronomischer Verein der Grafschaft Bentheim e.V.
Jahnstr. 3,
49828 Neuenhaus

Bielefeld
Schulsternwarte
Brackweder Gymnasium
Beckumer Straße 10
33647 Bielefeld
http://free.pages.at/stbi/index.htm
e-Mail: astro@bwg.bi.nw.schule.de

Arbeitsgemeinschaft Astronomie, Physik, Umwelt
Naturwissenschaftlicher Verein
Kreuzstraße 38
33602 Bielefeld

Volkssternwarte Ubbedissen
Wietkamp 5
33699 Bielefeld

Bonn
Volkssternwarte Bonn e.V.
Poppelsdorfer Allee 47
53115 Bonn

Bozen
Amateurastronomen „Max Valier"
Verein zur Förderung der Astronomie in Südtirol
Neustifterweg 5
I-39100 Bozen
www.maxvalier.org
e-Mail: info@maxvalier.org

Braunschweig
Sternfreunde Braunschweig-Hondelage e.V.
Ackerweg 1 B
38108 Braunschweig
www.sternwarte-braunschweig.de
e-Mail: Hans-W.Zimmermann@t.online

Buchloe
Astronomische Gesellschaft Buchloe e.V.
Alois-Reiner-Str. 15b
86807 Buchloe
www.astronomie-buchloe.de

Bülach
Schul- und Volkssternwarte Bülach
Rotzibüch bei Eschenmosen
CH-8180 Bülach

Buxtehude
Astronomie-AG der VHS Buxtehude
Braunschweiger Str. 4
21614 Buxtehude
www.buxastro.de
e-Mail: uffrecht.u@t-online.de

Casablanca
Sahara Sky
Dunes de Tinfou
45900 Zagora Marokko
Tel.: (00 21 2) 44 84 85 62
www. saharasky.com
e-Mail: hotelsahara@menara.ma

Diedorf
Astronomische Vereinigung Augsburg e.V.
Sternwarte und Planetarium Diedorf
Pestalozzistr. 17a
86420 Diedorf/Augsburg
Tel.: (0 82 38) 73 44
Fax: (0 12 12) 5 13 01 04 17
www.sternwarte-diedorf.de
e-Mail: info@sternwarte-diedorf.de

Donzdorf
Sternfreunde Donzdorf
Messelberg-Sternwarte beim Schulzentrum
73072 Donzdorf
www.sternwarte-donzdorf.de
e-Mail: info@sternwarte-donzdorf.de

Dornbirn
Vorarlberger Amateur-Astronomen
Kreuzgasse 8
A-6850 Dornbirn
e-Mail: gebhard.koeb@cable.vol.at

Dortmund
Sternwarte im Westfalenpark
Astronomischer Verein Dortmund e.V.
Hörder Bahnhofstr. 9
44263 Dortmund

Drebach
Volkssternwarte und Zeiss-Planetarium
Straße der Jugend 14
09430 Drebach
www.sternwarte-drebach.de
www.planetarium-drebach.de
e-Mail: kontakt@sternwarte-drebach.de

Duisburg
Rudolf-Römer-Sternwarte Rheinhausen e.V.
Schwarzenberger Str. 147 (im KFR)
47226 Duisburg

Durmersheim
Sternfreunde Durmersheim und Umgebung e.V.
Im Eck 1/19
76448 Durmersheim

Egloffstein
Sternwarte Feuerstein e.V.
Sternwarte 1
91320 Ebermannstadt
Tel.: +49 (0) 174 2 43 60 32
http://www.sfeu.ebermannstadt.de
e-Mail: info@sfeu.ebermannstadt.de

Eisenstadt
Burgenländische Landessternwarte
Dr.-Karl-Renner-Straße 1
A-7000 Eisenstadt
www.alrukaba.at

Amateurastronomische Vereinigungen, Beobachtungsstationen

www.astronomie.at/
burgenland

Erkrath
Sternwarte Neanderhöhe
Hochdahl und Planetarium
Sedentaler Str. 105
40699 Erkrath

Eschwege
Vereinigte Amateur-
Astronomen
Eschwege VAAE 1975 e. V.
Hauptstraße 36
36205 Sontra-Ulfen
http://home.arcor.de/vaae/
wellcome.html

Essen
Verein für volkstümliche
Astronomie
Weberplatz 1
45127 Essen
e-Mail: vva.essen@
astronomie.de

Walter-Hohmann-Sternwarte
Wallneyer Straße 159
45133 Essen

Frankfurt/Main
Volkssternwarte des Phys.
Vereins
Robert-Mayer-Straße 2–4
60054 Frankfurt am Main
www.physikalischer-
verein.de
e-Mail: info@physikalischer-
verein-de

Freiburg
Sternfreunde Freiburg e. V.
Rosenstr. 1a
79108 Freiburg
http://www.sternfreunde-
breisgau.de
e-Mail: clearskies@
sternfreunde-breisgau.de

Fürstenfeldbruck
Astrogilde Fürstenfeldbruck
und Gilching
Landsbergerstr. 17
82205 Gilching
Tel.: (08105) 7795-0
www.astrogilde.de
E-Mail: info@astrogilde.de

Fulda
Hans-Nüchter-Sternwarte
Freiherr-von-Stein-Schule
Domänenweg 2
36037 Fulda
Tel. (0661) 96940-0
www.hans-nuechter-
sternwarte.de
e-Mail: hns@hans-nuechter-
sternwarte.de

Planetarium im Vonderau
Museum
Jesuitenplatz 2
36037 Fulda
Tel.: (0661) 92835-0
Fax: (0661) 92835-13
www.museum-fulda.de
e-Mail: planetarium@
museum-fulda.de

Fuldatal
Volkssternwarte Rothwesten
Brüder-Grimm-Str. 24
34233 Fuldatal

Germering
Sternwarte des
Max-Born-Gymnasiums
Johann-Sebastian-Bach-Str. 8
82110 Germering

Gilching
Volkssternwarte Gilching
in der VHS Gilching
Landsberger Str. 17a
Tel.: (08105) 7795-0
82205 Gilching
e-Mail: info@astrogilde.de

Glücksburg
Menke Planetarium und
Sternwarte der FH Flensburg
Fördestr. 35,
24960 Glücksburg

Gmunden
Eisner-Sternwarte
Kalvarienberg
A-4810 Gmunden
e-Mail: karl.silber@aon.at

Görlitz
Scultetus-Sternwarte
Sternwarte und Planetarium
An der Sternwarte 1
02827 Görlitz
Tel./Fax: (03581) 78222
e-Mail: sternwarte@
goerlitz.de

Gondelsheim
Kraichgau-Sternwarte
Gondelsheim e. V.
Lilienstraße 25
76669 Bad Schönborn
www.mhm-ka.de/
gondelsheim.html
www.gondelsheim.de/
v117.htm

Göttingen
Amateurastronomische
Vereinigung Göttingen e. V.
Schlesierring 8
37085 Göttingen
http://www.avgoe.de
e-Mail: Blechte@t-online.de

Förderkreis Planetarium
Göttingen e. V.
Nordhäuser Weg 18
37085 Göttingen
e-Mail: vorstand@
planetarium-goettingen.de

Gröbenzell
Astronomische Vereinigung
West-München (AVWM)
Grasslfinger Straße 43
82194 Gröbenzell

Gudensberg
Förderverein Schulsternwarte
Gudensberg e. V.
Mönchweg 8
34225 Baunatal

Hagen
Volkssternwarte
Eugen-Richter-Turm
58135 Hagen
www.sternwarte-hagen.de
e-Mail: info@sternwarte-
hagen.de

und Privatsternwarten

Halberstadt
Verein für astronom. Bildung
im LK Halberstadt e. V.
Wilhelm-Trautewein-Str. 19
38820 Halberstadt
e-Mail: kdhuch@gmx.de

Hamburg
Gesellschaft für volkstümliche
Astronomie e. V.
Eiffestraße 426
20537 Hamburg
www.gva-hamburg.de
e-Mail: info@gva-hamburg.de

Hannover
Planetarium der Bismarck-
schule
An der Bismarckschule 5
30173 Hannover
www.planetarium-
bismarckschule.de

Volkssternwarte
Am Lindener Berg 27
30449 Hannover
www.sternwarte-
hannover.de
e-Mail: info@sternwarte-
hannover.de

Hardheim
Astronomie-Arbeitskreis
Walter-Hohmann-Sternwarte
Alte Würzburger Straße 5
74736 Hardheim

Hattingen
Volkssternwarte Hattingen
e. V.
Schonnefeldstr. 23
45326 Essen

Helmstedt
Astro AG der VHS Helmstedt
Hoiersdorfer Str. 5
38388 Twieflingen
e-Mail: astridgallus@gmx.de

Heilbronn
Robert-Mayer-
Volks- und Schulsternwarte
Bismarckstraße 10
74072 Heilbronn
www.sternwarte.org
e-Mail: info@sternwarte.org

Heppenheim
Starkenburg-Sternwarte
Kl. Bach 3
64646 Heppenheim

Herford
Sternwarte des Friedrichs-
Gymnasiums Herford
Werrestr. 9
32049 Herford
Tel.: (05221) 289358
e-Mail: sekretariat@
fgh-online.de

Heringsdorf
Volkssternwarte
„Manfred von Ardenne"
Seebad Heringsdorf
Strandpromenade
17424 Heringsdorf
www.sternwarte-usedom.de
e-Mail: info@sternwarte-
usedom.de

Herne
Sternwarte Herne
Am Böckenbusch 2
44652 Herne
Tel.: (02 32 5) 77 20 2
e-Mail: info
@sternwarte-herne.de

Herzberg
Planetarium und
Volkssternwarte Herzberg
Lugstr. 3
04916 Herzberg/E.
Tel./Fax: (0 35 35) 700 57
www.herzberger-
sternfreunde-eV.de
e-Mail: Planetarium.
Herzberg@lausitz.net

Hof
Volkssternwarte Hof
Egerländer Weg 25
95032 Hof

Hückelhoven
Astronomische
Arbeitsgemeinschaft
Städt. Gymnasium
Hartlpooler Platz
41836 Hückelhoven

Ilsede
Privatsternwarte
Alter Weg 4 B
31241 Ilsede
http://Astro-Stammtisch.
Korn-Deele.de
e-Mail: greenmoon@
t-online.de

Ingolstadt
Sternwarte Ingolstadt AAI e. V.
Lilienthalstr. 137
85077 Manching
Tel. (0 84 59) 65 87
http://www.
Astronomiepark.de
http://www.aai-Ingolstadt.de
e-Mail: stewa.in@gmx.de

Jena
Urania-Sternwarte
Schillergäßchen 2
07745 Jena

Karlsruhe
Sternwarte des
Max-Planck-Gymnasiums
Krokusweg
76199 Karlsruhe

Kassel
Astronomischer Arbeitskreis
Kassel e. V.
Wilhelmshöher Allee 300 A
34131 Kassel
astronomie-kassel.de
e-Mail: kphaupt@aol.com

Kelheim
Sternfreunde Kelheim e. V.
Eschenstr. 5
93326 Abensberg
www.sternfreunde-
kelheim.de
e-Mail: webmaster@
sternfreunde-kelheim.de

Kempten
Astronomieverein
Kempten e. V.
Saarlandstr. 1
87437 Kempten

Amateurastronomische Vereinigungen, Beobachtungsstationen

Kiel
Gesellschaft für volkstümliche Astronomie (GvA) e. V. – Gruppe Kiel
Hofbrook 64
24119 Kronshagen
www.gva-kiel.de
e-Mail: service@gva-kiel.de

Volkssternwarte Kronshagen
Suchsdorfer Weg 33
24119 Kronshagen

Köln
Planetarium
Blücherstr. 15-17
50733 Köln
www.koelner-planetarium.de
e-Mail: info@koelner-planetarium.de

Volkssternwarte Köln
Nikolausstr. 55
50937 Köln
Tel.: (02 21) 41 54 67
Fax: (02 21) 941 54 08
www.volkssternwarte-koeln.de
e-Mail: info@volkssternwarte-koeln.de

Kleve
Volkssternwarte Goch/Kleve e. V.
Berlinerstr. 69
47574 Goch-Nierswalde

Königsleiten
Sternwarte und Planetarium Königsleiten
Königsleiten 29
A-5742 Wald i. Pinzgau
Tel.: +43-65 64-200 14
Fax: +43-65 64-200 15
http://www.sternwarte-koenigsleiten.com
e-Mail: sternwarte.kgl@aon.at

Krauschwitz
Lausitzer Sterngucker e. V.
Görlitzer Str. 30 A
02957 Krauschwitz
Tel.: (035771) 69658
www.lausitzer-sterngucker.de
e-Mail: sternwarte_moench@web.de

Krefeld
Vereinigung Krefelder Sternfreunde e. V.
Yorckstr. 42
47800 Krefeld
www.vks-krefeld.de
e-Mail: Krefelder_sternfreunde@gmx.de

Kreuzlingen
Sternwarte Kreuzlingen
Breitenrainstraße 21
CH-8280 Kreuzlingen

Laufen
Astronomische Arbeitsgruppe Laufen e. V.
Goethestraße 8
83410 Laufen
www.sternwarte-laufen.de

Lemgo
Sternwarte Lemgo
Astronomische Arbeitsgemeinschaft an der FH Lippe und Höxter e. V.
Liebigstr. 87
32657 Lemgo

Leonberg
Sternwarte Höfingen
Theodor-Heuss-Str. 6/1
71229 Leonberg
www.sternwarte.tk.
e-Mail: willy.mahl@t-online.de

Lilienthal
Astronomische Vereinigung Lilienthal e. V.
Chemnitzer Str. 35
28832 Achim
www.avl-lilienthal.de
e-Mail: vorstand@avl.lilienthal.de

Linz
Johannes Kepler Sternwarte Linz
Sternwarteweg 5
A-4020 Linz

Lohr
Sternwarte Luana
Zum Rötelbrunnen 2
97816 Lohr/Main

Lübeck
Sternwarte Lübeck
Am Ährenfeld 2
23564 Lübeck

Lustenau
siehe **Dornbirn**

Luxembourg
Astronomes Amateurs du Luxembourg
16 B, Rue Emile Mayrisch
L-3522 Dudelange
www.aal.lu
e-Mail: aal@aal.lu

Luzern
Astronomische Gesellschaft Luzern
Sternwarte Hubelmatt
Schulhaus Hubelmatt West
CH-6005 Luzern
www.agl.astronomie.ch
e-Mail: an.agl@web.de

Mainz
Volkssternwarte Mainz
Karmeliterplatz 1
55116 Mainz
http://www.astro-mainz.de
e-Mail: aagmainz@gmx.de

Marburg
Volkssternwarte Marburg e. V.
Dresdener Str. 18
(Schulzentrum)
35274 Kirchhain
www.volkssternwarte-marburg.de
www.volkssternwarte.com

Mönchengladbach
Astronomischer Arbeitskreis Mönchengladbach e. V.
Engelsholt 143
41069 Mönchengladbach
http://astro-mg.de
e-Mail: info@astro-mg.de

und Privatsternwarten

Moers
Moerser Astronomische Organisation e. V.
Drinhausstr. 2
47447 Moers
www.sternwarte-moers.de
e-Mail: info@sternwarte-moers.de

Monschau
Eifel-Amateurastronomen Sternwarte Eifel
Auf der Höhe 22
52156 Monschau
http://www.amateurastronomen.de
e-Mail: eifel.astro@gmx.de

Münster
Sternfreunde Münster e. V.
Sentruper Straße 285
48161 Münster
www.sternfreunde-muenster.de
e-Mail: info@sternfreunde-muenster.de

Neumarkt
Bayerische Volkssternwarte
Moorstraße 5
92318 Neumarkt
www.sternwarte-neumarkt.de

Neumünster
Volkshochschule Neumünster Arbeitsgemeinschaft Sternwarte
Gartenstr. 32
24534 Neumünster

Neustadt/Weinstraße
siehe **Bad Dürkheim**

Nordenham
Planetarium
Bahnhofstraße 52
26954 Nordenham
www.sternfreunde.nordenham.de
e-Mail: info@sternfreunde.nordenham.de

Norderney
Astronomischer Arbeitskreis Norderney „Wilhelm Dorenbusch Sternwarte“
Birkenweg 22
26548 Norderney
Tel.: (01 76) 24 92 82 09 und
Tel.: (04 93 2) 86 02 65
Observatorium
Tel.: (04 9 32) 92 76 39 – Büro
www.sternwarte-norderney.de
e-Mail: SternwarteNey@aol.com

Norderstedt
Volkssternwarte Norderstedt e. V.
Breslauer Straße 7
22850 Norderstedt

Nürnberg
Regiomontanus-Sternwarte Nürnberger Astronomische Arbeitsgemeinschaft e. V.
Regiomontanusweg 1
90491 Nürnberg
www.naa.net
e-Mail: info@naa.net

Nürtingen
Neckar-Alb-Sternwarte
Am Lerchenberg
Astronomische Vereinigung Nürtingen e. V.
Birkenweg 7
72622 Nürtingen
www.sternwarte-nuertingen.de
e-Mail: avn@nuertingen.netsurf.de

Oldenburg
Oldenburger Sternfreunde e.V.
Herbartstr. 15
26122 Oldenburg

Osnabrück
Astronomiche Arbeitsgemeinschaft / Naturwissenschaftlicher Verein
Museum am Schölerberg
Am Schölerberg 8
49082 Osnabrück
Tel.: (05 41) 56 00 30
www.naturwissenschaftlicher-verein-os.de

Ottobeuren
Allgäuer Volkssternwarte Ottobeuren e. V.
Bgm.-Hasel-Str. 17
87724 Ottobeuren
Tel.: (0 83 32) 9 36 60 58
Fax: (0 83 32) 93 68 90
http://www.avso.de
e-Mail: info@avso.de

Paderborn
Volkssternwarte Paderborn e. V.
Im Schloßpark, Schloß Neuhaus
Marstallstraße 13
33104 Paderborn
www.sternwarte-paderborn.de
e-Mail: Mail@Sternwarte-Paderborn.de

Papenburg
Astronomischer Verein
Wilhelm-Leuschner-Straße 48
26871 Papenburg

Passau
Volkssternwarte
Veste Oberhaus 125
94034 Passau
www.Sternwarte-Passau.de

Pforzheim
Astronomischer Arbeitskreis Pforzheim 1982 e. V.
Bürgermeister-Langer-Str. 10
75181 Pforzheim
Tel.: (07 23 1) 41 84 62
e-Mail: weisheit@pro-bw.de

Potsdam
URANIA-Planetarium und „Brund H. Bürgel-Gedenkstätte“
Im Neuen Garten 6
14469 Potsdam
Tel.: (03 31) 2 70 27 21/24
Fax: (03 31) 29 24 47
www.urania-potsdam.de
e-Mail: Planetarium.Potsdam@t-online.de

Regensburg
Verein der Freunde der Volkssternwarte Regensburg
Ägidienplatz 2
93047 Regensburg

Remscheid
Astronomischer Verein Remscheid
Dr.-Hans-Schäfer-Sternwarte
Bismarckturm Am Stadtpark
42801 Remscheid
www.sternwarte-remscheid.de

Reutlingen
Planetarium und Sternwarte
Karlstraße 40
72764 Reutlingen
http://www.sternwarte-reutlingen.de
e-Mail: info@sternwarte-reutlingen.de

Rodewisch
Schulsternwarte und Planetarium „Sigmund Jähn"
Rützengrüner Str. 41 a
08228 Rodewisch (Vogtland)
Tel.: (0 37 44) 3 23 13
Fax: (0 37 44) 3 28 15
http://www.sternwarte-rodewisch.de
e-Mail: info@sternwarte-rodewisch.de

Rüsselsheim
Rüsselsheimer Sternfreunde e. V.
Staudenweg 3
65428 Rüsselsheim

Saar
Verein der Amateurastronomen des Saarlandes e. V. (VAS)
Sternwarte Peterberg
66625 Nohfelden-Eiweiler
Tel.: (0 68 73) 9 15 56
e-Mail: info@sternwarte-peterberg.de

Saarlouis
Verein der Astronomiefreunde Cassiopeia Saarlouis e. V.
Großstr. 37
66740 Saarlouis
www.cassiopeia-saarlouis.de
e-Mail: info@cassiopeia-saarlouis.de

Salzburg
Arbeitsgruppe für Astronomie am Museum Haus der Natur
Tischlerstr. 8
A-5101 Bergheim/Salzburg
e-Mail: gerhard.grau@gmx.at

Salzburger Volkssternwarte auf dem Voggenberg
Auer von Welsbach-Str. 22
84489 Burghausen
www.hausdernatur.at/astronomie
e-Mail: be.wa-galactic-dwarf@t-online.de

Schaffhausen
Dr. h. c. Hans-Rohr-Sternwarte
Astro-AG der Naturforschenden Gesellschaft
Etzelstr. 11
CH-8200 Schaffhausen

Schkeuditz
Astronomisches Zentrum
An der Bergbreite
04435 Schkeuditz

Schriesheim
Arbeitsgemeinschaft Volkssternwarte Schriesheim e. V.
Entengasse 3
69198 Schriesheim

Schwanden ob Sigriswil
Sternwarte Planetarium SIRIUS
CH-3657 Schwanden/Sigriswil
www.sternwarte-planetarium.ch
e-Mail: info@sternwarte-planetarium.ch

Seewalchen
Astronomischer Arbeitskreis Salzkammergut + Sternwarte Gahberg bei Weyregg am Attersee
Sachsenstraße 2
A-4863 Seewalchen
www.astronomie.at
e-Mail: info@astronomie.at

Senftenberg
Planetarium
An der Ingenieurschule
01968 Senftenberg
Tel. (0 35 73) 21 12
www.planetarium-senftenberg.de
e-Mail: planetarium-senftenberg@freenet.de

Singen
Volkssternwarte Singen e. V.
Zeppelin-Realschule
Rielasingerstr. 37
78224 Singen

Soest
Volkssternwarte
Steinkuhlenweg 6
59494 Soest

Sohland
Volks- und Schulsternwarte „Bruno H. Bürgel" Sohland e.V.
Zöllnerweg 12
02689 Sohland
www.sternwarte-sohland.de

Solingen
Walter-Horn-Ges. e. V.
Sternwarte
Sternstraße 5
42719 Solingen
www.sternwarte-solingen.de
e-Mail: info@sternwarte-solingen.de

Steißlingen
Sternwarte Steißlingen
Im Städtle 19
78256 Steißlingen

St. Pölten
ANTARES Niederöstereichische Amateurastronomen
Schuhmeierstr. 1
A-3100 St. Pölten
www.noe-sternwarte.at
e-Mail: antares-info@aon.at

Stuttgart
Schwäbische Sternwarte
Zur Uhlandshöhe 41
70188 Stuttgart
mail@sternwarte.de

Suhl
Volks- und Schulsternwarte
Auf dem Hoheloh 1
98527 Suhl
www.suhler-sternfreunde.de
e-Mail: sternfreund27@web.de

Sursee
Sternwarte Sursee
Berufsschule Kotten
Kyburgerstr. 3
CH-6210 Sursee

Tirschenreuth
Volkssternwarte Tirschenreuth
Blankenbühlstraße 28
95643 Tirschenreuth

Traiskirchen
Franz-Kroller-Sternwarte
Bräuhausgasse
A-2514 Traiskirchen

Trebur
Michael Adrian Observatorium
Fichtenstr. 7
65468 Trebur
http://ww.tlt-trebur.de
www.fh-friedberg.de/users/jomo/tlt.htm
e-Mail: tlt@gmx.de

Trier
Verein Sternwarte Trier e. V.
Hofberg 40
54296 Trier
www.uni-trier.de/sternwarte
e-Mail: gruner@uni-trier.de

Tübingen
Astronomische Vereinigung Tübingen e. V.
Sternwarte der Universität
Waldhäuser Straße 64
72076 Tübingen
http://www.sternwarte-tuebingen.de
e-Mail: info@sternwarte-tuebingen.de

Überlingen
Sternwarte Überlingen
Ob. St. Leonhardstraße 45
88662 Überlingen

Violau
Sternwarte
Bruder-Klaus-Heim
86450 Violau

Waghäusel
Astronomiefreunde 2000 Waghäusel e. V.
Kettelerstr. 19
68753 Waghäusel
http://www.afw2000.de.vu
e-Mail: wstegmueller@web.de

Waldburg
Astronomischer Arbeitskreis Waldburg-Weingarten e. V.
Gartenstraße 31
88255 Baindt
www.sternwarte-waldburg.de

Weikersheim
siehe **Bad Mergentheim**

Weil der Stadt
Johannes-Kepler-Sternwarte
Max-Caspar-Str. 47
71263 Weil der Stadt
Tel.: (0 70 33) 69 06 29
www.kepler-sternwarte.de
e-Mail: info@kepler-sternwarte.de

Wetterau
siehe **Bad Nauheim**

Wetzlar
Astronomischer Arbeitskreis Wetzlar e. V.
Sternwarte Burgsolms
Lindenstr. 11, 35606 Solms

Wien
Astronomischer Jugendclub
Richard-Wagner-Platz 2/8
A-1160 Wien

Wiesbaden
Astronomische Gesellschaft Urania e. V. /
Volkssternwarte
Bierstadter Str. 47
65189 Wiesbaden

Winterthur
Sternwarte Eschenberg der AG Winterthur
Breitenstraße 2
CH-8542 Wiesendangen

Winzer
Volkssternwarte Bayerischer Wald e. V.
Am Vogelsang 1
94577 Winzer

Zeilarn
Sternfreunde Pfarrkirchen-Zeilarn
Oberhaus (Sternwarte)
84367 Zeilarn
www.cosmopan.de
e-Mail: info@cosmopan.de

Zweibrücken
Sternwarte des Naturwissenschaftlichen Vereins
FH Campus
Amerikastr. 1
66482 Zweibrücken
http://www.nawi-zw.de
e-Mail: info@nawi-zw.de

Überregionale astronomische Amateur-Vereinigungen

Arbeitskreis Meteore e. V.
Mehlbeerenweg 5
14469 Potsdam

Bundesdeutsche Arbeitsgemeinschaft für Veränderliche Sterne e. V. (BAV)
Munsterdamm 90
12169 Berlin
http://www.bav-astro.de
e-Mail: zentrale@bav-astro.de

Österreichischer Astronomischer Verein
Baumgartenstraße 23/4
A-1140 Wien

Schweizerische Astronomische Gesellschaft (SAG)
Zentralsekretariat:
Gristenbühl 13
CH-9315 Neukirch (Egnach)
http://www.astroinfo.ch

Vereinigung der Sternfreunde e. V. (VdS)
Geschäftsstelle
Am Tonwerk 6
64646 Heppenheim
www.vds-astro.de
e-Mail: vds-astro@t-online.de

Das Verzeichnis erhebt keinen Anspruch auf Vollständigkeit. Weitere Vereinigungen nimmt der Herausgeber gerne auf. Entsprechende Hinweise sende man bitte an:

PLANETARIUM STUTTGART
Mittlerer Schlossgarten
70173 Stuttgart

Faszination Astronomie

- Sterne beobachten
- Exkursionen ins All
- Abenteuer Forschung
- Auf Entdeckungstour
- Astronomie für Kinder

KOSMOS

Licht aus –
Sterne an!

Klaus M. Schittenhelm
Sterne finden – ganz einfach
€ 9,95; €/A 10,30; sFr 17,50
ISBN 978-3-440-10220-6

Ideal für Einsteiger – die 25 schönsten Sternbilder des Himmels schnell finden und immer wieder erkennen. Das gesuchte Sternbild ist in der Karte hervorgehoben und als Maßstab die Größe einer ausgestreckten Hand eingezeichnet.

Hermann-Michael Hahn
Welches Sternbild ist das?
€ 4,95; €/A 5,10; sFr 8,90
ISBN 978-3-440-10181-0

Der praktische und kompetente Sternführer für die Jackentasche.

Michael Vogel
Kosmos Sternführer für unterwegs
€ 6,95; €/A 7,20; sFr 12,40
ISBN 978-3-440-10614-3

Den Sternenhimmel erkunden – alles zur Himmelsbeobachtung für Einsteiger.

Bernhard Mackowiak
Die Kosmos Sternenkunde
€ 12,95; €/A 13,40; sFr 22,70
ISBN 978-3-440-10735-5

Die hundert spannendsten Fragen rund ums Universum – leicht verständlich beantwortet. Plus CD-ROM: RedShift 3.

Praxisbücher für Astrofreunde

Stefan Seip
Astrofotografie digital
€ 14,95; €/A 15,40; sFr 25,90
ISBN 978-3-440-10426-2

Das perfekte Buch für angehende Astrofotografen! Von der Auswahl der richtigen Kamera über die ersten Schritte in der Fotopraxis bis hin zur Bildbearbeitung am Computer – alle Aspekte werden leicht verständlich demonstriert.

Ridpath/Tirion
Der Kosmos Himmelsführer
€ 24,90; €/A 25,60; sFr 42,–
ISBN 978-3-440-09455-6

Der umfassende Himmelsatlas mit allen Sternbildern der Welt! Entdecken Sie außerdem die 500 schönsten Sehenswürdigkeiten am Nachthimmel.

Dunlop/Rükl/Tirion
Der Kosmos-Atlas Sterne und Planeten
€ 29,90; €/A 30,80; sFr 50,20
ISBN 978-3-440-10144-5

Der gesamte Sternenhimmel auf über 100 großformatigen Sternkarten! Mit allen Sternbildern, Mondkarten und vielem mehr.

Reisen in die Unendlichkeit

Hermann-Michael Hahn
Outer Space
€ 34,90; €/A 35,90; sFr 57,70
ISBN 978-3-440-09166-1

Ein faszinierendes Porträt unseres Sonnensytems in Bildern und Texten. Prachtvolle Fotos bis hin zu den jüngsten Missionen zeigen die fremden Welten unserer Nachbarplaneten und der Sonne aus nächster Nähe. Mit großen Panoramafotos zum Ausklappen!

Mark Emmerich • Sven Melchert
Faszination Universum
€ 29,90; €/A 30,80; sFr 50,20
ISBN 978-3-440-10612-9

Das Weltall in atemberaubenden Bildern: Über 150 Fotos, darunter die spektakulärsten Aufnahmen des Hubble-Weltraumteleskops, entführen Sie auf eine Exkursion durch Raum und Zeit. Von den Planeten unseres Sonnensystems über majestätische Galaxien bis an den Rand des heute bekannten Universums.

Neue Fenster zum Weltall

Mark A. Garlick
Der große Atlas des Universums
€ 49,90; €/A 51,30; sFr 81,50
ISBN 978-3-440-10553-5

Spektakuläre Fotos, dreidimensional wirkende Illustrationen und detaillierte Karten der Planeten und des Sternenhimmels – eine fantastische Darstellung unseres Universums! Das ganze Weltall, vom Sonnensystem über unsere Milchstraße bis hin zu fernen Galaxien, auf über 300 Seiten. Mit CD-ROM „3D-Atlas des Universums"!

Mellinger/Hoffmann
Der große Kosmos Himmelsatlas
€ 19,95; €/A 20,60; sFr 33,70
ISBN 978-3-440-09155-5

Der gesamte Fixsternhimmel auf 30 fotografischen Sternkarten. Transparente Folienseiten markieren Sternbildlinien und Sternnamen.

Das Universum 2007
48 x 45 cm
€ 22,50; €/A 23,30; sFr 39,90
ISBN 978-3-440-08378-9

Der Wandkalender mit einzigartigen Bildern! Aufnahmen von Riesenteleskopen bieten atemberaubende Einblicke in unser faszinierendes Universum.

Govert Schilling
Das Kosmos-Buch der Astronomie
€ 24,90; €/A 25,60; sFr 42,–
ISBN 978-3-440-09408-2

So wird die Himmelskunde zum Erlebnis: Das große Buch führt durch die Welt von Sonne, Mond und Sternen und gibt Tipps zur eigenen Himmelsbeobachtung. Mit spektakulären Weltraumfotos, vielen Illustrationen und Sternkarten für alle Jahreszeiten.

Rüdiger Vaas
Tunnel durch Raum und Zeit
€ 16,95; €/A 17,50; sFr 29,–
ISBN 978-3-440-09360-3

Die verwegenen Erkenntnisse führender Wissenschaftler, spannend wie ein Roman!

Hansjürg Geiger
Auf der Suche nach Leben im Weltall
€ 19,95; €/A 20,60; sFr 33,70
ISBN 978-3-440-10504-7

Für jeden verständlich und mit verblüffenden Erkenntnissen.

Dirk H. Lorenzen
Mission: Saturn
€ 19,95; €/A 20,60; sFr 33,70
ISBN 978-3-440-10257-6

Mit atemberaubenden Bildern der Saturnringe und spektakulären Aufnahmen von Titan und den eisigen Monden.

Schmökern
und Schmunzeln

Rudolf Kippenhahn
Kippenhahns Sternstunden
€ 14,95; €/A 15,40; sFr 25,90
ISBN 978-3-440-10424-8

Kurioses und Spannendes aus dem Universum weiß Rudolf Kippenhahn auf eine Weise zu berichten, als wäre die Astronomie die einfachste Sache der Welt. Seine Plauderstündchen in Buchform sind vergnüglich, erquickend und informativ!

NEU

Rainer Köthe
120 populäre Irrtümer über Sonne, Mond und Sterne
€ 12,95; €/A 13,40; sFr 22,70
ISBN 978-3-440-10182-7

Rainer Köthe entlarvt große und kleine Irrtümer über das All, seine Planeten, Sterne und Galaxien.

Thimm/Wellmann
Warum ist es nachts dunkel?
€ 14,95; €/A 15,40; sFr 25,90
ISBN 978-3-440-10719-5

Von den Anfängen der Erde bis hin zu den spannendsten Fragen unserer Zeit. 20 topaktuelle Beiträge von Wissenschaftsjournalisten packend erzählt.

Astronomie für Kinder

Astro-Teleskop
€ 149,99*
Art.-Nr. 675103
Ab 12 Jahren

Mit diesem hochwertigen Refraktor-Teleskop wird der Blick in den Nachthimmel zum Vergnügen. In der Anleitung finden sowohl Einsteiger als auch Hobby-Astronomen Hilfe, Erläuterungen sowie Hintergrundwissen für spannende Beobachtungen.

Zimmerplanetarium
€ 42,99*
Art.-Nr. 676513

Bei Beleuchtung wird der Sternenhimmel an Zimmerdecke und -wände projiziert. Mit der Audio-CD kann die Reise durch den geheimnisvollen Nachthimmel beginnen.
Ab 8 Jahren

Natur-Entdecker
Sterne & Planeten
€ 5,95; €/A 6,20; sFr 10,70
ISBN 978-3-440-10408-8

Wie lang ist ein Lichtjahr? Die richtige Lösung zeigt der Spiegel! So kannst du spielend das Weltall entdecken!
Ab 8 Jahren

Kosmos-Uni für Kinder
Das Weltall
€ 6,95; €/A 7,20; sFr 12,40
ISBN 978-3-440-09889-9

Warum ist die Sonne so heiß? Dipl. Physiker Ulrich Dewald beantwortet die brennendsten Kinderfragen zum Thema Weltall.
Ab 8 Jahren

*unverbindliche Preisempfehlung

O.S.D.V. Göttker/Pietsch GmbH
Herbert-Wehner-Str. 1
59174 Kamen
Tel. +49 (0) 23 07 / 970 - 137 & 138
Fax +49 (0) 23 07 / 970 - 139
www.osdv.de
info@osdv.de
O.S.D.V.
Göttker/Pietsch GmbH
Losmandy
Montierung
Titan/G11/GM8
Celestron
Teleskope & Zubehör
CGE1400/ CGE1100
Tele Vue
Teleskope & Zubehör
NP101/NP127
DIE GANZE WELT
DER
ASTRONOMIE
Losmandy
Montageplatten &
Rohrschellen
Hochwertige Weitwinkelokulare von
Tele Vue
Meade
Teleskope & Zubehör
JMI
Teleskope & Zubehör
Weitwinkelokulare von
Vixen
Sphinx
Montierung
SolarScope
H-Alpha-Filter
Vixen
Teleskope & Zubehör